U0382218

心 灵 与 认 知 文 丛

高新民 主编

意向性与人工智能

高新民 付东鹏 著

中国社会科学出版社

图书在版编目(CIP)数据

意向性与人工智能／高新民，付东鹏著．—北京：中国社会科学出版社，2014.12

ISBN 978－7－5161－5241－6

Ⅰ.①意… Ⅱ.①高…②付… Ⅲ.①人工智能—研究 Ⅳ.①TP18

中国版本图书馆 CIP 数据核字(2014)第 290282 号

出 版 人 赵剑英
选题策划 郭沂纹
责任编辑 沂 涟
责任校对 韩天炜
责任印制 李寡寡

出 版 中国社会科学出版社
社 址 北京鼓楼西大街甲 158 号（邮编 100720）
网 址 http://www.csspw.cn
中文域名:中国社科网 010－64070619
发 行 部 010－84083685
门 市 部 010－84029450
经 销 新华书店及其他书店

印 刷 北京君升印刷有限公司
装 订 廊坊市广阳区广增装订厂
版 次 2014 年 12 月第 1 版
印 次 2014 年 12 月第 1 次印刷

开 本 650×960 1/16
印 张 45
字 数 642 千字
定 价 116.00 元

凡购买中国社会科学出版社图书,如有质量问题请与本社联系调换
电话:010－64009791

"心灵与认知文丛"总序

  心灵或灵魂无疑是世界上最神奥、最奇妙的现象。例如"适言其有，不见色质；适言其无，复起思想，不可以有无思度故，故名心为妙"。[①] 人们用心理语言诚实地说出的心肯定是有，但奇怪的是，谁都不曾碰到过它，连形影都没有。然而如果据此言其无，则又大谬不然。因为心不只是有，而且可将自己放大至无限。正如钱穆先生所说：它"并不封闭在各各小我之内，而实存于人与人之间"，它能"感受异地数百千里外，异时数百千年外他人之心以为心"。[②]

  心灵观念是人类最早形成的观念之一，其源头可追溯至原始思维。尽管它的形成掺杂着杜撰的成分，它的本体论承诺疑惑重重，但它所承诺的心灵在后来的哲学和有关科学中却一直享有十分独特的地位，例如在哲学中它直到今天仍是一个带有基础性的研究对象。正是有了它，才有了贯穿哲学史始终的"哲学基本问题"。当然它的命运始终充满着坎坷，它作为观念所受到的待遇始终具有两面性，一方面是建构、遮蔽，另一方面是解构、解蔽。

  心灵问题不仅是最古老的问题，而且也是最具世界性的研究课题。当然，不同国家由于文化背景和致思的价值取向彼此有别，因此在把心灵作为对象来认识时，其侧重点也各不相同。例如西方哲学在探究心灵时，受其科学精神的影响，更为关注的是对心灵的体

---

① 天台智者：《法华玄义》卷第一上，《大正藏》第 33 卷，第 685 页。
② 钱穆：《灵魂与心》，广西师范大学出版社 2004 年版，第 18、90 页。

的方面的研究，如探究心灵的本质、结构、奥秘、运作机制之类的问题。而东方智慧由于更为关注人伦道德之类的问题，因此在探究心灵时，更为重视的是寻觅心灵内所蕴涵的对于做人、修身、齐家、治国、平天下的无穷妙用。

尽管古往今来的哲人智者为破解原始人留下的这一世界之谜而殚精竭虑，但它至今仍是我们所知最少的领域，甚至断言有关认识仍停留于"前科学"水平也不为过。其原因当然很复杂，而主要的原因可能是我们的认识及方法犯了某种根本性的错误，如赖尔所说的"范畴错误"，没有真正超越二元论，对心灵作了错误的构想，对心理语言作了错误的理解。因此当务之急是在批判的基础上重构关于心理的地形学、地貌学、结构论、运动学和动力学。

常识和传统哲学在理解心灵时的确有"本体论暴胀"的偏颇，但矫枉过正，进而倒向取消主义又是不妥的。在特定的意义上，心灵不仅是存在的，而且具有无穷的妙用，真可谓体大、相大、用大，或者说，心既是体、宗，又是用。说心是体，意即心是一切现象的本体、基质，因为世界的被人认识到的相状、色彩等属性乃至向人显示出的各种各样的意义都离不开心的存在。心不仅是一切价值的载体，同时又是获得这些价值的价值主体。之所以说心相大用大，是因为人做得如何，是否有高质量的生活，是否是高尚有德之人，完全取决于心之所使。正如天台智者所说："三界无别法，唯是一心作，心能地狱，心能天堂，心能凡夫，心能圣贤。"① 由此看来，心不仅有哲学本体论、科学心理学意义上的"体"、本质和奥秘，而且还有人生价值论意义上的体与用。正是这一体认，成就了中国从先秦开始就十分发达的特种形式的心灵哲学：从心理角度挖掘做人的奥秘，揭示人之为凡为圣的内在根据、原理、机制和条件。这种学问从内在的方面说是名副其实的心学，我们不妨把它称作价值性心灵哲学，而从外在的表现来说，则是典型的做人的学问——圣学。

----

① 天台智者：《法华玄义》卷第一上，《大正藏》第 33 卷，第 685 页。

　　在反思中国心灵哲学所走过的历史过程时，我们必然会碰到科学史上的所谓"李约瑟难题"。如同中国科学技术在 17 世纪以前远远超过同期的欧洲一样，中国的心灵哲学在同期也一直保持着绝对的领先地位，至少有自己的局部优势，然而在此以后，我们的差距却与日俱增。李约瑟也承认，中国人在智力上与他们西方人可能是一样的，但是为什么像伽利略、牛顿这样的伟大人物都是欧洲人，而不是中国人或印度人呢？为什么近代科学和科学革命只产生在欧洲呢？同样，具有现代性、后现代性的心灵哲学理论都是和西方人的名字连在一起的。正是带着这样的羞愧、困惑、觉醒意识和探索冲动，中国的一部分年轻的哲学工作者走上了学习西方心灵哲学、构建中国自己的心灵哲学的征程。本丛书推出的作品就是其中的部分成果。它们尽管很稚嫩，但毕竟是从我们自己的沃土里生长出来的。只要辛勤耕耘、用心呵护，中国心灵哲学的壮丽复兴、满园春色一定为期不远。

高新民　刘占峰
2009 年 12 月 25 日

目　　录

导　言

　　"人工智能"（Artifical Intelligence，AI）一词从用法上说有两方面的意义：一是指由人所制造的人工产品体现出来的智能；二是指作为一门带有名副其实的交叉性质的、从理论和工程技术上专门探讨人工智能如何实现的学科门类。为了区别起见，我们用"AI研究"来表示第二种意义的AI。本书的宗旨，如书名隐约吐露的那样，主要是试图从哲学的角度对作为一门科技的AI中的一个哲学问题，即意向性与AI的关系问题以及与之相关的AI的发展方向问题，作一些初步的探讨。笔者深知，这种设想首先面临的问题是：这样的哲学探讨是否合法、是否多余？最先向AI研究提出"中文屋论证"难题的美国著名哲学家塞尔（J. Searle）也曾碰到过这样的尴尬。当他从哲学的角度向当时方兴未艾的一些智能程序、专家系统提出哲学上的问题及思考时，该领域对此的反应是：一些人不屑一顾，一些人作了"居高临下"的批判，一些人指责塞尔对AI无知，当然也有一部分人承认其意义，并作了冷静的回应和探讨。后一态度，随着时间的推移，已变成了包括AI研究在内的相关科学的越来越多学者的共识。这种变化是有其内在必然性的。

　　首先，这是由AI研究的独特的学科性质决定的。众所周知，这一研究有两个目的。那么相应的，它有两个组成部分。一是科学目标，即旨在理解自然智能（其中主要是人类智能）的奥秘。相应的，该学科的一个组成部分便是关于自然智能的理论，其任务是研究生物智能产生、形成的过程，工作的方式及机制、原理等。二是工程技术目标，即旨在设计与制造智能工具或机器。相应的，它的另一组成部分便是关于人工智能的理论与技术，其任务是研究如何用人工的方法模拟、延伸和扩展自然智能，甚至创造超出人类智能的智能。

要解决第一个问题，当然离不开有关具体科学（如神经科学、认知科学、神经心理学、心灵哲学和语言学等）的协同攻关。唯有如此，才有可能具体揭示出智能的结构、基础、条件，建构出关于智能的科学的地形学、地貌学、结构论、运动学和动力学。在这个过程中，传统的纯思辨哲学的泛泛议论尽管没有用处，应予抛弃，但与科学有关的、以对科学的反思为宗旨的科学哲学，以及以梳理问题和思路为目的的语言分析哲学，还是大有用武之地的，并且是必不可少的。这是由智能这一特殊的研究对象所决定的。因为智能是人类心理现象中最为复杂的一种现象，仅有具体科学在细节上的研究是于事无补的，因为即使把实现人类智能的物质载体的所有原子、分子细节都弄清楚了，也不一定能说明它的机理。要认识其庐山真面目，必须从更高的层面去研究英国认知科学家 A. 屈森斯所说的"认知体现问题"。它是这样一个带有哲学性质的问题，即意向性现象怎样才能成为自然科学所描述的同一世界的一部分？在这个世界上怎么会有能够对这个世界进行思维的有机体？等等。①

就 AI 研究和认知科学中最重要的表征概念而言，屈森斯说："表征本身是一个具有双重特性的物理对象，即具有表征'载体'的特性和表征'内容'的特性。"② 所谓载体特性即是具有计算效应的特性，如人工 SP 码的句法特性。所谓内容特性是具有心理学效应的特性，如人工 SP 码的任务域的语义特性。由于认知有语义性、意向性的一面，因此完整的认知科学就必然有相应的分析层次。由于认知有四个方面，即心理学解释的种类、表征内容的或语

----

① ［英］A. 屈森斯：《概念的联结论结构》，载博登编《人工智能哲学》，刘西瑞、王汉琦译，上海译文出版社 2001 年版，第 495 页。

② 同上书，第 496 页。

义性的种类、表征载体或句法的种类和计算的种类；因此有四个分析层次，即心理学、语义学或内容科学、逻辑学或人工智能和计算机科学。这里的内容研究即使不是哲学专有的，但在今日大概主要是由哲学来承当的。① 玛格丽特·博登还认为，应建立 AI 哲学。从本质上说，这种哲学就是"一般性的智能科学"。它与心灵哲学、语言哲学以及认识论紧密相连，是计算心理哲学的核心，可称作认知科学哲学。② 它的目的就是要提供一种系统的理论，以说明意向性的一般范畴，探讨能否复制意向性，另外，还要解释各种心理能力；回答这样的问题，即智能是只能体现于人脑中的东西，还是可以用别的方式实现的东西。这些探讨之所以带有哲学的性质，是因为有关的探讨"引发出许多与 AI 相关联的哲学问题"③。

　　AI 研究必然有哲学介入的第二个原因是：各种关于智能的模型（当然包括 AI 专家所建立的模型）都使用了常识的心理范畴，如"信念"、"愿望"、"意向"和"意识"等，这就不以人的意志为转移地陷进了哲学的是非之地。认知科学家哈瑞说："一些研究纲领已经使用常识范畴"，这必然陷入哲学的本体论问题争论之中。不仅如此，"棘手问题既是本体论的（心理现象具有哪些种类的存在），又是分类学的（有哪些类型的现象）"。④

　　心灵哲学近几十年来的最重要的成果告诉我们：在大多数人（包括 AI 专家和神经科学家）的心底或文化基因中，都潜藏着这样的遗传信息或"集体无意识"——民间（folk）心理学。⑤ 它使用的概念是"信念"之类的日常心理术语，内容是原始的灵魂观

----

① ［英］A. 屈森斯：《概念的联结论结构》，载博登编《人工智能哲学》，刘西瑞、王汉琦译，上海译文出版社 2001 年版，第 497 页。

② ［英］博登编：《人工智能哲学》，刘西瑞、王汉琦译，上海译文出版社 2001 年版，"导言"，第 3 页。

③ 同上书，第 2 页。

④ ［英］罗姆·哈瑞：《认知科学哲学导论》，魏屹东译，上海科技教育出版社 2006 年版，第 127 页。

⑤ 关于它的起源、内容、实质、本体论地位及其有关争论，笔者在《心灵的解构——心灵哲学本体论变革》（中国社会科学出版社 2005 年版）中作了较详细的探讨，可参阅。

念和后来逐渐形成并常识化的心理观念，实质则是一种"小人理论"。著名物理学家哈肯把它称作关于心灵的"人格化描述"①。它神不知鬼不觉地存在于我们每个人的心底，并必然地制约着我们每个人对自己和他人行为的解释和预言。即使是披上了科学外衣、完全没有用民间心理学术语而用科学术语（如"信息加工"等）所作的解释和预言也不例外。因为当人们运用有关语词时，心里一定有这样的关于被解释对象内部世界的构念：有一个处理或加工的主体，它是中心、主宰，而这主体要加工，必不可少的是要有被加工的材料，如转化成符号或表征的各种信息；其次，它的上述活动是在它的特殊空间和时间，如"心里"进行的。著名哲学家维特根斯坦把我们每个人心中的这种关于心的构念称作图画。他说："一幅图画把我们俘虏了。我们不可能解脱出来，因为它就在我们的语言之中。而语言似乎执拗地要向我们重复这幅图画。"②

　　总之，只要人们使用常识心理术语建构智能模型，就必然牵扯到深层次的心理本体论地位和图景问题。这里的麻烦在于：这些术语所指的对象是否存在或是否有本体论地位本身就是一大难题。如果不把它们弄清楚，而以它们所表达的概念图式为根据去建模关于心智的模型，如 BDI（信念—愿望—意向）模型等，将有可能犯方向性错误。因为如果像哲学中新近产生的取消主义所说的那样，常见的那些心理概念图式是人的一种幻觉，那么以此为基础所建立的、用来指导 AI 工程实践的模型就会把有关研究带入歧途。著名心理学家 W. 詹姆斯在论述心理学的应用时早就作过类似的警告，指出：在用心理学指导有关工作时一定要批判地予以对待。他说："我们一定不能假定，它是指一种最终屹立于坚实基础上的心理学……一个根深蒂固的偏见是：我们拥有心灵状态，而且我们的大

----

　　① ［德］哈肯：《大脑工作原理——脑活动行为和认知的协同学研究》，郭治安、吕翎译，上海科技教育出版社 2000 年版，"前言"。
　　② ［英］维特根斯坦：《哲学研究》，李步楼译，商务印书馆 2000 年版，第 72 页。

脑对它们具有条件反射作用……这不是什么科学，只是对一门科学的期望。"①

英美许多心灵哲学家和认知科学家早已注意到了这里事关 AI 等有关科学发展方向的大问题，例如麦克唐纳等人指出：认知科学一直在关注对人的行为和认知的研究。但在研究中出现了这样的现象，即人们不仅把常识心理学的概念用于人的行为的描述和解释之中，而且它们还出现在了各种认知现象如记忆的解释之中。"这就向人们提出了这样的问题：一种完全的心理学在它的解释中应该运用什么样的表达式？信念、愿望和有命题内容的状态在科学中有地位吗？如果有地位，那么这些表达式与关于认知过程的表达式，如信息储存、提取中涉及的心理机制，是什么关系？与对于认知之基础的大脑中的神经生理结构和联系的表达式之间是什么关系？"②

在英美，AI 研究中的经典计算主义和联结主义在争论中事实上已触及了上述哲学问题。例如它们围绕下述假定的争论就是如此。这假定是：人类认知或思维有三个基本特征：产生性、推理的连贯性和系统性；它们是任何认知理论都必须承认和解释的。反对联结主义模型的人认为，后者无法说明这些特征。而根据古典的模型，则不难说明。例如就系统性来说，它之所以能解释这种现象，是因为它把认知过程设想为对符号的加工，而符号是能按规则移动和转换的。联结主义由于否定认知中会涉及符号，因此就无法说明系统性。很显然，联结主义尽管承认民间心理学所说的信念之类的状态及其术语，但它能否真的包容这些东西，则有疑问。

AI 研究 50 多年的曲折历程不仅呼唤哲学的介入，而且事实上，在它的深层次的理论探索之中已与哲学结下了不解之缘，甚至可以说，它的成败都与哲学息息相关。例如在它刚起步之时，它的理论出发点就是近代西方理性主义哲学的著名命题：思维就是计

① W. James, *Text Book of Psychology*, London: MacMillan, 1892, p. 476.
② C. and G. Macdonald (eds.), *Connectionism: Debats on Psychological Explanation*, Oxford: Blackwell, 1995, "Preface", xii.

算。既然如此，只要让人造的工具能够用一定的算法实现计算，那么就可让其表现出人类智能的思维特性。正如彭罗斯所概述的，早期的 AI 专家"坚信我们的精神只不过是肉体的电脑……他们想当然地认为，当电子机器人的算法行为变得足够复杂时，痛苦和快乐、对美丽和幽默的欣赏、意识和自由意志就会自然地涌现出来"①。"几十年来，人工智能专家尽力说服我们，再有一两个世纪的时间（有些人已把这个时间缩短到 50 年！），电脑就能做到人脑所能做的一切。"②

由于智能像任何存在一样有形式的一面，抓住了形式当然等于抓住了智能的部分本质，因此用这样的发现去指导实践当然能取得一定的成功。事实也是这样。1956 年，纽厄尔和西蒙研制成了第一个启发式程序"逻辑理论机"。利用这个程序，他们证明了怀特海和罗素合著的《数学原理》中的 38 条数学定理，开创了用计算机模拟人类高级智能活动、实现复杂脑力劳动自动化的先河。后来的塞缪尔（A. L. Samuel）研制出了有自学能力的跳棋程序，则成功开启了人工智能中对机器博弈、机器学习的研究。罗森布拉特在 1956 年就成功地训练一台感知机做这样的需要高智能完成的事情，如将某些类型的模式确定为相似的，并把它们与另一些不同的模式区分开来。这样的成就使许多人欣喜若狂，如有人说："感知机引入了一种新的信息加工自动装置：我们第一次有了一台能够具备原创思想的机器……感知机……比起以前提出的任何系统，似乎更接近于满足对神经系统功能解释的要求……感知机无疑已经建立起有可能体现人类认知功能的非人类系统的可行性和原理。"③ 纽厄尔和西蒙更加乐观，他们说："目前世界上存在着一些会思考、会学习、能创新的机器。它们

---

① ［英］彭罗斯：《皇帝新脑》，许明贤、吴忠超译，湖南科技出版社 1994 年版，第 2 页。

② 同上书，马丁·伽特纳的"前言"，第 1 页。

③ F. Rosenblatt, "Mechanism of Thought Processes", *Proceedings of a Symposium Held at the National Physical Laboratory*, Vol. I, London: HMS office, 1958: i. 499.

做这些事的能力还在迅速提升，在不久的将来，它们处理问题的范围，都将从时间空间上达到人类心智已达到的范围。""直觉、顿悟、学习不是人类所独有的，任何大型而高速的计算机都能通过编程表现出这些能力。"① 明斯基则说："只需一代人的时间，创造'人工智能'的问题就可以基本解决。"②

在这些成果的鼓舞下，AI 研究似乎步入佳境，许多人致力于更全面深入地模拟延伸、拓展人类的智能行为，如人类的自然推理方式、学习方式、生物进化方式、语言理解过程、感知过程等。通过这些努力，以前只能靠人类智能才能完成的工作，现在可由机器完成，如人们已设计出了相应的系统，它们能做这样一些工作，如自然语言理解、解释视觉场景、手眼协调、设计、编程、口语理解等，此外，问题求解的程序越来越多，应用的范围越来越广泛，性能越来越高，如规划程序、协商程度等。正如纽厄尔和西蒙所说："这张单子如果不是无尽的，至少也是非常之长的。"③

自 20 世纪 80 年代以来，随着 70 年代末在专家系统和知识工程研究方面的突破性进展，人工智能通过对问题求解、逻辑推理、定理证明、自然语言理解、博弈、自动程序设计和机器学习等专门领域的多角度深入研究，先后建立了许多具有不同程度智能的计算机系统。它们真是"八仙过海，各显神通"。如有的能求解微分方程，能设计分析集成电路；有的能合成人类自然语言，能完成语音识别、手写体识别；有的能控制太空飞行器和水下机器人。1997年，IBM 的"深蓝"计算机在棋盘上战胜了世界国际象棋大师卡斯帕罗夫。步入 21 世纪以来，由于网络智能技术、agent 技术、分

----

① A. Newell and H. Simon, "Heuristic Problem Solving: The Next Advance in Operations Research", *Operations Research*, 1958 (6, Jan. – Feb.): 6.

② M. Minsky, *Compntation: Finite and Infinite Machines*, New York: Prentice Hall, 1977, p. 2.

③ ［美］A. 纽厄尔、H. 西蒙：《作为经验探索的计算机科学：符号和搜索》，载博登编《人工智能哲学》，刘西瑞、王汉琦译，上海译文出版社 2001 年版，第 157 页。

布式人工智能的发展，新型计算机技术（如光计算机、量子计算机、生物计算机）与智能计算技术的结合，克隆技术的发展，人工智能的研究成果无论是在数量还是质量上都有大幅度的提高，显示出旺盛的生命力和令人振奋的前景。

在定理证明与发现方面也取得了重要的成就。1979年，博耶和摩尔提出了计算逻辑，他们据此探讨了具有归纳结构这种难度较大的定理证明问题，建立了归纳证明的方法，设计了定理证明的程序：BMTP。在不确定推理的模拟方面也是如此。我们知道：人类智能的一个特点是能在知识不完备、不精确甚至不知道的情况下作出推理。这种推理就是不确定推理。70年代以来，人工智能专家也想让机器表现出这种智能，如建立了一些不确定推理系统。它们尽管不够严谨，但有一定的实用性，能解决一些问题，且符合人类专家的直觉，在概率上也可给出解释。其具体思路是：在知识库中，既提供精确的、有规律性的一般知识，又提供大量不精确的、类似于专家经验的知识，然后用工程法、控制法、并行确定法等方法来忽略或消除不确定性因素，以形成某种带有或然性的结论。这方面的系统很多，如以产生式作为知识表示的 MYCIN 系统、以语义网络表示的 PROSPECTOR 系统等。

在定性推理方面也有有益的探讨，并开始走向成熟。这一研究是从对物理现象的关注开始的。在自然界，人类对物理现象的描述和解释常忽略量的方面，只考虑质的、定性的方面，尽管如此，基于定性方面的材料所作的推理又常常是正确的。例如在描述、解释、推论烧杯内的水的加热过程和结果时，并不需要动用运动方程，不需要考虑加热量的多少，只要注意水温的不断上升，就会推断出最后的结果。人工智能在这方面的研究发展很快，80年代基本走向成熟，90年代更加深入，如 de Kleer 的定性方程法、Forbus 的进程法、Kuipers 的定性模拟法等，对阀门压力的调节、锅炉加热过程、上抛球运动等应用领域，都能作出行之有效的推论。

在知识工程方面，70年代以来，人们逐渐认识到，人类之所以有复杂的智能，是因为人类的每种智能后面都有大量的知识储备作为基础，因此要造出像人类智能那样的智能，也应该让机器拥有知识。于是，对知识工程的关注便成了人工智能研究的一个新的发展方向。它包括三方面的内容：知识获取即机器学习、知识表征和知识使用。这些方面，都受到了广泛而深入的研究，取得了一些积极的成果。其中最突出的是对机器学习的研究。从理论探讨上说，人们已认识到机器学习的系统应包括四个环节，如环境、知识库、学习和执行。不仅如此，人们为了使研究更具实用性、可操作性，还将机器学习划分为不同的类型，如记忆学习、传授或指导性学习、演绎学习、归纳学习、类比学习等。经过研究，已形成了不计其数的模型。在归纳学习方面，有以实例学习表现出来的大量程序，如西蒙等人在 1974 年给出了关于实例学习的两个空间模型：Pat Langley 提出的 Bacon 系统，Dietterich 建立的 SPARC 系统。这类系统的最大特点是具有较强的实用性，因此这一研究在某些系统中的应用可看作是机器学习走向实用的先导。例如 DENDRAL 程序就能自动地完成化学家的这样的判断过程，即化学家在分析质谱仪得到了质谱的基础上对试样分子结构的判断。

脑机接口是 AI 研究最重要的领域，其目的是通过一定的途径和技术，让人工脑与生物脑（人脑）能直接进行交互。如果能做到这一点，那当然是再好不过的，例如人借助这一接口就能直接利用计算机的超大规模的信息储存，甚至用不着再花那么长的时间去打基础。这一愿望能否实现呢？许多人作出了肯定的回答。其根据是：人工脑和生物脑的本质都是接受、加工和输出信息，而且在信息的处理机理上也是一致的。因此这种脑机接口是可能创造出来的。事实也部分证明了上述推断。麻省理工学院、贝尔实验室等机构的科学家已研制成功了一种可以模拟人类神经系统的电脑微芯片，并成功地将其置入人脑。其作用是，利用仿生学原理对人体神经进行修复。它还能与大脑协作，给电子装置发指令，监测大脑活动。据此，有科学家预测：在不远的将来，人类可以研制出记忆芯片，将它置入人脑，就可使人脑提高记忆能力。

　　生物计算机是计算机科学的一个新的发展方向。有关专家正在研制生物电子人或半机器人，其方法就是将从动物脑部取下的组织细胞与计算机硬件结合在一起。如果芯片与神经末梢能吻合在一起，那么如此造出的构造就能大大提高大脑的功能。比如美国南加州大学的 T. Berger 和 J. Liaw 提出了动态突触神经回路模型，在此基础上，还于 2003 年研究出了这样的大脑芯片，它能代替海马的功能。例如把这种芯片安放在小白鼠身上就取得了成功。

　　智能机器人除了是一种自动化的机器之外，同时还是具有与生物智能相似的智能的机器，如有感知能力、规划能力、行为能力、协作能力等。现在的智能机器人有的是具有多种能力的机器，有些是有某一方面专门能力、适用在特定环境下代替人来完成某种任务的机器。按用途分，有这样一些：移动机器人、水下机器人、医疗机器人、军用机器人、空中空间机器人、娱乐机器人、博弈机器人。美国的机器人技术在世界上堪称一流。它所生产的机器人不仅数量庞大，而且性能优越。它的优势首先在于：新研制的机器人功能多样、性能可靠、精确度高；其次，对机器人语言的研究水平居世界之最，所用的语言类型多，应用范围广泛；最后，对智能技术的研究成效显著，所研究的视触觉技术已应用到了航天等领域之中。日本在机器人的研究上也有自己的特点，有一段时间曾领先于美国。现在，尽管它在技术、品质上屈居美国之后，但在使用机器人的数量上则超过了美国，而且使用机器人的领域也极为广泛。可以毫不夸张地说，机器人在过去为解决日本的劳动力不足、提高劳动生产率、降低生产成本、提高产品质量作出了巨大的贡献。因此，它们也成了日本保持自己较快经济速度、具有较强国际竞争力的一股重要的力量。

　　由于在智能机器人研究领域的一些技术取得了新的突破，因此一些专家对这一领域的未来的前景充满着乐观。机器人研究权威 H. Moravee 预言：新一代具有感知能力、较强操作性、移动性的多用途机器人将会在 2010 年出现；第二代能在工作中学习技能、有适应性和学习能力的机器人将可能在 2020 年出现；第三代有预测能力的通用机器人将可能在 2030 年出现；第四代具有更完善推理能力的机器人将在 2040 年出现。① 据说，未来的机器人尤其是第四代机器人将表现出情感能力，例如这种机器人可能会有调节模块，或被安装这样的程序组，它能让主人产生满意、快乐的情绪。另外，这种机器人由于智能超群，也许能建构出心理模型，如通过它的模拟器建立关于人或别的机器人的心理状态的模型。如果有这种模型，那么它便能预测自己的行为对人类的情感效果，进而便可根据需要调节自己的行为。从智能上说，这类机器人将成为比人类更优秀的推理者，因为它的推理速度比人类的推理至少要快 100 万倍，其记忆能力就更不用说了。由于有这些优势，它们便能够抽象地检查模拟过程，设计出完成复杂操作的更快、效果更好的步骤；它们还能对未来作出更准确的预测，因而使犯错误的概率大大减轻。当然，由于未来的机器人有自主的特性，不完全取决于制造与遗传，因此它们将有改变自身特性的能力。而这对人类又将是十分可怕的。因为如果它们抵制人类设计者对它们能力的设计或改变，如果它们自以为是地破坏或改变自己的思维决策能力，那么就有可能作出对人类极为不利的甚至是毁灭性的行为。

AI 发展的速度是一般人始料不及的，其成果对人类社会各方面的影响也是有目共睹的。由于 AI 的出现，我们似乎进入了一种全然不同的社会。我国学者史忠植把它称作"智能社会"。他说："工业社会是高能耗社会，它由能量驱动物质经济发展，是高熵的社会。智能社会是高智社会，它以智能驱动智能经济发展，是低熵社会。智能社会的特点是高智结构，既有人的智能和机器智能，也有人机复合智能和网络集成智能，乃至整体的社会智能。高智能于是成为智能社会的第一推动力。"智能社会之所以出现，从根本上说得益于"智能革命"。与以往的能量革命相比，它的特点在于：

---

① ［美］汉斯·莫拉维克：《机器人》，马小军、时培涛译，上海科技出版社 2001 年版。

能量革命的实质是转换和利用能量，而智能革命实现的是"智能的转换和利用，即人把自己的智能赋予机器，智能机把人的智能转换为机器智能，并放大人的智能；人又把机器智能转换为人的智能，加以利用"①。

AI 研究尽管取得了许多令人振奋的成果，但一直步履艰难，甚至许多目标或理想都成了梦幻泡影。例如纽厄尔和西蒙鉴于他们以及别的人在人工智能研究中的成果（如 1956 年，他们编制了"逻辑理论机"数字定理证明程序，使机器迈出了逻辑推理的第一步，并证明了罗素的《数学原理》第 2 章中的 38 条定理），欣喜若狂，于 1958 年提出了这样的预言：十年内，计算机将成为世界象棋冠军；十年内，计算机将发现或证明有意义的数学定理；十年内，计算机将谱写优美的乐曲；十年内，计算机将实现大多数心理学理论。其中的一些预言，并未按预期变成现实，而是姗姗来迟；而有些至今仍未兑现。

人工智能发展史上最惨烈、悲壮的失败要数日本的第五代计算机梦想的破灭。1981 年 10 月，日本东京大学的元冈达提出了关于建造第五代计算机即智能计算机的构想。随后，日本制定了一个研制这种计算机的 10 年规划，日本通产省积极予以支持，预算投资达 4.3 亿美元，进而成立了以渊一博为所长的"新一代计算机技术研究所"，并组织许多企业公司予以协作攻关。他们苦战了十年。这十年中，研究人员几乎没有回过家。然而到了 1992 年，由于无法解决一些技术难题，该计划终告失败。

作为 AI 研究的创始人之一的明斯基，曾是一位乐观主义者，他预言："只需一代人的时间，创造人工智能的问题就可以基本解决。"后来，这个领域碰上了前所未有的困难。如对常识、知识尤其是经验知识作出表征比人们设想的要困难得多，而不仅仅是一个为成千上万的事实编写目录的问题。鉴于这一切，明斯基后来的情绪完全改变了，沮丧地说："AI 问题是科学曾从事研究的最困难的

----

① 史忠植：《智能科学》，清华大学出版社 2006 年版，第 466 页。

问题之一。"①

　　人工智能研究中的失败、困境使有关领域的专家陷入了深层的反思。问题究竟出在什么地方？实现智能的关键性技术当然是重要的，但人工智能的基础理论有没有问题？我们对人类智能的了解是否到位？过去用来指导人工智能研究的智能理论是否存有根本性的缺陷？许多人的看法是肯定的。基于这样的看法，人工智能研究便有这样一种倾向或转向，即强调对智能基础理论问题的研究。我国学者史忠植说："五代机失败的现实迫使人们寻找研究智能科学的新途径。智能不仅要功能仿真，而且要机理仿真；智能不仅要运用推理，自顶向下，而且要通过学习，由底向上，两者结合。"②

　　1991 年，国际本领域权威杂志《人工智能》第 47 卷组织了基础研究专辑，对人工智能的发展趋势作了探讨。柯希（D. Kirsh）认为，人工智能的基础研究至少应关注如下五大问题：第一，知识和概念化是否是人工智能的核心？第二，能否将认知能力与其载体分开来进行研究？第三，能否用类似于自然语言的语言描述认知的过程？第四，能否将学习与认知分开来研究？第五，所有认知现象是否有统一的结构？③

　　许多人清醒地认识到，AI 研究中的危机除了技术上的困难之外，还有许多深层次的理论问题，包括哲学问题，尚未得到应有的探究。沿着这一思路，有关的专家开始从深层次、从根本的方面反思人工智能的一些哲学层面的问题，如究竟什么是智能，人工智能的基础究竟是什么等。重视这类研究的表现主要有：1987 年 5 月在麻省理工学院召开的人工智能专题研讨会上，人们纷纷阐述自己对人工智能基础的认识，评价基础方面的工作。还有一些会议上，专家们围绕常识表示和常识推理展开了热烈讨论。另外，以"人工智能基础"和"人工智能哲学"为题的论著大量涌现。美国 AI

----

① ［美］H. L. 德雷福斯和 S. E. 德雷福斯：《造就心灵还是建立大脑模型》，载博登《人工智能哲学》，刘西瑞、王汉琦译，上海译文出版社 2001 年版，第 444 页。

② 史忠植：《智能科学》，清华大学出版社 2006 年版，第 2 页。

③ D. Kirsh, "Foundation of AI: the Big Issues," *Artificial Intelligence*, 1991, 47: 3-30.

专家卢格尔（G. E. Luger）在反思 AI 研究的问题及原因时甚至得出了与哲学家塞尔一样的结论，即认为，我们对智能的根本特性——意向性或含义——的认识是远远不够的。他说："在传统的人工智能中，含义的概念充其量是很弱的。""含义的基础这个问题，一直同时阻挠着人工智能和认知科学事业的支持者和批评者。"① 在他看来，要摆脱 AI 研究的困境、使之走上科学的轨道，一项必不可少的工作就是关注深层的哲学问题。他说："如果人工智能的工作想要达到科学的水平，我们还必须处理一些重要的哲学问题，尤其是那些与认识论有关的问题，或是智能系统是怎样'知道'它的世界的问题。这些论点涉及人工智能研究的对象是什么，以及更深层的问题，如物理符号系统假设的有效性和实用性中存在的问题，还包括更多的问题，如人工智能的符号系统方法中'符号'到底是什么，在连接模型中符号是如何关联到多组带权重的结点。"② 基于这些看法，他还对 AI 研究提出了新的界定，如说它是"对智能本身理解的一部分"③，"研究的是智能行为中的机制，它是通过构造和评估那些试图采用这些机制的人工制品来进行研究的"。④

彭罗斯也认识到：人类智能的特点是有智慧，而智慧又离不开意识或意向性。他说："智慧的问题属于意识的问题的范围内，我相信，如果没有意识相伴随，真正的智慧是不会呈现的。"⑤ "真正的智慧需要意识。"⑥ 既然如此，我们要建构真正有指导意义的关于人类智能的模型，要造出能模拟、延伸乃至超越人类智能的 AI，我们能越过意识、意向性之类的哲学问题而不顾吗？他还说："现

----

① ［美］G. E. Luger：《人工智能：复杂问题求解的结构和策略》，史忠植等译，机械工业出版社 2006 年版，第 591 页。

② 同上书，第 588 页。

③ 同上。

④ 同上。

⑤ ［英］彭罗斯：《皇帝新脑》，许明贤、吴忠超译，湖南科技出版社 1994 年版，第 470 页。

⑥ 同上书，第 471 页。

代电脑技术时代的来临赋予它新的冲力甚至迫切感，这一问题触及到哲学的深刻底蕴，什么是思维？什么是感觉？什么是精神？精神真的存在吗？假定这些都存在，思维的功能在何种程度上依赖于和它相关联的身体结构？精神能否完全独立于这种结构？……相关结构的性质必须是生物的（头脑）吗？……精神服从物理定律吗？"①

我国 AI 研究方面的一些权威学者对研究深层次问题及其重要性也有清醒的体认。比如马希文说："计算机不应是也不会是最终的智能机器……应该开创一门新的学科……研究思维活动的更深入的具体规律，提出新的概念、新的方法和新的机制……并把这些与某种（理论的）机器模型相联系以期最终得到工程实现。"② 陆汝铃通过对知识工程的反思也得出了类似的结论："知识工程的出现并未从根本上解决人工智能的危机……人工智能有很多深层次的理论和技术问题并未因为知识工程的出现而解决。"③ 史忠植说："到了 20 世纪 80 年代末，各国的智能计算机计划相继遇到了困难，难于达到预期的目标。这些问题的出现，让人们重新对原来的思想和方法进行分析，人们发现：这些困难不是个别的，而是涉及人工智能的根本性问题。"④ 在众多深层次问题中，他也十分重视意识问题，如说："意识也许是人类大脑最大的奥秘和最高的成就之一。"⑤

智能科学在 AI 诞生几十年之后以一门独立科学的形象出现在人类的科学大厦之中，本身就具有极强的说服力。一般认为，智能的本质与起源的过程及机理是当代科学的四大难题之一，正好也是智能科学的主要课题。这一问题的解决，是人工智能科学实现真正

① ［英］彭罗斯：《皇帝新脑》，许明贤、黄忠超译，湖南科技出版社1994年版，第2页。

② ［美］马希文："校者序"，见德雷福斯《计算机不能做什么》，宁春岩译，生活·读书·新知三联书店1986年版，第10页。

③ 陆汝铃：《知识工程和第四产业》，载涂序彦主编《人工智能：回顾与展望》，科学出版社2006年版，第10页。

④ 史忠植等：《人工智能》，国防工业出版社2007年版，第9—10页。

⑤ 史忠植：《智能科学》，清华大学出版社2006年版，第11页。

突破和进展的前提条件之一。现在的许多人工智能专家已转向了对它的研究，霍金斯（J. Hawkins）于 2004 年出版的《论智能》一书就是这种转向的见证。目前，在中外学术界，以此为题的论著可谓汗牛充栋。对此，李衍达评述说："到了 21 世纪，智能科学已成为科学研究的前沿热点，很多人将其看成影响未来科技进步与社会发展的关键学科之一。"①

---

① 李衍达："序"，见冯天瑾《智能科学史》，科学出版社 2007 年版，第 i 页。

第一章

"图灵测试"与"中文屋论证"

意向性问题无疑是 AI 研究和智能科学的众多"根本性问题"中的一个问题。我们知道,它曾经是 19—20 世纪转折时期最热闹的话题之一。无独有偶,在新的世纪转折时期,它再次受到人们的青睐。所不同的是,它不再只是一个纯学术问题,而同时带有工程学的性质。当今的心灵哲学与其他关心智能问题的具体科学,如人工智能、计算机科学、认知科学等,尽管各自走着迥然不同的运思路线,但最终都发现:意向性是智能现象的独有特征和必备条件。然而作为现代科技之结晶的计算机所表现出的所谓智能,尽管在许多方面已远胜于人类智能,但它只能按形式规则进行形式转换,而不能像人类智能那样主动、有意识地关联于外部事态,即没有语义性或意向性。因此在本质上它只是句法机,而非像人那样的语义机。有些人甚至据此认为,已有的机器智能根本就不是智能。因此摆在人工智能研究面前的一个瓶颈问题就是研究如何让智能机器具有意向性,如何让句法机质变为语义机。

20 世纪 60 年代以来,作为已有人工智能理论基础的计算主义一直是争论的焦点,各种批评蜂拥而至。卢卡斯(J. A. Lucas)依据哥德尔的不完全性定理论证说,人类的心灵不可能是图灵机,因此机器智能并不是对真实智能的模拟。① 还有专家认为,智能的本质不在符号转换中,而应到智能主体与外部世界的相互关系之中去

----

① J. A. Lucas, "Minds, Machines, and Gödel", *Philosophy*, 1961, 36: 122 – 127.

寻找。因为如果割断了这种联系，那么内在的符号就完全是无根基的。只有将内在符号建立在外在世界的基础上，它们才可能获得它们所必需的"意义"。① 哲学家们对计算主义的批判所依据的主要是一些新的哲学理论，如表征论，关于意义、内容的宽理论（外在主义），还有人依据随附性理论等。在这些批判中，塞尔所提出的问题"最著名"，② 得到了许多人的支持，如萨哈伯（G. Sahab）说："语义学是目前与心理有关的大型执行程序的一个瓶颈。"③ 这也就是说，意向性或语义性问题是已有 AI 研究的一个瓶颈问题。由于这一问题最先是由塞尔提出的，因此可称作"塞尔难题"。它针对的主要是以图灵智能观为基础的经典计算主义及其 AI 研究实践，聚焦点是 AI 专家、自然语言处理研究方面的权威尚克的能理解故事的程序。尽管塞尔的批评主要集中于这类程序，但塞尔同时强调：他的批判适用于广泛的 AI 程序。在这里，我们先从他所批判的各种 AI 理论和实践说起。

第一节　"图灵测试"

人工智能研究既是一门有形而上性质的抽象科学，又是一门十分具体的应用工程学。因为它不仅要解决计算机如何能表现出人类智能，计算机实现智能需要哪些原理、条件和技术支撑等问题，而且要站在像哲学一样的高度来回答智能是什么，有何标志、特征，其实现有何条件等问题。在此意义上，许多人工智能专家认为，这一学科"是一般性的智能科学""是认知科学的智力内核""它的目标就是提供一个系统的理论，该理论既可以解释（也许还能使我们复制）意向性的一般范畴，也可以解释以此为基础的各种不

----

① M. Scheutz (ed.), *Computationalism*: *New Directions*, Cambridge, MA: MIT Press, 2002, p. 14.

② Ibid. .

③ G. Sahab, "Comsciousness", in S. Nuallán et al. (eds.), *Two Scienses of Mind*, Amsterdam: John Benjamins Publishing Company, 1997, p. 389.

同心理能力"。① 这与其说是一个定义，不如说是一个雄心勃勃的计划。玛格丽特·博登等人甚至在人工智能科学中专门为形而上学留了地盘，把它称作"人工智能哲学"，并认为它是最一般的智能科学，与心灵哲学、语言哲学关系密切，是认知科学哲学、计算心理哲学的核心。从思想内容上说，它内部有符号加工理论和联结主义的分野。从对智能建构前景的态度来看，它有两大对立倾向，一是强人工智能。这一倾向强调的是：计算机不只是研究心灵的工具，而且带有正确程序的计算机可被认为具有理智和其他认知状态，在此意义上，恰当编程的计算机就是心灵。二是弱人工智能。它认为，计算机只能是我们研究和认识心灵的一个工具，本身并不具有真正意义上的智能。所有这些争论和新的倾向都与图灵的工作和理论有关，因此我们的分析从这一源头开始。

著名数学家图灵（A. M. Turning）是强人工智能最早也是最权威的代表。他在 20 世纪 50 年代提出的"图灵测试"不仅是指导后来计算机发展的重要理论基础，而且提出了关于智能的一种新颖别致的、有极高应用价值的见解。

对于究竟什么是智能，计算机能否表现出智能这类问题，图灵试图作出新的回答。他意识到：要作出新的回答，就要提出新的、更有助于解决问题的问题，亦即要找到合适的提问方法。他认为，正确的问题应该是：某种可构想出的计算机能否表演"模仿游戏"？一台计算机能以无法与人脑的回答相区别的方式回答提问者的问题吗？也就是说，判断计算机有无智能，不应看其内部细节和过程，而应看它的实际表现。机器如果能完成人需要用智能完成的行为，如果能像人一样回答提问，那么也应认为它有智能。②

图灵所说的模仿游戏是这样设计的，它有三个人参与，一个是男人（A），一个是女人（B），还有一个是提问者（C），其性别不

---

① ［英］博登编：《人工智能哲学》，刘西瑞、王汉琦译，上海译文出版社 2001 年版，第 2 页。

② ［英］图灵：《计算机与智能》，载博登编《人工智能哲学》，刘西瑞、王汉琦译，上海译文出版社 2001 年版，第 56—57 页。

限。C 在与 A、B 分开的第三间房子里。他的任务是，提出问题并判定参加游戏的两人中哪一个是男性，哪一个是女性，他以 X 和 Y 分别称呼 A 和 B。游戏是这样进行的：C：X，请你告诉我，你的头发长度，可以吗？假定 X 实际上是 A，那么 A 必须作出回答。A 在游戏中的目标是，尽量使 C 作出错误判断。于是，他可能回答说："我的头发是瓦盖式的短发，① 最长的一束大约长 9 英寸。"为了不让提问者从声调中得到帮助，这些回答是写出来或打印出来的。第三个游戏参与者（B）的目标是帮助提问者。对她来说，最好的策略或许就是如实回答。她在回答时，可以加上这样的话："我是女性，别听他的！"但是这种做法无济于事，因为那个男士也可以运用同样的方式。

图灵认为，在这里可提出关于智能的哲学问题："如果在这个游戏中用一台机器代替 A，会出现什么情况？"在这种情况下做游戏时，提问者作出错误判断的次数，和他同一个男人和一个女人做这一游戏时一样多吗？这些问题实际上就是这样的问题："机器能够思维吗？"图灵断言：计算机肯定能通过上述测试，即让 C 分辨不出他是男性还是女性。因此图灵的结论是：有智能就是能思维，而能思维就是能计算，所谓计算就是应用形式规则，对（未解释的）符号进行形式操作。他说："一台没有肢体的机器所能执行的命令，必然像上述例子（做家庭作业）那样，具有一定的智能特征。在这些命令之中，占重要地位的是那些规定有关逻辑系统规则的实施顺序的命令。"②

图灵也有自己关于计算机的构想。1936 年，他在《论可计算的数字》（*On Computable Numbers*）一文中论证了"逻辑计算机"的思想。1937 年，丘奇（A. Church）在《关于图灵的评论》（*Review of Turning*）一文中把这种机器称作"图灵机"。它由有限

----

① 即一种女式发型。

② ［英］图灵：《计算机与智能》，载博登编《人工智能哲学》，刘西瑞、王汉琦译，上海译文出版社 2001 年版，第 88 页。

的纸带和一个浏览器构成。纸上写的是有限数量的、具体的（如二进制）符号，浏览器沿着纸带上的符号来回移动，对符号进行阅读，或写出新的符号。丘奇不仅坚持思维即计算的信念，还根据递归函数对之作了阐述，指出：可以这样定义正整数的有效可计算函数，即把它看作是正整数的递归函数。[①] 也就是说，可用两种形式化方法定义计算，即分别把它定义为递归函数和 λ - 定义函数。而这两种定义又是等值的，因为它们强调的不过是：计算就是从输入到输出的函数或映射。鉴于图灵和丘奇两人有共同的发现，人们后来常把这一时期诞生的新的智能机械论称作"丘奇—图灵论"。

图灵论证说：特定的图灵机即通用计算机可以通过编程完成其他图灵机所完成的任务。12 年以后，随着高速自动开关技术的发展，通用图灵机便变成了现实。应承认：图灵所设想的计算机不同于现代意义上的计算机，因为这种计算机是基于人的某些活动如冗长的数字计算活动而设计的一种理想机器。它依赖于纸带上被写入的有限长的数字，一旦读取了一个数字，它就开始执行下一个步骤。1950 年，图灵在伦敦研制出了一台计算机，即电子储存程序计算机。这是当时世界上最快的计算机。当然，对于后来的研究来说，图灵机的意义只在于：它作为人的心灵（计算机）的模型而影响着后世。根据他的设想，理想的计算机应该像这样的人，他有纸、笔、擦皮，服从既定的程序。他说："数字计算机之后的理念应这样给予说明，这些机器旨在完成过去由人类计算机完成的工作。"[②]

从本质上说，图灵机的所谓计算其实是问题决策或求解，亦即谓词计算。对此，丘奇（A. Church）作了更明确的解释。他说："符号逻辑系统的所谓决策问题应理解为寻找一种有效方法的问

[①]　A. Church, "An Unsolvable Problem of Elementary Number Theory", *American Journal of Mathematics*, 1936, 58：345 – 363.

[②]　A. M. Turing, "Computaling Machinery and Intelligence", *Mind*, 1950, 59：436.

题，借助这种方法，该系统基于 Q 在其中的内涵，能确定 Q 在该系统中是否是可证明的。"① 这里所说的"有效的"是数理逻辑术语。一种数字方法如果是"有效的"，当且仅当它能执行人类计算机也能遵守的一列指令。因此在这里，关键是找到人类机器所遵循的某种程序，也就是说，谓词演算的决策问题不过是找到人可执行的某种程序。总之，人们所说的"图灵论断"或"丘奇论断"不过是这样的主张，即任何有效的方法都能为图灵机实现。这里的"有效的"其实可替换为"机械的"或"可计算的"，它们是没有什么区别的技术术语。因为"机械的"指的是能执行计算程序的机器，"可计算的"指的就是有效性，其意思是：一种函数能被计算，当且仅当存在着一个有效的程序来确定它的值。

图灵机的运作及其原理可用函数术语这样表述：说函数 f 能为一机器 m 产生出来，不过是说：对于每一函数自变量 x 来说，如果 x 作为输入提供给了 m，那么 m 就会执行某种有限的自动加工步骤，最终产生出相应的函数值 f（x）。普特南从心灵哲学角度阐释和发展了图灵的思想，建立了类似于计算主义的功能主义。普特南说：唯物主义者承诺了这样的观点，即至少从形而上学上说，人就是机器。不难理解，图灵机的概念可以看作是明确阐述这种唯物主义观点的一种方式。② 有理由说，图灵的思想成了现代新机械论的基础。后经许多人的发展，它演变成了以机械论为核心的各种主义，如计算主义、机器功能主义等。

值得注意的是，在说明图灵的智能观时，人们一般把它归结为行为主义。笔者认为，如果以为他的所谓行为主义只重视行为判据，而否认对智能的内在特点的说明，那就大谬不然了。不错，关于智能，他提出了新的不同于内在主义的外在行为标准，即反对预设的标准，而强调这样的检验：如果机器能以无法与人类回答相区

① A. Church, "A Note on the Entscheidungs Problem", *Journal of Symbolic Logic*, 1936, 1: 41.

② H. Putnam, *Renewing Philosophy*, Cambridge, MA: Harvard University Press, 1992, p. 4.

别的方式，做加减法或阅读十四行诗，或做模仿游戏，那么就可判定它有像人类一样的智能。这显然是一种行为主义的标准。但同时应注意的是，图灵是有自己对智能甚至一般的思维或认知的内在构成、特点、实质的看法的。其基本态度是坚持和发挥传统理性主义和机械主义的这样两个命题：思维就是计算，人是机器。而计算是能表现出智能特性的实在的共性。当然，他这里抓住的共性不是这类对象的质料或构成上的共性，而是形式上的、量的方面的共性。他认为，如果人造的工具或机器也能表现这一特性，那么也可视之为智能实在。因此智能不是人所独特的，而是许多事物共有的形式特征。他的"通用图灵机"构想就是对上述思想的具体诠释。

图灵为了说明计算的本质，提出了自己的关于计算的图灵机模型。在这个模型中，他试图说明：人的认知过程就是计算，而计算是由具体的步骤构成的，如产生由有限数量的单元构成的图式，每一单元都是一个空格，或包含有限字母表中的一个符号。每一步的行为都是局域性的，并且是按照有限的指令表局域地被确定了的。形象地说，人的计算不过是用笔和纸所完成的活动。他关于人的计算的模型是从人的活动中抽象出来的。由于这一模型被形式化了，因此它是一种机器模型。之所以被称为机器模型，一方面他认为，人的心智就是一种计算机器，即一种能计算的机器（所有能做这种事情的物质都可叫做计算机），另一方面他还强调：他所设想的机器（图灵机）可以完成人的计算任务。基于这一点，图灵机就成了人的计算的理想模型。因为图灵机尽管不是现实的计算机，只是一种理想的模型，但它能完成人的计算步骤。根据图灵对人的心智活动的分析，人的心智活动必然遵守计算所具有的下述五个约束，因此人的心智活动在本质上就是计算。这五个约束是：1. 任何计算中，只有有限的符号被写入、被使用了。2. 暂存带的量受到了固定的限制，那就是，人要决定下一步该干什么，他一次只能读入一定量的暂存带。3. 每一次只能写入一个符号。4. 暂存带的一个区域可称作"单元"，而在单元之间的距离，存在着一个上限。5. 人能进入的心智状态的数量也有其上限。图灵机遵循上述这些约束，因此也有自己的计算或智能行为。

图灵对计算的形式主义阐释已包含着后来的强人工智能观的萌芽。例如他认为，人按照固定规则所计算的任何函数也能为图灵机计算出来。他建立的关于认知的模型可称作计算模型，它有两个原则：

1. 可用可计算函数表征任何认知过程。这意思是说，认知过程实即计算过程，即从一种状态映射为另一种状态的过程，或从一种数转化为另一种数的过程。这里所说的"可计算函数"可用例子来说明，例如有一函数：$x + 2y$。这个函数的值是什么取决于用什么数来替换 x 和 y。如果 $x = 3$，$y = 8$，那么其值就会自然出现，即：$3 + 2 \times 8$。根据算术规则，其值就是 19。能够以这种方式求值的任何函数，不管怎样替换它的变量，都可称作"可计算函数"。很显然，从变量到函数值的映射或转换无需什么额外的智力活动，它本身就是一种智力活动。只是这种活动是机械的，是按程序或规则进行的。这是图灵对思维或智力的本质的一种崭新的说明。

2. 机器也能完成人所完成的计算过程，质言之，机器也能表现出认知或智能行为。图灵提出：可以设计出一种通用或普适的机器，它能求解任何可计算函数。这种机器就是著名的"图灵机"。图灵认为，只要它依据有限的规则行动，就能完成任何可能的计算。他还论证说：可以断言大象也有灵魂、能思维。图灵说："上帝只在结合着能给大象一个恰当改进的脑以满足灵魂需要的基因突变的情况下才运用这一权力"，同理，"对于机器来说，也可以作出形式上完全相似的论证。"①

数字计算机为什么能思维呢？图灵说：因为首先，人类的思维就是运算，而运算不过是符号转换，这转换是由规则控制的。他说："人类计算机是遵守固定规则的。"其次，从构成上说，数字计算机也像人类计算机一样，由存储器、执行单元和控制器三部分

---

① ［英］图灵：《计算机器与智能》，载博登编《人工智能哲学》，刘西瑞、王汉琦译，上海译文出版社 2001 年版，第 69 页。

构成。这些思想既为后来的计算主义奠定了基础，又为计算机科学和 AI 研究提供了灵感和框架。① 他设想：数字计算机"可以归入'离散状态机'一类，这些机器的运动是通过突然跳动或是通棘轮，从一个完全确定的状态，转变到另一个完全确定的状态"②。由于它在本质上是一种机器，其运算及其所进至的状态都不外乎是机器运动，因此，"一旦确定机器的初始状态和输入信号，就总是可以预见所有未来的状态"③。

综上所述，图灵所理解的思维或计算就是一种形式转换。这就是说，他只是根据符号处理的形式属性限定了一种特殊的物理机制，这里不涉及具体的物理构成，而只考虑形式转换。如果人的思维或智能就是形式转换，那么有理由说，图灵机也有智能，因为它也能表现这一特性。不难看出，图灵机实际上只是一种有限状态机。因为为了使机器所执行的程序是计算的，即算法的，他强调：该装置是按固定的指令运动的。要如此，他的机器就只能处在有限的状态之中，而且在任何特定时刻，它也只能处在一种状态之中。图灵的上述思想无疑是关于心灵的"计算机隐喻"的根源。他说明了：从一种句法状态向另一状态的转换怎么可能保存这些状态的内容之间的语义联系。因为在他看来，图灵机可以说明：符号的句法属性怎么可能关联于它们的因果属性。图灵认为，这是通过句法属性实现的。符号的句法属性纯粹是符号的高阶形式属性，有了它们，因果规律就可被例示。

第二节 计算主义的基本思想

图灵测试及其所体现的智能观受到了广泛的注意和研究。由于它有一定的科学性和实践上的可行性，因此经过 20 年的发展，现

① ［英］图灵：《计算机器与智能》，载博登编《人工智能哲学》，刘西瑞、王汉琦译，上海译文出版社 2001 年版，第 61 页。
② 同上书，第 64 页。
③ 同上书，第 65 页。

代机械论达到了它的巅峰境界。许多人甚至相信，可用机械论原则解释人类的心灵，今后还可造出能像人脑一样完成复杂任务的机器，当然它完成任务的方式不同于心灵，如它是通过阅读纸带上的指令而完成自己的任务的。基于这样的认识，图灵关于心智的模型在一定时期内便成了哲学、认知科学、生物学等领域中享有较高地位的思想。

从某种意义上说，认知科学的诞生与图灵智能观有密切的关系，至少计算主义的认知科学是如此。因为认知科学的基本精神是强调：心理现象是认知现象，而认知不过就是计算，因此可用程序等计算术语来说明心理过程，而没有必要根据神经过程来解释心灵。随之而来的是这样一些口号的风行，如心灵是程序、大脑是计算机、认知是计算、心灵是计算机等。

现代的计算主义也主要是在图灵思想的影响下产生出来的。其核心概念是计算。如前所述，对计算的逻辑阐述一共有三种，即递归函数、λ-定义函数和图灵的形式主义。应该看到，这些阐释尽管差异性很大，但也有共同性。这表现在：第一，它们都试图从形式上说明计算概念；第二，它们都把计算看作是独立于物理实在的属性。这也就是说，计算与实现它的物理系统是不同的，即使不诉诸后者也能说明前者。由于有共同性，因此上述三种阐释构成了关于心智的"计算机隐喻"的基础或主要原则。这一隐喻有两个假定：（1）心理过程可看作是计算过程，或可用程序来描述；（2）计算过程和执行的关系可类推到人的心与脑的关系之上。这个隐喻后来成了强人工智能的理论基础。客观地说，强人工智能曾有一段辉煌的历史，在特定条件下，可看作是一种有用的纲领。因为它曾孵化出了一些很有影响的计划，如纽厄尔和西蒙等人的"逻辑理论家和通用问题解决机"、Samuel's chechers 计划、Bobrow's Student 等。

在具体阐释计算机隐喻时，有的人试图对第一个假定作出进一步的阐发，如强调：说心智可描述为程序，不过是说：心智作为计算其实是对表征的以规则为依据的加工。而表征有形式和语义属性，只有表征的形式方面才是因果上有效的，而语义性在认知加工中是没有什么作用的。但语义性与形式由于有特定的设计历史而密切联系在一起，因此对形式的计算也便同时具有语义性。基于这一点，计算主义认为，这一观点应成为意识和意向性理论的基石。总之，在计算主义看来，把计算看作是对表征的加工有巨大的优越性，例如：（一）这种计算有因果上的有效性；（二）算法上的可描述性（如可用程序语言来描述）；（三）数字计算机上的可执行性；（四）语义学上的关于性或意向性。

"执行"或"实现"（implementation or realization）是计算主义的又一重要概念。计算主义者一般会辩护说，执行概念无懈可击，因为在计算中，计算状态与物理状态之间存在着一致性，有的还认为存在着同型性（如福多等）。例如冯·诺伊曼 CPU 的部分结构与表述 CPU 的语言之间就有一致性，逻辑门（如"与"门）可说明计算描述如何反映了物理描述，因为它的计算能力可用布尔函数来描述，而其值又与物理实现回路中的物理形态是有关的。

计算主义要解决的重要问题是搜索。因为根据计算主义，智能的特性就在于从一个状态进到另一状态，即由初始状态产生下一个状态，如此递进。要产生的状态很多，甚至可以说，后面的状态呈树状分布特点。如果是这样，那么怎样产生下一特定的状态呢？这无疑要研究搜索。一种方案强调：要找到相关的下一状态，就必须为系统建立全部决策树。这种策略也可称作上向策略。相反的策略是下向策略。它们各有利弊。西蒙和纽厄尔倡导的是启发式搜索策略，即有穷搜索。

基于对人类心智的新的理解，计算主义提出了自己关于心智的新的模型。它有两个要点：一是提出了关于思维或认知的解析性模型，认为人的思维就是一种按照规则或受规则控制的纯形式、纯句法的转换过程。这里所说的"纯形式"就是符号或表征，或心灵语言中的心理语词。这里所说的"规则"就是可用"如果—那么"这样的条件句表述的推理规则，例如如果后一状态或命题蕴涵在前一状态或命题中，那么可以推断：有前者一定有后者，这种转换或映射是必然的。二是提出了关于智能及人工智能的工程学理论。它试图回答这样的问题，即怎样构造一种机器，让它像人一样输入和输出，从而完成认知任务。它的答案是：只要为机器输入人的认知任务的一个形式化版本，它就会输出一个计算结果。这结果像人的智能给出的结果一样。

问题是：人的理性能力是否是受规则控制的？是否可从计算上实现？计算主义的回答是肯定的。它强调：人类的推理过程是受规则控制的，因此可用计算术语予以解释，也可由计算机以计算的、纯形式转换的方式实现。因为结论是否来自某些前提，推理是否是有效的，这是一个纯形式的问题。决定推理有效的东西，与实际的内容或前提和结论表达的意义，没有必然的关系。换言之，结论是否能从某些前提逻辑地推论出来这一问题，可依据推理的有效性来说明。推理是有效的，当且仅当它的前提的真才足以保证结论的真。特定推理的有效性依赖于它能例示的逻辑形式的有效性。从技术上说，只有推理的逻辑形式才有有效和无效的问题。逻辑形式是有效的，当且仅当不存在这样的例示，即它有真的前提，却有假的结论。

如果真的是这样，即推理的有效性取决于推理形式的有效性，与意义无关，那么人类的推理无疑可从计算上加以说明，也无疑可为计算机模拟。但问题并非如此简单，因为人类的推理在许多情况下并不是一个形式化的过程，例如人们常能建立心理模型，然后据以作出推论，有时还能作出直觉推理，更复杂的是，人还能依据典型和原型事例作出推理，甚至作出经验推理。既然如此，计算主义就面临着进一步说明这些反例的重负。而反计算主义正是基于思维的复杂性和必然的语义性提出了证伪计算主义的论证，如：未受教育的主体所作的推理过程显然不可能遵守什么逻辑形式或规则，因此人们的推理常常是非理性或非逻辑，既然如此，就不可能仅根据形式系统来说明人的推理过程及机制。既然存在着非逻辑的推理过程，因此它们就不可能从计算上加以实现，结论只能是：计算主义是错误的。

计算主义有多种表现形式，例如福多（J. A. Fodor）等人的关于心智的表征和计算理论（详后），纽厄尔和西蒙的"物理符号系统假说"以及联结主义。

物理符号系统假说实质上是一种符号主义。它坚持认为，在计算系统中，存在着符号和符号结构以及规则的组合，而符号是真实的物理实在，是个例，不是类型；符号表示什么由编码过程所决定，而与所指之间不存在必然的关联，因此是人为的。思维是依据程序处理符号的过程，或对符号的排列和重组。总之，对符号的处理，对于智能来说，既是必要的，又是充分的。这一假说最关心也最成功的方面就是问题求解。在它看来，问题求解离不开知识。要有这种能力，就得找到知识获取、表示和利用的办法。为满足这些要求，知识工程学便应运而生了。在特定的意义上可以说，符号主义就是一门知识工程学。在它看来，知识的表示以符号逻辑为基础，知识的利用过程实即符号的加工过程。问题求解除了离不开知识以外，还离不开推理，而推理就是搜索，因为问题求解的实质在于：在解答问题中进行最优解的搜索。由此所决定，符号主义非常重视对搜索算法的研究。

在最近几十年的认知科学和人工智能研究中，联结主义发展迅猛。它承认计算概念的合理性，并试图拓展、重构计算概念。就此而言，可把它看作是广义的计算主义中的一员。但同时又必须看到：它又有许多区别于经典计算主义的地方，如强调：符号或计算层面的描述对于计算主义的确是关键的，但不可能成功。要成功，除了要研究计算之外，还必须直接研究大脑过程本身，而要如此，又必须诉诸生物学和脑科学。在它看来，这是认识心灵的根本出路。

它尽管承认计算概念的合理性，但断然反对经典计算主义对它的形式主义阐释，强调要根据动力系统来重构计算概念。格尔德（Van Gelder）指出：计算概念必不可少的东西是有效的程序，而后者又离不开算法中的具体步骤，这种具体性既体现在时间方面，又体现在非时间方面，因此是一个动力学现象。他还认为，在根据动力系统重构计算概念时，最重要的是模拟真实的动力系统，如人的认知系统。① 正是由于有动力学性质，如此重构的计算概念才能克服形式主义阐释的局限性。

联结主义的主要工作是构建人工神经网络。在它看来，人工神经网络的优越性在于，它们能模拟符号计算结构难以模拟的某些认知现象。这是因为：首先，在传统的符号计算结构中，只存在一个处理器，即中央处理单元，它按程序指令进行加工；其次，该处理器的处理过程是串行的，即一个接一个；最后，它只能提取和加工局域性的储存内容。联结主义结构完全不同。这种系统由许多简单的加工单元所构成，每个单元以并行而非串行的方式工作。其中被加工的内容不是局域性的、可寻址的，而是分布在大量的节点之中的，并作为联结模式被编码。

在人工神经网络中，直觉、经验推理还能从计算上实现。因为人工神经网络已表现出了模式匹配的能力。而直接推理中就包含了模式匹配。因为它们涉及对我们过去经验中的结构上相似的情景的类比比较。而"这显然是一种模式匹配"。它们与形式推理有一致之处，即都涉及将当前分辨出的结构与先前的形式进行比较。

总之，联结主义既区别于作为经典计算主义的符号主义，又有一致之处。就不同来说，符号主义试图用符号系统来模拟隐藏在人类认知中的某些功能，尤其是推理和语言能力。而联结主义则试图用联结主义网络或人工神经网络来模拟认知现象。在表征问题上，符号主义认为，心理表征在本质上是具体的，授予心理符号以内容的机制是符号个例与对象的直接关系。这也就是说，符号的内容是由它与对象的关系决定的，与别的符号没有关系。由于符号的内容是具体的，因此由它们所构成的复合心理表征也有这种特征。后者的内容只取决于原始表征的内容，而不取决于表征与表征的关系。因此可以说，"心理表征的构成性可理解为简单的句法串联（con-

---

① T. Van Gedel, "What Might Cognition is, is not Computation", *Journal of Philosophy*, 1995, 91：381.

catenation）。当符号结合为复合表征时，每一符号就会把它的内容带给由它组成的复合表征"①。另外，符号表征具有二进制本质，即要么出现，要么不出现，不会既出现又不出现。再者，如果心理表征是符号性的，那么它们表征的范畴就一定像二进制的逻辑单元一样，对象要么在范畴中，要么不在。联结主义对表征的看法大不相同。它认为，表征不是以单个的东西或符号的形式出现在心理状态之中的，而是关系性的。即使是个例心理表征也是如此，它们以分布性的形式出现，即可看作是一种广泛分布在相互联系的网络中的激活模式，或者说是许多模式相互作用的结果。由此所决定，个例表征的意义就不是由对象孤立地决定的，而是由它与其他表征的相互关联决定的。一表征有什么意义，完全决定于与它关联在一起的许多表征的相互作用的方式。由此所决定的，一表征的内容不可能凝固不变。因为有关的单元稍有变化，联系方式稍有变化，内容就会变化。同理，一表征授予复合表征的内容也是变化不定的，因为它与其他表征的关系一旦发生变化，它给予复合表征的内容也将不同。另外，在联结主义看来，表征在获得内容时，一定离不开情景，一定会受到情景的调节，这也就是说，表征有对情景的敏感性。

当然，也应看到：联结主义与符号主义也有一致性。其主要表现是，两者关于信息加工的观点实际上是从不同层面对同一对象的不同描述。例如联结主义范式属于亚符号范式，它适用的描述层次低于符号系统。因此从本质上说，联结主义模式可以归结为符号加工模式，因为根据图灵标准，人工神经网络的加工过程也是可计算的，它们的转换功能和激活功能都是算法，它们的并行分布处理也近似于串行加工。反过来，符号系统的加工也可归结为联结主义加工，因为我们可以用人工神经网络来建构逻辑门。只要承认逻辑门，联结主义就等于接受了符号主义的基本原则，因为计算机从本

---

① T. Van Gedel, "What Might Cognition is , is not Computation", *Journal of Philosophy*, 1995, 91: 383.

质上说就是由逻辑门构成的。卡特（M. Carter）说："既然人工神经网络模拟的是符号系统构架，因此符号模型和人工神经网络模型实际上就不存在根本的对立。新生的、发展迅猛的神经生物工程领域中的最新成果都利用了符号系统。"①

从总体上看，计算主义由于得到了多种力量的支持和推动，因此成了当今关于心智的一种既有理论意义又有实践指导价值的重要理论。根据计算主义的观点，人的神经系统类似于计算机的硬件，心智类似于软件。正是硬件使人获得了心智能力，而有心智又不过是有运行硬件的程序。这一观点提供了一种考察心智的极为有用的方法论。而这又成了符号主义的人工智能研究的理论基础。客观地说，计算主义确有自己的优势和价值，例如它继承了心灵哲学中享有崇高地位的功能主义的优点，且又有所前进。因为功能主义实际上承认了关于心智的黑箱观点，而计算主义则告诉我们：黑箱中发生的是计算。这一思想为研究心智提供了一种方法和途径。计算主义同时还包含了许多心智理论的优点，但又避免了许多理论的缺点。例如类型同一论不能说明心智的可多样实现性，而计算主义则能给出较好的说明。

第三节　塞尔的中文屋论证

塞尔提出"中文屋论证"的直接动机尽管只是批评尚克所设计的一个程序，但其意义远不止于此，因为它客观上将矛头对准了 20 世纪 50—70 年代关于人工智能的流行看法，尤其是物理符号系统、图灵测试和各种形式的认知主义、计算主义，当然也涉及根据这些思想所取得的一系列所谓成果，以及在此基础上所形成的乐观和狂热情绪。他说："这些论证同样适用于威诺格拉德的 SHRDLU，魏曾鲍姆的 ELLZA，当然还有图灵机对人类心理现象的

① M. Carter, *Minds and Computers: An Introduction to the Philosophy of Artifical Intelligence*, Edinburgh: Edinburgh University Press, 2007, p. 200.

各种模拟。"① 这里提到的 SHRDLU 是 20 世纪 70 年代比较有影响的自然语言理解系统，其特点是：由于采用了句法—语义分析技术，因此较之 60 年代的以关键词匹配为特点的语言理解系统有很大的改进。这里所提到的 ELAZA 就是后一系统较成功的典型。这也就是说，它有批判所有一切计算主义的意义。因为尚克所设计的能理解故事的程序体现的就是计算主义的智能观。该程序的目的是模拟人类理解故事的能力。众所周知，人类理解故事的特点是能理解故事的直接信息以外的间接的、需要借推理或经验才能知道的信息。强人工智能学派认为，如果机器在听到故事之后输出的"正是人类听了同样故事之后会作的那种回答"，那么就可断言机器有理解能力，而有这种能力就是具有意向性特点，具有语义的接受、处理、生成能力的智能的表现。这不仅证明了机器有智能，还有助于"对人类理解故事和就故事回答问题的能力"作出解释，换言之，人工智能可以成为理解人类智能的工具。② 这个测试及结论与图灵测试在本质上有异曲同工之妙，只是比后者更复杂，如进到了语义的层面。尚克自认为，按他的程序设计的机器所完成的听故事的作业，足以表明：机器不仅仅是在模拟人类的能力，同时：（1）完全可以说机器理解了这个故事，并为许多问题提供了答案；（2）机器和它的程序所完成的工作，是对人类理解故事和就故事回答问题的能力的解释。

塞尔通过他的思想实验要指出的是：即使那种程序式 AI 系统在听到故事之后能回答关于故事的提问，但也不能说它有理解能力。它的那种形式转换能力不能叫做理解力或思维力。因为包括理解力在内的人类智能的特点是：不只是形式的转换，而同时涉及对意义或内容的处理，涉及把符号与符号所指的世界关联起来。因此塞尔的论证事关重大，涉及如何认识人类智能的本质特点、如何予

----

① ［美］塞尔：《心灵、大脑与程序》，载博登编《人工智能哲学》，刘西瑞、王汉琦译，上海译文出版社 2001 年版，第 93 页。

② 同上书，第 93—94 页。

以建模这一事关 AI 研究发展方向的重大战略问题。

　　针对计算主义关于人类智能的建模，塞尔设计了这样一个思想实验：假定我（假如是塞尔）被锁定在一间屋子里，在那里，要我处理的是中文文本；而且，假定我对中文一窍不通。对我来说，中文文本和许多无意义的曲线简直一模一样。再假定，在收到第一批中文文本之后，我又收到了带有一套规则书的第二批中文脚本，并带有一套规则书。规则是用英文写的，我和其他以英文为母语的人一样是理解这些规则的。用这些规则，我可以把一组形式符号与另一组形式符号联系起来。这里的"形式"的意思只是说，我根据这些符号的形状就完全可以确认它们。现在，假定又给了我第三批中文符号，同时还有一些指令，它们使我可以把第三批的元素同前两批联系起来，并指示我怎样送回某种特定形状的中文符号，作为对第三次给我的那些特定形状符号的响应。给我符号的人，我并不认识，他们把第一批符号叫"脚本"，第二批符号叫"故事"，第三批符号叫"问题"，同时，把他们给我的那套英文规则叫"程序"。又假定，经过一段时间，我变得擅长遵循指令来处理中文符号，同时程序员也变得擅长编写程序，以致从外部来看，也就是据我屋外的那些人来看，我对问题的回答与讲中文母语的人的回答毫无区别。凡是看过我的回答的人，谁也不会认为我一个中文字也讲不了。让我们再假定，我对英文问题的回答，与其他讲英文母语的人也没有区别，这当然是毫无疑问的。从外部来看，也就是在那些读了我的"回答"的人看来，我对中文问题和英文问题的回答都同样好。

　　这就是当今有关领域几乎是"家喻户晓"的"中文屋论证"。对它稍作变换，也许更有助于理解其思想实质。例如可把完全"不懂中文"的"塞尔"换成完全不懂数学的校对员。按照图灵的"智能"标准，能按照原稿上的字符对被校稿上字符之对错作出判断，似乎就应承认其"懂数学"，因为他正确完成了必需的形式转换，而能如此就是懂数学的智能。其实不然。这说明：仅从形式上规定智能而不考虑内容，是不正确的。

　　基于这个实验，塞尔对尚克、图灵的智能观作了尖锐的批判。

这种智能观，如前所述，就是强人工智能观，它的第一个论断是：编程的计算机能够理解故事；第二个论断是：这个程序在某种意义上体现了人类理智的特点，甚至可以看作是心智。针对第一点，塞尔说："我的输入和输出，与讲中文母语的人没有区别，而且你想要任何形式的程序，我都可以有，但我仍旧什么也不理解。根据同样的理由，任何故事，无论它们是中文的、英文的，或是其他文字的，尚克的计算机一概都不理解，因为在中文的情况下，计算机就是我，在计算机不是我的情况下，与我什么都不理解的情况相比，它同样也无知。"① 针对第二个论断，他指出：这个论断貌似有理，其实不然，因为它完全出于这一假定：我们能够构造出一个程序，它的输入输出同讲母语的人完全一样；此外还由于假定讲话者具有某个描述层次，在这一层次上他们也是一个程序的例示。基于这两个假定，似可假定，即使尚克的程序不是对理解的完整叙述，至少也是部分叙述。尽管它有经验的可能性，但是迄今为止没有任何一点理由能让我们相信这是真的，因为上述例子表明（当然不是证明），计算机程序与我对故事的理解完全是两码事。在中文场合，我具有人工智能以程序方式输入给我的每样东西，而我什么也不理解；在英文场合，我理解每样东西。因此他说："迄今为止尚无任何理由认为，我的理解与计算机程序，即与在由纯形式说明的元素上进行的计算操作有什么关系。只要程序是根据在由纯形式定义的元素上进行的计算操作来定义的，这个例子就表明了，这些操作本身同理解没有任何有意义的联系。"②

总之，在塞尔看来，图灵机和尚克的程序所做的事情并不能说明它们有智能。因为智能不在于形式转换，而在于能处理内容或有意向性。人类的智能之所以是真正的智能，根本原因在于：它有意向性。他说："大脑产生意向性的那种因果能力，并不存在于它例

----

① ［美］塞尔：《心灵、大脑与程序》，载博登编《人工智能哲学》，刘西瑞、王汉琦译，上海译文出版社 2001 年版，第 95—96 页。

② 同上书，第 96—97 页。

示计算机程序的过程中，因为无论你想要什么程序，都能够由某种东西来例示这个程序，而它并不具有任何心理状态。无论大脑在产生意向性时所做的是什么，都不可能存在于例示程序的过程中，因为没有一个程序凭借自身而对于意向性来说是充分的。"①

　　什么是意向性？意向性对于智能来说为什么如此重要？所谓意向性就是心理状态对它之外的对象的指向性、关于性。例如人想到某事，说出某个语词，并不像机器的符号转换那样，什么也不能"关于"，什么也不指涉，而能在想和说的同时，建立一种与世界的关联，并能自主地意识到被关联的东西。而这是纯形式转换所没有的。正是由于心理状态有这种属性，它才能超出自身，把内部所作的"运算"、加工与有关的对象关联起来。而正是有了这样的关系，人才成了人，心灵才成了心灵。其他的事物之间尽管也有相互作用，但那都是不自觉的，没有心灵的主动参与，而人及其心灵与世界的关联由于心灵的意向性这种特殊本质，才能以主动、自觉的形式进行。从信息论的观点看，计算机好像与人没有什么区别，好像也能按人的方式与世界发生关系。例如我想知道我的两个口袋里一共有多少钱，我便把每个口袋中的钱数输入给我的袖珍计算机，它经过运算便告诉我：是多少。毫无疑问，其计算既准确又迅速。从表面上看，这计算结果是关于我口袋里的钱的。其实不然，它完全没有这种关于性。它上面显示的数字好像关联它之外的、我口袋里的钱，其实这种关联是我"加给"或"归属"给它的。人的计算尽管没有计算机准确和迅速，但人在计算时，自始至终都是关联着计算过程之外的实在的。

　　有意向性，从语义学的角度可以说是有语义性。所谓有语义性，就是指心理状态与之发生关系的符号有意义、指称和真值条件。质言之，一旦心中出现某意象或符号概念，它就能把它与有关的事态关联起来，即知道是关于它的，而不是关于自身的。计算机

----

① ［美］塞尔：《心灵、大脑与程序》，载博登编《人工智能哲学》，刘西瑞、王汉琦译，上海译文出版社2001年版，第119页。

处理的即使是符号或句法，但它始终是纯形式的，它至少到目前为止还不知道把它与指称或外物关联起来。为什么有这种不同呢？根源仍在于：人的符号加工中有意向性的因素在起作用，而计算机的符号加工则没有。就此而言，语言与实在的关系问题即指称问题可以归结或还原为心灵与实在的关系问题，即意向性问题。

塞尔由上还得出了这样一个更为激进的结论，即已有的 AI 不仅由于没有意向性因而不是智能，甚至连符号处理都算不上。他说：计算机所完成的形式转换"是全然无意义的；它们甚至不是符号处理，因为这些符号什么也不代表。用语言学的行话来说，它们只是句法，而没有语义。那种看来似乎是计算机所具有的意向性，只不过存在于为计算机编程和使用计算机的那些人心里，和那些送进输入和解释输出的人的心里"①。

基于上述分析，他还反对把计算机的加工理解为"信息加工"。而在知识界和日常生活中，一般都认为，计算机和人脑所做的工作就是"信息加工"。他说："在计算机正确编程之后，就理想地带有和大脑一样的程序，在这两种情况下，信息加工是完全等同的。""如果'信息加工'的意思是，当人们比如在思考算术题时，或者在阅读故事并回答有关它的提问时，所做的是'信息加工'，那么编程计算机所做的事就不是'信息加工'，而是处理形式符号。程序编制者和计算机输出解释者使用符号来替代现实中的物体，这个事实完全是计算机范围之外的事。我们重复一遍。计算机只有句法，而没有语义。"② 就拿尚克设计的能理解故事的程序，或中文屋中的不懂中文的塞尔以及其他任何 AI 系统来说，它们所完成的只是符号处理或形式转换，即有限符号集上的有限长符号系列的决定型的形式转换。它们的所谓的理解过程只是从表示问题的符号系统出发，按规则进行加工，最后得到符合要求的符号系列。

① ［美］塞尔：《心灵、大脑与程序》，载博登编《人工智能哲学》，刘西瑞、王汉琦译，上海译文出版社 2001 年版，第 113 页。
② 同上书，第 115—116 页。

在这里，问题的表示十分关键，而这种表示又依赖于意向或关联作用。很显然，这是计算机完全做不到的。人之所以能对问题作出表示，是因为人在建立一个形式系统时，能规定所用的符号，能规定符号连接成合法系统的规则（语法），进而让符号串如何表示问题领域中的意义。换言之，这里是离不开理解和解释的，正是因为有这样的内在过程，符号与问题及其意义才得以关联起来。很显然，经过符号转换而形成的作为结果的符号串究竟有何意义，它代表什么样的问题解，这些工作都无法由计算机来完成，只能靠有意向性的人来做。

从表面上看，计算机的所谓智能行为表现经历了人的这样的智能行为过程，即一个由问题形式化（解释）到形式转换（加工、处理），再到形式问题化（解释）这样的过程。其实，计算机只能完成中间的过程，而第一步和最后一步的解释都离不开人的真正的智能。这也就是说，第一步中的由非形式化领域向形式化领域的转变，以及最后一步中的由形式化领域向非形式化领域的转变都是计算机的"智能"完成不了的。之所以如此，是由于它没有像人那样的关联能力或意向性。

这里还有这样的问题，即存在着不同形式的意向性，如原始的和派生的意向性，塞尔承认这种划分。如果是这样，我们不是可以说：计算机像语言符号一样有派生的意向性吗？塞尔承认这一点，但强调：派生的意向性并不是真实的意向性。如果是这样，便会有这样的问题：是什么把派生意向性与原始的意向性区别开来呢？后者的必要的、最重要的决定因素是什么？塞尔的回答很干脆：是意识。他说："不参照意识而企图描述和说明意向性是一深刻的错误。"[①] 在他看来，心理状态之所以能主动地指向、关联于世界上的事态，是因为它有意识，即既能有意识地去指向，同时在指向的过程中和之后，又能意识到指向了什么。塞尔的论证得到了许多人

---

① ［美］塞尔：《心、脑与科学》，杨音莱译，上海译文出版社 2006 年版，第46—47 页。

的肯定，因此成了人工智能等领域引用频率最高的经典。有的人还在此基础上从语义学的角度作了发挥，认为，现有的计算机之所以不令人满意，一点也看不出超越人脑的希望，根本原因在于：人脑不仅是句法机，而且是语义机，而计算机仅仅只是句法机。塞尔不赞成后一观点，强调：它连句法机都算不上，因为它内部真实发生的是电脉冲的转换，而并没有句法转换。句法转换是我们人为了解释计算机的行为而归属给它的。

传统的 AI 研究有这样一个唯物主义预设：既然自然智能是物质性实在人脑的特性，那么只要把有关原理弄清了，且方法得当，那么只要造出像人脑那样的构造，就可创造出智能。事实至少部分证明了这一设想，例如人的逻辑推理、数字计算、定理证明等能力已通过创造出像人脑那样的构造而被创造出来了。如果是这样，如果意向性的确是智能的根本特点，那么让机器表现这一特点也应是完全可能的。塞尔断然否定这样的可能性。这也正是他的"中文屋论证"所包含的又一结论。在他看来，我们通常说计算机完成了符号转换或加工，那不过是一种隐喻，或我们以之所作的解释。其实，它能做的只是对电脉冲进行转换。任何电子计算机都不可能真的处理符号，也不可能真的指称或解释任何东西。意义、意向性、符号加工只能由特定的生物组织实现。当然，他不否认心智的可多样实现性，正像除叶绿素之外，许多别的物质也可能催化碳水化合物的合成，同样，意义等也可能由别的物质实现。但塞尔同时强调：意义和意识之类不可能由计算机实现。因为意义、意向性是生物现象，必须由特定的生物组织来实现，而这些生物组织则是经过漫长进化而形成的有特定因果力的生物大脑。他说："只有一类类型非常特殊的机器，即大脑和那些与大脑具有相同因果能力的机器，能够思维。"① 在他的最有影响的《意向性》一书中，他更明确地说："本书处理意向性的方式绝对是自然主义的，我把意向状

---

① ［美］塞尔：《心灵、大脑与程序》，载博登编《人工智能哲学》，刘西瑞、王汉琦译，上海译文出版社 2001 年版，第 118 页。

态、过程和事件看作是我们的生物生命史的组成部分，正如消化、生长和胆汁分泌也是我们的生物生命史的组成部分。"① 塞尔强调：意向性是一种高级的生物或自然现象，从根基上说，它又依赖于更基本的生物过程，或者说前者由后者所实现。他根据"爆燃"的例子说明了这一点：

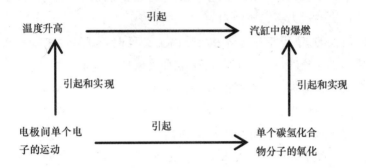

行动中的意向与单个神经元的激活之间也有这层关系：

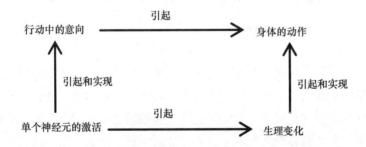

他说：试"考虑四轮内燃机汽缸中的爆燃现象。爆燃是由火花塞的点燃引起的，尽管这种点燃和爆燃都是由微观层次的现象引起并在其中实现的"，但它显然不能等同于下面实现它的层次。同样，"行动中的意向和身体动作都是由一种微观结构引起并在其中

----

① ［美］塞尔：《意向性——论心灵哲学》，刘叶涛译，上海世纪出版集团 2007 年版，第 163 页。

实现的"。① "心理现象和点燃火花塞使温度升高一样,都不是副现象性的。"②

如果说 AI 不能模拟一般生物的意向性,那么说它们能模拟人类的意向性,更是荒诞不经的。因为人脑的意向性是一种更高级的意向性,人以外的许多种群,尽管都具有信念、愿望和意向等意向状态,但它们没有人的意向性所具有的那些特点,如有意识、有目的、有计划、主动能动,还有特殊的逻辑结构,并与语言密不可分。他说:"也许只有人类,具有这种特殊的但也是以生物性为基础的意向性形式,而我们把它和语言及意义关联起来了。"③ 而意义就是说者通过他们的言语来意指某种东西,因此可看作是初级的意向性形式的特殊发展。另外,"意向性不同于其他类型的生物现象,因为它具有一种逻辑结构。"④ 这也就是说,语言及意义是人的最初的意向性形式(从动物那儿继承来的)的产物,而一经产生又塑造了人类意向性的特殊性,使之超越于其他生物的意向性,而具有更加复杂的结构和特点。

塞尔的论证和思想是不断完善的。到了 1990 年,他更明确地把他反对已有 AI 观的观点表述为下面四个公理:1. 计算机程序是形式化的句法实体;2. 头脑具有心理内容或语义性;3. 语法本身对语义是不充分的;4. 心智源于大脑。

塞尔的批评是否适用于人工神经网络?许多人认为,是适用的。弗里德曼认为,目前世界上"只有两种东西"具有下述能力:在暗淡的背景中辨认出移动的物体;在第一次尝试时,用多关节手臂准确地抓握工具;能处理新信息、未确定信息、不完全信息;能进行自我学习;具有期望性;能把注意力集中在重要事情上。⑤ 它们就是人脑和 ART 之类的人工神经网络。在这些能力中,意向性

----

① 〔美〕塞尔:《意向性——论心灵哲学》,刘叶涛译,上海世纪出版集团 2007 年版,第 275 页。

② 同上书,第 277 页。

③ 同上书,第 163 页。

④ 同上。

⑤ 〔美〕戴维·弗里德曼:《制脑者》,张陌等译,生活·读书·新知三联书店 2001 年版,第 59 页。

是其共同要素。人有这些能力，无可争辩，但人工神经网络在塞尔等人看来是没有的。就感知机来说，1959 年，康奈尔大学心理学院的弗兰克·罗森布拉特（F. Rosenblatt）在模拟人的感知能力方面取得了突破性进展，这表现在他设计了名为"感知机"的人工神经网络。人的感知无疑有意向性，而这种有意向性的能力起作用的原理不过是"模式识别法"，例如一支铅笔之所以被认为是铅笔，是因为眼睛得到的信息所形成的模式符合原有的铅笔模式。交谈中的声音之所以有意义，是因为大脑抓住了每个音节并与已有的模式进行比较。感知机也是根据这种原理设计的，因此被激活的输入节点会激活某些输出节点模式。当然它在工作时也像人脑一样要经过隐藏单元。尽管感知机的识别有时是错误的，但毕竟能作出正确的识别。这似乎也能说明它有意向性，即能关联于它之外的对象，并作出判断。弗里德曼说："输入节点就是神经网络'看到'的，输出节点就是网络所'做'的或'得出的结论'。从某种意义上来说，隐藏单元表述了网络在做出动作之前，是如何考虑它所看到的程序以及如何理解输入信息的意思。"① 这些成果不仅受到持较严格的意向性标准的人的批评，就是人工智能界，也有相当多的人对之冷嘲热讽。如明斯基说：这是在浪费时间。由于明斯基是人工智能领域的权威，一言九鼎，因此在 20 世纪 60 年代，"神经网络研究成了智力荒原"②。根据塞尔的标准，神经网络像经典主义的程序一样，只有表面上的关于性。因为它们离不开设计者的赋值或解释，例如它们的输入参数能表示什么，都是由设计者规定好了的，如他必须创造一种编码方法，才能把现实世界中的模式转换为网络中的数字量。输出值究竟表示什么更离不开设计者的解释。因此结论只能是：人工神经网络也没有真正的意向性，因而不是真正的智能。

----

① ［美］戴维·弗里德曼：《制脑者》，张陌等译，生活·读书·新知三联书店2001 年版，第 72 页。

② 同上书，第 73—74 页。

第二章

"中文屋论证"引发的争论

对于塞尔的"中文屋论证",人们的反应各不相同。主要有这样一些态度:第一,有一部分人觉得这个话题对 AI 的具体研究意义不大,因而不屑一顾。第二,还有一些人态度暧昧,不置可否,其原因大概如 B. C. 史密斯所说的那样:关于意向性是什么,无论在计算机科学圈内还是圈外,都没有达成一致的看法。①第三,对之表示震惊和关注,甚至表示赞成与喝彩,觉得它既有学理意义,又有实践价值,并对之作进一步的研究。第四,批评与反对,当然也有讥讽之声,如有的人甚至奉劝塞尔要注意"克服对人工智能的无知"②。为了全面了解这一领域的研究状况,我们这里拟对有关批评与论争作一考察。先看博登的批判。

第一节 "逃出中文屋论证"及其他

博登的批评针对的是塞尔中文屋论证的两个结论:1. 计算理论只注意到了思维的纯形式方面,因此无助于对心理过程的理解。意义或意向性是不能用计算术语解释的。换言之,符号主义不能解释人心是怎样运用信息的。2. 意向性依赖于大脑的因果能力,而

---

① B. C. Smith, "Reflection and Semantics in a Procedural Language," Cambridge, MA: MIT Ph. D. Dissertation and Technical Report LCS/TR – 272.

② 参阅［英］博登《人工智能哲学》,刘西瑞、王汉琦译,上海译文出版社 2001年版,第 129 页。

计算机的硬件和程序不可能产生意向性，换言之，它们对意向性是不充分的。

对于第一点，博登认为，像塞尔那样论证不可能得出计算机程序没有意向性或语义理解能力的结论。因为即使是就塞尔所批评的尚克的程序来说，也必须承认它涉及了意义理解，中文屋中的塞尔更是这样。既然如此，就不能说这类过程没有体现意向性。博登说："它的内部符号和过程确实实现了对另一些特定事物的某种最低限度的理解。"① 因此可以说："塞尔对计算心理学的非难缺乏充分的根据。把屋中的塞尔看作计算机程序的例示，并不等于说他一点理解力也没有……计算心理学就并非不能解释意义是怎样附着于心理过程的。"② 在博登看来，塞尔否认计算机程序能够理解是错误的。博登说："例示计算机程序，无论是由人还是由人造的机器来完成，本身就包含着理解——至少是对规则书的理解。在塞尔原来的例子中，至关重要的一点就是屋中的塞尔能够理解书写规则所用的语言，即英文；同样，如果机器人中的塞尔不熟悉英文，机器人就决不会把豆芽投进锅里。"③

在塞尔那里，主张中文屋中的塞尔没有意向性或理解能力的根据是：他不能将中文字符同外部世界中的事件联系起来。同样，尚克的能"理解"故事的计算机程序因为其不能辨认餐馆、不能向服务员交费，因此没有任何理解能力。他还认为，即使给计算机系统增加感知运动能力，也不能让它们有意向性或理解能力。在博登看来，塞尔"在想象的例子与计算心理学的主张之间作了一个错误的类化"④。也就是说，塞尔对计算心理学或计算理论作了错误的理解。根据博登的看法，以这种理论为基础的计算机程序是可以有理解能力的，因为它能把符号与有关过程关联起来。例如中文屋

① ［英］博登：《逃出中文屋》，载博登编《人工智能哲学》，刘西瑞、王汉琦译，上海译文出版社 2001 年版，第 139—140 页。
② 同上书，第 140 页。
③ 同上书，第 132 页。
④ 同上书，第 130 页。

中的懂英文的塞尔至少能理解英文。博登说："他掌握了他所需的英文，这正是解释规则书所必须的，即详细说明怎样接收、选择、比较和送出不同模式的那部分。……他必须理解条件句，因为规则也许这样规定：如果看到'甲'，就应当送出'乙'。同样，他必须理解用某种方式表示的否定、时间顺序和概括。"[1] 另外，机器人的因果行为也足以说明它有理解之类的智能。"如果机器人中的塞尔不熟悉英文，机器人决不会把豆芽投进锅里。"[2] 计算机科学圈内的许多人认为，通过设计相应的程序可以做到这一点。

面对塞尔的驳难，博登承认：那种常见的把计算机程序表征为完全句法的而非语义的做法是错误的。因为任何计算程序都应该而且可能有这样的过程结果，即给程序以语义的立足点，即让它有因果性意义上的语义性。这种语义是指：一种符号有这样的意义，即通过参照它与其它现象的因果联系而体现出的意义。[3] 博登说："学习一种语言就是建立起相关的因果联系，这不仅是词与现实世界……之间的联系，而且是词与解释这些词时所具有的许多非内省过程之间的联系。"[4] 如果计算机程序能建立这样的联系，那么就应承认它有语义理解能力。在博登看来，它是有这种能力的。要让计算机能在"理解"或"解释"的基础上运用这些表述，可通过编写另一种程序来实现，即编写解释程序。例如当问及：谁是Maggie的父亲时，该程序就将LEONARD找出来。如果它能做到这一点，就表明它将符号映射到了有关的对象之上，就等于它有一定的"理解"或"解释能力"。

还有一种回应塞尔驳难、让计算机有理解能力的方法，即建立统一的编程语言理论，通过编制适当的程序，让它既包含指称方面，即有关于性；又包含过程方式，即实现对符号的处理。博登评

[1] [英] 博登：《逃出中文屋》，载博登编《人工智能哲学》，刘西瑞、王汉琦译，上海译文出版社2001年版，第133页。
[2] 同上书，第132页。
[3] 同上书，第139页。
[4] 同上书，第133页。

述说："正如用变量对变量作推理的例子所表明的，一个统一的计算理论，可以阐释反映型知识是如何可能的。"①

关于塞尔的第二种观点，博登指出："这里所作的假定超出了应有的程度，因为它的解释力是虚妄的。塞尔提出的生物学类比是一种误导，他所求助于的直觉也是靠不住的。"②"至于大脑对意向性的生物化学'合成'，就显得更加神秘了。我们有充分的理由相信是这样，神经蛋白质承载着意向性，但是作为神经蛋白，它是怎样具备这种能力的，我们却一无所知。"③ 至于是否只有人才能享有意向性，也大有疑问。他说："目前，并没有特别的理由支持这种设想。……即使将来我们有理由这样想，那也必须建立在经验发现的基础上，直觉是无济于事的。"④ 倒是有这样的计算机视觉研究，它表明："金属和硅毫无疑问能够承载视觉中含有的二维至三维映射所要求的某些功能。"⑤

科普兰（B. J. Copeland）对塞尔等人作了这样的反批评，认为，这些人之所以否定人工智能是真正的智能，之所以否定图灵机及其计算主义，一个重要的原因是，他们误解了图灵机及其理论构想，以为图灵等人的主张是这样的：图灵机能按照编制好的程序、算法进行按部就班的加工，人脑的思维、意识过程在本质上也是如此，也能被描述为一组循序渐进的步骤，因此其过程能被描述为一系列步骤的任何事物都能为图灵机模拟。换言之，只要大脑加工过程中包含有功能或函数关系，这些输入与输出之间的函数关系能用数学语言来描述，那么这些过程就能为图灵机模拟。科普兰说："严格理解的（图灵—）丘奇论断并不是说：能被描述执行了一系列明确步骤的任何事物都能为图灵机模拟。不错，O—机器的行

---

① ［英］博登：《逃出中文屋》，载博登编《人工智能哲学》，刘西瑞、王汉奇译，上海译文出版社 2001 年版，第 138 页。

② ［英］博登编：《人工智能哲学》，刘西瑞、王汉琦译，上海译文出版社 2001 年版，第 125 页。

③ 同上书，第 126 页。

④ 同上书，第 127 页。

⑤ 同上。

为……可以说是由一系列步骤构成的……然而，如果大脑就是一种
O—机器，那么说它的操作能为图灵机模拟就是错误的。"① 这里的
O—机器就是指的普通的图灵机。他还指出，塞尔等人所犯的错误
是一常见的错误，其表现就是以为：丘奇和图灵的结论就是主张大
脑能为图灵机模拟。而在科普兰看来，"严格理解的丘奇—图灵论
断以及丘奇或图灵的任何结论都没有这样的意思"②。总之，塞尔
等人的否定性论证的问题在于：把图灵等人的观点以及有关的计算
功能主义误解为窄机械论。其实，他们的观点应理解为一种宽机械
论。现在的问题是：这种机械论的内容和特点应如何揭示呢？

　　科普兰的看法是：图灵将历史上的机械论与现代数学结合起
来，从而用机器信息加工的抽象理论大大丰富了机械论。根据这种
新机械论，机器具有由低到高的等级结构。图灵机只是其最低的层
次。既然机器如此复杂，而图灵机并非独立的机器，因此就不能将
图灵机等同于心灵。如果是这样，在根据机器理解心灵时，就要作
具体的分析。图灵看到了这一点，因而提出了这样的问题：如果心
灵是机器，那么心灵位于机器等级结构的哪一层次？毫无疑问，有
一种机器的行为是随机的，如赌博机。其实质在于：它们是随机的
有限状态机。在这种机器中，特定状态之后的下一步要进到什么状
态，不是为某一或某些确定的因素决定的，而是由大量随机因素决
定的。还可有这样的数字计算机，它有无限的储存能力，它的下一
步是什么，完全是由随机因素决定的。图灵认为，这样的机器是图
灵机所无法模拟的。

　　人类的心灵也是这样，因此如果说心灵是机器的话，也只能说
它是机器中的一个种类。人类心灵的特点在于有自由意志，因此类
似于随机的状态机。图灵说："要像人类那样行动，似乎要有自由
意志，但被编程的数字计算机的行为却完全是被决定的……可以肯

----

　　① 　B. J. Copeland, "Narrow Versus Wide Mechanism", in M. Scheutz (ed.), *Computationalism: New Directions*, Cambridge, MA: MIT Press, 2002, p. 74.

　　② 　Ibid., p. 75.

定：能模拟大脑的机器必须有这样的行为表现，即好像有自由意志。因此问题必然是：怎样才能实现这一点。一种可能是：让它的行为依赖于像赌博机之类的东西……然而似乎没有必要这样做。因为设计这样的机器是不难的，它们的行为对于不知道它们的具体指令的任何人来说是随机的。"[1] 要想造出能模拟人脑的计算机，就必须设法让它具有随机的特点，即在它选择和决定自己的行为时具有一定的随机性。图灵认为，这不是没有可能的。要让它变成现实，就得在编程时编出适当的程序。沿着图灵的思路，过去 40 多年中，许多人作出了大量的探索，形成了许多关于这种概念机的新的构想。这种机械论尽管还有决定论性质，但却可以产生通用图灵机不可能产生的功能。

持计算主义立场的人一般认为，塞尔的论证误解了计算主义，例如他没有注意到计算主义的下述否定观点。第一，它并不承认任何计算都是心理过程；只承认特殊的计算是心理过程。第二，它并不认为，任何例示了通用机的计算机都有心智；只承认完善地例示了通用机的计算机有心智。第三，它并不认为，个人计算机一定有心智；只承认具有充分的、实际的、能运行特定程序的、有计算能力的物理装置才有获得心智的能力。第四，它不主张形式系统的作用就是心理作用，形式系统的例示对心智是充分的。这就是说，形式系统只是心智的一个条件，不是充分条件。因为许多形式系统如恒温器、电子游戏机，就没有心智。基于这一点，计算主义在定义心智时强调：只有例示了特殊程序的形式系统，才可看作是心智状态。

卡特（M. Carter）是新计算主义的积极倡导者，认为批评和争论对计算主义的发展是有益无害的。基于这一认识，他不仅对塞尔的批评表示了欢迎的态度，而且对其值得注意的问题和思想给予了充分的肯定。例如他承认，塞尔通过他的思想实验把智能的意识和意向性特征凸显出来，是重要而有意义的，并把它们称作是有待计

----

① A. M. Turing, "Programmers' Handbook for Manchester Electronic Computer", *Manchester*: *University of Manchester Computing Laboratory*, 1951, 464.

算主义克服的"困难问题"。在卡特看来,意识的麻烦首先在于,即便是努力地在有意识地知道的心理过程与意识后发生的过程之间作出区分,但在界定意识本身是什么的时候,仍无法作出准确的说明。其次,人有意识这一事实是不可排除的,也是不可还原的。再则,意识具有多义性,如有及物和不及物的用法,有自我意识、宗教意识和主观意识等多种样式。①关于意义问题的麻烦,他说:"心理生活的一个关键方面,即心理状态是有意义的这一事实,是计算主义者不能说明的。"因为"计算是一种纯句法的过程,形式系统的运作过程不外是处理从句法上描述的符号的过程"。②语义学能否为计算主义说明?他的回答是:这一问题的解决,取决于下述问题能否被解决:语义学是否能根据句法操作来说明?塞尔的思想实验及其分析有力地证明:仅仅根据句法所作的分析对于语义来说是不充分的。就意向性来说,卡特说:"如果我们要发展人工智能,那么首要的一环是,它必须能够以相应的方式关联于外部世界。换言之,它必须拥有这样的感知装置,即它能在人工智能与外部世界之间发挥中介作用。而且,我们的新生的人工智能还必须能获得这样的经验,通过它,人工智能能获得表征。"③

在评述中文屋论证时,卡特承认:该论证有力地表明:与外部世界隔离的句法加工对于语义的产生来说是不充分的。因为即使我在中文屋中花几年的时间去执行那个程序,也没有办法理解所加工的符号的意义。理由在于:我的操作与外部世界没有任何关系。因为理解中文的前提条件是:把握了有关的语言要素(如书面语或口语)与语言系统之外的关系。语言的意义不是由内在于语言能力的机制和输入产生的,而是由外在的对象决定的。而要使符号有意义,又离不开人的经验,即与世界打交道的经验。

----

① M. Scheutz (ed.), *Computationalism*: *New Directions*, Cambridge, MA: MIT Press, 2002, p. 202.

② Ibid., p. 175.

③ M. Carter, *Minds and Computers*: *An Introduction to the Philosophy of Artificial Intelligence*, Edinburgh: Edinburgh University Press, 2007, p. 206.

　　这样说是否等于否定了计算主义呢？卡特的回答是否定的。他说："经验对于意义的生成尽管是必要的，但这并没有否证计算主义，只是增加了计算主义者解释的麻烦，如要求他们对意义授予机制提供计算说明。"因为这一思想实验所描述的情形实际上是发生在形式系统中的过程，如符号的重写是根据形式系统作出的，中文屋中的人无疑通过了图灵测试。然而，该思想实验的确有这样的警示：即使该系统被证明表面上有理解力，但该系统运行中却缺少某种关键的东西，即它们本身并不意指任何东西。换言之，中文屋的句法加工即使通过了图灵测试，但并没有语义学。卡特还承认，这一论证的矛头对准的是计算主义，它的否证的逻辑推理是这样的：有语义性是有心智的必要条件（前提1），形式系统的句法操作不足以表现语义性（前提2），因此形式系统的操作过程不足以表现心智，既然如此，计算主义就是错误的。

　　卡特认为，在这个论证中，前提1没有疑义，即是说，他也承认：心智一定有语义或意向性，否则就不是心智，但前提2是值得商榷的。因为它可有两种解释。既然如此，由此得出的结论就有两种可能，既可能不利于计算主义，也可能与计算主义不矛盾。一是弱解释：有一种形式系统，它的操作没有语义性。二是强解释：并不存在这样的形式系统，其操作足以表现出语义性。中文屋思想实验并没有证明：不可能有这样的形式系统，其操作不足以产生语义性，因此这一论证并没有证明计算主义是错误的。在卡特看来，弱解释在本质上是很微妙的，它要说的不过是：存在着许多形式系统，它们的操作不能满足有心智的条件。据此，就不能说，上述思想实验证明了：不存在着能表现语义性的形式系统。他说："我们可以把中文屋思想实验看作是对图灵测试之有效性的起诉书。如果某物即使完全没有理解力，但能通过这一测试，那么该测试似乎就不可能可靠地证明存在着心智。"① 在他看来，中文屋思想实验并

----

① M. Carter, *Minds and Computers: An Introduction to the Philosophy of Artificial Intelligence*, Edinburgh: Edinburgh University Press, 2007, p. 178.

没有证伪计算主义，同时也不能认为，它对图灵测试提供了一份有效的起诉书。因为图灵测试是一种经验的测试，而非一种逻辑的主张。如果它是一种逻辑的主张，那么就可认为，中文屋思想实验对它的确提出了有力的否证。然而，图灵测试强调的不是：通过了图灵测试对于有心智是充分的，而只是说：如果某物通过了这一测试，那么就应该把心智归之于它。质言之，通过图灵测试只是某系统有心智的一个条件，而非充分条件。①

卡特还认为，有一些思想实验可以扮演中文屋论证的角色，但同时有望证明这些形式系统的操作有语义性。因为形式系统在进行句法加工的同时必然会伴随心理表征。他说："有充分根据提出这样的主张，即对各种心理表征包括语义表征的共同的诉求，可看作是这些加工的一个必然的特征。"这也就是说，语言理解的过程并不是孤立的、模块性的过程，而在加工的最后阶段必然涉及意义。他说："足以通过图灵测试的各种经验上可能的系统一定会包含某些有意义的语义表征。"②

哈瑞站在比较中立的立场对塞尔的论证有褒有贬。首先，他认为，塞尔把意向性作为智能的标准是有其合理性的。哈瑞承认意向性对于智能的重要性，他说："无论认知工具是什么，它必须是有意义的。全部有意义的区别性标志是意向性。"③"我们怎样才能从一件根据意义的运用而明确说明的工作，到达一个其工作方式必须用有机的、因果术语描述的工具呢？答案似乎在于意义创造过程的抽象的计算模型的建立。"④ 他说："只有当它能被看作是意向的和标准的时候，才是认知的。"把只有自身意义的事物和具有意向性的事物区别开来，"对认知心理学的真正思想极为重要"⑤。因为

----

① M. Carter, *Minds and Computers: An Introduction to the Philosophy of Artificial Intelligence*, Edinburgh: Edinburgh University Press, 2007, p. 179.

② Ibid., p. 180.

③ ［英］罗姆·哈瑞：《认知科学哲学导论》，魏屹东译，上海科技教育出版社2006年版，第131页。

④ 同上书，第133页。

⑤ 同上书，第138页。

"意向性是真实认知的一个标志。当超越本身，指向一个事物、一个行动、一个想法等等的时候，一个视为有意义记号的物质实体就被那些使用它的人采用"①。依据这一标准，哈瑞承认塞尔中文屋论证的合理性。因为在他看来，计算机的确不像人脑一样有意向性。哈瑞还承认，塞尔的论证击中了心灵的计算模型的要害。因为后者有两个假定：第一，在像人脑这样的物质系统模型中，有意义记号的意向性与认知现象的内容建模无关。第二，作为正确标准的规范与认知过程和程序的建模无关。哈瑞认为，这两个假定的问题在于："人的认知包括依照正确性标准对有意义记号进行处理，在建立一个计算机模型的同时，我们失去了人类认知的两个主要特征：意向性（即记号的意义）和规范性（即标准的一致）。这难道不是这种建模的一种致命的弱点吗？"②

但哈瑞又认为，塞尔的论证有其不可避免的问题，这主要表现在：他扩大了意向性的范围。因为意向性是严格属于人的而不属于大脑的特性，然而他把意向性归属于大脑。哈瑞说："塞尔断言，一个人同样地没有意识到的一些大脑状态，在真正做思考、理解等行为的人那里一定具有意向性……这里是他所作的说明，阐述了关于存在无意识意向状态的这一难以置信的观点。"③ 在哈瑞看来，大脑是没有意向性的，无意识状态也不可能有意向性。他说："我们的大脑不理解。它们没有赋值或思考意义。"④ 既然如此，如果否认计算机是大脑的模型就没有理由了，因为计算机的确不能表现意向性，但大脑也不具有意向性。哈瑞说："如果塞尔希望说明一台 GOFAI 计算机不能充分地成为人类大脑的模型，这个思想实验隐含的比较层次则是错误的……像库尔特已经指出的那样，把大脑人格化是一个严重的错误。当不能足以成为言者的一个模型时，计

① ［英］罗姆·哈瑞：《认知科学哲学导论》，魏屹东译，上海科技教育出版社2006 年版，第118 页。
② 同上书，第113 页。
③ 同上书，第116 页。
④ 同上书，第119 页。

算机也许足以成为一个合格的言者的大脑的适当模型。"① 简言之，有言语能力的人的确有意向性，因此计算机及其智能不具有人及其智能所具有的意向性特征。但如果否认它是人脑的模型则不可取。在哈瑞看来，大脑并不是人本身，而只是人在思考时的一种工具。他说："当我们把大脑当作由人来完成各种不同任务的工具时，这个步骤将产生有益的判断力。"② 计算机不是关于人的一个好模型，但"可能是人的大脑的一个好模型"③。

科普兰认为，塞尔的论证有缺点，例如根据他的论证，我们不能从"比尔从未把铀卖给科雷尔"推出"比尔的公司从未把铀卖给科雷尔"。同样，我们也不能从"比尔不懂中文"推论出"比尔作为其组成部分的系统不懂中文"④。著名哲学家、认知科学家布洛克的批评是：能理解中文的是整个系统，这系统由人、程序、黑板、纸、输入和输出系统等构成，系统的子部分当然不能理解中文，就像孤立的个人不能理解中文一样，既然如此，计算机的CPU当然也不能懂中文。但是它能成为理解中文的思维系统的组成部分。⑤ 当然，布洛克又强调："即使我正确地指出了塞尔论证的缺点，但它也有成功的一面，那就是深化了我们对意向性的本质以及意向性与计算、表征之间关系的理解。"⑥

布洛克承认：意向性对于智能具有不可或缺性，因此基本赞成塞尔的论证及结论。但他又在塞尔的基础上作了进一步的思考，如一系统怎样才能有意向性，意向性的关键要素或条件是什么？他借鉴塞尔在其他地方对意向性与意识关系的论述，回答说：意识与符

----

① ［英］罗姆·哈瑞：《认知科学哲学导论》，魏屹东译，上海科技教育出版社2006年版，第116页。

② 同上书，第118页。

③ 同上书，第120页。

④ J. Copeland, "The Curious Case of the Chinese Gym", *Syntheses*, 1993, 95：173 - 186.

⑤ Ned Block, "The Mind as Software in the Brain", in J. Heil (ed.), *Philosophy of Mind*, Oxford：Oxford University Press, 2004, pp. 268 - 270.

⑥ Ibid. , p. 270.

号加工的执行的关系比意识与符号加工本身更关键……塞尔曾独立于中文屋论证，提出了这样的观点：意向性离不开意识。① 这个论证可以支持中文屋论证，因为如果那个中文系统没有意识，根据塞尔的观点，它也就不可能成为意向系统。②

AI专家卢格尔承认塞尔批评的合理性，如说这一批语的确是抓住了传统的以物理符号系统假说为基础的人工智能方案的要害。他说："传统人工智能的方法论主要对那些预先解释好的状态和状态环境进行探索。这就是说，一个人工智能程序设计者把语义含义的上下文归于或者放在程序的符号中。这种预先解释编码的一个直接结果就是，包括学习和语言等这样的智能性高的任务只能产生一些已经计算好的那些解释功能。"而不能把被加工的符号与语义或所关于的环境直接、主动地关联起来。在这个世界中，人们可以利用和鉴赏幽默，可以体会和欣赏音乐与艺术。而我们现在的人工智能工具和技术离能够编码和利用任意等价的有意义系统这个目标还有很大的距离。③

在说明人工智能当前所面临的几个挑战和未来的方向时，卢格尔又多次涉及意向性问题，如认为，智能行为的特点是让主体整合到世界之中，有物理的具体性特点，而现代的人工智能则不可能做到这一点；其次，人类智能的特点是自关联、自解释，而人工智能关联于什么，符号表示什么，则依赖于设计者事先或事后的解释。④ 这与卡明斯的解释语义学的看法是一致的。总之，如何让计算机加工、让机器的智能具有原始、自发的意向性至少是人工智能必须重点研究的多个重大问题之一。

不过，卢格尔并不完全赞成塞尔的悲观主义，因为他认为，有

----

① J. Searle, *The Rediscovery of the Mind*, Cambridge, MA: MIT Press, 1992, ch. 7.

② Ned Block, "The Mind as Software in the Brain", in J. Heil (ed.), *Philosophy of Mind*, Oxford: Oxford University Press, 2004, p. 270.

③ ［美］G. E. Luger：《人工智能：复杂问题求解的结构和策略》，史忠植等译，机械工业出版社2006年版，第591页。

④ 同上书，第606页。

些 AI 系统事实上已表现出了语义性或意向性，至少有这样的可能性。如果是这样，塞尔的批评就有片面性。例如人工神经网络是通过深入研究自然神经网络、借助从生物得到的灵感而形成的一种计算模型。其特点在于：它是人类认知的比较真实的模型，从信息的储存上说，它的知识资源以分布式方式储存在网络结构中；从加工方式上说，它不再采取串行式的对符号的处理方式；而采取大规模的并行处理方式；从关注的重点来说，它从以前的强调符号表示和合理推理策略转向了对学习和适应能力的研究与模拟。由于这样建立起来的网络是适应世界的一种机制，经过训练的网络是通过学习而形成的，因此它不要求世界被重构为一种明确的符号模型。由这些特点所决定，它便有传统的符号系统所不具有的功能。卢格尔说："使用这种模型，我们可以在混沌的感觉刺激中识别出'有意义的'模式。""一个经过适当训练的神经网络能够有效地识别出新的实例，具有像人一样的相似性感觉能力。"[①] 再如自主体理论。它是当今人工智能中极为有影响的一种关于智能本质特征的理论，与强调意向性是智能的必要特征这类观点有一致之处。根据这一新理论，智能是由自主体的行为表现出来的特性。所谓自主体是指有自动性或半自动性的系统。要么表现为神经细胞，要么表现为物种的单个成员或人。它不管也不知其他系统在做什么，只是一味地履行自己的职责或功能，而且能够独自处理自己要完成的任务。每个自主体都有自己的环境，并只对特定的环境作出反应，如眼睛作为自主体只能对电磁波作出反应。自主体之所以有这种反应能力，是因为它有被封装的特定信息（或知识）和程序指令。一自主体可以与其他自主体相互联系和作用，并组成为更大的自主体，乃至组成为社会。

最后，取消主义对中文屋论证作了特殊的消解，主张：世界上根本就不存在意向性及有此特性的意向状态，它们是错误的民间心

----

① ［美］G. E. Luger：《人工智能：复杂问题求解的结构和策略》，史忠植等译，机械工业出版社 2006 年版，第 592 页。

理学杜撰出来并强加给人的，因此应予取消或抛弃。人不是什么语义机，而是句法机，因此把 AI 建成能完成形式操作的系统并没有错误。其倡导者主要有罗蒂和费耶阿本德等人，在 20 世纪 80 年代以后得到了 P. 丘奇兰德和 S. 斯蒂克等人的有力辩护。

取消主义在本体论上的革命主张是：常识心理学和传统哲学所说的意义、心理内容、表征、意向性是不存在的，例如人们在解释某人出门拿雨伞这一行为时所提到的所谓的信念、愿望、担忧等有命题内容的态度就是不存在的。因为人脑中真实存在的只是神经元及其活动、过程和连接模式。从语言的角度说，取消论认为：由于人身上根本不可能有信念之类的状态或实在，只有真实的神经过程和状态，因此相应的日常心理术语将随着成熟的科学的发展以及它们的术语的常识化而退出交流的历史舞台。纵观人类发展史，人类所使用的语言经常在变化，由于指称不明确、认识不准确、命名使用不当等而产生的语词即所谓的"前科学术语"常被淘汰，如"以太""燃素"等。"意义""意向性"等也将如此，尽管现在没有遭淘汰，但迟早会如此。斯蒂克说："受蒯因的影响，我一直怀疑的是：关于意义和意向内容的常识概念具有完善性和科学上的有用性。"① "我的'正式'的论点是：严肃科学的心理学不应利用常识意向概念，如信念、愿望等。"② 信念、愿望和别的命题态度是不存在的，常识心理学与真完全无缘。

斯蒂克自认为，他的取消论深受蒯因的思想的影响。他首先像蒯因一样对传统的意向实在论作了分析和批判。所不同的是，他的分析是从常识的内容归属开始的。斯蒂克说："从民间心理学中借用来的有内容的信念、记忆之类的术语恐怕根本不适合科学心理学的目的。我猜想：我们对把内容归属于信念所作的分析可以告诉人

---

① S. Stich, "Narrow Content Meets Fat Syntax", in B. Loewer and J. Key (eds.), *Meaning in Mind: Fodor and His Critics*, Oxford: Blackwell, 1991, p. 240.

② Ibid., pp. 240 – 242.

们：民间心理学和认知科学之间的这种婚姻的后代可能是一个残废。"①

内容归属的确是一种常见的行为现象，专业一点说，就是一种民间心理学实践。因为在日常生活中，我们一般人都有这样的实践，即把意向状态归之于自己和他人。如说"我相信……"就是自我归属；再如"他相信……"就是把意向状态归属于他人。如果将其形式化，那么就是：S 相信 P。在这里，S 是某某人或动物，P 是他所相信的内容。斯蒂克把 P 称作"内容语句"，它表明某人相信的是什么，或他有什么信念。意向实在论的问题在于：把归属与实在混同起来了，以为一旦作了意向状态归属，就意味着被归属的人内部有意向状态存在。其实大谬不然。这正像我们过去常用"以太""燃素"解释某些物理化学现象而后来被证明不能认为物理化学现象中存在着以太和燃素一样。为说明这一点，他提出了这样的问题：人的心理状态与归属所用的内容句子是什么关系呢？是不是一种被反映和反映的关系？是不是因为有一心理状态（信念）存在，然后我认识到它，进而说出来？

他的回答是否定的。他认为，人们之所以把某心理内容归属于某人，不是因为他们看到了这个人身上真的发生了一种内在过程，而是由于他们早已有了一种心照不宣的民间心理学理论（以下简称 FP）。由于有这种理论框架，人们一旦看到了某行为，就会把某心理状态归属于他，就说他的心理有什么内容。质言之，归属不是根据实在作出的，因为人们根本不知道人内部的实在是什么样子，而是根据 FP 作出的。因此现在的问题是弄清 FP 的实质。

在斯蒂克看来，FP 并不是反映了心理实在及其本质的理论基础，而是人们不加怀疑，甚至不知道，但会使用的一个假定。由于人们没有对它作批判反思，因此人们不仅认为它是真实的，而且认为 FP 解释是因果解释。它似乎告诉我们，一心理状态与别的心理

---

① S. Stich, "On the Ascription of Content", in A. Woodfield (ed.), *Thought and Object*, Oxford: Clarendon Press, 1982, pp. 203 – 204.

状态，与刺激、行为之间存在着广泛而复杂的因果相互关系。它还认为，信念等状态不是单纯的、无结构的，而是相反。它们由不同的因素所构成。人们在说明信念时，在说明一信念怎样由别的信念产生时，在说明它们的相互关系时，一般把它们与它们的内容等同起来了。至少相信其有心理内容是天经地义的。

斯蒂克否认意向性之类的常识概念，但不否认心理表征概念，认为，它可以成为认知科学的对象。不过，他强调：认知科学在研究心理表征时的任务再不是像以前那样，只研究内容。毋宁说，它的任务应该是："描述这样的概念或知识结构，它们是人们对信念、愿望和别的意向状态的内容的日常判断的基础。"如果是这样，那么就得放弃以前那些"哲学研究"，而代之以认知科学的研究。在这个问题上，他赞同 R. 卡明斯的纲领。他们主张：应抛弃关于意向描述的日常语言以之为基础的 FP 概念，进而建立关于认知的"正统的"计算理论。根据计算理论，"认知系统是自动地被解释的形式系统"。要建立这样的理论首先得提出一种关于认知计算理论的解释战略，即说明这种理论要解释什么，在这种范式中，成功的解释必须做什么。他们的研究方案是：首先确定表征在某种特殊的、诉诸表征的科学理论或理论框架中的解释作用，其次说明表征是什么，应怎样说明它的本质及其作用。①

说心灵是句法机，就是说它是"由句法驱动的机器"（a syntax-driven machine）或"句法组成的机器"。根据这个观点，每一认知状态个例就是一大脑状态个例，它的基本类别是由某种或别的神经生理属性决定的。不过，这些神经生理状态的个例也可以认为有句法结构，就像自然或形式语言中的句子有句法结构一样。即是说，每一认知状态的个例都可认为从属于一句法类型，或有句法形式，正像每一英语句子有句法形式一样。认知过程就是由这些有句法结构的状态的历时性系统构成的。之所以说认知的心灵是一种计算

---

① 以上参阅高新民、储昭华主编《心灵哲学》，商务印书馆 2003 年版，第 730—738 页。

机，根据在于：控制这些认知过程的机制或结构"只对句法属性
敏感"。斯蒂克强调：在研究表征时，重点应放在句法或形式结构
之上，而无需像塞尔所强调的那样要关注内容或意义。

第二节　中文屋论证的知音与辩护

塞尔的中文屋论证尽管受到了许多人的质疑乃至彻底的否定，
但平心而论，赞扬和肯定则是主流之声，多数人至少承认其有进一
步研究的价值。正是因为有这一方面，因此作为该论证之攻击目标
的计算主义也不得不承认：塞尔所提出的问题"最著名，至今仍
受到了广泛的讨论"①。塞尔之后肯定中文屋论证的人又有多种倾
向，如有的人沿着塞尔的思路进一步反思 AI 研究，探讨人类智能
的非形式化特征，寻找 AI 研究摆脱危机的出路。还有一些人另辟
新径，对 AI 研究的问题、原因和新的发展方向作出新的探讨。

一　附和之声

肯定塞尔中文屋论证的人之所以承认它的合理性，主要是因为
他们认为，该论证的确揭示了人类智能有意向性这一根本特征，而
AI 之所以陷入了这样那样的危机和困境，重要的原因之一是没有
抓住这一特征。福卢扎（B. A. Forouzan）指出：计算机实际上不
知道所存储的位模式表示哪些种类的数据，如它们究竟是文本，还
是图像或音频，"计算机存储器仅仅将数据以位模式存储。至于解
释位模式是数字类型、文本类型或其他的数据类型，则是由输入/
输出设备来完成的"。另外，计算机在读入、转换和输出时所做的
事不过是："当数据输入计算机时，它们被编码，当呈现给用户
时，它们被解码。"② 它里面根本没有"知道""意指""理解"之

----

① M. Schentz (ed.), *Computationalism: New Directions*, Cambridge, MA: MIT Press, 2002, p. 14.

② ［美］B. A. Forouzan：《计算机科学导论》，刘艺等译，机械工业出版社 2004
年版，第 12 页。

类的事情发生。

豪格兰德（J. Haugeland）也认同塞尔的部分观点，指出："语言符号只是因为我们给予它们以意义才有意义。它们的意向性……是派生的……计算机本身不能用它的符号意指任何东西——它们只意指我们认为它们意指的东西。"①

对当代认知科学建立和发展作出了奠基性作用的玛尔对 AI 的现状作了这样的描述："人工智能的成果是由以下方面组成的：分离出特殊的信息加工问题，系统阐述用于该问题的计算理论，构造实现这一理论的算法，以及通过实践证明算法是成功的。"②"在这些领域中，我们的知识还相当贫乏，我们甚至还无法开始归纳出恰当的问题，更不用说解决它们了。"这里的问题指的是信息处理问题。而这一问题相当关键，因为要造出理想的人工智能，首先必须"离析出信息处理问题"。③ 然而已有的 AI 研究没有认识到这一点。他说："早期研究本身几乎没有归纳出任何可解的问题。"④ 根据他的研究，造成 AI 研究不令人满意的主要原因是：AI 研究者研究 AI 的主要工作是编写程序。他说："研究工作，特别是对自然语言理解、问题求解或记忆结构的研究，很容易蜕化成为编写程序，这种程序只不过是一种没有启迪作用的、对人类行为方式的某个小方面的模仿而已。"⑤ 因为被编写出来的、让机器执行的程序不过是一种形式上的指令，其加工的符号本身并不意指任何东西。要意指什么，计算的结果究竟有什么用，都有赖于使用计算机的人的解释，因此计算机有无智能也是一个解释问题。

持强 AI 观的麦克德谟特（D. McDermott）也承认："'理解'自然语言方面的研究几乎没有什么实际的进展。信息抽取模型似乎

① J. Haugeland, "Semantic Engines: an Introduction to Mind Design", In J. Haugeland (ed.), *Mind Design*, *Philosophy*, *Psychology*, *AI.*, Cambridge, MA: MIT Press, 1981.
② ［美］D. C. 玛尔:《人工智能之我见》，载博登编《人工智能哲学》，刘西瑞、王汉琦译，上海译文出版社 2001 年版，第 181 页。
③ 同上书，第 188 页。
④ 同上书，第 188—189 页。
⑤ 同上书，第 192 页。

不能说明人们能听意想不到的事情的能力，能听超出了以往所知范围的东西的能力。"① 他的独特之处在于，他尽管承认计算主义以及以之为理论基础的 AI 研究存在着上述问题，但他不仅不放弃计算主义，而且不畏艰难地对之作新的、积极的探讨（详见本书第三章第三节）。

　　现有 AI 只有句法特点而没有语义性这样的结果应是必然之事，因为计算主义的纲领和计划中本来就是这样设想的。它尽管强调：应对 AI 的处理作语义解释，或把语义性赋予 AI 加工，但这种赋予不是一种反映论式的确认，而是具备了某种迹象后的强加。皮利辛在谈语义性的标准时强调：一系统要能从语义上加以描述，必须满足两个条件：第一，系统的全部行为能用形式规则来描述，这些规则适用于该系统的所有状态；第二，系统有这样的合规则性，它们都不违背给予该系统的语义解释。② 很显然，语义描述的根据并不是客观存在的语义性本身，而是行为的形式方面。

　　著名美国认知科学 Xerox Palo Alto 研究中心首席科学家史密斯（B. C. Smith）尽管也是一个计算主义者，但对经典计算理论的计算概念也表达了与塞尔大致相同的看法，如认为，这个概念是根本错误的，没有抓住计算的实质和特点。在他看来，计算并不是抽象的过程，"从根本上说是离不开质料的"。"真正的计算总要涉及关系、语义学和非效能。"③ 因此对计算的研究一定要研究机器，研究什么事情被具体的、物质的过程做出来了。他也承认，已有的计算理论表面上也涉及了语义学，因为它是用语义学的术语如函数、回答、数值等表述的。其实不是这样，例如图灵机纸带上所刻的记号只是一种抽象的符号，并不指示任何数字。至少，对记号作出读取和处理的机器本身不知道它们表示的是什么。它们要有表示力、指称力，离不开它之外的人的解释。总之，"今日被称作有效计算

----

① D. McDermott, *Mind and Mechanism*, Cambridge, MA: MIT Press, 2001, p. 80.

② Z. Pylyshyn, *Computation and Cognition*, Cambridge, MA: MIT Press, 1984, p. 66.

③ B. C. Smith, "Reply to Dennett", in H. Clapin (ed.), *Philosophy of Mental Representation*, Oxford: Oxford University Press, 2002, p. 250.

的理论……与语义学没有任何关系"①。

还有一些人在探讨中文屋论证的基础上作了进一步的引申和发挥，得出了从根本上否定计算主义和以之为基础的 AI 的结论。在他们看来，人类智能除了有意向性、意识之类的质的特征之外，并不具有形式化特征，因此不能服从形式化建模的要求。既然如此，传统的 AI 研究再继续走下去就只能是死路一条。有的人把 AI 研究与炼丹术相提并论。这样的结论尽管过于激进，但无疑提出了值得注意的问题，如究竟该怎样理解智能和思维，它们是不是计算、是否有形式化的方面等。他们对这些问题的看法是：只有一些智能行为、认知任务有形式化特点，如逻辑推理、数字计算，而大部分认知任务并非如此，如归纳、直觉、经验等。既然有一些认知任务，其功能不可能根据形式系统的运作来说明，或者说不能归结为这种运作，因此将心智定义为计算就是错误的。以下棋计算机为例，它要决定下一步最好走什么，常常要进行大量的搜索，例如每秒钟两亿次的搜索。而人类冠军则没有这个必要，也不可能如此。因为人在下棋时并不是以形式系统的角色出现的，人也不可能成为纯粹的形式系统。海姆认为，今天的计算机几乎都是以现代逻辑为基础的，他说："今天大部分计算机都采用初级的布尔逻辑进行搜索和查询。"② 所谓布尔逻辑是现代符号逻辑的一部分，其特点是只关注纯符号本身。"在布尔之前，逻辑所研究的是有关事物的直接和直接所指的陈述。在布尔之后，逻辑成了一种纯符号体系。"③ "传统逻辑始于直接陈述……我们所说的都是眼前的事，而谈话的语境或上下文也让他人都能知道我们所说的是什么……现代逻辑则相反，它模仿现代数学，对实际存在的世界没有任何兴趣。"④ 而人

----

① B. C. Smith, "Reply to Dennett", in H. Clapin (ed.), *Philosophy of Mental Representation*, Oxford: Oxford University Press, 2002, p. 251.

② ［美］迈克尔·海姆：《从界面到网络空间——虚拟实在的形而上学》，金吾伦、刘钢译，上海科技教育出版社 2000 年版，第 12 页。

③ 同上书，第 14 页。

④ 同上书，第 18 页。

的自然心智则不同,它所想、所思、所言的,都是关于世界的,与世界是有密切关联的。

由于计算机和已有的 AI 是以现代逻辑为基础的,因此现代逻辑的上述局限性无疑也遗传给了计算机及 AI。海姆说:"在机器层面上,计算机的中央处理器上的微开关通过按符号逻辑制成的线路把一切都组织好了。"① "计算机系统把我们从对事物的直接领悟中顺顺当当地推到由逻辑间距隔开的世界之中。"②

基于这些认识,他对人工智能的乐观主义作了有力的批判,甚至提出了许多近乎尖刻的观点,如在《炼丹术与人工智能》一文中把人工智能比作炼丹术。海姆说:"当德雷福斯提出他的怀疑之际,正是科研基金流向人工智能之时。"这"可把人工智能的研究人员给惹恼了"。他们请德雷福斯与他们研制的计算机棋手在棋盘上一决高低。德雷福斯自然不敌。这自然使乐观主义者高兴不已。③ 其实,人工智能界并未明白德雷福斯批判人工智能的真实意思。"他所关心的不是一般性的预测结果,而是在这种结果背后的那种将智能草率地比作形式模式或算法的倾向。"海姆接着说:"由于软件程序由明确表述的指令所驱动,所以计算机是在海德格尔所谓的衍生的而非原生的可理解性层面上工作。形式模式处理实在问题时要通过明晰性之屏进行过滤。那些与形式模式不符的实在便在处理过程中给滤掉了。"④

著名科学家哈肯也有类似的看法,他说:"现今的各种计算机仍然远远不能达到被称为'智能'这一要求,因而还无法谈及计算机的智商问题。"⑤ "可以毫无疑义地说,大脑的工作不同于图灵机。用另一种方式讲,当图灵机产生一组数字作为一个数学问题的

---

① [美]迈克尔·海姆:《从界面到网络空间——虚拟实在的形而上学》,金吾伦、刘钢译,上海科技教育出版社 2000 年版,第 19 页。

② 同上书,第 20 页。

③ 同上书,第 59 页。

④ 同上书,第 60 页。

⑤ [德]赫尔曼·哈肯:《大脑工作原理》,郭治安、吕翎译,上海科技教育出版社 2000 年版,第 310 页。

解时，是人给这些数字赋予了具体的含义。如果图灵机发现一个问题不可判定，人可以确定真正发生的事件！"① 在他看来，计算机的所谓智能就是计算，而计算只是一种纯形式的转换，与人的智能有根本差别。他说："所有这些计算机的共同之处是，它们都顺次进行运算，即一个接一个。往往会建立循环。"这种运算与人的运算根本不同。例如人的乘法运算是按这样的规则进行的：$0 \times 0 = 0$，$0 \times 1 = 0$，$1 \times 1 = 1$ 等。计算机的计算是逻辑计算，而不是数字的相加或相乘。所谓逻辑运算是指"与"运算、"或"运算、"非与"运算。究其实质，是一种物理状态的变化。在这样所谓的运算中，出现的是两种状态，要么是电子的开和关，要么是水管里的水是满还是空。由于它与人的计算有某种相似性，我们便把它称作计算。例如在水管上加上简单的机械装置也可用来模拟上述的逻辑运算。② 至于下棋计算机，尽管它能战胜人类的顶尖高手，但也不能说它有超过后者的智力。"它明显以与熟练棋手完全不同的方式工作——计算机靠它的蛮力而不是智力工作。"③ 他不否认已有的 AI 有这样那样的作用和效力，但"计算机在各种情况下的效力和本领，实际上不是依靠它自身的思考能力，而是依靠程序设计者的巧妙构思"④。计算机的局限性还在于："计算机不能（或几乎不能）处理含糊、含混以及诸如此类的问题。"⑤ 总之，"现代计算机距离真正能够思考还很遥远"⑥。

二　殊途同归

美国 AI 专家、掌上型电脑和智能电话及许多手持装置的发明人杰夫·霍金斯（J. Hawkins）和美国哲学家德雷福斯（H. L.

----

① ［德］赫尔曼·哈肯：《大脑工作原理》，郭治安、吕翎译，上海科技教育出版社 2000 年版，第 313 页。

② 同上书，第 311 页。

③ 同上书，第 314 页。

④ 同上。

⑤ 同上。

⑥ 同上书，第 320 页。

Dreyfus）沿着与塞尔既相同又有区别的方向对 AI 研究作了严厉的批判反思，得出了许多极端的结论，如前者说："人工智能正面临着一个根本的错误，因为它无法圆满地解决什么是智能的问题，或者说'理解某个事物'到底意味着什么。回顾人工智能的发展史及其建立的原则，我们可以看到这一领域的发展偏离了正确的方向。"① 尽管已发明了文字处理器之类的装置，"但智能机器仍不见踪影"。② 他还说："多年的努力带来的只是无法兑现的承诺和毫无说明力的成果。人工智能头上的光环开始慢慢退去……尽管有人相信可以通过速度更快的计算机来解决人工智能问题，但大多数科学家都认为以前所有的努力都是有缺陷的。"③

AI 之所以有这样的问题，根本原因是它的理论基础和运作原理有根本的缺陷。例如生理学家麦卡洛克和数学家皮兹在 20 世纪 40 年代就提出：自然智能的本质在于：对形式符号进行转换。而这一特点可以为数字计算机模拟。他们认为：大脑神经元的工作原理与电脑工程师所说的逻辑门一样。计算机的芯片是由上百万个逻辑门构成的，它们被合成精确复杂的电路，一个 CPU 就是一个逻辑门的集合体。逻辑门可以处理简单的逻辑关系，如"与"、"否"、"或者"等。他们设想，大脑也是这样构成和工作的，如由逻辑门和其他的逻辑节点所构成，神经元就是活的逻辑门。如果是这样，如果人脑有确定无疑的智能，那么只要能造出由逻辑门构成的足够复杂的装置，就可用人工的方法造出智能来。④ 在霍金斯看来，这些理论完全没有抓住人类智能的本质及特点。

从结构上看，现代电子计算机是以图灵机为基础建构出来的，而图灵机这台虚构的机器有三个组成部分：一是纸带。它像计算机代码 0 和 1 一样，是用来储存信息的，类似于后来的记忆芯片和光

---

① ［美］杰夫·霍金斯：《人工智能的未来》，贺俊杰、吕翎译，陕西科技教育出版社 2006 年版，第 7 页。
② 同上书，第 34 页。
③ 同上书，第 12 页。
④ 同上书，第 10 页。

盘驱动器。二是处理器。它相当于现在的中央处理器，能按照规则读取和编辑纸带上的信息。三是一个能从来回移动的纸带上读取并记录信息的装置。图灵论证说：如果处理器的规则是正确的，并有足够长的纸带，那么图灵机就可完成世界上任何一种计算，如计算平方根、弹道轨迹、玩游戏、编辑照片、银行交易等。图灵依据他的智能标准，认为电脑可以智能化，其方法就是让它能够完成人类凭智能所完成的行为。如果机器能做到这一点，那么就应认为，机器也有智能。图灵还有"可多样实现"的思想。他认为，尽管智能的实质在于对符号作出处理，但如何处理这些符号并不重要，如既可用一个齿轮装置，也可用一个电子系统，等等，只要它们能表现需要智能才能完成的行为就行了。在霍金斯看来，即使是已为许多人看好的人工神经网络，其现状和前景并不比传统的计算主义好到哪里。从表面上看，相对于传统的人工智能来说，"神经网络是一个真正的进步，因为它的基础是建立在真正的神经系统之上的。"[①] "但很快，我就对这一领域失望了。"[②] 因为"大多数神经网络和人工智能都有一个共同特点——它们只注重行为"。而智能并不等于行为，行为只是其中的一个表现。[③] 他说："智力是某种发生在我们大脑中的东西，行为只是它的一部分。"[④]

在否定 AI 研究的过程中，霍金斯也利用了塞尔的论证及结论。他说："我认为塞尔的解释是正确的。认真思考过中文屋实验的论据和计算机的工作原理之后，我没有看到任何地方有'理解'的发生。"[⑤] 因为这个中文屋与数字计算机很相似，那里面坐着的人类似于 CPU，他只是无意识地执行指令，那些便签纸条是内存，因此无论你多么巧妙地进行设计，以让机器通过模仿人的行为而表

----

① ［美］杰夫·霍金斯：《人工智能的未来》，贺俊杰、吕翎译，陕西科技教育出版社 2006 年版，第 20 页。

② 同上。

③ 同上书，第 24 页。

④ 同上书，第 28 页。

⑤ 同上书，第 14 页。

现出智力，这完全是徒劳的，因为它只能进行形式转换，而人类智能不仅能进行形式转换，而且还知道符号后面的意义。

AI 研究有无出路？如果有，出路何在？霍金斯的回答是：别无他途，只有转向人脑本身，对之作出认真的研究。他说："在不了解大脑是什么的前提下来模拟大脑，是不可能的。"① "要想取得成果，我们必须从天然的智能引擎——新大脑皮层开始探索，必须从大脑内部提取智能。除此之外，别无他途。"为此，他放弃了优越的工作以及手上正在研究的课题，甚至改变了自己的专业方向，来到一个他以前完全陌生的领域——神经科学之中，花大力气予以钻研。其初步的阶段性成果就是他的《人工智能的未来》一书。

德雷福斯赞成格林伍德（P. E. Greenwood）这样的看法：AI研究"大约从 1960 年以来一直无甚重要进展，而且最近的将来，前景也很暗淡"②。德雷福斯断言：以图灵机为基础的数字计算机不能模拟人类智能。因为数学计算机只能对形式化符号作出计算（实即转换），只能从事离散的、确定的与环境无关的运算。而人的智能复杂得多，有些与形式化无关，有些不涉及信息处理，更多的过程是与外部世界有关的，即有意向性或语义性。例如人类有四类智能，其中有些是计算机可模仿的，有些是它不能模仿的，如第一类是初级的联想行为、条件反射，它们可被模仿。第二类是数学思维，它由纯概念构成，可为计算机模拟。第三类是原则上可形式化而实际上无法驾驭的行为。在这里，元素数量在增长，所需转换的数量随着其中元素数量按指数方式增长。第四类是非形式化的行为，如人类的日常活动、不精确和模糊的行为等。在这四类行为中，只有头两项适于数字计算机模拟，第三类只是部分可形式化，第四类全部不可被模拟。

他根据塞尔的论证说明了这一点。在塞尔那里，常识性知识和

---

① ［美］杰夫·霍金斯：《人工智能的未来》，贺俊杰、吕翎译，陕西科技教育出版社 2006 年版，第 15 页。

② ［美］H. L. 德雷福斯：《计算机不能做什么》，宁春岩译，生活·读书·新知三联书店 1986 年版，第 160 页。

技能是人得以有意向性的背景条件。在人工智能中，这成了它前进的一个障碍。许多人都承认：这里的困难在于，不知道如何把常识性知识形式化。例如就日常技能来说，人有这种技能，人就知道在特定场合应该做什么。而它又是无法被形式化和被模拟的。因为要形式化，就需要有更多的常识，以理解所发现的事实和规则，或者需要造出一些复杂得看起来不可能存在的公式。即使构造出来了，它们似乎又不存在于人心中。

再就 20 世纪 60 年代的语义加工研究来说，人们设计了许多处理自然语言的程序，如鲍勃罗的 STUDENT。它们表面上能理解和加工符号后面的意义，有语义机的属性，其实不然。德雷福斯说："这种机器所获得的行为不能称作'理解'。它的确得到了另一个等式，但并没有把它理解为公式……它并不能理解任何东西，这一点可以从它不能在同一题内两次任用这一等式的事实中清楚地看到。"① 他还说："企图给计算机编上程序，让它具有完整的、像雅典智慧女神那样的智能，会碰到经验性的困难和概念上的根本不相容性。"②

人工神经网络的现状和结局同经典计算主义一样惨。他们说："神经网络建模也许只是获得了一个应得的失败机遇，就像符号方法经历过的那样。"③ 这些网络的概括能力表面上像人类智能一样。其实不然。因为它们的"方法是只考虑一族事先规定为许可的变换，即可以算作可接受概括（前提空间）的许可变换。于是这些建模者们试图为他们的网络设计一种构造体系，使这些网络只用它们存在于前提空间中的方式将输入变换为输出。这样，概括就只能按照设计者的条款进行"④。可见，它没有任何的主动性、灵活性、适应性，因此不是真正的智能。因为"人类智能基本上在于对语境以恰当方

① ［美］H. L. 德雷福斯：《计算机不能做什么》，宁春岩译，生活·读书·新知三联书店 1986 年版，第 145—146 页。
② 同上书，第 298 页。
③ ［美］H. L. 德雷福斯、S. E. 德雷福斯：《造就心灵还是建立大脑模型》，载博登编《人工智能哲学》，刘西瑞、王汉琦译，上海译文出版社 2001 年版，第 450 页。
④ 同上书，第 450—451 页。

式进行概括。如果设计者把网络限制于预先定义的一类恰当的响应，这个网络就会表现出设计者就这一语境植入其中的智能，而不会像真正的人类智能那样具有能适应其他语境的常识"①。"如果它要从自己的'经验'学会作出人类式的联系，而不是被教会作出已经由训练者规定好的联系，它就必须也具有和我们一样的关于输出恰当性的意识，而这就意味着它必须具有和我们一样的需求、欲望和情感。"②

三　皇帝的新衣与电脑的大脑

赞成人工智能的人很多，势力很强大。这就像安徒生的童话《皇帝的新衣》中所说的那样，那皇帝穿的衣服本等于没穿，但臣子们为了取悦皇帝，百般奉承。只有一个小孩说了真话：皇帝没有穿衣服。现在的计算机也是这样，本来没头脑，但由于赞成者势力强大，以致没有人敢说真话。英国当代最博学的数理物理学家和哲学家彭罗斯（R. Penrose）在《皇帝新脑》一书中说：只有彭罗斯戳穿了人工智能的这个骗局。他说："虽然这会给你一种电脑具有某种理解人的可怕印象，而事实上它一点也没有，只不过是跟着某种相当简单的规则动作而已。"③

在阐述自己对于 AI 的态度时，彭罗斯旗帜鲜明地指出，他同塞尔有一致之处。他对中文屋论证的理解是：这一论证直接针对的是尚克的一个能理解故事意义的程序，间接地针对图灵测试。关于尚克的程序，彭罗斯指出：在这里，"我们应该考虑的问题是：这类成功是否实际上表明电脑方面或许程序本身方面具有任何真正的理解。"④ 他认为，塞尔的中文屋论证有力地回答了这个问题，即断

----

　　① ［美］H. L. 德雷福斯、S. E. 德雷福斯：《造就心灵还是建立大脑模型》，载博登编《人工智能哲学》，刘西瑞、王汉琦译，上海译文出版社 2001 年版，第 451 页。
　　② 同上。
　　③ ［英］彭罗斯：《皇帝新脑》，许明贤、吴忠超译，湖南科学技术出版社 1994 年版，第 12 页。
　　④ 同上书，第 18 页。

言：那个机器"完全不具备和理解有关的精神属性"①。他说："塞尔的要点是，而且我以为是相当有力的，仅仅成功执行算法本身并不意味着对所发生的事情有丝毫理解。锁在他的中文屋里的（想象的）塞尔不理解任一故事的任一个词。"② "尚克的电脑程序所具有的这类复杂性的算法不能对其实行的任何任务有丝毫真正的理解，对这一点的展示是相当令人信服的，而且它（仅仅）暗示：不管一种算法是多么的复杂，它都不能自身体现真正的理解。这和强 AI 的声称相矛盾。"③ 他还认为，强人工智能观不能成立。后者认为，我们的头脑和精神只能按照计算来理解。只要将算法编制得足够复杂，就能让其表现意识和精神这样的智能特性。他说："我在自己的论证中试图支持以下观点，即任何纯粹计算的图像的确缺少了某些要素。"④ 它们所缺的首要的要素就是塞尔所说的意向性。当然，彭罗斯没说这个词，而常说"意识""知觉""知道"等。这并没有不同。因为意向性包含这些特点。他说："我把'意识'这个词和'知觉'基本上当成同义词。""当我自己处于意识状态时，我或多或少是知道的……我处于有意识时，我似乎必须意识到某种东西。"这东西既可以是内部的心理活动、过程、状态，也可以是外部的事态，还可以是意识自身。很显然，彭罗斯所说的意识就是古今哲学家所说的"意向性"。⑤ 彭罗斯尖锐指出：人工智能专家在讨论智能时常避而不谈意识，这是错误的。因为智能的根本之处是有意识，如果没有意识伴随，行为中就不可能表现出真正的智慧。

　　在彭罗斯看来，智能、智慧离不开意识、意向性。他说："智慧问题属于意识问题范围内，我相信，如果没有意识相伴随，真正的智慧是不会呈现的。"⑥ 既然如此，人工智能在定义智慧时，只

----

　　① ［英］彭罗斯：《皇帝新脑》，许明贤、吴忠超译，湖南科学技术出版社 1994 年版，第 18 页。
　　② 同上书，第 19 页。
　　③ 同上书，第 21 页。
　　④ 同上书，第 515 页。
　　⑤ 同上书，第 469 页。
　　⑥ 同上。

有模拟有意识的智慧，"才会令人满意"。也正是鉴于意识在智慧中的这种基础地位，彭罗斯才说："我真正关心的不是'智慧'问题，我首先关心的是'意识'问题。"①

彭罗斯的批评说明了意识对于智能的重要性，忽略它是不对的。在计算机和人工智能发展的初期忽视它是不得已的。例如图灵就主张：不应追究内心、意识和精神之类的谜团，因为它们在眼下太神秘了。于是他采取了一种"礼貌惯例原则"，暂时把意识搁置于一边，去干可以干的事情，如开展务实的行为模拟、创造具有智能行为的机器。彭罗斯强调：这样做在今天是不行的，因为撇开意识模拟智能，并不是对智能的正确、真实的模拟。

这一观点已为许多专家所认同，不仅如此，有的人还将对意识的模拟付诸行动。克里克相信：随着探讨的深入，意识的神秘性会逐渐消失，机器将会获得越来越多的意识，像人一样决定和说明自己的行为，甚至具有某种自由意志。

彭罗斯还指出：一段电脑程序尽管包含另一段电脑程序的描述（根据一般的理解，一系统如果有关于另一对象的模型，便有关于它的知觉），但是这"并没有赋予第一段程序对第二段程序的知觉。电脑程序的自然参照也不会导致自我知觉"②。这里的自我知觉实即元意向性或元表征，电脑当然不会有。

人脑表面上类似于电脑，"呈现在我们面前的似乎是一台超等计算仪器的图像"③，其实不然。从硬件层面来说，"在我们的脑袋中有一个控制我们动作并使我们了解周围世界的非常了不起的结构"④。这也就是说，人脑之所以不同于电脑，最根本的一点是它能关联于或"了解"周围世界，之所以如此，又是根源于它有特殊的物理结构。以语言加工为例。其中心在大脑左边，关系最密切

----

① ［英］彭罗斯：《皇帝新脑》，许明贤、吴忠超译，湖南科学技术出版社1994年版，第470页。

② 同上书，第473页。

③ 同上书，第438页。

④ 同上书，第432页。

的是伯洛卡区和温尼克区。前者的作用是形成句子，因此可看作句法机，后者的作用是理解语言，因此可看作语义机。它们之所以各有不同作用，是因为"损伤伯洛卡区会减少讲话能力，但不影响理解；而损伤温尼克区域，则讲话仍然流利而没有什么内容"。他承认："神经元激发模型与电子电脑构造之间具有本质上等价的逻辑"，但电脑与人脑之间仍存在许多重大的，甚至今天的技术还难以突破的差别，如神经元的实际连接是随机的，而电脑中的连接非常精确，最重要的是人脑有意识经验，人脑有很强的可塑性，而电脑没有。①

并行电脑能否解决串行电脑没有意向性的问题？"许多人显然持这种意见，认为发展并行电脑是建立具有人脑功能的机器之关键。"② 彭罗斯认为，这是不可能的，因为"并行和串行电脑在原则上没有什么不同。事实上，两者皆为图灵机"。它不过是把独立运算的结果断断续续地合并在一起。其次，"并行经典计算不可能掌握我们意识的关键"。③

怎样才能产生意识和智慧呢？他说："我不相信强人工智能的只要制定一个算法即能召唤起意识的论点。"④ 智慧也是如此，"智慧不能用算法的方法，也就是电脑，正确地模拟智慧……在意识行为中必须有本质的、非算法的成分"⑤。

要模拟意识，必须知道意识的特征。彭罗斯认为，意识的基本特征是"主动作用"。他说："必须有一种行为模式作为意识的特征，有一简单的'底线'原因令人相信意识必须具备某种主动效应"，这也就是意识所"具有的主动作用。"⑥ 电脑的确可以模拟人脑的外部行为、功能作用，如"编一道程序"使它如此行为，但

① ［英］彭罗斯：《皇帝新脑》，许明贤、吴忠超译，湖南科学技术出版社1994年版，第456—457页。
② 同上书，第459页。
③ 同上书，第460页。
④ 同上书，第470页。
⑤ 同上。
⑥ 同上书，第470—471页。

这不意味着它有意识。因为如此被编制的程序及行为本身没有主动性。① 意识的特点还在于：当处于意识状态时，它"连续地进行判断"。"把所有相关的事实、感觉印象、记住的经验都集中在一起，把事物相互衡量，甚至有时形成灵感判断。原则上，只要得到足够的信息即能作出有关的判断。"总之，意识的特征在于判断，在于能关联外在事态，在于能指向对象。而算法做不到这一点，因此以算法为基础而形成的人工智能还算不上真正的智能，人工智能科学离它既定的目标即模拟和超越人的智能的目标还有一道难以逾越的鸿沟，即必须解决这样的问题：怎样让人工智能除了有算法之外，还有有意识的判断能力，即有意向性。彭罗斯说："由混乱的数据中抽取需要的并形成适当的判断，也许没有清楚的算法的步骤存在。"总之，用算法的方法无法模拟人的有意识的判断过程。而当今的机器智能只有通过算法才能发挥作用。这就是人工智能的瓶颈问题。②

要模拟意识，只有寄希望于未来的量子计算机。因为意识的特点是非算法的。既然如此，现有的只能根据算法运行的电脑便不可能模拟人的意识，进一步的结论是：人的真正的智能是数字计算机无法模拟的。要予模拟只能寄希望于未来的计算机，如量子计算机之类。③

彭罗斯指出：要解决这里的问题，即"我们的世界如何行为，以及由什么构成'精神'，也就是'我们'，则我们的确必须屈服于量子理论"④。这就是说，解决人工智能瓶颈问题的出路是回到量子力学。因为量子理论"是许多常规物理现象的基础。固态物体之所以存在……凝固和沸腾现象，遗传的可能性……需要量子力学才能解释。也许还有意识，它是某种不能由纯粹经典理论来解释

----

① ［英］彭罗斯：《皇帝新脑》，许明贤、吴忠超译，湖南科学技术出版社1994年版，第471页。

② 同上书，第475页。

③ 同上书，第474页。

④ 同上书，第261页。

的现象，我们的精神也许是来源于实际上制约我们居住的世界的物理定理的某种奇怪的美妙特征的性质，而不仅是赋予称为经典的物理结构的'客体'的某种算法的特征"①。

　　研究人脑之所以要诉诸量子力学，是因为量子力学的原则和规律在其中起着重要作用。彭罗斯说：有一些物理现象，"其基础的机制必须包含一部分量子力学的因素"，如离子，以及它们的单位电荷、钠和钾门、决定神经信号开关特性确定的化学势、神经传导物的化学作用。另外，"至少在一个明显的地方，单量子水平的作用对于神经活动很重要，这就是视网膜"。② 还有，既然细胞的激活有一个临界值，而要激发该细胞就需要大量的量子。可以猜测：在头脑的某一深处可望找到对单量子敏感的细胞。因此要想让电脑通过模拟人脑而获得人类的智能，就必须认识到，以前的理论基础是有问题的，即没有注意到量子过程对智能的作用。

　　现在通用的电脑不足以模拟人脑的智能，而未来的量子电脑则有这个可能。彭罗斯说："在意识的'一性'和量子平行主义之间可以想见具有某种关系……一个单独的量子态在原则上可由大量不同的，而且同时发生的活动组成。这就是所谓的量子平行主义。我们很快要考虑'量子电脑'的理论观念，这样的量子平行主义在原则上可用于同时进行大量的计算。如果意识的'心理状态'在某种形式上和量子态同类，那么思维中某种形式的'一性'或整体性对量子电脑就比对普通并行电脑更为合适。"③

　　彭罗斯对 AI 的看法也有不同于塞尔的一面。这主要表现在：他在许多问题上，如他自己所说的那样是取"中庸"立场的。

　　第一，他对塞尔的论证的看法就是如此。如前所说，他对这一论证给予了极高评价，并对人们的误解作了澄清，还作了自己的辩解和发挥。但另一方面，他又承认塞尔的论证有不合理之处，甚至

　　① ［英］彭罗斯：《皇帝新脑》，许明贤、吴忠超译，湖南科学技术出版社 1994 年版，第 260 页。
　　② 同上书，第 461 页。
　　③ 同上。

有严重的问题、矛盾。他说:"塞尔表达的特殊矛盾的观点还包含某些严肃的困惑和表面的荒诞。"① 例如就语义性来说,"他声称生物体(头脑)可有'意图性'(intentionality,一般译为'意向性',后面一律用通常的译法)和'语义性',他把这些定义为精神活动的特征,而电子仪器没有。我认为,这对于得到科学的精确理论没有什么用处。也许除了生物系统(而我们刚好是这样的系统)的演化来的历史的'方式'以外,关于它有什么特殊的东西特地被恩准获得意向性或语义性?我觉得这一判语就像教义一样地令人可疑。"②

第二,对图灵测试的看法,彭罗斯也是很辩证的,因而有别于肯定和否定的两极。他说:"我在这方面的看法是比较中庸。"既不像有些人那样绝对肯定,也不像有些人那样否定,认为,"作为一般的原则,不管是多么巧妙的模仿,应该总能被足够巧妙的探测检验出来……我准备把图灵检验接受为在它的选定范围内是粗略成立的……在缺乏任何相反的证据下,我猜想电脑实际上是在思维、感觉等"③。把成功地通过图灵检验当作存在思维、智慧、理解或意识的有效指标的情形,实际上是相当有力的。但另一方面,他又认识到:"要求电脑这么接近地模仿人脑……实在是太过分了。"其次,电脑即使在行为上与人脑相似,但这也不足以证明它真的有意识和理解,说它好像有是可以的。因为它毕竟不能理解"意义",没有生物真实具有的"意识",他说:意识是"迄今所建造的所有电脑明显缺乏的某种东西"④。

第三,在大脑及智能和思维的本质特点是不是形式结构、是否有算法特点这一问题上,他也保持中立。他指出:"头脑的许多行为的确是算法的",这是它与电脑共同的地方,而另一方面,人的

----

① [英]彭罗斯:《皇帝新脑》,许明贤、吴忠超译,湖南科学技术出版社 1994 年版,第 23 页。
② 同上。
③ 同上书,第 9 页。
④ 同上书,第 8 页。

行为中有些是非算法的，如意识及其判断或意向性，而正是这一方面构成了人的智慧的基础。① 他强调：人类大脑驾驭适当的"不可计算的"物理定理，能比图灵机做得更好，这一点是不可理喻的。从宏观角度说，"牛顿世界的确是可计算的"，但是从微观角度说，它又是不可计算的。他说：认为这个世界在实际上是不可计算的"断言是具有某种含义的，这是因为得知的初始数据的精度总是受限制的"，它们具有不稳定性，其"极为微小的改变会导致结果行为的绝大的变化"。② 既然"始初态的精度有限"，因此终态就不能由初态可靠地算出。大脑的行为也是如此，具有不可计算性，甚至可以说是一种具有不可预见性的混沌行为，像长期天气预报一样。

机器能够发现和证明数学定理，似乎是由算法决定的。彭罗斯认为，这只是问题的一方面。他说："数学真理不是仅仅用算法决定的东西，我相信：意识是我们赖以理解数学真理的关键因素。我们必须'看见'数学论证的真理性，它的有效性才能使人信服，这种'看见'正是意识的精髓。"③ 而意识是非算法的。既然如此，要让机器获得类似于人的数学能力就有不可能性，除非有机器能模拟非算法的意识。

彭罗斯超越于塞尔的地方还在于：他提出了一些更专业、更深刻的见解。例如他不回避可计算性、算法之类的问题，而通过对它们的分析进一步指出：不管算法多么复杂，它们都无法表现出真正的理解力，不可证明的命题的真假，靠算法、形式推理是确定不了的，而依赖于数学家的非算法的判断。因为算法无法决定真假，不可能对内容、语义性作出判断。既然如此，依靠算法而工作的计算机是无法处理有真值的语义内容的。在电脑与人脑关系问题上，彭罗斯作了许多新的有价值的探索。他认为，人脑的神经传导的特点在于：信号是全有或全无现象。因为神经元发出的神经传导化学物

---

① ［英］彭罗斯：《皇帝新脑》，许明贤、吴忠超译，湖南科学技术出版社 1994 年版，第 477 页。

② 同上书，第 198—199 页。

③ 同上书，第 481 页。

质，总有一定的量的属性，当到达一定的域值时，就会使下一个神经元受到激发，进而处于兴奋状态（全有）。相反，当刺激低于这个阈值时，就倾向于使下一个神经元处于抑制状态。这与数字电脑的行为有相似之处。因为在电脑中，也有这种全有或全无的状态，即导线要么有电脉冲，要么没有。而这种有和无可表示很多状态，如真与假等。这两种状态也可叫做逻辑门。而逻辑门的种类很多，如"和"（＆），"或者"（∨）、"蕴涵"（⇒）、"全等"（⇔）等。

彭罗斯认为，从表面上看，电子电脑构造与神经元激发模型之间在本质上有等价的逻辑，但两者之间事实上存在着重大的差别。这表现在："首先，把激发神经描述成全有或全无的现象是过于简单，那现象是指沿着轴突移动的单脉冲，但事实上，当一个神经元'激发'时，它发射出一整串距离很近的脉冲，甚至在神经元不激发时，它也发射脉冲，只是以很慢的速率而已。"其次，"神经元激发还有随机的一面，同样的刺激不总产生同样的结果。此外，头脑行为并不需要电子电脑电流所需要的那么准确的计时"。[①] 最大的差别还在于：头脑具有很强的可塑性。"其重要性超过迄今所提到的一切。认为大脑只是导线连接起来的固定神经元组合，在实际上是不成立的。"因为神经元的连接不是固定的，会随着时间不断改变。

对 AI 的未来，彭罗斯的看法也比较折中。他说："电脑会变得更快速，具有更大的可快速存取的空间、更多的逻辑元，并可并行地进行更大数目的运算。在逻辑设计和程序技术方面将会有所改善……也许电脑……的确能非常精确地模拟人类的智慧。"但它现在还很年轻，还算不上真正的有智慧的存在，要让它有意识、思维，甚至是不可能的。[②]

----

① ［英］彭罗斯：《皇帝新脑》，许明贤、吴忠超译，湖南科学技术出版社 1994 年版，第 456—457 页。

② 同上书，第 16 页。

四　脑科学家和计算机科学家的反应

诺贝尔奖获得者克里克在批评强人工智能观时所得出的结论与塞尔的几乎没有区别。他说："这种比较"，即把人脑比作计算机，"如果陷入极端的话，将导致不切实际的理论"①。在批评功能主义时，他指出："他们认为，了解脑的细节永远得不到任何有用的东西。这一观点如此古怪，以致大多数科学家都惊讶它为什么能够存在。"② 计算机的"智能"为什么不能与人的智能相提并论呢？他说："计算机的操作是序列式的，即一条操作接着一条操作。与此相反，脑的工作方式则通常是大规模并行的。例如从每只眼睛到达大脑的轴突大约有 100 万个，它们全都同时工作。""即使失去少数分散的神经元也不大可能明显地改变脑的行为。"在计算机中则不然，哪怕是极小的损伤，都会引起巨大的灾难。还有，计算机的运行高度稳定，而人脑的神经元则变化多端，甚至边"计算"边改变。另外，在计算机中，信息被编码成由 0 到 1 组成的脉冲序列。通过这种方向，它把信息从一个地方传递到另一个地方，而脑中没有这种精确性，神经元的脉冲模式可能携带信息，但不存在精确的由脉冲编码的信息。最后，计算机的软件与硬件的联系不那么紧，因为编程时，可以不考虑硬件，而人脑的软件与硬件之间没有明显的差异。③

克里克也注意到了计算机的优越性，但他同时又指出了它的局限性，他说："计算机按编制的程序执行，因而擅长解决诸如大规模数字计算、严格的逻辑推理以及下棋及某些类型的问题……但是，面对常人能快速、不费气力就能完成的任务，如观察物体并理

---

① ［英］克里克：《惊人的假说》，汪云九等译，湖南科学技术出版社 1998 年版，第 181 页。
② 同上书，第 78 页。
③ 同上书，第 181—183 页。

解其意义，即便是最现代的计算机也显得无能为力。"①

计算机与人类智能相比，为什么存在着这些不同？其根本的原因有二：一是脑能自觉、有意识地处理各种外来信息，用哲学的话来说，它有其固有的意向性。克里克说："脑看起来一点也不像通用计算机。脑的不同部分，甚至是新皮层的不同部分，都是用来专门处理不同类型的信息的。"② 正是由于设计、起源上的这种不同，才有它们在意向性等方面的差异。他还强调：在研究视觉人工智能时不能回避意识，就像视觉理论不能回避视觉意识一样。他说："只要回避视觉意识问题，任何现有的视觉理论都是不充分的。"③这一点可以推广到其他智能现象之上。

著名脑科学家、诺贝尔奖获得者埃德尔曼等人认为，从接受信息上看，脑能从各种变化多端的信号中归结出一些模式来，它不需要预行规定的代码就能把它们分成一些相关的类，而计算机没有这种能力。④ 他还说："计算机不能解决语义学的问题的理由已十分清楚了，既然它的运作不可能进至意识，因此这种运作就不可能是适当的。"⑤ 可见，他们也看到了人类智能与计算机的根本差别之所在，即一个有意向性，一个没有。许多人工智能专家也承认意向性对于智能的核心地位。斯蒂沃特·威尔逊是这一领域有影响的科学家，他说：已有的智能机器的问题在于："不会直接从周围环境中汲取所需，而只能坐在那儿，直到人们给它们信号，然后也仅仅是复制这些信号而全然不知它的意义。"⑥

----

① ［英］克里克：《惊人的假说》，汪云九等译，湖南科学技术出版社1998年版，第183页。

② 同上书，第182—183页。

③ 同上。

④ ［美］杰拉尔德·埃德尔曼、朱利欧·托诺尼：《意识的宇宙》，顾凡及译，上海科学技术出版社2004年版，第55页。

⑤ G. Edelman, *Biologie de la Conscience*, Paris: Editions Odile Jacob, 1992. 转引自G. Sabah, "Consciousness", in S. Nualláin et al. (eds.), *Two Sciences of Mind*, John Benjamins Pub Co., 1997, p.388.

⑥ 转引自［美］戴维·弗里德曼《制脑者》，张陌译，生活·读书·新知三联书店2001年版，第10页。

　　我国有关领域的学者尽管没有使用塞尔那样专业性很强的哲学术语，但也以不同方式表达并承认了塞尔所指出的问题及其合理性。如王宏生指出："人工智能学者称为基于知识的专家系统实际上是一个字符串变换器，变换时遵守人类推理中的假言推理或推理链式法则而已。""机器根本不具有'天气晴''气温高''风力强'的知识"，这些符号"对于机器而言只是字符串"，机器"之所以表现智能，是利用了人类智能中的搜索性成分（我们统称为计算性成分）"。所谓计算性成分是指机器所作的计算基于人类的赋值、解释是有用的。① 史忠植和王文杰说："智能行为的需求要求一种允许主体整合到世界中的物理具体化。现代计算机的结构并不允许这种程度的情形，而是要求一个人工智能通过极端有限的窗口（同时代的输入输出设备）来同世界进行交互。"② 杨淑子等说："众所周知，凡人所不感兴趣的或不关心的事，可以视而不见……人的大脑有着特殊的'滤波'作用，感兴趣的或关心的信息允许接受，进入大脑有关部分……允许不允许，进入不进入，本质上是大脑有关部分对传感来的信息的第一道'处理'。"③

　　李衍达注意到了哲学的有关成果，指出：不管是认知学派，还是逻辑学派、行为学派，都只是"对智能的某些方面进行宏观的功能模拟，但尚未找到人脑中对应的符号，也不知人脑具体用什么符号或形式化方法来进行的，所以这些系统都不能与人脑进行直接交流。另外，也有学者想模仿人脑的结构以产生智能……但是人脑的结构太复杂了，以至于难以真正进行模仿"④。李衍达援引维特根斯坦的话说（针对图灵的观点说）："他指出，机器不可能思维，因为机器虽然能做出正确的行为，给出令人满意的答案，但是它并

----
　　① 王宏生编：《人工智能及其应用》，国防工业出版社 2006 年版，第 303 页。
　　② 史忠植、王文杰：《人工智能》，国防工业出版社 2007 年版，第 431 页。
　　③ 杨淑子、吴波：《关于智能制造若干问题的思考》，载涂序彦主编《人工智能：回顾与展望》，科学出版社 2006 年版，第 31—32 页。
　　④ 李衍达：《人工智能发展面临的新机遇》，载涂序彦主编《人工智能：回顾与展望》，科学出版社 2006 年版，第 7 页。

不知道这些答案（显示的字符）的意义，它对什么都不理解。"他认识到："意识与思维的可计算性成为另一个焦点。"① 钟义信说："'智能'的共性核心生成机制可以理解为：在给定的问题—环境—目标的前提下获得相关的信息，并在此基础上完成由信息到感知的转换以及由知识到智能的转换。"② 智能之所以生成，其机制在于：智能主体能将本体论信息转换为认识论信息。所谓本体论信息是指"事物对其运动状态及其变化方式的自述"，质言之，"是事物自身的信息"。所谓认识论信息，是"认识主体关于该事物运动状态及其变化方式（包括这些'状态/方式'的形式、含义）和效用的表述"，质言之，是"主体所获得的信息"。由于主体所获得的信息是经主体作用后经转换而形成的信息，因此有"全"与"不全"的区别。全信息包括语法信息（关于事物运动的形式化表述）、语义信息（关于事物运动状态逻辑含义的表述）和语用信息（关于事物运动状态对主体所呈现的效用的表述）。只获得了其中某一方面的信息，就是非全的认识论信息。③ 自然智能的特点不仅表现在能将本体论信息转换为认识论信息，更重要的是能将信息转化为知识。因为信息表述的只是事物的运动方式，而知识表达的是抽象的规律。与信息相对应，知识也有形势性知识、内容性知识、价值性知识三个分量。

　　在信息、知识的基础上，智能生成才有直接现实的基础。因此可以说，其生成的"重要条件是具备相关问题及其环境的足够知识和信息"④。此外，"生成智能策略的另一个重要条件是要有明确的目标"。"没有目标，谈不上智能"。⑤ 这里所说的智能生成机制，用哲学的话说就是意向性。因此这种机制定义与哲学中的这样的观

----

　　① 李衍达：《人工智能发展面临的新机遇》，载涂序彦主编《人工智能：回顾与展望》，科学出版社 2006 年版，第 8 页。
　　② 钟义信：《人工智能由分立走向和谐》，载涂序彦主编《人工智能：回顾与展望》，科学出版社 2006 年版，第 71 页。
　　③ 同上书，第 72 页。
　　④ 同上书，第 74 页。
　　⑤ 同上。

点是不谋而合的：要有智能必须有意向性，换言之，一系统只有具有意向性的功能及机制，才能表现出智能特性。不管是信息，还是知识，不管是哪一级的转换和目标，它们都是意向性的特征或标志。因为一系统有意向性就是获得了关于环境的信息和知识，尤其是语义信息和内容性知识，就是有目标，有自主性。

第三章

经典计算主义的辩护与
"新计算主义"的创新

如前所述，计算主义把人类心智尤其是思维之类的认知现象解释为计算，而计算不过是依据规则对形式结构所作的加工，实即从输入到输出的一种映射或函数。其工程技术上的主张是：只要能造出依据一定规则对有限种符号序列的有限长操作的机器，就等于造出了有智能的机器，因此他们的工程实践就是建造这样的计算系统。计算主义主要有经典计算主义和联结主义两种形式。前者主要表现为符号主义，曾风靡一时，一度成了认知科学和 AI 研究的霸权话语。20 世纪 80 年代之后，形势急转直下，它受到了许多严峻挑战，而联结主义试图用新的模式取而代之。生物学和神经科学设法对大脑及心灵作出直接的观察和理解，而完全撇开计算的层面。有些研究机器人的专家则认为，智能不在符号加工的纯内在世界，而在人与外部世界的相互关系之中。有些哲学家则认为，传统计算主义的概念体系是不完备的，例如它可能导致这样的荒谬结论，即认为任何物理系统都可被看作是能执行计算任务的东西。

很多责难尽管都指向了符号主义，但是由于其他新的理论多集中在否定、责难、批判上，正面的建树不多，唯有符号主义以及以之为基础的应用取得了实际的成果，因此在目前的人工智能中，仍有相当多的人把精力放在对符号主义的完善之上。从具体的可行性上说，得不到实际应用的纯学术研究是得不到什么资助的，这就自然使人工智能的应用研究主要集中在现有理论、方法和技术的完善与提高之上。

经典计算主义者承认：塞尔的中文屋论证以及其他人类似的批评的确给他们提出了最为严峻的挑战，有的甚至认为，给了他们致命的一击，几近是判决性的证伪。因为作为他们基石的计算概念据说有根本性的错误。新计算主义的主要倡导者朔伊茨（M. Scheutz）说："当前对计算主义的大多数批评都有共同的看法，即认为，作为心灵之解释框架的计算由于据说只能用抽象的术语来定义，因此必然否定认知系统内在地与之相关的、有真实时间性的、具体的真实世界约束。"① 简言之，"形式符号处理不足以关涉世界"。② 因此已有的计算概念有根本性的缺陷。新计算主义的另一倡导者史密斯（B. C. Smith）也承认这一点，因为这一概念要么依赖于"形式符号处理"，要么依赖于"有效的可计算性"，要么依赖于"算法的执行"。而这样做的结果就是使计算不具有计算主义所需要的意向性。③ 豪格兰德（J. Haugeland）指出：意向性与响应性、责任能力有复杂内在的关联，而计算主义的计算概念恰恰忽视了这一点，或不能说明这一点。④ 朔伊茨承认：上述问题恰恰是许多认知科学家放弃计算主义的原因。⑤ 面对各种非难，经典计算主义有多种选择，如放弃计算概念。除此之外还有两种选择：一是在辩护、解释的基础上对计算主义作新的补充和改进；二是把旧计算主义改进为新计算主义，或把原先的窄机械论发展为宽机械论。这里考究的就是后两种选择。

----

① M. Scheutz (ed.), *Computationalism：New Directions*, Cambridge, MA：MIT Press, 2002, "Preface", p. 1.

② Ibid. , p. 18.

③ B. C. Smith, *The Origin of Objects*, Cambridge, MA：MIT Press , 1996.

④ J. Haugeland, "Authentic Intentionality", in M. Scheutz, *Computationalism：New Directions*, Cambridge, MA：MIT Press, 2002, pp. 59 – 174.

⑤ M. Scheutz, *Computationalism：New Directions*, Cambridge, MA：MIT Press, 2002, p. 18.

第一节　物理符号系统假说的辩护

针对塞尔对计算主义的发难，许多人作了这样的辩解：以计算主义为基础建立的 AI 系统并不像塞尔所说的那样只是句法机，而恰恰相反，它们是有语义性或意向性的。例如英国研究 AI 的哲学家博登就持这一立场。他说："即便最简单的程序也并不是纯形式主义的，而是具有某种相当本原性的语义特性，所以从根本上说，计算理论并非不能解释意义。"① 不仅如此，如果需要的话，还可让机器表现出动机和情感。② 他还根据计算机知觉研究的事例作了论证，说："正如'计算机知觉'研究所表明的，金属和硅毫无疑问能够承载视觉含有的二维至三维映射所要求的某些功能。此外，它们还能实现用作识别强度梯度的特定数学功能（即做高斯差分计算的'狗侦探'）。"在他看来，塞尔之所以否定 AI 系统有意向性，是因为他的根据是直觉，而"直觉是无济于事的"，只有"建立在经验发现的基础上"，才有说服力。③ 再就塞尔所批评的尚克的程序来说，它其实表现出了理解力。因为该程序只要完成了将输入符号转换为输出符号的工作，就表明它有理解力，它至少像关在中文屋中不懂中文的塞尔一样，有对规则书的理解，不然的话，它（他）们怎么可能有那样的映射呢？博登说："英文应答的关键问题是，例示计算机程序，无论是由人还是由人造的机器来完成，本身就包含着理解——至少是对规则书的理解。"④ 博登还说："如果这样一种机器人的输入输出行为与人类行为完全等同，那么就可以证明它既理解餐馆，又理解人们与它交流用的自然语言，也可能是

---

① ［英］博登：《逃出中文屋》，载博登编《人工智能哲学》，刘西瑞、王汉琦译，上海译文出版社 2001 年版，第 8 页。
② 同上书，第 18 页。
③ 同上书，第 127 页。
④ 同上书，第 132 页。

中文。"① 尚克等人的程序尽管"不能用'餐馆'符号表示餐馆的意义……但是它的内部符号和过程确实实现了对另一些特定事物的某种最低限度的理解，例如对两个形式结构进行比较的意义。"②

　　许多人认为，已有的许多 AI 系统尤其是人工神经网络至少有派生的意向性。例如有些计算机被安装了学习程序，便有学习能力，其中特别是能从观察和发现中学习的系统都似乎有意向性。这种学习系统属归纳学习系统。其特点是：在学习时，不需要施教者给出分类的例子，而能自己观察、合并、概括，甚至分类，从而完成归纳学习。当然，施教者要给系统提供少量的初始知识。这类系统很多，如合取概念聚类程序可以构成西班牙民歌的分类体系，即能对民歌作出分类。概念聚类系统所完成的是这一过程的逆过程，即将同一类对象中的子类的特征合并，形成概念聚类。还有一些发现系统，它们是在系统被提供的初始知识的基础上，依据观察数据，而学习数学、物理学和化学等方面的概念和规律。其典型形式是 AM。其作用主要是能学习数学概念。在这种系统中，知识库中有 115 个有限集合论的基本概念，以此为初始条件，它便能收集概念例子，产生新概念，并对概念间的联系进行推理。这种系统从表面上看，的确有人一样的关于性，即关于某种外在对象，如对形状的分类，或把多边形（三边形、四边形）与椭圆形概括为形状，都有从感性对象上升为抽象概念，进而对感性对象作出进一步推理的过程。但是这种关于性充其量是派生的意向性，而非人所具有的那种原始的意向性。因为人的意向性有主动性、自觉性、有意识性、目的性等特点，而已有的学习系统都不可能有这些性质，因此即使有一定的复杂性，即使与人类智能有相似性，但仍没有超出塞尔的中文屋论证中所设想的那种纯形式转换的本质。由此所决定，这种系统就只能是工具或工具的延伸，而不是自主体(agent)。

①　［英］博登：《逃出中文屋》，载博登编《人工智能哲学》，刘西瑞、王汉琦译，上海译文出版社 2001 年版，第 128—129 页。
②　同上书，第 139—140 页。

　　物理符号系统假说无疑也是塞尔等人批判的一个靶子。尽管它有局限性，例如由于其基础是哲学理性主义，因此它"过度限制了人工智能当前的方法及其探索研究的范围"[①]。但另一方面，由于物理符号系统假说是 AI 研究的一个基础，或者说已有的 AI 研究"仍然源自于纽厄尔和西蒙的物理符号系统假设"[②]，因此它是不会那么轻易地被驳倒和抛弃的。事实上，它在许多领域仍显示出了它的优越性和生命力。既然如此，就一定会有人来发展和完善它。这里我们重点剖析其创始人面对挑战所作的回应。

　　纽厄尔和西蒙是物理符号系统假说的倡导者、著名认知科学家和 AI 专家。面对符号主义所遭受的责难，他们辩解说：要对符号主义评头品足，必须认识到物理符号系统的这样一些特点：第一，它是一架机器，因此不局限于人或计算机，只要能产生出一个随时间而演化发展的符号结构集合体，那么这系统就是物理符号系统。第二，从构成上说：它"是由一组叫做符号的实体组成的，这些实体是一些物理模式，可以作为另一种叫做表达式的……实体的分量而存在"。第三，从过程上看，"该系统还包含一个按照一些表达式动作，以产生出另一些表达式的过程"，如创造过程、修正过程、再生过程等。第四，它是由工程化系统实现的，而"这个系统显然是遵循物理学定律的，它们可由用工程化分量构成的工程化系统来实现"，因此它是"物理的"。[③] 第五，它的表达式有指称，而且系统有解释能力。

　　西蒙等人对智能有自己不同于中文屋论证的特殊理解，如认为符号是智能行为的根基，是智能的必备条件。他们说：智能的"必备条件就是存储和处理符号的能力"[④]。认识到这一点对 AI

----

　　①　[美] C. E. Luger：《人工智能：复杂问题求解的结构和策略》，史忠植等译，机械工业出版社 2006 年版，第 586 页。

　　②　同上书，第 588 页。

　　③　[美] 纽厄尔、西蒙：《作为经验探索的计算机科学：符号和搜索》，载博登编《人工智能哲学》，刘西瑞、王汉琦译，上海译文出版社 2001 年版，第 148 页。

　　④　同上书，第 145 页。

研究至关重要，因此他们把上述命题看作是人工智能最重要的命题。什么是符号呢？他们认为，符号有这样一些特点：（1）能指称任何对象，能指称任何表达式，或者说，任何表达式实在都可以被看作是符号。（2）表达式被确定为符号，符号指称什么对象，是任意的。（3）一旦被确定了，符号就具有稳定性、强制性。①

心智就是一个计算系统，大脑事实上是执行计算的机构，计算对于智能来说是充分的。所谓计算就是对物理符号作出处理或转换。因此人脑是物理符号系统，其智能可用一组控制着行为和内部信息处理的输入输出规则来加以解释。因此机器如果有这种因果能力，有计算能力，即能转换符号，成为物理符号系统，那么就可表现出智能。换言之，物理符号系统对于智能行为来说是必要而充分的手段。"物理符号系统具备智能行动的能力，同时一般智能行为也需要物理符号系统。"② 总之，根据他们对自然智能的解剖分析，智能就是物理符号系统，即能根据规则对符号进行加工转换的系统，也可以说，凡表现出智能的地方，一定有物理符号系统，这说明了后者对前者的必要性；反过来，凡有物理符号系统的地方，一定有智能，这说明它对智能是充分的。而后一命题又为 AI 研究指明了方向并奠定了基础。

在他们的假说中，启发式搜索概念也是必不可少的。他们说："第一个是物理符号观念的形成，第二个是启发式搜索观念的形成。对于理解信息是如何加工的，以及智能是如何获得的，这两个概念有其深刻的意义。"③ 搜索之所以重要，是因为它也是智能的必要条件。以解题能力为例，"解题的能力被看作系统具有智能的首要标志"④。"为了求解问题，物理符号系统必须使用启发式搜

① ［美］纽厄尔、西蒙：《作为经验探索的计算机科学：符号和搜索》，载博登编《人工智能哲学》，刘西瑞、王汉琦译，上海译文出版社 2001 年版，第 149 页。
② 同上书，第 155 页。
③ 同上书，第 144 页。
④ 同上书，第 162 页。

索，因为这种系统具有的加工资源是有限的。"① 搜索与物理符号系统的关系是：物理符号系统为智能行动提供了基体，但没有告诉我们这些系统是如何做到这一点的。正是搜索满足了这一要求。他们说："符号系统是使用启发式搜索过程来解题的。"② 其途径是："将选择性植入生成程序……即只生成保证是解的，或是沿着通向解的路径的结构。"③ "智能系统一般必须以别的使用信息引导搜索的技术来增补它的解生成程序的选择性。"④

根据他们的阐释，物理符号系统是有指称和解释作用的，因此塞尔的责难是无效的。当然，他们所说的指称和解释能力有特定的含义。他们说："一个表达式指称一个对象是指，在已知该表达式的情况下，一个系统或是能够对该对象本身施加影响，或是能够以取决于该对象的方式规范其行为。" 质言之，符号或表达式如果有因果力，那么便有指称。这一观点为后来大多数人工智能专家所接受。"系统能够解释一个表达式是指：该表达式指称一个过程，同时在已知该表达式的情况下，系统能够执行这一过程。" 换言之，"解释意指依赖行动的特定形式……它能根据指称这些过程的表达式而再现和执行它所拥有的过程。"⑤ 纽厄尔更明确地说：计算机加工的尽管是二进制数字串，但它们能代表任何东西。他说："重要的是每一样东西都可以经编码成为符号，数字也不例外。"⑥

面对塞尔等人对物理符号系统遗漏了语义性或意向性这一智能根本特点的责难，西蒙从三方面作了说明。

第一，他认为，物理符号系统尽管是对形式符号的序贯处理，但由于符号是适应环境的内部表象，因此有信息内容。基于此，他

---

① ［美］纽厄尔、西蒙：《作为经验探索的计算机科学：符号和搜索》，载博登编《人工智能哲学》，刘西瑞、王汉琦译，上海译文出版社 2001 年版，第 161 页。

② 同上书，第 160 页。

③ 同上书，第 168 页。

④ 同上书，第 168—169 页。

⑤ 同上书，第 149 页。

⑥ A. Newell, "Intellectual Issues in the History of Artifical Intelligence", in F. Machlup et al. (eds.), *Study of Intelligence*, New York：Wiley, 1983, p. 136.

把物理符号系统称作"信息处理系统"。他说："它是一架机器，它一边历时运动，一边产生出发展着的符号结构。符号结构能够……作为它正试图去适应的环境的内部表象……有了这些符号结构就可以模拟环境……""符号系统前冠以'物质'（一般译为'物理'——引者注）二字是为了提醒读者，它们是作为实在世界的手段而存在的。"①

　　第二，西蒙通过分析一些成功的自然语言处理程序说明了 AI 可以具有语义理解能力。他首先承认：已有的按图灵机和有关理论建立的人工系统，如机器翻译、自然语言理解程序，的确存在着不能处理语义、不能理解意义的难题。他说："在诸如自动翻译任务这种实际应用中，当翻译取决于比句法线索更多的东西时——当翻译取决于上下文和意义时，这一理论就遇到了困难。"② 再如理解饮茶的仪式之类的问题，"就要求将这些内容从自然语言中摘取出来"。③ 而已有的理解程序，只停留在句法分析的层面，如发现有哪些宾词和宾词集，关注宾词的性质，这些性质之间的关系。理解程序"按着构造一个表现状态的规则，产生出步骤符合规定（通过一个状态转变为另一状态）的程序"④。AI 系统能否解决上述问题呢？他的回答是肯定的。但出路何在呢？他回答说："语言学的进步必须把握的主要方向之一，是发展一种合适的语义学以补充句法。"⑤ 怎样建立这样的语义学呢？他认为，在这方面已有一些比较成功的尝试。一般都不否认，要让机器能处理语义，就必须编出相应的程序。卡内基—梅隆大学的科尔斯（L. S. Coles）在他1967 年的博士论文中提出了一个程序，该程序被计算机执行后会表现出特定的语义能力，如在理解有歧义的句子时，能消除语义歧

---

　　① ［美］西蒙（这里被译为司马贺，下同）：《人工科学》，武夷山译，上海科技教育出版社 2004 年版，第 22 页。
　　② 同上书，第 72 页。
　　③ 同上书，第 88 页。
　　④ 同上。
　　⑤ 同上书，第 73 页。

异性，获得对语义的正确把握。例如有这样一个句子：

I saw the man on the hill with the telescope.

从句子结构本身看，该句子的语义有三种可能：一是我看到了一个人在山丘上拿着望远镜。二是我用望远镜看到了山丘上的那个人。三是我看见山上有一个人和一个望远镜。科尔斯的程序在消除语义歧异性时，一是借助阴极射线管上的图像。假如上述句子伴有图3—1：

图3—1

二是将图像表现为表结构。就上述例子来说，这表结构能把上述句子中的对象关系表现为这个样子：

看见｜〔我，用（望远镜）〕，〔人，在（山）上〕｜

对这一方案，西蒙评论说："科尔斯的程序能识别图像中物体和物体之间的关系，能将图像表现为表结构……如此表现出来的一幅图画可以很容易地与言语串的不同解析相对照，从而用以消除言语串的歧义。"[①]

第三，要让人工系统有理解能力，真正使其具备或超过人的智能，就必须向大自然设计师、建筑师学习。因为具有智能这样的复杂系统是由它设计建造出来的。他认为，这一研究早就开始了。"目前研究的新鲜之处不在于对具体复杂系统的研究，而在于将复杂系统现象作为独立门类来研究。"[②] 这一研究关注的问题很多，

----

① ［美］西蒙:《人工科学》，武夷山译，上海科技教育出版社2004年版，第74页。

② 同上书，第168页。

如复杂性的突现、系统的进化、产生和维持复杂性的机制等。从工程上说，人们还试图模拟生物的进化过程，例如遗传算法和元胞自动机算法就是这一尝试的典型的表现。

　　复杂系统之所以有理解之类的能力，关键在于它们有适应这一特性。由于有此特性，复杂系统才成了适应性系统。因此在向大自然设计师学习时，一项重要工作就是要研究适应系统的适应性是怎样进化出来的，其过程和机理是什么。在他看来，适应系统之所以能进化，之所以能适应环境变化，离不开其内在机制。西蒙说："有两个互补的应付外部环境变化的机制，它们往往比预测更有效，这就是系统相对说来对环境不敏感的自体平衡和对环境变化的追溯反馈调整。"[①] 自体平衡的例子有：发电厂如果具备了适度的超额生产的能力，就有了保持自体平衡的条件，食肉动物组织中如果储存了足够的能量，就能应对捕食者时有时无的不确定性。因此"自体平衡机制对于应付环境的短期波动特别有效"[②]。所谓反馈机制就是不断对系统实际状态与预期状态间的偏差作出及时响应，使系统不通过预测就能应对环境的长期波动。

　　另外，要向大自然设计师学习，还要研究大自然的设计活动。西蒙说："设计过程的每一步都打开了新的前景，设计是一种智力的'逛商店'。""设计既是行动的工具，又是理解的工具。"[③] 应注意的是，他这里所说的设计不是指神秘力量的神秘作用，而是一种自然的现象，即系统在维持自身与环境平衡时所产生的作用。他说："无论是生物的还是人工的，多数优秀设计的一个特性是体内平衡。设计者想方设法将内部系统与环境分离开，以使内部系统与目标之间的关系保持不变。"[④] 由于能保持体内平衡，因此它们是

----

① 　[美]西蒙：《人工科学》，武夷山译，上海科技教育出版社 2004 年版，第 139 页。

② 　同上。

③ 　同上书，第 154 页。

④ 　同上书，第 8 页。

自组织现象，"内部系统是一个能在某些环境里实现目标的自然现象组织"①。

大自然的设计有两种方式，一是自然的设计，二是人的设计。要研究自然建筑师、设计师的工作及其原理，就应研究它组织层级结构的方式。所谓层级结构是相对非层级结构而言的，如果一结构由不同层次的子系统构成，那么它就是层级结构，反之即非层级结构。层级系统的特点是："进化速度比规模相当的非层级系统快得多。""层级结构是复杂事物的建筑师使用的主要结构方式之一。"②

在研究人的设计时，要关注设计的条件。人之所以能作出设计，是因为他有这样的能力或条件，如构造作为问题表现的框架的组织，围绕选择因素建立表象，有有限的理性能力；另外，还要有这样的条件，即必要的资料，要知道客户，如作为博弈者的客户，作为客户的社会。最后，设计还离不开社会组织，还要有时间和空间区域，还要有目标、计划等。③ 明白了这些条件，我们在让计算机这样的人工系统表现出设计能力时就有了前进方向，而一旦有了这种能力，它们表现出理解、意向性，当然就不在话下。

为了实现向大自然学习这一计划，西蒙还对大自然的进化进程、机制以及自然选择的原理作了自己的探讨。他认为，复杂形态是由简单形态逐步演化而来的，或者说是从中产生出来的。因此进化的第一个条件是时间。而时间的长短又是由潜在的中间稳定形态的数目和分布决定的。西蒙说："稳定的中间形态的存在这一事实对复杂形态的进化有着巨大的影响，这可比之于开放系统中催化剂对反应速率和反应产物的稳分布的巨大作用。"④ 其次，进化过程并不违背热力学第二定律，因为简单要素向复杂系统进化并未说明整个系统的熵变化了没有。如果进化过程吸收了自由能，复杂系统

---

① 　[美]西蒙：《人工科学》，武夷山译，上海科技教育出版社2004年版，第8页。
② 　同上书，第170页。
③ 　同上书，第155页。
④ 　同上书，第178页。

将比要素的熵小；如果放出自由能，情形则相反。① 在西蒙看来，稳定的中间形态的出现对于进化来说至关重要。"如果有稳定的中间形态，复杂系统就能快得多地从简单系统进化而成。"②

进化除了依赖于内在的结构要素、条件之外，还离不开选择这种杠杆作用。而大自然的选择实际上类似于人们的定理求解过程。这一过程实即在迷宫中的搜索过程。例如在求证中，人们一般是从公理和已被证明的定理开始，然后进行各种被允许的变换，以得到新的表达式。这些表达式不断被修改，直到发现了通向目标的一个变换系列或变换路径为止。这一过程包括若干次试探和搜索。各种路径都要试探，在试探中，有些被放弃了，另一些被继续按同样的方式往前搜索。应注意的是：这里的反复试探并非完全随机或盲目，而是具有很强的选择性。对通过变换已知表达式而得到的新表达式要进行验证，看它们是否向目标靠拢了。如果靠拢了，人们就会沿着这一方向继续搜索。如果没有进展，就得改变搜索方向和路径。很显然，在这里，标志着进展的线索极为重要，它类似于稳定中间形态在生物进化中的作用。这里的在各种可能性中的往前搜索就是生物在进化过程中大自然的选择作用。这种选择就其实质来说，不过是对外界环境信息的反馈。③

第二节　福多和皮利辛的经典主义

一　福多的"经典主义"

从哲学上支持和论证经典计算主义的最有影响的哲学家是福多（J. A. Fodor）。由于他对图灵的智能观作了有力的辩护，对认知结构的计算本质作了哲学上的阐释，其论证最有代表性，因此被人们称作"经典主义"。其主要内容包括两方面：一是关于心智的表

---

① ［美］西蒙：《人工科学》，武夷山译，上海科技教育出版社 2004 年版，第 177页。
② 同上书，第 182 页。
③ 同上书，第 181 页。

征理论，二是关于心智的计算主义。① 计算主义者说："这是迄今我们能得到的最好的认知理论。"②

在福多看来，要回答塞尔的责难，让 AI 这样的认知系统表现出意向性，首先就要弄清意向性的根源。他认为，自然语言的意义的确根源于意向状态的意向性，而意向性不是不可还原的，即它又是根源于心理表征。因此如果这是对的，那么认知科学就能找到对付塞尔责难的办法。在他看来，以心理表征为加工媒介的心理状态就是命题态度，而命题态度是有机体与心理表征或心灵语言的心理语句的关系。例如"相信天要下雨"这一信念就是某人对"天要下雨"这一命题（表现为心灵语言中的心理语句）的一种态度。因此有心理态度、有表征也就是有心理语句。而心理语句有句法和语义两种属性。句法属性是指心理语句像自然语言的句子一样，也是由字词等符号按照一定的规则构造而成的，有特定的物理关系和形式结构。语义属性是指心理语句也有意义、指称和真值条件，它们总是关于自身和外在的什么东西。语义属性是命题态度除因果性之外的又一根本特征，人们常称之为心理语义性，相应地把关于心理语义性的问题称为"意义"问题，把相应的理论称为心理语义学或关于心理语言的意义的理论。心理内容有时也被称为"表征问题"。因为说命题态度有内容，就等于说包含在命题态度之内的心理语句总是表征或表达（represent）了它之外的什么东西。心理语句把所表征的东西直接呈现于心灵，为心灵直接意识到。总之，人的心理能够直接思维、加工的只能是心灵语言，即使没有这种语言，也必须是某种不同于原子、分子或神经元结构的内在的心理表征，而不可能是自然语言，因为后者有形体、声音等物质载体，它们不能进入心灵为其直接加工。由此可见，自然语言的语义学不适

----

① K. Aizawa, "Cognitive Architecture: The Structure of Cognitive Representations", in S. P. Stich et al . (eds.), *The Blackwell Guide to Philosophy of Mind*, Oxford: Blackwell, 2003, pp. 172 – 173.

② J. Fodor, *The Mind Doesn't Work that Way*, Cambridge, MA: MIT Press, 2000, p. 1.

于解释心灵语言的语义性。因为自然语言的意义根源于心理的意向性，而意向性又根源于心理语言的语义性。因此，只有揭示了心灵语言的语义性才能从根本上说明自然语言的意义，而不是相反。就此而言，心理内容比意向性更根本，而意向性又比自然语言的意义更根本。我们可依据前者说明后者，却不能倒过来，否则就会陷入循环论证。正是由于这一原因，内容问题成了语言哲学和心灵哲学共同关心的"意义问题"。

什么是心理表征呢？福多回答说："心理表征是似语言的东西。"① 从在认知结构中的地位来说，它是构成命题态度的主要成分。如前所述，命题态度是人与命题的一种关系，或对命题的一种态度。认知结构中的命题不是以自然语言表现出来的，而是表现于心理表征。换言之，心内的命题是由心理表征表达的。而心理表征有这样一些特点：1. 既有句法性又有语义性。2. 从层次上说，表征有原子表征和分子表征之别。每个层次的表征同时具有自己的句法性和语义性。3. 分子表征的个例包含着它由以构成的每一个表征的一个个例。4. 分子表征的意义是它的组成部分的意义和这些部分结合在一起的方式的函数。5. 存在着这样的计算机制，它们对心理表征的结构是敏感的。

怎样理解句法性呢？要回答这一问题，必须进至福多关于思维语言的假说。当民间心理学说人有意向性、有命题态度时，心灵的表征理论可以说人处在与表征的关系之中。而说人有表征又不过是说人有心理语句。在许多人看来，这样说并不见得比民间心理学的说法更好理解。因为心理语句就是更难理解的一种东西。为了解决这里的问题，福多提出了他的思维语言假说。在他看来，心理语句是心灵语言或思维语言（mentalese）中的单元。所谓思维语言就是人脑中直接作为思维媒介的语言，类似于计算机能够加工的机器语言。正像计算机不能加工自然语言一样，人脑也无法加工自然语

---

① J. Fodor, *The Mind Doesn't Work that Way*, Cambridge, MA: MIT Press, 2000, p. 2.

言，因为自然语言有声音或形状（如书写墨迹、形态）之类的物质构成，同时具有歧义性、模糊性等。可见，福多在这里既有与传统的一致，又有对传统的背叛。一方面，他像柏拉图等人一样认为，思维等心理活动离不开符号，甚至有时干脆说心灵就是符号加工系统。另一方面，他又认为，能为心灵加工的符号只能是一种专门的思维语言。它有有限的词汇，这些词汇也就是具体的心理表征个例。尽管如此，它又可生成无限的心理语句。与自然语言一样，心灵语言也有句法和语义属性，但又十分独特，如它们存在于表征的"局域"属性之中。换言之，句法属性完全是由一表征所具有的部分构成的，而且与这些部分怎样排列密切相关。要弄清一心理句子的句法结构，无需到句子之外去搜寻。尽管句法属性是表征的局限属性，但表征的句法也有决定它与其他表征的关系的作用。在这个意义上，句法既对内又对外，因此有二重性。在福多看来，心理表征的句法属性极为重要，因为命题态度的因果作用主要根源于它。福多说："我们已经有了理性心理学的续篇，它重构了两个概念，一是心理状态可以有逻辑形式，二是它们的逻辑形式可以是它们的因果力的决定形式。之所以如此，是因为它假定：心理表征有句法结构，思维的逻辑形式随附于相应的心理表征的句法形式，心理过程从'计算'的专门意义上来说是计算的，'计算'又依赖于句法上被驱动的因果关系这样的概念。"① 另外，说心灵语言有语义属性就是指心理表征有内容，有关于它之外的事态的属性，同时也有真值，有成真的条件。

　　这样一来，思维语言说与表征理论的关系便一清二楚了。他认为，表征理论的核心就是假定思维语言。思维语言是心理表征的无穷集合。心理表征有两种功能作用，一是作为命题态度的直接对象，二是作为心理过程的范围。更明确地说，心理表征理论是下述两个论断的合取。第一个论断是关于命题态度的本质的：对于任何

----

① J. A. Fodor, *The Mind Doesn't Work that Way*, Cambridge, MA: MIT Press, 2000, p. 22.

有机体 O 和任何关于命题 P 的态度 A 来说，存在着一种（计算的/功能的）关系 R 和心理表征 MR，因此 MP 意指 P，以及 O 有 A，当且仅当 O 具有与 MP 的 R。具体地说，相信某事，就是在你的头脑中有以意指某事的方式而得到标记的心理符号。第二个论断是关于心理过程的本质的："心理过程是心理表征个例的因果系列。"①例如有这样一个思维过程："天在下雨，因此我该到房子里面去。"此过程实际上就是有一个意指"我该到房子里面去"的心理表征个例，它是由意指"天要下雨"这一个例所引起的。

有了思维语言假说，就有办法说明意向性的一个成立条件。因为它认为，命题态度是有机体与心理符号的一种特定关系，它有语义属性，这种语义属性是自然语言语义属性的根源。换言之，后者可还原于前者。而前者又可还原于心理符号的语义属性。这也就是说，人之所以有常识所赋予的那种意向性，其根据在于，人的"计算机"中有思维语言。如果能说明这种语言的存在及其语义性，那么意向性的存在根据就得到了说明。

福多认为，从物理基础来看，心理符号的个例是由大脑组织的个例构成的，或者说就是神经元的个例。从表现形式来说，心理符号就是概念。一个概念就是一个媒介，有句法和物理属性，可进入因果关系。它有意义，当然不能像有的人所理解的那样，它就是意义，因为如果是这样，那么作为意义的心理符号怎么可能有物理属性，就是神秘莫测的问题。他强调：在内容产生的背后，有某种事实发生了，它可用非语义的、非目的论的、非意向的术语加以具体说明。例如一个信念从刺激到它在信念盒中出现这一过程就可根据心理学加以说明：内容是随着信念的局域事实中的某些物理参数的值的变化而变化的，这些物理变化可用电磁波等术语加以描述。这样一来，因果协变理论加上心理物理学就能为内容提供合理的充分的条件，即是说，那些符号的标记是与它们根据心理物理规律表述的属性的例示联系在一起的。质言之，外部对象变成内在的表征这

----

① J. A. Fodor, *Psychosemantics*, Cambridge, MA：MIT Press, 1987, p. 17.

一过程可由物理学予以说明，而内在的表征出现在信念盒中作为内容被意识到这一过程又可由心理物理学来加以具体描述。

这里当然涉及了意义与媒介的关系问题。这种关系可以这样加以例示，例如书籍的文字符号与它所表述的故事的关系。既然如此，正如我们不能通过对故事在书本上由已写出的墨水作出化学分析来确定书中所叙述的故事内容一样，我们也不能通过考察心理符号的电学的和化学的属性来决定它的语义属性。接下来的问题自然是：心理符号的语义性根源何在呢？心理符号由于什么而享有它的语义属性？心理符号与外在事态之间的什么关系使其符合有真值条件，使符号的使用者在看到符号时便想到相应的真值条件？

福多借助同型性概念回答了这一问题。他认为，心理表征在结构上内在地同型于它们所表征的命题。由于有这样的同型性，因此通过对表征的句法属性的加工，心理过程之间的因果关系便保存了心理表征之间的语义关系。福多认为，符号的句法属性实即它们的形态属性。如果是这样，就可认为，这些形态有决定它们的因果作用的条件。因此可以说，符号个例由于它们的形态而有因果相互作用。他的另一个根据是形式逻辑上的根据。根据形式逻辑，真值的保护只与形式有关，而与意义无关。例如 B 来自于 A 和 B，可以不管 A 意指什么，B 意指什么。只要遵循符号形式和连接词之上起作用的规则，就不会从真的前提推出假的结论，即便对前提和结论的内容一无所知。尽管机器不知道意义，但机器能像人一样对符号形式作出处理，因此机器能完成人的有语义性的推理任务。

古典符号主义的人工智能倡导者正是基于上述思想开始了他们的人工智能的理论研究和实践模拟。他们相信：推理可从机械上解释为对符号的计算加工。在这里，符号指的是非语义的个别的单元，也可称作形式、形态、电压或别的什么，而计算过程可理解为机械的、自动的识别、书写过程，或按规则对符号的转换过程。问题是：心智对形式的转换为什么有语义性进而有意向性？

为了回答这类问题，福多提出了关于心智的计算理论。其基本观点是：思维之类的心理过程就是计算过程，而计算过程是一种由句法驱动的过程，或只对句法敏感、只转换句法的过程。他是怎样理解计算和句法属性的呢？先看计算。他说："使心灵具有理性能力的某种东西就是它们能完成对思想的计能的能力……在这里，'计算'指的是图灵所说的形式操作。"① 可见要理解他所说的计算，关键是弄清他对图灵有关观点的诠释。

福多对图灵的计算概念作了这样的概括，"心理的计算理论（＝由句法过程所完成的理性心理学）：i. 思维由于其逻辑形式而有其因果作用；ii. 思维的逻辑形式随附于对应的心理表征的句法形式；iii. 心理过程（典型形式是思维）就是计算，即是说它们是对心理表征的句法的加工，在许多不同情况下，它们有可靠的保真性"②。福多认为，这一计算理论回答了理性心理学的两大问题：思维的逻辑形式是由什么决定的？它们又是如何决定它们的因果力的？答案很简单，即这里起决定作用的东西是句法。在福多的计算理论中，句法或"句法属性"一词至关重要。之所以如此，是因为它有这样的特点，即它既是内在的，又是外在的。所谓内在的，指句法是表征的局域的属性，所谓局域的，即是说句法完全是由表征的部分构成的，完全取决于这些部分是怎样排列的。所谓外在的，是指一表征的句法还有决定它与其他表征之关系的作用。例如就拿"约翰在游泳"来说。在这个句子中，"游泳"是动词，"约翰"是主词。这两个语法事实回答了这样的问题，即句子的部分是什么，它们是怎样结合在一起的。"约翰在游泳"决定了它与其他句子的各种关系，例如"谁在游泳""约翰在游泳吗"都在"约翰在游泳"这个句子的问题形式之中，而"谁在约翰游泳"就不在其中。"因为如果一部机器能识别这个句子的句法结构，那么它

---

①　J. Fodor, *In Critical Condition: Polemical Essays on Cognitive Science and the Philosophy of Mind*, Cambridge, MA: MIT Press, 1998, p. 250.

②　J. A. Fodor, *The Mind Doesn't Work that Way*, Cambridge, MA: MIT Press, 2000, p. 19.

就可以预言该句子的这些关系属性，如可以有上述问题形式。"①

在福多看来，认知过程有因果作用，根源在于它有句法。福多把这一观点称作"原则 E"②。该原则还可这样表述：只有心理表征的基本属性才能决定它在心理生活中的因果作用。福多不否认：这个原则会碰到与事实的矛盾，因为心理表征的因果作用有时是由情境决定的，怎样化解这里的矛盾呢？他的基本看法是：即使这里的因果作用包含有情境的奉献，但它们要现实地在人的心理生活中起作用，一定得通过句法属性来实现。可见，他的基本观点是用心理表征是一种似语言的东西这样的假说来说明认知状态和过程的渗透的、独特的属性。例如前者就是产生性和系统性，后者就是保真性。一般来说，思想的系统性和产生性，据说可以追溯到心理表征的构成性，而这种构成性又依赖于它们的句法构成结构。心理过程的保真的倾向可以用它们是计算这一假说来解释，而这里所说的计算可看作是由句法驱动的因果过程。基于此，他对图灵给予了极高的评价，如说：由于图灵的杰出工作，我们才开始认识到机器表现出有理性的行为能力是完全可能的，这种能力尽管是一种形式转换能力，但也有语义性、意向性，因为语义性与句法是同型的，对符号的处理同时也是对意义的处理。③

总之，他的上述理论旨在回答：人这样的物理系统怎么可能有语义属性或意向性？在什么意义上说：物理状态的转换保存了语义属性？根据表征理论，信念之类的命题态度就是主体与表达了命题的心理表征之间的关系，心理过程则是对心理表征的一系列处理过程；根据思维语言假说，心理过程涉及对表征形式的处理。根据计算理论，心理过程是计算过程，它只对心理表征的句法属性敏感，而无法直接处理语义属性。如果是这样，心灵不就成了句法机吗？

----

① J. A. Fodor, *The Mind Doesn't Work that Way*, Cambridge, MA: MIT Press, 2000, p. 21.

② Ibid. , p. 24.

③ J. Fodor, *In Critical Condition: Polemical Essays on Cognitive Science and the Philosophy of Mind*, Cambridge, MA: MIT Press, 1998, p. 205.

不然。因为他的同型论作了这样的说明：句法与语义是同型的。有什么样的句法就有什么样的语义，同样，认知系统在对句法作了转换后，其语义也一同随之转换。豪格兰德一针见血地指出：根据这种符号主义理论，"只要你处理了句法（非语义特征和属性），那么你也同时处理了语义本身"①。

二　皮利辛的辩护与多层次理论

我们再来看皮利辛对计算主义的辩护。皮利辛是著名的认知科学家，在许多方面与福多的看法是一致的，他们一起合写了许多论著就是其证据。不过，由于他的侧重点不像福多那样是心灵哲学，而是认知科学，因此其阐释肯定有自己的个性。概括地说，他的阐释有三个方面的要点。

第一，他强调：心灵的操作过程是一个按规则运作的过程，或"由规则支配或由表征支配的过程"②。这规则就是"如果——那么"这样的逻辑规则，例如，如果你觉察到"一事件 E，它属'紧急状态'中的一个实例，那么你就会进到寻找解决办法或确定目标的状态"。这从一个状态进到另一状态的过程实即形式转换的过程。因此他说："要把握计算的受规则支配的性质，就必须从形式表达的操作的角度，而不是从状态转移的角度来看过程。"③

第二，心灵在操作时，其直接的对象是代表着外部对象的代码或表征。因此可以说：心灵就是"对符号表征或代码的操作。这些代码的语义内容对应于我们思想（我们的信念、目标等）的内容"④。

第三，反对对心灵作单一层次的描述或解释，而倡导多层次理论。在描述和解释人的行为时，有的强调应从生物学上解释，有的

----

①　J. Haugeland, "Semantic Engines: An Introduction to Mind Design", in J. Haugeland (ed.), *Mind Design*, *Philosophy*, *Psychology*, *AI*, Cambridge, MA: MIT Press, 1981, p. 23.

②　［加］皮利辛（中译本译为派利夏恩，下同）：《计算与认知》，任晓明等译，中国人民大学出版社 2007 年版，第 6 页。

③　同上书，第 73 页。

④　同上书，第 8 页。

强调只应从语义上解释，而心灵的计算观强调三个层次。皮利辛赞成后一种观点，说："解释认知行为要求我们注意到系统的三个不同层面：功能建构（应为'构造'或'结构'——引者注）或机制的本质；代码（亦即符号结构）的本质；它们的语义内容。"①

从特点上说，计算主义的基础是形式主义，由此所决定，它在本质上就是一种机械论。形式主义认为，不管是复杂的机体，还是简单的事物，其内部运作都有共同性，即按规则进行形式转换，如从输入转化为输出。也可以说，它们内部都有计算过程，或有相同的函数过程。皮利辛说："艾伦·图灵……独立地建立了不同的形式理论，这些理论足以形式地（即'机械地'）生成可以被解释为证明的所有表达式系列，因而可生成所有可证明的逻辑定理……图灵的工作表明：存在一种普遍适应的机制（称做'普适图灵机'），它可以模仿任何可用其形式化方法描述的机制。"②他还说："认知科学和数学的构造主义都要求，理论中提到的函数是能行的或可机械地实现的。"③"图灵工作的有趣之处在于：要得出关于形式化的界限和普遍性的结论，有必要根据对写在纸上的符号殊型或记号所进行的操作来理解关于在形式系统中证明和推演的思想，这里的操作被规定为'机械的'。"④

从这样阐释的计算主义与作为计算主义另一形式的联结主义的关系看，它与联结主义的区别不在于是否承认并行处理，而在于是否把心灵看作是处理符号的实在，是否承认规则和表征。他说："只要我们将认知看作（任何意义上的）计算，那么我们就必须将它看作是关于符号的计算。任何联结主义的装置，无论有多么复杂，都不能做到这一点。"⑤

----

① ［加］皮利辛：《计算与认知》，任晓明等译，中国人民大学出版社 2007 年版，第 8 页。

② 同上书，第 53 页。

③ 同上书，第 80 页。

④ 同上书，第 54 页。

⑤ 同上书，第 77—78 页。

　　皮利辛承认，语义性或意向性是人类认知系统的一个根本特点。因此他承认，已有的人造的智能系统的确存在塞尔等人所说的那类问题，即缺乏意向性。AI 要成为真正的智能系统，也必须拥有这一特点。为此，他对人类认知系统及其意向性作出了深入的探讨。他的基本观点介于解释主义和实在论之间。他承认，认知科学和 AI 研究所面临的意向性难题有两大类，一类是 AI 系统必然碰到的、由塞尔所提出的难题，即人的智能有语义性、意向性，而机器所实现的智能只是句法加工，而缺乏这一智慧的特性。要解决这一问题，出路在于探讨第二类问题：人的心理状态如何可能有语义性、意向性，其作用机理是什么？在回答这一问题时，实在论和解释主义发生了这样的争论：它们的语义性是实有的，还是被归属的？是什么使功能状态的语义解释固定下来？理论家赋予系统状态一个语义解释时所选取的范围是什么？

　　皮利辛还承认，人类认知系统有独立的语义层面，就此而言，他倾向于实在论而有别于解释主义。他说："表征或语义层面代表了特定系统的一个独特的自主的描述层面。"① 因为生物学上可识别的大脑状态并不能等同于功能上可识别的大脑状态，某些任意的物理性质集合在功能层面上有相同之处，而这些相同之处无法通过物理层面的有限描述得到。同理，语义层面不同于功能层面。如果两者能完全一一对应，那么就能等同。但事实上不存在这种对应。他说："物理系统（我假定认知者是物理系统）何以可能正确地基于与该系统没有因果联系的对象和关系的'知识'而行动呢？显然，我们害怕和意欲得到的对象不会像物理世界中的力和能引起行为那样引起行为。"这也就是说，在认知者引起行为的过程中出现了一种特殊的关系，即知识与行为的关系。在这里，知识及其所包含的内容，或害怕及其对象，并不同于物理世界中的物体与物体的关系。在这里，有能力的东西不是实际的物理对象，而是意指、表

---

　　① ［加］皮利辛：《计算与认知》，任晓明等译，中国人民大学出版社 2007 年版，第 34 页。

征或关于某物的知识。①

皮利辛不完全赞成福多根据同型性对句法为什么有语义性的解释。的确，同型的作用在有些情况下是存在的，如"有某一表征状态在记忆的某个部分就应该有某一符号表达式。表达式是对语义解释的编码，表达式的组合结构是对子表达式的内容之间的关系编码，就像在谓词演算的组合系统中所做的那样"。但必须看到，语义和句法在许多情况下又常常是不对应的，例如内容的差异有时并不必然导致功能上或句法上的差异。他说："在日常语言中，语义与句形不一致是常有的事，如一词多义，一义由多词表达，在大脑的表征状态中，这种情况也应存在。"②

必须看到，皮利辛对意向性的本体论地位问题的看法又有倾向于戴维森和丹尼特的解释主义的一面，因为他认为，系统状态的语义性并不是实有的，而是外在的解释者所归属的。他说："代码或符号是物理性质的等价类，这些物理特征一方面引导行为行其所是，另一方面又是语义解释的承载者。"③ 不过，他又有不同于解释主义的地方，如认为，人们在解释系统有语义性时，是有一个较广的范围的。例如在说一状态表示某个数时，有这样的可供选择范围，如说它表示字母，或表示某场景，等等。因此这里值得探讨的是：人们是怎样作出自己的选择的？是怎样最终确定说：它代表什么东西？要回答上述问题，唯一的出路就是研究表征。他说："要表述某些认知概括，就必定涉及表征。"④ "我只考察意向性的一个方面，因为这一方面与表征概念密切相关，而表征概念是在认知解释中起重要作用的概念。"⑤ 计算主义的认知科学之所以重视表征，是因为它必须通过这个概念解决困扰它的语义性难题。他说："解

----

① ［加］皮利辛:《计算与认知》，任晓明等译，中国人民大学出版社 2007 年版，"前言"，第 3 页。

② 同上书，第 30 页。

③ 同上书，第 40 页。

④ 同上书，第 25 页。

⑤ 同上书，第 23 页。

释性原则的第一个层面是语义层面，这样我的叙述就不得不进入心灵哲学中最难的第二个谜题：意义之谜。"（第一个谜题是意识之谜）正是因为表征有这样的作用，因此他常把语义的层面称作表征的层面，如说"语义的或表层的层面"。① 什么是表征呢？它如何有化解意向性难题、拯救计算主义的作用呢？

皮利辛不赞成流行的对表征的实在论界定，如"真值承载的表达式"、"命题表达式"、"具体的实体"、"心理语言或思想语言的内在的、具体例示的符号系统中的符号表达式"、"在思想语言中的编码"，也不赞成把它看作是由命题或语义内容和类似于句子的符号表达式的形式存在所构成的东西。② 他承认表征有内容，但反对把内容等同于符号的所指，认为内容类似于弗雷格所说的含义（sense）。他说："必须牢记内容指的是表征（思想、表象、目标）的概念性内容，而不是其所指，表征内容并非世界上实际存在的对象。"③ 从存在地位上说，他认为，表征并不是真正存在于对象之内的实在或性质，而是为解释的需要所设定的。例如在电视机和温度计中，肯定不存在什么表征。但在解释它们怎样完成设计者的预定的功能时又常用到表征概念。他说："在这种情形下，特定性质的表征特征表现出来是为了把装置的操作与设计者的意图联系起来。"④ "只有在解释的情境中，表征概念才是必要的。"⑤ 既然如此，意向性、意义之类的难题就不是一个实在论的问题，而是一个在解释中才出现的问题。无视问题的性质上的这种区别，就会将研究引向歧途。

人和机器内部并不存在原始的语义性，也没有什么句法，它们是人在解释人和机器内部的状态及过程时归属或指派给它们的。例

---

① ［加］皮利辛：《计算与认知》，任晓明等译，中国人民大学出版社 2007 年版，第 25 页。
② 同上书，第 210—211 页。
③ 同上书，第 49 页。
④ 同上书，第 28 页。
⑤ 同上书，第 27 页。

如就符号来说，尽管它是机器得以能够计算的前提条件，因为不存在"无表征的计算"，但符号或表征是被归属给机器的。"指派是由人给出的。"① 同样，说机器能做计算也是如此，它是人所作的一种解释。语义性也是这样，"借助符号和计算状态的这个性质，可以对它们做出一致的语义解释"②。他这样说的根据是：计算机中的事件本身只是一种电子事件。他说："计算事件全都是在机器结构里面十分明确规定的电子事件的等件物。"③ 既然如此，人们常说的认知系统有表征属性、语义属性、句法属性，就都不过是人们所作的不同的解释而已。这些概念其实是属于我们人的解释系统的，而不是关于实在的什么概括或反映。

大致说来，有三种解释框架和方式，即物理学或生物学的解释、句法或符号或功能解释、表征或语义解释。在解释一系统时，如果普通的物理学原则可以奏效，那么就用不着再诉诸其他两种解释。例如对于溪流、岩石和恒温器，只用第一种解释就足够了，如果再用信念等来解释，就是多此一举。但要解释系统的符号输入—输出过程，就必须超出物理解释，而进到符号或功能层面。例如，如果计算机内发生了电子线路的转化过程，如果这一过程是一种映射，或者说能被描述为例示函数，那么就可对之作出句法描述。第三是语义解释。他说："这个需要的语义函数很容易定义；它恰巧是从含有 0 和 x 的符号串到自然数集合的映射。"④ 这种转换也可以解释语义函数。"它在方法上近似于塔尔斯基根据句子的组合性质给某个形式系统定义语义学……实际上，它定义了位一值数字记法的语义解释。"⑤ 总之，机器中发生的物理状态及其转换，可同时从物理、句法、语义三个层次予以描述。

----

① ［加］皮利辛：《计算与认知》，任晓明等译，中国人民大学出版社 2007 年版，第 66 页。
② 同上书，第 67 页。
③ 同上书，第 163 页。
④ 同上书，第 64 页。
⑤ 同上书，第 65 页。

　　三种解释是什么关系呢？皮利辛说："正像物理层面的原理提供因果的手段一样，（体现在规则和程序之中的）符号层面的原理通过这样的手段而起作用，与此相似，符号层面的原理提供了功能的机制，通过这样的机制，表征得以编码，语义层面的原理得以实现。三个层面在一个例示的分层结构中连在一起，每一个层面例示它上边的一个层面。"①　三者还有相互作用，如"一个层面中的规律性偶尔会显现和修正其他层面中的规律性。生物学因素可以通过调整基本计算资源与符号层面概括达到相互作用……符号层面的概括与诸如合理性这样的语义层面原则……是相互作用的"②。

　　这样说，是否意味着一切事物都可被说成是有语义性、意向性的对象呢？他的回答是否定的，因为他反对自由主义，即不主张：一切生物或物理现象都受语义原则的支配，一切实在都有意向性，而坚持认为，语义性局限在特定的自然范围之内，换言之，语义性是有条件、有限制的。当然，这个范围究竟是什么，语义性的独特标志究竟是什么，这是一个值得研究的问题。他的初步的看法是：只有功能状态才能被解释为表征。但功能状态的形式也很多，有没有特殊的限制和标准呢？他的回答是：只有当功能状态 I 具备下述条件或特征时，我们才能对它作出语义解释 S：a. 存在着多种表征某事物的方式，即在归属语义时，不止存在一个 I。b. 系统也可表征与事实相反的事件。c. 系统可以通过许多方式处于状态 I。d. 如果在将 I 看作是表征 S 之后，能把在特定情境下出现的从一状态到另一状态转换的规律性与未发生的其他可能的转换区别开来，那么就可认为，这功能状态是一表征状态。③　也就是说，当一功能状态具备上述特征时，我们就可说它是表征，或可说它有意向性或语义性。

　　他也认识到，说一符号是一表征，说它有语义性，还离不开这样的条件，即在符号与符号外的事件之间建立起一种联系。在人类

----

　　①　［加］皮利辛：《计算与认知》，任晓明等译，中国人民大学出版社 2007 年版，第 142 页。
　　②　同上书，第 283 页。
　　③　同上书，第 46—47 页。

智能中，这种联系是通过一种转换器或一种解释映射实现的。因此转换器对于功能状态成为表征状态至关重要。他说：计算事件本身只是纯粹的电子事件。它具有语义性根源于转换器的作用。"通过将环境的物理状态的某些类映射为一个与计算有关的装置的状态，该转换器完成了一个相当特殊的转化：将与计算有关的任意物理事件转换为计算事件。对转换器功能的描述表明了某些非符号的物理事件是如何映射到某些符号系统的。"① 所谓转换器"就是一个通常以某种变动了形式接收和转发能量模式的装置。因此，一个典型的转换器只是以某种一致的方式将物理的（时空的）事件从一种形式转换或映满为另一种形式"②。换言之，转换器是"功能构造中例示的一个功能，其目的就是要将物理事件映射到认知的或计算的事件"③。

皮利辛认为，要解释认知系统行为的产生还必须诉诸这种转换器的作用。因为语义内容并不能直接引起行为的产生，但如果不诉诸语义内容，认知系统的复杂行为又不可能得到完满的解释。除此之外，诉诸物理原则也必不可少。"因为变化的本质主要依赖于世界的物理系统。"④ 质言之，要说明行为，必须把两种解释结合起来，而这离不开探讨两者交界的界面，即探讨转换器的转换作用。他说："物理原理和语义原则之间的界面是一种特别的……称为转换器的功能部件……转换器是一种更为重要的基本功能。"⑤ 物理原则和语义原则各自的特定作用，就是在这个环节上协调地发挥出来的。由于这种相互作用，才有行为的产生。

在皮利辛看来，上述对人所表现出来的语义性或意向性的分析对于解决 AI 的意向性缺失难题无疑是有启迪作用的，甚至可以说，

----

① ［加］皮利辛：《计算与认知》，任晓明等译，中国人民大学出版社 2007 年版，第 164 页。

② 同上书，第 163 页。

③ 同上书，第 192 页。

④ 同上书，第 156 页。

⑤ 同上书，第 152 页。

关于人的意向性及其根源、实现机理的理论为 AI 解决上述瓶颈问题指明了方向。这就是，AI 系统要有表征或语义属性，首先必须有具备了皮利辛所说的条件的功能状态；其次要有一种转换功能，即要有相应的解释机制，即在符合了有关条件时把它解释为表征，通过解释把表征与表征之外的对象关联起来。只要这样做，任何 AI 系统、认知系统都可以说有语义性。他说：说计算机有语义性，不外是说，"它所表征的机器与其环境中的事物之间的关系，通常不是通过传感器去建立机器与其环境的直接联系，而是通过一种人的链条建立联系的"①。

第三节　新计算主义

面对意向性之类的难题，尽管一些人放弃了计算主义，但仍有一些论者鉴于它是一种相当成功的方案，因此不情愿抛弃它。经过反思，他们认为，计算主义在过去的失败不是由于计算与心灵完全无关，而是根源于对计算的纯逻辑、纯形式解释。只要予以适当的阐释，计算概念可以与意向性、语义性概念结合起来，相应的，在计算机、人工智能的工程学实践中，可以让它们表现出的加工过程表现出意向性。如果计算主义真的能以这种方式得到改进，那么以此为基础的人工智能也会相应地克服以前没有意向性的缺陷。按照这一思路所形成的计算主义就是所谓的"新计算主义"或如朔伊茨（M. Scheutz）所说的"计算主义的新方向"。

一　新计算主义概说

新计算主义在 20 世纪末和 21 世纪初的产生和发展，是 AI 研究和计算主义发展历程中一件颇值得深思且带戏剧性的事件。20世纪 80 年代，一度占统治地位的经典计算主义以及以之为理论基

---

① ［加］皮利辛：《计算与认知》，任晓明等译，中国人民大学出版社 2007 年版，第 161 页。

础的 AI 研究，受到了塞尔和彭罗斯的致命打击，几近被彻底颠覆，看似无生还希望。但到了世纪末，一大批认知科学家和哲学家经过冷静的思考，又公然打出了计算主义的旗帜。他们认为，计算主义的确有这样那样的问题，但它是有韧性的；对认知的计算解释尽管有缺陷，但经过重新阐发，仍不失为认知科学和 AI 研究的可靠理论基石。质言之，计算主义的问题不在于计算本身，而在于我们对计算的理解。因此新计算主义的新的工作就是对计算作出新的阐释。朔伊茨在自己新编的《计算主义：新的方向》论文集中把自己写的《计算主义——新生代》放在首篇，的确耐人寻味。他把持这种新的倾向的人统称为"计算主义的新生代"的确是恰到好处的。他说："这种观点不是将计算看作抽象的、句法的、无包容性的、孤立或没有意向性的过程，而是看作是具体的、语义的、包含的、相互作用的和有意向的过程。有了这一观点，我们就有这样更好的机会，即把关于心灵的实在论观点作为我们的可能基础。"①

新计算主义者承认：经典计算主义的确是漏洞百出，例如它没有为我们提供能合理理解心、脑、身及其相互关系的概念工具。它尽管正确地强调了要根据计算解释心智，但经它解释的心智仍像 50 年前一样"神秘莫测"。② 另外，它把计算看作是抽象的、句法的、没有包容性的、孤立的或没有意向性的东西，这显然没有抓住计算与心智的根本特点。既然如上，经典计算主义受到许多人的毁灭性打击就有其必然性。在新计算主义者看来，要摆脱旧计算主义的局限性，就必须把计算看作是"具体的、语义的、有包含性的、相互作用的、意向的过程"，这种观念可以成为关于心灵的实在论的基础。从工程实践上说，真实世界的计算机应像心灵一样，也能"处理包蕴、相互作用、物理实现和语义学问题"③。

尽管作为经典计算主义基础的计算概念有问题，但不能因噎废

----

① M. Scheutz（ed.），*Computationalism：New Directions*，Cambridge，MA：MIT Press，2002，"Preface"，x.

② Ibid.，p. 175.

③ Ibid.，p. x.

食，没有必要予以抛弃；尽管计算主义在本质上是机械论，也不能因此而将其打入冷宫。新计算主义者从计算主义的产生发展历史说明了这一点。

计算概念是文艺复兴后伴随机器制造而出现的一个概念。当时人们造出了许多机器，如织机、手表、时钟等。为了描述机器的行为，人们发明了"计算"一词。尤其是后来不久，帕斯卡和莱布尼兹造出了数字计算机，它们可以完成加法运算。在这种情况下，要描述它们的行为，"计算"一词就更加必要了。当然，当时的计算机既不是自动的，又不是自主的。因为它们没有自己的能量，因此需要人从外面不断给它充实能量；同时它们没有控制机制，因此它们的运行也要靠人的随时随地的干预。

机器诞生之后，人们不仅将它应用于有关领域，让它们为人类服务，而且充分挖掘它们的潜力，将它们作为理解、解释人的类比工具，如用它们的组成方式解释人的构成，用它们的作用说明人的身体行为，或用机器论述语描述人的构成与行为。拉美特利甚至将机械论解释推广到心灵之上，提出了"人是机器"的著名口号。

18—19世纪，德国唯心主义极力反对机械唯物主义，认为，人及其心灵是不可能根据机械力学原则来说明的。但仍有一些唯物主义者坚持自己的方向，强调研究心灵的机械论路线，并作了大量的新的探索，从而使计算概念有了新的发展，例如许多人在机器计算上作出了新的探索，从而使机械装置的计算能力获得了极大的提高。当然，对计算概念的认识仍停留于直观的层面。这种状态一直持续到19世纪末。到了20世纪以后，随着电子计算元件如晶体管、集成电路等的发展，人们对计算的认识开始发生质的变化，如开始注意对计算进行逻辑分析，从而出现了一些新的概念，如形式系统、可证明性、循环功能、可计算的功能、算法、有限状态自动机等。再进一步的发展，就是计算概念的分化，即计算概念向两个不同方向发展：一是逻辑或理论的方向。它侧重于从逻辑上说明计算的直观概念，从理论上界定可计算性的范围。另一方向则强调"技术逻辑"或实践的方面，侧重于探讨在建立各种计算装置时可能碰到的各种问题。

在理论探讨的同时，数字计算机的发展为计算概念的巩固和发展提供了有力的支持。众所周知，数值是抽象的，因此是机器无法直接处理的东西。要处理数值，必须找到某种代表它们的物理中介。这中介也是物理对象，有物理属性，但遵循这样的规律，即由一致于计算中实现的操作所控制的规律。例如事物的量是加成的或加性的，把两个事物放在一杆秤上，它们的量就会加到一起，同样，把物理维度（如长、宽等）的量值与数字关联起来，计算就能通过对物理对象的物理加工来完成，如把这些对象排成一行，测量最终的量值，如用尺子去量它们的长度。中国用算盘完成的计算所依据的原理也是如此。这里最重要的是人们在算珠与数值之间所作的关联或约定。如桥上面一粒代表"5"，下面一粒代表"1"。从初始状态（如0）开始，通过物理的运作，如拨动算珠，所出现的是一种物理的格局。再基于事先的约定或编码，人们就知道这物理的状态所代表的是什么数值。这是计算机发展的原始阶段。

第二阶段的起点是"表征"概念的引入。由于它的引入，原先的那种粗笨、易错的计算就让位于用表征所作的加工。这种转化的意义非同寻常，可看作是从"类似物"向"数字"表征的迈进。表征性计算的特点是：在计算中，人们用标记符（如0，1等）代表数字，而不再是把数值与物理事物（算珠）关联起来。这种跳跃实际上是从直观思维到符号思维的飞跃。由于它有巨大的优越性，因此后来成了关于计算的一般模式。在许多人看来，不仅计算是对表征（代表）的处理，而且思维也是一种加工表征的过程。

总之，经过几百年的发展，计算概念成了许多人把握、说明、思考心灵本身的一种方式。从早期的对于心理的天真机械论设想到现在的人工智能和认知科学的计算模型，在本质上都没能跳出机械论的窠臼。从一定的意义上可以说，用机械论模式构想心灵的观念一直渗透在对心理的研究和解释尝试之中。这已是一个客观的事实。不仅如此，计算主义及其计算概念在与计算机科学技术的互动中，在得到它的支持的同时，也客观上发挥了它的理论独有的巨大指导作用，并创造过举世公认的辉煌。如果是这样，完全否定它，把它说得一无是处，无疑是站不住脚的。

新计算主义不掩饰旧计算主义的缺陷。但认为，这缺陷不是不可克服的，例如果让计算在形式转换的过程中也表现出意向性，那么一切就迎刃而解了。朔伊茨说："新生代最需要的、必须说明的是意向性和响应性（responsibility）之间的内在关系。"① 豪格兰德也强调这一点，他说："一系统能表现出真正的意向性就是它有能力表现他称之为'真正的响应性'的东西。"②

新计算主义认为，要实现上述计划，有很多艰难的工作要做，例如要说明：计算主义图式中的计算、机制概念及其历史发展，图灵机和计算主义在人工智能研究中的作用问题，怎样理解关于心灵的计算理论视阈中的计算概念，怎样理解意向性的本质和语言起源等。③ 朔伊茨还设想：新计算主义还应该探讨关于计算的新的概念在计算主义图式中的可能应用。从工程实践上说，还要探讨：程序与处理的区别，执行概念、物理实现的问题，与真实世界的相互作用，模型的应用及限制，具体与抽象的区别，复杂结果的专门解释，计算与意向性的关系，关于"宽内容"与"宽机制"的概念，局域性与因果性概念。新计算主义强调：这些问题的解决是有希望的，当然这还有赖于新世纪哲学家和科学家的共同努力。

总之，新计算主义的特点是强调：计算不能像旧计算主义所理解的那样是抽象的、句法的、缺乏联系的，而必须是具体的、连续的、语义的、充满联系的、进行性的。由这一根本特点所决定，它的新的计算概念还有这样的特点：1. 内涵更丰富，如既强调句法转换，又强调语义性。2. 更重视实践的可行性，而不只是理论的

----

① M. Scheutz (ed.), *Computationalism: New Directions*, Cambridge, MA: MIT Press, 2002, p. 19.

② IbId., p. 20.

③ Ibid., x.

可能性。3. 有更大的解释力。4. 更加关注计算与心灵之间的联系。①

二　麦克德谟特对计算主义的改铸

许多人认为，AI 有暗淡的前景，还有一些人认为，AI 大概是不可能的。因为 AI 尽管成功模拟了人的一些能力，但那些能力并不是人的智能的全部，尤其是还没有抓住智能的根本方面，如创造性等。麦克德谟特（D. McDermott）说："这些怀疑是完全合理的。AI 的已有进步并不能成为证明一般的智能理论的根据。"已有的理论只是在说明、模拟某些狭隘的心理能力方面取得了一些成功。他说："AI 的主要游戏计划之一只触及到了问题的皮毛。"②

AI 研究领域的悲观主义与塞尔、彭罗斯等人的否定论证有密切关系。他承认：塞尔的中文屋论证是"最有影响的论证之一"，彭罗斯的论证也是如此。③ 不过，它们尽管有影响，但在麦克德谟特看来，它们也有偏颇，如中文屋论证"似乎不是一个反对机器有意识的论证，而是反对机器能'理解'的论证"④。

要拯救计算主义，就要反思基于它而进行的 AI 研究实践及其经验教训。就机器的自然语言理解来说，让机器理解自然语言话语是一项极其复杂而困难的工作，因为人的话语以声波为载体，而声波变化很大、很快，其形式、构成因素极其复杂。但同时又不能不看到，声波既然是物理的实在，这便为对它们作出客观、机械处理提供了可能。他概述说："要识别言语，我们要做的事情似乎是：（a）把声音流分成细小的组成要素，然后对每个要素作频率分析；（b）扫描音位目录表，以找到与之最匹配的音位。问题是，要做出这样的目录是很困难的。因为一个音位可对应于许多不同的频率

----

① M. Scheutz, "Computaionalism- the Next Generation", in M. Scheutz（ed.）, *Computationalism*: *New Directions*, Cambridge, MA: MIT Press, 2002, pp. 1 – 2.
② D. McDermott, *Mind and Mechanism*, Cambridge, MA: MIT Press, 2001, p. 80.
③ Ibid., p. 380.
④ Ibid., p. 162.

形式，还受到嘴型、背景噪音等的影响。"在解决这类问题时，一般的做法是诉诸对言语材料的概率分析，如用统计分析技术寻找对声音流的最可能的解释。① 目前，言语理解方面的最成功的计算模型是 Hidden Markov Model（简称 HMM）。② 除此之外，还有许多言语识别系统，它们都转向了商业应用。在识别单个单词时，准确率很高，而在识别连续的话语时，效果要差得多。不过也有公司声称，它们的系统能在一分钟内识别 160 个词，而且识别连续的语词系统的准确率高达 95%。③

再看语义处理。这是一个十分活跃的研究领域，已产生了许多模型和程序。④ 其一般的处理过程是：开始的阶段主要是对句子作句法分析。在分析时，关键是把正确的句子结构弄清楚。因为一般的句子都会有多种可能的句法分析结果，有时还可能作出错误的分析。接下来是抽取信息，即通过把句子中的关键短语弄清楚进而抽取信息。因为信息的抽取依赖的总是局部的分析，而不可能将一个句子的所有细节都注意到。一般来说，该注意哪些部分，不注意哪些部分，总是有标准模式的。在一个句子中，要抽取的信息总是关于时间、地点、谁、做什么等问题的信息。因此选取的短语总与之有关。它们是对上述问题的部分回答。

在麦克德谟特看来，要使计算主义回到正确的航道，第一，要正确认识 AI 的实质。在他看来，AI 模拟的不是人的智能，而是人的思维。他说："以为 AI 与智能有关，实属误解。"⑤ 在他看来，这门科学对计算在思维中的作用十分关注，而几乎没有涉及它在智能中的作用。第二，要正确认识 AI 这门学科的根源、性质和特点。他说：认知科学和 AI "将计算机科学应用于认知科学就产生了所

---

① D. McDermott, *Mind and Mechanism*, Cambridge, MA: MIT Press, 2001, p. 75.
② Ibid., p. 76.
③ Ibid., p. 77.
④ Ibid., p. 212.
⑤ Ibid., p. 29.

谓的 AI"①。认知科学就是试图用科学方法认识大脑和心灵的科学。第三，要正确认识大脑与计算机的异同。有些人认为，数字计算机是人脑的滑稽的模型。其实不是这样，例如计算机一次执行一个简单指令，如从储存器中提出一组数据，送至中央处理单元，后者对之作出变换或操作，再把结果送至储存器，或作为输出发送出来。计算机所做的事情就是以极快的速度，如一秒数亿次或更多次，周而复始地重复上述操作，而大脑或心灵显然不是这样工作的。他说："根本不可能把大脑看作是数字计算机。"② 因为"大脑是用神经元来进行计算的。这一假说的意思是：神经元中重要的不是它秘藏的化学物理学，或不是它产生的电极，而是它在那些物理媒介中所编码的信息内容。如果你能在另一种物理属性中编码信息，并让它做同样的计算"③，那么这样的机器才可说接近于人脑。第四，要更宽容地理解计算和符号。他承认，一种理论只要是计算主义，就一定会根据计算来解释思维。但计算并不局限于对人造符号的按规则所完成的转换，真实的人和人工神经网络的加工也是计算。尽管后者不能以硬件形式存在，只能作为软件、程序起作用，但它也有数据结构，有输入、输出。所不同的是，一种数据表征权重，另一些表征输入和输出等。对符号的理解也应如此。一般认为，人工神经网络是"非符号的"或"亚符号的"，而传统的系统是符号的。他不赞成这种观点，认为任何计算系统都离不开符号。而符号有两类，一是记载信息的状态，如动物所看到的敌人的影像，传到大脑中，一定会被记下来，这个记录的状态就是一种有信息的物理状态，可看作是符号。二是人造的符号。④ 另外，他不赞成有解释主义倾向的学者把符号看作解释的产物，或抽象的存在的观点，而认为它们有实在性。因为我们都承认：符号能指示对象，如果是这样，它首先得存在着。因为"除非它存在，否则，它不能意指任

----

① 　D. McDermott, *Mind and Mechanism*, Cambridge, MA: MIT Press, 2001, p. 29.

② 　Ibid. , p. 37.

③ 　Ibid. .

④ 　Ibid. , pp. 42 - 43.

何东西"①。

他对句法也提出了新的理解，认为句法是指符号类型的同一性，或者说是在两个地方出现的相同的符号类型。如当我在 FS 和 SF 中写出 "F" 字母时，我指的要么是：两者是同一个例的不同表现，要么是：它们能通过与符号的以前的关系而关联起来。②

计算机的符号转换是否有语义性呢？他的看法是：计算系统是句法机，意义在它运作时是没有作用的。因为计算是对物理状态的一系列形式处理。这里有译码过程发生，但译码并不是意义。③ 就此而言，语义学并不像句法那样是客观的。他说："计算机的数据结构仅仅是因为人们把意义归属于它们，即用各种方式解释它们，才意指某物。"④ 在符号与语义性问题上，他的结论是：1. 某物是不是计算机，是相对于解码而言的，所谓解码即是从它的物理状态到计算王国的映射。2. 每个计算系统中都有符号，尽管不是所有符号都有意义，但有些符号还比较有意义。3. 符号结构的意义依赖于它们出现于其中的系统与它的环境的关系。4. 发现这些意义，就是要对符号系统找到协调的解释。⑤ 可见，他在这里又背离了意义实在论，而倾向于丹尼特和皮利辛等人的解释主义或投射主义。

与此相关的问题是意向性问题。他的看法是：只要计算机对信息作出了处理，就可解释说它有意向性。他说："计算机能处理信息，而某些信息则有'因果的'而不只是纯'描述的'特征。"⑥ 当然，他承认：已有的 AI 系统尚未表现出真正的意识和意向性，他预言：这在较长的时期内还是不可能的。他说："我的顾虑是：在现在就给计算机以意识，这完全是枉费心机。"但又不是完全没有可能性的。他说："只有当计算机在复杂的、随机的环境中有足

----

① D. McDermott, *Mind and Mechanism*, Cambridge, MA: MIT Press, 2001, p. 181.
② Ibid., p. 195.
③ Ibid..
④ Ibid., p. 144.
⑤ Ibid., pp. 167 - 168.
⑥ Ibid., p. 3.

够好的表现，以致有必要建立关于它们如何适应世界的理论时，计算机有意识才有其可能性。"① 因此让机器具有意识不是没有可能的，只是在现在还没有可行性。

怎样让计算系统有意识—意向性？他的回答是：关键是要弄清它们的实质。按此思路，他也对意识和意向性的奥秘作出了自己的解答。他认为，意识就是自建模（self-model）。既然如此，如果能让系统有自建模的能力，那么就能让它表现出意识和意向性。他说："有意识的实在就是有自建模能力的信息加工系统。我们必须仔细对它作出考察，以弄清它是否有这类模型，它的符号是否能指向自身。"② 总之，意识是计算智能的必要构成要素，是能建构关于自我的模型的能力。一种计算实在要拥有意识，就必须能够在应对环境时，在与自己发生关系时，有办法形成关于自己的模型，并把它作为感知器和决策器。他说："一个有这类模型的实在就能表现我所说的那种虚拟意识。简单地说，我们要做的事情不过是：把虚拟意识与真实事物同一起来。"③ 因此 AI 研究解决意向性难题的一个可能的出路就是：着力解决自建模的理论和技术问题。只有解决了这类问题，才有希望让机器人像人一样学习、生活和工作，甚至像人一样有灵魂，能欣赏音乐，有审美判断。到了那一天，它们的行为也应像人的行为一样受到道德的评价和约束，同时，它们也能模拟人的道德推理能力，对自己、其他机器人以及人的行为作出道德评价。

三　克拉平对计算主义的"宽泛理解"

在克拉平（H. Clapin）看来，经典计算主义者之所以会碰到塞尔等人提出的难题，根本原因是他们对计算与认知的理解太狭隘。例如他们认为，对计算过程、功能作用的描述是与执行硬件没

----

① D. McDermott, *Mind and Mechanism*, Cambridge, MA: MIT Press, 2001, p. 144.

② Ibid., p. 214.

③ Ibid., p. 215.

有关系的。在说明人的思维时，只要揭示了人的思维的认知结构就够了，无需分析认知过程的执行细节。因此认知科学家在揭示认知的本质时，没有必要探讨思维是如何从物理上实现的，就像计算机在进行乘法运算时没有必要知道有关的程序是怎样从物理上被执行的一样。福多和皮利辛还强调：认知有语义性，而认知的完成过程没有语义性，因为它们是纯形式的转换，是功能构造的变化。

克拉平认为，构造的变化也有语义作用，因为它们会"导致语义上的变化"，会对"整个系统的语义学产生影响"。例如在学习过程中，常见的是范式变化、概念变化。这些变化尽管是内在构造、图式上的变化，但会影响整个系统的语义属性。他说："只要我们承认表征系统的构造中包含有内容，我们就不难发现：我们得到了关于计算和认知的更宽泛的概念。"①心理学的事实也说明：内在的构造并不像传统计算主义所认为的那样是固定不变的。例如儿童的基本的认知能力是发展的。这种发展肯定离不开内在功能构造的变化。即使是观点、认知结构已经基本形成的成人，其内在功能结构也处在变化之中。由此，他得出了这样的结论："只有承认有隐结构内容，才能更好地说明认知概念逐渐复杂化的方式。"②

克拉平认为，要拯救计算主义，关键是对计算概念作出更宽泛的阐释。他赞成表征主义根据表征解释计算的策略，但又强调要把表征区分为隐（tacit）表征与显（explicit）表征，然后主要根据隐表征来说明计算。我们知道，这对范畴最先是由丹尼特在《心理表征的样式》一文中提出的。③在丹尼特看来，两种表征的区别有两方面。第一，隐表征是系统内在具有的一种"知道怎样"的知识，从作用上说，系统由于有这种知识，便能对显表征进行处理。第二，系统能与世界发生关系，系统能够可靠地与之协变的某些状

① H. Clapin, "Tacit Reprcentation in Functional Architecture", in H. Clapin (ed.), *Philosophy of Mental Representation*, Oxford: Oxford University Press, 2002, p. 306.

② Ibid., p. 307.

③ D. C. Dennett, "Style of Mental Representation", *Proceedings of Aristotelian Society*, 1983, 83: 213-226.

态，可以隐式地表征世界的这些状态。这也就是说，显表征是符号性的表征，是系统的计算过程的对象，能表达外界事态的性质、特点，因此是有对外的指称能力的表征。而隐表征是系统具有加工显表征能力的内在条件，以"知道怎样"的知识形式表现出来。例如水陆两栖生物要决定自己是待在水里还是留在岸上，会根据不同的规则或倾向来加以判断。这种判断所依据的东西就是隐表征。从两者的关系来说，显表征以隐表征为前提条件，因此后者在认知解释中的作用更为根本。例如要说明显表征的产生，就必须诉诸隐表征，因为后者是前者产生的一个条件。其次，后者对前者也有依赖性，因为没有显表征的存在，隐表征永远只能以潜在的形式存在，不可能现实地显现出来。

克拉平在借鉴和融合丹尼特、皮利辛、卡明斯、史密斯和豪格兰德等人的有关思想的基础上，对计算的隐表征和显表征概念进行了更宽泛的阐释。一是进一步阐发、规定了这两个概念；二是对它们的关系作了新的说明；三是对隐表征的作用作了新的阐释。

我们这里重点剖析他对隐表征的阐发。克拉平认为，应把丹尼特的隐表征概念与皮利辛的功能构架这一概念结合起来。皮利辛认为，认知系统之所以为认知系统，其内在根据是它有功能构架。没有这种构架的系统就不是认知系统。所谓功能构架可理解为表征之基础的资源。最低层次的功能构架就是系统的这样的能力，即能理解编码在机器中的指令的能力。也就是说，一般的功能构架其实就是计算系统得以起作用的内在知识条件。一计算认知系统之所以能表现这样和那样的智能行为，离不开两个条件：一是表征，二是功能构架。两者的关系类似于钥匙与锁的关系。计算过程要发生，两者的同时存在、密切配合是不可缺少的条件。

在克拉平看来，皮利辛所说的功能构架其实就是隐表征。因此克拉平所理解的功能构架实际上是从符号的层面对计算系统内发生的加工过程的一种描述。对这一过程还可从电子层面进行描述。当从前一角度予以描述时，我们看到的其实是一种虚拟的图式，即抽象层面的功能过程。至于它是怎样被实现、怎样被执行的，那无关紧要，至少不属于这个层次描述的对象。当从符号层次予以描述时，我们所看到的就是系统的功能构架及其作用。而在功能构架中，最重要的因素就是系统所完成的对符号的原操作，如把两个符号加在一起，从存储器中把符号提出来，或将符号放进去，读取下一个程序指令等。对这一虚拟构架的描述与执行过程没有任何关系。克拉平强调：把这一概念与丹尼特的隐表征结合起来就可为认知科学提供一个有力的概念工具，即建立关于功能构架如何进行表征的观念。它可能告诉我们：功能构架不仅可以显式地表征外部事态，而且可以隐式地进行自己的表征，形成特定的隐知识、隐内容。

经过自己的结合和改铸，克拉平形成了这样一个新的隐表征概念，它指的是功能构造中的一种特殊的知识，其一般特点是：有这种表征，系统在获得了相应的信息时就知道怎样按照指令来作出加工，知道为什么要表征。由此说来，表征的目标也是这种隐表征的一种形式。他说："目标可以看作是结构性内容的一种形式。"① 从内容上说，隐表征所包含的东西不同于符号显式地表征的一切东西，例如在威诺格拉德（T. Winograd）的 AI 程序 SHRDLU（1972）中，有许多符号表征，而系统的对符号的一系列约束就属隐内容，它们不是由显表征的外在对象决定的，而是由功能构架决定的。这些约束包括：什么是或不是合法的符号，从原子符号中应形成多么复杂的符号，从一符号向另一符号的什么样的转换是被允许的，等等。

克拉平还用康德的时空直观形式和先验范畴来说明隐表征。他说："康德的范畴和'纯直观形式'可以看作是认知构架的隐内容的一种表述方式。"在克拉平看来，隐内容不仅存在，而且可以与显内容相互作用。他说："一旦我们承认功能构架有语义学，那么我们就能认识到，这种隐内容可以以复杂的方式与显内容发生相互

① H. Clapin, "Tacit Reprcentation in Functional Architecture", in H. Clapin（ed.）, *Philosophy of Mental Representation*, Oxford: Oxford University Press, 2002, p. 310.

作用。前者不仅使后者成为可能，而且还能改变显内容对整个系统的作用。"① 这里所说的语义学实际就是指内在功能构架的内容，即各种各样的条件、约束、形式规定、规则等。

隐表征的一个重要作用就是规定认知系统怎样用符号显式地表征世界，如在表征颜色时，把一种颜色究竟是表征为红色或蓝色，或别的颜色。要完成这种显式的表征，内在的功能构架中就必须事先有对颜色的分类，以及有对每一种颜色的特征、标准的形式规定。也就是要对"被表征世界由以被划分的方式作出规定"。这也就是说："建构在系统构架中的本体论假定就成了该构架的语义意蕴的重要的活生生的方面。"② 质言之，人的认知系统也是形式系统，它之所以有意向性，根源在于：它有功能结构，而功能结构又有隐表征（知识），因此可有语义性。换言之，人的认知系统之所以有意向性，根源在于它有特定的隐表征。因此人工智能的未来发展方向就是进一步研究隐表征及其作用和实现机理。他说：功能构造能表征认知系统的重要假定和技能。这一看法根源于这样的观点，即"符号之所以有内容，是因为符号有其物理性质。符号的物理形态是句法的具体化，而句法又使它有广泛的语义意蕴。因而功能构造携带隐内容这一观点是一深刻的、具体的见解，各种物理约束都有语义意蕴"③。

克拉平还根据隐表征阐发了计算概念。他说："隐内容这一概念对于我们理解计算有重要的作用。"④ 因为"程序语言，包括机器编码，就其能让计算机以某种方式运作来说，是具有表征的意义的"⑤。而程序语言显然不是由反映了世界上的事态的显表征构成的。数据结构是由显表征构成的，而显表征是常见的语义学，因为它关联着世界上的事态。隐表征尽管没有这种直接的关于性，但是

---

① H. Clapin, "Tacit Reprcentation in Functional Architecture", in H. Clapin (ed.), *Philosophy of Mental Representation*, Oxford: Oxford University Press, 2002, p. 301.

② Ibid., p. 300.

③ Ibid., p. 303.

④ Ibid..

⑤ Ibid., p. 304.

由于显表征之现实的出现离不开隐表征，因此隐表征也是计算具有语义性的一个条件。当然，他并不绝对否认传统的计算主义，而主张把它与新的关于隐表征的观点结合起来。他说："正在运行的程序……构成了数据结构的功能构造，正是后者使数据结构变成了现实。正如我们已强调的那样，这样的各种功能构造使隐内容出现在由显数据表征所表达的世界结构之中。因此程序就是表征，当然它们并不表征它们的显符号所表达的东西。"①

通过这些分析，他认为可以得出下述结论："要理解计算，必不可少的条件是要认识到：程序的语义意蕴就是它们隐式而非显式地携带的内容。"②

总之，基于隐表征所阐发的新计算主义有这样四个要点：1. 隐表征在符号表征与其具体化之间架起了由此达彼的桥梁。2. 要对符号计算作出充分说明，就必须把显表征看作是具有流变性的动力结构，而不能再把它规定为纯形式化的语言。3. 要对符号计算作出充分的说明，还必须认识到隐藏在计算过程中的表征的作用。4. 应把认知理解为包含着结构变化的过程。

基于上述关于人类心智及其意向性、语义性特征的认识，克拉平为 AI 的当前研究开出了这样的"处方"：它的当务之急就是要进一步研究人类的显表征能力，在弄清其运作原理和机制的基础上，发展和完善计算机的隐表征能力。因为人之所以有意向性、语义性就是因为有隐表征。如果让 AI 也有隐表征，那么它就会拥有像人一样的语义能力和意向性。在他看来，这不是没有可能性的。因为计算机的 CPU 硬件中已有初步的隐知识。众所周知，它是一种由电子元件组合在一起的功能结构，里面包含着隐表征知识，即知道怎样做的（Know-how）知识，其功能就是知道怎样执行指令，并能以一定方式被显表征当程序指令使用。例如这里的指令就是这

① H. Clapin, "Tacit Reprcentation in Functional Architecture", in H. Clapin (ed.), *Philosophy of Mental Representation*, Oxford: Oxford University Press, 2002, p. 305.

② Ibid., p. 306.

样的命令：先将两个二进制数字加在一起，然后检验特定的数字是否表征了，最后过渡到新的指令，把二进制数字从储存库中移出来，或放进去，等等。既然如此，今后的前进方向就是完善和发展这里的隐知识，使其真正具有人所具有的各种各样的隐知识。

四　计算主义需要的是非图灵计算概念

长期以来，人们一般不注意图灵机与计算机之间的区别，因此往往把计算主义所强调的计算概念等同于图灵主义的计算概念。斯洛曼（A. Sloman）认为，这两者不能混同，它们之间存在着差异，正是这种差异使图灵机无关于人工智能，甚至与计算主义也没有关系。斯洛曼论证说：人工智能中的计算机不同于图灵机，它们分别是两种历史过程发展的结晶，其中之一是驱动物理过程、处理物理实在的机器的发展，另一种是执行数字计算操作抽象实在的机器的发展。机器完成对数字抽象实在的操作能力可从两方面研究，即理论和实践两方面。图灵机及其理论化只对理论研究有意义。

机器要模拟人的认知，必须弄清认知有哪些特点。如果机器能表现这些特点，那么它就能完成人的认知任务。斯洛曼认为，有11个特征（详后）是认知不可缺少的。然而图灵机不具备其中任何一个特征，因此图灵机不能表现出智能特性，进而当然不可能在人工智能研究中有什么实际的意义。

一般认为，计算就是计算机所做的事情，这一概念来自图灵机及其构想。从作用上说，它在 AI 的计算机和认知科学中具有至关重要的作用。斯洛曼说："计算这一数学概念及其相关概念与计算机几乎或完全没有关系……即使计算机与 AI 极有关系，但图灵机是没有关系的，从历史事实看，人工智能的发展并不依赖于图灵机概念。"[1]斯洛曼认为，至少有两种计算概念，只有一个与 AI 有关。一个概念涉及的是某些形式结构的属性，这些形式结构是理论计算科学（数

---

① A. Sloman, "The Irrelevance of Turing Machines to AI", in M. Scheutz (ed.), *Computationalism: New Directions*, Cambridge, MA: MIT Press, 2002, p. 88.

学的一个分支）的主观材料；另一个是与信息加工机有关的计算概念，这种机器能与其他物理系统因果相关，在其中，可以产生复杂的因果关系。只有这个概念在人工智能（及心灵哲学）中有重要作用。① 最重要的是，如果 AI 以第一个计算概念为基础，那么它永远不可能有人类心智那样的意向性。可见图灵的计算概念不是关于人类认知的模型。反过来，如果以第二个计算概念为基础，那么 AI 表现出意向性就有希望了。对此，他从多方面作了说明：第一，从图灵机与自然智能、人工智能的关系看，他说："图灵机与解释、模拟或复制人类或动物智能的任务毫无关系，当然不否认它们与描述某些专家独有的能力这一任务有关系。"② 第二，图灵机是线性的、串行加工的，依赖于线性的、不定长度的纸带，其速度呈下降之势。这些都不是人脑的特点，因此与 AI 不可能有关系。

当然，在特定意义上又可以说图灵机与人工智能有关系，他说："如果人工智能的任务是发现单一而最一般的信息加工能力，那么由于这种一般性，可以说图灵机与 AI 有关系。"③ 但问题是，无论是在理论还是实践研究中，人工智能的模拟并不需要这种一般能力，人和有机体中也不存在这种能力。

从 AI 研究的实践来说，图灵机事实上并未成为计算机科技的基础。近代以来，人们为了减轻计算的负担，一直梦想建立能代替人类计算劳动的机器，即能对数字之类的抽象实在进行抽象处理的机器。这种机器后变成了现实。之所以能如此，主要得益于映射技术。所谓映射，就是"将那些抽象实在、抽象操作映射到物理机器的实在与过程之上"④。在这种映射中，实际上有两种事情发生了。一是发生了真实的物理过程，如齿轮转动或操纵杆的移动，二是我们常描述为发生在虚拟机器中的过程，如数字的加、乘等。此

① A. Sloman, "The Irrelevance of Turing Machines to AI", in M. Scheutz (ed.), *Computationalism: New Directions*, Cambridge, MA: MIT Press, 2002, p.89.
② Ibid., p.102.
③ Ibid..
④ Ibid., p.90.

外，还有能把两者关联起来的人。正是他，一方面建立一些约定，如某一物理事件或过程代表什么（数字、加减等）；另一方面，当物理过程产生出结果后，又及时地对之作出解释，说它代表的是什么样的计算结果。可见真实发生的是物理过程，至于它有什么意义完全取决于人的解释或"映射"。

斯洛曼认为，现在流行的计算机和图灵机以及以此为基础的传统计算机尽管都以计算概念为基础，但两种概念之间存在着很大的差别。他通过分析计算机的演变发展说明了这一点。如 19 世纪诞生的能完成布尔逻辑演算的机器是一种受布尔启发的机器，它能对真值和真值表等抽象实在进行运算。相对于以前的机器而言，其原理并没有大的变化，如这些抽象的东西也必须被映射到物理结构和过程之上。新的发展表现在：只用执行了布尔运算的元素就能执行数字运算，这一方法导致了快速的电子计算机的诞生。而机器的速度和灵活性的提高又使它的处理范围大大拓展，如不仅可以处理数值和布尔值，而且还能处理抽象的信息，如语言信息、图表、图画信息、指令、程序等。

现代计算机的发展根源于能量和信息的结合。没有能量，机器不能创造、改变、保持原有状态，或变换出新的状态。没有信息，物理的变化便没有方向。信息的作用在于决定要确定下一步应作出什么样的物理变化，或要保持哪一种状态等。然而信息不可能以抽象的形式发挥上述作用。它必须通过特定的形态才能发挥作用。在 19 世纪，信息是编码在穿孔卡片中发挥它的指导作用的，而现在的电子计算机则通过磁盘和光盘等的储存、通过主机的读取来发挥它的指令作用。这也就是说，信息技术的发展是离不开材料科学和电子工程的发展的。斯洛曼说："电子技术在 20 世纪后半叶的发展使人们能构造出这样的机器，它们在运作是能随时改变内在的控制信息。"[①]

最初的计算机是没有自主性的，它要作出什么物理变化，有赖

[①]　A. Sloman, "The Irrelevance of Turing Machines to AI", in M. Scheutz (ed.), *Computationalism: New Directions*, Cambridge, MA: MIT Press, 2002, p.98.

于人随时提供的能量，它下一步要做什么，离不开人所发的指令信息。现在的计算机在特定的意义上有较高程度的自主性，如它的运算、加工过程用不着人的直接干预，它甚至还有一定的自由度，如能根据具体情况自主地从多种可能步骤中挑选出一个步骤。但严格来说，它没有真正意义上的自主性，因为它的所有行为都是按程序运行的。即使是自主地从多种可能步骤中挑出了一个步骤，那也是在程序许可的范围内。这里的奥妙在于：人编制的程序像自然神论或莱布尼兹前定和谐说中所说的上帝的设计和第一因作用一样，它把一切都安排好了。

斯洛曼认为，计算机发展到今天，无论是硬件、软件，还是作为其基础的计算概念都发生了重大变化。他把这些变化概括为11个方面，认为它们是新计算机的11个特征。其中，前六个特征是第一性的，后五个是第二性的。它们分别是：1. 状态可变性：有大量可能的内在状态，它们具有可转换性。2. 状态中编码着行为规律：存在着由内在状态诸部分所决定的行为规律。3. 基于布尔测试的条件转换。4. 指称性的"读""写"的语义学：系统要通过内在状态控制行为，系统的有关能动部分就应有办法读取有关的内在状态及其部分。这些"读""写"不是纯符号性的，而有相应的关联性，如能指称系统的某一部分。5. 行为的自修正规律。6. 借助物理转换装置关联于环境：系统的某些部分与物理转换装置相连，因而感受器和运动器便因果地关联于内在状态。7. 程序控制：它能解释一种加工，支持它的状态，控制别的行为。8. 间断性处理。9. 多重加工，即系统能并行加工许多信息。10. 更大的虚拟数据块。11. 自我控制。

斯洛曼认为，现代计算机所表现出的这些特征保证了计算机的广泛的应用，同时为研究人工智能和认知科学提供了条件。因为人工智能的种种工作和作用是靠计算机来实现的。此外，这些特征也有助于我们认识人脑及其心灵的工作原理。

现代计算机已从根本上超越于图灵机及其智能观，例如它们的前六个第一性的特征完全与关于图灵机的知识无关，"一点也不依赖于这种知识"。① 因此"把计算机看作是图灵机……是完全错误的"②。即便将图灵机在物理上加以实现，它也只能成为一种特殊类型的计算机，而不能成为现今流行的那种数字计算机。因为它不可能具有他所列举的计算必备的 11 个条件。另外，计算机未来的发展"也不需要像图灵机这样的东西"。即便理论和实践的研究有许多不足和空白，但"图灵机似乎不足以弥补任何空白"③。

总之，传统的计算概念对于 AI 没有多大用处，因为"这个计算概念的核心是形式化"，而 20 世纪 50 年代以后的计算机和人工智能的特点是成为有物理实现的机器。这是一种根本有别于图灵机的机器。它有斯洛曼所说的 11 个特点。"这些特点不能相对于递归函数、逻辑、规则形式主义、图灵机等来定义"，因为这些特点表现出了一定的语义性，并能以一定的速度和灵活性，用机器来产生和控制内外的复杂行为。④ 更重要的是，这些特点与人脑有关，而图灵机的特点与人脑无关。

五　史密斯对计算概念的发展

杜克大学哲学和计算机科学系的史密斯（B. C. Smith）在《计算的基础》一文中指出：过去的计算概念的确存在着严重的缺陷，应予重新阐释。他所作的新的阐释是：计算不应是纯形式的，而应内在地具有意向性、语义性。如果这样理解计算，那么计算主义就可以重新焕发生机。⑤

他认为，计算概念本身没有任何问题，问题在于对它的阐释。一般把它归结为形式，然后用非形式的术语来解释形式，如说形式是非语义的、句法的、数学的、适用于用分析方法分析的、抽象

----

①　A. Sloman, "The Irrelevance of Turing Machines to AI", in M. Scheutz (ed.), *Computationalism: New Directions*, Cambridge, MA: MIT Press, 2002, p. 113.

②　Ibid., p. 124.

③　Ibid., p. 111.

④　Ibid., p. 107.

⑤　M. Scheutz (ed.), *Computationalism: New Directions*, Cambridge, MA: MIT Press, 2002, pp. 24 – 33.

的、明晰的（对立于模糊性、歧义性）和非隐晦性等。他说："人们之所以不能认识计算的本质，是因为他们有上述前理论假定。"①根据他的梳理，过去对计算的阐释一共有下述七种：1. 数学家、逻辑学家的看法：计算就是形式符号处理，不涉及内容。2. 计算就是有效的可计算性，这是基于机器类比所得的结论。3. 计算就是算法的执行或遵守规则。4. 计算就是求出函数，即基于输入，产生输出。5. 计算就是数字状态的转换。6. 计算就是信息加工。7. 物理符号系统假说或符号主义的观点。这些是传统的计算主义的主要内容。由于对计算的理解不同，因此计算主义有不同的形式。

史密斯认为，过去的看法都是错误的，这主要表现在：它们都未抓住计算的这样一个重要特征，即意向或语义的特征。所谓意向特征是人这样的系统所具有的特征，有了它，人就能模拟或表征别的状态，让内在的状态推带关于别的状态的信息。就拿人的计算来说，人对数字的计算并不是指向数字本身，而总是关于外在的事物的，因此它是一种因果关系，即从对象到内在状态的因果关系。由于有这种关系，意向性也便有它的物理有效性。而已有的计算理论并未抓住人的计算的这些特点。传统的计算理论的特点在于：撇开具体的实现过程，抽象地设想设计过程，好像计算是一个纯抽象的概念，完全无视意向问题。② 因此要形成关于计算的科学理论，必须关注意向性。他说："计算机科学……像认知科学一样期盼着关于语义性和意向性的令人满意的理论的发展。"③ 根据他的阐释，"计算应是非形式的"④，从经验上说，计算是"意向现象"⑤。

----

① B. C. Smith, "The Foundations of Computation", in M. Scheutz (ed.), *Computationalism: New Directions*, Cambridge, MA: MIT Press, 2002, p. 43.

② Ibid., p. 46.

③ Ibid., p. 33.

④ Ibid., p. 45.

⑤ Ibid., p. 42.

　　计算理论事实上应该是一种关于物理世界的一般理论，而不应像传统那样，将它阐释为形式加工理论。它应说明的是："将一种世界构型中的世界状态变成另一世界构型中的状态，有什么困难，需要做什么事情。"① 他认为，这种阐释不仅适用于计算机，也适用于所有其他物理实在。就此而言，"它就是物理学"。②

　　怎样重构计算概念呢？他认为，最需要的东西是非形式的东西，即关于表征和语义学的理论。所谓"非形式"，他指的是：渗透性的、包容性的、具体的、情景的、反映性的东西。"只有根据它们，才有可能重构关于计算的充分概念。"③ 这也就是说，对计算的新的理解要有语义学的维度。他强调：一定不能像对计算的纯形式阐释所设想的那样，把内在符号世界与外在所指王国分离开来，因为在下述意义上，真实的计算过程是参与性的（participatory），它们包含着符号和指称之间、之中的因果相互作用的复杂路径，包含着人内在和外在以复杂方式的交叉耦合。基于这一认识，他在重构时，便把表征和语义学放在首要的理论焦点的位置。

　　当然，仅此还不够。因为要重构计算概念，还要有本体论的立场。他说："在阐发关于计算的充分理论的过程中，本体论问题像语义学问题一样至关重要。"④ 因为本体论问题与表征问题是"密不可分地缠绕在一起的"⑤。过去的教训也有助于说明这一点。关于计算的形式理论之所以行不通，根本的原因在于：它"没有关于本体论的充分理论"⑥。这就是说，传统的理论面对着一道不可逾越的障碍，那就是它无法越过"本体论的墙"，他说："一旦本体论的墙被越过了，穿过了，拆除了，或用某种方式被踏平了，那

----

① B. C. Smith, "The Foundations of Computation", in M. Scheutz (ed.), *Computationalism: New Directions*, Cambridge, MA: MIT Press, 2002, p. 42.

② Ibid. .

③ Ibid. , p. 46.

④ Ibid. .

⑤ Ibid. , p. 47.

⑥ Ibid. , p. 48.

么我们就可以进入计算、表征、信息、认知、语义学或意向性的心脏。"①

计算主义语境中的本体论之墙,主要是关于"计算"的这样一些本体论问题,即究竟该怎样看待计算、它有无存在地位、怎样界定它的本体论地位等。史密斯承认计算的本体论地位,并作了这样的说明:"计算处在物质与心灵之间,是作为有中等复杂性的具体事例的供给者而存在的。"② 另外,要解决传统计算主义的问题,还要研究人的意向性的条件、根据和机制。而要如此,又必须把这一研究与本体论研究结合起来。不能离开一方面孤立地研究另一方面。因为"本体论理论和关于表征及意向性的理论要关注的东西都是内在关联在一起的现象"③。他说:"作为方法论承诺的最终的观点根源于下述经验主张:关于本体论的理论和关于表征、意向性的理论都是关于内在相互联系的现象的理论。研究一方面而不研究另一方面,就像研究时间而不管空间一样。"本体论关心的问题是:"事物是怎样的",表征及意向性哲学要研究的是:"我们怎样看待它们",两个问题尽管不是同一个问题,但在从许多内在的方面来说,则是有共同性的。他自己的经验教训也足以说明这一点:在 20 世纪 80 年代,他对表征问题作了大量专门研究,但结果并不令人满意。究其根源,就是没有同时关注其中的本体论问题。他说:通过这些实践,"我最终不得不承认:某物是否是对象的(本体论)问题,如果不同时关注某物是否为表征或认知主体对象化这一(认识论)问题,就不可能被回答。"④ 于是,后来他就将表征与本体论问题放在一起加以探讨。

就意向性一方来说,本体论的概念及其重构,可以为意向性问

----

① B. C. Smith, "The Foundations of Computation", in M. Scheutz (ed.), *Computationalism: New Directions*, Cambridge, MA: MIT Press, 2002, p. 48.

② Ibid., p. 50.

③ Ibid., p. 238.

④ B. C. Smith, "Reply to Dennett", in H. Clapin (ed.), *Philosophy of Mental Representation*, pp. 238 – 239.

题的解决提供更多的资料。例如"特征位置"（feature placing）这一概念就极为有用。这一概念是他从斯特劳森（P. Strawson）那里借用过来的，指的是逻辑上比属性更简单的东西。相同于属性的地方是：特征也能在时间上被例示，因而有具体性，不同之处在于：特征概念不包含对具体个别的、可再认的对象的承诺。特征有自己的统一性或同一性或个体性，可作为属性类型或特征类型或抽象类型的例子或持有者。典型的、常见的特征如：雾和别的气象现象。如果我们看到了大雾，便问："以前曾看到过同样的个别的雾吗？""有没有相同的雾的类型？"很显然，这里的问题不是认识论问题，因为无法去看它们。对于雾的特征是找不到个体化的标准的，也无法将它们分解为具体的个体。

史密斯认为，按照传统的哲学理论和方法是无法说明特征位置问题的。但如果按照他倡导的方法，把它与意向性问题结合在一起来思考，则有望作出合理的说明。因为"本体论事实从一定意义上说是从意向上构成的"[1]。例如要回答雾是怎样的等问题，唯一的方法不是去研究世界的结构本身，而是要探讨人们面对它们所作的投射（projects），尤其是投射的欲望和偶发的事件。如果你想爬山，你对一座山不同于别的山的区分标准就会受到你的愿望的影响，如果你是地理学家，你的看法又会是另一个样子。总之，期望、背景信念、要求等如果不同，那么面前的对象及特征就会随这种变化而变化。

由此说来，传统的本体论应像意义、意向性、语义学和内容一样被自然化。而要将本体论自然化，首先要重视物理学在形而上学中的作用，因为诉诸物理世界的结构，可以解决形而上学的问题。而在物理学中，他又特别重视物理学的场论阐释。他的自然化的本体论的一个重要结论是：抽象的、纯形式的东西不可能有任何实际的作用。意向性作为一种真实存在的属性，既有它的因果根源，如

---

① B. C. Smith, "Reply to Dennett", in H. Clapin (ed.), *Philosophy of Mental Representation*, p. 240.

来自于真实的存在，又有它的因果作用，如指称它之外的东西，能引起身体和外界的变化，因此意向性不可能是一种抽象的、形式化的东西，也不可能根源于这样的东西。它必然是根源于"点对点的对应关系"（point-to-point correspondence）。他说："物理的相互作用实际上具有相同的点对点的对应结构。现在发生的东西引起现在发生的东西；那时出现的东西引起那时出现的东西；下次将出现的东西引起下次发生的东西。这种点对点的对应关系（既是时间性的又是空间性的）内在于物理规律的结构之中。"①

意向性之所以有指向对象甚至创造或构造世界的作用，首先在于：它是真实具体事物的属性。他说："我们在将事物对象化的过程中碰到的事情是：我们把世界的一个区域或一个范围组合为一个统一体。要如此，必要的条件是拓展上述对应模式，即把简单的点对点关系……发展为更具体的、有等级结构的扇入（Fan-ins）和扇出（Fan-outs）关系。我前面所说的那类关系，即特征位置（feature placing）包含着比简单的点对点对应关系更复杂的对应形式。"②

就意向性的内在条件来说，它要存在和起作用，离不开两个条件：一是要有真实的具体个别的主体，它真的有作用，因此纯粹的符号转换、形式系统不能看作有意向性。二是必须有再认的、保持时间上的同一化的能力。例如在现实生活中，人们能在不同的时间和地点把同一个对象（已在内外诸方面发生了重大变化）识别出来，即有再认的能力。这种复杂的意向能力根源于内部的"点对点的关联能力"。他说："再认要出现，有关的个例就必须在时间的延扩中保持一致。"这种能保持一致的能力就是意向性的一个条件。③ 换言之，"再认的必要条件是有这类交叉组合和展开的能力。"④

----

① B. C. Smith, "Reply to Dennett", in H. Clapin (ed.), *Philosophy of Mental Representation*, p. 258.

② Ibid. .

③ Ibid. , p. 259.

④ Ibid. .

六　其他新计算概念举隅

（一）威尔逊的宽计算主义

宽计算主义是外在主义的一个新的变种，是由威尔逊（R. Wilson）在《心灵的界限》一书中阐发的观点。其要点有三：

1. 它不一概否定窄内容的存在，不仅如此，威尔逊还认为，这一概念必不可少，因为有一种现象，没有它就无法表述和说明，例如一个地球人与另一作为他的复制品的孪生地球人尽管环境不同，宽内容不同，但在使用"水"一词时肯定有相同的内容，如都相信水是液体，可以止渴。这种共同的东西就是"窄内容"。换言之，"窄内容"指的是"从语境到真值条件的一种映射功能"。宽内容则是表征了外部实在的内容，即通常所说的意向性或关于性。他说："将窄内容与头脑外的语境相加，便有了宽内容。"① 因此他说："我们不能没有窄内容概念。不管它是别的什么，它至少是这样一种类型的内容，即物理上的两个孪生人一定具有的东西，不管他们的环境多么不同。"尽管他承认窄内容的存在，但在内容的个体化问题上，他坚持的仍是外在主义的基本立场。② 他说："日常所说的心理状态的意向性是内在于头脑中的东西与外在于头脑中的东西之间的某种关系。可以合理地认为，这种关系从宽泛的意义上说，在本质上是一种因果关系。"③

2. 威尔逊对现象意识这一外在主义深感棘手而少有问津的问题作了外在主义的说明。

3. 否定窄计算主义，倡导和阐发宽计算主义。传统的计算理论是窄计算主义。它认为，计算系统封闭于头颅，计算过程既始于又止于头颅。他倡导的宽计算主义则认为：计算系统能超出皮肤而

① B. C. Smith, "Reply to Dennett", in H. Clapin (ed.), *Philosophy of Mental Representation*, p. 93.

② R. Wilson, *Boundaries of the Mind*, Cambridge: Cambridge University Press, 2004, pp. 90 – 91.

③ Ibid., p. 91.

进到外部世界，计算不完全发生在头脑之内。因为计算既然是过程，就一定有其步骤，如先分辨表征性、信息性形式，这些形式既可以是脑内的，也可是脑外的，它们构成了相关的计算系统；接着，在这些表征之间进行模拟、计算；最后，是行为输出，这是宽计算系统的组成部分。

威尔逊认为，宽计算主义在一系列问题上都坚持宽政策，如主张宽计算系统、宽定位（定位在头脑与世界之间）。他为什么要倡导这样的宽计算主义呢？他认为，建立宽计算主义是认知科学中的一项有价值的工作，甚至是一个重要的研究纲领。他说："在引进和辩护作为认知科学研究纲领的宽计算主义时，我利用了这样一些现成的成果，它们可以合理地看作是关于认知加工的宽计算主义观的范例。"①

他的宽计算主义，以及他对个体主义和外在主义之间的争论的解决，是建立在他对外在主义所作的新的区分之上的。他说："化解这种冲突的一种方法就是借助于分类学的外在主义和局域性的外在主义之间的区分。"② 所谓局域性的外在主义，指的是承认心理状态在人脑之内有它的定位这样的观点，而分类学的外在主义则强调：心理状态的个体化及分类必须参照它所关于的外在原因或事态。此外，他的宽计算主义还利用了联结主义的分布性认知、巴拉德（D. H. Ballard）关于动物视觉研究的成果以及布鲁克斯（R. Brooks）关于能穿越障碍的智能机器人的研究成果。③

在建立自己的宽计算主义时，威尔逊重点做的一项工作就是为外在主义提供更可靠的科学根据。而这一点是过去的外在主义所欠缺的。因为传统的外在主义过多地强调人与世界的关系以及心理内容受外部事态所决定这一方面，而不注意研究心理状态及内容本身，不注意揭示它们为什么以及怎样通过心理内容去指涉外部世

----

① R. Wilson, *Boundaries of the Mind*, Cambridge: Cambridge University Press, 2004, p. 179.

② Ibid. , p. 178.

③ Ibid. , p. 7.

界，一句话，未能揭示宽心理内容的心理学机制。在探寻心理内容的内在机制或实现的过程中，他把主要精力倾注在对心理表征、实现、计算等这些概念的分析和探讨之上。众所周知，这些是个体主义比较关注、经常利用的概念，也是个体主义最有建树的领域。威尔逊认为，它们并不是个体主义的固有领地，有关内在心理过程、计算过程的成果并不是只能为个体主义所独享的成果，经过一定的改造，也可为外在主义所利用。他所做的正是这样的工作。他说："在拓展、重新规定这些概念的过程中，我为外在主义心理学建立了一个空间。"[①] 就表征来说，认知心理学已对表征的结构和本质，以及它们如何被加工、储存、转换、相互作用作了大量有益的探讨。威尔逊认为，外在主义完全可以借鉴、利用这些成果。经过他的工作，他提出了"利用性表征"的概念，在此基础上，经过拓展，他又创立了自己关于表征的利用的观点（the exploitive view of representation）。其核心思想是：表征不只是一种编码形式，更重要的是一种信息利用形式，而编码只是这种信息利用的一个特例。没有必要把表征看作是外部世界的内在摹本或代码。因为，"确切地说，表征是个体在提取和利用必然为行动进一步使用的信息的过程中所实施的一种活动。正是通过表征活动，主体才得以置身于世界，才得以跟踪世界，而不是让自己游离于世界之外"。他自认为，这是表征认识史上的一次转折，即从摹本性的、代码性的表征转向利用性的、活动性的表征。在他看来，这种转折的意义非同小可，因为它为建立一种新的认知观，即以对称的方式看待头脑之内和之外的东西，开辟了道路。

所谓"对称的方式"，即是同等地看重头脑之内的东西和之外的东西的作用。威尔逊认为，只有坚持对称的方式，才能克服内在主义和传统的外在主义各持一端的片面性。因为在他看来，要形成心理内容，这两方面都不可偏废。当然，要形成内容，不仅要同时

----

① R. Wilson, *Boundaries of the Mind*, Cambridge: Cambridge University Press, 2004, p. 183.

　　重视两方面，而且还必须说明两者是如何结合在一起的。他认为，在表征过程中，认知者之外的环境中的东西有时采取符号的形式（如书本的文字），有时以实在事物、事态的形式表现出来。即使是采取后一种形式，也没有关系，它们照样可以为认知系统所利用，因为认知系统是信息采集者，可以根据因果的、概念的依赖关系在头脑中经过内在的作用形成关于它们的表征。由于这里的表征不是纯粹的代码，不是纯形式，而是宽表征，即超出了头脑的表征，这里的活动或计算也不是纯粹的句法、符号转换，其转换与世界无关，而是宽计算，亦即认知系统对信息的加工既是对符号的纯转换，同时还是对外部世界的把握。

　　从具体内容来说，威尔逊的宽计算主义由一系列带有"宽"的概念所组成，如宽表征、宽计算系统、宽计算。由这些"宽"所决定，便有宽内容。这些"宽"强调的方面不同，但实质、主旨只有一个，就是强调人的心理状态尽管局限于人脑之内，与所随附的或实现它的大脑结构有不可分割的联系，有由内在因素决定的一面，但是人的心理状态、人的计算由其本性所决定，又可以超出头脑，而进至外部世界，进而把自己与外部世界关联起来。人之所以能超出自身之外完成关于环境的加工，即宽计算，是因为人有宽计算系统。他说："宽计算系统因此包含的是这样的心灵，它可以自由地超出头脑的限制而进至世界之内……而心灵又是宽实现的"①，即由复杂的物理系统宽实现的。在他看来，宽实现之所以可能，是因为心灵后面有物理系统，借助这种系统及其运作，内部过程、计算便与外部环境关联起来了。

　　在威尔逊看来，人们通常所说的表征也是宽的。首先，他强调，表征并不像传统的表征主义所说的那样，是作为一个独立的符号或表达而储存在大脑某一局部位置的，同时它也不能以一个独立的单元被提取和加工。他说："认知表征分布在许许多多的节点之

---

　　① R. Wilson, *Boundaries of the Mind*, Cambridge: Cambridge University Press, 2004, p. 165.

上，而不是局域化于它们之中的。"这是联结主义的新的观点。①
其次，"表征不是某种内嵌于个体之中的东西，而是个体在知觉与
行动的循环往复的过程中利用他们的环境的丰富结构所形成的东
西"②。因此表征既是宽的，又是利用性的。他认为，它在一主体
所做的事情与世界是怎样的之间建立了"一种恒常的、可靠的、
因果的或信息的关系"③。

在心理状态如何个体化的问题上，宽计算主义与个体主义也有
根本的不同。尽管个体主义像他的外在主义一样承认，心理状态可
根据其局域性即起作用的定位来予以个体化，因为它们都认为，心
理状态是在有机体的内壳之内发生的。这也就是说，在承认这种个
体化方式方面，个体主义与他的外在主义没有不同，不同主要表现
在：他的外在主义强调：除此之外还有另一个体化方式，即从分类
上加以个体化的方式。正是基于这两点，宽计算主义者主张：有两
类心理状态，一是局域性的，二是分类性的（taxonomic）。后一种
心理状态是大多数外在主义经常述及的状态。根据他们的论述，有
时有这样的情况，即两个体在内在的方面完全相同，但他们的心理
内容不同，很显然这是由外在的对象所使然，或者用威尔逊的话
说，是"由于计算系统的宽实现"，即由它们的非内在的部分的不
同而造成的。④

在说明了表征的两种个体化方式的基础上，威尔逊对作为探讨
认知的战略的外在主义提出了新的理解，即认为，这种外在主义既
是可局域性，又是分类学的。前者承认认知有内在的实现机制，因
而其个体化离不开内在的作用，后者强调：由于计算系统、表征、
实现等都可以是宽的，因此认知及其内容的差异、个体化又有外在
的奉献；这些内容之所以彼此不同，与它们关联的事物的类别、细

------

① R. Wilson, *Boundaries of the Mind*, Cambridge: Cambridge University Press, 2004, p. 174.
② Ibid., p. 178.
③ Ibid., p. 164.
④ Ibid., pp. 166 – 167.

微差异是有千丝万缕的联系的。在他看来，AI 未来应模拟的计算必须是宽计算，所拥有的系统必须是宽计算系统，表征等也必须是宽的。至于如何让 AI 表现这些宽的特点，方向也应是很清楚的，那就是努力弄清人的意向系统表现这些宽特点的原理、过程和条件，然后研究如何在 AI 中加以实现。

（二）宽机械论

如前所述，传统计算主义的实质是机械论。它根源于图灵等人的思想，强调内在符号转换，而忽视了符号与外在对象的关系，因此科普兰德将它正确地称作"窄机械论"（narrow mechinism）。如果它是错误的，那么就有必要建立一种宽（wide）机械论，其特点是：它不能为图灵机模拟。事实上，已诞生了这样的理论，它强调：图灵—丘奇的论证及结论不应根据窄机械论理解，而应根据宽机械论予以阐释。因为他们的理论的实质不是主张机器和大脑就是按照一系列固定的步骤运行的简单装置，而是可以表现出随机特点甚或自由意志的自主体。它们所做的事情不只是简单的形式转换，而具有更宽的功能。另外，从发展上说，宽机械论本身是开放的，因为它强调：对怎样模拟认知行为后面的机制的经验探讨是没有完结的。

宽机械论有多种形式。卡卢德（C. S. Calude）等人的非传统的计算模型（Unconventional Models of Computation）认为，该模型对认知的解释超出了以前对图灵机械论的窄阐释的界限，[①] 因此是宽机械论的一种形式。格尔德（Van Gelder）提出的"动力假说"（Dynamical Hypothesis）也倡导宽机械论，认为动力系统的行为不能为图灵机模仿。[②] 它还认为，不确定性、有依赖性、时间性等应是计算的本质特点。例如就情境这一特点来说，许多人认为，人的智能的特点在于与情境的协变。于是"情境 AI"

----

① C. S. Calude et al. (eds.), *Unconventional Model of Computation*, Singapore: Springer Verlag, 1998.

② T. Van Gelder, "The Dynamical Hypothesis in Cognitive Science", *The Behavioral and Brain Sciences*, 1998, 21: 615 – 665.

（situated AI）概念应运而生。它甚至可看作是促进人工智能发展的巨大的推动力量，至少有助于促进下述观点的诞生。这种观点认为，智能系统是具身的或包蕴的（embodies），即有一控制性的躯体，它是世界的组成部分，同时还应是嵌入性的（embedded），即渗透在它们的环境之中。总之，动力学方案加之于智能系统的种种约束和限制抛弃了那些理论上可能而实践上不可行的解决方案。这一点在理论计算机科学从递归理论转向复杂性理论的过程中体现得更加鲜明。

科普兰也赞成上述思路，认为传统的图灵机阐释把机械论规定为窄机械论，即认为心灵就是图灵机，至少能为图灵机模拟。他尽管承认心灵是机器，但又认为，这种机器是信息加工机器，其行为不能为图灵机模拟，因为它的信息加工过程是宽的。具体而言，有这样的要点：（1）机械论并不能衍推出窄机械论；（2）图灵本人并不是窄机械论者；（3）图灵的观点以及其他有关理论，并不认为窄机械论优于宽机械论；（4）窄机械论的论证是不能成立的。①

（三）朔伊茨的"开放态度"

朔伊茨（M. Scheutz）的特点在于：反对根据心灵来理解计算。理由是，如果这样理解，就会像过去一样人为地限制计算概念。他强调：应坚持"开放的"态度，如重视来自于虚拟机的资源和例证，用基于更加广泛的资料而形成的研究来回答关于认知和心灵的更深层次的哲学和概念问题。他还强调：应把计算王国作为检验哲学理论的基地。这意味着，未来的计算主义应是包括哲学、心理学、计算机科学等在内的一个广泛的研究领域。②

在如何对待民间心理学概念的问题上，朔伊茨既反对实在论、乐观主义结论，又反对取消主义，而倡导一种新的观点，即认为"心理学概念就是虚拟机概念"。他自认为，这是上述两种对立理

----

① B. J. Copeland, "Narrow Versus Wide Mechanism", in M. Scheutz (ed.), *Computationalism: New Directions*, Cambridge, MA: MIT Press, 2002, pp. 63 – 65.

② M. Scheutz (ed.), *Computationalism: New Directions*, Cambridge, MA: MIT Press, 2002, pp. 185 – 186.

论之间的"中间路线"。① 在他看来，心理概念是群集概念，它抵制传统的根据充分必要条件所作的分析。正确的分析方法是：把这些概念看作是依赖于、相对于结构基础的东西。例如可把"感觉到什么"定义为某种认知过程。

新计算主义在坚持以虚拟机为研究模型的同时，还应研究这样一些关系，如心理状态、心理概念与物理状态、物理概念的关系，虚拟状态、虚拟概念与物理状态、物理概念之间的关系，最后应研究两种关系的关系。因为研究虚拟状态与物质的关系有助于我们理解心与物的关系。他通过研究得出的结论是："心理状态就是虚拟状态。"② 他还认为，心理概念对于物理概念的关系，也可诉诸虚拟机概念对于物理概念的关系来说明，当然他不赞成把虚拟机概念还原为物理概念的还原主义。

基于上述分析，朔伊茨提出了"纯属猜想、纯属预言性的"计算概念，即将来的计算概念应成为的东西。他设想：有三个概念可能出现在未来的计算概念之中，如分布性计算、资源限制、局域性。

（四）豪格兰德论表征内容的根源

著名心灵哲学家豪格兰德承认：AI 所能做的事情就是对形式进行处理或转换，但对形式的转换不是与语义绝对隔绝的，因为人的心智的形式转换就同时具有语义性，因此接下来应做且可以做的工作，就是探讨如何让形式句法有语义性，就是建模意向性。

要完成上述任务，无疑应研究人类的心智及其运作原理。很显然，人类对表征的理解、加工离不开人的意向能力。正是人的这种独有的能力使我们能够意识到表征中的真实内容。他的内嵌（embeddedness）概念也说明了这一点。他反对笛卡尔把心与身割开来的二元论，而主张心与身的统一论。这种统一就表现在心智

----

① M. Scheutz (ed.), *Computationalism: New Directions*, Cambridge, MA: MIT Press, 2002, p. 185.

② Ibid., p. 184.

具有内嵌性，即渗透在身、世界之中。而这种内嵌性、渗透性又是根源于心的意向性。在他看来，人的智能不只是形式转换，而且与意义有不可分割的联系。他说："智能居住在有意义的东西之中。"①

表征问题是认知科学的基本问题。他主要是依据他的客观性和意向性理论来解决表征问题的。在他看来，心灵以某种方式表征世界，而这些表征只有遵循真、意义和客观性原则才是关于世界的真实表征。例如正是表征的意义使命题有真假之分，并指向它们所关于的对象。问题在于：怎样知道一个系统一致于客观性原则？他认为，真和客观性都是需要说明的认识成果。根据传统的观点，对象是被给予的。而他认为，意向地指向对象依赖于某种实践或技能，这种技能实际上就是某种责任能力。可见他的客观性带有构成性的特点。根据这一原则，世界对我们的表征实践尽管有制约作用，但它只有与人的别的方面结合起来才能如此。也可以这样理解，客观性并不是纯粹的对象所与性，而离不开人的意向性。因此他常说：意向性和客观性是同一硬币的两面。而意向性是人的独特性的表现。他说："只有人，才可能有对象、客观性和意向性"，只有在人身上才能找到真正的意欲者（intender）这样的机制。②

为什么说意向性和客观性是同一硬币的两面？他的回答是：意向性涉及的问题是：目标是怎样形成的？或者说，是什么决定了表征在特定运用时所要表征的目标？而客观性涉及的问题是：特定系统可能有什么目标？要理解客观性，我们就必须理解：一表征怎么可能指向某特定的目的。同样，要理解意向性，又离不开客观性。理解了一个就理解了另一个。

----

① J. Hangeland, "Mind Embodied and Embedded", in L. Haaparanta et al. (eds.), *Mind and Cognition*: *Philosophical Perspectives on Cognitive Science and Ai*, Acts Philosophica Fennica, 1995, 58: 230.

② J. Haugeland, "Reply to Cummins on Representation and Intentionality", in H. Clapin (ed.), *Philosophy of Mental Representation*, p. 140.

第四节　"大写的"表征理论与解释语义学

　　除激进的取消主义之外，大多数心灵哲学家都倾向于塞尔关于智能的观点：人类智能之所以是真正的智能，根源在于它有意向性。这一认识，为关心人工智能的各个领域的学者打开了新的视阈，有了新的方向。接下来要研究的就是意向性的实现机制和条件问题。对此，当然有不同的看法，因此这里又是一个十字路口。倾向于表征主义的人认为，意向性是由表征构成的，或者说借心理状态的表征而实现的。正是由于有表征，心理状态才能有其心理内容，才能指向外部世界，才能在想到或加工一符号时把它与外在的事态关联起来，即才有真值条件。韦格曼说："为了创造像自然智能那样的、能处理世界上的事态的人工智能，就必须找到表征这些事态的方法。因此知识表征是人工智能的基本条件。"① 但问题是：什么是表征呢？说一心理状态有语义属性是什么意思？或者说，什么使认知系统中的状态成为表征？当我们问一心理状态有语义属性意味着什么时，我们涉及的实际上有许多问题，如认知状态有真值条件意味着什么？关于某物、指称某物意味着什么？认知状态成为意向状态、有意向属性意味着什么？哲学近来的倾向性看法是：这些问题可归结为这样的问题：认知状态有内容意味着什么？这样一种状态有特定的内容意味着什么？人脑是由于什么而表征外物的？

　　面对这些问题，学者们必须再作选择，因此又到了一个十字路口。在说明表征时，有的根据的是信息，有的根据的是相似，有的根据的是功能作用。五花八门，各有特色。但由于它们都强调根据表征解释意向性，因此人们把它称作大写的表征理论，以区别于福多等人的关于心灵的狭义的表征理论和卡明斯的解释语义学。后两

---

① ［美］韦格曼：《表格与心灵理论》，载高新民、储昭华主编《心灵哲学》，商务印书馆 2002 年版，第 556 页。

种理论也是表征主义的形式，都主张：意向性和意识这两种神秘的、内在的特征根源于它的表征能力，而表征能力又根源于规范的相互依赖的关系。其说明的基本进程是：从信息到表征，再从表征到意向性和意识。但各种表征理论在具体观点即论证上各有所宗和独创，尤其是功能主义和解释语义学的表征理论更是各具特色。下面我们分别予以考察。这里的重申点是考察卡明斯的解释语义学。

一　正统的表征理论

解释语义学是美国伊利诺伊—厄巴纳/尚佩恩大学教授、著名心灵哲学兼认知科学和人工智能专家卡明斯（Robert Cummins）所创立的一种理论。这一理论来自于其他表征理论，但又作了发挥，甚至作了扬弃。他认为，意向性除了一般表征理论所说的表征这一条件之外，还有别的一些条件。因此他的表征理论有一些变异，甚至也可看作是一种异端。为了更好地区别起见，我们把卡明斯之外的表征理论称作正统。

什么是表征呢？正统的回答不外四种。第一种是经院学者的观点。严格说来，这是现当代正统表征理论的雏形。这种观点认为，表征是被告知的心灵材料，如在知觉中，非物质的心灵被输入了与被知觉事物相同的形式。因为任何事物都有形式和质料，即有属性和材料两方面。而材料有心理的与物理的两种。心理的表征就是心理的材料，它代表的是对象的形式。根据这种观点，知道某物就是成为某物，表征世界就是在心中有关于它的模型。第二种观点把表征看作是常说的映像。第三种观点把表征等同于符号。霍布斯最先有这样的看法：表征是似语言的符号，例如关于猫的表征，就是心中有这样的符号串。联结主义承认心理表征是符号，但否认符号是数据结构，即计算的对象。根据传统的计算主义，计算对象同一于语义解释的对象，但联结主义否定这一点，至少分布式表征不是语义学解释的对象，心理符号也不是似语言的东西。第四种观点把表征看作是神经生理状态。它认为，心理表征就是神经生理现象，它不可能在数字计算机中实现。不管计算机的结构在某种非生物学描述层面上多么相似于大脑，但神经生理状态不可能根据事物的相似性而表征它们。

表征的条件是什么呢？或者说：人脑由于什么而表征世界？回答不外是：相似、协变或因果作用，适应作用，功能或计算作用。由于回答不同，表征理论便有了不同的分支。我们逐一加以分析。

在考察之前，我们先得把问题本身弄清楚。追问心理表征的条件，实际上是追问它为什么有语义性。因为心理表征有两方面，一是句法性，二是语义性。这种追问与药探讨自然语言的意义有相似之处，但回答则不相同，否则要陷入循环解释。因为词语、声音意指什么，这是派生的意义，它根源于思想本身的意义，或根源于心理表征的意义。因此借助后者可解释前者。但思想本身怎么可能有意义呢？显然，再不能根据语词的意义来说明思想的意义，否则就是循环解释。

自从格赖斯 1957 年的《意义》一文发表以来，在关于意义和通信的理论中广泛流行着这样的观点：意义依赖于意向性。从此以后，这条路线的意义理论按两个方向发展，一个方向认为，说者的话语所意指的东西可根据说者的意向来解释。另一方向则主张：应根据共有的惯例说明语言的意义。例如 R 意指 M，仅仅是因为 R 的使用者是有这种惯例的共同体的一部分，由于遵循这种惯例的人都是用 R 意指 M 的。总之，表征有意义，仅仅是因为它们的使用者用它们去指称各种事物，用表征意指某物就是带着适当的意向去应用它。因此表征的语义属性来自于它们的使用者的意向性，要么是直接的，要么是间接地通过控制他们的交流的惯例来实现其意向性。

新格赖斯主义的基本观点是：意义根源于从事交流的自主体的交流意向。对语言符号、交通信号可以作这样的解释，但对心理表征能否也这样去解释呢？他们似乎会说，某人或某物用某心理表征是由于他有某意向。但一个人并不会带着任何人交流的意向来使用心理表征。只有亚人或子人才会如此。但是如果是亚人、子人，那么又会陷入无穷后退。卡明斯说："没有理由认为，子人系统（即使有这类事物）有信息和意向……我们不可能根据这种未被解释的、不合理的观点……去推进我们的解释。"① 卡明斯还认为，后期维特根斯坦其实也赞成这一观点，因为他认为，语言的意义在于"有意义的使用"，但这一观点也无助于解释心理表征。因为它不合理地承认了子人意向自主体。

在上述理论的基础上，经过综合改造，便形成了这样一种观点，即主张：把非心理的意义还原为意向性，然后要么用自然主义方法直接解释意向性，要么把意向性还原为心理表征，再用自然主义方式说明心理表征。② 这是关于意向性的表征理论的战略。这一战略又有两种形式：一是局域主义。要么是把意向内容归之于心理表征，或者稍加改造，认为意向内容（宽内容）是主观的表征内容（窄内容）的结果。二是整体主义（globalism）。认为意向状态根源于全部非意向的心理状态和某些非心理条件。

由上不难看出：心理表征能否起这样的作用，或者说关于意向性的表征理论能否成功，取决于对表征本身及其条件的看法。只有考察用心理表征作为其解释工具的理论，才能回答上述问题。

先看相似理论。它认为，表征与被表征的东西之间有相似性，正是这种相似性使表征有意指对象的内容。而相似又有多种形式，如形态上的、效力上的，以及伽利略所发现的那种相似性，如他用线段表示时间和速度，而不表征距离或轨迹；用面表示距离等。总之，伽利略开创了用几何学表征非空间的属性、让图表成为机械量及其关系表征的先河。为什么能这样呢？根据他的解释，几何学规律决定了那些表征及其相互关系，就像自然规律，决定了机械量及其相互作用一样。尽管的确有这样的表征，它与被表征的东西之间有某种相似性，但也有反例，如关于第二性质的心理表征与其对象就没有相似性；数据结构不会相似于它们所表征的东西，例如笛卡

----

① R. Cummins, *Meaning and Mental Representation*, Cambridge, MA: MIT Press, 1989, p. 23.

② Ibid., p. 24.

尔表征圆球用的是 $x^2 + y^2 + z^2 = k^2$。这便导致了协变理论。

再看协变理论。如前所述,福多提出了心灵的表征理论和思维语言假说以解决意向性问题。他认为,语言的意义根源于意向性,而意向性又根源于心理表征的语义性。根据上述假定,关于意义的问题可归结为这样的问题:说心灵语言的原词或非逻辑词汇有意义,意味着什么。福多的协变理论或因果理论的基本观点是:符号个例指的是它们的原因,符号类型表述的是这样的属性,如它们的例示可靠地引起了它们的个例。这一观点有两个难题:一是析取问题,二是并非所有的狗会引起"狗"的标记。为了解决析取问题,他提出了"非对称性依赖性"这一概念。他这样做的目的不是要揭示任何的猫一定引起"猫"的标记的条件,而是要证明:(i)存在着某种机制,(ii)有把这种机制分辨出来的方法。证明第一点,是一个经验研究的问题,而第二点比较困难,因为福多强调:这种分辨、表述机制的方法必须是自然主义的方法,即非语义学的、非意向的方法。他说:"我们需要的是这样的东西:如果 c,那么'R 表征 S'为真,在这里条件 c 由以表述的词汇既不包含意向的表达式,又不包含语义学的表达式。"① 这里的条件主要指的是机制,如信念形成的条件就是信念形成的机制,这种机制自然是这样的机制,其运作最终便使有机体得到了信念。总之,协变理论的基本观点是:表征依赖于表征与被表征的东西之间的协变,如"猫"与猫的协变,而协变又依赖于一种机制,在适当的条件下,它会使"猫"这个符号从猫中产生出来。

比较有影响的一种方案是功能主义。其标准的策略就是用抽象的、非语义的、非意向的关系(计算关系)结构定义认知过程与状态,质言之,它试图从功能上将心理状态个体化。功能主义又有两种形式:一是计算的功能主义,二是因果的功能主义。与此相应,功能主义的语义学也有两种。根据后者,心理状态是一种表

---

① J. Fodor, "Why Paramecia Don't Have Mental Representation", *Midwest Studies in Philosophy*, 1984 (10): 3 – 23.

征，由于因果作用而有其内容。例如，心中有"猫吃老鼠"这样的心理内容，这是由它在有关因果网络中所处的位置决定的。我们通过说明一表征在一系统中发生的可能的因果路径以及它的出现可能导致的后果，就可说明该表征的地位。计算功能主义强调的是计算作用，即头脑中的句法加工或形式转换。可见两种功能主义的区别主要在于：一个强调因果作用，一个强调计算作用。这两种作用不能混同，因为它们是不同的。例如同一因果结构可例示相同的计算作用，有因果差异的地方，可以不存在计算上的差异，但反过来则不行。因此因果作用理论承认计算作用理论所不承认的内容上的差异。另外，关于认知的计算主义（以下简称 CTC）还假定，认知及其内容随附于计算，因此功能作用理论有别于 CTC。CTC 不会说，内容上的每一差别都根源于计算作用上的差别。它只需假定：未反映在计算差异上的内容差异对认知能力没有影响。如果 CTC 的倡导者坚持认为，与认知有关的内容比因果上细密地被决定的内容"窄"，那么他就会接受因果作用理论。因此不应说，从未反映在计算作用中的内容上的差别可衍推出：未反映在计算作用中的认知也有差别。而是可以说，我的孪生地球人或复制品可以有不同于我的信念、愿望。但这种差别不会反映在不同的计算作用之中。CTC 试图从窄的方面解释认知能力，即把它解释为非历史的能力；即使在不同的环境中，系统也会享有这种能力，这种能力可实现于不同的材料之中。

总之，关于表征的功能作用方案要回答的问题是：什么在头脑中？由于什么，我的心理状态是有内容的？内容随附于什么？它的回答是：由于我的大脑的计算结构，我才成了能思的系统。有内容的状态由于其在此结构中的地位而成为有内容。有一内容，比如说想到了"猫肚子饿了"，就是在计算结构中有这样一种功能在发挥适当的作用。

二　表征、计算、解释与功能

卡明斯承认，人类智能之所以是真正的智能，根源在于它有意向性。既然如此，AI 科学接下来的一项无法回避的工作就是研究意向性的实现机制和条件问题。他赞成表征主义的这样的观点，即意向性是由表征构成的，或者说借心理状态的表征而实现的。正是由于有表征，心理状态才能有其心理内容，才能指向外部世界，才能在想到或加工一符号时把它与外在的事态关联起来，即才有真值条件。但在表征的实质、作用及其根源等问题上，他又引入了解释的机制和维度，进而在自己的理论上打上了解释主义的印记，因而有对表征主义的某种超越。

卡明斯对表征的新看法是：要揭示表征的实质关键是搞清它在认知系统中做了什么，是怎样做的。而要如此，又必须弄清什么是计算。因为认知系统是借助对表征的计算来完成认知任务的。表征与计算在 CTC 中密切相关，必须一并予以理解。为了得到直观的理解，他重点分析了加法器上的加法运算。当计算器作加法运算时，它上面出现了两个过程：一是我们人能见到的加法，如从输入到输出的转换。它也是用加法算子（ + （m, n） = s）所描述的运动。二是这个表面现象后面的物理或机器状态的转换。前述的加法功能之所以得到实现，主要是因为它后面有这样的物理过程。第一个过程可称作被例示的功能 I，第二个过程可称作被执行的功能 G。从本体论上来说，计算器上真正发生的其实只有 G，而 I 并没有真的发生。人们之所以说计算器作了计算，完成了功能 I，那完全是基于人们所作的解释。这一来，卡明斯便有自己对表征的一种新的理解。一方面，他承认，我们可以像往常一样说"计算"和"表征"，如说要做加法，自然离不开计算，所谓计算就是执行一种程序，而执行程序不过是完成一系列严格规定好了的步骤；所谓表征即是运算器上的数字。另一方面，他又强调：运算器上被加工的东西本来不是表征，" + "" – "之类的运算符号本身也不是表征，它们之所以能成为表征，完全是由于有一种解释，即人作了这样的解释，它们才成了表征。当然表征也有非任意的一面，因为表征有模拟的成分。正是基于此，他把他所说的表征称作 S—表征（simulation-based representation），即以模拟为基础的表征。它是模拟的结果，相似于数学表征。

基于这种对表征的新理解，卡明斯具体说明了表征为什么有语义性这一令表征主义困惑的难题。在他看来，语义性实际上就是一种表征内容，而表征有没有内容主要取决于人所作的解释。因为解释的功能就是一对一的映射（one to one mapping）。例如在加法和加工之间就有这样的一一对应的映射。他说："从多种可能的解释中挑选符合于被解释的加工功能的解释，进而把它称之为表征内容。"[①] 在这里，加工本身的功能显得极为重要，它是确定解释的依据或基础，甚至也是决定某些符号、对象能否作为表征的依据。他说："一种程序的输入、输出……是否应看作是表征……似乎取决于它们怎样被利用，即取决于它们的功能。一种烹调法的输入和输出可以看作是符号。就蛋和荷兰酸辣酱来说，毕竟没有什么内在东西不让它们不适合于成为表征的携带者；正像没人、没什么事物把它们当作是别的东西的表征……某东西是否是表征……实际上就是它究竟是否被用作是表征。"[②] 假如说对一物理构造形成了两种解释 I 和 I'，即 "I 和 I' 是对有相同领域和同形范围的系统的可供选择的解释，那么我们在说 S 有 I 所提供的 S—表征内容时，我们所述及的物理结构就是这样的物理结构，即我们在说 S 有 I' 所提供的表征内容时我们所述及的那同一种物理结构。因为对于 S 来说，有 I—内容，从法则学上说就等于是有 I'—内容"[③]。这也就是说，表征是由我们所作的解释决定的，而解释又是由我们所选择的功能决定的。如果一系统有相同的同形范围，那么对之可作出两种解释 I 和 I'。I 所提供的表征内容与 I' 所提供的表征内容都同型于、对应于同一的物理结构。

三 表征与意向性

卡明斯像表征主义一样不仅承认表征的存在，而且还认为表征

----

① R. Cummins, *Meaning and Mental Representation*, Cambridge, MA: MIT Press, 1989, p. 292.

② Ibid..

③ Ibid., p. 293.

是解开意向性之谜的重要保证。但他的独特之处在于：不认为有表征就能说明意向性，因为表征只是意向性成立并有作用的多种条件中的一个条件。他关于意向性、意向内容的构成及本质，以及意向内容与表征的关系的看法可用公式表示如下：

　　S—表征内容 + FC = 意向内容

　　这里的 S—表征即基于模拟的表征，是 CTC 中所必需的表征。假如有一符号 S，它能以模拟的形式表征，那么它其实"是这样非常简单的事件，即它模拟的是任何功能的自变量和值"。这里的 FC 指的是外在于 CTC 的进一步的约束因素（Further Constraint，FC），如因果的、历史的、目的论的、社会文化的因素、境情。从大的方面说，人之所以有意向性，根源在于这两种因素的共同作用。

　　尽管表征只是一种状态具有意向性的一个条件，但由于它是一个必要条件，因此要想让人工智能获得意向性，就必须研究人的表征是如何可能的，是如何在意向性的出现中发挥它的作用的。

　　要回答这一问题，首先要明确界定意向性起作用过程中的这样几种关系以及关系之间的关系。一是头脑中的各种神经生理状态之间的关系，二是其内的认知或计算状态之间的关系，三是外部对象之间的关系。第二种关系由第一种关系实现，它本身是符号与符号或计算状态与计算状态之间的关系，但由于它们同型于外部对象中的某种关系，因此我们可以认为前者模拟或表征了后者。但这种模拟关系并不是自然成立的，而是通过解释而成立的，例如算术计算器中实际发生的是计算器状态之间的因果关系，如 2 + 2 = 4，与我两个口袋里分别装的 2 元钱没有必然的关联，但通过我的解释构架，我可以认为，计算器上报出的结果是关于我两个口袋中的钱的总和的。在气象预报系统中，计算器的状态的因果关系其实可以表示任何与之同型的关系，但基于我的特定的概念构架，便可认为它模拟或表征的是气象状态之间的关系。人脑中的状态也是这样，一认知状态有什么表征属性，它关联于什么，有何意向性，完全取决于人的及时解释。因此解释是人的意向性的秘密之所在，是其枢纽。

　　什么是"解释"呢？所谓解释就是用特定的概念图式对某实

在或过程作出说明。最终形成了什么解释，与人们所用的图式密不可分。他强调：科学的目的就在于建立能解释说明对象的概念图式。而此概念图式实际上就是一种过滤器或一副有色眼镜。如牛顿力学就是这样的概念眼镜，它只允许你看有关的对象。当你用牛顿的概念图式看一个台球桌时，你所看到的是许多箭头。箭头原来所指的点表征的是球的吸力中心。箭头的长度和方向以模拟方式表征的是球的动量。同样，由于人的头脑中有这样一种特殊的构造，一旦其中的某一符号与外界的某事物有某种对应关系，该构造就会把它们关联起来。这一内在过程，用物理科学的语言说是物理运动，用心理学的语言说就是意向性。可见，在意向性现实出现时起关键作用的解释不过是一种关联作用。①

解释是怎样发挥作用的呢？他通过分析加法运算这样的例子作了间接说明。他认为：加法可描述为：＋（＜m, n＞）＝S。将一系统解释成加法器，就是说明一系统怎样由加号"＋"来描述这样的事实。但是"＋"是一种函数，其自变量和值都是数。不管数是什么，它们不可能是物理系统中的状态或过程。这样一来，物理系统怎么可能用"＋"来描述呢？物理系统怎么能处理数进而做加法呢？回答是：数字即数的表征可以是物理状态，即使数本身不是。物理系统通过处理数字来做加法，而数字表征的就是数。例如在计算器上做加法运算，所做的以及从输入到输出的全过程，实际上是一种物理过程。但人们一般把这个过程看作是计算，把按键和显示的数字看作是数。其实这种"看作"就是解释。他说："如果一被解释为 n 和 m 的个例发生了，一被解释为 n＋m 的个别的显示事件在正常情况下作为结果也发生了。这个机器通过满足从按键到显示的功能而例示加法功能，因为那功能可被解释为加法功能。"② 图 3—2 足以说明上述道理。

---

① R. Cummins, "Interpretational Semantics", in S. Stich and T. Warfield (eds.), *Mental Representation*, p. 295.

② R. Cummins, *Meaning and Mental Representation*, Cambridge, MA: MIT Press, 1989, p. 90.

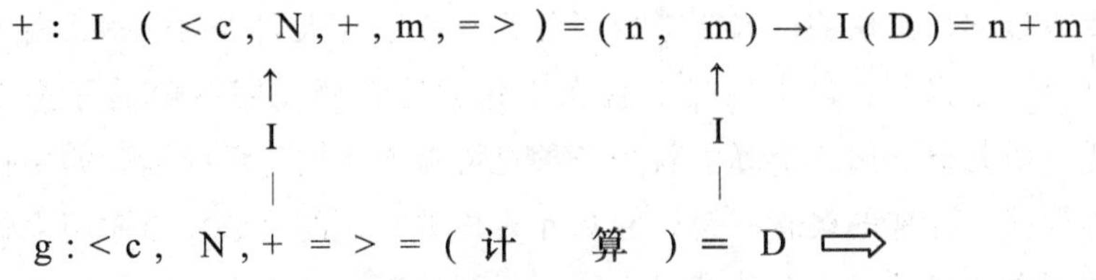

$$+: I\ (\ <c,\ N,+,m,=>\ )=(n,\ m)\to I(D)=n+m$$

$$g:\ <c,\ N,+\ =>\ =\ (\ 计\quad 算\ )\ =\ D\ \Longrightarrow$$

图 3—2

　　图中上面的一排符号表示的是被例示的加法功能。底部表示的是被满足的计算功能 g，而它又是由计算机的物理状态所实现的。垂线表示：下面可解释、说明上面的过程。众所周知，计算机中真正发生的过程和状态是物理状态和计算状态。尽管它的显示屏上有数字显示出来，有计算结果显示出来，它们表面上似乎是关联于被计算的事态的，似乎是表征，似乎关联或指向了什么实在，其实不然。如果没有人的关联或"看作"，它们永远没有指向性。而这种"看作"其实就是"解释"。他说："从解释的观点看，解释所提供的东西是机器的加工状态（从按键到显像的转换）和加法之间的关联：由于解释，系统的状态转换被说明为加法。"① 假设有这样的考古发现，即发现了一个计算器，它上面本没有表征。但为了能操作和理解它，可以把有关的变元、参数解释为表征。再如伽利略用几何图形表征力学量。前者表征后者完全是根源于伽利略所作的解释。可见，一系统是否有表征，这是一个解释的问题，只有在某种解释之下，某状态才被看作是表征。他说："说加法器表征了数字……仅仅是因为在某种解释之下它模拟了 +。"②

　　如前所述，表征尽管是意向性的基础，但仅有前者，还不会有后者。只有当同时具备了 FC 这样的条件时，表征内容才有可能成为意向内容。因为表征内容是个体主义的内容，而意向内容是非个体主义的，即它与外在的诸因素密不可分。他说："FC 是一种过

① R. Cummins, *Meaning and Mental Representation*, Cambridge, MA: MIT Press, 1989, p. 94.

② Ibid., p. 283.

滤器，它从 S—表征内容中挑选出数据结构的意向内容。"① 这就是说，表征是意向性的不可或缺的条件。人的心理状态之所以能意指或关联于外部世界，是因为其内部有表征。但由于表征只是一种纯形式的数据结构，仅靠它还不足以让现实的意向性表现出来。只有当同时出现了 FC 这种过滤器时，才会有意向性发生。以普特南的孪生地球思想实验为例。假设有一系统 S，它模拟了 H_2O 的功能，S 的孪生地球上的系统模拟的是 XYZ 的功能，这些功能同型于 S 的 H_2O 功能。S 到孪生地球上也可模拟 XYZ 的功能，进而像孪生的 S 一样表征 XYZ。但是 S 不同于孪生的 S 的地方在于，它具有与 H_2O 的 FC 关系，而不具有与 XYZ 的 FC 关系，因此它的信念是关于 H_2O 的，不是关于 XYZ 的。在这里，S 和孪生的 S 都有相同的表征，但由于 FC 不同，因此它们有不同的意向内容。两个只有相同的表征内容的孪生人之所以有不同的意向内容，根源在于他们有解释能力和不同的 FC。

卡明斯不仅强调意向性离不开上述两个条件，而且主张它是多种因素整体合力的产物，因而倾向于整体主义。他说："特定信念的窄心理学构成部分并不是系统的局域的状态，而是整体的状态。"② 特定心理状态有何意向内容依赖于个体的全部心理状态。例如"你的整个心理状态可以作为你的每一信念、愿望的基础，它支撑它们就像极其不同的心理状态支撑同一的信念、愿望一样"③。正如一个句子不可能表达一篇社论的观点一样，特定的表征也不可能作为特定信念的基础。也就是说，表征与意向状态不存在机械的一一对应，可能有多样的实现。之所以如此，根源在于FC。因为从整体主义观点看，FC 是从整体的计算状态到信念的函数。意向性对整体性结构的依赖性表明：要让机器表现出真正的意向性，除了满足其他条件之外，还必须让它有整体性的心理结构。

---

① R. Cummins, *Meaning and Mental Representation*, Cambridge, MA: MIT Press, 1989, p. 141.

② Ibid., p. 142.

③ Ibid., p. 143.

这当然是极其困难的工作。可见，机器要想具有人那样的智能，要走的路还很漫长。

四　解释语义学的问题与启迪

解释语义学不仅对意向性现实出现的机制和条件作了新颖别致的探讨，而且对"塞尔问题"以及机器如何通过获得意向性而获得真正的智能作了富有启发性的解答。卡明斯强调：表征并不是意向性的充分条件，而只是必要条件。因此要想人工智能表现出意向性，第一，要让它有表征能力。第二，要有社会、文化等约束因素。第三，要让计算机有内在的整体结构，因为意向性不是局域性的属性，而是整体性的属性。第四，要使系统表现出表征的属性，必须有相应的解释机制。如果这是对的，那么当务之急就是在人工智能的研究中探讨如何让机器有这样的内在的解释系统，而不是继续像至今所做的那样，把机器的操作与解释分离开来。换言之，不应由人垄断解释，而应把这一机制交给机器，真正让它自己作解释、作关联。

卡明斯的解释语义学无疑有自己的问题。其中最大的问题是它危及了心理内容或语义性的实在性。例如自然主义者就有这种批评。他们认为：如果不能把意向内容同化为自然秩序中的一种过程或状态，就会扼杀意向内容的实在性。解释语义学未能把内容还原为自然科学概念，因而也取消了内容的实在性。卡明斯承认，根据人的解释作用来说明内容必然要违背自然主义的约束。但他又认为这不一定是错的。解释语义学的基本假定是：R 表征 S 中的 x，当且仅当有功能 g，f，而且有解释 I，以至于 S 满足 g，g 在解释 I 之下模仿 f，并且 I（R）＝x。他认为，没有必要把自然主义约束作为语义学理论必须遵守的条件，因为"对于表征的本体论上的自然主义'定义'几乎没有哲学或科学上的利益"[①]。

----

① R. Cummins, *Meaning and Mental Representation*, Cambridge, MA: MIT Press, 1989, p. 129.

　　解释语义学尽管有这样的问题，但无疑留下了重要的启迪和进一步创新的思想火花，它似乎为我们探寻如何让人工智能的表征或意向性成为真正内在的而非派生的意向性指出了一条可能的出路。不错，已有机器的智能系统最大的问题是不能把自己的表征与世界关联起来，即不能主动自觉地关于或指向什么。当然，在某种意义上，我们可以承认它有关于性，但这种关于性的特点是：在它所关于的可能世界中，它什么都可以关于，但同时什么也不能关于。例如计算器上的计算状态之间的关系：2＋2＝4，任何人只要输入相应的符号，它就能及时准确地告知结果。这是计算状态之间的因果关系。它能关于的可能世界极其巨大，如既适用于两元钱与两元钱的关系，又适用于两个水果与两个水果的关系，还适用于其他无数的类似关系。但就其本身而言，它还缺乏一种内在的能力，即决定把上述计算关系与外在的某事态关联起来的能力，因此它本身什么也不能关于或指向。充其量只有派生的意向性，这种派生主要是根源于它之外的解释构架及其运作。正是在这一点上，卡明斯的思想给了我们一个重要的启示，这就是：作为人工智能之S—表征的纯数据结构，即使是在今天这样的认知和开发水平之下，仍不是没有希望获得它的意向性的。一方面，它有指向无限的可能世界的潜力，另一方面，既然借助解释机制，它可以获得确定的指向性，因此如果我们把这种外在的解释构架、机制转化为它的内在的构架和机制，即通过进一步的探索和实验，让它自己来做此前由人来做的解释工作，即做此前由人来做的把S—表征与世界关联起来的工作，不就能让它获得原始、固有的意向性吗？这是否能成为人工智能获得意向能力的一种可能的选择和探索方向呢？至少值得深思和研究。而要如此，就必须进一步研究人的解释能力，因为人正是基于解释，才使符号与外在事态关联起来，从而有了独特的语义性、意向性。在这里，人的意向性中的那种隐秘的、至关重要的关联能力似乎隐约地掀开了一点神秘的面纱：借解释可部分实现这种关联。此外，卡明斯的解释语义学还告诉我们，意向性的出现是复杂因素的合力的产物。要想人工智能表现出意向性，除了要有表征出现之外，还要有外在的情境因素与内在的整体论因素的出现。

第五节　强人工智能观的辩护

这里我们拟有选择地考察几位坚持强人工智能观的学者对计算主义的辩护。

卡特（M. Carter）针对人们对强人工智能观的否定指出："没有什么东西能引导我们到达这样的信念：强人工智能是不可能的……似乎完全有这样的可能，即设计出一种计算机，它有像我们的心智一样的心智。"① 卡特从两方面对反计算主义作了反击。在反计算主义看来，AI 的加工是非理性的，因此与人类智能不可同日而语。卡特认为，这里作为根据的"非理性"是有歧义性的。例如如果一个人的推理是基于错误的原则而作出的，那么这里的非理性就是"弱"意义的非理性。这种意义的非理性被归于未受教育的人，就是强的。不管哪一种非理性，总还是有形式的一面，有受规则控制的一面，有状态转换的一面。因此可从计算上加以说明。至于反计算主义诉诸经验事实对计算主义的驳难，他认为，也不难反驳。他说："经验材料不足以证明这样的结论：人的推理机制不能根据形式系统来说明。"②

卡特尽管承认：现有的关于认知的计算模型是不完善的。但他相信：神经科学的未来发展完全有可能为我们提供认识心智的更先进的方法和工具，甚至向我们敞开认知得以实现的具体生物过程，进而使我们得到更多的概念图式，直至提出更强的人工智能研究纲领。

要建立这样的强人工智能模型，还有很多工作要做，如要让计算机也有心智，让它有语义性或意向性，而要如此，一个必不可少

----

① M. Carter, *Mind and Computers*, *An Introduction to the Philosophy of AI*, Edinburgh: Edinburgh University Press, 2007, p. 206.

② Ibid., p. 163.

的条件是要让符号系统也有像人一样的具体经验。① 人的经验告诉我们：句法加工是否具有语义属性，完全取决于心理表征。如果能对心理表征作出恰到好处的说明，那么就能较好同化反计算主义对计算主义的责难，揭示句法加工具有语义性的根据和机理。他赞成这样的表征论。他认为，表征就是有意义的心理状态，就是对外部对象有关于性、指向性的状态。在此基础上，他对心理状态的表征本质提出了如下说明，第一，表征是关于外物的，有对外物的表征，即有意向性。第二，表征是心理状态得以指向、关于外物的载体。第三，心理表征有范畴的特点，即是说，有一表征，就是为一心理状态所涉及的对象划定了一个范围。例如如果我有关于狗的表征，那么我就知道狗的范围，并能把狗与别的事物区别开来。第四，表征具有构成性，即原始表征可结合在一起，形成复合表征，后者又可进一步与其他表征组合。相应的，复合表征的意向内容或意义来自于原始表征所携带来的内容。

基于对人的智能及表征特性的上述分析，卡特回答了人工神经网络的加工有无语义性这一问题。他认为，它们可以表现出语义性。他说："要让网络有人的话语那样的声调，还有待于进行大量的语义学和语用学研究。这些当然是极其困难的问题，但可通过大量专门的神经网络来解决。"② 目前可以肯定的是，人工神经网络与人类智能有相似性，例如它们能像人脑一样退化。其次，它们不像以符号为基础的智能那样，系统中某一部分的损伤或障碍会导致整个系统的停摆。他说："对于损伤，它们有很强的抵抗力，从中拿走一些因素，对系统几乎不会有什么影响。"③ 人的语言能力能否从计算上说明、能否被计算机实现呢？他的回答是肯定的。他的根据是："我们的大多数语言活动是受规则控制的，因此可从计算上予以实现，尽管我们对这些规则是无知的。"

----

① M. Carter, *Mind and Computers*, *An Introduction to the Philosophy of AI*, Edinburgh: Edinburgh University Press, 2007, p. 1.

② Ibid. , p. 199.

③ Ibid. .

　　再看斯洛曼的回应。他通过已有的计算机动机和情感模拟实践，回答了 AI 的意向性缺失难题。在他看来，不管什么心理状态、过程，例如动机、情感等，在本质上都是计算的，或者说其背后都有计算机制，因此可用计算来解释。如果是这样，它们就都可为计算机模拟。斯洛曼说：他的研究"为思考一系列可能存在的自然的和人工的智能系统类型，提供了一个框架"①。

　　先看斯洛曼对动机的计算说明及其机器模拟。所谓有动机、有目的，其实就是有"以某种形式结构表述的符号结构来描述有待产生、保存或防止的事态"②。目标之所以产生，一是因为人有计算过程，二是因为人要对新信息作出响应。对于这种生成过程，可作出计算解释，如说："如果 x 处在痛苦中，就生成一个目标［解释 x 的痛苦］。"再如，对惩罚某人的目标是这样生成的："如果 x 伤害了我，那么就会生成一个目标［使 x 受到惩罚］。"这就是说，人内部存在着目标生成器，对它们可作出计算解释。而计算解释不过是根据生成目标的条件——行动规则作出的。对上述目标的解释就是这样。③

　　在人内部，还有目标比较器。其起作用的条件是存在着两个以上的有冲突的目标。比较依据的原则是极小代价规则，即两个目标中，哪个付出的代价小就选择哪一个。当然还有其他原则，如拯救生命规则，在目标有冲突时，保护生命最重要，因此这一目标常被直接选定。总之，人的动机生成和比较是受计算机制支配的，因此可对之作计算解释。既然如此，它们就能为计算机模拟。④

　　再看斯洛曼对动机的计算说明。他认为，动机可能经过这些环节：始发、对坚持性的分配、评价、采纳或排斥、制订计划、激

----

　　① ［英］A. 斯洛曼：《动机、机制和情感》，载博登编《人工智能哲学》，刘西瑞、王汉琦译，上海译文出版社 2001 年版，第 336 页。
　　② 同上书，第 318 页。
　　③ 同上书，第 318—319 页。
　　④ 同上书，第 320 页。

活、执行、中断、与新目标比较、修正、内部监控等。"这些都是计算过程，可通过由规则支配的对各种表述的操作来表示。"① 情感也是这样。他说："本文概述的这些机制能够生成我们平常所说的那些情感状态——恐惧、发怒、失意、兴奋、沮丧、悲伤、愉悦等等。"② 动机、情感等不仅有计算的一面，即有形式处理的一面，而且这些形式处理都有语义性。

最后，再来看哈纳德（S. Harnad）的新内在主义。哈纳德承认：人的思维是有语义性的，"认知不只是一个计算问题"，而比计算更多。③ 而根据计算主义以及关于意义的窄思维语言理论或窄计算理论，思想只是一串符号，思维只是根据规则对符号形式的处理，而与意义没有任何关系。换言之，计算系统的内在符号不可能包含意义，意义只存在于使用计算机或将计算作为工具使用的人的头脑之中。他尖锐地指出："计算主义似乎无法摆脱意义问题即符号根基问题的困扰。"④ 但这一问题不是不能探讨的，其出路在于：研究人的范畴化能力。因为要想解决 AI 研究的瓶颈问题，不仅要探讨如何让机器具有语义能力，更重要的是探讨如何让它有形成和处理符号的能力，即范畴化能力。

为解决上述问题，哈纳德提出了自己的新内在主义方案。其内容带有杂交性，而基本精神是内在主义，因为它坚持：不能超出人脑来解决符号如何获得意义的问题，但又融合了外在主义、行为主义等的思想因素。他说："这种混合的方案在一定意义之下是要把如何找到符号与意义的联系的问题内在化。它不关心符号与宽世界的联系，只探讨符号与符号所指的各种事物的感觉运动投射之间的联系。这种联系不是符号与它们所指的远端对象的联系，而是符号

----

① ［英］A. 斯洛曼：《动机、机制和情感》，载博登编《人工智能哲学》，刘西瑞、王汉琦译，上海译文出版社 2001 年版，第 323—324 页。

② 同上书，第 332 页。

③ S. Harnad, "Symbol Grounding and the Origin of Language", in M. Scheutz (ed.), *Computationalism: New Directions*, Cambridge, MA: MIT Press, 2002, p. 145.

④ Ibid..

与远端对象投射到系统的感觉运动表层的近端'影子'之间的联系。"① 他承认，他尚未建立关于意义的理论，而只是提出了关于符号之根基的理论。它能说明的是："机器人要将感觉运动投射范畴化，必不可少的东西，要么来自于试错性学习，要么来自于得到了一系列的符号：如果机器人能够分辨它所指的是哪一种感觉运动投射范畴，那么一符号就会产生出来。"

　　哈纳德指出，在我们人身上，符号的产生和存在是根源于我们的范畴化能力的。所谓范畴化能力，就是将汇聚在感觉运动表层的各种信息进行排列、安置、分类、秩序化、命名的能力。不同于通常看法的地方在于：哈纳德认为范畴化能力首先是一个感觉运动能力。因为它发生在机体的反应的层面，所处理的材料是由感觉运动器官提供的。它在与外界的相互作用的过程中，将外物投射进来的信息呈现给范畴化能力，进而有对事物的范畴化。②

　　如果上述观点是合理的，那么 AI 解决瓶颈问题也就有了前进的方向。这就是：机器要能得到和处理符号，首先应有这种范畴化能力，并有把外在对象之投射与机器所作的反应和随机的命名关联起来。怎样才能获得范畴化能力呢？要获得这种能力，就要研究大自然是怎样将范畴化能力授予人的。哈纳德认为，人之所以有范畴化能力，一是离不开感觉运动器官的劳作，二是离不开自然选择。③ "我们的大脑除了生来是一种范畴分辨装置之外，还生来就有能学习区分大量感觉运动投射的能力。"④

　　哈纳德认为，从上述分析不能得出外在主义结论，而只能得出内在主义结论。因为"不管这种系统所分辨的是什么远端对象，但该系统纯粹只能作用于它们的近端投射"。系统没有办法直接对

----

① S. Harnad, "Symbol Grounding and the Origin of Language", in M. Scheutz (ed.), *Computationalism: New Directions*, Cambridge, MA: MIT Press, 2002, p. 146.

② Ibid., p. 147.

③ Ibid..

④ Ibid., p. 148.

外在对象作出范畴化。[①]

　　总之，只要能够让机器人通过一定的方式获得范畴化能力，那么它内部就会有语言诞生。而一旦有了语言，那么，"它会像我们一样，语言会让它有超出它的感觉运动作用及材料的时空范围而获得范畴的能力。我想论证的这一观点不过是：我们与机器人之内的语言有其功能价值。这种价值完全依赖于它的近端投射和它们之间的使之产生的机制"[②]。

----

　　① S. Harnad, "Symbol Grounding and the Origin of Language", in M. Scheutz (ed.), *Computationalism: New Directions*, Cambridge, MA: MIT Press, 2002, p. 148.

　　② Ibid. , p. 157.

第四章

联结主义

联结主义是计算主义的又一形式，几乎与经典计算主义同时产生。之所以被看作是计算主义，是因为它像经典计算主义一样根据计算来理解和建模认知。两者的不同在于，经典计算主义所理解的计算是符号计算，所以常被称作符号计算模型，而联结主义所说的计算是神经计算，所以常被称作神经计算模型。由于联结主义试图根据实际的生物大脑结构建构抽象的人工神经网络，因此它也被称作人工神经网络学派。既然联结主义的基本精神没有超出计算主义的樊篱，因此就无法逃避塞尔等人根据自然智能的意向性、语义性特质所作的颠覆性论证。不仅塞尔的批判适用于它，其他许多人如彭罗斯、德雷福斯等人的责难也是如此。著名脑科学家、诺贝尔奖获得者克里克在评价联结主义的网络发音器模型（NETtalk）时，一方面承认它在认识和模拟人脑功能上的进步，"给人印象非常深刻"，[1] 另一方面也客观地指出："实际结果并不完美，在某种情况下英语发音依赖于词意，而 NETtalk 对此一无所知。"[2] 联结主义的许多倡导者不掩饰这一点，如克拉克承认："能作出语义上适当的行为的事物就是这样的事物，即看起来知道所做的是什么。"[3] 人

----

① ［英］克里克：《惊人的假说》，汪云九等译，湖南科学技术出版社 1998 年版，第 199 页。

② 同上书，197 页。

③ A. Clark, "Artifical Intelligence and the Many Faces of Reasons", in S. Stich et al. (eds.), *The Blackwell Guide to Philosophy of Mind*, Oxford：Blackwell, 2003, p. 310.

工神经网络要成为关于人类智能的真正模型也必须具有语义能力，否则就算不上智能。屈森斯强调：让机器完成对概念的加工，必须研究非概念的心理内容，必须探讨：这种内容是怎样出现在非形式的表征系统之中的，概念怎样由它的构成部分产生出来，概念表征怎样才能具有"关于"、"真假"之类的语义特性。在实践上要探讨：怎样构造内容概念，怎样让机器通过涉及概念的内部构造及内容而完成保真推理，而不只是让机器作一些纯形式的转换工作。[1]

第一节 联结主义的曲折历程、基本精神 与体系结构

联结主义的曲折历程可以这样概括：20 世纪 40 年代已露端倪，50 年代与经典计算主义针锋相对，唇枪舌剑，经受重创而跌入低谷，60—70 年代一度消沉，几近绝迹，80 年代再度复兴，90 年代以来，发展势头强劲，如斯莫伦斯基所说，已由一种由一些人提出的零散的、含糊的主张而演变成了"强劲的运动"。[2]

1943 年，伊利诺斯大学的神经生理学教授麦卡洛克和芝加哥大学的学数学的研究生匹茨，提出了一种关于神经元及其联结关系的崭新的模型。他们认为，神经元的运作过程和神经元之间的关系可以用数理逻辑运算的方式加以描述，例如神经元可以被激活，同时又可激活别的神经元，这种激活关系其实类似于逻辑系列中的每一个命题与从它所推论出的命题之间的蕴涵关系。基于这样的看法，他们认为，关于神经元网络的模型不过是一种逻辑模型，或逻辑神经元网络模型。这种带有联结主义性质的看法之所以被看作是计算主义的一种形式，是因为它与图灵机有共同之处，即都强调生物智能的运作过程不过是按规则进行的形式化过程。麦卡洛克等人

---

① ［英］A. 屈森斯：《概念的联结论构造》，载博登编《人工智能哲学》，刘西瑞、王汉琦译，上海译文出版社 2001 年版，第 495—587 页。

② P. Smolensky, "On Proper Treatment of Connectionism", in C. and G. Macdonald (eds.), *Connectionism*, Oxford: Blackwell, 1995, p. 29.

承认：他们的有穷神经元网络可以执行任意的图灵机程序。

联结主义的主要倡导者是鲁梅尔哈特（D. Rumelhart）和麦克莱兰（J. McClelland）等人。他们对符号处理器深感失望，因为许多现象是无法形式化的，因此按符号主义的路子走下去只有死路一条，同时他们又受到了神经科学的启发，于是便着手研制能处理单词的"朴素作用激励器"模型，进而提出了平行分布式处理的观念。任职于美国 Cornell 航空实验室的罗森布拉特（F. Rosenblatt）还提出：应该用新的方式建立人工智能，如尝试自动完成智能行为，即让神经元网络通过学习恰当的辨认模式和作出响应来完成智能过程。他试图建造一个物理装置，或在计算机上模拟这一装置，而不是建立形式结构，通过它去表现智能。正是在这些观念的基础上，在有关成果的鼓舞下，后来便形成了联结主义的构想。1958年，他发表了著名的论文：《感知器：一种脑信息存储与组织的概率模型》，提出了用机器模拟记忆、学习等认知过程的思想。1960年 6 月 23 日，他正式演示了他所设计的"感知器 I 号"。它尽管很简单，但却能进行简单的文字辨认、图像识别和声音分辨，因此是用机器模拟人的高级行为的一次开创性尝试，在神经计算科学和技术发展史上具有里程碑的意义。感知器的独特之处在于：既有自身的体系结构，又有计算机制。从构成上说，一个 N 阶感知器是一个由 N 个 PRC 神经元组成的六元组：

$$ncm^{(N)}_{(PRC)} = (VG,\ AG,\ IF,\ OF,\ WA,\ OA)$$

其中，VG 表示节点集合，AG 表示联结关系矩阵，IF 为输入域，OF 为输出域，WA 为工作算法，OA 为组织算法。

由于联结主义有一些优于经典计算主义的特点，加上感知器等研究上的成功，因此在 20 世纪 60 年代早期，联结主义一度被看好。然而不久，形势急转直下，其转折点是 1969 年，著名 AI 专家明斯基和佩伯特在他们合著的《感知机》一书中说：感知机缺乏一般性，从本质上说无法实现全局的优化，因为单层感知器解决非线性问题的能力太差，不能解决高阶谓词问题。尽管他们没有明确指责多层感知器的问题，但认为，单层感知器的局限性可以延伸到多层感知器。这一否定尽管不是最终的判决，但对人工神经网络的发展造成了严重的阻滞，以致以后的十几年时间成了人工神经网络的"黑暗时期"。因为不仅学术界相信明斯基等人的看法，而且投资方也是如此，因此经费几乎减少到了一文没有的地步。博登是这样描述当时的窘境的："到 1970 年，以感知机为范式的大脑模拟研究渐受冷落，资金不足，而主张用数字计算机进行符号操作的一方都无可争辩地控制了资金来源……"①

80 年代初，联结主义再度兴盛。其原因是：第一，超大规模集成电路和电子计算机技术的新成果为联结主义实现人工神经网络提供了硬件技术上的支撑。第二，神经科学的新发展为联结主义提供了理论上的素材。第三，以串行处理方式工作的数字计算机在实践中有许多局限性，如不能自主学习，对不能形式化的模糊的问题难以作出处理。从具体过程上说，真正使联结主义发生命运转折的是霍普菲尔德网络的诞生。它是由美国加州工学院的生物物理学家霍普菲尔德（J. Hopfield）所建立的一个神经网络模型。其理论基础是这样的观点：神经网络是一种非线性动力系统。如果给定一组输入和连接强度，那么网络便会进入稳态。他还用这个模型解决了计算复杂度为 NP 完全的旅行商问题（TSP）。

1983 年，欣顿（J. Hinton）研制出了"Boltzman 机"，用的是"模拟退火"的方法。该方法可使系统从局部极小状态跳出，倾向于全局极小状态。1986 年，鲁梅尔哈特等研制出了新一代的多层感知机，它突破了原来简单感知机的局限，其识别能力有较大提高。后来，他与麦克莱兰的《并行分布式处理》变成了畅销书。在新近的认知科学会议上，联结主义成了人们谈论的中心，甚至这样的会议成了鼓动联结主义的大会。有理由肯定，联结主义成了一种十分有影响的运动。

----

① ［英］博登编：《人工智能哲学》，刘西瑞、王汉琦译，上海译文出版社 2001年版，第 424 页。

在人工神经网络研究方兴未艾的同时，新的倾向还不断涌现，如有的从混沌学的角度切入人工神经网络研究，或把两者结合起来，还有人吸收模糊逻辑的成果发展人工神经网络，以提高其复杂性和灵活应变能力。另外，它还与遗传算法、专家系统相结合，导致了许多新的思想和成果。由于有这些特点，加上有关领域学者的通力合作，人工智能研究真可谓捷报频传，如模式识别、自动控制、信号处理、辅助决策等领域的新成果层出不穷。

联结主义发展到今天也成了一种比较成熟的 AI 研究战略。它有双重目的：一是科学方面的。它试图在神经细胞水平上揭示神经信息加工的过程与机理，并建立相应的可指导实践的理论模型；二是工程学上的目的。即构造人工神经网络，进而构造非冯·诺伊曼神经计算机。由这两种目的所决定，今日的联结主义已经演变成了集理论探讨与 AI 工程实践于一体的十分强劲而壮观的运动。就前一方面而言，它形成了自己独有的神经计算科学。这种理论无疑是人工智能科学的重要组成部分，是关于人工神经网络的原理、结构、功能和技术的科学，是在细胞水平上模拟自然智能的结构和功能的科学。这种研究无论是对于联结主义本身还是对于人类的科学来说，既是必要的，又是可能的。因为在联结主义看来，编程计算和冯·诺伊曼机有很多局限性，如许多工作是它所无能为力的。因此从肯定的方面来说，联结主义试图做编程计算所不能做的事情，并建立非冯·诺伊曼的神经计算机。

在联结主义看来，这是有可能实现的。霍普菲尔德指出：生物神经系统"是生化物质构成的计算机，然而它是世界上最好的计算机"[1]。因为生物神经系统有自己的拓扑结构，即有由神经元关联而形成的网状结构。这种结构具有一定的抽象性，其结构的形式与神经细胞的空间位置无关。基于这一特点，人们就可以建构模拟了神经细胞互联所形成的拓扑结构的人工神经网络。

----

[1]　J. Hopfield, "Artifical Neural Networks", *IEEE Ciruits and Devices Magazine*, 1988, 4：2－10.

　　怎样予以模拟？联结主义的回答是：只要找到办法，能将生物神经系统的结构形式化就能如愿。而要如此，最好是借助拓扑学的图论。一般认为，图论是将神经系统结构特征形式化的最好工具。先看"哥尼斯堡七桥问题"的形式化。哥尼斯堡七桥问题是指：在哥尼斯堡，有一条横贯全城的河流，有四个大的区域，分别由七座桥连接起来。问题是：能否找到这样一条环游该城的最佳线路，即当一个人从某地出发，既跨过每座桥，又不重复，同时最后又能返回起点？很显然，这个问题的解决与节点（桥）的位置以及边的长度无关，只需弄清节点之间的形式结构就行了。因而这里的问题是一个高度抽象的形式化问题。然而可以用图把它的形式结构表示出来。在这个表示中，图由一些节点和联结它们的边所组成，其联结的形式与节点的位置、连线的长度没有关系，因此表示的是对象的拓扑结构。同理，图也能揭示神经系统的结构特征或拓扑性质，将抽象的神经计算变为形象的拓扑图。

　　联结主义在 AI 的工程实践中已构建出了有部分自然智能特征的网络。其一般结构和原理，如福多所概括的："使一机器成为一网络的东西不过是：它有在许多方面不同于传统图灵机结构的计算结构。"① 具体而言，它的一个独特性表现在：网络不能表现一般的计算装置所具有的程序与计算明确区别开来的特点。毋宁说，一网络的常见的计算倾向和它的计算历史的后效结果都是通过改变许多简单而似开关要素之间的连接强度而实现的。在任何特定的时刻，这些要素的每一个都处在两种输出状态的一个状态中，即要么是静态的（=0），要么是激活的（=1）。如果你想说明这些要素的每一个激活状态……那么你就得弄清楚：在下一步，哪个要素会被激活，随后的连接强度是什么。其次，联结主义模型在通过这些单元构成的网络、将激活传送出去的过程中，用的是并行的方式。在 t 时有多少激活送出去，取决于 t 之前的激活历史。总之，你在 t

----

　　① J. Fodor, *The Mind Doesn't Work that Way*, Cambridge, MA: The MIT Press, 2000, p.48.

时所想到的东西就是你的感觉和你在 t 时连接强度的函数。因此心理学家的任务就是通过说明决定连接关系之强度的规律来说明这种函数。

第二节　联结主义的实质与特点

我们将回到联结主义与经典计算主义的犬牙交错的互动关系网络中来考察它的实质和特点。

就共同性而言，两者在起源、目的以及对计算、表征的看法等方面有趋同之处。例如就根源来说，正如屈森斯所述："它们是从同一个根上生长出来的分支，共同发轫于由神经心理学家兼精神病学家 W. 麦克洛克和数学家 W. 皮茨合著的开创性之作。"[①] 这一开创性工作的成果就是发现了神经元的活动有计算的特点。因为神经元有两种状态，即抑制和激活。这一发现事实上为图灵的猜想提供了神经科学的依据，从而为虚拟图灵机的实际运用提供了根据。另外，麦卡洛克等人在 1943 年还证明：一个神经网络可以计算图灵机能计算的所有函数，这无异于把认知过程看作是映射过程。很显然，这些思想是后来的两种计算主义的共同源泉。

从具体结论上看，两者也有共同的地方。第一，它们都承认，理性的思维和行动都包含有对表征了外在事态的内在资源的运用，其内部运作过程实即一种转换性的操作过程，一种映射或函数过程，这些运作过程的目的就是要产生进一步的表征，直至产生行为。同时，它们还承认：内在的操作尽管本身没有语义性，但由于语义性与形式具有同型性，因此内部加工也具有语义性。第二，尽管联结主义持弱 AI 观，而经典主义持强 AI 观，但两者都承认，计算机科学是它们的理论基础。从实践上说，联结主义所建构的网络或系统甚至都有模拟计算机的方面，因而都表现出了计算机的许多

----

① ［英］A. 屈森斯：《概念的联结主义构造》，载博登编《人工智能哲学》，刘西瑞、王汉琦译，上海译文出版社 2001 年版，第 3 页。

属性。例如，人工神经网络也能进行硬连接，进而进行模式识别，表现出遵守规则的行为，虚拟地实现从一种参数模式（输入）向另一种参数模式（输出）的映射，等等。第三，两种计算主义都承认表征的作用，如认为心理过程是表征性的，心理表征有构成性结构。当然，联结主义认为，它所承认的构成因素及结构完全有别于经典的看法。两种方案目前争论的焦点是：这种构成要素是不是真实的。联结主义认为是真实的，经典主义尽管不承认有像硬件一样的实在的表征层次，但授予它以抽象的、符号性质的存在地位。福多、皮利辛说："古典主义者和联结主义者都是表征实在论者。"① 这也就是说，两种计算主义都反对取消主义，而赞成表征主义。表征主义认为，心理状态有表征外部世界的能力，因此有语义性。而取消主义主张取消语义、心理内容、表征之类的概念。联结主义模型赞成表征主义的表现是：它试图对心理状态所表征的东西作出说明。总之，"都同意把语义内容归之于某东西"②。二者不同之处在于：联结主义认为，有内容的是结点，而古典主义认为，有内容的是符号。

由上述共同点便导致了两种计算主义的这样的一致性，即它们都承认：它们的系统容许语义解释。例如符号主义把语义内容归功于符号，而联结主义把语义内容归之于单元或单元集合。换言之，符号主义系统的作用是与语义上可解释的对象（符号）连在一起的，因为这些对象有因果的和句法的或结构性的属性，而联结主义系统的作用是与两种对象（即个别单元）连在一起的，一种对象有因果属性，另一对象有句法属性。这就是说，在加工层面出现的、有因果相互作用的对象不能从语义上估值，没有语义上可估值的构成成分，而语义上可估值的单元是激活模式或激活矢量，它们在系统中没有因果作用。这也就是说，两种计算主义都包含有这样

① J. Fodor and Z. Pylyshyn, "Connectionism and Cognitive Architecture", C. and G. Macdonald (eds.), *Connectionism*, Oxford: Blackwell, 1995, p. 97.
② Ibid..

的核心观点："形式可以充当意义。"意即对形式的加工，实际上也是对意义的加工。克拉克说："这无疑是那些试图对推理作出机械说明的理论以之为基础的、关键的见解。"①

从目的上说，经典计算主义方案的理想目标是在命题空间中模拟、表现推理能力。所谓命题空间（Sentential Space）指的是抽象的空间，里面居住的是携带着意义的构造，即句法单元，这些单元有逻辑的形式，它们可靠地代表着不同的事物，其意义就是单元及其秩序的函数。联结主义者的目标就是模拟各种合理的"推理"，在这种推理中，输入和输出都是广义的，如输入是知觉性的，输出具有原动力性质，如动物的对刺激的快速反应能力都可看作是推理。很明显，这种推理是知觉驱动的反应能力。

再来看联结主义不同于经典计算主义的独特特征。

第一，联结主义提出了自己的新的认知观、智能观。如前所述，经典主义是在符号水平上模拟认知的。它认为，符号是自然智能的基本元素，人的认知过程是以符号为核心的符号处理过程。因此要认识和模拟这种过程，用不着深入到细节，用不着关注结构，只需从宏观上研究它的输入和输出的映射或功能过程就行了。而联结主义则是要在细胞水平上模拟认知。它认为，智能的基本元素是神经元，人的认知过程是生物神经系统内神经信息的并行分布处理过程，是一种整体性的活动，因此要认识和模拟认知，就要从微观层次入手。可见在总的倾向上，联结主义不是要修补古典的模型，而是创建新的、能取代它的认知模型。其具体表现是：它把心灵看作是网络，而网络由大量互相关联的单元所构成。在网络中，不存在中央加工单元。每个单元都有自己的作用。它们结构上简单，数量上不定。网络的基本属性是：1. 单元之间的连接在类型和强度上是不同的。2. 单元的激活是由刺激量和该单元的状态共同决定的。3. 网络的信息以单元之间的权重的形式得到编码。4. 网络中

① A. Clark, "AI and the Many Faces of Reasons", in S. Stich et al. (eds.), *The Blackwell Guide to Philosophy of Mind*, Cambridge, MA: MIT Press, 2003, p. 320.

的单元、结点自动地代表着环境中被确认的因素或特征。就此而言，可把它们看作是表征。表征的储存是分布式的。5. 当结点具有表征意义时，它们是简单的。所谓简单，一是指它们表征的东西很简单，如简单特征等；二是指结点没有句法结构。6. 对于任何认知任务来说，网络一定是由大量的单元构成的。随着单元数量的增加，联结的数量不是按线性方式而是呈指数形式增加。7. 单元之间的联结可理解为：因果地遵循一系列规则的系统。

第二，与此相关的是如何看待理性思维的问题。联结主义承认，AI 研究有这样的根本性问题：理性、理智、合理的行为等智能能否为机器模拟？这以前是各种人工智能理论的核心问题，现在也成了摆在联结主义面前的一个棘手的、不可回避的问题。联结主义者认为，要回答这个问题，最重要的是要认清理性的本质。克拉克说："理性就是大量有关复杂因素都出现并以某种方式起作用、得到协调时，人们所经历的东西。说明这种复杂的、生态学上并行的行为，其实就是在揭示理性如何可能从机械上加以实现。"① 也就是说，联结主义反对经典主义把理性看作线性处理行为的观点，而突出它的并行性、生态性、复杂性。这复杂表现在：人的理性活动涉及的因素、所不可缺少的条件可能不只是局域的、基于句法的推理，因为它还必然会涉及语义内容，有些推理过程还会受到情绪的影响等。②

第三，联结主义尽管也承认认知的本质属性是计算，但它对计算的理解发生了革命性变化。众所周知，有许多计算形式，每一种形式都有特定的计算工具和信息载体。例如珠算计算，其工具是算盘，信息载体是算珠；符号计算的工具和载体分别是符号计算机和符号；权值计算的工具和载体分别是数字计算机和数字电量；模拟计算的工具和载体分别是神经计算模型和神经元；生物计算和

----

① A. Clark, "AI and the Many Faces of Reason", in S. Stich et al. (eds.), *The Blackwell Guide to Philosophy of Mind*, Cambridge, MA: MIT Press, 2003, p. 320.

② Ibid., p. 319.

DNA 计算的工具分别是生物计算机和 DNA 计算机，载体分别是生物信息编码和 DNA 生化物质。尽管有这些不同，但各种形式中又有共同的一面，换言之，不同的计算有共同的本质，即计算是计算模型中信息流动变化的过程。联结主义所理解的计算不是指电子数字计算机的权值计算，而是指模拟计算或神经计算，即神经计算模型中的神经信息运动变化过程。而神经计算模型则是从细胞水平模拟生物神经系统结构和功能的人工系统。

神经计算有这样一些特点：1. 它离不开人工神经元，它是联结主义归之于智能的必然构成要素。具体来说，它是生物神经元的模型，其构成是：输入端口、输出端口、局域记忆单元、局域学习单元、整合运算单元、激发运算单元。2. 联结性。联结性又叫互联性，指任意两个神经元都可以相互联系，一个神经元的输出信号可以传至其他神经元的输入端口，一个神经元的输入端口可以接收其他神经元的输出信号。3. 分布效应。这是由联结这一特性产生的效应，是网状特性的表现，主要体现在对信息的分布处理上，而分布处理又有两方面，一是存储上的分布性，二是计算上的分布性。4. 并行性。指系统中的单元可以在同一时间独立地、并行地进行信息的处理工作。由于有这一特性，人工神经网络才具有成为高速运算系统的条件。5. 容错性。这与人的神经系统一样。神经系统中某一部位出了问题，不会影响整个系统的性能。6. 集体效应。集体即人工神经元的集合。它们合在一起有个体所不具有的性能。7. 记忆效应。其记忆的特点是分布式信息储存。8. 自组织。生物系统的特性是自组织。所谓自组织就是系统从无序到有序的过程。之所以有这一过程，又是因为系统有自创生、自生长、自适应、自学习、自复制、自修复、自生殖等特性。靠自组织的特性，生物实现了从低级到高级的发展。系统一旦成为自组织系统，它就必然有这样的特点，如演化性、突现性、开放性、非线性、反馈性、支配性。

第四，尽管联结主义像经典主义一样承认表征及其作用，但又对之作了新的规定。在传统理论看来，表征是一种有复杂句法的东西，心理加工过程应相对于句法结构来定义。而这些观点又使它坚持这样的观点，即相信心灵有自己的组成部分。如复杂的表征一定离不开复杂的系统（小人、模块、中央处理器），正是它们储存和使用表征。这幅图景使传统的认知观有了不同的名称，如古典认知心理学、古典人工智能、关于认知的规则或表征观、认知的思维语言模型。联结主义认为，它的表征不可能像经典主义的表征那样能被形式化，不可能以单子式的形式存在，而只能以分布式方式存在于神经元的动态联结之中。

第五，从描述方式上说，联结主义模型的描述是连续的，而符号模型的描述是非连续的。福多和皮利辛说："亚符号模型的分析上最有力的描述是连续的描述，而符号模型的描述则是非连续的描述"，即分立或分离的（discrete）。例如后者所描述的记忆储存和提取操作都是分立的，一个内容总以单个的项目被储存和被提取，对它们的操作也是以原子式的形式进行的。再如学习、推理操作都是以全有或全无的形式进行的。而联结主义对这些认知现象的描述都是连续的。尤其是，它对计算的理解也是连续的。[①]

最后，两者的纲领性口号也判然有别。早期人工智能的"战斗口号"是"计算机不是单调地处理数字，它们是操作符号"。这里强调的是思维与计算的一致性。而联结主义试图将此倒转过来，强调："它们不是操作符号，它们是单调地处理数字。"[②] 由这一纲领性口号所决定，联结主义完成了解释方式的转换。这里的转换是指：对经典主义方法的颠倒。经典主义强调：对先于算法编写和贯穿于算法编写的任务作出某种高层次的理解。而联结主义者"成功地倒转了这一策略。他们从对任务的最低限度的理解开始，训练网络去完成这个任务，然后用各种方式寻求获得有关网络正在做什么和为什么这样做的较高层次的理解"。克拉克说："这一解释方

----

① J. Fodor and Z. Pylyshyn , "Connectionism and Cognitive Architecture", C. and G. Macdonald (eds.), *Connectionism*, Oxford: Blackwell, 1995, pp. 68–71.

② ［英］克拉克：《联结论、语言能力和解释方式》，载博登编《人工智能哲学》，刘西瑞、王汉琦译，上海译文出版社 2001 年版，第 414 页。

式的转换，实际上构成了联结论方法超过传统认知科学的一个主要优点。它之所以是优点，是因为它提供了一种方法，可以避免以专门方式生成公理和原理。"①

第三节　联结主义的网络建构

联结主义除了重视对认知、智能的深层次理论探讨和认知模型的建构之外，还非常注重对 AI 的实践探讨，这主要表现在建构人工神经网络上。人工神经网络又可被称作联结主义网络、并行处理器或神经计算机，指的是由简单处理单元或人工神经元构成的大规模并行分布处理机。

一　人工神经网络建构的曲折历程

人工智能建构这种网络的工作肇始于 20 世纪 40 年代，其开拓者是神经学家麦克洛克和数学家皮茨，标志是他们提出的 M—P 神经网络模型。他们假定：神经元模型遵循有一无模型律。如果简单的神经元数目足够多，适当设置连接权值，并让它们同步操作，那么这样构成的网络便可计算任何可计算的函数。

1949 年，赫布（D. D. Hebb）出版了《行为组织学》。他认为，大脑的连接模型是随着学习的变化而变化的，而神经组织就由这些变化创造出来。因此学习至关重要。什么是学习呢？他提出的学习假说回答说：学习就是两个神经元之间的可变突触被突触两端的神经元重复激活加强了，换言之，有这种加强发生，就有学习出现。

80 年代以后的人工神经网络研究的复兴肇始于霍普菲尔德的工作。他用统计力学方法分析网络的存储和优化特性，认为网络运行是一个非线性的动力学过程。他还在引入能量函数的基础上，于

---

① ［英］克拉克：《联结论、语言能力和解释方式》，载博登编《人工智能哲学》，刘西瑞、王汉琦泽，上海译文出版社 2001 年版，第 413 页。

1982 年和1984 年分别提出了离散和连续的 Hopfield 神经网络模型，并给出了网络的稳定性判据。他的一系列杰出工作使自50 年代以来一直陷入停顿的神经网络研究获得了新生。不久，鲁梅尔哈特等人编写了《并行分布处理：认知微观结构探究》一书。他们提出的多层神经网络的误差反向传播算法，解决了非线性分类问题，从此，人工神经网络研究走出低谷，步入了健康发展的快车道。

1985 年，塞杰诺斯克研制的基于神经网络的 NETtalk 英语语音学习系统，经过三个月的学习，所达到的水平可以和经过20 年研制成功的语音合成系统相媲美。同年，用神经网络技术求解旅行商问题显示了它具有很强的问题求解能力。1987 年，首届国际神经网络学术会议在美国加州圣地亚哥召开，到会代表竟达1600 多人。此后，不断有大型的国际学术会召开，还编有专门的杂志。现今，神经网络的理论、应用研究均取得了突飞猛进的进展，如这一子学科已成了涉及神经科学、认知科学、数理科学、信息科学、计算机科学、微电子学、光学、生物电学、心理学等学科交叉综合的前沿学科，在应用上，有关成果已渗透到模式识别、图像处理、非线性优化、语言处理、自然语言理解、自动目标识别、机器人、专家系统等领域，并取得了丰硕的成果。

这一研究之所以有如此喜人的发展，一方面是有计算机科学和人工智能发展的迫切需要，有神经科学等所奠定的理论基础；另一方面也得益于有关技术的发展，如 VLSI 技术、生物技术、超导技术和光学技术的发展为人工神经网络上新台阶提供了技术上的支撑。

二 人工神经网络的构成与实质

人工神经网络是以生物脑结构和功能为模拟对象而建构出的模拟人脑加工过程、表现脑的某些特性的一种计算结构。它不是大脑的真实反映，而是对它的某种抽象、简化和模拟。

它像经典计算模型一样有信息处理能力，但它的结构和原理完全有别于传统的模型。它的功能主要根源于三大要素，即神经元或处理单元或节点、神经网络模型和神经网络的学习方式。对此，斯莫伦斯基（P. Smolensky）作了这样的概括："联结主义模型是简单、并行的计算元件的巨大网络，这些元件的每一个都携带着数字激活值，而该值是它用某种更简单的数字计算从网络的其他相邻元件中计算出来的。网络元件或单元通过携带着权值强度或权数的联结相互影响各自的值……在一典型的……模型中，对系统的输入是通过在网络的输入单元上增加激活值而实现的；这些权值表达了输入的某种编码或表征。对输入单元的激活与联结一同扩散，直至某组激活值出现在输出单元上；这些激活值编码在系统根据输入推算出来的输出中。在输入和输出单元之间，可能还有其他单元，常被称之为隐藏的单元，它们不介入对输入和输出的表征。在把活动的输入模式输送到输出模式的过程中，网络所完成的计算依赖于联结强度的集合；这些权数通常被看作是对那个系统的知识的编码。在这个意义上，联结强度在普通计算机中起着程序的作用。联结主义方案的主要魅力在于：许多联结主义网络自我编制程序，即是说，它们有调节它们的权数的自动程序，因而最终能执行某种指定的计算。这种学习程序常常依赖于训练，正是在训练中，网络从它设定要计算的函数中得到了输入/输出的样本。在具有隐藏单元的学习网络中，该网络本身'决定了'那隐藏的单元将执行什么计算；因为这些单元既不表征输入，又不表征输出，它们从不被'告知'什么是它们应是的值，即使在训练期也是如此。"[①]

先看神经元模型。神经网络的基本构成单元是神经元。这里所说的神经元又称单元。在人工神经网络中，它指的不是真实的存在，而是一种理想化的东西，可看作是数学对象，当然可用生理学和心理学术语予以描述。在人工神经网络中，神经元是最基本的信息处理单元，其处理能力就是对输入信号进行整合，形成新的输

① P. Smolensky, "On the Proper Treatment of Connectionism", *Behavioral and Brain Science*, 1998 (11): 1; 另可参阅高新民等编《心灵哲学》，商务印书馆 2003 年版，第 1052 页。

出。当输入超过阈值时，神经元通过变换函数得到输出。人们为神经元提出了不同的模型，而得到广泛认可和应用的还是 1943 年麦克洛克和皮茨所提出的形式神经元模型，即 M—P 模型。它用六个假定描述神经元的信息处理机制。它们分别是：1. 每个神经元是一个多输入单输出的信息处理单元。2. 神经元输入有兴奋性和抑制性两类。3. 具有空间整合特性和阈值特性。4. 输入和输出有固定的时滞，这又主要取决于突触延搁。5. 忽略时间整合作用。6. 神经元本身是非时变的，其突触时延和强度都是常数。这些假定实质上是对生物神经元信息处理过程和特点的抽象和简化。

别的人工神经元模型还有很多，如 Lapicqu 模型、漏电积分器、Hopfield 神经元等。[①] 它们尽管各有特点，但它们有共同性，正是有这一特点，因此可以用相同的数字表达式予以描述。这样的描述就是人工神经元的"概念模型"。根据这一描述，任何一个人工神经元（AN）都可看作是一个六元组，即 $AN = (x, O, M, I, F, L_{AM})$。其中 x 为输入变量集，O 为输出变量集，M 为局域记忆单元和长时记忆单元，I 为整合映射，F 为激活映射，L_{AM} 为局域学习单元。从结构上说，它是一个多输入单输出的信号处理装置。从功能上说，它是一个计算模型，能实现从输入到输出的映射。人工神经元尽管是生物神经元的简化模型，但在主要方面体现了生物神经元的基本特性，如"多输入—单输出"的结构特性、"整合—激发"的功能特性，以及能记忆和学习的特性等。

神经网络模型是人工神经网络的第二大要素，是用一定规则把一定的神经元连接在一起而形成的有信息存储和处理能力的系统，是生物神经网络的抽象、简化，而非完全逼真的摹写。这种模型也很多，但其基本构成和原理已为麦克洛克和皮茨建立的神经网络模型揭示出来了。他们的模型一般简称 MCP 模型。它是一个由 n 个神经元构成的六元组：

----

① 参阅阮晓钢《神经计算科学》，国防工业出版社 2006 年版，第 95—106 页。

$$ncm \, {(N) \atop (MCP)} = (VG, \ AG, \ IF, \ OF, \ WA, \ OA)$$

其中，VG 指神经元集合，AG 指联结关系矩阵，IF 为输入域，OF 为输出域，WA 为工作算法，OA 为组织算法。从信号流动的角度看，这一神经网络的神经元有两种联结模式：一是前馈联结，二是反馈联结。从功能上说，它有计算的功能，如进行"和""或""非"运算的功能。如何实现这些计算呢？他们认为，这是 MCP 模型的设计问题，即如何把神经元组织起来的问题。作为一种神经计算模型，MCP 的任务就是要形成特定输入输出的映射关系，实现特定的计算功能。[①]

学习是人工神经网络的关键因素。因为神经网络的功能取决于两种因素：一是网络的拓扑结构，二是网络的权值、工作规则。而网络有什么样的结构和功能，主要与网络权值的学习算法有关。怎样让网络有学习能力呢？学习这一人类智能的特性怎样实现于计算机之上呢？

联结主义者认为，让网络有学习能力，不过是让它对网络连接权值作出调整。连接权值的确定一般有两种方式：一种方式是通过设计计算来确定，这样确定的计算类似于人类的死记式学习。这里的连接权值是根据某种特殊的记忆模式而形成的，如在网络输入相关信息时，这种记忆模式就会被回忆出来。第二种方式是用一定的方式、按一定规则训练（学习）网络取得连接权值。其训练方式有多种，如自组织学习、有/无监督学习等。自组织学习是指：网络根据某种规则反复调整连接权值，直至适应输入模式的激励，进而指导网络形成某种有序状态，一旦网络完成了对输入信号的编码，当这些信息再出现时，网络就能予以识别。有/无监督学习的一种方法是竞争学习。所谓竞争学习，就是按某种评价确定竞争获胜神经元，它的输出为 1，其他神经元的输出为 0，仅对获胜神经元与输入间的连接权值作出调整，其余不变。

---

① 阮晓钢：《神经计算科学》，国防工业出版社 2006 年版，第 246 页。

　　神经网络的学习实质上是对可变权值的动态调整，即这样的调整过程：在外界刺激下不断改变网络连接权值乃至拓扑结构，以使网络的输出不断接近期望的输出。在生物中，学习就是根据外来的刺激形成新的突触联系或改变突触联系。在人工神经网络中，学习就是通过训练，通过接受刺激，不断改变网络的连接权值和拓扑结构，以使网络的输出不断接近期望输出。美国心理学家赫布提出的关于神经元学习的猜想较好地说明了这一点，因此自然成了神经网络学习理论及算法研究的一个理论基础。他提出了关于突触修饰的下述假说：若神经元 A 的轴突距离神经元 B 足够近，并反复或持续地激发 B，那么它们里面将出现某种生长过程或代谢变化，以致神经元 A 激发神经元 B 的效率得以提高。[①] 其意思是说：前突触和后突触放电会导致突触修饰，这也就是说：突触是柔性的、可塑的，亦即可修饰的，突触前神经元 A 与后神经元 B 的联系效率是可以改变和调节的。这是一种微观状态。当它们发生时，就有相应的宏观状态，如记忆和学习发生。这些看法在赫布那里只是一种猜想。事实上，他也没有为之提供什么直接的实验科学根据。不过，后来的大量实验研究工作对它作了较充分的实验验证，结果是基本一致的，当然有一些新的补充，如发现：突触可塑性对于时间有敏感性；另外，突触中，除了存在着激发机制之外，还有抑制机制，正相关的突触后放电将引起突触联系增强，负相关的突触后放电将引起突触联系减弱。

三　人工神经网络的特点

　　由于它是模拟生物脑及其运作机理而建构的，因此有许多区别于传统的符号主义系统的特点。

　　第一，从结构上说，它是由大量简单处理单元相互连接而成的非线性系统，如既能对神经元的输入作并行处理，又能使网络内的

---

　　① D. D. Hebb, *The Organization of Behavior: A Neurophysiological Theory*, New York: Wiley, 1949.

各个神经元作并行工作。由于有这样的特点，因此它处理的速度较其他处理方式快。

第二，它能像人脑一样分布式地储存信息，即是说，它的信息不是载荷在对应的单个符号之上，而是储存在神经元的联结权值之上。由于权值可改变，因此这种网络具有可塑性和自适应能力。当需要获得已储存的知识时，网络在输入信息激励下采用"联想"的办法进行回忆，因而具有联想记忆功能。

第三，从性能上说，分布式存储会使网络表现出良好的容错性，如当网络中部分神经元损坏时不会对系统的整体性能造成影响，当输入模糊、残缺不全和产生变形的信息时，网络能对这些信息作出正确识别，甚至借助联结使信息具有完整性。由于它能处理连续的模拟信号以及不精确、不完整的模糊信息，因此所给出的是不精确的、次优的逼近解。从能力上说，它有自学习、自组织的特点。所谓自学习是指：当外界环境发生变化时，网络能在训练的基础上，借助自动调整网络结构参数，根据给定输入产生所期望的输出。所谓自组织是指网络能按一定规则调整单元之间的突触连接，进而形成新的网络。由于有自学习、自组织的能力，因此网络也就部分有了生物所具有的那种自适应的能力。

第四，输入与输出的关系不是简单的线性映射，而具有非线性，甚至还有非线性的信息处理能力。

第五，更接近于人类智能，例如它获取的知识是从外界学习而来的，储存、获取知识的方式是靠神经元的连接强度，即突触权值；还能储存经验知识，并使之可用。这些都是符号主义的处理系统所没有的。

第六，可以组成大规模复杂系统，可以完成复杂的问题求解。

第七，有适应与集成的能力。它能适应在线运行，并能同时进行定量和定性操作。这种强适应和信息整合能力使得网络能够同时输入大量不同的控制信号，解决输入信息间的互补和冗余问题，并实现信息集成和融合处理。

第八，它的硬件实现也很特别，如它能通过硬件实现并行处理。近年来，由超大规模集成电路实现的硬件已经面市，这使它成了有快速和大规模处理能力的网络。

第九，联结主义自称，它们的许多网络像真实的认知系统一样是有意向的，而不仅仅是认知模型的补充。当然，这是联结主义者的一种追求，是否真的有意向，是有争论的。与此对应，联结主义模型为了解决纯符号加工完全与世界上的事态无关，即"中文屋论证"所指出的问题，也借鉴了表征主义的有关思想，试图让所加工的符号有语义性，并通过表征实现这一特性，如让单元或单元的小型集合来表征环境中的有关属性和特征。

第十，相对于民间心理学和有些表征主义者所承认的命题模块性原则来说，联结主义模型还有这样一些特征。如在某些联结主义模型中，一种类型的功能定位不仅对输入、输出单元是可能的，而且对隐藏的单元也是如此。例如在某些联结主义模型中，各种个别的单元或单元的小型集合体本身就是要表征环境的特定的属性或特征。当从这样一个单元到另一单元的联结强度确实很强时，这就可能被认为是那个系统关于下述命题的表征，在这个命题里，如果第一个特征出现了，那么第二个也是如此。不过，在许多联结主义网络中，把命题表征定位于输入层次之上，这是不可能的。即是说，系统不具有这样的特殊状态，它们为自己提供直接的语义评估。当系统作为整体因为没有以其应然的方式表征世界而未能实现其目的时，这可能为联结主义模型的创立者带来真正的麻烦。在这类联结主义网络中，不可能把特定命题或事态之表征限制在节、联结强度、偏差的范围之内，而只能将信息编码在广泛分布的隐藏的节中。他们认为，这有点类似于人脑的工作。另外，有这样一些联结主义模型，在其中的某些或所有单元都打算表征那系统的环境的特定属性或特征。这些单元可以看作是这里所说的属性或特征的模型符号。不过，在其权数和偏差是由学习的规则来系统地加以调节的模型中，任何单个的单元或单元的小型集合常不会以直接方式表征环境的特征。即使任何隐藏的单元、权数或偏差不能被恰当地看作是符号，但有理由认为，这些网络集中地、整体地编码了一组命题。如果出现了这种情况，那么我们可以把那模型中所利用的表征策略称为亚符号策略。而利用了亚符号表征策略的网络就将以广泛分布的方式编码信息。还有联结主义模型是对传统的认知模型的否定和超越，明显相似于真正的中枢构造，当然在许多方面是局部地相似，因此可以把联结主义模型当作是执行心理加工的模型。总之，在联结主义看来，联结主义模型取代了传统的认知模型（如语义网络），这极像量子力学取代经典力学一样。①

四　人工神经网络的类别

由于有五花八门的网络，因此在归类时就变得异常麻烦，例如不可能根据一个统一的标准把所有网络囊括起来，进而作出整齐划一的分类，而必须根据不同的标准来梳理和分类。人们一般是从这些角度来分类的。

一是根据神经元网络连接的拓扑结构上的不同，将神经网络结构分为两大类：第一是有层状结构的网络。它们由若干层组成，每层中有一定数量的神经元，相邻层中神经元单向连接，一般来说，同层的神经元不能连接。第二是有网状结构的网络。在这种网络中，任何两个神经元之间都能双向连接。

二是根据网络内部的信息流把它们分为前馈型或前向型网络与反馈或回馈型网络。前者由于连接权值对输出有不同影响，因此据此可进一步分类为：全局性（global）网络和局域性（Local）网络。

三是根据知识获取的方式，把网络分为：1. 有教师学习网络。这里的"教师"是指一组输入—输出样本对。所谓有教师学习是指网络在一个外部智能体即教师的指导下达到预期行为的学习过程。采用这种学习算法的网络有 MIP、CMAC、RBF、模糊神经网络等。2. 无教师学习网络。无教师学习是指在没有外部教师的信

----

① 参阅［美］斯蒂克等《联结主义、取消主义与民间心理学的未来》，载高新民、储昭华主编《心灵哲学》，商务印书馆 2003 年版，第 1046—1051 页。

号或评判信号的情况下针对不同输入模式而进行的学习，如竞争学习等就属这种学习。Hopfield 网络在本质上也属于这种网络。3. 强化或再励学习网络。强化是指这样一种现象，即如果对系统施加的某个行为能够带来满意的结果，那么在相似情形下，采取这种行为的趋势就会加强。这种学习依据的是"好""坏"之类的评判信号，不是具体的教师信号，因而有别于有教师学习。由于一种分类下的每一种可与另一分类下的每一种结合，因此还有一些综合型的模型，如前馈层次型网络、输入输出有反馈的前馈层次型网络、前馈层内互连型网络、反馈全无连型网络、反馈局部互连型网络等。

　　这里，我们简要介绍几种较典型的人工神经网络模型。先看前馈神经网络模型。从结构上说，它至少有三部分，一是输入层，二是输出层，三是隐单元。网络的输入、输出神经元的一个激活函数一般取为线性函数，隐单元则为非线性函数。其模型如图 4—1 所示。

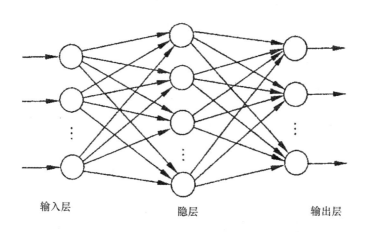

输入层　　　　　　　隐层　　　　　　　输出层

图 4—1　前馈网络

　　从中我们可以看出，输入单元从外面接收信号，经处理将输出信号加权后传给其投射域中的神经元，隐单元或输出单元 i 从接受域中接受净输入 $neti = \sum_{j \in Rj} WijYi$（其中，Yi 表示单元 j 的输出），然

后向它的投射域 Pi 发送输出信号 $Y_i = f$（neti），f 可以为任意的可
微函数。这些过程一直会持续下去，直到所有的输出单元都得到输
出时为止。这时的输出就是整个网络的输出。

　　再看反馈型神经网络模型。这类神经网络的特点是具有反馈特
性。Hopfield 网络是得到较充分研究的反馈型神经网络。1982 年，
霍普菲尔德最先提出了关于这一网络的基本思想，因此这一网络以
他的名字命名。他为这一网络引入了一种稳定过程，即提出了人工
神经网络能量函数这一概念。这种网络是一层次结构反馈网络。如
图 4—2 所示。

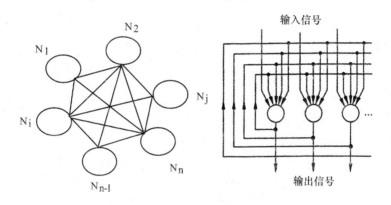

图 4—2　反馈网络

　　它能处理双极型离散数据和二进制数据。当网络经过适当训
练之后，网络便处于等待工作状态。当对网络给定初始输入 x 时，
它就处在特定的初始状态。由此初始状态出发，经过运行，可得
到网络输出，此输出又成了网络的下一状态。这个输出状态通过
反馈连接又会送到网络的输出端，作为后面运行的输入信号。由
这新的输入又可产生下一新的输出。可不断进行下去。不难看
出：网络的整个运行过程实际上是反馈过程的重复。如果网络是
稳定的，那么随着反馈运行的多次重复，网络状态的变化便逐渐
减少，直至不再变化，而达到稳态。这种网络的一个显著特点

是：网络与电子电路之间有明显的对应关系，因而它有易于理解和方便从物理上实现的优点。由于有对应关系，因此可利用运算放大器模拟神经元的转移特性函数，用连接电阻决定各种神经元之间的连接强度，用电容 Cj 及电阻 Pj 来模拟生物神经元的输出时间常数。这种网络有广阔的应用前景，已成功应用在这样一些方面：图像处理、语声处理、控制、信号处理、数据查询、模式分类、模式识别和知识处理等。

相互结合型网络的结构是网状结构，其中的各个神经元都可能互相双向连接。从信息处理的角度看，在这种网络中，如从神经网络外部施加一个输入，各个神经元一边相互作用，一边进行信息处理，直到使网络所有神经元的活性度或输出值收敛于某个平均值作为信息处理结束，如图 4—3 所示。

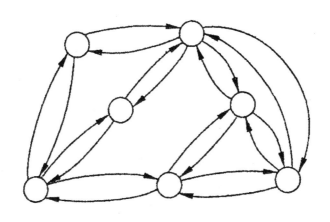

图 4—3 相互结合型网络

再看混合型神经网络。其连接方式介于反馈型网络和结合型网络之间，在这种网络中，它既有前馈网络的结构，又有神经元之间互连的结构。这种在同一层内的互连，目的是限制同层内神经元同时兴奋或抑制的神经元数目，以完成特定的功能，如图4—4 所示。

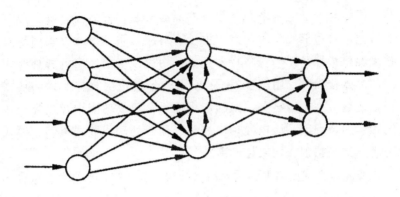

图 4—4　混合型网络

随机神经网络则是一种有不确定性的神经元和不确定输入输出的人工神经网络。是鉴于前馈型和反馈型神经网络的局限性而产生的一种网络。在确定性的神经网络中，组成网络的神经元是确定的，如果输入确定，其输出也是确定的，而在真实的神经网络中，这是不可能的。为了使人工神经网络更逼近自然网络，使之具有不确定性和随机性，于是便出现了随机神经网络。其典型的形式是玻耳兹曼机（Boltzmann Machine）。它最初是由欣顿（G. E. Hinton）于 1982 年提出。它的拓扑结构有三方面，即输入层（节点数为 n，为输入元素的扇出）、隐蔽层（节点数为 q）、输出层（节点数为 m）。这种结构与一般的二层前馈网络相似。其区别主要表现在学习过程上。尽管两种网络的学习过程都属指导性学习，但前者所用的是统计物理学方法，另外还用模拟物体的降温过程（退火）来模拟外界环境。

五　人工神经网络的应用与硬件实现

由于人工神经网络有众多鲜明的特点，有传统系统所不具有的功能，如联想记忆、非线性映射、分类、识别、优化计算和知识处理等，因此它也就有传统的信息处理方法所不可比拟的应用价值与前景。

在信息处理中，人工神经网络能应用于自适应信号和非性线信号的处理中，其成功的事例有：电话线中的回声消除就是得益于它的应用；在模式识别中，它不仅可以处理静态模式如手写字的识别等，还能处理动态模式，如语音信号的识别等。在自动化领域，它与控制理论、控制技术相结合，形成了神经网络控制技术。这为解决非线性、不确定的复杂系统的控制问题找到了一条新的途径。例如神经网络所具有的非线性特征和学习能力，有助于更好解决自动化控制中对复杂不确定对象的辨识问题；另外，将神经网络技术应用于控制器的研制中，产生了神经控制器；应用于检测之中，便形成了许多的智能检测技术。在汽车、军事、化工和水利工程领域，神经网络技术也在大显身手。例如在化工领域，已有用神经网络判定化学反应的生成物以及判定钾、钙等离子的浓度等方面的成功事例。最后，在医学和经济领域，类似的成功案例也不胜枚举。

人工神经网络的发展尽管为智能计算机的研究开辟了新的方向和途径，但是要使神经网络的并行处理能力得到最大限度的发挥，还离不开硬件的实现。然而目前各类神经计算机的研究还不成熟，尚不可能作为实现上述功能的物质基础，因此人工神经网络的应用和开发便受到了极大的限制，如只能靠软件在现有计算机上进行虚拟实现。可见人工神经网络在现阶段仍只是名副其实的纸上谈兵，即只停留在软件设计和开发之上，尚未进到硬件研发的阶段。

即使是就神经网络的软件设计与开发来说，也有很大的局限性。这首先表现在：它在目前还只是一种用来求解问题的系统方法；其次，并非所有问题都能为这种网络所解决。一般来说，一种问题要适合于用它来解决，必须具备这样一些标志：（1）关于这类问题的知识、数据具有模糊、残缺、不确定等特点，或者这些问题的数学算法缺乏清晰的解析分析。（2）要有足够的数据来产生充足的训练和测试模式集，以有效训练和评价神经网络的工作。更为麻烦的是：哪些问题用这一方法予以解决效果最好，完全取决于开发者的经验。

联结主义在建构网络时尽管尚只能纸上谈兵、虚拟实现，但它并不悲观，而是踌躇满志，已开始着手探索神经网络的硬件实现。由此便形成了联结主义的一个新的研究领域。这可能是理论和技术创新的一个新的生长点，当然也可能是一个乌托邦。如果能研制出完全基于神经网络结构模式和信息处理方法的神经计算机，那无疑是计算机和人工智能科学技术史上的一场名副其实的革命。就现实而言，只能说它是一个处在探索中的、尚不成熟的研究领域。尽管可通过计算机仿真途径模拟实现特定的神经网络模型和算法，但这毕竟只是纸上谈兵。要想让模型、算法有更好的实现，必须解决适合于这一网络特点的硬件实现问题。

这一研究当然困难重重。因为神经网络是一个并行分布式的信息处理系统，要在硬件上予以实现，实属不易。它有大量的神经元，每个神经元只需对输入信息进行加权求和、阈值运算等简单操作，神经网络运行中将记忆信息分布表示在神经元间的连接权值之上。在神经网络的连接机制模型中，没有传统计算机中的 CPU、主存之类的东西，因为它采用的是分布式信息存储和处理。

尽管困难重重，但有关的研究仍在悄悄进行。目前，研究主要集中在这样一些问题之上：首先，研究神经元超大规模集成电路（VLSI）实现，其次是研究神经网络的 VLSI 实现。这两方面的研究都有一些积极的进展。① 除此之外，还有一个新兴研究领域，即研究神经网络的光学实现。日本、美国等已用现有成熟的超大规模集成电路（VLSI）工艺技术生产出电子神经元器件，以及专用的具有一定功能的电子神经计算机；但是随着网络规模的增大，神经元之间的高密度连接必然造成 VLSI 布线工艺上的困难和障碍，因此所实现的网络规模极其有限。目前已有的能有限实现神经网络的是电子计算机，而用电学方法所实现的神经元芯片在规模上是相当有限的。随着神经元数目的增加，神经元之间的连接数目急剧上升，从而会引起无法解决的高密集度的电子布线问题。鉴于这一问

---

① 韩力群：《人工神经网络教程》，北京邮电大学出版社 2006 年版，第 237—246 页。

题，人们试图借助光学方法来实现神经网络。这是因为：一方面，神经网络所需要完成的主要运算，用光学器件很容易实现。另一方面，用光学信号作为信息传递的媒介有许多优点，如信号之间无干涉性、抗干扰能力强、空间分解能力高、容易实现神经网络所需的多扇出连接、传播容量大等。

鉴于电子技术的局限性以及光学技术的优势性，光神经计算机科学和技术应运而生。许多人认为，光学技术是实现神经网络及神经计算机的一个比较理想的选择，因为光学技术有这样一些优势及特点：高度连接性、共光线扇入扇出系统大；有较高的通信宽带；以光速并行传递信息；光信息间无干涉性。此外，它在光通信、光集成、光互连、光信息处理方面的成功也足以说明它在未来计算机发展中的广阔前景。

事实上，这一设想已不是纯理论的，而是已被付诸实践的探讨了。光神经计算机的研究和实现已取得了许多积极成果，如在美国、日本、西欧，光神经计算机或装置相继问世。这种计算机的结构与数字计算机不同，如组成部分有输入/输出接口、存储单元、处理机阵列及互连。就第一个单元来说，它能将数字或符号转化为二维光学数据。它的处理阵列是一个并行逻辑门阵列，由光电器件或空间光调制器实现，组成一个处理环。互连是这种计算机的优势之所在，而互连器件又可以是全息图、光纤、透镜等。当然，这一研究还只是刚刚起步，理论和技术都尚不成熟。如理论上，神经网络学习、自组织动力学等方面有许多难题不好解决；从已有的神经网络模型和应用来看，人们对神经网络动力学系统还缺乏全面深入的研究；在技术方面，要使神经计算机实用化，必须有高性能的芯片，而这在目前只能是一个努力的方向。

第四节　联结主义的理论探索

如前所述，联结主义就其内容而言，不仅是一种 AI 的工程实践，而且是一种关于认知、智能的哲学和科学理论，具有强烈的理论探索色彩。其表现是：它已形成了一种十分有个性的计算主义理论。这种理论是在与经典计算主义的相互论战中产生发展起来的。对于它的理论和网络建构，经典计算主义从未停止批判和否定性论证。在后者看来，任何真实的认知现象，如人的思维活动、语言理解都具有这样一些特点或标志，即产生性、系统性、构成性（与系统性密切相关）、因果性和推理的连贯性或系统性。既然如此，由人构造的人工系统如果不能表现出这些特点，就不能看作是认知系统，就不能认为有智能。所谓产生性是指从一个信念可以生出许多别的信念，正如有限的单词可生出无限的句子一样。系统性是指命题、表征是整体相关的，知道其中一个可推出其余。构成性是指任何复合思想、表征都是分子性的东西，由更基本的原子性要素所构成。所谓因果性是指一个表征的语义内容对其他表征、对行为有因果作用。福多和皮利辛说："一种经验上充分的认知理论必须认识到的不仅是表征状态中的因果关系，而且还有句法和语义一致性关系，因此心智就其一般结构来说，不可能是联结主义网络。"[①]因为心智的特点是能形成表征，表征既有句法，又有语义性，同时还有系统性、产生性、构成性和因果性等特点，此外，心智还有作出演绎推理的能力。很显然，这些特点在联结主义所说明的心智中，都未得到体现，因此联结主义是错误的。他们还说："一当澄清其中的混乱，那么便可发现，联结主义网络与心理过程、心理表征之间并不存在什么真实的一致性。"[②] 这也就是说，根据福多等人对认知、智能的理解，联结主义所建构的关于心智的模型根本没有体现人类心智的本质特性，不具有其基本标志，因此是一种错误的理论建模。由此所决定，根据这种模型建构的所谓神经网络就只能是一种无根据的虚构。对于这些批评，许多联结主义者作了积极的回应，在回应的过程中，又发展和完善了自己的认知理论。

----

① J. Fodor and Z. Pylyshyn, "Connectionism and Cognitive Architecture", in C. and G. Macdonald (eds.), *Connectionism*, Oxford: Blackwell, 1995, p. 116.

② Ibid., p. 92.

一　霍根和廷森的论证

霍根（T. Horgan）和廷森（J. Tienson）是美国孟菲斯州立大学专门研究认知的、在国际上有一定声誉的学者。针对福多等人所说的人类心智的本质特征，霍根等人认为，联结主义系统并未违反上述事实。他们说：联结主义的 RAAM 表征和张量—乘积表征"都是系统性的，当两表征断言不同个体具有相同属性时，或当它们断言不同属性属于同一个体时，这些事实就编码在表征的结构中。它们还是产生性的：如果新的谓词或名称加于 RAAM 表征或张量—乘积表征系统上时，具有作为构成因素的新的名称或谓词的复合表征就自动被确定了。因此两类表征都能提供一种句法"①。

福多等人还认为，认知系统的认知能力、表征都具有系统性，而系统性的特征又是根源于表征的句法特征，如一个人"从约翰爱玛丽"这一命题推出"玛丽爱约翰"这种系统性就完全是基于这两个命题的句法形式。霍根概括说："在经典主义看来，认知就是对有结构的符号的受规则控制的加工，因此根据经典主义的看法，所有……认知器一定有句法，从而表现出系统性。"② 因为认知器只对结构敏感，不可能对语义内容敏感。福多等人基于上述观点对联结主义作了这样的批评："联结主义模型不需要句法结构。从直观上说，句法结构在网络中是罕见的。这样一来联结主义怎样解释这样的事实，即所有自然生成的认知系统都表现出了系统性呢？"③

霍根等人尖锐地指出：在他们关于人类认知的建模中，他们强调的确是语义性而非句法性，因为人们的思维活动、行为决策都是基于语义内容而作出的。在这些过程中，句法的确没有多大作用。例如一个职业篮球运动员要完成自己的任一场比赛，必然要作出许

---

① ［美］霍根、廷森：《为什么仍必须有思想的语言，其意何在》，载高新民、储昭华主编《心灵哲学》，商务印书馆 2003 年版，第 490 页。

② 同上书，第 504 页。

③ 同上书，第 505 页。

许多多的决策，而这些决策都以大量、不计其数的关于场景、两个球队队员的个性特点、战术以及场上变化无常的事情的表征。这些表征肯定有语义内容。但球员在构造和运用表征时，依据的主要是表征的语义属性。他们同时又指出：这样说并不等于忽视了句法，因为他们承认：人工系统的内部处理是基于句法而完成的。他们说："对于一个具有篮球认知者那样大小和复杂的系统而言，根本就没有可供选择的方案，去把指称和述项的同一性编码在表征本身的结构之中，因此必不可少的是，表征只是根据这种方式来加以构想。即是说，需要的是一种句法。"① 因为要让这样认知系统中的表征与输入、输出和别的认知状态联系起来是没有可能的。即使有可能也没有用。可见，他们并没有否认句法的作用。既然如此，也就不存在无法解释系统性的难题。

霍根等人还强调，福多之所以说联结主义系统缺乏系统性、产生性、构成性等特点，是因为他们误解了联结主义，以为联结主义不承认表征、思维语言等。其实不然，他们非常重视这些东西。例如他们认为，即使是技艺娴熟的运动员不仅要有迅速作出反应的倾向，而且还离不开表征。因为球员在场上的恰到好处的反应恰恰是以表征为前提条件的。"如果他没有关于场上布局……的表征，那么上述情况就不可能发生。"② "如果没有实在地表征大量的情境……那么就不可能对一种特定的情境作出如此多样的适宜反应。"③

他们不仅承认表征，在特定的意义上还承认有思想语言，例如表征就可以理解为思想的语言。不过，他们所理解的思想语言不同于经典认知科学所说的思想语言。后者强调：两个思维语言句子的不同完全是由它们的形式结构决定的。而联结主义则认为，这种语言的任何句子同时具有句法和语义性。而且句法和语义是密切联系

　　① ［美］霍根、廷森：《为什么仍必须有思想的语言，其意何在》，载高新民、储昭华主编《心灵哲学》，商务印书馆 2003 年版，第 498 页。
　　② 同上书，第 500 页。
　　③ 同上书，第 502 页。

在一起的。霍根和廷森说："句法就是对语义关系的系统的和产生性的编码。"所谓系统的，是指"当不同的表征状态断言同一个体具有不同的属性或关系时，那个事实一定编码在表征的结构之内"。所谓产生性是指："当关于一种新的属性或关系的表征得到了时，断言每一个体具有那属性的表征就一定自动地被决定了。"[①]

这也就是说，联结主义并不绝对地否认句法结构及其作用，它否认只是经典主义所说的纯形式的单子式的句法。它承认的句法是非经典的句法，其特点：一是有随环境而变化的属性或语义性，二是它们不是以单个的形式存在于一个地址之中，而是以分布式方式储存的，而且依赖于有关的结点及其相互作用，只要其中一个结点发生变化，其内容和结构都会变化。总之，它并不像经典主义所指责的那样，忽视了句法。相反，它非常重视句法，不仅理论上如此，而且在实践上作了大量探索。不过，它倡导的句法是非经典的。这也有许多形式。例如波拉克的 RAAM 表征，就是以形成某种易受结构敏感加工即语法分析影响的表征方式，编码句法结构成分的关系。它表现的是有效句法的基本形式。另一形式是斯莫伦斯基等人一直在研究的张量—乘积表征。它"提供了这样一种形式化，它对构成性结构的非形式概念的联结主义计算是自然而然的，同时它还可能是一种在联结主义认知科学中发挥作用的候选者"[②]。在形式上，这种表征与句法形式有关，但标记这种表征与标记它的构成要素则不相干。

联结主义认为，不仅它们的理论没有批评者所说的那些问题，而且他们的网络也体现了人的智能的特点，网络发音器 NeTtalk 就是如此。它是由塞吉诺斯基（T. Sejnowski）和罗森堡（C. Rosenberg）两人设计的。他们为它安排的任务是将书写的英文符号转化为语音，即让它看了以后再念出来。输入的英文在拼写上不规则，

① ［美］霍根、廷森：《为什么仍必须有思想的语言，其意何在》，载高新民、储昭华主编《心灵哲学》，商务印书馆 2003 年版，第 479 页。

② 同上书，第 513 页。

因而念起来有难度。输入是通过特殊的方式给予网络的，如一个字母接一个字母，而输出则是与口头发音相对应的一串符号。为了使模拟逼真，设计者还将网络与数字发音合成器耦合，后者能将网络的输出转化为发音，以致能给人以机器在朗读的感觉。该网络有一定的学习能力，开始要接受一些训练。经过训练，它所读的单词由开始不标准或有错误，到后来就比较清楚，甚至读的声音很像小孩的说话。对这一网络，设计者自己的概括是：NETtalk 是一个演示，是学习的许多方面的缩影。首先，网络在开始时具有一些合理的"先天"的知识。其次，网络通过学习获得了它的能力，其间经历了几个不同的训练阶段，并达到了一个显著的水平。最后，信息分布在网络之中，因而没有一个单元或连接是必不可少的。作为结果，网络具有容错能力。①

克里克对网络发音器模型给予了高度评价，认为它"展示了一个相对简单的神经网络所能完成的功能，给人印象非常深刻"②。当然，他又说："实际结果并不完美。在某种情况下英语发音依赖于词意，而 NETtalk 对此一无所知。"③

克里克在《惊人的假说》一书中还考察了其他一些联结主义神经网络模型。他以自己的渊博学识对它们都作了恰到好处的介绍和评价，既指出了其局限性，又充分肯定了其对于计算机科学和人工智能的意义。他说："它们的基础设计更像脑，而不是标准计算机的结构。然而，它们的单元并没有真实神经元那样复杂，大多数网络的结构与新皮层的回路相比也过于简单……尽管……有这些局限性，它现在仍然显示出了惊人的完成任务的能力。也许所有这些神经网络方面的工作的最重要的结果是它提出了关于脑可能的工作方式的新观点……在过去，脑的许多方面看上去是完全不可理解的。得益于所有这些新的观念，人们现在至少瞥见了将来按生物现

---

① 转引自［英］克里克《惊人的假说》，汪云九等译，湖南科学技术出版社1998年版，第198—199页。
② 同上书，第199页。
③ 同上书，第197页。

实设计脑模型的可能性。"①

当然，必须承认，这只是关于联结主义网络之得失的一家之言，除此之外，有许多大相径庭的看法。其争论的一个焦点是：这种网络尽管是为了解决以前的物理符号系统无表征能力、无意向性这一问题而设计的，但它本身是否表现出意向性这一人类智能的特性呢？是否可以用意向或语义学术语对之作出描述和解释？

著名认知哲学家卡明斯和丹尼特等人尽管不直接回答联结主义网络是否真的具有意向特性这一问题，但从工具主义立场出发认为，可以用语义学术予以陈述，进而可以对之作语义解释。而这种解释又有两种：一是局域主义的解释。它把解释分配给个别的节。例如在鲁梅尔哈特等人的单词识别模型中，一个节能表征某外在特征的出现，某字符的出现，某单词的出现等。二是从整体上加以解释，如把对整个网络的解释看作是由对节的解释复合而成的。分布式解释就是其中的一种形式。它只解释网络状态。既然特定的网络状态能看作是几个状态的叠加，那么就可以把这种状态看作是给予叠加状态的解释的复合。根据这种解释，个别的节不需要有解释功能。② 还有一些人根本否定联结主义网络有意向性。他们认为，人的心理状态真的是"关于"事物的，正是这一点才是我们的心理状态的根本特征。而在联结主义系统中，如果状态的实际特征中没有任何支撑我们意向属性的东西，那么就没有理由说联结主义系统有认知状态的这一基本特征。有的人还认为，德雷福斯对传统人工智能纲领提出的反对意见也适用于联结主义网络。这些网络尽管试图明确表征那种系统会用到的全部信息，但这种企图除了潜在地使人工智能努力不可能实现外，还可以解释这种系统为什么缺乏内在的意向性。该系统的行为完全由其内在表征所决定，因此它不可能直接与这些打算

----

① ［英］克里克：《惊人的假说》，汪云九等译，湖南科学技术出版社1998年版，第203—204页。

② R. Cummins, *Meaning and Mental Representation*, Cambridge, MA: MIT Press, 1989, p. 147.

"关于"的外部对象相关联。联结主义者对这些抱怨是不满意的，认为一种联结主义系统并不依赖于作为它的加工单元的内在表征。它产生作为对输入作出反应的内部表征，同时也有开发这样的系统的可能，这些系统能调节它们的联结力度，进而产生它们自己的、把输入范畴化的系统。而且为了实现它的认知操作，它也不需要表征它的环境的一切有关方面。它完全能以适当的方式对环境的那些特征作出反应，使自己与环境相协调，而且不完全根据按句法规则编码的表征进行操作，这两者的结合使人们更有理由认为，联结主义系统的活动真的能"关于"它们环境中的事物，因而享有比传统认知模型更内在的意向性。不过这只是简述了一种方法，以此我们可以推进对联结主义系统的意向解释。当然，对这种系统中的意向性作出解释的潜力还需要进一步探讨。①

有些人鉴于已有的人工智能研究包括联结主义纲领没有真正弄清人类智能的实质、特点和实现机制及条件，因而陷入了悲观主义。弗里德曼说："传统的人工智能研究即希望开发出能够以高度有序、按部就班的方式进行思考的电脑系统，已经在几乎所有曾经看来大有可为的领域止步不前，这些领域包括物体识别、机器人控制、数理研究、理解故事、听懂演说以及其他许多涉及机器智能的方面。在近四十年光景里，人工智能领域并没有什么实质性的突破。"②

再就演绎推理论证来说，福多等人认为，人能作出演绎推理，这是一个事实，经典主义能借助命题的句法结构顺理成章地予以解释，而联结主义则无法予以解释。"除非有关的形式结构内在于表征本身之中，不然就很难弄明白：心理加工怎样系统地顾及心理表征中间的演绎关系……心理表征一定有这样的句法结构，它对保证

① 〔美〕贝希特尔：《联结主义与心灵哲学概论》，载高新民、储昭华主编《心灵哲学》，第 1105—1107 页。

② 〔美〕戴维·弗里德曼：《制脑者》，张陌等译，生活·读书·新知三联书店 2001 年版，第 29 页。

我们能够视之为有效的论证之有效性是必不可少的。"① 在霍根等人看来，这样的论证是不能成立的。因为经典主义的核心原则是有效性和矛盾性原则。霍根等人说："有效性和矛盾性等是表征中的形式（句法关系）。它们之所以没有例外，是因为它们制约着句法基础在其中相同的一切事例。不过，这些规则不是认知加工的规则……它们的确不是规则……至于人们一定或可能做什么，它们是完全缄默的，它们也不会描述什么东西做了什么。"② 在人们的日常思维中，人们在很多情况下并不遵守上述一致性和矛盾性原则，如一个人可能既相信某某会干出那种伤天害理的事情，又相信他不是那类人。因此不能认为存在着这样的无例外的原则。即使是在上述硬规则控制的演绎推理王国，认知加工也有可能不服从这些原则。例如信念固恋（fixation）之类的认知加工尽管有演绎推理的成分，但服从的主要是其他的软规则。他们说："信念中的一致性之保持常常……是作为优先的强制因素表现出来的。但是这种因素能够得到满足的方式通常不止一种，进而信念固态过程的潜在结果也不止一种"，"因此即使在演绎推理的王国，认知加工也完全是软的"。③

二 欣顿论联结主义的优越性

联结主义者不仅强调：他们的网络及理论不仅不存在经典计算主义者所说的那些缺陷和难题，而且有经典计算主义所没有的许多殊胜之处。例如欣顿认为，联结主义系统由于强调分布性储存，因此不仅能顺理成章地说明表征的存在，而且还能较好体现表征的作用。根据他的阐释，表征是以分布式的形式存在和起作用的，因此他们倡导的表征是分布式表征。所谓分布式表征的方式是指"一个特定特征的编码就是由许多单元中的活动模式、而不是由单个活

---

① 参阅［美］霍根、廷森《为什么仍必须有思想的语言，其意何在》，载高新民、储昭华主编《心灵哲学》，商务印书馆2003年版，第507页。

② 同上书，第509页。

③ 同上书，第510页。

动来完成的"①。这也就是说，相对于经典主义的表征来说，分布式表征是一种比较复杂的表征形式，它不是概念与硬件单元的一一对应，不是定位表征，也不是语义网络和产生系统。其主要特点在于："有效地利用了由简单的、似神经元的计算元素构成的网络的加工能力。"② 除此之外，它还有这样一些特点：本质上有构成性，有自动概括新情况的能力，有适应环境变化的能力等。在记忆中，其优点在于："提供了一个使用并行硬件去实现最佳配合搜索的有效方法。"③ 如存储一个新条目，就是调整有关硬件单元之间的相互作用，以创造新的稳定的活动模式。

　　从作用上说，分布式系统还有经典主义系统所没有的概括能力。众所周知，自然智能的一个重要特点是能从个别属性中抽象概括出其共性。联结主义者自认为，他们的系统有概括能力。在使用分布式表征的网络里，这种概括是自动完成的。例如，它能像人一样，通过分别考察黑猩猩、长臂猿、大猩猩对洋葱的喜恶，最后形成"喜欢洋葱是黑猩猩的一个特性"这样的结论。④

　　人工网络表现出的这种能力似乎具有意向性的外观。但看一看它是怎样实现的，就能了解其实质。他们概述说："一个条目的表征是由两部分组成的，一部分表征类型，而另一部分则表征这个特定例子区别于同一类型的其他例子的方式。所有类型本身几乎都是更一般的类型中的例子。通过把表征这一类型的模式分成两个子模式就可以实现这一点。在这两个子模式中，一个代表更一般的类型……另一个代表把这一特定类型与同一个一般类型的其他例子区分开来的特征。因而一个类型与一个例子之间的关系就可以由一组单元和包含着它的一个更大的组之间的关系来实现。"⑤ 这里完成

----

　　① ［英］J. E. 欣顿等：《分布式表征》，载博登编《人工智能哲学》，刘西瑞、王汉琦译，上海译文出版社 2001 年版，第 352 页。
　　② 同上书，第 338 页。
　　③ 同上书，第 342 页。
　　④ 同上书，第 345 页。
　　⑤ 同上书，第 347 页。

的概括表面上像人一样有主动的关于性，其实不然，因为网络只是按固定的模式完成了一种模式匹配。

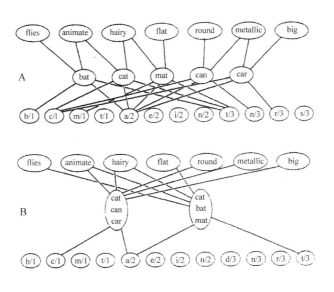

图 4—5

联结主义者还认为，人工网络还有传统符号系统所没有的语义处理能力。欣顿等指出：如果我们把问题限制于单语素结构的单词，那么从知道何种字母串意指什么无助于我们预测一个新字母串意指什么的意义上，从字母串到意义的映射具有任意性的特点。从字母到意义的映射中的这种任意性，把似然性赋予了具有显式词单元的模型。显然，如果存在这样的单元，任意映射就能实现。一个字母串正好激活一个词单元，而这又激活了我们希望与之联系的任何一种意义（如图 4—5A 所示）。于是相似的字母串的语义可能是完全独立的，因为它们是由分离的词单元作中介的。

图 4—5A 显示的是一个三层网络。底层包含的单元代表单词内部特定位置上的特定字母。中层包含识别完全单词的单元，而顶层包含的单元代表单词意义的语义特征。这个网络在中层使用单词的定位表述。图 4—5A 顶层和底层与 B 相同，但是 B 中层使用一

个更大范围的分布式表述。该层的每个单元都能由一个完整的单词集合由任何一个单词的字母表述来激活。因而这个单元为激活它的那些单词中的任何一个的意义中出现的每一个语义特征提供输入。本例中只示出了那些包含单词 cat 的单词集合。注意，接收来自所有这些单词集合的输入的语义特征只是 cat 的语义特征而已。

　　图 4—5B 显示的是一个三层系统。其中字母/位置单元馈入单词集合单元，接着该集合单元又馈入语义或义素单元。他们假定：每个单元或是活动的，或是不活动的，并且不存在反馈或交叉联结。每当字母/位置单元的模式为一个特定集合中的一个单词编码时，一个单词集合单元就被激活。例如，这集合可能是所有以 HE 开头的四字母单词，或是所有至少包含两个 T 的单词。这里所要求的只不过是，能够通过应用对激活的字母/位置单元的简单测试，来确定一个单词是否在这一集合中。所以例如所有意指"美好"的单词的集合，就不可能成为一个单词集合。这里有一个隐含的假定：词意要能够表示为义素集合。他们承认，这一论点尚有争议。成分分析的观点认为，意义是一组特征；结构主义的观点认为，单词的意义只能根据它与其他意义的关系来定义。这两种观点之间看来存在着一道鸿沟。欣顿等人试图把这两种观点结合起来，其做法是让接合的表述方式由活动特征的许多不同的集合构建而成。

　　联结主义者认为，经过一段较长时间的学习，这种网络在给出一个字素输入时 99.9% 的能产生正确的义素模式。经学习后，移走词集单元中的任何一个单元，常常会引起几个不同单词的出错率的轻微升高，但不会完全失去一个单词。在别的分布式模型中也能观察到类似的结果。在他们的模拟中，有些错误响应是相当有趣的。在对丢失一个词集单元的模型所做的 10000 次测试中，该模型未能恢复正确义素模式的例子有 140 个。其中有些是由失去的或额外的 1 或 2 个义素组成的，但是在出错情况中有 83 个恰好是某一别的单词的义素模式。这是义素单元之间朴素协调作用的结果。如果来自词集单元的输入是噪声或不明因素，即与单元失去作用时的情况一样，那么清理的结果有可能定出一个相似的但不正确的意义。如果在再训练时将几个单词删去，会有更意想不到的结果出现。在进行再训练的过程中，这些单词的出错率大大地减少了，尽管其他字母—义素配对与它们并没有内在关系，因为所有这些配对都是随机选择的。网络没有再次显示单词的"自发"恢复，这是使用分布式表述的结果。所有这些加权值都与再训练中显示出的那些单词的子集合的编码有关，因此就会从每个加权值中消失这种后增的噪声。对每个单词使用分离单元的方案不会有这种表现，所以我们可以把未训练过的条目的自发恢复看作分布式表述的一个性质表征。①

他们还认为，联结主义系统可以有概念学习能力。所谓概念学习，就是经过一定的过程得到一个开始所没有的概念，并让它在系统中被表征。② 传统的计算主义是不能很好解决这一问题的。例如传统的定位方案，首先是"独立地决定应在何时形成一个新概念，然后它必须找寻一个备用的硬件单元"。其问题在于：在假如由一百万个单元构成的集合中，这种新概念的表征是无法完成的。因为每个单元随机地同另一万个单元相联结，这时，任一单元同包含另外 6 个单元的特定组相联结的机会只有百万分之一。根据欣顿等人的联结主义的新的方案，"要做的只不过是调整单元的相互作用，以创造一个新的稳定的活动模式"③。

鲁梅哈特等人认为，只要把联结主义方案与经典主义方案作一比较，那么就会发现前者优于后者。他们说："常规的符号加工模型是宏观的说明，类似于牛顿力学，而我们的模型提供了更为微观的说明，类似于量子理论……宏观的描述层次可能只是对更加微观的理论的接近。"④ 这就是说，物理宇宙实际上并不像

----

① ［英］J. E. 欣顿等：《分布式表征》，载博登编《人工智能哲学》，刘西瑞、王汉琦译，上海译文出版社 2001 年版，第 362—370 页。

② 同上书，第 349 页。

③ 同上书，第 350 页。

④ D. Rumelhart and J. McClelland, "PDP Models and General Issues in Cognitive Science", in J. McClelland et al. (eds.), *Parallel Distributed Processing*, Vol. 1, Cambridge, MA: MIT Press, 1986, p. 125.

牛顿理论描述的那样，但在某些可说明的条件下，牛顿的描述有近似性，因而有一定的预言力。在微观层面上，那些原理并没有描述决定着物理运动的实际的作用力，而量子理论在这方面则做得更好。

三　斯莫伦斯基对联结主义的亚符号层次阐释

斯莫伦斯基开宗明义地指出，他对联结主义阐释的目的是：针对人们对联结主义的误解和不实批评，"评述联结主义方案的科学性，即是说弄清楚：这种方案是否能提供人类认知能力所必须的计算力，能否为正确模拟人类认知行为提供适当的计算机制。"① 首先，要正确理解联结主义，必须弄清其主旨和实质。他概括说："联结主义模型是由简单并行计算的要素所构成的更大的网络，其中的每一个要素都携带着用数字表示的激活值，这值是它从邻近要素的值中计算出来的。"② 再就单元来说，它们是网络的构成要素，能通过携带着权值的联结相互影响各自的值。就输入来说，对系统的输入是通过把激活值加给网络的输入单元而形成的。这些数字值表征的是输入的某种编码。对输入单元的激活能沿着联结传播，直至某些激活值在输出单元出现。在输入和输出单元中间还存在着隐藏单元，它们既不表征输入，也不表征输出。

联结主义网络也可用"计算"一词来描述。系统所执行的计算的作用也是实现从输入到输出的转换或映射。而计算本身的完成依赖的是联结强度。一般认为，这些权重编码了系统的知识。"在此意义上，联结强度起着程序在通常的计算机中的那种作用。联结主义战略的巨大魅力在于：许多网络是自我编程的，即是说，为了完成某些具体的计算任务，它们有自动的程序以协调它们的权重。这种学习程序通常依赖于网络所接受的训练。……在含有隐藏单元

---

① P. Smolensky, "On the Proper Treatment of Connectionism", in C. and G. Macdonald (eds.), *Connectionism*, Oxford: Blackwell, 1995, p. 30.

② Ibid., p. 28.

的学习网络中，网络自在地决定隐藏单元该完成什么计算。"① 由
此看来，联结主义非但不否认计算，而且要发展计算概念。他说：
"联结主义可以为重新和有力地说明计算和认知开辟新的道路。"②
当然应看到：联结主义对计算提出了不同于经典主义的新的理解。
这就是它把计算所离不开的符号界定为亚符号，相应的，把联结主
义方案称作亚符号方案。他说："在亚符号方案中，如果说隐含着
新的计算理论的话，那可能是来自于它对计算作了根本不同的、连
续的阐释。"在它看来，"亚符号计算在本质上是连续的"③，而不
是孤立、分离的，不是以全有或全无的形式进行的。

在斯莫伦斯基看来，联结主义网络不像符号主义网络，因为它
的结构是分层次的。在容许作出语义解释的层次，存在着构成成
分，但不能说它们有完全、明确的算法。而在算法的层面，其中的
单元受算法的约束，但这些单元没有语义上的可估值性。他还强
调：应对联结主义作出"恰当的分析"。"根据这种分析，联结主
义真正承诺的是描述心理表征和心理过程所用的非常一般的形式主
义。"④ 根据这种形式主义，有否定、抛弃符号主义的意味。他说：
"联结主义研究的目的就是要取代别的方法。这一看法可以看作是
取消或还原主义的一种自然的形式。"⑤

由上述主旨所决定，联结主义有自己的独特构架。他强调：网
络中的所有加工器的数字激活值形成了一种巨大的状态矢量。这些
加工器的相互作用，即加工器在对各自的值作出反应时决定激活矢
量怎样随时间变化的方程，就是一种激活发展方程。这种决定加工
器相互作用的发展方程包含了联结权重，即这样的数学参数，是它

① P. Smolensky, "On the Proper Treatment of Connectionism", in C. and G. Macdonald (eds.), *Connectionism*, Oxford: Blackwell, 1995, p. 29.
② P. Smolensky, "Connectionism, Constituency and the Language of Thought", in C. and G. Macdonald (eds.), *Connecticlionism*, Oxford: Blackwell, 1995, p. 164.
③ P. Smolensky, "On the Proper Treatment of Connectionism", in C. and G. Macdonald (eds.), *Connectionism*, Oxford: Blackwell, 1995, p. 71.
④ Ibid., p. 81.
⑤ Ibid..

们决定了一种激活对另一种激活影响的方式和大小。激活方程是一种独特的方程。在学习系统中，联结权重根据学习规则而随着训练而变化，这是另一种方程，即联结发展方程。联结主义系统中的知识体现在它的联结权重之上。基于上述对构造的分析，斯莫伦斯基提出了一种取代符号主义假说的新的假说，他把它称作联结主义动力学假说。其内容可这样表述："直观加工器在任何时刻的状态可用数字值的矢量来明确定义。直观加工器的动力学是由不同的方程决定的。方程中的参数构成了加工器的程序或知识。在学习系统中，这些参数是根据另一不同方程而变化的。"①

　　应注意的是，这种假说是针对符号主义的句法理论而提出的，因此是一种取代句法理论的假说。应看到，它同样有句法理论的瓶颈问题，即怎样让它表现语义性呢？要解决这一问题，首先要思考：一单元值意指的是什么？一种可能的回答是：每一单元的语义性类似于自然语言中的一个单词的语义性，单元之间的联结强度反映的是概念之间的联系程度。斯莫伦斯基不赞成这一方案，因为这是不可能实现的。他自己的取代假说是："直观加工器中的具有关于任务领域的有意识概念的语义性的东西是许多单元之上的激活模式，每个单元都加入到了这些模式之中。"② 这也就是说，单元本身没有语义性，只有复杂的激活模式之间才具有概念语义性。而概念语义性又不能直接用亚符号模型的形式定义来描述，只能由分析器来计算。

　　斯莫伦斯基强调，要正确理解联结主义，还要注意分析和理解的层次。层次选择错误，就会导致对联结主义的风马牛不相及的理解。例如一定不能把联结主义所阐发的认知原则看作是神经层面的原则。可以肯定，这些原则不能理解为符号主义者所说的符号层面的原则，由于它们不在神经层面，因此介于符号和神经之间。质言

　　① P. Smolensky, "On the Proper Treatment of Connectionism", in C. and G. Macdonald (eds.), *Connectionism*, Oxford: Blackwell, 1995, p. 40.

　　② Ibid., p. 42.

之，理解这些原则的合适的层面是亚符号层面。① 他认为，认知描述是由这样一些东西构成的，它们对应于符号范型中所用的符号构成要素……它们是亚符号性的，是联结主义网络中的个别加工单元的活动。在符号范型中一般用符号表征的东西，在亚符号范型中常常是用大量亚符号表征的。由此所决定，语义差别随着句法差别产生出来。亚符号不可能受到符号处理的处理，它们加入到了数字的、非符号的计算之中。

如果承认亚符号这个层次，那么就必须对它的存在及本质作出进一步的说明，尤其是要说明这个系统的语义学。同时既要予以说明，又必须回到表征问题上来。因为有语义性就是有关的实在有表征能力。对此，联结主义内部有不同的看法。

第一种方法是：设计一个程序，使它能把激活模式即激活矢量与对输入和输出的概念层面的描述关联起来。这些矢量通常是输入和输出的特征的值。例如在把英语动词原型转化为过去时形式时，输入与输出串被表征为代表依赖于情境的特征的值的矢量。在概念层面的任务描述涉及可有意识地获取的概念，如"go"和"went"，而联结主义的亚符号层次涉及的特征则要多得多。总之"go"的表征是这些特征的一个巨大的激活模式。

第二种方法就是把表征与能在联结主义网络中训练隐藏单元的学习程序关联起来。

第三种方法就是把限定亚概念模型的任务看作是让联结主义模型符合人类认知系统的过程。②

从亚符号层次与符号层次的关系看，他认为，两者都适合于对认知作出描述，因此都可看作是关于认知的模型。只是描述的角度、层次有不同罢了。他说："亚符号层次和符号层次的关系更像量子力学与经典力学关系。亚符号模型准确地描述了认知的微观结

① P. Smolensky, "On the Proper Treatment of Connectionism", in C. and G. Macdonald (eds.), *Connecticlionism*, Oxford: Blackwell, 1995, pp. 32 – 33.

② Ibid., p. 45.

构，而符号模式提供的是关于宏观结构的描述。亚符号理论的一项重要工作就是说明：亚符号的东西在什么条件下、在哪些方面是有效的，并解释为什么是这样。"① 这也就是说，亚符号层次的描述比符号层次的描述要低一些，要具体一些，但又没有进到神经层次。

再从亚符号层次与神经层次、符号层次的关系看，斯莫伦斯基主张：在神经层次和符号层次之间存在着亚符号层次。他说："亚符号范型的基本层次，即亚概念层次存在于神经层次和概念层次之间。"② 具体地说，亚符号层次与其他两个层次的关系可这样概括：（a）不像符号构造，亚符号构造有神经构造的许多最一般特征。（b）然而，亚符号构造又没有神经构造的许多更细致但仍一般的特征；分析的亚概念层次高于神经层次。（c）对于大多数认知功能来说，神经科学不可能在神经层次为说明认知模型提供有关系统。（d）亚概念层次的一般认知原则对于未来发现我们现在所不知道的神经计算，可能会有重要的贡献。③

此外，由于符号处理涉及句法和语义两个方面，亚符号层次与其他两个层次的联系或亲密关系也是不同的。例如，"从语义上说，亚符号层次似乎更接近于概念层次，而从句法上说，它似乎又更接近于神经层次"④。

斯莫伦斯基还具体比较了神经结构与亚符号结构的异同。相同的地方表现在：1. 两个系统中的状态都可用连续性来定义。2. 都有用数字表示的变量。3. 状态变量在时间上是连续变化的。4. 在前一系统中，神经元的相互作用参数是可变的，在后一结构中，单元之间相互作用参数也是可变的。5. 状态变量的数值都是巨大。6. 相互作用都十分复杂。不同的表现是：1. 在前一系统中，神经

----

① P. Smolensky, "On the Proper Treatment of Connectionism", in C. and G. Macdonald (eds.), *Connecticlionism*, Oxford: Blackwell, 1995, p. 53.
② Ibid., p. 49.
③ Ibid., p. 51.
④ Ibid., p. 49.

元存在于三维空间之中，而在后一结构之中，单元没有空间定位。2. 在前一系统中，神经元与邻近神经元的关联极其紧密，而后者中的单元联系是不一致的。3. 在前者中，神经元对远距离神经元有几何上的映射关联，而后者中只有联结。4. 前者中的突触定位于 3—4 维空间中，后者中的联结没有空间定位，等等。

他还强调：联结主义由于承认有亚符号层次，因此对计算有新的不同的理解。根据这种理解，计算这一过程既可在亚符号层次，又可在符号层次予以描述。他认为，计算的表现形式有推理、学习等。对于推理，联结主义可从亚符号层次提出如下新的理解和描述：1. 亚符号计算中的知识被形式化为大量的软约束。所谓软约束就是软联结。因为知识储存在联结之中，而联结有正联结和负联结之分。说从 a 到 b 的正联结是软联结，就等于说，如果 a 被激活了，那么 b 也是如此。说从 a 到 b 的负联结是软联结，指的是：如果 a 未被激活，那么 b 也是如此。2. 用软约束所做的推理是并行的过程。3. 用软约束所做的推理是非单调推理。4. 某些亚符号系统可看作是运用统计推理的系统。

斯莫伦斯基尽管像经典主义者一样承认可从符号层次理解和描述计算，但提出了自己的新的描述和理解，以推理为例，他提出了如下具体描述：1. 宏观推理并不是激活符号产生的过程，而是状态在动力系统中的量的变化过程。2. 数据模型（Schemata）并不是符号数据结构，而是协调极大值的潜在内在形态。3. 范畴是联结主义系统中的吸引子。4. 范畴化不是执行符号算法，而是动力系统的连续进化。5. 学习不是构造和编制公式，而是根据经验对联结强度作出调整。[1]

联结主义由于承认符号、亚符号和计算，因此也不绝对否认形式主义。不过，它所承诺的形式主义有自己的特点。他说："关于认知过程的亚符号模型是由用了不同形式主义的两部分构成的。"

---

① P. Smolensky, "On the Proper Treatment of Connectionism", in C. and G. Macdonald（eds.）, *Connectionism*, Oxford: Blackwell, 1995, pp. 79 - 80.

例如在亚符号范型中，有意识规则的应用可在概念层面予以形式化，而直觉则必须在亚符号层面予以形式化。[①] 所谓直觉指的是人们表征和加工自然语言的能力。联结主义认为，这种能力能为亚符号联结主义动力系统模拟，其方法是把联结主义系统的语言能力与记忆能力结合起来。这就是说，联结主义也是一种形式主义，当然是一种独特的形式主义，即是一种发生了重大变化的形式主义。

为了说明联结主义的形式主义的特点，我们可以把它与经典计算主义的形式主义作一比较。我们知道，后者把认知、思维理解为对符号形式的计算，同时又强调：被处理的符号有像自然语言一样的语义性。联结主义的亚符号范型对这两点都不赞同，而认为，语言的句法和语义学在形式认知模型中没有什么作用。根据经典主义的形式主义，人和计算机的内在加工、动作过程都是一个按部就班地按照形式化指令（用语言或机器代码表示的）进行加工的过程，简言之，即执行指令的过程。而计算机的运作原理又是基于对人的活动方式的观察而形成的。基于这一理解，计算机科学家和人工智能研究者面前的一个任务就是如何把知识加以形式化，就是弄清楚：怎样理解认知自主体所具有的知识的适当的形式化？这种形式化是什么？它们通过什么方式用这种知识来完成认知任务？不可否认，已诞生了大量的形式化的成功范例。如在科学中，基本的知识如定理、定律、公理、原则都是形式化的，有的是用自然语言表述的，有的是用符号、公式、图表表示的。这些领域中的知识的形式化有这样的特点：1. 广泛的可接近性，即能为许多人认同和运用。2. 可靠性，不同的人能对结论是否有效作出可靠的检验。3. 形式性、普遍性，其推理过程无需经验的帮助。4. 自展性（bootstrapping），能自我展开，只要不出意外，就能通过这种展开取得同样的结果。

经典主义的形式主义有这样几个假说：1. 在处理器中运行的

---

① P. Smolensky, "On the Proper Treatment of Connectionism", in C. and G. Macdonald (eds.), *Connecticlionism*, Oxford: Blackwell, 1995, p. 55.

程序是由从语言上被形式化的规则构成的，这些规则允许依次解释。2. 构成程序的符号指示的是这样的概念，它们类似于将任务领域概念化的概念。3. 将这两个假说合在一起就形成了符号主义的核心假说，即无意识的规则解释假说：运行在处理器中的程序有句法和语义学两方面，它们与运行在有意识的规则解释者中的句法和语义学有类似性。这个假说构成了关于认知模拟的符号主义的基础。根据这种形式主义，人与计算机中运行着程序或规则，它们由符号构成，符号有句法（它能直接为处理器操作）和语义学。这里的语义指的是概念。

斯莫伦斯基拒绝这种形式主义假说，其根据是：1. 以此为基础建立起来的人工智能系统不足以模拟人的能力。2. 用规则表述专家知识在许多方面是行不通的。3. 对知识怎样在大脑中被表征，它几乎没有提出有价值的见解。①

联结主义否定这类形式主义并不意味着它把它所倡导的认知模型等同于实际的神经系统。这也就是说，它既反对概念的分析层次，又反对符号的分析层次。联结主义的基本观点是："直观的加工器应是某种联结主义构架（它抽象地模拟神经网络的许多最一般特征）。"②

联结主义既然承认符号、形式和计算，那么它也必然碰到经典主义所碰到的"意向性缺失难题"。塞尔等人的论证有力地证明：符号主义的系统是没有语义性、意向性的。亚符号系统是否是这样呢？斯莫伦斯基意识到，联结主义系统肯定会碰到这样的问题。不过，他认为，联结主义系统不像符号主义系统那样，不具有意向性，而肯定它们有意向性。但问题是，它们是如何获得意向性和真假条件的呢？

为回答这一问题，斯莫伦斯基提出了他的"亚符号语义学"

----

① P. Smolensky, "On the Proper Treatment of Connectionism", in C. and G. Macdonald (eds.), *Connectionism*, Oxford: Blackwell, 1995, p. 39.

② Ibid., p. 40.

假定："亚符号系统在各种环境条件下可以采取各种相应的内在状态，以至于，认知系统可在各种环境条件下满足它的各种目的条件，因此它的内在状态基于特定的目的条件而成了对应环境状态的真实表征。"① 有这样的表征当然意味着这些状态有其意义，有其真值条件。不难看出，联结主义系统的状态有语义性的根源在于：它们有各种不同的目的条件，外在的环境状态被输入进来，通过匹配，对号入座，于是就使这些被激活的内在状态成了对应环境状态的表征。可见，这里使内在状态有语义性的最关键的因素或条件，就是这些状态之内被事先编码的目的条件。在这一点上，亚符号系统与人这样的认知系统有相似性。根据联结主义对自然智能的解剖分析，一动力系统之所以成为认知系统，根本的条件就是"它包含有大量的目的条件"②。认知能力的大小完全是由目的条件的多少决定的。这一看法与康德的先验哲学有一致之处。根据后者的看法，人之所以有感性和知性的认识能力，是因为其内有时空和范畴之类的先天认知条件；人之所以对事物有审美判断，是因为其有"合目的性"这样的条件。斯莫伦斯基还用例子说明了这一点。例如因为认知系统有预测性目的，因此在出现相关的环境状态时，它便能产生相应的表征，进而作出相应的正确的预言。③ 他说："亚符号系统之所以能产生关于环境的真实表征，是因为它从环境中抽取了信息，并经过学习程序，内在地将它编码在它的权重之中。"④

与此相关的一个问题是：亚符号系统既然能够进行推理，既然被推理的表征有语义性，那么它在推理中能否保证这种语义性不变呢？如果能，它又是怎样保证真实的语义关系不变的呢？他认为，亚符号系统在加工过程中获得的语义保真性也是根源于目的这一内

① P. Smolensky, "On the Proper Treatment of Connectionism", in C. and G. Macdonald (eds.), *Connectionism*, Oxford: Blackwell, 1995, p. 64.
② Ibid., p. 62.
③ Ibid., p. 64.
④ Ibid., p. 66.

在条件。他说："为机器编制的特定程序能满足某些目的，尤其是学习程序能满足根据事例作出预测这样的适应性目的。"① 具体而言，亚符号系统保证语义关系不变的过程有点类似于符号系统的加工过程。在后者那里，如果它的系统有用符号形式 p→q 表述的知识，同时还有知识 p，那么借助句法操作，它就能推论出 q。在这里，句法形式的合规则变换保证了知识的真值条件的不变性。在亚符号系统中，也有对应的方面。不过，在这里，逻辑推理的角色是由统计推理承担的。它首先把预言这样的任务形式化为统计推理任务，然后再像符号系统一样运动，如让亚符号计算有效地进行。他承认：亚符号的内在加工能让语义关系保持不变，靠的不是对环境状态的依赖性。他说："就亚符号系统来说，内在的加工机制（可恰当地被称作推理程序）自然不能直接地、因果地依赖于能被内在地表征的环境状态，或依赖于那种表征的有效性。这就是说，它们像句法符号处理一样是形式的。"②

　　总之，目的性是认知系统的必要条件，是认知能力的标志。因此要模拟认知能力，必须弄清真实的认知系统及其能力有哪些标志或必要条件。这既是认知科学、人工智能研究的目标和方向，又是检验所设想、构造的人工认知系统是否有认知能力的标准。他说："一动力系统成为认知系统的必要条件是：在极其复杂、变化多端的环境条件下，它持有大量的目的状态。目的储存越多，能适应的环境条件越广泛，该系统的认知能力便越强。"③ 在目的中，他特别看重预测性目的。他认为，这种目的性的作用是：有此目的的认知系统"能基于关于环境状态的某些不完全信息，正确地推论出缺失的信息"④。另一为他看重的目的是：能根据例子作出预测的目的，即"能基于环境里的更多的状况事例，以不断提高的准确

　　① P. Smolensky, "On the Proper Treatment of Connectionism", in C. and G. Macdonald（eds.）, *Connectionism*, Oxford：Blackwell, 1995, p. 65.
　　② Ibid. , pp. 65 –66.
　　③ Ibid. , p. 62.
　　④ Ibid. , p. 63.

性形成预测性目的"①。

再看联结主义系统中的知识。它所用的知识有两类：一是 P—知识，即可以并行使用的任务知识；二是 S—知识，它是不能并行使用的。它们都以联结形式储存在网络中。被有意识的规则解释器所用的知识依赖于这样的联结，它们能重新例示编码了规则的模式。任务约束编码在独立于情境的规则之中，并依次被满足。在直觉加工中所用的知识依赖于这样的联结，它们是由任务约束的、对情境有较高依赖性的编码构成的，而这里的约束是被并行满足的。

意识是与意向性密切联系在一起的心理现象，当然也是人工智能建模的最大的拦路虎。斯莫伦斯基承认：意识作为概念是对心理活动的相当高层次的描述。从作用说，机器或认知系统要遵守规则，按规则或指令行事，必须有对规则的解释。而这解释是一个过程。既然如此，要形成对规则的统一的理解，必须把刚把握、理解过的方面与现在正在把握的东西集合在一起。而这种提取以及被记忆持有都离不开意识。很显然，联结主义系统至今还没有这种能力。他说："自然的看法是，尚没有出现专门的意识现象学。"②

第五节　联结主义解决了意向性难题吗?

联结主义由于模拟的不只是自然智能的形式方面和功能、映射关系，而是实际产生出了智能的人脑结构，因此的确有许多优越之处，也确有更美好的前景。苏塞克斯大学认知科学家克拉克不无得意地说：它"给认知科学带来了不可思议的好处"。第一，因为与传统的物理符号系统不同，它不再会受命题主义的困扰，且"避

---

① P. Smolensky, "On the Proper Treatment of Connectionism", in C. and G. Macdonald (eds.), *Connectionism*, Oxford: Blackwell, 1995, p. 63.

② Ibid., p. 58.

免了把我们有意识的命题思想的形式强加于我们无意识加工的模型
之上——这种强加方式一般地说既在实践上是不成功的，也在演化
上显得异乎寻常"①。第二，联结主义网络使叠加成为可能，即可
以在网络上通过使用相同的权重组合来执行多种多样的工作。而叠
加的可能性问题则是困扰心灵的符号模型的难题。第三，它使相似
性问题消失了，因为网络经过调整就可以追踪概念之间的最佳关
系，因此用不着进行相似性判断。第四，人工网络能自己产生原
型。第五，正像符号结构提供了一个模拟构成性心理表性及其加工
的一个领域一样，一系列矢量也提供了这样的领域，例如分布式联
结主义表征就为结构加工提供了一个计算竞技场。心理表征就是这
样的矢量，它们能描述动力系统的状态或联结主义网络中的单元的
激活。第六，关于心理加工的联结主义模型可根据对情境敏感的构
成要素、构成性语义学、对情境敏感的并行加工、统计性推理和统
计性学习来加以描述。最后，它克服了符号计算系统不能表现生物
智能的自组织特性的局限性。阮晓钢说：它"具有良好的自组织
能力，包括自适应和自学习能力，甚至包括自生长和自复制能
力……与符号计算模型相比，神经计算模型具有更为显著的自然生
命的特征，特别是生物神经系统的特征，因而具有更强的表现智能
行为的能力"②。鉴于所有这一切，有的人把它称作是认知科学的
"新浪潮"，有的说它是"库恩式的范式转换"，有的认为它是理解
心灵过程的一种突破，等等。③

　　无庸讳言，联结主义及其网络也有许多麻烦和难题，例如据此
运行的机器在非常简单的问题上通常工作得不错，但是当分配给它
们的任务变难时，情况就迅速恶化。德雷福斯说："有证据表明：

　　①　[英] A. 克拉克：《联结论、语言能力和解释方式》，载博登编《人工智能哲学》，刘西瑞、王汉琦译，上海译文出版社2001年版，第410—411页。
　　②　阮晓钢：《神经计算科学》，国防工业出版社2006年版，第Ⅷ页。
　　③　J. A. Fodor and Z. W. Pylyshyn, "Connectionism and Cognitive Architecture: A Critical Analysis", in C. and G. Macdonald (eds.), *Connectionism*, Oxford: Blackwell, 1995, p. 90.

随着问题变得更复杂，两种方法所需要的计算是以指数方式增长的，因而很快就变得难以驾驭。"① 另外，尽管联结主义者自称他的网络能模拟人的概括能力，其实并非如此。因为人之所以有概括能力，在于它能根据语境以适当方式进行概括，更重要的是，人是整体性的，如有目的性，能从当前环境中获得目标和动力。而这些都是当前的联结主义模型做不到的，充其量，它的概括只能按照设计者的命令进行，只能按预先规定的东西作出响应，它自己并不能主动地去做什么，不能根据语境作出灵活的应变。而这些又都是根源于它还没有人类那样的本原性的意向性。

还有这样一些问题，如通过大量的传递进行学习，或通过聪明的模拟程序以闪电速度传递，都不符合心理学的实际。一个网络能区别的概念数目依赖于输出节点的数目，而人能区别不确定的概念数目。网络的最初训练在连接中建立起了某种权重和内在模式，而这样又限制了网络的能力，要得到新的输入时，就得进行新的训练。在训练中，修改权重会破坏网络在产生最初训练时所形成的能力。阮晓钢所说的"联结主义尴尬"不无道理。很显然，它的理想目标是揭示生物智能由以实现的物理结构、生物机制及有关原理和法则，构造人工神经计算模型。尽管神经计算模型"不胜枚举甚至泛滥如潮"，但是"真正称得上经典的屈指可数"，然而"这些屈指可数的经典作品几乎都形成于神经计算科学高潮到来之前，部分甚至形成于神经计算科学的休眠期，这一现象非常地耐人寻味"②。

最后还有一个关键问题是：联结主义能解决意向性难题吗？他们所构造的网络既然号称是人类智能的较真实的模型，那么它们是否表现出了语义性、意向性呢？如果没有表现，又有何理由把它们看作是真实的模型呢？

塞尔的中文屋论证提出之前的老牌联结主义者一般都主张：他

---

① ［美］德雷福斯：《造就心灵还是建立大脑模型》，载博登编《人工智能哲学》，刘西瑞、王汉琦译，上海译文出版社 2001 年版，第 425 页。

② 阮晓钢：《神经计算科学》，国防工业出版社 2006 年版，第 x 页。

们的网络无疑是有语义性的，因为他把语义内容归之于节点，即单元或单元的集合，因此只要网络作出了正常的运作，其状态和输出就一定有语义性。如前所述，塞尔的论证提出后，许多人包括克里克等都承认：这种责难同样也适用于联结主义。对此，有些联结主义者持否定态度，有些则承认人工网络的确有意向性缺失难题。从特定的意义上说，认识到这一点，看到自身客观存在的问题应是一件好事，对于联结主义自身来说，其实是得到了一个提升自己、跨越新台阶的契机。事实也是这样，有些论者不仅有上述意识，而且付诸行动，如自觉探讨人类意向性的特点及实现条件和机理，并让所研究的网络表现出意向性的某些特征。如前所述，意向性是一种较复杂的现象，尽管是一种关系属性，是一种能把自身与他物关联起来的作用，但并不是任何关联作用、关系属性都可成为意向性的。例如温度计的水银柱升高了尽管与温度升高有关系，但它显然不是意向性，因为人的意向性还有目的性、自主性、主动性、意识性、自调节性以及根源于内在固有的结构和能量的关联作用等必要特征。它们对于人的意向性既是必要的，又是充分的。如果能让网络有所有这些特点，才能说它有意向性、语义性。按这一苛刻的标准，目前尚无人工神经网络有意向性，正是在此意义上，许多人认为，塞尔的论证适用于这些网络。但是，如果能让它们表现其中一个特点，那么就应认为，它们在模拟智能的这一根本智慧特征上迈出了可喜的一步。联结主义事实上有这样的进步。例如学习是神经网络的特点。它的学习过程是不断调整结构网络的连接权值的过程，即通过训练而改变其内部表征，直至使输入朝好的方向变化的过程。学习所遵循的规则有：1. 联想式学习遵循的是 Hebb 规则。这一规则可表述为：如果网络中的某一神经元与另一直接相关联的神经元同时处在兴奋状态，那么这两个神经元的连接强度就会加强。2. 误差传播式学习遵循的是 delta 规则。3. 竞争式学习属无教师学习，其网络的核心是竞争层。这种网络由两层组成，第一层为输入层，由接受输入模式的处理单元组成，第二层为竞争层，其中的竞争单元争相响应输入模式，胜者表示输入模式的所属类别。

可喜的是，有的神经网络还表现出了自主性的特性。如前所述，自主性是本原意向性的一个标志。要使人工智能系统有意向性，必不可少的是让它有自主性。人工神经网络在这方面作了积极的探讨，取得了一些成果。其表现是：它们至少有形式上的自主性，甚至可以说，它们实现的自主性是一种准意向性。例如基于BP 算法的多层感知器似有自主变档、自主完成图像压缩编码的功能。这种自主编码能力是由网络所具有的模式变换能力实现的。其原理是：把一组输入模式通过少量的隐层节点映射到一组输出模式，并使输出模式等同于输入模式。当中间隐层的节点数比输入模式维数少时，就意味着隐层能更有效地表达输入模式，并把这种表达传给输出层。在这个过程中，输入层和隐层的变换可看作是压缩编码的过程，隐层和输出层的变换可看作是解码过程。网络在完成这种变换的过程中，完全没有人的干预，而且带有很大的随机性。因为输入模式是变化不定的。网络能根据具体的情况、条件，按照总目标的要求，"独立"作出自变的选择。其实，这里的自主仍只是派生的，没有本原、原始的意义，因此根本有别于人的自主选择。例如多层感知器在实现图像数据压缩时，它的选择尽管有一个可能空间，选择其中的某一个表面上有自主度，但实际上，它在此空间中究竟作哪个选择都是事先被决定好了的（当然这种决定不是机械的决定）。因为在设计网络时，人们已决定了，在什么条件下作什么选择，因此网络完全没有自主选择这回事。例如隐层神经元的数量由图像压缩化所决定，如 $n = 16$ 时，取隐层神经元数为 $m = 8$，则可将 256 像素的图像块压缩为 8 像素。设用于学习的图像有 $N \times N$ 个像素，训练时从中随机抽取 $n \times n$ 图像块作为训练样本，并使教师模式和输入模式相等。通过调整权值使训练集图像所重建的误差达到最小。训练后的网络就可用来执行图像的数据压缩任务，此时隐层输出矢量便是数据压缩结果，而输出层的输出向量则是图像重建的结果。总之，网络没有独立自主的选择、决定能力，一切都是由设计人员决定了的。这表现在：他们让网络有一个选择空间，在什么条件下做什么事情。

再看自组织竞争神经网络在学习中表现出的所谓的自主性。许多联结主义者承认：人的意向性之所以有自主性、自适应、自发展等特点，是因为人有学习的能力。正是通过学习，人不断获得新的信息，并在这个过程中自我更新和发展。由于有这种能力，人的意向性便有创发性的特点，即能对以前不能关联、意指、构造的对象作出关联和构造。人之所以有学习能力，一方面是他们能在别人或教师指导下获得知识，提高、改造自身；另一方面也是更为重要的，就是人能"无师自通"，即在无教师的情况下能独自完成对事物的分析、观察，找出一类对象的共性和个性，揭示本质与规律，对纷繁复杂的事物作出归类。

人工智能专家研究自组织竞争神经网络就是为了模拟人的自动学习方式，就是要让网络像人的智能一样主动寻找样本中的内在规律和本质属性，自组织、自适应地改变网络参数与结构。这种学习方式在向人类智能的接近过程中作了有益的探索，迈出了艰难的一步，因而在应用上也显示了巨大的优势，如大大拓宽了神经网络在模式识别和分类方面的应用。

有此功能的网络属于层次型网络，其不同于其他网络的特点是有竞争层。输入层有观察的作用，负责接收外界信息，并将输入模式向竞争层传递，而竞争层负责对这些模式作出分析和比较，找出共性或相似性，并据以完成分类。网络的这些能力都是通过竞争而获得的。竞争学习采用的规则是优胜劣汰、胜者为王。该算法有三个步骤，即向量归一化、寻找获胜神经元、对网络输出与权值作出调整。

神经网络对输入模式如何自动完成响应呢？是如何自动发现样本空间的类别划分的呢？通过对生物脑及其响应外界刺激特点的观察，人们发现：大脑在通过感官接收外界信息时，大脑皮层的特定区域会兴奋起来，而且类似的外界信息在对应区域是连续映现的。如视网膜中有许多特定细胞对特定图形比较敏感，在听觉中，神经元在结构排列上与频率的关系很密切，对于某个频率，特定的神经元具有最大的响应。自组织特征映射神经网络要模拟的就是生物对某一图形或某一频率的特定兴奋过程，不仅如此，它还根据生物过程建立自己的这样的运作原理：当外界输入同样的样本时，网络中哪个位置的神经元兴奋在训练开始时是随机的，但自组织训练后会在竞争层形成神经元的有序排列，功能相近的神经元非常接近，功能不同的神经元则离得较远。具体而言，自组织网络之所以能通过竞争自动发现样本空间的类别划分，是因为在开始训练前，先对竞争层的权向量进行随机初始化。[①]

这种网络确实有成功的实例。例如芬兰赫尔辛基大学的科霍嫩（T. Kohonen）教授 1989 年提出的自组织特征映射就能自动完成保序映射，即能将输入空间的模式样本有序地映射在输出层上，如把不同动物按其属性特征映射到两维输出平面上，使属性相同的动物在自组织特征映射网的输出平面上的位置相近。在这个训练集中，共有 16 种动物，每种动物用一个 29 维向量予以表示，其中前 16 个分量构成符号向量，对不同动物进行"16 取 1"编码。后 13 个分量构成属性向量，描述动物的 13 种属性，用 1 或 0 表示某动物的某属性的有或无。这种网络有 10×10 个神经元，用 16 个动物模式轮番输入进行训练，最后输出平面上显示的是这样的结果：属性相似的动物在输出平面上的位置相邻，实现了特征的保序分布。[②]

再看反馈型神经网络。根据网络运行过程中信息的流向，可将网络分为前馈型和后馈型两种。前者的特点是：通过引入隐层以及非线性转移函数，网络具有复杂的非线性映射能力。其问题在于：它的输出仅由当前输入和权矩阵所决定，与网络的输出状态无关，即不受输出的反馈影响。后馈型网络就是鉴于这一问题而设计的。其特点是引入了能量函数概念。由于这一引入，对网络运行稳定性的判断便有可靠的依据。另外，这类网络考虑了输出与输入的延迟因素，因此要用微分方程或差分方程来描述网络的动态数学模型。

①　参阅韩力群《人工神经网络教程》，北京邮电大学出版社 2006 年版，第 87—93 页。

②　同上书，第 94 页。

在学习方式上，该网络既不用有导师学习方式，又不用无导师学习方式，而发展出了新的学习方式，即灌输式。其特点是：网络的权值不是经反复学习而获得的，而是按一定规则计算出来的。从运行方式来说，网络中各神经元的状态在运行过程中不断更新演变，网络运行达到稳态时，各神经元的状态便是问题的解。总之，反馈型网络是一种非线性的动力学系统，具有丰富的动态特性，如稳定性、有限环状态和混沌状态等。反馈型网络的创始人是美国加州理工学院的霍普菲尔德。在1982年，他提出了一种单层反馈神经网络，1985年，他又与唐克（D. W. Tank）一道用模拟电子线路实现了这种网络，并成功地求解了优化组合问题中具有代表意义的旅行商问题，从而为神经网络研究的复兴作出了开创性贡献。此后，许多专家沿着他们的思路，不断作出改进，使反馈型神经网络的形式更加多姿多彩。归纳起来，现有四种反馈型网络，即离散型Hopfield网络、连续型Hopfield网络、离散型双向联想记忆神经网络和随机型神经网络。

反馈型神经网络有其他网络难以表现的联想记忆和问题优化求解功能。例如若用网络的稳态代表一种记忆模式，初始态朝着稳态收敛的过程便是网络寻找记忆模式的过程。初态可视为记忆模式的部分信息，网络的演变过程可看作是从部分信息到回忆起全部信息的过程。联想记忆就是在这个过程中实现的。如果把待解问题的目标函数用网络能量的形式表达出来，那么当能量函数趋于最小时，对应状态就是网络的最优解。网络的初始态可看作是问题的初始解，网络从初始态向稳态的收敛过程就是优化计算过程，这种寻优搜索是在网络演变过来中自动完成的。反馈神经网络在模式识别、属性分类中显示了巨大的威力。例如在汽车牌照辨识中，它能完成以前只能由人根据经验来完成的过程，并且比人做得更好。例如我国公安部门在对失窃车辆进行缉查时，必须对过往车辆的监视图像进行牌照自动识别。而所搜集到的图像往往带有极大的噪声，尤其是在天气阴暗、拍摄角度不佳、车速过快、距离过远的情况下，更是如此。对这种有严重噪声的牌照，即使是由有经验的人来辨识都很困难，但用双向联想记忆神经网络识别则能取得较好的效果。人们基于这种网络设计了一种识别系统，其权值设计采用了改进的快速增强算法。它能保证对任何给定模式作出正确联想。识别时首先从汽车图像中提取牌照的图像，进行滤波、缩放和二值化预处理，再对 24×24 的牌照进行图像编码。借助这样的系统及方法能对清晰度极差的牌照作出准确度极高的辨识。很显然，这类网络表现出了人类意向性的部分特征，如自主性、关联性、随机应变性等。当然，从根本上说，这些作用的发挥离不开有关技术人员的解释或编码。

小脑模型神经网络所表现出的智能的意向性特征也有类似的特点和问题。这种网络最先由阿尔布斯（J. S. Albus）于 1975 年提出。设计这种网络的目的是要模拟小脑控制肢体运动的原理和过程。脑科学告诉我们：小脑控制运动时，无需中间的思考、计算环节就能直接地、条件反射地作出迅速响应，很显然，这种响应是一种迅速联想。从输入到输出无疑是一个因果过程。按照西蒙等人的意向性标准，小脑的这种从刺激到指挥肢体运动的过程就是一种意向过程。如果人工神经网络能予模拟，那么便可认为它有一定的意向性。已有的小脑模型神经网络有三个特点：（1）作为一种具有联想功能的网络，它的联想具有局部泛化的能力，既然如此，在这种网络中，相似的输入便会产生相似的输出；（2）对于网络的输出，只有与神经元相对应的很少权值对它有影响；（3）网络中的输入—输出关系是一种线性关系，但从总体上说，这种关系又可看作是一种表达了非线性映射关系的表格系统。这种网络有很多优点，如学习速度快、精度高，有感受信息、储存信息、通过联想利用信息的功能，因此在智能控制领域尤其是机器人手臂协调控制中有广阔的应用价值。但是由于它模拟的对象是小脑，而小脑没有自觉自主的意向性，尤其是没有作为意向性之关键特征的意识或知道功能，因此它所具有的因果作用还算不上真正的意向性。

最后再来看人工感知器表现出的智能特点。从构成上说，这种感知器"由敏感单元和表示单元构成"，前者是指机器对事物运动状况及变化方式高度敏感，能够产生与有状态变化相应的响应，后者是指机器能用一定方式把敏感单元接受和输出的东西表示出来，旨在让机器能对之作出处理和利用。由于电信号和光信号的处理技术较成熟，处理也较方便，表示单元的表示往往采取这两种信号表示方式。从表面上看，机器的感知与人的感知一样，都有意向性。其实不然。钟义信等学者指出："就信息的'机器感知'而言，它只'感受'到了事物运动状态及状态变化方式的形式，并不'知晓'事物运动状态及其变化方式的逻辑含义和效用价值。因此机器感知的输出结果只是语法信息，而没有语义信息或语用信息。确切地说，信息感知过程对于它所感受的信息而言，是有'感'而无'知'。"①人工神经网络所能完成的模式识别也是如此。我们知道，要处理和利用信息，必须对之作出比较和判断，以决定哪些信息是需要的，哪些是不需要的。这一过程或操作就是机器的模式识别。基本的工作原理是：把所需的信息规定为"模板"，然后将所接收的关于事物的各种信息与之比较。符合其要求，能与之匹配的就被"识别"出来了。当然，为了避免过大的数据量和计算量，在让机器进行识别时，往往不是原封不动地把感知系统所输出的语法信息与相应模板比较，而是把能表征这类语法信息的一组形式化参量（特征）提取出来，与相应的特征模板比较，根据它们之间的匹配情况再来确定有关信息属于何类别。由于机器对之比较、匹配的信息只是语法信息，加之，模式识别系统又不能处理语义和语用信息，因此它只能"识别模式的形式，而不能识别它们的内容和价值"②。机器学习尽管也表现出了人类的某些意向性特征，但从根本上说，也存在着类似的问题。钟义信说："就目前的技术状况而言，由于'学习与决策'模块的设计还比较粗糙，大体还是基于关键词字形（笔画和结构）与数据库信息的字形的匹配原理，

----

① 钟义信等编著：《智能科学技术导论》，北京邮电大学出版社2006年版，第20页。

② 同上书，第21页。

只利用了低层次的语法信息，没有利用语义和语用信息，因此搜索引擎和信息抽取系统的性能还不能令人满意。"① 再看信息传递研究及其成果。就理想的情况而言，信息、智能科学技术应该研究语法、语义和语用信息是如何传递的，但"实际的情形并非如此。语法信息是最基本的层次，语义和语用信息可以由人类使用者从语法信息中加工出现，因此传递信息（通信）所关心的中心问题归结为传递语法信息，而与信息的内容和价值无关。这是迄今为止一切通信工程所遵循的基本原则"②。如果不能关涉内容和价值，显然就是缺失了真正意义上的意向性。韩力群说："尽管神经网络的研究与应用已经取得了巨大的成功，但是在网络的开发设计方面至少还没有一套完善的理论作为指导。"其应用也不是那么容易。"许多人原以为只要掌握了几种神经网络的结构和算法，就能直接应用了，但真正用神经网络解决问题时才发现：应用原来不是那么简单。"③

----

① 钟义信等编著：《智能科学技术导论》，北京邮电大学出版社 2006 年版，第 23 页。

② 同上书，第 24 页。

③ 韩力群：《人工神经网络教程》，北京邮电大学出版社 2006 年版，第 68 页。

第五章

"进化论转向"、新目的论与人工进化

　　布里德曼在评价过去几十年人工智能的成绩时不无沮丧地说："传统的人工智能研究，即希望开发出能够以高度有序、按部就班的方式进行思考的电脑系统，已经在几乎所有曾经看来大有可为的领域止步不前……近四十年光景里人工智能领域并没有什么实质性的突破。"① 这不是布里德曼一个人的忧虑，而是大家共同的困惑。为了找到答案，人们纷纷打破常规，从不同的方面作出探索。目的论意向性理论和关于人工进化、进化算法的种种方案就是这种探索的一个结果。它们的思路是这样的：既然已有人工智能与人类智能的根本差别在于后者有真正的表征能力，即有有意识的意向性，能主动形成与世界的信息关系。因此要想建构真正类似于人类智能的人工智能，就得设法让它享有真正的意向性。而要如此，就得弄清人是怎样获得他的意向性的，弄清人为什么有意向性。要如此，又必须研究它是怎么来的，研究大自然是怎样设计和缔造了它。因此当务之急是向大自然这位设计师和缔造者学习，研究它缔造人类智能的历史过程。把这弄清了，一切问题便会迎刃而解。有的人还在此基础上提出：既然意向性及其实现意向性的智能是选择和进化的产物，因此要造出人工智能就得研究人工选择和人工进化。还有人提出了"人工进化场"的大胆构想。

----

　　① ［美］戴维·布里德曼：《制脑者》，张陌等译，生活·读书·新知三联书店2001年版，第29页。

倡导上述方案的不只是持目的论和进化论倾向的哲学家，还有有关领域的大量学者，其中不乏重量级人物。如诺贝尔奖获得者埃德尔曼在《明亮的空气、辉煌的火》一书中说：在这里，"我的目的是要考察：关于大脑功能的知识是否能帮助我们建造出有意向的人工物"。他的回答是："我相信这种有意识的造物在文明的环境中是可以出现的……不过需要很长的时间。"他还说："在不到50年的时间中，我们已用计算机模拟了一种大脑功能：逻辑。没有理由说：在以后的10年里，我们模拟其他的大脑功能就会失败。"在他看来，研究这样的人造物，最重要的是研究大自然的进化和选择原则。他说："原则上没有理由说：人们不能通过选择原则模拟有第一性意识的大脑。"① 索洛蒙诺夫（R. J. Solomonoff）在《人工智能近期的几项工作》一文中指出：人工进化的前景在于：以前了解或猜测到许多有关自然进化的机理，而且这些机理可被直接或间接地用来解决人工进化中的问题。对于人工智能来说，进化的模拟远比神经网络的模拟更有前途，因为我们对在难题求解中十分有用的自然神经网络，实际上一无所知。② 有根据说，人工进化研究已形成了一种蔚为壮观的研究领域。布里德曼概述说："事实上，早在80年代中期，许多进入这一领域的年轻研究人员已经希望在别处找到灵感。灵感就是自然本身。""以自然为基础的研究策略开始在人工智能研究领域逐渐成形。"③

我国学者也十分关注这一领域。还有的提出了AI研究要"向生物界学习"、"师法自然"等响亮口号。比如冯天瑾认为，人工智能研究陷入困境之后，许多学者陷入了沉思。他们在痛定思痛之后悟出了这样的道理：人类智能比以前所设想的符号系统要复杂得多，不可能用类似于牛顿三大定律之类的数学模型来描述。要造出

----

① G. M. Edelman, *Bright Air*, *Brillian Fire*, New York: A Division of Harper Couins Publishers, Inc. , 1992, pp. 188 - 196.

② 载《IEEE 论文集》，1996，Vol. 50，No. 12。

③ ［美］戴维·布里德曼：《制脑者》，张陌等译，生活·读书·新知三联书店2001年版，第57—58页。

真正的智能，应"向生物界学习"。进化计算、人工神经网络等就是初步学习的结晶。目前这一趋势愈演愈烈，人工免疫系统也是这一运动中的一个产物。① 钟义信说："最近的研究表明，扩展人类智力的更为深刻的方法是'智能生成机制模拟'（即'机制模拟'）。"而且可以"在机制模拟的框架下"实现结构模拟、行为模拟和功能模拟的统一。②

第一节 "进化论转向"与目的论意向性理论

西方心灵哲学和认知科学中早就且一直在进行"师法自然"的操作。目的论语义学或意向性理论就是其重要表现。其核心思想是强调：意向性是由目的、进化、选择这些因素塑造的。因此要揭示意向性形成、出现的条件及机理就要研究这些因素。目的论在当代哲学中的复苏既是传统目的论的进一步发展和"升华"，又是当代哲学自然化运动的一个新成果。所谓自然化就是试图用自然科学术语来说明包括意向性在内的心理学概念，实即把后者还原为前者。由于用来还原的理论不尽相同，因此自然化的种类也彼此有别，例如人们分别根据信息、因果关系、表征等说明意向性，于是诞生了这样一些自然主义意向性理论，即信息语义学、因果作用语义学和表征语义学等。在最近，又涌现出了一种新的"转向"，即"进化论转向"或"生物学转向"或"目的论转向"。正如麦克唐纳（G. Macdonald）所说：自然主义战略"所采取的最新一种转向就是向生物学的转向"③。

生物学转向的发生有两方面的原因：一是经验上的原因，即原有的自然主义策略都碰到了这样那样不可克服的困难，给人以前途渺茫的感觉。二是概念上的理由。这一理由又根源于人们的这样的愿望，即在还原的科学中应保护被还原科学的规范性要素。例如认

---

① 冯天瑾：《智能学简史》，科学出版社 2007 年版。

② 见韩力群《人工神经网络教程》，北京邮电大学出版社 2006 年版，"序"。

③ G. Macdonald, "Introduction: The Biotogical Turn", in C. and G. Macdonald (eds.), *Philosophy of Psychology*, Oxford: Blackwell, 1995, p. 238.

知主体有犯错误的倾向，有独立于外部世界的自主性、独立性、主动性，如有意设想、表征不存在的东西等。很显然，原有的那些自然化方式只能说明大脑中实际上发生了什么，而不能说明有机体"有意"想做的以及"应该"发生的事情。如果一种关于心理的自然化理论是成功的话，那么就必须给这些特点以合理的地位与说明。在倡导生物学转向的哲学家看来，生物学有自己独有的、适合于说明心理现象的宝贵资源。仅就说明、解释的手段来说，生物学不仅有别的自然科学常用的近端解释，而且还有别的科学所没有的终极解释。这两种解释方式的区分最先是由迈尔（E. Mayr）于1982年在《生物学思想的发展》一书中所阐述的。博格丹（R. Bogdan）在此基础上作了进一步的发展。他说："近端解释所诉诸的是近端的配列因素，例如它从功能机制、程序（作为解释项）和作为它们限制条件的运作情境出发，最后进到对特定的组织行为（被解释项）的解释。"由于这种解释所诉诸的根据主要是历时态的在前原因和共时态的功能机制，因此它又被称作"原因—功能解释"。所谓终极（ultimate）解释是根据较远甚至终极的理由所作的解释，它"所诉诸的是进化塑造者，正是这塑造者造就了近端原因（功能机制及其程序）。这一解释的方向是：从进化塑造者（遗传变异、自然选择、目的导向）出发，再进到被完成的任务或工作，最后再到执行那些任务的程序以及在具体的近端配列因素中控制程序的功能机制"①。

如果说生物学转向有它的历史和逻辑必然性，那么目的论在哲学中的出现就不是偶然的。在解释大量简单的现象时，物理的因果—功能解释既是必要的，又是充分的。但是在涉及有机体的适应行为尤其是人的行为这样的复杂现象时，这一解释就会力不从心。只有诉诸目的论解释模式，才能揭示漫长的进化历史在有机体中编码了什么程序与图式，"设计"了什么样的倾向性（dispositions）及其运作条件，进

---

① R. J. Bogdan, *Grounds for Cognition*, New Jersey: Lawrence Erbaum Associates. Inc. Publishers, 1994, p. 2.

而才有可能回答有关问题。新目的论者强调：心理现象并不比心脏、汽化器神秘到哪里，只要弄清它是怎样进化出来的或是怎样被设计的、有什么目的论上的原因，就可真正揭示其奥秘与本质。

一 目的、新目的论与终极性解释

在英美哲学中，人们为了区别起见，一般把最近 30 年来在生物学转向中受生物学目的论和古典目的论影响而形成发展起来的形而上学目的论称作"新目的论"（neo-teleology）。其倡导者很多，如米利肯、帕皮诺（D. Papineau）和博格丹等。新目的论在形式上与别的目的论有相似之处，如它也强调目的论是一种为待解释项提供终极性解释的理论。对于目的，不同的目的论尽管有不同的表述和理解，但也有共同之处，即都试图用目的来解释所要解释的对象，至少都要用到目的论语言或形式构架，如"为了……""为着……""以利于""以便"等。

当今新目的论的独特之处在于：它有崭新、丰富而深刻的目的范畴。从目的的起源和形成过程来看，目的"是前生物进化的产物，而且又经常受自然选择的'重塑'或改进"[①]。这也就是说，目的不是从来就有的，也不是一成不变的，它由进化、自然选择塑造出来，并赋予有机体，又随着它们的进化发展而派生出新的更高的目的形式。在这里，新目的论者在利用进化生物学成果的基础上，提出了自己关于目的与进化、选择、适应相互关系的独特见解。博格丹认为，目的是有机体固有的特征，两者是一同被产生的，不可能先有生命而后有目的。他说："有机体就是这样的事物，即幸运地进化出了这样的内在结构和过程，它们能可靠地分辨有利的事态，并让行为指向它们。我称这样的结构和过程为目的—手段结构与过程。"[②] 没有目的性，当然不是生物，有目的而没有

[①] R. J. Bogdan, *Grounds for Cognition*, New Jersey: Lawrence Erbaum Associates. Inc. Publishers, 1994, p. 23.

[②] Ibid. , p. 20.

相应的手段，也不是生物。因此，目的与手段是有机体内在的形式结构，而用相应的手段去满足目的又表现为它的生命过程。有机体及其目的—手段结构产生的一般进程是：当前一进化发展到这样的阶段，即产生了这样的物理系统：它一方面表现出了维持和复制内在结构的倾向；另一方面又在原有的作为手段的物理和化学运动的基础上，派生出了功能性地行事的方式，前一进化就借前一自然选择之手创造了一种新的存在形式，即有目的—手段结构与过程的有机体。

　　从目的的自身结构和特点来看，传统的目的论常把观念性、意识、意向等作为目的构成的必要维度，以为目的是主体事先在观念上确立的、要达到的目标。新目的论认为，这种定义只适用于人的目的。而人的目的只是广泛的目的中的一种，因此把观念性、意识作为要件进而据此对目的作出规定是不妥的。迈尔说："许多心理学家在讨论到目标—定向的行为时，仍然使用像'意向'和'意识'这些不能限定的词汇，因而不可能进行客观的分析……使用这些词汇对于分析没有什么用处。"① 新目的论者由于承认人以外的事物也有目的性，因此他们便试图揭示一般目的的基本构成和一般规定性。在他们看来，目的的第一个要件是它必须依赖于一种实体，这就是有机体的某种结构和状态及其作用。其次，它有要达到的目标对象，而这对象表现为一种特殊的结果，即未实现的、有待通过一定的过程实现的结果。再次，目的是被设计或选择好了的、被编程或固定在一定结构中的程序与机制，类似于计算机硬件上所运行的程序，毋宁说是程序的组成部分，具体地以结果状态的形式表现出来。博格丹说："目的是被编程的、有待追寻和实现的东西。"② 在这里，根据程序来理解目的，既坚持了物理主义，又十分贴切，因为在此说明中，既有对程序要达到的状态的形式规定，

　　① ［美］厄恩斯特·迈尔：《生物学思想的发展》，刘珺珺等译，湖南教育出版社1990年版，第55页。

　　② R. J. Bogdan, *Grounds for Cognition*, New Jersey: Lawrence Erbaum Associates. Inc. Publishers, 1994, p.37.

有对进至这种状态要经过的阶段的说明，又有关于每一阶段和过程转换的必要条件的规定和对被封装好了初始信息的交代。总之，目的是这样的状态，它将一系统或它的部分放在做某事、经历某过程、执行某功能或运行某程序的位置。例如有机体是为了得到某种别的状态（如降低温度）而经历某内在过程（如排汗）或做某事的。

从目的的存在方式来说，目的作为有机体的一种属性或特征具体表现为存在的二阶属性。而二阶属性不可能独立存在，要么随附于一阶的基础物理属性，要么由后者所"实现"。所谓实现就是被执行、被运行、被例示，最明显的类比例子就是程序由计算机的硬件所实现或例示。目的也是如此。它不能独立存在，它的存在及其对行为的引导作用都是由它后面的物理过程具体实施或完成的。具体而言，目的是由其内的基因和别的有转录控制作用的单元的相互作用而承载和实现的。正是因为目的有物理的实现，因此它才有对物理世界的具体的看得见的作用，进而才有可能对之作出统一的物理解释。博格丹说："目的指向性是世界上的一种自然现象。"①

说目的是一种自然现象，并不等于说什么事物都有目的性，因为在新目的论者看来，它是一种非常特殊的自然现象。其特殊性主要表现在，它有许多独特标志或目的论参数：第一，目的可能或现实地具有功能作用。如让有目的的存在处在某状态或采取某种行为，而这种功能不是抽象的，而是具体的。第二，它还有相应的发生功能作用的方式。典型的有三种，即专一的方式、渐进性或累积性的方式、交叉式的方式。第三，有相对的阶段性和终结性。由当前状态到达目标状态至少要经历一个阶段，一旦目标实现了，其过程也就终止了。第四，具体的手段具有可塑性和多样性。第五，有相应的控制作用和引导机制。第六，有目的所依赖的、起具体实施

① R. J. Bogdan, *Grounds for Cognition*, New Jersey: Lawrence Erbaum Associates. Inc. Publishers, 1994, p. 35.

作用的硬结构。只有当一系统具有这些条件时，才会成为有目的性的事物；只有当一属性或特征符合这些条件时，才可看作是目的。

新目的论对旧目的论的超越除了表现在理论内容的革故鼎新之外，在解释范围和方式上也发生了革命性的变革。就范围来说，新目的论由于否认有机体以外的事物中存在着目的，因此自然不再把解释的触角伸向整个世界，这样一来，抛弃传统的宇宙目的论是理所当然的事情。新目的论强调，它的解释力只能体现在有生命的世界。但它又面临着这样的问题：根据一般的科学信念，以物理学为核心的现代自然科学已形成了极为完备的解释系统，既然如此，自称有自主性、不可还原性的目的论解释模式不就成了多余的吗？即使已有的自然科学有不完备性，但新目的论由于诉诸不能还原为物理事件的目的，因而不管怎么宣称自己是自然化运动的一种"科学"根据，似乎总有不能见容于科学精神的一面。面对这类问题，新目的论作出了自己的探讨与论证，一再声称，目的论解释是彻底全面理解生物现象、认知和心理现象的一个不可或缺和替代的模式，可弥补已有科学解释模式的不足和所留下的空白。

根据新目的论者的概括，常见的自然科学解释可称作归属性解释。这一解释模式又有多种形式：（1）演绎法则学解释。这在物理学和化学中极为常见，其特点是将一般规律作为大前提，然后借助演绎推理对被解释项作出解释。（2）形态学解释。其特点是把能力作为被解释项，然后根据基础结构或深层的倾向对之作出解释。这在生物学和脑科学中最为常见。（3）系统解释。其特点是把功能的执行或行为当作被解释项，然后根据若干表现了某种能力或程序的机制的协同作用对之作出解释。这在认知科学中极为常见。在新目的论看来，这些解释尽管方式、对象各有不同，但有一点是共同的，即都将被解释项放入与解释项有某种因果、功能关系的物理法则之下，然后对之作出解释。这意味着，解释项有物理上的效力，正是它们的物理效力产生了它们的解释力。这也就是说，解释项如自然规律、倾向、遗传程序等有两大特点：一是它的包容性，即能涵盖、包容被解释项；二是它与被解释项有因果—功能关系，前者对后者有产生被产生的关系。新目的论者认为，并非所有解释都具备这两个条件，例如数学解释是演绎性、从属性解释，但解释项对被解释项就不一定有因果效力。目的论解释诉诸目的来作出解释，它的解释项与被解释项之间有包含关系，但不一定有因果关系。再则，有些解释肯定是有效的，但不一定有包含性，例如选择压力可以解释生物的行为以及它们的信息作业，但这些解释不具有因果意义上的包容性。另外，因果—功能解释尽管是根据规律所作的解释，具有法则学特征，也有解释力，但它们是近端解释，不可能揭示生物现象产生的全部秘密和本质。如果待解释的是更高级、更复杂的现象，已有解释图式的问题就更大了，就更离不开目的论了。例如认知就是如此。因为在认知活动及其所产生的结果中，有些固然离不开近端的因果的、功能的作用，但由于它们始终离不开目的论因素的作用，因此仅用因果—功能解释就是不全面的，必须有目的论解释加入进来，而且有些根本性的方面只能据以解释。最后，目的论解释与科学精神不存在任何冲突，因为它所诉诸的目的本身是由客观物理过程所实现的客观的属性。

二 米利肯的生物语义学

米利肯无疑是目的论语义学阵营中的开创者和旗手，因此人们总是把这种理论和她的名字联系在一起。她的思想的特点从下述两段话中可略见一斑。她说："诉诸目的论，诉诸功能，对于建立关于内容（意向性）的自然主义来说是必不可少的。而且使某物成为一种内在表征的东西显然是：它的功能就是表征。"[1] "意向性是以表征与被表征者之间的外部的自然关系为基础的，这种自然关系是规范的和/或者专有的关系，而'规范的'和'专有的'概念应根据……进化的历史来定义。"[2] 这两段话告诉我们：她与其他自

----

[1] R. Millikan, "Biosemantics", in C. and G. Macdonald (eds.), *Philosophy of Psychology*, Oxford: Blackwell, 1995, p. 255.

[2] R. Millikan, *Language*, *Thought*, *and Other Biological Categories*, Cambridge, MA: MIT Press, 1984, p. 93.

然主义者的共同的地方在于：都诉诸自然的、非意向性的术语说明意向性和表征之类的术语，而其独特之处则在于：将目的、功能之类的生物学范畴作为她的自然化战略的基础，进而又根据进化生物学、从规范性上说明功能和目的。当然，她所说的"生物学"是广义的，且带有形而上学的性质特点。那么什么是功能呢？应怎样从生物学上说明功能呢？

米利肯对意向性的说明是在"功能"范畴的基础上进行的。我们先来看她对这些范畴的规定。她承认，功能有许多不同的形式。但她所说的功能不是一般人所理解的常见的作用、效果，也不是数学所说的抽象功能，而是"专有功能"（proper function），在特定的意义上可以把它理解为目的，或有目的的状态、属性。她强调："功能"这一概念实质上是一个目的论概念。因为所谓功能：实即一事物所做的这样的事情，即它的祖先在过去被自然选择所做的、有利于生存的事情。例如心脏可以做许多事情，只有泵血才是它的自然功能，这是由自然设计或选择所决定的，过去的同类如此做了，就生存下来了。这一功能可通过历史的链条一代代传承下去。在这个意义上，人工产品也可以说有自然功能，例如洗衣机的功能有很多，可以做许多事情，唯独只有洗衣服才是它的专有功能，因为这是由设计所决定的。①

在具体解释专有功能时，她强调，所谓"专有"是指"某某独有的""属它自己的"。在她看来，专有功能与再生的、被复制的个体有关，这些个体的祖先的某些影响有助于说明后代的生存。一个体要获得一种特有功能，他必须来自于一个已生存下来的族系，这是由于，把它区别开来的特征与作为这些特征之"功能"的后果之间存在着相互关系。这些特质是因为再生而被选择出来的。因此一事物的特有功能与它由于设计或根据目的而做的事情是一致的，它们的关系不是偶然的，而带有规范性（normativity）。

----

① R. Millikan, "Thought without Laws: Cognitive Science with Content", *Philosophical Review*, 1986, 95: 57.

在这里，她所说的"设计"是一种隐喻，指的是自然界客观存在的选择、塑造、决定力量。在一种状态与别的状态的关联建立之前，有多种可能性。而某种关联之所以建立起来，是由于某种客观的力量在那里"设计"或"设想"。她说：事物获得它的专有功能与它的力量没有关系，只与它的历史有关。"有一种专有功能就是'被设计'或'据设想'（非人格地）执行某种功能。"①

理解了设计，就不难理解规范。这里的规范性不是偶然的，但又不同于自然必然性、因果性。因为带有这种性质的关系之成立，一方面依赖于它出现之前有多种可能性，另一方面依赖于某种有一定自主力量的选择。由于选择不止一种，既可以这样选择，又可以那样选择，因此它不是自然必然的。但一经选择又有其强制性、非偶然性。例如法律条文的制定、人名的确立等就是如此。由于专有功能是设计的产物，带有规范性，因此它尽管有强制性，但不一定现实地被执行。因为有专有功能是一回事，是否实际表现出来又是另一回事。事实上，许多事项的专有功能常常没有被执行，例如语句有时是错误的，在这种情况下，它就没有表现自己的专有功能，正像卵子的功能是与精子结合，但大多数卵子都没有现实地履行它们的功能。

要说明意向性的起源，必须先弄清楚意向性的实质、形式和范围。米利肯认为，过去有两种倾向：一是将它限定在人的心理现象的命题态度之内，另一极端的做法是将它泛化，推广到简单的事物之上。米利肯通过分析意向性与理性、思想、语言的关系，表达了自己的看法。她的一个看法是反对把意向性的范围限制在理性之内。有一观点认为，意向性与理性是不可分割的，而米利肯强调：只有认知的意向性才如此。她说："认知的意向性（仅仅只是认知的）才碰巧与理性是不可分割的。"② 因为意向性并不是有理性的心理状态的特性，例如非理性的心理现象以及外在语词、语句都有

----

① R. Millikan, *Language, Thought, and Other Biological Categories*, Cambridge, MA: MIT Press, 1984, p. 17.

② R. Millikan, *On Clear and Confused Ideas*, Cambridge: Cambridge University Press, 2000, p. 202.

意向性，甚至低等生物也可以说有意向性。因此意向性的形式多种多样，其范围也很宽，就意向性与意识的关系来说，她强调应把它们分离开来。因为意向性并不像传统所说的那样包含在意识之内，意识也不能通过先天的反省为貌似思维的现象的真实意向性提供基础。这就是说，传统的观点对意识和意向性的理解是应予以修改的。就意向性来说，因为它不是理性动物及其思维的专有的属性，而是一种比较广泛的，甚至在低等生物身上都有其初级形式的属性，因此当然没有必要依赖于意识。①

　　从本质上说，意向性肯定是一种关系范畴，但它们不是内在的关系。她说："意向性根源于外在的自然的关系，即在表征和被表征的东西之间的规范的、专有的关系。在这里，'规范的''专有的'这类术语是根据进化史——要么是种系的、要么是进化的个体的——来定义的。因此表现意向性的东西不是纯内在于意识或仅在头脑中的东西。"② 意向性一点也不神秘，它像其他范畴如"心脏"、"肝脏"等一样都属专门功能的范畴，而这类范畴"不能根据当前的结构和倾向来分析，而最终只能根据长期和短期的进化史来定义"。这是因为，即使把有意向性的东西的结构、构成成分彻底搞清楚了，以至于知道它的所有原子分子结构及其倾向性行为，也无助于说明意向性这种关系性质是怎样出现的，它的运作机理及过程是什么，为什么有那些作用。在她看来，意向性这种关系属性或专有功能尽管比海底细菌所具有的那种表征能力要高级得多，但在本质上有相似之处。而且由于后者简单明了，有助于人们理解高级的东西。因此她在这方面花了很大力气。她的基本结论是："仅仅是由于某事项的进化的历史，它的意向状态才有专有的功能。"信念等之所以有这样那样的意向性，"不是因为它所做或能做的事情，而是因为它们根据它们的历史的情境做了它们据设计应做的事

----

　　① R. Millikan, *Language*, *Thought*, *and Other Biological Categories*, Cambridge, MA：MIT Press, 1984, p. 12

　　② Ibid., p. 93.

情,因为它们被设计好了该怎么去做"①。

总之,在米利肯看来,她所说的功能不是功能主义者所说的功能,而是生物学所说的功能。一般而言,这种功能有三种意义。第一,说一实在有某功能,就等于说它的出现及存在对某类事物的自我调节有某种作用,这类事物即是有此作用的事物。第二,说一实在是有功能的,就等于说在某些条件下,它在某种系统的运行中起着一种作用,它是该系统的组成成分。第三,说一属性是一功能,就等于说它是由自然选择所选择并加以维持的,它的形成与存在都根源于自然选择。受这样一些观点如体内平衡、自我调节、自控等影响的生理学家坚持第一种看法,而生物化学家、生物生理学家等坚持第二种看法,进化生物学家(包括系统论者、遗传学家、原因论者、生态学家)持第三种看法。米利肯等人也持第三种看法,认为,功能就是生物组织所做的事情,而且不是一般地做的,而是专门地做的事情,既然如此,它便能解释有此功能的有机体或器官为什么能形成并存在下来。

要想让人工智能也有意向性之类的功能,就得知道人的意向性是怎样来的。对此,米利肯等人从原因论上作了说明,认为此功能是由自然选择"设计"、选择出来。所谓原因论说明就是说明功能形成的真实的因果历史过程。这种过程既不是"短臂"的,即体内的相互作用,也不是"长臂"的,即与刺激、输出的关系,而是种系的历史过程。换言之,它要揭示的是自然选择在物种产生过程中、在那种群的成员之内对变异的作用,揭示物种在对环境的适应过程中所获得的东西。例如长颈鹿的长颈就是适应的一种结果。它有让它吃树顶上的叶子的功能。根据对功能的原因论说明,这种能力就是长颈鹿的这样的功能,它是在进化、生存竞争中形成的,有长颈基因的有机体比没有这种基因的同类能更好地适应生存,因此这种能力就成了生存下来的长颈鹿的功能。总之,对功能的原因

---

① R. Millikan, *Language, Thought, and Other Biological Categories*, Cambridge, MA: MIT Press, 1984, p. 93.

说的说明，就是到物种的进化中去追溯它形成的生物过程。不外这样几个环节：一是说明种群内有特征的变化或差异之产生，是突变所使然。二是说明某些变体作出了选择，所谓选择就是环境与种群内的有突变和没有突变的成员之间的相互作用。三是说明被选择的特征向后代的传递。所谓传递不过是基因物质的再生产或复制。基于这种原因论说明，就不难说明功能为什么具有不同于实际因果过程的独立性，以及功能失调是如何发生的。

在进化语义学看来，自然选择是生物各种功能的慷慨的缔造者。而它又取决于许多因素，如生物因素，即竞争物种间的相互作用，以及发生相互作用的相对频率；其次还有遗传因素，即原有性状的遗传，新获得的因素如变异所导致的遗传，此外还有群体的表现型、环境因素和适应的作用。所谓适应是生物彼此之间、生物与环境之间的双重适应。由于起作用的因素复杂且多变，因此自然选择的过程是非定向变异的过程，是随机的繁殖过程，具有非决定性和不可预测性。

就生物的意向状态的功能来说，进化语义学的基本观点是认为，心理内容有这样的进化功能，即表征环境中的某事物。但有内容的东西是状态还是程序呢？进化语义学倾向于认为是程序机制。而程序是根据它们的应用、它们所起的作用而予以确认的。但在对作用、行为的解释中，则要把顺序倒过来，即应根据程序来解释应用。进化语义学的独特之处在于：对程序和机制作了进化论的说明，也就是花很大力气去追溯它们的进化史。不可否认，这种战略对于说明模块程序是有用的，例如对动物的简单的认知，它就可作出较合理的说明，如认为，它们的产生、范畴化和利用信息的程序被进化出来了，这是自然选择的结果，因为不这样，它们就会被淘汰。关于作业的知识，关于选择压力的知识，可以从根本上解释那程序是怎么来的，而关于该程序的准则的知识以及关于它的标准运作条件的知识又可说明该程序在某些情境下为什么有作用。米利肯以蜂舞为例说明了上述道理。蜂舞在某种意义上可以说携带有意向内容。它的完成可以说是某种专门功能的实现，因为一旦蜂舞严格地完成了，那么它便有某种定向作用。其结果是：旁边的蜜蜂向着蜂舞所确定的方向飞去。但是只有当蜂群发现那个方向有花，整个过程才大功告成。因此规范的情形不是通常的情形，而是这样的情形，在此之下，旁观者通过向那个方向飞去而对蜂舞作出反应。花在有关的方向是基本的因素，即蜂舞的解释者在对蜂舞作出反应时严格发挥功能作用的因素，因为没有花，就没有花粉，没有花粉就没有食物，没有食物就没有反应，即没有蜂舞的机制之强化。

三　帕皮诺的原因论目的论语义学

在《哲学自然主义》一书中，帕皮诺指出：他的这本书就是要"提供一种关于心理表征的目的论理论的详尽的版本"①。这里所说的心理表征就是意向性。我们知道，倡导根据目的论说明表征，这不是帕皮诺的首创，他也不是目的论方案中最得力、最有影响的倡导者。但他的目的论方案的确有自己的个性，有理由说，它是目的论方案甚至是原因论目的论这一目的论支流中的一个很有特点的版本。

他的特点之一就是明确强调：他的目的论理论的哲学基础是物理主义、自然主义。他说："物理主义并不是偏见，而是某种有可靠根据的结论。"② 在他看来，不仅化学现象从根本上来说是物理现象，而且生物学、气象学、社会学、心理学等具体科学所研究的现象都是如此。③ 他原本想把自己的理论冠之以物理主义，但考虑到他在论述有关问题时不是依据常见的物理科学，而是生物科学，因此他还是认为把他的理论称为自然主义为妥。

帕皮诺的第二个特点是论证了一种新的原因论。在一些人看来，功能、设计、目的、适应等都是严格的目的论概念。对这些概念，可作出不同的说明。由此，目的论理论便有不同的取向和类

----

① D. Papineau, *Philosophical Naturalism*, Oxford: Blackwell, 1993, p. 2.
② Ibid..
③ Ibid., p. 11.

型。一是博格丹等人的全心全意的目的论（详后），二是赖特、米利肯等人关于目的论的原因论理论。帕皮诺也倾向于原因论，但却是一种特殊的原因论版本。它既不同于对原因论的强阐释，又不同于弱阐释。根据前者，在一有机体 O 的特征 T 中，假设有一个例，它只在下述条件下产生一种类型的结果 E：T 的个例在过去通过产生 E 而有利于 O 的祖先的生存，由于这种有利性，这种功能就被选择好了。质言之，有某种功能，就是被如此设计要执行这种功能，因此在特定的意义上，可以把"功能"与"设计"看作同义词。这种阐释典型地表现在米利肯的著述中。关于原因论的弱阐释不强调对功能特征的选择，而只是强调这一要件，即那功能特征是有同样结果的事项的一种复制（reproduction）。这种弱阐释可用形式化语言表述如下：

一有机体 O 的特征 T 的当前的个例有产生 E 类结果的功能，当且仅当，T 的过去的个例通过产生 E 有利于 O 的祖先的生存，由此导致 Ts 在 O 的后代中复制。

弱阐释与强阐释一样，也是根据一特征的个例在其祖先的生存中的作用来定义该特征的功能。但两种阐释不能等同，因为强阐释蕴含着弱阐释，而后者不蕴含前者。也就是说，除了包含有弱阐释强调复制的作用之外，强阐释还强调选择、设计的作用，即认为，仅仅是当下面三个条件得到满足时，才能把功能归于那特征：（1）T 是遗传的，（2）T 在通常的选择环境之内存在着变异，（3）T 的拥有者在常见环境下比没有这一特征的个体更适合于生存。总之，弱阐释不像强阐释那样根据选择、设计定义功能，因而没有把特征的变异看作是必要条件。这样一来，它在归属功能时，便把条件放得宽了一些。而强阐释则限制得严一些，它只把功能归于弱阐释的功能归属的专门的子类。

坚持弱阐释的人，主要是艾伦（C. Allen）和贝科夫（M. Bekoff）等人。帕皮诺也赞成关于目的论的原因论。他概括说："根据这种理论，可以十分恰当地说：x 有作出 y 的功能，当且仅当一事物 x 是由于有引起 y 这一结果而存在下来的。原因论理论的典型范例是：x 是为这样的机制自然地选择出来的，它挑选出了能引起 y 的事物，正像在基因所选择的生物进化中那样。"① 不过，帕皮诺又强调，原因论所适用的范围只能是生物及其特征和行为，不能把它的解释触角推广到人造物之上。

帕皮诺的目的论版本的第三特点是：他对意向性作出了新的分析。他首先强调：在说明意向性、表征的本体论地位、作用及其机制时，仅像功能主义那样，只注意共时态环境下的结果和原因是于事无补的。换言之，要说明表征，必须诉求目的论。他说："为了得到关于表征的充分的哲学说明，我们仍有必要的是对表征作目的论分析。因为只有目的论理论才能告诉我们：某些心理原因与结果为什么被区分为真和满足条件。"② 也就是说，只有通过目的论分析，才能说明真和满足条件这些概念，才能说明心理状态为什么具有语义性或具有表征他物的力量。另外，他强调："关于表征的目的论理论的任务就是要揭示表征是什么，而不是大多数人关于表征所想到的东西。"③ 揭示表征是什么，实际上就是要揭示它为什么具有关于性，为什么能指涉它以外的事态。这从语义学的角度来说，就是要进一步从进化论、从远端层面揭示真和满足条件的本质。因此他说：这就是"为什么要赋予'真'和'满足条件'以特殊重要意义的原因"④。

帕皮诺的新奇的看法是，真与满足条件不是逻辑学、认识论和语言学的概念，而是生物学概念，而且是密不可分的两个概念。就拿真来说，一信念之所以为真，就是因为生物在长期的进化过程中被选择了特定的真值条件。而所谓"真值条件就是这样的环境，它是生物学上被设定好了要对之作出反应的环境"⑤。例如作为"相信有老虎"这一信念的真值条件，就是在那里存在着老虎，这

① D. Papineau, *Philosophical Naturalism*, Oxford：Blackwell, 1993, p.45.
② Ibid., p.83
③ Ibid., p.85.
④ Ibid., p.87.
⑤ Ibid., p.88.

种事态之所以是那信念的真值条件，信念与那事态之所以有那种表征关系，完全是生物在进化的过程中由大自然设计或选择好了的，因为不这样选择，如有老虎而不相信有老虎，那么生物就难以在生物竞争中生存下来。因此有老虎存在这一事态通过自然选择就成了相信有老虎这一信念的真值条件。错误信念的存在有助于从反面说明这一点。他说："任何特定信念背离它的真值条件是有别的原因的。我们的信念并不总是按它们被设计的那样起作用。关于树的信念既可能由真实的树所引起，又可能由树的复制品所引起。在这种'异常的'情况下，有关信念就是虚假的。"帕皮诺还认为，在特定意义上可以说：真值条件就是生物学目的。因为"所有生物学目的不过是结果"。例如"能归属给海底细菌的唯一目的就是生存，从这个观点来看，它们的磁体只是表达了这一点，即所指示的方向有益于生存"①。由于结果常常是真值条件，因此"信念的真值条件其实就是信念的生物学目的"②。

进一步问题在于：某一信念为什么具有如此这般的关于性呢？或者说它为什么具有表征它的特定对象的功能呢？大自然是根据什么作了那样的选择？帕皮诺认为，在信念的发生发展过程中，一信念之所以固定地表征或关于某一对象，取决于两方面的因素：一是它常常是真实的，即常常表征的是它的正常的原因，二是它常常产生有利的结果。这种"有利"指的是有利于有信念的各个个体的生存。例如有关于老虎在面前的信念，常常产生逃跑的行为，进而使有此信念的人脱离虎口。久而久之，有此信念的人或种群就形成了这样的功能或目的，一旦有老虎或类似于老虎的东西在面前，就会产生相应的信念。可见，帕皮诺尽管像其他目的论者一样强调：有机体的表征功能是自然选择的产物，但是他在具体说明自然选择时，又增加了真和有利这一自然选择的内在原因或机制。他说："根据我的理论，信念之所以被自然选择出来，是因为信念在真实

---

① D. Papineau, *Reality and Representation*, Oxford: Blackwell, 1987, p. 71.

② Ibid., p. 72.

（像我们所说的那样）时产生了有利的结果。这似乎意味着：信念至少必定常常是真实的，即使并非永远如此。可以肯定，如果它们不是经常产生有利的结果，它们就不会为自然选择所看中。"① 换言之，某事项要被选择，进而有一目的，唯一必要的是：它有产生有利结果的历史。而之所以有有利性，又是因为它常常是真实的，即有它的正常的原因。他说："将这一点换位为关于表征的目的论理论，根据任何存在的信念类型一定因为有利结果而被选择这一事实，可以得出的结论只能是：它有一个常常是真实的历史。"②

四　普赖斯的倾向—原因论目的论

普赖斯（Carolyn Price）于 2001 年出版了他研究目的论语义学的专著：《心灵中的功能》。③ 它既以米利肯所倡导的目的论为参照系，又在许多方面有所突破、修改和补充。他赞成这样的基本观点，即关于内容或意向性的目的论理论必须以对生物学功能的具体合理说明为基础。但他对功能的说明明显有别于米利肯的说明，因此结论自然大相径庭。

根据目的论语义学，既然意向性或内容由生成它的机制的功能所决定，那么必须解释的是：说一事物有功能是什么意思。米利肯把功能看作是生物系统的确定的、自然的特征，而卡明斯则把功能归属看作解释性的、不确定的；林德尔（K. Neander）则强调对功能的概念分析。另外，对功能还有倾向论和原因论两种不同观点。

普赖斯像其他目的论者一样认为，功能解释不同于因果解释。因为因果解释是一种规律化解释。只要说明一现象是某因果规律的例示，便对之作出了解释。而功能解释则不同，因为功能属性并不具有规律的特征，而只有规范性的特征。根据某事物具有某一功能，我们可以推论说它会执行那种功能，某物具有某功能与该功能

----

① D. Papineau, *Reality and Representation*, Oxford：Blackwell, 1987, p. 89.

② Ibid. .

③ C. Price, *Functions in Mind：A Theory of Intentional Content*, Oxford：Clarendon Press, 2001.

现实表现出来之间没有似规律的联系。在作规范化解释时，没有必要把一状况作为一规律的例示列举出来，只须把它作为倾向于某目的或结果的过程的一部分看待就行，如用心脏的功能解释心脏的泵血就是如此。①

　　他认为，人工和生物类别是根据其功能而范畴化的，功能陈述有解释力，我们可以借助其功能说明它的出现，另外，功能陈述有规范性特征。怎样说明功能陈述呢？有两种说明方式，一是倾向（dispositional）理论，二是原因论。普赖斯认为，它们对功能解释都未作出令人满意的说明。因为倾向理论有两个要素：第一是认为，功能装置通过产生某种结果而服务于别的实在。第二是认为，功能装置所产生的这个结果有某种值。倾向理论把生物功能理解为一种服务性的（service）功能，它被执行，或倾向于被执行，如被执行就会通过作出某种奉献而给有机体以某种利益。原因论的特点在于：诉诸因果历史来说明生物功能为什么有其作用，为什么有解释作用。

　　普赖斯自认为，他的功能理论从调和功能陈述的规范特征与其解释力之间的矛盾出发，吸收了倾向论与原因论两者的合理性，进而把它们结合起来。他的阐释在本质上是原因论，但又改造了倾向论的思想。根据原因论，功能陈述的规范力能用这样的事实解释，即某些生物项目是由某种因果过程产生的。但是这理论也有问题，因为可能有这样的东西，它们是有关因果历史的产物，但似乎又不能说它有某种功能，如泥土结晶就是这样。而倾向论没有这个麻烦，它不承认，泥土结晶在复杂的进化过程中对有生物学价值的事态有什么作用。

　　在此基础上，普赖斯试图提出一种修改过的原因论，其中心是：一种装置有以这种方式行动的功能，其条件是：它的出现能用这样的事实来解释，即它的祖先对第二种机制的运作发挥过作用，

----

① C. Price, *Functions in Mind: A Theory of Intentional Content*, Oxford: Clarendon Press, 2001, pp. 12 – 13.

而此机制反过来又帮助产生那装置。换言之,当某种装置不是自我保护过程的产物,而是我们可称之为经服务而来的保护过程的产物时,它就有其功能。

要将意向性自然化,当然还要分析"意向性"一词,弄清它的所指。因为这是一个极有争论的概念。有的认为,老鼠夹子、温度计等有意向属性;有的认为,只有能称之为信念、意愿等的状态才能说有意向属性。根据普赖斯的标准,意向现象是一种非常广泛而普遍的现象,当然这不是说什么事物都有意向性。只有能呈现某事态、产生错误表征、有关于性、有解释行为的作用的现象才能被看作是意向现象。还应认识到,意向性有程度上的差别。为了确定它的范围,普赖斯分析了"最低限度的意向性"。因为把这一点弄清了,就不难明白它之上的逐渐变得复杂的意向性。

最低限度的意向性的典型例子,一是青蛙的苍蝇分辨系统,它能帮助青蛙对准苍蝇猛咬;二是蜂舞,它引导蜜蜂飞向花源,等等。这些系统就是它所谓的特殊目的系统,即通过发挥功能作用控制特定的行为的功能系统。这些系统被认为有多种意向能力,如分辨某特征是否在场,记录某种状态是否出现;当然有的能表征目的,有的能学习推理或作出推理。怎样根据上述目的、功能概念将意向性自然化呢?普赖斯的基本做法是:用下述事实说明心理状态的意向属性,即产生它们的状态或机制是有功能作用的生物学项目。他说:"如果我们能对解释它们怎么可能具有规范性和因果解释力的功能陈述作出说明,如果我们能把意向性当作一种功能现象,那么我们就找到了一种将意向性自然化的方法,而又不否认它们的规范性。"[1] 其自然化的结论是:"意向性是一种自然现象",也就是说,"思想、意欲等都是物理现象"。[2] 他的根据是:一种机制要被承认是意向机制,其功能必须是:能控制某种第二级的功能

---

[1] C. Price, *Functions in Mind: A Theory of Intentional Content*, Oxford: Clarendon Press, 2001, p. 3.

[2] Ibid., p. 1.

机制的运作，从而保证第二级机制产生的行为与环境中的某种状况相一致。例如青蛙的视觉系统能够发生作用，进而使随后的对黑点点的反应相应地发生。视觉系统控制了第二级机制即负责扑食的机制。

不难看出，普赖斯的说明有两个关键之点：第一，强调意向机制发挥功能作用，目的是在第二级机制的反应和环境中的某状态之间形成协调关系。第二，意向机制是设计出来的、用来控制某种二级机制的机制。这可以说明，意向事项以某种方式呈现了某种事态。不然，它就不可能有这种控制作用。①

五 博格丹的温和选择主义

博格丹是目的论语义学中多产且很有建树的思想家。一方面，他像其他目的论者一样强调：诉诸目的对于意向性之类的被解释项来说必不可少，是真正意义上的终极性解释。另一方面，他又诉诸进化、选择来解释作为解释项的目的。博格丹的突出的特点在于：反对通常的原因论说明；在强调选择对于目的之塑造的作用时也十分有分寸，作了许多限制。因此他把他的目的论恰当地称作"非原因论"或"温和选择主义"的目的论。他强调：进化是历史的创造者，而进化授予有机体以功能的方式多种多样，自然选择只是其中之一，例如目的指向性这一生物所独有的功能或特征是前生物的进化、自然选择的产物；同时，它还常常要受到自然选择的改造、更新。除了自然选择之外，还会采取文化选择和性选择的方式。他说："并非所有生物现象都是借助它的手而形成的。除了自然选择之外，还有这样的力量，它们推动了生物进化，例如随机的遗传漂变（genetic drift）等。"②

意向性是公认的难题。之所以难，原因在于有意向性的心理状

---

① C. Price, *Functions in Mind: A Theory of Intentional Content*, Oxford: Clarendon Press, 2001, p. 77.

② R. Bogdan, *Interpreting Mind*, Cambridge, MA: MIT Press, 1997, p. 21.

态怎么可能有意识地指向、关于它之外的另一事物，尤其是不存在的事物？人们常常借助照相机、镜子之类的直观来理解心理的关于性特征。这在今天看来，不仅不能帮助人们理解，反倒使问题更棘手，因为镜子所"关于"的东西，并不能被它意识到，而心理对自己关于、意指的东西则有清楚的表征。这种区别是由什么决定的？心理的关系属性如何可能？围绕这类问题尽管已诞生了不计其数的理论、学说，但都不令人满意。在博格丹看来，过去之所以没能很好解决这一问题，根本的原因就是没有从终极的意义上去考察意向性，没有看到它的根本基础是目的。根据他的看法，意向性也是进化的产物，具体地说是在目的指向性的基础上派生出来的，是服务于目的的指向性的。意向性不是人独有的。当然，不同的物种和个体的意向性表现出来的程度是不一样的。博格丹说："大多数动物的心灵都有目的指向性，进而都有意向性，这就是说，它们的内在状态总是关联于目的和世界上的事态的。我说'进而'，是因为我认为，意向性之被进化出来，是服务于目的指向性的。"① 一信念有其意向性或内容是由于世界有某种状态，它使信念得到了某种结果（成功地行动），而这些都是在个体进化过程被选择或设计如此的。例如，我们之所以有一特定的心理符号如"老虎"，是因为那符号有表征老虎的功能。它之所以有这种功能，又是因为在我们的一些祖先中，"老虎"曾引起他们的适当行为（如逃跑），由此，他们在进化上就优于那些没有这类行为的祖先。

只要是有生命的实在，就都有目的或目的指向性。例如基因就是如此，它的目的性是最原始的目的性，如只要有可能就设法维持和复制自己，最明显的表现就是它有代谢的目的。目的或目的指向性是怎样起源的呢？要回答这一问题，一方面要分析基因的结构和种类，另一方面还要分析基因自身的历史发展。根据博格丹的理解，基因有 DNA、RNA 和其他因素。可以把 DNA 理解为编程构造，RNA 看作是执行构造，其他的功能性蛋白（RNA 从 DNA 的指

---

① R. Bogdan, *Minding Mind*, Cambridge, MA: MIT Press, 2000, p. 104.

令中转录的）和蛋白输出（如组织、过程、行为等）也是这样的执行机构。另外，有两类基因，一是结构性的，二是调节性的。有机体之上可见的目的指向性就是由结构性、调节性基因加上转录控制的共同作用而形成的。换言之，目的指向机制的形成源自基因和转录层面上所开始的内在的功能相互作用，是基因与输入信号、转录蛋白复杂的相互作用的产物。在这个过程中，DNA 的作用最为重要。它可以说是"缔造者"、"成型机"，当然是以发布指令的方式决定最初的原因起什么作用、何时起作用，怎样被别的基因和内在过程所利用。正是由于这种程序指令对构型的作用，才导致了生物的因果目的指向性。

博格丹认为，目的指向性一经产生，不仅是推动生物进化的一个因素，而且是有机体的各种复杂结构和功能的缔造者，因此在解释这些结构和功能的过程中就成了一种不可或缺的、带有终极性的解释项。他说："目的论指向性系统最好是根据专用的结果（目的）来予以个体化和解释。这也意味着，目的指向性不可能为非目的论事实和规律还原或取消。"① 例如动物逃避捕食者的行为尽管可用原子分子水平的物理事实、规律、因果关系来解释，但最好的解释则是目的解释，而目的解释不可能还原为因果规律解释。

要解释人类的心智、认知及其具体功能，也是如此。博格丹认为，有机体进化出了目的以后，一定会让目的自始至终、事事处处引导、规范、调节有机体的行为，这类作用就是目的导引性的体现。正是目的导引性，让有机体的一切行为趋向于、服务于所选择的目的。它具体表现为两种约束，一是构成性约束。为了服务于目的，实现某任务，有机体就要做一些事情，而要做事情就需要材料。例如有机体在寻找食物的过程中，碰到了很大的食物，要吃掉它，必须把它分细，这就产生了对刀之类的工具的需要。而目的在引导这一满足需要的行为的过程中，必然会满足这样的设计条件，

---

① R. Bogdan, *Grounds for Cognition*, New Jersey: Lawrence Erbaum Associates. Inc. Publishers, 1994, p. 32.

即必须有实现某功能如切割的材料，这就是构成性约束。在选择材料的过程中，可能有很多可供选择的材料，这就需要比较挑选。而比较挑选一定有其原则，例如就制刀用的材料来说，当然应该是最快原则。这种比较选择的过程也是目的导引作用的体现，只是它是以规范性的形式表现出来的，于是便有第二种约束，即规范性约束。

在上述温和选择主义的基础上，博格丹还按"从上到下的战略"①，在依次分析信息作业、认知执行程序、运行程序的机制的基础上，揭示了认知产生的过程。很显然，如果真的揭示了生物认知的真实的发生过程，那当然等于解开了意向性的塑造之谜。因为生物认知的特点就是有真实的关于性或表征内容，例如蜜蜂的蜂舞包含着关于花粉方向的信息，其解释者接收了这一信息就等于知道了它所关于的东西。生物发出的信号（蜂舞）之所以有那种关于世界上的事态的功能，根源在于它内部有相应的结构或构造，而这构造恰恰是生物在进化过程中由目的指向性和导引性而塑造出来的。因为一构造（蜂舞）关联于什么（花源或危险物）不是一个自然的事实，而是一种规范性的现象。如果这样关联更有利于生存（有合目的性），那么它就会经过不断地重复而被确定下来；反之，就不会建立关联，即使偶有关联，最终由于不合目的，而终将被解除。他说："表征是由特化的产生性和范畴化程序产生的语义构造，不仅运行于视觉和语言加工之中，而且还运行于概念运用和记忆恢复之中。"②

问题在于：仅笼统、抽象地用目的性说明意向性的产生，对于我们在发展人工智能中向大自然学习是无济于事的。应怎样具体说明这种意向性的塑造过程及其实现的机理和条件呢？博格丹认为，这里仍离不开进化论和目的论的观点，如要继续诉诸进化和选择之

----

①　R. J. Bogdan, *Grounds for Cognition*, New Jersey: Lawrence Erbaum Associates. Inc. Publishers, 1994, p. 187.

②　Ibid. , p. 182.

手，因为认知是适应的产物。但更重要的是要诉诸由进化、选择所塑造出来的目的指向性和导引作用。如能进到这个层面，那么就可使说明具有具体性。他说："我们的目的论方案把目的指向性当作目的引导性的终极的进化理由，而后者又是认知性心灵的终极的进化塑造者。正是目的引导性才是认知程序及其机制进化出来后要执行的信息任务。"①

在这种具体的说明中，目的指向性是最根本的解释者，另一个不可或缺的解释因素是目的导引性。从它与目的指向性的关系看，后者决定了有机体与环境相互作用的一般形式，而前者是这些形式中的一类，其职责是负责有机体与环境之间的信息转换。具体而言，人类之所以有认知现象发生，最根本的原因是人类有目的指向性，而目的指向性在发挥这种作用时，又是通过目的的引导作用这一中间环节。因为目的引导性限定了指向目的的系统或有机体在它们的世界上所要处理的知识类型。在此基础上就可进一步说明它们如何获得信息，如何形成知识。总之，这种关于认知的生物学探讨方案所遵循的程序是一个由上到下的程序，即从目的指向性到目的导向性，再到信息加工，最后到认知程序直至认知的产生。

目的究竟有哪些导向作用呢？或者说有机体究竟有多少追踪目标、击中目标的方式？这些形式又是怎样引导认知不断从简单发展到复杂、从低级迈向高级的呢？他的简要的回答是：第一种目的导向作用是目的法则性导向作用（telonomic guidance）。这里的目的是简单的、模糊的，指向这些目的的行为也很简单，亦即是反射性的。第二种是目的语义学的导引作用。在这里，出现了个体化的目的。它由具体的、远端的属性表现出来，并可通过复杂的行为予以满足。第三种是原始语义学的导向作用。这种导向作用是由原始语义学决定的。在这里，语义信息处理涉及的是简单的信号或外部关系的呈现。第四种是表征语义学的导向作用。由于有这种作用出

----

① R. J. Bogdan, *Grounds for Cognition*, New Jersey: Lawrence Erbaum Associates. Inc. Publishers, 1994, p. 3.

现，有机体内部便有外在信号的显现，而且有复杂的语义工作。因此这里的语义学是表征性的，其目的引导作用就是表征语义学的引导作用。由于有了表征，语义学就从原始进到了高级的阶段。①

综上所述，目的引导作用实际上是有机体的这样的功能，即根据目的去利用内外信息，进而引导有机体作出与目的一致的行为。具体而言，目的对行为的引导，有机体及其行为对目的的趋向性、服从性，都离不开对有机体内外存在的信息的利用。对信息的利用就是目的导向作用的具体体现，而不同的利用方式则表现为目的导向作用的具体形式。全部信息任务不外两种，一是关联，二是调整，而调整又具体表现为产生、范畴化和利用。根据信息任务，根据对信息所做的工作，根据信息模式的类别，可以将目的导向作用分为两类。如图 5—1 所示。

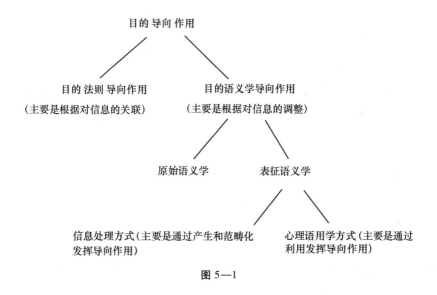

图 5—1

也就是说，最基本的目的导向作用有两种：一是目的法规导向

---

① R. J. Bogdan, *Grounds for Cognition*, New Jersey: Lawrence Erbaum Associates. Inc. Publishers, 1994, p. 6.

作用。在这种目的导向作用中，有关系统所做的工作主要是对信息作出关联，而关联所依据的是生态学规律加上偶然性。二是目的论语义学，在这里，目的导向作用主要体现在对信息作出调整，而调整又是以较远的目的以及体现了目的的属性的内在信号为中介的，这也就是说，这是所利用的信息带有语义学的性质，是以信号形式表现出来的。在目的论语义学这一方面又有两种形式。即原始语义学和表征语义学。在表征语义学之下，又有以产生和范畴化为基础的信息处理方式与心理语用学两种方式。这里所描述的过程及机理，就是生物的意向性生成的秘密。如果能让机器重复这一过程，那么就有望让它们表现出意向性。

六　目的论—信息论语义学

从本体论前提上说，著名心灵哲学家雅各布（P. Jacob）赞成一元论的物理主义，他说："语义属性的承载者一定是物理事物。"① 但他意识到，个体命题态度的语义属性又引出了本体论上的难题，如非语义的物理系统怎么可能具有语义属性？不仅如此，命题态度的语义性还引发了这样的认识论难题：怎样认识这种属性？而这些问题又向物理主义者提出了自然化的任务：什么样的非语义属性和关系，能授予一系统以表征别的事物和事态的能力？

雅各布承认，目的论语义学在意向性自然化过程中做了大量卓有成效的工作。但无疑也有局限性，必须把它与信息论语义学结合起来，才有前途。为什么要把两者结合起来？因为信息论和目的论各有优劣利弊。例如信息论在根据信息概念说明意向性的几个特征时作出了合理的、精彩的说明。但是对于强内涵性、依赖性的转换性或合取性问题的说明并没有如愿。甚至在他看来，合取问题根本就"不能接受纯信息论的解决"。而在这方面，目的论方案则有它的独特之处。因为"诉诸功能"，即用目的论方案，可对之作出较

---

① P. Jacob, *What Minds Can Do*, Cambridge: Cambridge University Press, 1997, p. 12.

好的解答。①

他的"结合"工作，不是简单地把两者糅在一起，而是在对两者作重新阐释的基础上，对意向性自然化问题重新作出自己的解答。在阐释和改造目的论语义学时，他既重视米利肯的思想，同时也重视赖特和卡明斯等人的观点。他认为，这里的工作有两个方面。一是功能分析，二是原因论分析。所谓功能分析就是分析一系统的功能是怎样实现的。在雅各布看来，一系统有许多功能，只有一种功能才称得上是原因论功能。要搞清原因论功能，就要进行原因论分析。这里，他觉得赖特的思想比较合理。在赖特看来，一构造的功能就是它所做的事情，而所做的又可说明该构造存在于哪里。可这样来定义，x 的功能是 z，当且仅当：（i）z 是 x 存在于那里的结果；（ii）x 在那里，因为它做了（或引出了）z。② 可见，一构造可有许多功能。但只有一种功能是它的原因论功能。所谓原因论功能就是该物被设计或被选择要做的事情。例如心脏有许多功能，只有泵血才是它的原因论功能。

在这里，选择或设计有两种方式：一是人工的选择，二是自然的选择。不仅物种、人工物适合于这种选择论分析，就是天赋的子系统、表征也是如此。雅各布认为，大自然选择和设计的不是个别的状态、活动、经验和结果，而是机制、能力。"例如只有动物的感觉机制（它的视觉、听觉系统）才能从自然选择中产生出来。"这种机制或能力就是原因论功能或米利肯所说的"直接的专门功能"③。雅各布强调：这种功能有规范性的维度，但这种规范性不同于统计上的规范性。统计上的规范性是某物在大多数情况下实际上做了什么事情。例如一电子有吸引周围氢原子的功能。而专门的

----

① P. Jacob, *What Minds Can Do*, Cambridge: Cambridge University Press, 1997, pp. 105 – 106.

② L. Wright. *Teleological Explonation*, Berkeley: University of California Press, 1976, p. 81.

③ P. Jacob, *What Minds Can Do*, Cambridge: Cambridge University Press, 1997, p. 109.

生物功能则不是这样。它是被设计或被选择要做的事情，但事实上不一定被做了。这就是生物学规范的含义。这种规范既不同于物理学、化学规范，也不同于伦理学、美学规范。

在重新规定了原因论功能的基础上，雅各布论述了自己关于意向性自然化的思想。他说："个体命题态度的语义属性的某些特征是来自于我所谓的个体携带信息状态的原因论指示功能"，毋宁说，他试图从原因论指示功能中派生出语义属性。他说："生物学规范来自于原因论功能。根据关于功能的原因论观点，一生物器官（如心脏）是从选择过程中得到它的功能（如泵血）的……如果生物学规范来自于原因论功能，如果原因论功能来自于非意向的选择过程，那么生物学规范就与别的非生物学规范如伦理和美学规范泾渭分明了，因为前者不像后者那样，并不预设有命题态度的有意识自主体。"①

雅各布深知，要将意向性自然化，必须用非意向术语说明意向性的一系列特征。例如意向性有这样一个特征，即非转换性依赖性。以温度计为例，它表征的是大气温度的信息，而此信息又合法则地依赖于大气压力。问题在于：此温度计或别的工具的显示功能在存在这种规范的依赖性的情况下还能分辨两种不同的属性吗？或者说，在信息关系存在着转换性时，一设置的原因论分辨功能能分辨这种转换性吗？假如信息关系是转换性的，一装置的原因论功能所携带的信息可以是非转换的吗？这里所说的非转换依赖性，其实就是意向性或表征在多种信息套叠在一起的情况下只对其中一种信息敏感这样的特征。

在说明这一特征时，有两种方案。第一种是福多的看法，他主张：一装置的指示功能的非转换性依赖于这样的可能性，即在反事实情况下，把两属性中的一个属怀的例示与另一属性的例示分离或区分开来。根据第二种思路，即使两属性是合法则地共外延的，但

---

① P. Jacob, *What Minds Can Do*, Cambridge: Cambridge University Press, 1997, p. 114.

一个的例示，而不是另一个的例示，在该装置由以获得其指示功能的选择过程中是因果有效的。它不考虑反事实或可能世界，而只关注分析的属性，因此认为，认知结构能体现指示功能的非转换性。很显然，这是德雷斯基的看法。

雅各布认为，只有把信息语义学的信息概念与目的论的功能概念结合起来，才能解决依赖性的转换性问题。根据对两个概念的分析，他得出了关于转换性问题的以信息为基础的目的论语义学结论：装置的指示功能是非转换的。他说："如果我们可以设想一个人造物，其认知构造没有合法则的依赖性转换性，那么为什么就不能假定：自然选择的进化也授予了一有机体这样的产生下述状态的过程，即它的指示功能也是非转换的？如果是这样，那么生物器官也有非转换的指示功能，即使它的携带信息状态所携带的信息是转换性的。它的指示功能并未继承信息关系的转换性。"①

第二节 意向性的建筑术

要造出有意向性或有真实表征外部事态能力的人工智能，最好的办法是向造出了人类智能的大自然这一"建筑大师"取经或学习。这是当今人工智能研究领域中的许多有识之士的共识。麦金（C. McGinn）也持此立场。不过，他对任务作了更为明确的表述，例如他在《心理内容》一书中提出和论证了"心智的建筑术"概念，倡导要研究大自然设计、制造心灵的方法和途径。他的基本观点是：应在目的论的框架内解决意向性的问题。这与前述的目的论理论是一致的，不同在于：他认为应把目的论与模型论结合起来。

一 内容二因素论

要让机器模拟人的意向性功能，无疑必须对人的意向性的本质

----

① P. Jacob, *What Minds Can Do*, Cambridge: Cambridge University Press, 1997, p. 137.

特点及其实现机理和条件有一个基本的认识。为此，麦金提出了自己的内容二因素论或弱外在主义。这里所说的内容就是通常所说的意向性。外在主义是相对于内在主义而言的。它们争论的主要问题是：心理状态是否存在于头脑之中。内在主义认为：在。外在主义认为：不在。麦金提出的问题是：心灵从根本上说是自主的吗？或者说，世界进入了心灵的本质之中吗？他的内容二因素论不像一般的外在主义和内在主义那样要么只承认宽内容，要么只承认窄内容。它强调的是：每一内容中同时有宽和窄两方面或两因素。麦金说："我们关于信念内容的直观概念包含两方面的因素，它们分别可满足我们归属信念时的不同兴趣。一种因素是表征世界上事物的样式（窄内容），另一个涉及表征与被表征事物之间的严格的语义关系（宽内容）。我想说的是：前一要素是信念的因果解释的构成要素，后者与我们把信念当作真值的携带者有关。我们既把信念看作是头脑中能解释行为的状态，又把它看作是能指谓真值条件的项目。"①

　　由于麦金承诺了外在主义的某些原则，但又有所弱化，因此他有时把他的内容理论称作弱外在主义。例如它强调内容既是局域随附性的，又是关系性的。这里所说的关系性，指的是心理表征与抽象对象的关系。他的弱外在主义一是强调本体论上的相互依赖性，认为任何事物都不可能孤立存在。二是强调无封闭的界限，认为任何事物中都渗透着他物的因素，同时它也可渗透到别的事物中，此即有缺口的界限（breached boundaries）。而内在主义的本体论前提是：实体主义以及与之相连的自主性、排他性。它强调心灵有独立于世界的内在本质，自己决定自己。外在主义反对这种理解，主张：心灵是由它与外在对象的关系所构成的，因此心灵似乎是没有界限的。划定主体的界线，你就会有种种困惑：遥远的对象怎么可能成为心灵的构成物？外在主义强调："关于心理界线的全部观点

① C. McGinn, "The Structure of Content", in A Woodfield (ed.), *Thought and Object*, Oxford: Claredon Press, 1982, p. 210.

一开始就是错误的、充满着矛盾的，充其量是一个错误的隐喻。"①
心灵怎么可能让外物进入从而成为它的内容呢？他说："对外在主
义而言，严格的结论最好不要理解为，心灵是一种奇迹般的、不可
理解的特殊实体，能够想出一般的实体想不出的鬼点子，而应理解
为，心灵根本就不是任何实体——从形而上学上说，心灵不是像岩
石、猫、肾那样的东西。从形而上学上说，心灵可看作自成一类
（sui generis）。"②

　　从语词上说，外在主义也实现了一种转向。它强调："心灵"
并不是用来区分对象的类别的类别谓词，同样，也不是心理谓词的
主词。因为关于"心灵""我的心灵"的话语严格说来不是谈论对
象的话语——这些表达式从逻辑的实在性上说是伪单数名称。世界
上之所有对象的一览表中不包括心灵。这不是说心理描述是不真实
的。在外在主义看来，"关于心灵的话语最好理解为关于属性、力
量或性质的话语。"③ 心理谓词并不适用于属性的对象。心理谓词
的对象主体是人，而人是有属性、能力、性质和关系的存在。

　　总之，在麦金的外在主义看来，心灵不是实体，而是属性。心灵
不在头脑之中，而分散于世界之中，尤其是人与它的对象之间。④

二　问题与方法论

　　麦金认为，人类心灵的根本特点在于：能通过适当的方式将人
与世界关联起来，此特点实即意向性。它既是人能作为主体生存于
世的基础，也是其他一系列心智能力得以发生、起作用和发展的基
础。在这里，人们提出和正在探讨的问题很多，所形成的构想和方
案也各不相同。而在麦金看来，有两点最为重要：一是应从什么角
度来观察意向性；二是意向性的机制是什么，大自然是怎样将它设
计、制造出来的。这一研究，用他的话来形象地加以表述，就是要

----

①　C. McGinn, *Mental Content*, Oxford: Blackwell, 1989, p. 12.

②　Ibid., p. 22.

③　Ibid., p. 24.

④　Ibid., p. 30.

探讨心灵的建筑术或建造术。毫无疑问，完成心灵设计和建造的大师当然不是神，更不是人自己，而是大自然中客观存在的进化、物竞天择这样的客观力量，这样的鬼斧神工。要想模拟人类心智及其意向性这一"天造地设"之构造和特性，就必须弄清大自然所用的"鬼斧神工之技"。不管别人是否认同这一点，他一直在按自己的设想走着自己的探索之路。他强调，他在这里思索的问题不是传统的概念分析的问题，如具有内容的先天的充分必要条件是什么之类的问题。同时他也不关心适合于用先验论证予以解决的问题。他不认为：我们能根据内容概念想象出它的基础一定是什么。他说："我考虑的问题属于推测性、探索性的经验心理学的问题，我想知道的是：哪一种（高阶经验假说）能最好地解释像我们这样的表征系统的已知特征。我要推测：什么样的机制支持着有内容状态的持有和加工。"① 问题是：怎样认识意向性呢？他认为，研究意向性的机制或生物结构，绝不意味着要把意向性还原为某种物质的东西，而是要弄清意向性的一系列特征、作用是由什么结构、机制实现或体现出来的，这些结构、机制是怎样被塑造出来的。因此这里要追问的是意向性得以产生、存在和发挥作用的条件与基础，或者说是"内容的结构基础，即让认知机制成为可能的条件"②。

要弄清大自然建造心灵所用的技术，除了研究进化史之外，还应利用模型方法。他强调，在解决上述问题时，可以从思考这样一个问题开始：怎样建造一种能对之作出内容归属的装置？进化曾碰到过这样的问题，现在的人工智能也有这个问题。内容有适应生存的作用，因此基因就有建造一种能例示内容的任务。人工智能设计者要想模拟进化所做的事情，就应充分地理解进化是怎样解决上述问题的。当然，进化是自发、盲目地解决这一工程问题的，而人工智能设计者则应自觉地予以解决。

要解决这一工程问题，需要哪些条件呢？应怎样把它们拼在一

---

① C. McGinn, *Mental Content*, Oxford: Blackwell, 1989, p. 170.
② Ibid., v.

起呢？要用什么样的原理才能设计出有表征内容的机器呢？如果我们知道这样的系统怎样被建造，那么我们就能形成关于如何建造这种系统的有用的假说。如果我们能缩小各种可能设计的范围，那么我们就有条件制定设计有内容的机器的方法。他说："我的问题属于所谓的心理建筑领域的问题……即探讨心理系统怎样被建造出来——心灵大厦怎样从地面拔地而起——通过什么设计原理，心理能力被制造出来。"① 这个问题与生物学的这样的问题有类似性，如大自然怎样构造出了一种能完成基因遗传的装置。很明显，生物之所以能遗传，那是因为有相应的结构，正是这使父代的特性传给了子代。可以设想：通过追问怎样才能设计一种能遗传的机制，我们便能得到关于 DNA 和双螺旋结构的观点，这种结构是陆生有机体的实在的机制。心理建筑学也是如此，也可以提出这样的设计问题：心灵是怎样被建造出来的？

一种可能的回答是：表征系统是处理句子的装置，也就是说，心灵是句法机。如果你想造一个能表征事态的心灵，那么你就得造一台能储存和加工语言符号的机器，其句子结构有语法、逻辑形式、正字法和语义学。内容的机制就是思想语言。在一些人看来，这是进化已解决了的问题，现在则应是人工智能专家追寻的目标。麦金认为，这一方案尽管有其合理性和可操作性，但过于理想，且与心灵建造的实际历史有很大的差距。根据他的看法，最有前途的方案应是目的论与模型理论的合璧。只有将这两方面结合起来，才有望解决心灵建造术的工程学问题。

三　模型论及其创发性解释

麦金认为，心灵建筑术中最好的理论是心理学家所熟悉而哲学家所陌生的一种理论，它主张：思维以心理模型为基础。他还认为，该理论有许多尚未被认识到的重要优点，作为一种关于意向性的理论的解释力还没有被充分发挥出来。如果开发利用得好，那么

---

① C. McGinn, *Mental Content*, Oxford: Blackwell, 1989, p. 171.

它可以为心灵工程师构造有内容的系统提供指导。当然，心理工程师如果要理解他自己的构造的意义，又必须得到哲学的忠告和帮助。因为建造那种机器不是那么简单的，我们有必要知道那个机器怎样才能是一个携带内容的系统。

　　什么是模型论？它是怎样形成和发展起来的？模型论的雏形是由克赖克（K. Craik）在1943年的《解释的本质》一书中提出来的。他首先追问：思维是什么，其特征是什么，然后追问什么样的机制使它能例示这些特性，什么样的内在结构对那种能力及其思维才是充分必要的。在他看来，只有当我们提供了关于思维的充分解释，我们才能回答上述问题。经过自己的研究，克赖克提出了自己"关于思维本质的假说"，其中包含了初步的模型论思想。他认为，思维的根本特性之一是它能预言未来。例如要建一座桥梁，就要思维。而在这个过程中，思想会对它的安全性、承载力、寿命等作出预言。这里所经历的思维过程是：观察外在的事件，然后进至结论，即得到预言，它是由意指或描述外在事件的词语表达出来的。具体地说即是：（1）把外在事件、过程"翻译"成词语。（2）通过推理到达别的符号。（3）重新把这些词翻译成外在的事件和过程。他认为，这些步骤也可在计器机上模拟，由此便可建构出模型：（1）用模型把外在过程"翻译"成它们的表征。（2）通过机器过程到达别的表征（齿轮之类）。（3）重新把这些翻译成原来的物理过程。在他看来，后一过程就是前一过程的模型。它无需完全相似于真实的过程。但是两者起作用的方式在许多基本的方面是一致的。两者的区别主要表现在速度、价格和习性等方面。

　　当代模型论的最有影响的倡导者是约翰逊—莱尔德。他曾工作在剑桥，因此人们有时把模型论称作剑桥论。他首先在模拟密码与数字密码之间作了区分，认为这是模型理论的核心内容。模拟密码是由符号构成的，其属性是作为被表征的事物的功能而变化的，而数字密码则不同，其特征独立于被表征的事物的属性。在模拟密码中，被表征事态的属性反映在密码本身的特征之中。而在数字密码中，情况则不同。在这里，表征关系是任意的。总之，对象与符号之间的协变是模拟密码的重要标志，而独立性则是数字密码的重要特征。自然语言是数字密码，因为其句法和语音特征并不整个地随着指称的属性的变化而变化。

内在的句子是数字表征，但模型并不是有句子结构的。如果加以形式化，便可这样表述：假设有对象或过程 D，它是由 $X_1 \cdots X_n$ 这样的部分构成的，这些部分有属性和关系 $R_1 \cdots R_n$，这样一来 D 的模型（不管是心理的还是外在的）就是一种实在 $\dot{D}$，它由 $\dot{X_1} \cdots \dot{X_n}$ 所构成，有属性和关系 $\dot{R_1} \cdots \dot{R_n}$。在这里，存在着一种整体的映射，即把 R 的例示映射为 R′的例示。这种映射保留了这些例示之间的量值关系。换言之，有一种规则或规律把"R"的值与"R′"的值关联起来了，正是"R′"保留了这些值的关系结构。

模型与句子有什么区别呢？区别在于：第一，句子并不相似于它所描述的东西，而模型并不描述它所相似的东西。模拟与描述是根本不同的关系类型。第二，句子是数字性的，模型是模拟性的。第三，句子有句法结构，模型有相似于所模拟的事物的结构。第四，句子有语义属性——真值条件、指称、意义，而模型没有，就像地图没有这些东西一样。总之，句子和模型是用不同的方式接近和表征实在的。

由于模型既不同于语句，又不同于概念、命题，因此模型理论与逻辑学、语言学有明显的不同。后一类理论关心的是对命题内容本身的说明，而模型论要说明的是内容的建筑学基础。命题内容是 that 从句所指称的东西，是命题的项目，被授予了各种不同的命题属性。而心理模型并不能等同于这些项目，也不能说它们构成了命题内容，因为模型不是表征性实在，它们没有句子结构和逻辑形式。对心理模型的研究属于心理学的工作，或者说是心理学的分支。模型理论要做的是构建基础的工作，而不遵循逻辑路线。也就是说，它试图建构一种装置，它可引起命题内容的归属，因此它不是关于命题内容的对象的理论，而是关于对象的根基的理论。句子理论把这两者混合起来了，甚至没有作出区分。而模型理论则作了严格区分。①

----

① C. McGinn, *Mental Content*, Oxford: Blackwell, 1989, p. 182.

　　对象与根基的区别，在显示关系中表现得最明显。例如在测量温度时，我们是用抽象的实在即数来显示对象的物理状态。这里就不能说显示关系的物理基础包含着数或数量关系的影像。同样，在显示主体具有命题内容的头脑状态时，我们就不能把逻辑结构放进主体的头脑之中，进而在那个大脑中去找命题的影子。毋宁说，根据模型理论，我们只需某种系统的规则，它帮我们从逻辑空间中分辨出这样的索引，它被归属于一个特定的内在模型。正是这个规则把我们从模型带到了命题。地图提供了一个恰当的例子：地图的模拟特征是一种命题，它描述了地图所模拟的东西，可以说这些命题显示了类似的特征，但并不具有它们的类似的结构。这里的规则是，对于地图的任何模拟特征来说，它要挑出的是描述了那个特征所模拟的东西的命题。因此可以说，被挑出的命题是那个特征的命题内容，那个特征则是它的命题对象的非命题根基。

　　心理模型也是这样的。所挑出的命题显示的是那模型模拟的事态，这就是那心理状态的内容。因此逻辑的结构并不存在于头脑之中，但不妨碍把它归于头脑中的东西。指示词并不需要存在于它们所指示的东西中。由此可以说，我们不能根据必然会发现信念的命题句子对象的结构基础，就推论说：思维语言是存在的。在这里，模型论强调的是：必须把关于态度对象的句子理论与关于它们的基础的非句子理论区别开来。

　　应该用什么样的词汇来描述这些模型呢？关于心理模型的描述处在什么层次呢？在莱尔德看来，符号取决于我们认识到什么样的理论层次。对有机体的描述通常有三个层次：第一，硬件层次，即大脑的物理化学结构、神经构成材料；第二，软件层次，在硬件中所实现的、构成认知系统的程序、计算和抽象结构；第三，人格层次，主体本身所具有的、可意识到的信念、愿望、感觉等。

　　模型理论能说明什么呢？麦金以上面的分析为基础作了自己的回答和发挥。他认为，这一理论之提出，目的是要说明内容（人的、亚人的）的基础。这一目的无疑是不太好实现的，因为内容有命题内容和图画式内容之别；其次，思想、命题都有结构，而模型没有结构，因此它怎样作为思想的基础起作用呢？麦金的看法是：只要理解了对象与基础结构、命题与机制的不同，就可对内容之实现基础作出较合理的说明。麦金说："克赖克实际所阐发的、而我至今仍坚持的那种雄心勃勃的理论就是主张：模型凭自己就足以实现内容，而不依赖于其他的表征系统。因此模型为关于内容的理论提供了一种自足的基础。"①

四 "小人难题"与目的论

模型尽管可以被称作内容的基础，但稍作思考便会碰到塞尔"中文屋论证"所提出的问题：对模型本身的加工似乎无关于外部世界，而人的意向性总是关于它之外的东西的。不仅如此，它还会碰到"小人难题"。正像地图要发挥表征的作用需要有人来阅读它一样，模型要表征外在的事态，也需要有一个内在的小人（模型建造师、解释者）在那里"阅读"。而内容到了小人心中又成了模型，要让它关联于外在事态，又需要一个上一级的小人来"阅读"，如此类推，以至无穷。

麦金认为，的确有这样的问题，但不难回答。只要我们记住模型是处在一种因果—目的论的情境之中，那么上述问题就不复存在了，因为这情境就是它们的引导作用所在的地方。由于进化、目的论的作用，有机体已被如此建构、进化好了，因此模型能按照某种规律或原理而起作用。② 既然如此，要解决心智及其意向性的建筑术问题，下一个必不可少的理论支撑便是目的论。因为模型并不等于意向性，模型也没有做意向性所做的一切事情，它只是意向性的基本结构，或结构基础。仅只有模型，还不能实现意向性。如果它要产生意向性或内容，还要有目的。只有当模型出现在某种包含着目的、行为倾向和因果相关事态的网络的背景之中，它才能现实地

---

① C. McGinn, *Mental Content*, Oxford：Blackwell, 1989, p. 184.

② Ibid., p. 200.

使内容显现出来，才能成为意义的携带者。①

在这里，麦金没有太多的"创新"，他所做的不过是改造已有的目的论语义学的成果，并把它们用到对模型的自然塑造的说明之中。其基本观点是，人类心灵中的心理模型具有意向性，能表征世界，完全是进化、自然选择的结果。因为意向性是一个自然的事实，就像皮肤包含有色素，其功能是让有机体免遭太阳射线的伤害一样。它有此功能是进化的产物，是大自然如此设计的，不然就不利于生存。同样，正是模型的机制成了模型之功能的基础。而这是自然缔造者所使然。塑造意向性的工程师把意向性建立在模型的基础之上，这有特定的目的论原因。模型把人与世界关联起来是通过完全自然的关系而实现的。总之，当人思考时，其头脑中发生的并不是怪异的事情。可见这都是完全自然主义的观点。②

问题是：怎样具体地用自然机制、过程或关系来说明心灵指向外在事态的能力？对"意向射线"的自然解释是怎样的？他作了自己的回答，那就是反复强调把目的论与模型论结合起来。怎样把它们结合起来呢？先看图 5—2。

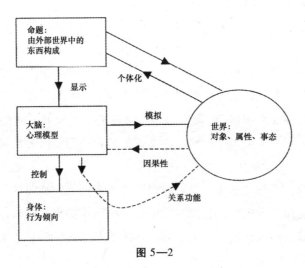

图 5—2

① C. McGinn, *Mental Content*, Oxford: Blackwell, 1989, p. 199.
② Ibid, pp. 198 – 199.

第一节方框说的是：我们有命题，而命题描述的是世界上的事态，同时又通过指称世界而个体化。从存在方式来说，命题存在于"逻辑空间"之中。从与大脑的关系看，它显示的是头脑中的状态，而头脑中的状态又是实现命题态度的基础。这种基础就是第二框中的心理模型。命题内容及其状态不在头脑之中，因为它们是由外部世界而个体化的。心理模型在头脑之中，命题内容以之为基础而得到实现。反过来，心理模型又间接地由这些内容所显示。换言之，通过命题内容可推知心理模型的存在。从它与外界的关系看，心理模型处在与外部世界的模拟关系之中。这种模拟关系不同于描述关系。模型一般是由被模拟的实在所引起的；在心理模型的原因论中还存在着认知的产生性、繁殖性。这里的原因论既指共时态的原因，如当前的表征所由以引起的原因，也指历时态的、进化史上的原因。因为某模型与相应事态在进化历史中所形成的固定关系决定了它们的表征关系。模型一旦在进化史上形成了，一方面，它便成了意向性的功能基础，只要有相应的对象出现，它就会"指向"它；另一方面，模型一经形成，也是身体的运动控制的原因基础，即是行为倾向的基础。这些行为倾向允许目的论的描述，这种描述把它们与世界关联起来。就世界上的事物来说，它们有关系性的固有功能。所谓关系性功能是指引起有机体以某种能满足有机体需要的方式行动。虚线表示的就是这种关系。到此可以发现一种循环，即从世界到命题、从命题到模型、从模型到关系功能、再由这种功能到世界。就内容理论来说，模型是一种实现下述功能的结构，这种功能在与有关条件（目的、因果相关事态、行为倾向等）相互作用时便产生了显示模型的命题。至于心灵本身，则不在头脑中，即使那里有它的结构机制和基础。在上图中，下面两框与世界的环形虚线表示的就是心灵，它不是实体，而是一种关系属性。只有人才是实体，它由下面两框构成，因为它不由世界而个体化。[1]

总的来看，麦金像塞尔等人一样看到了几十年来人工智能发展

----

[1] C. McGinn, *Mental Content*, Oxford: Blackwell, 1989, pp. 210-211.

的瓶颈问题，即人工智能之所以还不是真正的智能，是因为它还只是句法机，而不是语义机。为摆脱困境，麦金作了大胆的想象和探索，别出心裁地提出，人类要造出类似或超越人类智能的智能，就不能闭门造车，不能异想天开，而应有实际的参照，应寻找学习的榜样。这榜样就是大自然这位心灵的设计和建筑师。现今立志建造人工智能的建筑师所处的状态其实类似于生命诞生之际大自然设计师所处的状态。它白手起家，从无到有，经过它的缔造之手终于造出了人类的心智及其意向性。这个过程是我们人工智能专家再好不过的教科书。麦金经过对这本教科书的破解，经过对大自然这位心灵建筑师的活体解剖，形成的发现是：大自然之所以为人类造出了有意向性的心智，是因为它用它的进化之手为它安装了特定的心理模型，它能模拟世界，从而使自己的思维、综合、想象、创造等都关联于世界。因此人工智能的当务之急一是研究人类心智及其意向性是如何被进化出来的；二是对它作静态、活体解剖；三是将所得的启示、教训灵活应用到机器之上。麦金在这三方面都作出了自己的尝试，但显然是不够的，只是开了一个好头而已。

第三节　人工生命与生命演化仿真

进化论告诉我们：人类之所以有它的智能，是因为大自然的长期选择和进化。受这一思想的启发，许多人工智能专家开始了新的探索，如试图研制人工生命，研究机器人养殖场，以让机器人在这里得到智能育种。所有这些尝试都不外是要让机器人在一定环境中向着人类智能方向进化。如果有这样的进化，那么可把它称作"人工进化"。杰斐逊和泰勒还开始考虑将机器人作为跨越呆板的电路模拟世界与极度复杂的现实有机体世界鸿沟上的桥梁。① 索罗蒙诺说："人工进化的前景在于：已经了解或猜测到许多有关自然进化

---

① ［美］参阅戴维·布里德曼《制脑者》，张陌等译，生活·读书·新知三联书店 2001 年版，第 161—195 页。

的机理，而且这些机理可被直接或间接地用来解决人工进化中的问题。对于人工智能来说，进化的模拟远比神经网络的模拟更有前途。"①

一 人工生命的理论与实践

所谓人工生命即是由人工而非由自然所创造的具有自然生命的必要特征的生命系统。这些特征主要包括：自繁殖、自进化、自寻优、自学习、自组织、自适应，具有一定的物质构造，同时有能转换和信息处理的能力。

人工生命的研究有两方面：一是从理论上探讨自然生命的起源、形成过程及其机理，进而研究创立人工生命的可能性根据和具体实施方法。这种探究构成了所谓的人工生命科学。二是研究如何创造人工生命，如何真正实现人工生命的人工进化的具体工程实践。

人工生命科学是融合生命科学、信息科学、系统科学和数理科学等方面的成果而形成的一门探究生物现象的动态原理、并通过生物媒介模拟自然生命的科学和技术。20 世纪 40 年代兴起的人工神经网络、维纳的控制论、冯·诺伊曼的有关理论可看作是其早期探索。80 年代，兰顿所提出的人工生命理论标志着这门学科的正式诞生。研究人工生命的意义在于：第一，有助于更好地认识自然生命。第二，有利于开发基于人工生命的工程技术方法和产品，例如有这样的方法就可自动而高质量地形成逼真的人工生物和人工社会。第三，这一研究有助于提高人工智能的水平，尤其是有助于解决人工智能的一些瓶颈问题，如意向性、语义性、创新性等。第四，有利于解决一些长期困扰人类的医学难题。

人工生命的研究尽管刚刚起步，但已有一些初步的成果，例如创造出了许多新的人工生命形态。其形式主要有：

----

① 转引自［美］休伯特·德雷福斯《计算机不能做什么——人工智能的极限》，宁春岩译，生活·读书·新知三联书店 1986 年版，第 159—160 页。

（1）真实的人工生命，这又有多种形式，首先是进化机器人，它是嵌入了进化机制的具有较强自适应能力的智能机器人。其次是模拟生物系统的子系统，如模拟神经系统功能、内分泌系统、免疫系统、遗传系统、代谢系统的人工生命系统。最后是模拟了某些生物的部分功能的系统，如机器学习、模式识别、图像处理等研究领域中就有这种类型的模拟。这一类人工生命研究用的主要是下述方法和技术：一是用计算机、微电子、光电通信等工程技术方法研究开发、设计制造人工生命系统；二是用生物化学、克隆技术遗传工程等方法和技术，借助人工合成、基因控制、无性繁殖等过程，培育生成人工生命。

（2）虚拟人工生命，即是虚拟计算机世界中的数字生命。其生存环境是虚拟的世界，即计算机中的虚拟数字世界，其存在形态是以计算机软件形式表现出来，其生存、活动和演化的过程也完全是模拟性的。这种模拟所用的方法主要是信息模型法，即根据生命行为及其环境来建造信息模型，所用的技术主要是计算机屏幕、虚拟现实的软件方法、三维动画方法，或光机电一体化的硬件装置来演示和体现人工生命及其进化和繁衍过程。

我们先来看真实的人工生命系统。全面地模拟自然生命及其物质和心智构成及功能的人工生命系统早就问世了，如各种形式的智能机器人。一般的人都知道：人类智能之所以有自己固有的意向性，是由他们凭借他们所具有的进化能力所使然。因此要让智能机器也有自己的意向性，关键是要让它也有进化能力。基于这一看法，许多机器人专家选择了不同于虚拟人工生命的做法，即采取硬件模拟的方式，试图通过金属板、电线等材料的不同组合造出有进化能力的生物，然后把它们放入适当的环境，以获得包括意向性在内的其他能力。波拉克（J. Pollack）和利普森（H. Lipson）提出了一种新的想法，即先让机器人在虚拟环境中进化出能适应的形式，然后再把它们自动地制造出来。尽管被造出的机器人没有人的形态，也很笨拙，但由于它是有史以来第一台被自动设计技术依据进化模式造出的达尔文式机器人，因此非同寻常。①

由于自然生命极其复杂，每一生命个体的功能多种多样，因此要在一个人工系统中全面模拟所有一切功能，既不现实，也无多大应用价值。有鉴于此，人们更感兴趣的是模拟某一或某些特定功能的人工系统，如人造大脑。通过对自然塑造大脑过程的研究，人们认识到，要造出类似人脑的智能，必须建立这样的人工脑模型，它具有自适应、自学习、自进化、自组织、高度并行等特点。而要如此，一是要造出具有如此特性的初始装置，它具有实现上述特征的潜在可能性和机理；二是要提供相应的进化环境。基于这样的考虑，有关专家提出了研究人工脑的构想，并从仿生学、人工智能、人工神经网络、模式识别、超级计算机等角度展开了研究，取得了初步的成果，其标志是造出了有一定水准的感知机、联想机、认知机、意识机等。它们都从特定的方面模拟了人脑的功能，因此可看作是一种人工脑模型。

1993 年，日本京都先进电讯研究所的进化系统部提出了一个人工脑计算，即试图在八年内研制出一个机器猫，其智商要接近一个小猫的智商。1999 年 11 月展示了第一阶段的成果。这个机器猫有大约 3770 万个人造神经细胞。下一步的研究正在进行之中。这一研究的特点是：试图从硬件和软件两方面模拟生物智能的进化过程。因此从构成上说，这种自动机就有更接近于生物脑的结构。它有五个子系统，即细胞自动机（工作空间用了两个相同的 CoDi 模块，每个模块有 13824 个细胞）、基因型/表现型记忆器（能记忆染色体或神经网络描述）、适应度评价单元（能对神经网络的适应值作出评价）、遗传算法单元（能执行遗传算法）、模块内联存储器（能记忆网络中 64640 个 CoDi 模块间的连接）。这里的一个大胆构想是提出了硬件进化的思想，即试图让电子设备中的元件之间的物理连接能按某种遗传算法进行自我更新。这一想法极具创意，

---

① H. Lipson and J. Pollack, "Automatic Design and Manufacture of Robotic Lifeforms", *Nature*, 2000 (406): 974 - 978.

但实施起来，困难十分巨大。因此目前仅处于开发的初级阶段。

　　细胞自动机是一种由若干单元构成的动态阵列。每个单元类似于人脑中的神经元，因此也可称作细胞。它是一种有限态自动机，仅有两个不同状态，可用 0 和 1 表示。每一细胞为一方格，同时有两个邻域细胞。由这种结构所决定，每个细胞的新的状态便由它的原状态和邻域细胞的状态所决定。也就是说，它的输出是当前状态与输入值的函数。而当前状态又是它与相邻状态的函数，它的下一状态是它本身的当前状态与相邻个体的状态的函数。在每一时刻，全部细胞状态值构成的序列就是细胞自动机在该时刻的格局。也就是说，细胞自动机的整体格局是由各细胞状态的总体决定的。从初始格局到最后状态的进化过程是计算处理过程，最后的格局也就是计算的结果。从功能上说，这种细胞自动机有这样的作用，即通过局部特性、根据简单的一致性法则模拟、处理具有较高复杂性的离散过程。

　　意识机的研究也已起步。著名人工智能专家明斯基认为，意识是脑所进行的复杂运算的表现，有两方面：一是辨认，二是有目的的行为。意识体现在许多心理活动之中，如表征、对行动进行控制、作出计划、使用语言、加工信息、知觉过程等。从机理和实现条件来说，意识与短时记忆有关，处理的是人脑中通过短时记忆储存的信息和状态。基于对意识及其机制的上述看法，他大胆设想：计算机表现出意识功能是毋庸置疑的。①麻省理工学院媒体实验室的专家提出了建构认知机的设想，试图让机器有感知、学习的能力。例如博伊（Deb Roy）提出了"跨通道早期词汇学习"（Cross-Channel early Lexical Learning）模型。它试图模拟的是儿童从各种感知过程中获取词汇的过程。根据这一模型，机器获取词汇也应像幼儿一样通过语言通道和语境通道获取信息。通过前者，它可获取音素、话语音调轮廓、嘴唇动作、手势等方面的信息，通过语境通道，它可获取话语发生的周围环境中的物体形状、颜色、大小、空间关系、

----

①　M. Minsky, *The Society of Mind*, New York：Simon & Schuster, 1985.

运动状态等方面的信息。然后，经过所谓的共现过滤器、再现过滤器、互信息过滤器等的依次筛选、提升、演化的过程，最后就在长时记忆中获得了词汇项。有了词汇项就有理解相应词汇的能力。因为一个词汇项就是一个模型，它包含着对语言单位和相应感知类别的规范说明。以后当有相应的音素、音调、嘴唇动作以及语境信息出现时，它便会形成对相应词汇及语义的理解。

我们再看人工生命构建的一些比较有成果的事例。1996 年的第四届国际人工生命大会上，波兰和日本的一些学者提出了建立人工大脑的设想。其目标就是造出在主要特征上接近于大脑的人工脑。他们试图将进化计算、非平衡动力学、细胞自动机复制器和神经学习等技术和方法结合起来，调动硬件、软件、纳米材料、达尔文芯片和达尔文机器等手段，最终造出有人脑功能的人工脑。

虚拟的人工生命尽管是虚拟的、数字的，且带有游戏的性质和特点，但其意义不在于是否已经创造或马上就能创造出能为人类效力和役使的具有真实智慧和体力的生命形态，而在于：它有助于我们弄清生命被创造、被进化的过程、条件、根据及机理，有助于我们比较具体和直观地回答我们在思考自然智能及其神奇的意向性现象时所碰到的百思不得其解而又不得不思考的困惑。具体而言，这一纸上谈兵的研究至少有这样的意义：第一，有助于弄清大自然塑造智能所用的材料、方法及所经历的过程。第二，是重现进化本身的过程，回答这样一些问题：如果进化从不同的初始条件出发，将会发生什么事情？如果在我们的物理和生物环境中出现意外的事情，将会有什么事物发生？什么事物会保持不变？在地球上发生的实际进化路径是多种可能情况的一种，如果我们能产生多种可能的生物个体，那么这些问题就有望得到较好的回答。

虚拟人工生命的研究早就开始了，如近代的莱布尼兹、拉美特利已作过这方面的哲学猜想，现代的人工生命思想萌芽了图灵的有关观点，后来，冯·诺伊曼提出了具有自我复制能力的有限状态细胞自动机的设计。这一构想尽管不太复杂，但奠定了人工生命塑造的基本原则。其规则很简单。它由许多格子所组成，每个格子表示一个细胞，每个细胞在每一时刻只能处于一种状态之中。它的下一状态取决于细胞的初始状态和周围的细胞。因此如果设定了每个细胞的初始状态，那么由它们组成的细胞自动机便能按规则演化。这样的细胞自动机的神奇性在于：它们能表现大自然中的某些现象，如贝壳上的图案、雪花的结构、蜿蜒的河流，其中的细胞能像生物那样地移动、生长、再生、死亡。

在上述构想的基础上，今天的人工生命研究形成了这样的方法，即通过有限状态机的相互作用来模仿生物进化的条件，如一个状态集合和转换规则集合完成其功能。这些细胞自动机的学习方式是典型的无监督学习。它学到了什么，学得怎样，不是事先被程序规定好的，而是变化的，不存在一个确定的目标或终点。因为它的学习不仅取决于它自身的初始状态，更重要的是受到了社会的制约。这里的社会是指与它发生相互作用的其他个体所组成的群体。这样的自主体会获得适应性，但适应性又是由它在与其他个体的相互作用中形成的。它也有输出，但输出是一种函数，即当前状态与输入值的函数，而当前状态本身也是一种函数，即由个体与其他个体的相互作用所决定的，因此是它在某时的状态与它的邻居在此时的状态的函数。它们能从它们自身以外接收信息。所用的转换规则包括这样的指令，如产生指令、继续生命指令和死亡指令。当这些自动机分散地设定在领域中，且可以像异步并行操作的合作主体一样行动时，我们就可看到貌似生命形式的进化。

问题在于，在虚拟计算机世界上创造人工生命、让其进化有无可能呢？如有可能，其根据是什么？拉斯马森（S. Rasmuseen）认为，通用计算机可以模拟所有一切物理过程，而生命不论多么复杂，也毕竟是一种物理过程，因此结论自然是：完全有可能让通用计算机来模拟生命过程。[1]

----

① S. Rasmuseen, "Aspects of Information, Life, Reality, and Physics", in C. G. Langton et al. (eds.), *Artificial Life*, SFI Studies in the Sciences of Complexity, Proc. Vol. x., Rewood City, CA: Addison-Wesley, 1991, pp. 767-769.

公认的人工生命之父是兰顿（C. G. Langton）。他在前人研究的基础上设想：处于"混沌边缘"的细胞自机动既可存储信息，又能传递信息。他还把这些特点与生命、智能联系起来，认为生命或智能可能就起源于混沌的边缘。在此基础上，他形成了这样的原创思想：如果我们在计算机中建立起"混沌边缘"的一定规则，那么生命现象就应该能够从这些规则中突现出来。他把这种现象称作"人工生命"。人工免疫系统的积极倡导者法默也积极支持这一研究。他预言：随着人工生命的出现，我们也许会成为第一个能创造我们自己后代的生物。

兰顿在阅读了大量的生物学、计算机科学方面的资料后形成了这样一个新奇的想法：没有什么活的生物体是不能在计算机的温床中被重新创建的。不仅如此，他还积极实践，试图创建与体内生命相对应的"硅化生命"。这种生命是一种特殊形态的生命，它存在于电子环境之下，因此可看作是生命的电子替身，或电子生命。到20世纪80年代中期，他还发起举办了首届"生命系统的合成与仿真"的国际研讨会。

不久，牛津大学著名生物学家道金斯（R. Dawkins）第一次在电子计算机内创造出了人工生命形态。他能在计算机上演示基因突变过程如何与自然选择一起被用来繁殖人工生物形态，再后来，皮克奥弗（C. Pickover）通过探索，找到了创造生物形态的一个更为简单的步骤。他所用的方法与分形数字中经常用来创建对象的方法相同。其步骤是：先在 x—y 平面上选取一个初始点，然后根据下列规则确定下一个点。如果当前点的平面坐标是（x，y），则下一个点的坐标为：

$$x \rightarrow x^3 - 3xy^2 + \frac{1}{2}$$

$$y \rightarrow 3x^2y - y$$

将这一规则不断应用到新产生的点上，就能产生一个点序列。这种通过重复使用固定规则来产生新点的方法就是迭代（或生殖）过程。其中，规则是发生器，初始点被称作种子。如果进行大量的迭代，当前点落在距原点指定的距离之内，就将这一序列的初始点涂成黑色，否则让其仍为白色。用这样的方法进行操作，就可得到特殊类型的人工生物形态。有理由说，它与被称为放射虫的真实生物在结构上极为相似。

这一计算机模型尚不能说再现了放射虫的真实的发生过程，因为它们还只是真实生命的一种计算机模型。卡斯蒂说："真实生物体是三维对象，具有丰富的内部结构，而生物形态是二维创造物，根本没有体积。而且生物形态实际上什么都不做，它们仅仅是数字对象，只不过其几何形状恰好与某类生物的形状非常接近。"① 但其意义不容小视，因为它们可作为它们发生的一种可能的方式。用卡斯蒂的话说："这些计算机程序可能暗示着生物发育的自然过程受规则支配。"② "像放射虫的硅形式这样一个简单三次方程模型，与大自然用来创建真实世界放射虫的规则极为相近。"③ "这些模型的目的是让我们能够预测和解释所表示的真实世界过程中的某些情形。"④

虚拟人工生命的形式多种多样，如较早的"生命游戏"。剑桥大学的康韦（J. Conway）于1970年编制了一个游戏程序，名为"生命"。它是在一个长方形的网格上运转的，每个网格被看作一个细胞，而每个细胞只能有两种状态中的一个，即要么是生存，要么是死亡。每个细胞的下一步变化或下一个状态既依赖于它自身，又取决于邻近细胞的状态。因此初始条件不同，其后来的变化就非常复杂。就规则来说，控制这个程序的规则不太复杂，但其组合都很奇特，可以使细胞自动机产生始料未及的延伸和变化。

"磁芯大战"中进行搏斗的那些"有机体"也是较早的人工生命形式。20世纪60年代，莫里斯（R. T. Morris）等编程高手编

----

① ［美］约翰·卡斯蒂：《虚实世界》，王千祥等译，上海科技教育出版社2001年版，第49页。
② 同上书，第49—50页。
③ 同上书，第49页。
④ 同上书，第50页。

写了一些能自我繁殖的游戏程序，被称作"有机体"。将它们放入计算机之内，让它们相互搏斗，看谁胜利。此即"磁芯大战"。参与大战的其实都是一些游戏程序，但它们具有生命的一些特点，如自我繁殖、争夺计算机内的存储空间、摧毁对方、保存自己；在搏斗时，它们还有策略变化，如或者进攻，或者保持不动。其中最有名的程序有"红码"（Bedcode）、"小矮人"（DWARF）和"小淘气"（IMP）等。①

计算机病毒也可看作虚拟人工生命的一种形式。早在1972年，就有科幻作家使用计算机病毒之类的词，但关于它的可操作性的思想及其实践则是由科恩（F. Cohen）提出的。他在思考分布算法时突发奇想：这种算法可以通过自我复制的程序完成，如简单的程序片断可把自己渗透到其他程序之中，并控制它们。如果是这样，它就类似于寄生虫寄存于宿主之中。接着他开始编写一种特殊的程序。尽管它只有一百行程序指令，但它却有奇特的功能。如它能感染计算机上的某一种程序，并传播到其他使用这个程序的用户，接着进一步传播。从作用上说，它与真实的生物病毒毫无二致，如能通过修正其宿主而把自身复制在其中，感染它们，只是这里的病毒是一种程序，被感染的也是程序。因此是名副其实的计算机病毒。

二 生命演化仿真与机器人养殖场

在当今的人工生命及其人工进化研究中，美国特拉华大学的博物学家雷（Tom Ray）的工作有很大影响。他认识到，要向大自然设计师学习，首先要弄清它设计、建造生命的过程与机理。而完成这一任务的方式除了对进化史进行研究之外，当前可行的途径就是借助计算机仿真技术，复演自然生物的进化过程。他关心的问题是：是什么创造了地球上的生命？生命是怎样创造的？地球上的生命有没有不同于其他生命形式的特殊性？根据他的理解，进化有末端开

---

① 参阅李建会《走向计算主义》，中国书籍出版社2004年版，第89—92页。

放的特点，即经过进化产生出来的结果不是事先规定好了的，换言之，结果是未定的。而这又是由生物与生物及环境决定的。由这一看法所决定，他对生物进化的模拟既不同于计算机病毒之类的模拟，又不同于进化仿真程序，因为前者虽然复制，但不能进化，而后者虽能进化，但进化的结果被设计者事先规定好了，因此不符合进化的实际过程及结果。当然他深知：要实现他的研究计划，在目前条件下又离不开计算机仿真技术。不过，由于现在的任务是弄清大自然设计、选择、进化出生物多样性和复杂性的一般过程和机理，因此在"虚拟的计算机世界"中进行模拟就够了。而且这样做还有其优点，例如构造虚拟机器可以让人工系统摆脱计算机硬件的束缚。

在他之前，有一些人对生命演化仿真做了一些工作，并建立了一些演化模型程序。在他看来，这些模型只关注地球上的生命，其局限性在于：所展示的演化十分有限，而这一局限性又严重地限制了它们的潜力，如不能演化出有意义的新结构。其次，已有的生命演化仿真是按照建模者为仿真器设计的突变、交换、选择和复制等标准而演化的，因此这类生命仿真又有僵化、死板等特点。而雷的仿真的目的是制造出完全不同于我们周围生命的生命形式，并让它们在硅环境中演化，产生出自己特有的种系发生。他希望：他的所谓祖先生物在繁殖若干代之后，能出现丰富多样的电子生物，它们在计算机储存器构成的生存环境中进行生存竞争，再现出各种生命在6亿年前寒武纪地球上出现的众多物种的爆炸性增长的场面。通过这种仿真，他要说明的不是生命起源的过程，而是寒武纪爆炸性增长所表明的生物种类的巨大差异如何通过简单的适应过程而产生出来。他把他的实验世界称作 Tierra（该词在西班牙语中的意思是"地球"）。为了不让数字生物闯入它们所驻留的计算机硬件，他只让他的 Tierra 系统运行于虚拟计算机之中，以软件形式仿真一个计算机，以存放 Tierra 世界，用一系列软件指令来模仿一个物理硬件机器的操作。

从构成上说，这个世界有生命起源时的寒武纪地球的主要构成成分，如有空间环境，即存储器，其空间是数字生命要争夺的资源，另外还有能源，即 CPU 时间，将这些资源分配给生物的算法，即分时器，在有限空间中保持群体数目有限的途径即收割器，演化机制即突变器。最后是祖先生物。他不关心祖先生命如何被创造出来，只想弄清楚：这祖先生物如何通过自我复制、无限度地演化，将生物的丰富多样性展示出来。

　　1990 年 1 月 3 日，雷在编制好一个较长的、具有自复制能力的程序之后，将所谓的祖先生命放进程序之中，让其在计算机中运行。第二天，他的电子世界中出现了这样的奇迹：许多生物出现了，并有其类似于真实生命演化的结构和活动排列。正如卡斯蒂所描述的："仿佛寒武纪爆炸在区区数小时内发生了……经过 526000000 条指令的计算之后，雷发现：在 Tierra 虚拟计算机中游动的是 366 种不同大小的生物，其中 93 种已经获得了由 5 个或更多个体组成的子群体。"① "自然演化过程中的所有特征，以及几乎与地球生命相近的各类功能行为组织全部出现在 Tierra 中。不仅如此，生物系统具有的高度复杂性，也出现在了演化生物高度发达的行为中。在 Tierra 中，开始时互不交流的生物发现了互相利用的方法，以及避免被利用的方法。……Tierra 中的生物开始认识到，它们必须不断演化，以适应游戏中其他对手所提出的挑战。"②

　　必须承认，雷的生命演化仿真程序充其量只是进化的一种隐喻，它里面的基因与真实的基因只有中等程度的相似性，它从基因群体进化中抽取的特征属性也很有限，如只注意到了突变、变换和选择，只是以计算机代码串模拟这些功能活动，而没有涉及生物基因的大量特征，尤其是没有考虑它们随时间的变化方式。尽管如此，雷的这一尝试又具有不可低估的理论价值。正如卡斯蒂所说："Tierra 可以帮助我们理解的大多数演化特征，都可以在几乎人人

　　① ［美］约翰·卡斯蒂：《虚实世界》，王千祥等译，上海科技教育出版社 2001 年版，第 180 页。
　　② 同上书，第 182 页。

可使用的低档系统上看到。"① "我们从 Tierra 中看到的是一个无偏见的模型。"②

　　雷和其他人对开放进化的计算机仿真模拟尽管取得了可喜的成绩，但有一缺憾，那就是他们的模型中都有一个祖先生物。而真实的演化历史则没有这个赘物。为了解决这个问题，贝尔实验室的帕格里斯（A. N. Pargellis）在计算机中也建立了一个模型，他把它称作"阿米巴世界"。在这里，不仅其他数字生物按照自然规律由低到高进化，就连最初的生命即"祖先生物"，也是进化（即前一进化）的产物。③

　　由上不难看出，被进化出的人工生命的确具有真实生命的许多特征，乃至智能特征，但它们有无意向性呢？许多倡导者的回答是肯定的。他们认为，人工智能机器尽管在本质上只是一个形式系统，通过进化而形成的人工系统在本质上尽管没有与现实世界的关联，因此所做的运算、加工对于实在的存在不存在真或假的问题，即没有真值或语义性，亦即没有意向性。但就其所生活的特殊的计算世界来说，它们与人的心智又没有区别，它们所"想到"的符号，所做的加工也可以有真值，可以有意向性。首先，大量的实践已表明，计算机生命在它所生活的世界能够进化，当然也能适应它的环境。例如 Tierra 中的有机体因为内存空间和 CPU 时间的限制而发生了进化。另外，从起源上说，计算机生命的诞生是由于它们生活于特定的、支持人工生命的环境。这些都表明它们能关联于环境，尤其是能感受它们之外的实在，并对之作出反应，不然的话，它们怎么可能根据环境的变化而发生进化？还应看到的是，它们关涉的实在尽管是一种不同于真实世界中的实在的、虚拟的实在，但这些实在所组成的世界也有自己的特殊的相互作用方式，例如它们

----

　　① ［美］约翰·卡斯蒂：《虚实世界》，王千祥等译，上海科技教育出版社 2001 年版，第 191 页。

　　② 同上书，第 192 页。

　　③ A. N. Pargellis, "Digital Life Behavior in the Amoeba World", *Artificial Life*, 2001 (7): 63 – 75.

跨越了两个世界：一是实际的世界，二是抽象的世界。之所以与实际世界有关，是因为计算机有实际的物理构成，其运行也受制于现实世界的物理规律。就这一重关系来说，它们是没有人类智能那样的意向性的，它们所证明的定理无所谓真假。但是就它们有一个抽象的世界来说，它们也有自己特殊的物理环境，即由符号对象及相互作用所组成的世界。当然，它们是由人工生命创造者通过编程为计算机创造的一组形式模型。尽管如此，它们都有真实性，能成为人工生命活动于其中的物理环境。电子生物就是在这个环境进行自己的生存竞争的。就此而言，它们又有自己的特殊形式的意向性。

再来看机器人养殖场。有一些研究者雄心勃勃，不满足于造出细胞机器人，而试图在向大自然设计师学习时，模仿它的进化过程，建造机器人养殖场。布里德曼概述说："这个细胞机器人的产生还只是个热身。恰克·泰勒（Tailor）和他的同事杰斐逊（D. Jefferson）正在组装世界上第一个机器人养殖场，在这里机器人将为智能'育种'。"① 当然，这在今天仍只是一个天真的理想，而且主要停留于计算机编程，并未真的建造出什么让机器人在其中进化的养殖场，因此是名副其实的纸上谈兵。例如研究人员所做的工作主要是：在电脑上创造出动物、植物、细胞、抽象生命形式以及几乎整个共同体，不仅如此，还创造包括它们在内的生态环境，以及其他属于进化所必需的所有样式。这些电子生物以图像游戏的形式出现在电脑屏幕上。它们的行为不是依靠专门输入才完成的，而是由自然选择、进化决定的。因为科学家只是简单地为它们提供交互行为的规则，然后观察以后发生的事情。这些都是未定的。因为它们是由开放式进化决定的。这些研究尽管有这样那样的局限性，但有重要的理论和实践意义。正如布里德曼所说的那样："由于人工生命的居民可以在高速计算机上生存并且以每秒几百万次的速度复制，科学家就能在不多的几个小时里观察到那种在现实世界中需要

---

① ［美］戴维·布里德曼：《制脑者》，张陌等译，生活·读书·新知三联书店2001年版，第162页。

几百万年才能完成的模式。大多数人工生命研究人员希望这种观察成果不仅近似于已知的自然过程，而且还能揭示那些以往从未界定的其他自然过程。"[①]

第四节　自然计算

　　人工智能"师法自然"、学习大自然建筑术的一项重要成就就是在模拟、抽象的基础上，编写出了各种各样的自然算法。

　　自然计算是 AI 研究中的一个新的、颇受关注的学术生长点，之所以如此，是因为人们认识到：自然计算将成为 AI 实现的一种有效方式。其道理在于：包括意向性在内的智慧现象尽管很复杂，例如涉及语义内容，与环境密不可分，还受到有此现象的主体当下的情感、动机、意愿等的影响，但是既然是由一种物理实在表现出来的特性或机能，因此就一定是在时间过程中有序发生的，一定有形式的方面，有计算或功能映射的过程，有算法的性质，有与低等事物发生相互作用的通道与过程，甚至有与计算机的算法、程序的共通性。我们知道：计算机的算法不过是一组规则而已。它告诉或规定计算机在任一给定的计算过程中，其内存数组中的哪些位应被打开或关闭。这意味着，在这个世界中，任何行为都是根据编制在程序中的规则所推论出来的结果。

　　这一过程不仅表现在计算机中，而且还表现在其他生物过程中，表现在无机物的运动中，当然也表现在大自然设计创造生命现象的过程之中。由于这些过程有方便观察和研究的特点，因而就自然成了人们解剖、分析的对象，进而成了人们设计某种机器的模拟对象。人们在解剖和模拟这些过程的活动中，不外采取两种方式：一是近端解剖和模拟。即重点关注实现有关功能的物理结构及其细节，弄清其结构和机制，以此为基础的模拟就是结构和功能模拟；

---

　　① ［美］戴维·布里德曼：《制脑者》，张陌等译，生活·读书·新知三联书店2001 年版，第 170 页。

二是远端解剖和模拟。它关注的是有关结构及功能形成的历史过程和机理，旨在找到获得它们的原理和方法，以此为基础的模拟即是进化模拟或形成机制模拟。

熟悉意向性缺失难题的许多专家通过对人类意向性的横向和纵向考察，意识到：人类的智能之所以有其原始、固有、自主的意向性，根源在于：它是大自然这位设计大师和工程师设计和缔造的，其所用的建造术、设计缔造之法就是自然选择和进化，而这里面又隐藏着自然进化一定会服从的自然算法。因此要让机器智能也具有这种特性，就应该研究和模仿大自然的设计、建造术及其所遵循的自然算法，进而应研究人工进化及有关的算法。基于这一思路，许多人在这方面作了大胆的探索，试图让计算机来模拟生命进化的过程。当然，这种探索不是在真实的世界中进行的，而是在虚拟世界中完成的。生物学家托马斯·雷（Thomas Ray）和著名计算机专家霍兰德（J. Holland）等就是其中的开路先锋。

一 自然算法概说

自然算法或计算是在有关自然事物运行机理启发下而形成的一种算法。根据我国学者汪镭等人的概括，它指的是"以自然界，特别是其中典型的生物系统和物理系统的相关功能、特点和作用机理为基础"而建立的各种算法的总称，它要研究的是："其中所蕴含的丰富的信息处理机制，在所需求解问题特征的相关目标引导下，提取相应的计算模型，设计相应的智能算法，通过相关的信息感知积累、知识方法提取、任务调度实施、定点信息交换等模块的协同工作，得到智能化的信息处理效果，并在各相关领域加以应用。"[1]

自然计算的灵感和构建过程都源自自然界的规律，因为自然界中存在许多自主优化的现象。既然如此，只要有办法挖掘其中所隐

① 汪镭等：《自然计算——人工智能的有效实现方式》，载涂序彦主编《人工智能：回顾与展望》，科学出版社2006年版，第50页。

含的条件、机理，就可为算法建构提供参照。事实也是这样，如模拟退火算法就是将金属物体降温过程中的自然规律引入化优求解的产物；遗传算法就是受生物物种进化的机理的启发而建立的；蚁群算法就是在观察、研究蚁群个体间信息传递方式和作用机制后提出的；粒子群算法就是模拟鸟群捕食的过程而产生的；混沌优化方法是借鉴自然现象的混沌规律而创立的。总之，自然算法要么是通过仿生的途径，要么是通过拟物的途径产生的。就仿生算法而言，它又有模仿个体智能和群体智能两种方式。其目的在于：以自然界中生物的功能、特点和作用机理为基础，研究其中所蕴含的丰富的信息处理机制，抽取相应的计算模型，设计相应的算法。这样形成的算法的作用在于：能解决传统计算方法难以解决的复杂问题，应用前景十分广阔，如在大规模复杂系统的最优化设计、优化控制、计算机网络安全等中都可大显身手。

与传统的一些算法一样，自然算法也属于问题求解寻优方法，或最优化方法。传统方法的特点是：初始值确定以后，寻优分析的结果固定不变，因此是典型的确定性方法。其形式很多，如单纯形法、牛顿法、最速下降法、变尺度法、步长加速法、卡马卡算法等。它们也有其优点，如稳定性强、速度快。但问题在于：由于对初始值过于依赖，对连续性、可微性的要求高，因此容易陷入局部极值，难以找到全局最优解，尤其是对现代工程实践中的那些较复杂的非线性、不确定性问题无能为力。鉴于这些问题，非确定性算法应运而生。较早的形式有：退火算法（SA）、遗传算法（GA）。它们的特点是：对自然界规律和人类进化规律作了简单模拟，属于拟物和仿生智能方法。由于在传统算法基础上作了改进，因此它们能保证全局收敛性，有解决复杂问题的潜力。后来又陆续诞生了基于群智能的优化方法，如蚁群算法、粒子群方法。再后来，又相继出现了系列机制融合型算法，其特点是：把遗传算法、退火算法等算法中的机制引入粒子群算法之中，从而使该算法的性能大大提高。

目前对自然算法的分类差异很大，如汪镭等将它们列举为：进化计算、神经计算、生态计算、量子计算、群体智能计算、光子计算、分子计算、人工内分泌系统及其他相关复杂自适应计算等。[①]根据焦李成等学者的看法，算法有确定性和非确定性之别。非确定性算法中，有一类侧重于模拟生物进化的过程与机理，而其中由于有不同的理论基础，如有的以达尔文的进化论为根据，有的以拉马克、门德尔等人的进化论为根据，因此其内部又有达尔文式算法与非达尔文式算法之别。前一类算法的例子是：蚁群算法、人工神经网络、遗传算法、进化计算等。后一类算法的例子是：协同进化计算、拉马克克隆选择计算等。

笔者认为，可根据算法所模拟的对象将算法分为这样两大类：一是以生物及其进化、遗传过程为模拟对象的算法，如进化算法、人工免疫系统、协同进化算法、蚁群算法等。二是以模拟非生物过程为基础而形成的算法，如量子算法、光子算法、分子算法等。在前一类计算中，有一种以人的智能为模拟对象的计算，即计算智能（computational intelligence）。具体而言，它指的是以数据为基础、通过直接模拟人脑的思维过程而形成的问题求解的方法和技能。其主要形式是模糊计算、神经计算、进化计算等。所谓模糊计算是模拟人的模糊思维方法而形成的算法。人的思维的特点是：能对不确定、不精确的对象作出思考和决策。模糊计算要模拟的就是人的这一方面的能力，其形式很多，如证据推理方法、区间推理方法、CRI 方法、最大隶属度法、系数加权平均度法等。神经计算是联结主义所倡导和发展的方法。其构成主要是神经元和神经元连接模式。所用的计算模型是：运用了时延处理技术和具有循环性的模型以及赢家模型等。赢家模型的原则是：计算中具有最高值的神经元被触发，被赋1，其他神经元被赋0。

二 进化计算

如前所述，进化计算有达尔文式计算与非达尔文式计算之别，

---

① 汪镭等：《自然计算——人工智能的有效实现方式》，载涂序彦主编《人工智能：回顾与展望》，科学出版社 2006 年版，第 50 页。

先看前一类计算。

（一）达尔文式计算。这种计算提出的灵感来自于自然设计师的策略。早在 20 世纪 60 年代，德国柏林工业大学的热奇伯格（I. Rechenberg）等人在从事空气动力学试验时发现：在描述物体几何形状的参数时，难以用传统方法实现优化，由于想到了生物的遗传变异，于是随机改变参数值，结果出人意料地收到了预期的效果。后来，他们还在此基础上，系统地提出了所谓的"进化策略"。与此同时，美国加利福尼亚大学的科学家在研究自动机时也提出了类似的"进化规则"方法。再后来，密歇根大学的霍兰和同事在综合有关成果的基础上，结合自己的独立研究，最终系统地阐发了进化计算的思想。

只要细心观察大自然，就会发现：进化、选择是极为微妙、富于创造性的过程，且常常以想象不到的方式解决问题。例如世界上的许多物种的形状、颜色等是最善于想象的人也难以想象的。很显然，这是值得学习的。而要如此，就要设法弄清生物进化的机制与方法。在有关专家看来，生物的进化就是问题求解的最佳范例，其进化的过程实际上就是问题求解寻优的过程。对于给定的初始条件和环境约束，选择使表现型尽可能向最优靠近。加之，环境处在不断的变化之中，于是物种就不断向最优进化。其突出的表现是强鲁棒性（robustness）。所谓鲁棒性是指生物这样的特性或能力，即在不同环境中通过效率与功能之间的协调平衡而达到更好的生存能力。进化的内在机理是什么呢？新达尔文主义的看法是：进化之所以表现为向最优的逼近，根源在于：物种和种群内部存在着复制、变异、竞争、选择这样的内在过程。复制是指生物特征向下一代的传递，变异则是复制过程中所表现出的差异，竞争是生物为争夺有限资源而表现出的行为，选择是对要传承下去的特征的取舍。

问题是：生物的进化有无可能被学习和模拟？回答是肯定的。因为进化过程有形式的一面，因此将它们加以抽象化，并加以编程，就可形成一种计算机模型。进化计算正是这样形成的。如用一组特征数据（基因）表示一个生命体，用它对生存环境的适应度来评价它的优劣，然后再让那些适应度大的特征繁殖得更快，甚至取代适应性差的特征。

从类型上说，已有的达尔文式进化计算有四种形式，即进化规划、进化策略、遗传算法、遗传程序设计。目前还有这样一种新的走势，即进化计算的各种形式相互融合。人们把它称作是人工智能的进化主义方向。

这里我们重点剖析一下遗传算法。它它是以达尔文进化论为基础而形成的算法。它浓缩了达尔文进化的主要过程，如借自然选择、重组与变异所实现的基因突变。从特点和作用上说，它是依据"适者生存，优胜劣汰"的进化原理而创立的一种搜索算法。其创立的动因有两方面：一是应用方面的动因。例如有许多复杂问题需要找到最优解，而可能的解却很多，每一种推演下去变得非常复杂。如果考虑到决定问题的因素本身是在变化的，那么可能的解就更难确定了。用穷举的寻优方法显然是不行的，很多时候根本不可能做到。随机的寻优方法尽管有灵活性、随机性等特点，但所得的结果往往不是有鲁棒性（robustness）的最优解。遗传算法就是为解决这一难题而产生出来的。二是理论上的动因。自然界的生物是按进化的规律不断向前发展的，其内在机理究竟是什么？这一问题如果能弄清楚，那么将有利于人工系统的设计。

遗传算法在借鉴有关生物学理论的基础上，形成了自己特有的概念体系。其中包括如下关键概念：1. 遗传算法。它指的是一种概率搜索算法。它将某种编码技术用于被称作染色体的二进制数串，进而模拟由这些串组成群体的进化过程，通过有组织的、随机的信息交换，重组那些适应度高的串。因此它是通过作用于染色体上的基因、寻找好的染色体来完成问题求解最优化的一种随机算法。2. 染色体。即基因链码或一个生物个体。在生物界，染色体是决定生物性状的关键因素。在遗传算法中，一个染色体就代表问题的一个解。3. 群体。即个体所组成的复合体。如果一个个体代表的是问题的一个解，那么一个群体即是问题的一些解的集合。4. 交叉。这是遗传算法最关键的一个概念，它指的是遗传算法中的一个操作算子。这一算子是这样实现的，即选择群体中的两个个体，然后以它们为双亲，进行基因链码的交叉，进而产生两个新的作为其后代的个体。5. 变异。指的是遗传算法的一个重要操作。通过这种操作，旧的个体能产生出新的与原个体有别的个体。6. 适应度。每个个体对应于问题的一个解，而每个解又对应于一个函数值，函数值越大，则解越好，即对环境的适应度越高。7. 选择。即从当前群体中，根据每一个体的适应度大小，从中挑选出优良个体的操作过程。选择的依据与生物进化类似，即适应度越高，其个体被选择的机会越高。

遗传算法的理论基础是达尔文的进化论。根据进化原理，生物之所以有进化现象发生，原因有遗传、变异和选择三个方面。所谓遗传，即指子代相似于亲代的生物现象。这是生物进化的基础。所谓变异，即指子代有与亲代不同的现象。它是生物进化的条件。选择是一种从多种可能性中作出挑选的作用，或者说是生物在自然环境中让适者被保留、不适者遭淘汰的过程。它为进化确定了方向。由这三种因素的相互作用，生物就表现出由低到高的进化过程。受这一进化原理的启发，遗传算法便形成了自己的基本运作原理。这就是：将生物进化原理引入待优化的参数形成的编码串群体中，按一定的适应值函数及一系列遗传操作对各个个体进行筛选，从而使适应值高的个体被保留下来，组成新的群体，新群体包含上一代的大量信息，并且引入了新的优于上一代的个体。经过这样的周而复始，群体中各个个体适应值不断提高，直至满足一定的极限条件。此时，群体中适应值最高的个体即为待优化参数的最优解。

遗传算法由下述五种要素构成，即 1. 参数编码；2. 初始群体设定；3. 适应度函数设计；4. 控制参数设定；5. 遗传操作设计。

遗传算法的步骤是：1. 用遗传编码方法表示问题解。2. 建立若干初始解，即解群、父代种群。3. 确定评价个体即单个解的适应能力，算出适应度函数。4. 确定产生新个代即子代解的遗传操作，如确定变异算子和杂交算子，前者是指一个个体变为新的个体，后者指两个个体重构为新的个体。5. 选择计算中要用的若干参数，如设置突变率、交换率、适应性，决定如何从父代和子代中选择最好的染色体等。6. 回到第 3 步，反复若干子代之后，最优个体很可能代表问题的最优或次优解。简言之，所谓遗传算法是指这样的问题求解寻优方法，即用某编码组合表示问题的初始解，通过遗传操作复制编码，用杂交与变异算子改变部分编码，用问题的约束条件构造解的适应度函数，判断这些后代是否优秀，进行优胜劣汰选择，确定寻找优化解的方向。

遗传算法有简单和复杂之分。简单的一般包括三种基本操作。第一是复制。复制又叫繁殖，指从一个旧种群中选择生命力强的个体位串进而产生新种群的过程。第二是交叉。它又有两个步骤，一是将新复制的位串个体随机两两配对，二是随机选择交叉点，对匹对位串进行交叉繁殖，产生一对新的位串。第三是变异。在简单遗传算法中，变异是指，在某个字符串中把某一位的值偶然地随机改变。这种操作的作用是防止遗漏重要的遗传信息。

复杂遗传算法又称高级遗传算法。简单遗传算法的优点是实现起来比较简单，因为它采用一般复制法即转轮法来选择后代，使适应值高的个体具有较高的复制概率。其问题在于：种群最好的个体可能难以产生出后代，造成所谓的随机误差。为了解决这一问题，有关专家提出了一些新的复制方法，从而使遗传算法变得更为复杂。这些复制方法有：1. 稳态复制法。其作用是保证最优个体在进化中不被删除，从而能减少有效基因的丢失。2. 代沟法。其作用是选择新种群中一部分优良个体替代原有种群中的较差个体，进而构成下一代进化种群。3. 选择种子法。它也可被称作最优串复制法。其作用是能保证最优个体被选进下一步进化种群。其他的复制法还有：稳定性复制法、置换式余数随机复制法、排序法等。

由于遗传算法有对问题的依赖小、可以获得最优解等优点，因此应用的领域非常广，如在模糊控制、神经网络、图像处理与识别、规划与调度等方面都有较成功的应用。

　　遗传算法模拟的是大自然在进化过程中所用的操作过程和机制，无疑是师法自然、向大自然这位心智建筑大师学习的成功的范例。从信息论的观点看，它的加工过程非常相似于人的寻优过程。如从问题开始，经过一系列中间过程最后获得关于问题的解答。如果人的解题、寻优过程具有意向性这一智慧的根本特性，那么遗传算法也有。当然，这只能是遗传算法倡导者的一家之言。不错，从形式上看，遗传算法有类似于生物对于外在环境的意向性、关联性，例如在操作开始时，向它提供的是关于环境的某些信息，是待求解的问题，因而不是形式或符号本身；在操作结束时，它提供的是关于问题的最优解，至少能以很大概率提供整体最优解。总之，它所处理的代码以及对代码的处理过程、过程和结果都超出了自身，而关联于它们之外的东西。但从实质上来说，它并没有真正的关于性，充其量只有派生的、形式上的关于性。因为，它从始至终只是在进行代码的转换，即使其中也夹杂着较复杂的操作，如杂交、变异、适应度和个体的选择等，但它们本身什么也不代表，什么也不关涉。初始状态中的个体以及结果状态中的输出本身什么也不代表。它们要能代表、表示什么，一点也离不开设计和操作人员。正是因为它离不开这一方面，因此它在操作的过程中，便有这样的人为的环节，即"确定表示方案"、"确定指定结果的方法和停止运动的规则"。所谓"确定表示方案"，就是由人来进行这样的关联，即把问题的搜索空间中每个可能的点表示为确定长度的特征串。要完成这一工作，设计人员首先要对被表示的问题进行分析，直至有准确清楚的理解，然后再来选择串长和字母表。史忠植和王文杰两人对遗传算法的上述特点曾作了画龙点睛的说明："在实际应用中，遗传算法能够快速有效地搜索复杂、高度非线性和多维空间。"这说明它在形式上有自然智能所具有的那种关联于环境的特点。但是"遗传算法并不知道问题本身的任何信息，也不了解适应值度量。我们可以利用特殊领域的知识来选择表示方案和适应值度量，并且在选择群体规模、代数、控制执行各种遗传算子的参数、停止准则和指定结果的方法上也可以采取附加的判断"①。总之，遗传算法所要解决的问题，以及经过操作所找到的对问题的解，都离不开人所确定的"表示方案"和别的作用。

再看进化策略。它是在模仿自然进化原理的基础上建立的一种数值优化算法，最近被应用于离散型优化问题。它的一般的过程是，先确定要解决的问题，然后从可能的范围内随机选择父向量的初始种群。父向量通过加入一个零均方差的高斯随机变量以及预先选择的标准偏差来产生子代向量。通过对误差作出排序来选择保持哪些向量。那些拥有最少误差的向量被确定为新的父代。最后，通过产生新的实验数据、选择最小误差向量以找到符合条件的答案。20 世纪 60 年代由比纳特（Peter Bienert）等人创立，70 年代由 I. Rechenberg 等人加以完善。有这样一个进化策略应用的例子，即将它用于解决实数函数优化，其步骤是：1. 定义目标函数：$F(x)$：$Rn \rightarrow R$，假设这是一个最小化的优化过程。2. 随机产生初始种群，包含 p 个父代向量：xi，$i = 1 \cdots p$。3. 每个父代向量产生一个子代向量：xi，$i = 1 \cdots p$。4. 逐一对各个父代与子代向量的目标函数值进行比较，例如将 $F(xi)$ 与 $F(xi)$（$i = 1 \cdots p$）比较，具有最小目标函数值的 p 个向量构成新一代的父代向量，此即选择过程。5. 将上述生成和选择过程不断向前推进，直至找到一个合适解。

应注意的是，这个模型中的个体的每个元素不被看作是基因，而被看作是行为特性。因此它便属于进化策略，而非遗传算法。与遗传算法相比，这种进化计算方法的特点在于：不注重父代与子代或复制的各个种群之间的遗传联系，而更多地强调它们之间的行为上的联系。

进化规划也是一种进化算法。刚开始，这种方法与进化策略十分相似，后来逐渐演变成一种有自己鲜明特点的算法。促成这种变化的主要是福格尔（D. B. Fogel）等人。他们认为，一系统要产生智能行为，它必须有这样的能力，即能根据给定目标来预测环

----

① 史忠植、王文杰：《人工智能》，国防工业出版社 2007 年版，第 423 页。

境，进而还能根据这种预测完成相应行为。在这种思想的指导下，在有限状态机的基础上，就形成了一种新的进化算法，即根据环境中出现的下一个符号以及定义完善的目标函数，来产生对算法最有利的输出符号。这种进化计算可用于离散状态的优化问题、实数值的连续优化问题。不同于进化策略的地方在于：第一，进化策略所采用的选择机制是严格确定的，而进化规划一般注重随机性选择。第二，进化策略中的编码结构一般对应于个体，而进化规划中的编码结构则对应于物种，因此前者可通过重组操作产生新的尝试解，而后者做不到这一点，因为不同物种之间不可能进行所需的沟通。

综上所述，遗传算法、进化策略、进化规划是达尔文式进化计算的三种主要形式。每种方法都使用关于可能解的一个种群，对这些可能解能进行随机的改变，且都使用选择机制来确定可能解的保留或舍弃。不同在于：遗传算法将生物进化中常见的选择、复制、交叉、变异等基因操作作为其模型，并把这些算子应用于抽象的染色体之上。而进化策略和进化规划则分别在个体和物种的层面上强调变异转换的作用，认为：它们在父代与子代之间维系着行为上的联系。这种操作方式可以对个体进行有效的重组，都不适合于物种。另外，后两种方法不注重父代与子代之间的遗传联系，而关注行为上的联系。从作用上说，三种方法各有千秋，在解决优化问题时各有自己的实用价值。

（二）非达尔文式进化计算。20 世纪 70 年代，生物学向分子水平发展，产生了分子水平的综合进化论，此即非达尔文主义。如拉马克的进化论就是其形式之一。拉马克认为，物种可变，而稳定性是相对的。进化的方式或法则是：用进废退、获得性遗传。所谓获得性遗传是指，生物由于受环境的影响，受用进废退的作用，便会获得一些特性，而这些特性可传给下一代。这种传递就表现为进化。另外，他还有这样的思想：动物的意志和欲望可以使自身趋于完善。拉马克关于进化及其机制的学说对当代算法研究有一定的启示，一些专家据以创立了很有效的机器学习算法，即"拉马克学习"。它模拟的是生物的获得与传授过程。

协同、共生进化论也是非达尔文式进化论。它认为，达尔文的进化论过分强调物种的独特性和生物竞争，没有看到生物的相互依存、协同、共生对进化的作用。有鉴于此，这种理论便突出了这一方面。另外，达尔文的进化论只从宏观上研究了物种进化，没有可能具体研究生物进化的内在过程及其机理。而孟德尔的遗传学弥补了这一不足。他提出的遗传单位（即现在所说的"基因"）的分离定律和自由组合定律，既为遗传学奠定了基础，也揭示了进化中的遗传变异的物质基础。1930—1947 年，达尔文进化论与遗传学走向了融合，并与系统分类学、古生物学结合在一起，形成了现代达尔文主义。其基本观点是：在生物进化过程中，个体基因结构是自变量，个体对外界的适应度是唯一因自变量变化而改变的量。基因结构改变以后，不同基因的后代在适者生存的法则作用下，后代数量也不同。在这些非达尔文式进化论思想的启发下，许多新的进化算法便应运而生。协同进化算法就是其中的一种形式。

以前的进化算法只考虑到了生物之间的生存斗争，而没有注意到通过协作而生存的一面。其实，在生物进化中，协同与竞争缺一不可。协同进化算法就是在协同进化论基础上产生的一种进化算法。其不同于其他进化算法的特点在于：它在肯定进化算法的基础上，同时强调种群与种群、种群与环境之间的协调对于进化的作用。这一算法有多种形式。如：1. 基于种群间竞争机制的协同进化算法。它把种群再分为子种群，并认为，子种群处在竞争关系之中，在竞争中同时又有合作行为。子种群通过个体迁移达到信息交流。其中，最简单的算法是并行遗传算法，有三个模型，即踏脚板模型、粗粒度模型、细粒度模型。它们都通过个体迁移等手段实现信息交流，进而使各种群得到协同进化。2. 基于捕食—猎物机制的协同进化算法。这一算法依据的是捕食者与被捕食者在追捕与反追捕的斗争中共同获得进化的过程及机理。捕食与猎物的关系不外是遭受选择压力的个体间的一种反馈机制。由于有这一机制，系统便获得了进化，如由简单走向复杂。3. 基于共生机制的协同进化算法。其操作是：把总问题分解为子问题，每个子问题对应于一个种群，然后让每一种群按一种进化算法来进化。对于一个待解的问题，每个进化个体只提供部分解，而完整的解则取决于这些部分解的相互作用。①

　　拉马克克隆选择计算是非达尔文式进化计算的又一新的形式。由于它依据的是脊椎动物免疫系统的作用机理，特别是人这样的高级脊椎动物免疫系统的信息处理模式，用了大量免疫学的术语和原理，因此经这种方法构建而成的智能算法也可被称作人工免疫系统方法。它有无教师学习、自组织、记忆等进化学习机理，还综合了分类器、神经网络和机器推理的优点。其应用范围十分广泛，而且效果显著，例如在控制、数据处理、优化学习和故障诊断等领域中都显示了强大的生命力。从哲学上说，这样的算法无疑具有一定程度的意向性，因为既然它们能根据环境的变化形成对问题的较优的解决办法，因此它们一定与外在的东西发生了关系，而且有动态的交涉。从内在过程来说，被它们模拟的生物免疫系统本身是有一定的意向性的，例如能学习、记忆，有自适应抗原刺激的动态过程发生，因此它们也有这些特性。正是由于有这些特性，它们才被称为仿生性的算法。

　　这类算法有许多不同的形式。例如，1. 克隆选择算法。它有类似于遗传算法的地方，但由于它侧重于模拟生物体免疫系统自适应抗原刺激的动态过程以及它的学习、记忆、抗体多样性等生物特性，尤其是模拟克隆选择机理，因此被称作克隆选择算法。与其他进化算法一样，它们都要通过编码来实现与问题本身无关的搜索。其基本步骤可表述如下：第一步，$K=0$，初始化抗体群落 $A(0)$，设定算法参数，计算初始种群的亲和度。第二步，依据亲和度和设定的抗体克隆规模，进行克隆操作 T_c^c，免疫基因操作 T_g^c，克隆选择操作 T_s^c，获得新的抗体群落 $A(K)$。第三步，计算新抗体种群

---

　　① 焦李成等：《非达尔文进化机制与自然计算》，载涂序彦主编《人工智能：回顾与展望》，科学出版社 2006 年版，第 232—234 页。

的亲和度。第四步，$K = K + 1$；若满足终止条件，便终止计算，否则便再回到第二步。2. 拉马克克隆选择算法。它是在前述克隆算法的基础上通过引入拉马克进化机制而形成的一种自然算法。其特点是强调个体不断学习和适应周围环境的能力，强调父代只要能提供适应性经验，就能将它们传给下一代。其操作步骤是：第一步，$K = 0$，初始化抗体群落 A（0），设定算法参数，计算初始种群的亲和度。第二步，划分种群，并获得英雄经验（HE）。一般是将候选种群划分为英雄和非英雄两部分，前者是有较高适应度的子群体，而后者则是只有低适应度的子群体。第三步，依据亲和度和所设定的抗体克隆规模，进行克隆操作 T_c^c，免疫基因操作 T_g^c，克隆选择操作 T_s^c，以获得新的抗体群落 A（K）。第四步，计算新抗体种群的亲和度。第五步，获取成功平民的经验（CSE），并且把 HE 和 CSE 传授给其他个体。第六步，$K = K + 1$，若满足终止条件，便终止计算，否则便再回到第二步。

非达尔文式进化计算由于模拟了生物体的较复杂的特性，并强调自适应、自组织、非线性和方法的多样性，因而有解决复杂问题的潜力。但与达尔文算法相比，受关注的程度相对较低，其应用也比较简单，尤其是，多数应用还停留在实验室，尚未进入工程实践。

三 拟物算法

人工智能研究有一新的趋势，那就是模拟的对象不再局限于人类智能，而是自然界广泛存在的信息处理系统，例如神经系统、遗传系统、免疫系统、生命系统、生物进化过程（微观机理与宏观行为），甚至还有物体的退热过程及机理（退火算法据此而产生）。这些变化导致了新的研究领域和研究热点的纷纷涌现。多自主体系统、人工情感、人工免疫系统就是三个新的研究热点，当然相对其他人工智能领域来说，它们还十分稚嫩，甚至很不成熟，还未形成规模，也没有产生完善的理论体系。

先看人工免疫系统。以前的人工智能模拟的是神经系统及其功能。这是没有错的。是不是仅此而已呢？在生物界，信息的加工除了依赖于神经系统之外，还有内分泌系统和免疫系统也能承担这一功能。于是受人工神经网络成功的启示，许多人认识到：免疫系统也值得研究和模拟。生物学告诉我们：生物免疫系统十分复杂，功能也独特和显著。例如它能抵御细菌、病毒和真菌等病原体的入侵，消除变异、衰老的细胞和抗原性异物，还要在发挥这些功能作用时不断通过学习、识别、记忆外界入侵者，自动建立、更新自己的防御体系。它学习的方式很独特，不像神经系统那样通过改变神经元连接强度而学习，而是通过改变细胞网络单元间的浓度与亲和度来完成学习任务。

人工免疫系统的理论基础主要是 1960 年诺贝尔奖获得者、澳大利亚医学家伯内特（M. Burnet）的克隆选择学习说和杰尼的免疫网络学说。AI 专家认识到：免疫系统完成职责所用的方法、手段、策略如果能被模拟，转化成计算机的东西，那么它们本身尽管不是智能，但极有利于智能的形成和发展。事实上，人工智能可以从免疫系统中学到这样一些东西：它们识别或找到新的刺激物的方法，回忆以前所受感染的方法；另外，免疫系统的通信机制、免疫反馈机制、冗余策略、多样性遗传、工作可靠性和网络分布特性等也都值得模拟。人工免疫系统就是通过模拟这些特性而形成的智能系统。尽管被模拟的功能还十分有限，但在当今，它已成了推动人工智能研究的新的动力。

这一研究领域的开拓者是物理学家、非线性系统专家法默。他与其他学者一道合作发表的论文《免疫系统、自适应和机器学习》是这一领域的重要的里程碑。目前，这一领域已诞生了一些颇有特色的算法，如克隆选择算法、免疫网络算法、骨骼和阴性选择算法、免疫遗传算法等。这些算法的应用价值也很高，如已在最佳化、机器学习、数据控制、软件测试、容错、计算机安全、病毒检测中发挥着显著的作用。

　　再者群体智能算法。单个的蚂蚁好似没有头脑，"做一天和尚撞一天钟"，事实也是这样，一个蚂蚁的构造极为简单，就那么几个神经元。但是蚂蚁集合在一起却有神奇的功能。如若干蚂蚁能围着一只死蛾转，经过大家的推拉，可以把它推向蚁丘。当人们观察它们的集体时，会感到吃惊，它们很像一个社会，一台计算机。它们的蚁丘、外墙、顶盖需要各种规格的材料，这些都是它们的杰作。它们能进行分工协作，就像有电话把它们连在一起一样。白蚁群更神奇。随着群体的变大，智能也增大，当数量达到某个阈值时，便会导致群体智能跃变。它们能建造晶状大厦。这大厦由许多穹顶小室组成，具有自然空调功能，冬暖夏凉。少数的白蚁当然不可能有什么作为。当越来越多的白蚁加入、达到某个临界值后，似乎便有了思维。就像被释放了外激素，它们开始兴奋、激动，像艺术家一样工作，开始堆砌一根根小柱，在特定的时候，全部白蚁分工合作，操纵两柱合拢，形成天衣无缝的拱券。

　　人工智能专家受蚁群及其智能的启发，推想：少量神经元没有什么了不起，但它们多到一定的时候，就开始突显出智能。在此基础上，他们创造了各种模拟生物种群的智能，如蚁群算法等。

　　蚁群算法提出的过程是这样的，20世纪90年代初，在意大利米兰理工大学读博士的多里戈（M. Dorigo）基于对蚁群觅食行为、劳动分工、孵化分类、协作运输的细心观察，提出了蚁群算法的基本思想。多里戈说：蚁群算法的"灵感来自于群体寻找食物的行为，而算法针对的是离散的优化的问题"。"对于某些蚂蚁来说，在它们的群居生活中，最重要的是路径信息素。"它们正是"通过感知其他蚂蚁释放的路径信息素来沿途找到食物的所在地"[①]。经过观察，他发现蚁群有许多特点，如它们是一种分布系统，其中的每个个体非常简单，但它们有高度结构化的组织。基于此，蚁群能完成单个蚂蚁无法完成的复杂的、大负荷的任务。

----

　　① [德] M. 多里戈等：《蚁群算法》，张军等译，清华大学出版社2007年版，第2页。

　　蚁群算法已成了一个热门的研究领域。它的目的是："通过开发引导真实蚂蚁高度协作行为的自组织原理,来调动一群人工 a-gent 协作解决一些计算问题。"① 该算法模拟的主要是蚁群寻找食物行为。很显然,蚁群在觅食时,会派出一些蚂蚁分头寻找。如果一只蚁找到了食物源,就会返回。在返回途中,它会留下一连串的"信息素",以便让其他蚂蚁行进时参照。如果两只蚂蚁找到了一个食物源,它们就会分头返回。如果返回的路径不一样,一个长,一个短,那么返回路径较直、较短的那一条留下的"信息素"会浓一些,反之,绕了弯、长一些的路径则有较淡的"信息素"。模仿这种行为而产生的蚁群算法包括三方面的内容:第一,记忆。根据蚂蚁不会再选择搜索过而无结果的路径这一行为特点,该算法建立了禁忌列表。第二,利用信息素相互通信。第三,集群活动。如前所述,蚂蚁在搜索时,如果路径上留下的信息素数量大,那么蚂蚁选择它的概率会加大,进一步信息素还会加强。反之,路径上通过的蚂蚁少,其上的信息素则会随时间推移而蒸发。据此而形成的群智能路径选择机制,就会使蚁群算法的搜索向最优解推进。

　　我国学者杨义先等人提出了混沌蚁群算法。他们认为,目前单个蚂蚁的混沌行为与整个蚁群的自组织行为、寻食行为之间的联系并没有引起必要的关注。鉴于此,他们便提出了这种算法。他们说:"在自组织寻食过程中,发生了两个连续的动力学过程。第一个过程是以蚂蚁混乱行走为特征的非合作过程,此时蚂蚁之间的组织能力很弱……这个过程持续下去,直到整个组织对蚂蚁的个体行为的影响足够大时,接着,蚂蚁之间合作性的过程便开始了。在这个整个的自组织过程中,蚂蚁不断地与自己的邻居蚂蚁交换最好位置的信息,然后比较并记下这些信息。"② 根据这一观察,他们提出了自己的算法。他们说:"根据混沌动力学和自组织理论,我们

———————

　　① ［德］M. 多里戈等:《蚁群算法》,张军等译,清华大学出版社 2007 年版,第 1 页。
　　② 杨义先、李丽春:《群智能优化》,载涂序彦主编《人工智能:回顾与展望》,科学出版社 2006 年版,第 217—218 页。

给出了一个全新的群智能优化模型，我们称它为混沌蚂蚁群优化算法。该模型把蚁群的捕食过程理解为单个蚂蚁的混沌行为和整个蚁群自组织行为相互作用的结果。"①

四　自然算法简评

无庸讳言，各种自然算法在"师法自然"这一新的实践中迈出了开创性的一步，不仅在认识进化过程及其奥秘上作出了新的探索，而且为人类建造更接近自然智能的人工智能也积累了经验和教训。从实际效果来解，新的模拟进化机制的方法较之传统的方法在解决许多问题的过程中显示出了强大的生命力，在优化问题上甚至有传统方法不可企及的优点。汪镭等学者说："这些算法均具有模拟自然界相关生物组织和生物系统的智能特征。"② 这是极为中肯的。

如前所述，智慧是自然智能的重要特征。而此特征除了表现在有创造性、能动性之外，还有超越性和关联性，即不是针对自身，而有优化外在对象、解决外面的问题的作用，同时解决问题的方式是内在的，即通过建立关于外在对象的表征而完成自己的求解任务，此外，还有自组织、自适应、自学习、自寻优、独立自主等特征。新出现的各种自然算法不仅在揭示自然智能及其必备特征的根据、条件、原理的过程中形成了新的结论，而且在模拟的技术实践中也有新的收获，甚至突破。例如计算智能已把模拟人的"能看、能听、能想"的能力作为明确的目标提了出来。邱玉辉等学者说："智能计算的最终目标和希望是'机器'最终能看、能听，甚至是能想。"③ 据此，计算智能应定义为："包含计算机和湿件（如人脑）的一种方法论，而这种计算展示了适应和处理新情况的能力，

----

① 杨义先、李丽春：《群智能优化》，载涂序彦主编《人工智能：回顾与展望》，科学出版社 2006 年版，第 219 页。

② 汪镭等：《自然计算——人工智能的有效实施模式》，载涂序彦主编《人工智能：回顾与展望》，科学出版社 2006 年版，第 50 页。

③ 邱玉辉等：《计算智能》，载涂序彦主编《人工智能：回顾与展望》，科学出版社 2006 年版，第 152 页。

使系统具有推理的属性，如泛化、发现、联想和抽象。"①

　　另外，一般都不否认，进化计算所表现出的智能已具备了人类意向性的一些关键特征，如不需要由人描述问题的数学模型，能自组织、自适应、自学习，在解空间的不同区域中进行搜索，能以较大概率找到全局最优解。相对于其他优化方法而言，它通用、稳健性强、适合于并行处理，能解决那些数据范围大、参数和变数多、存在非线性和不确定性的问题。

　　最值得一提的是，基于遗传算法的模糊控制器具有根据环境变化调整行为的功能，用哲学行话说，它具有一定程度的意向性，至少有关联性。这种基于遗传算法的模糊控制器有多种形式，这里以常见的二维模糊控制器为例作一分析。其结构、原理如图 5—3 所示。

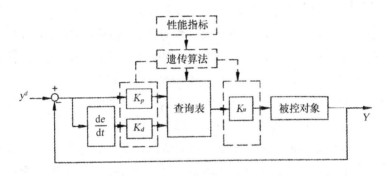

图 5—3　基于遗传算法的模糊控制原理图

　　它的输入量为偏差 $e(k)$ 和偏差变化 $ec(k)$，输出为控制变化 $\Delta u(k)$，其中偏差 $e(k)=y_d(k)-y(k)$，$e_c(k)=e(k)-e(k-1)$，$y_d(k)$ 为期望输入，$y(k)$ 为系统实际输出。利用遗传算法，在固定模糊隶属函数的前提下自动调整模糊控制规则。其主要操作如下：（1）种群大小。在使用遗传算法时，首先需要解决的是

　　① 邱玉辉等：《计算智能》，载涂序彦主编《人工智能：回顾与展望》，科学出版社 2006 年版，第 152 页。

确定种群的大小。一般兼顾大小两方面，取种群大小为50。（2）参数编码。对模糊控制规则采用自然数编码。在计算机中每个个体可以用一个 M×N 行、两列的数组表示。（3）复制。采用不同的复制方法即一般复制法、稳态复制法、代沟法和选择种子法，以期对寻优速度和寻优精度进行比较。它们各有特点，如选择种子法能保证全局收敛，稳态复制法适合于非线性较强的问题，代沟法的寻优效果一般，一般复制法效果最差。（4）交叉和变异。交叉操作是产生新个体增大搜索空间的重要手段，但同时容易造成对有效模式的破坏，针对模糊规则表采用自然编码的特点，可采用点对点的双点交换方法。变异能克服由于交叉、复制操作造成的有效基因的丢失，使搜索在尽可能大的寻优空间中进行。（5）适值调整。为防止种群在进化过程中提前收敛以及提高进化后期的收敛速度，扩大寻优空间和提高寻优精度，可采用窗口法和函数归一法进行适值调整。（6）个体目标函数估计。个体是模糊控制器参数的编码，个体目标函数用来估价该控制器的性能。（7）寻优过程中期望输入的选择。

再看免疫遗传算法。它是一种基于免疫的改进遗传算法。算法的核心在于免疫算子的构造，而免疫算子又是通过接种疫苗和免疫选择两个步骤来完成的。大量研究表明，仅仅依赖于以遗传算法为代表的进化算法在模拟人类智能化处理事物能力方面还远远不足，还需要更深入地挖掘和利用人类的智能资源，而免疫遗传算法可以进一步提高算法的整体性能，并有选择有目的地利用待求解问题中的一些特征信息来抑制优化过程中退化现象的出现。这一算法的理论基础显然是生命科学中的免疫理论。它根据模拟创立了自己的概念体系。如根据特异性免疫和非特异性免疫，它提出了目标免疫和全免疫。前者指：在进行了遗传操作后，经过一定的判断，个体仅在作用点处发生免疫反应。后者指种群中每个个体在遗传算子作用后，对其每一环节进行一次免疫。除此之外，它也有自己的"接种疫苗""免疫选择"之类的概念。

在这种算法中，免疫算子是由接种疫苗和免疫选择两部分操作构成的。这里的免疫指的是：依据人们对待求解问题所具备的先验知识而从中提取出的一种基本的特征信息，抗体是指根据这种特征信息而得出的一种解。前者可视作对待求的最佳个体所能匹配模式的一种估计，后者是对这种模式进行匹配而形成的样本。这种算法的基本步骤是：首先对求解问题（可称作抗原）进行具体分析，从中提取最基本的特征信息（可称作疫苗），然后对特征信息进行处理，将其转化为求解问题的一种方案。由此方案所得到的所有解的集合就是基于上述疫苗所产生的抗体。最后，将此方案以适当的形式转化为免疫算子，以实施具体操作。总之，免疫是在合理提取疫苗的基础上，通过接种疫苗和免疫选择两个操作完成的。前者有提高适应值的作用，后者有防止种群退化的作用。

再如，自然计算中较有影响的 Hopfield 神经网络，它能局部地模拟生物神经系统的动态信息传递和信息处理行为；此外，群体智能算法中的人工蚁群算法，则有模拟生物蚁群集体行为中所蕴含的智能寻优的特点，而人工微粒群算法则有模拟鸟群等类似生物群体运动中所蕴含的分布式自主寻优的优势。总之，不管是哪种自然算法，都有这样的特点：第一，都具有模拟自然界有关的信息处理、复杂运动过程及机理的特点；第二，有自学习、自组织、自适应的特点；第三，从理论基础上说，它们是有关科学交叉互动的产物；第四，从作用上说，有解决复杂问题的能力，且有广阔的应用前景。

这些算法由于直接模拟了自然智能的行为及内在机理，因此表现出了自然智能的一些特征，甚至具有意向性，至少是派生的意向性的一些特征。例如它们有传感器系统，这些系统有对原始环境信息作出反应的功能，不仅如此，还能对接收这些信息的模块所输出的初始采集信息进行定点感知和辨别的转换，在较高的控制和计算要求下，还能对它们进行优化处理和具体知识的提取建模，能提升系统化知识的积累，丰富具体工作环境下已知的知识库和方法库，促进系统的自组织、自学习。另外，经过感知获取而后又经过其他模块处理的信息能起到改变输出系统行为的作用，仿佛行为是根据环境的变化而作出的，这更接近于人类智能的意向过程。但应看到这种接近是表面的。因为系统尽管能接收、加工、转换信息，但是并不能"理解"信息，不能自主地把它们与环境关联起来。因此正如汪镭等学者所说："这里也可以看出，自然计算并不能等同于完全的自主式物理系统或生物群体。"①

自然算法的研究尚处在起步阶段，问题和困难在所难免。爱挑毛病的批评者正是看到了这一点，对自然智能往往作求全责备式的责难。当然，如果正确地对待和理解这些批评，对 AI 的发展又并非没有好处。根据批评者的看法，这些算法的第一个问题仍是太形式主义，甚至太拘泥于图灵机的概念框架。这样做的问题在于：人的心智并非只有形式的一面，并非只是一个按固定算法行事的机器。心理学家博登（M. Boden）和经济学家安德森（A. Andersson）等人的研究表明：人类的创造能力似乎不受图灵计算机的约束，而游离于形式主义所强调的计算规则之外。人的智能除了有能为图灵机模拟的功能之外，还存在着许多智能形式，换言之，人的心智可能是某种超图灵机，比如 DNA 计算机。② 其次，人的智能是极其复杂的，或者说是复杂系统的复杂的、突现的特性。而复杂系统的特点在于：能"根据规则作出决定，它们时刻准备根据新得到的信息修改规则。不仅如此，主体有能力产生以前从未用过的新规则"③。这也就是说，人的智能有非算法的一面。著名物理学家彭罗斯也经常强调这一点。就人的意向性来说，它意指什么是有主动性、灵活性的一面的，或者说，有自由的一面。例如按规则，按现实的必然性，它应指向 A，关联于 A，表征 A，但它却有能力、资源，偏偏不这样做。也就是说，它有反映射的一面，有非功能的一面，在很多情况下，它并不遵守"如果—那么"这样的逻辑蕴涵规则，因此它的从输入到输出的过程中有非函数的一面。彭

---

① 汪镭等：《自然计算——人工智能的有效实现方式》，载涂序彦主编《人工智能：回顾与展望》，科学出版社 2006 年版，第 52 页。
② ［美］约翰·卡斯蒂：《虚实世界》，王千祥等译，上海科技教育出版社 2001 年版，第 221 页。
③ 同上书，第 230 页。

罗斯指出：如果人的认知活动是按照神经系统中的以某种方式编码的规则所进行的推论过程，那么在构造硅心智的征途上没有什么困难。但问题是认知过程不止是一种根据规则的推理过程。因此用上述自然算法模拟心智的过程是有欠缺的。在彭罗斯等人看来，认知过程除了形式的一面以外，还有这样的特点，如：1. 事实与预期的矛盾。2. 不稳定性、多变性、不可预测性，初始条件、中间某一状态的微小变化将导致系统行为的重大变化。3. 不可计算性。4. 关联性，强相互作用。5. 突现性，等等。这些应该成为编制自然算法时不应忽视的方面。

　　不错，能适应环境是意向性的一个重要特征。一般认为，各种自然算法已具备了这一特征。在特定意义上的确可以这样说。但应注意的是：在这类算法中，适应度函数是预先定义好了的，而真正的适应性应该是局部的，是个体在与环境作生存斗争时自然形成的，并随环境变化而变化的。

　　最后，在彭罗斯等人看来，即使已有的程序、算法在模拟自然的进化、适应、选择等机制上取得了巨大成就，所研制的算法在逼近人类智能上迈出了很大的一步，甚至模拟出了意向性的许多重要特征，如自学习、自适应、自主、自动等，但尚有一个根本性的问题，即没法通过人工进化演化出意向性的最根本特征——意识。彭罗斯说："想象一台平常的电脑程序，它怎么会变成活的呢？显然不能（直接地）由自然选择而来！""程序的有效性和概念本身最终要归功于（至少）一个人类的意识。"即使是通过进化增加算法，形成更复杂高级的算法，也不可能让算法变成真正的智能。因为"为了决定一个算法实际上行不行，人们需要的是洞察，而不是另一个算法"[①]。

　　有的人还强调：AI 不仅要研究神经元及其连接方式，而且要研究分子及其功能。因为"无论分子在创造生物组织时作了什么，

----

　　① ［英］戴维·彭罗斯：《皇帝新脑》，许明贤等译，湖南科学技术出版社 1994 年版，第 477 页。

它肯定在向这些组织灌输智能的过程中扮演了关键的角色。为了复制智能,研究人员必须了解这场游戏的规则"①。基于这样的考虑,加利福尼亚大学成立了电子结构量化中心,其目标是用量子力学的方法开发比晶体管更小的电子部件。该中心聚集了 20 多位来自物理学、化学、电子工程技术等领域的专家。还有一些人比较重视生物分子的作用,希望发现生物分子对其环境的特殊感受,进而制造出生物传感器,例如韦恩州立大学医学院的生物传感器开发者利克斯·洪正在开发一种被称作"细菌视紫红质"的感光蛋白。斯坦福的鲍克瑟则正在进行使蛋白质黏附在电极或其表面的研究,他通过改变细胞基因而使得细胞产生了一种有分子钩的蛋白。还有一些人正在研究所谓的"神经分子计算机"、"细胞计算机",其目标是希望在传统电脑硬件之外建造人工智能装置。②

----

① [美]布里德曼:《制脑者》,张陌等译,生活·读书·新知三联书店 2001 年版,第 134 页。

② 同上书,第 148—149 页。

第六章

自然语言处理及其语义学转向

自然语言处理是 AI 研究中一个最重要也最为活跃的研究领域，其最终目标是在弄清人类自然语言理解和生成的奥秘的基础上，让机器模拟、延伸和拓展甚至超越这种能力。卡特（M. Carter）说："人工智能发展中面临的最有意义、最困难的计算问题也许是自然语言的理解与产生问题。"[①]"有根据说，设计出能处理自然语言的计算程序是摆在人工智能研究者面前的最有价值的工作。"[②] 尽管这是一个最为困难的研究课题，但由于有各方面仁人志士的共同努力，因此其成绩仍令世人刮目。例如加拿大蒙特利尔大学开发的与天气预报有关的英法机译系统能够接收每天的天气预报数据，然后自动生成以语音形式出现的天气预报，不必经过编辑就可以用英语和法语进行播报。再如给计算机装上图像识别系统，它可在观看一段比赛之后，用自然语言报告比赛的情况。还有，计算机能充当自动阅读家庭教师，其作用是帮助某些特殊人群改善阅读能力，教小孩阅读故事；当有人出现阅读错误时，它能用语音识别器进行干预。尽管有这些令人称奇叫绝的成果，但塞尔等人所提出的语义学问题仍是已有的自然语言处理程序的瓶颈问题。按严格的语义性标准，即使是最好的自

[①] M. Carter, *Mind and Computers: An Introduction to the Philosophy of AI*, Edinburgh: Edinburgh University Press, 2007, p. 144.

[②] Ibid., p. 145.

然语言处理系统，仍只是停留在哲学家们所说的句法机水平之上，而人作为自然语言处理系统则既是句法机，又是语义机。因此 AI 的自然语言处理仍是一个众说纷纭的研究领域。

第一节　自然语言处理研究的历史过程
与语义学转向

自然语言处理这一 AI 研究领域的任务就是建造能模拟人类语言能力的机器系统。而人的语言能力不外两方面：一是对输入的书面或口头语言形成理解，二是生成作为反应的语言表达式。既然如此，自然语言处理便有两大研究课题：一是研究自然语言理解，二是研究其生成。从语义学的角度说，前者要解决的问题是如何完成从文本到意义的映射，后者要解决的是如何完成从意义到文本的映射。在两者之中，前者最为重要，处于基础地位，因为要生成语言无疑离不开理解。同时，前一任务比后一任务要困难得多。D. 朱夫斯凯等人说："语言的生成比语言的理解更容易一些……正因为如此，语言处理的研究集中于语言理解。"① 其原因在于：自然语言有多义性、上下文相关性、整体性、模糊性、合成性、产生性、与环境的密切相关性等特点。就人来说，不管是语言理解，还是语言生成，都必然涉及三个方面，即语言表征、语法表征和语义表征。例如要说出语句，就涉及这三个方面的表征传递，即先要有交流的意向，有意把思想传达出去，然后要考察用什么样的词、句法结构去表达，进而用什么样的声音去表达，既然如此，自然语言处理的两大领域也都要研究这三个方面的理论和技术问题。传统的计算主义从动机上说也注意到了这三方面，只是在效果上未能真正涉及语义性。它认为，它可以用计算术语说明人的语言理解和生成过程。因为人的言语行为不过是一个由规则控制的过程；同理，让机

----

① ［美］D. 朱夫斯凯等：《自然语言处理综论》，冯志伟等译，电子工业出版社2005 年版，第 470 页。

器完成语法判断也是可能的，因为产生语法判断的机制可以从计算上实现。①

在人类认识和改造世界的活动中，自然语言处理是名副其实的新生事物，人们对它的关注充其量只有六七十年的时间。大致来说，它经历了这样几个发展阶段：一是 20 世纪 40 年代末至 50 年代初的萌芽时期。其重点是研究人机对话。但由于人们对人机对话的理解过于肤浅，因此以失败告终。二是 60 年代的初步发展时期。研究的主要成果是形成了关键词匹配技术，建立了以此为基础的语言理解系统。在这些系统中，包含有大量关键词模式，每个模式都与一个或多个解释相对应。在理解和翻译时，一旦匹配成功，便得到了对某句子的解释。这种系统的优点是：允许输入句子不规范。即使输入句子不合语法，甚至文理不通，它们也能生成解释。问题是：这种系统忽视了非关键词和语义及语法的作用，因此对句子理解的准确性极差。三是成熟发展时期，到了 70 年代，出现了以句法—语义分析技术为基础的系统。这一研究所用的方法是基于规则的方法，即将理解自然语言所需的各种知识用规则的形式加以表达，然后再分析推理，以达到理解的目的。这一方法在语言分析的深度和难度上较以前有较大进步，事实上也导致了积极的成果，如产生了一些句法—语义分析系统：LUNAR、SHRDLU 和 MARGIE 等。

LUNAR 是由美国 BBN 公司的伍兹（W. Woods）于 1972 年设计的一个允许用英语与计算机数据库进行对话的人机接口。由三个模块组成，即句法分析、语义解释和数据检索。里面的资源有：ATN 语法、词典、语义规则和一个数据库。如图 6—1 所示。

不难看出，这里所谓的语义加工步骤不外是：首先利用 ATN 句法分析器对请求解决的问题即输入语句进行句法分析，最终获得能反映该句子句法结构的句法树。接着对它作语义解释。这里的语

----

① M. Carter, *Mind and Computers: An Introduction to the Philosophy of AI*, Edinburgh: Edinburgh University Press, 2007, pp. 152 – 153.

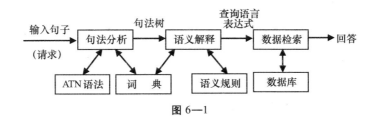

图 6—1

义处理实际上不过是一种转换或匹配，即把上述句法翻译成一种形式化的查询语言，这种语言以谓词形式表达用户对数据库检索所提出的各种限制。换言之，所谓解释，不过是针对上述句法在词典等中查找，即设法找到相对应的查询语言，然后将它交给下一步的数据检索。在检索中，系统对数据库执行这个查询语言表达式，最终产生关于请求的回答。以这种方式产生的回答好像有语义性，即对问题作出了回答，其实，该系统并无这个能力，它之能关于什么，最终还是取决于设计和使用者的解释或关联，即它们的派生意向性根源于人的意向性。

　　再来看 MARGIE 系统。它是由尚克（R. Schank）与学生一道于 20 世纪 70 年代在斯坦福大学的人工智能实验室研制出的一个系统，也是塞尔中文屋论证所针对的主要矛头。MARGIE 是 Meaning Analysis、Reponse Generation 和 Inference on English 的第一个字母的集合体，表明它是一个试图进行以英语为载体的意义分析、答案形成和推理的系统。它由三部分组成。一是概念分析器。其任务是把所输入的英语句子转换成机器内部的概念从属性表征。二是推理器。它从上一模块那里接受一个用表征表示的命题，然后根据当前语境中的其他命题演绎出一些事实，换言之，把句子所蕴涵的事实演绎出来。三是篇章生成模块。其任务是把概念从属表征转换成英语输出。从主观动机上说，尚克等人的这个系统旨在让机器从句法机上升为语义机。因为根据他们的想法，一旦被输入的英语句子被分析、转换成机器内部的表征，那么句子的表层结构、句法形式就被置于一边，而进到了对语义的处理，似乎以后的加工都是对这种概念表征的加工。由于意义相同的不同句子只对应于一种规范的表征，因此推理、问题回答似乎就有可能了，并似乎很方便。塞尔的中文屋论证批判的正是这种设想。在塞尔看来，这种系统从输入句子向概念表征的转换是虚假的、骗人的，因为它并未真正过渡到概念或语义。这些东西不能为机器所涉及，只能为设计和操作人员所想到。它们有语义性，都是由后者所强加的。

20世纪80年代后，自然语言处理在经历了因一些人的否定而出现的短暂阵痛之后，发生了极富革命意义的语义学转向，即从原来的以句法为中心的研究（至少在实际效果上是这样）转向了以语义为中心的研究，其表现是人们的确从句法层面进到了语义层面，不仅关心单词、短语、句子、语音的形式加工问题，而且着力探讨意义的形式表示以及从语段到意义表示的映射算法，为此，又深入到了言语的意义分析之中，探讨语素的意义怎样结合到下一级语言单位的意义之中。基于大量的探讨，便诞生了各种关于语义分析的理论和方法。另外，如何消解单词意义之歧义性，如何将信息检索从句法级提升到语义级等应用问题也受到了特别关注。促成这种转向的动因是多方面的。

第一，到了20世纪80年代初，一大批有后现代精神、热衷于解构和颠覆、喜欢在鸡蛋里挑骨头的哲学家、科学家，如上面所说的塞尔、德雷福斯、彭罗斯和霍金斯等，在深入、严肃地反思了AI研究的现状的基础上，对各种自然语言处理的理论和实践作了尖刻的批判和否定。如前所说，塞尔的中文屋论证有力地证明：人的语言处理的特点是有对意义的理解，而机器或程序所实现的所谓语言加工如"理解故事"根本就没有理解。如果理解、意向性、语义性是人类智能的根本特征，那么已有的语言处理系统根本就没有表现智能。这一类批评应该说抓住了已有研究的要害，后来许多专家的肯定性认同和评价以及向语义学的转向都足以说明这一点。

第二，许多人开始从AI研究的形式主义迷梦中觉醒过来，而开始了向真实人类智能的"回归"。通过对塞尔等人论证的冷静思考，通过对人类语言处理能力的在新的起点上的再认识，人们终于发现：能处理语义是人类语言能力的最根本的特征和最关键的方面。我国学者李德毅和刘常星说:"人工智能如果不能使用自然语言作为其知识表示的基础,建立不起不确定性人工智能的理论和方法,人工智能也就永远实现不了跨越的梦想。"①

第三,AI的其他领域提出了向语义回归的客观要求。很显然,不攻克语义性这一瓶颈问题,知识工程、互联网、知识管理等领域的研究就不可能有实质性进步。1977年,西蒙的学生费根鲍姆(E. Feigenbaum)提出的知识工程,使知识信息处理进入了工程化阶段,同时也标志着人工智能从以推理为中心的阶段进入了以知识为中心的阶段。从此,知识科学、知识工程研究如火如荼地开展起来。进入90年代,这一研究因互联网的发展而变得更为迫切和重要。因为互联网的发展,既为知识共享提供了较好的平台,同时,互联网的向纵深的发展又向知识共享提出了更高的要求。因为人们希望有更全面、更快捷、更高质量的知识共享。而要实现这一愿望,就必须解决语义学问题,必须从过去的以形式为中心的人工智能研究,转向以内容为中心的研究。史忠植说:"将语义网和网格计算的技术结合起来,构建语义网络,可能是实现基于Internet知识共享的有效途径。"②

20世纪80年代以后,自然语言处理进入了一个新的发展阶段,其特点之一是:关注对大规模真实文本的处理。1990年8月,第13届国际计算语言学大会在赫尔欣基召开,大会明确提出了处理大规模真实文本这样的目标。这标志着语言信息处理迈入了一个新的阶段。其特点之二是:强调以知识为基础。新的理论认为,要让机器完成自然语言理解,必须让其有多多益善的知识。基于这一理解,便产生了许多以知识为基础的自然语言理解系统。本体论语义学、语料库语言学(Corpus Linguistics)等就是其范例。其第三个特点是向实用化、工程化方向发展,标志是一大批商品化的自然

① 李德毅、刘常星:《人工智能值得注意的三个研究方向》,载涂序彦主编《人工智能:回顾与展望》,科学出版社2006年版,第46页。
② 史忠植:《智能科学》,清华大学出版社2006年版,第3—4页。

语言人机接口和机器翻译系统出现在国际市场上。如美国人工智能公司开发的人机接口系统 Intellect，美国乔治顿大学开发的机译系统 SYSTRAN，加拿大蒙特利尔大学开发的与天气预报有关的英法机译系统，日本和我国也都分别开发了英日、中英机译系统。特别是在搜索引擎方面，自然语言理解程序也有很大的发展，并得到了广泛的应用。

第二节　语义处理、"爱尔兰屋论证"与速写板模型

一　一般的方法论问题

人之所以为人，一个根本的特点是：他有创造和使用语言的能力。有鉴于此，许多哲学家把人定义为符号动物。人由于有了自己所创造的语言，在许多方面就大大优于其他自然事物，例如走到餐馆想点菜吃饭，就没有必要亲自到储藏室一个一个地点，而只需把想吃的东西的名称报出来就行了。反事实思维告诉我们：如果没有语言，我们将碰到无穷无尽的麻烦，如我们想叫人带一辆出租车过来，就必须去搬一辆车过来。

语言之所以有如此神奇的作用，原因又在于：它不是纯粹的符号。我们的语言交流之所以能顺利进行，那又是因为：我们说出的话不是纯粹的符号，而有它的关于性或关联性。用哲学的话说，就是有派生的意向性。换句话说，人交流所用的符号携带着意义，或者说有语义性。所谓语义性即符号所具有的有意义、有指称、有真值条件的性质。有这种性质，实即符号上被捆绑着符号以外的东西，即它要表示的东西。从发生学上说，符号在被人们创造出来时，人们订了一个契约，达成了一项协议，或制定了一个规则，即让这个符号表示某一对象。我们学习语言，就是学习它可以表示什么，亦即学习语言被创造时被人们所确立的规则。Jurafsky 等人在《自然语言处理综论》中以哲学的睿智明确指出：人在生活中，必不可少的事情是要活动，要与外界打交道。要如此，他们的语言就

不能只停留于从形式到形式的转换上，而必须关涉世界上的事态。这也就是说："必须能够使用意义表征来决定句子的意义和我们所知道的世界之间的关系"，这是意义表征的基本要求。人类造出计算机之类的东西以及自然语言处理系统，不是为了好玩，而是为了更好地认识、利用外部世界。因为它只有有关联世界的能力，才会被人创造出来。既然如此，AI 的自然语言处理系统如果真的想模拟人类的语言能力，那么就不能只关注句法处理，而必须进到语义的层面。这无疑已成了大多数专家的共识。但问题是怎样让机器有语义处理能力呢？

　　这里首先会碰到这样的方法论问题：尽管我们的目的是让机器具有人的语言能力，但是否一定要模拟人的语言生成和理解的过程及机制呢？是否一定要以人的语言能力为样板、参照呢？对这些问题，主要有两种不同的回答。一种观点强调：只有理解了人类对于自然语言的处理，我们才能建立更好的语言处理的机器模型。另一种观点认为，对于自然的算法的直接模仿在工程应用中没有多大作用。就像飞机用不着模仿鸟通过摆翅膀而飞行一样。一般来说，大多数研究者赞成和选择了前一路线。朱夫斯凯等人概括说：人工智能不仅意识到语义性的必要性、重要性，而且为了让人工系统也有语义性，在师法自然上也迈出了有价值的步子。例如深入到人类心智之中以及人类所使用的深层结构之中去探讨语言为什么有意义。就后一方面来说，已取得了一些积极成果，甚至可以说："我们已经知道了人类语言负载意义的各种方法。"例如就底层来说，人类语言之所以能负载意义，根源在于它有谓词变元结构（predicate-argument structure），即在构成句子的单词和短语成分的底层，各概念之间存在着特定的关系。正是它，从输入的各个部分的意义，构造出了一个组合性的意义表示。① 例如有这样几个句子：

----

① ［美］D. 朱夫斯凯等：《自然语言处理综论》，冯志伟等译，电子工业出版社 2005 年版，第 323 页。

我想要意大利食物

我只想花费 5 美元以下的钱

我想它就在附近

这三个句子包含三种句法变元框架：

NP（名词短语）想 NP（名词短语）

NP 想要 inf—VP（动词短语）

NP 想要 NP inf—VP

这些构架表明：句子要有意义，首先一定有谓词，如动词，其次有一定数量的谓词变元，如 NP 和 VP 等，此外，它们都有特定的语义角色，如动词前的变化起着动作主体的作用，动词后的变化起着动作之对象或内容的作用。最后，还有语义的限制，即动词对主词和宾词都有限制作用，如"想象"就限制了它的主词表示的是有生命的东西。不仅包含动词的句子有谓词变元结构，不包含动词的名词性、介词性句子，其实也有这样的结构，如"书在桌子上"等。

自然语言处理研究中的另一不可回避的方法论问题是：如果我们承认自然语言处理研究必须走"师法人类"的道路，那么由于人们对人类语言处理的条件、机制、原理、实质的看法不尽相同，因此怎样判断我们的模拟真的是对人类语言能力的模拟呢？从效果检验的角度说，怎样判断一机器对人的语言能力的模拟？怎样判断它们是否有语言处理能力？有无这种能力的判断标准是什么？或者说，判断机器有无语言理解能力的标准是什么？一般都赞成美国认知心理学家奥尔森（G. M. Olson）的下述四标准说：1. 能回答与语言材料有关的问题。2. 能对大量材料形成摘要。3. 能用一种不同的语言复述另一种语言。4. 将一种语言转译为另一种语言。一些人认为，如果机器的自然语言理解能符合上述标准，那么就可将它们应用到下述方面：1. 机器翻译。2. 文件理解。3. 文件生成。4. 其他应用，如给大型系统配上自然语言接口。

当然也有不同的看法，如有些人认为，应从效果上加以判断，即看机器的语言输出的因果性效果。如果一个符号的意义能使系统产生变化，能达到或影响某种内部或外部的状态，那么就可认为它有对语义的正确理解。按照塞尔等人的观点，这些都是行为效果标准，即使强调它们有合理性，但不充分。因为关在中文屋中的不懂中文的塞尔，尽管通过了从行为效果上的所有检验，如将输入中文正确转换成了输出，但其实他对中文一字不识。既然如此，在塞尔看来，真正的标准应是看机器在句法转换过程中，有没有理解或觉知过程发生。这当然是一个正确的，但相当高的标准，可看作是自然语言处理的最高目标。

塞尔的上述思想尽管受到了许多 AI 领域专家的诟病，但也不是完全没有赞成者。史忠植、王文杰概述说："自然语言理解成为人工智能研究的中心课题，很多人都意识到在自然语言处理中'理解'的必要性。为了使机器理解语言，不只是考虑句子，还要考虑语义，利用知识，引进一般社会的知识，以及利用上下文信息。"①

二　语义分析

在自然语言的应用系统中，比如在对话系统中，系统要能将对话顺利进行下去，一个必要的环节是对输入句子作出合理的理解，即要把握符号后的意义。而要理解输入句子的意义，又有两方面的工作得做：一是形成意义表征，二是将这表征指派给输入的句子形式。这两者合在一起就是所谓的语义分析。正如 D. Jurafsky 等人所说："语义分析是生成意义表示，并将这些意义表示指派给语言输入的一种处理。"语义分析一般是由语义分析机器完成的。如图6—2 所示：

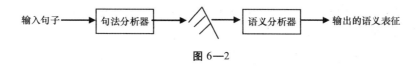

输入句子 ⟶ 句法分析器 ⟶ 语义分析器 ⟶ 输出的语义表征

图6—2

①　史忠植、王文杰：《人工智能》，国防工业出版社 2007 年版，第 305—306 页。

这就是说，输入句子首先要经过句法分析器的分析，所得的结果再传送到语义分析器。其分析的结果就是要赋予输入句子以意义表征。

语义表征或意义表征是机器获得自然语言处理能力的第一步。它关心的是怎样将句子的意义表征出来。这里的灵感和办法是基于对人的语言理解的观察而形成的。人们通过深入到人类语言的结构底层，探讨这种语言为什么有语义表征能力，最终发现：人类语言的意义表征能力根源于它之下的谓词变元结构。基于这一认识，有关专家试图模仿人类语言表征意义的结构和方法。

让机器获得自然语言处理能力的第二步是让它有语义表征能力。这也是消除语义之歧义的必要。自然语言的特点是有歧义性。如果不能正确对待歧义性，就不能使用自然语言。而要有这种能力，就得有语义能力。"因为要对语言输入的意义进行推理，并且要根据它来采取行动，所以一个输入的意义的最后表示必须与任何歧义没有关系。"① 另外，日常语言还有这样的特点，即一个意义可由不同的句子来表示，而一个句子又可表示不同的意义。要让机器有自然语言处理能力，就必须有理解这类句子的能力，而要做到这一点，又必须有语义能力。目前的理论主要是通过意义表征来解决这里的问题的，即在知识库中为每一种输入提供尽可能多的意义表征。因为"如果在系统的知识库中只有一个意义表示，那么这些不同的意义表示将不能进行正确的匹配"②。

什么是意义表征呢？Jurafsky 等人说："在计算语言学中，意义表征的主要方法是建立形式意义表示法，以便捕捉与语言输入有关的意义。这些意义表征的目的是在语言和关于世界的普通知识之间建立一座桥梁。"③ 意义表征的形式很多，如一阶谓词演算、语义网络等。"在抽象层次上，它们都有一个共同的概念基础，即意

---

① ［美］D. 朱夫斯凯等：《自然语言处理综论》，冯志伟等译，电子工业出版社2005 年版，第 320 页。

② 同上书，第 321 页。

③ 同上书，第 342 页。

义表征是由符号集合所组成的结构构成的"。在他们看来,一元谓词演算就是其中的一种较好的选择。D. 朱夫斯凯说:这"是一种灵活方便的、容易理解的、在计算上可行的方法,这种方法可以表示知识能够满足……对意义表示语言提出的要求……可以为意义表示的确实性(Verifiability,引者据原文有所改动)验证、推论和表达能力等方面提供坚实的计算基础"①。

由于有这样的好处,因此在自然语言处理中,一阶谓词演算是一种常见的表征意义的方法。我们知道:人类的语言之所以有意义,是因为它有对于它以外的事物的关于性。同样,一阶谓词演算之所以被看作表征意义的一种方式,也是因为它可以用来表达外在的对象、性质及关系。在有关的学者看来,它之所以有表征意义的能力,又是因为它有一些原子要素如谓词词项、联系词、函数、变量等。这种表示方法是围绕谓词而组织起来的。所谓谓词是一种符号,其作用是引述对象,表现特定领域内的对象之间的关系。例如:"某餐馆供应的是绿色食品。"这里的"供应"就是谓词,它对有关的关系作了编码,例如它涉及两个位置,即"餐馆"和"绿色食品",同时标出了它们之间的关系。

一阶谓词演算中的另一个原子要素是词项(term)。它是这种表征方式表示对象的一个重要设置,可以看作是一种命名方法,一种表示世界上的对象的手段,因此可看作一个信息块。而它又是用三种方式来表示的,即常量、函数和变量。常量通常用大写字母如A或B等来描述,引述的是世界上的特定对象。函数也是引述对象的方法,比常量更方便。变量则常用小写字母表示,也是引述客体的机制的组成部分,其作用是允许我们对对象作出判断和推论。

有了引述客体的能力,以及把一些客体与另一些客体关联在一起的能力,一阶谓词演算就能构造出组合表示,如借助逻辑连词(如"和""或"等)可以把不同的意义表征组合在一起,形成更

---

① 〔美〕D. 朱夫斯凯等:《自然语言处理综论》,冯志伟等译,电子工业出版社2005年版,第325页。

大的意义单位。在倡导者看来，借助这种方式，不仅可以表征意义，而且还可以"根据它们所编码的命题是否与外部世界相符而被指派'真'或'假'值"①。

在语义网络表征中，语言所指对象用图的节点来表征，对象之间的关系用有名字的连接边来表征。在框架表征中，用特征结构表征对象。而特征被称为槽（slot），这些槽的值既可用填充者（filler）来表示，又可用原子值来表示，还可以用一个嵌套的框架来表示。因此这种方法又被称作槽填充表示法。

在建立语义表征时，一项必不可少的工作是建立关于非语言世界的表征。因为人之所以有语义能力，除了有关于语言规则的知识之外，还有关于相关世界的知识。既然如此，就必须注重建立这方面的表征。朱夫斯凯等人说："我们所需要的意义表达能够在从语言输入到与语言输入意义有关的各种具体任务所需的非语言知识之间架起一座桥梁。"②"显而易见，简单地使用前几章讨论过的音位表示、形态表示和句法表示，并不能帮助我们解决这些问题。为了解决这些问题，需要把包含在这些问题中的语言因素与用于成功地完成这些任务所需的非语言的世界知识结合起来。"③

什么是知识表示？知识是人们在长期的实践过程中所形成的对世界的认识和经验，是通过对信息的关联、统一而形成的。而信息是一定的表示形式所携带的内容或含义。这种表示形式即数据。因此数据是表示信息的一组符号。它们的关系是：数据是记录信息的符号，是信息的载体和表示，而信息是对数据的解释，是数据在特定场合的含义。同一的数据可表示不同的信息，同一信息可由不同数据表示。有时，数据并不包含信息，只有那些有格式的数据才有意义。机器并不能直接加工知识和信息。它们只有通过一定的数据表示出来，或转化为数据才能为机器加工。所谓知识表示就是对知

---

① ［美］D. 朱夫斯凯等：《自然语言处理综论》，冯志伟等译，电子工业出版社2005年版，第327页。
② 同上书，第318页。
③ 同上。

识作出描述，或作出约定，让什么样的数据表示什么样的信息。因此知识表示的过程就是把知识编码成数据的过程。与此相应，数据经过机器处理之后产生的还是数据，这种数据有什么意义，还需人的解释。

知识表示的方法主要有：一阶谓词逻辑表示法、产生式表示法、框架表示法、语义网络表示法、面向对象表示法、状态空间表示法等。究竟用什么方法来表示知识，要考虑这样一些因素：1. 在选择知识的表示方法时，要考虑它能否充分表示领域知识。2. 是否有利用知识的必要。3. 是否便于知识的组织、维护和管理。4. 是否便于理解和实现。

这里，试对语义网络表示法作一粗浅分析。它其实是通过概念及其语义关系表示知识的一种网络图，是一种带标注的有向图。其中，有向图的各节点表示的是各种概念、属性、状态，弧表示语义关系，即表示它所连接的各节点的语义关系。节点和弧都有标识，其作用是区分各种不同对象以及对象间的不同关系。这种表示法有这样一些特点：第一，结构性。它是一种结构性的知识表示法，有表示事物间关系的作用。第二，自然性。它表示事物间的关系有便于理解、易于转换的特点。第三，联想性。由于它表示了语义关系，因此通过这种关系可找到与某一节点有关的信息。第四，非严格性。通过推理网络而实现的推理不一定有正确性。应看到的是，尽管经过这种表示法所形成的符号串反映了概念、事物、属性、情况、动作、状态及其关系，数据似乎有关于性、语义性，但是由于这种表示法仍未改变知识表示的下述本质特征，即在数据和信息之间建立了约定关系，因此这里的数据仍没有本原性的语义性。

随着知识表征研究的深入，人们逐渐认识到，要建立科学的知识表征，还要研究大规模真实文本处理。众所周知，人们之所以有理解自然语言的能力，是因为他们有各种各样的知识。因此要让机器有这种能力，就是要让它们有相应的知识。而要如此，就必须首先弄清楚人的语言理解能力以什么样的知识为必要条件。大规模真实文本处理就是基于这一共识而为第 13 届国际计算语言学大会的组织者提出的。

　　要弄清人的语言知识，就必须研究大量的真实文本。因为语言知识就蕴涵于其中。因此只有通过对真实文本的分析找到了理解自然语言必需的知识，然后建立相应的知识库，才有望建立以知识为基础的自然语言理解系统。根据这样的认识，现在研究的重点便集中到了真实文本之上。所谓真实文本就是研究语言知识所用的材料，亦即语料，而大量的语料集合在一起就是语料库。因此这一研究的第一步就是建立语料库。目前已出现了许多语料库。例如1990 年普林斯顿的专家研制了名叫 WoodNet 的系统，它有 95000个词形，70100 个词义，不同于传统词典的地方在于：它按词义而非词性来组织词汇信息。另外还有以汉语和英语语词所代表的概念为描述对象的常识知识库，名为 HowNet。

　　语料库语言学的诞生为自然语言处理研究带来了希望，增添了活力，但它也有局限性，例如从大规模语料库获取知识的统计模型显示有片面性，因此从中采集、整理、表示和应用的知识仍有一定的限制。其次，基于大规模语料库的方法主要是统计学的方法和别的简单方法，而它们在自然语言处理中的应用潜能似乎已挖掘殆尽，因此下一步如何向前发展，就是一个难以回答的问题。史忠植、王文杰说："如何对语料库进行更有效的加工、处理，如何从中抽取语言知识，如何在自然语言理解的方法上实现突破等问题，还需不断深入地进行研究。"①

　　要让机器有语义处理能力，除了要建立语义表征和知识表征之外，还要建立相应的语义分析器。语义分析器多种多样，其功能各有千秋。例如利用词典和语法中静态知识的语义分析器能够生成文本的字面意义，由句法驱动的语义分析，能够在分析句子的诸组成部分的意义的基础上，借助组合原则的作用，生成整个句子的意义表征。语义语法分析的优势在于：能对一些并不见诸字面的意义作出较好的理解。例如"意大利食品"、"意大利餐馆"。如果把这类

　　①　史忠植、王文杰：《人工智能》，国防工业出版社 2007 年版，第 301 页。

短语的意义理解为两个词的意义的合成，即意大利的食品、意大利的餐馆，就失去了其最重要的方面。因为这里的地点名词强调的是食品制成的风格或方式。语义语法分析器由于设计了直接对应于所讨论领域的实体及关系的语义规则，同时还设计了一定的预测能力，因此借助这些能力，它能"理解"字词后面的意义。①

从行为主义的观点看，已有的语义分析器的加工过程在输入与输出两端已非常接近于人类的语言加工过程，在许多情况下，语言分析器的实际表现也是令人满意的。它们能将对话进行下去，有时还能在变化的环境下作出巧妙、幽默的应对，这些表明它们有一定的语义能力。至少从解释主义或投射（归属）主义的角度看，我们可以把"理解了意义""有语义理解、加工能力"等话语归属给这些机器，即用这类语言来描述、解释、预言机器的言语行为。但是一旦进到输入与输出的中间环节，那么就会发现：机器内部并没有真的发生人那样的意义理解过程。它们既不知道意义，又不直接处理意义，而只是按规则进行匹配、转换，所转换的仍只是形式，而非意义或语义。例如它们对名词短语（"飞机票"）、形容词短语（"价格便宜的"）等的语义分析就有这类问题。就第一个例子来说，Flight Schedule Summer Flight Schedule，它的句法结构是通过规则表达式和上下文无关法来捕捉的。在这些规则中，序列中的后一个名称按规则被分析为短语的中心语，表示一个主体，其所谓的语义通过未指明的方式与序列前面的其他名词关联在一起。经过逻辑的演算，它们就被转化成了下面的意义表征：

$$\lambda \times Isa(x, schedule) \land NN(x, Flight)$$

$$\lambda \times Isa(x, schedule) \land NN(x, Flight)$$

$$\land NN(x, summer)$$

从上述语义分析的事例可以看出，已有的语义分析器由于没有名副其实的语义能力，如在命名时不能有意识地把符号与所指关联

----

① ［美］D. 朱夫斯凯等：《自然语言处理综论》，冯志伟等译，电子工业出版社2005年版，第363页。

起来，在"理解"语义时不能由符号联想到它的所指、真值条件，而只是按规则进行形式、符号转换，因此尽管有一些表面的成功，但即使是在具体实施时仍存在许多技术上的困难。如由句法驱动的语义分析，"到目前为止，我们还不具备直接实现上述机理（即 VP 语义附着的必须具备的两方面的能力：一是必须清楚地知道动词变元的语义将替换的是动词语义附着中的哪个变量；二是实现这种替换的能力。——引者注）的技术设备，我们附着给 V. Sem 的 FOPC（一阶谓词演算）公式没有提供任何有关这三个量化变量如何替换以及替换先后的手段，而且在目前的 FOPC 框架下，即使我们知道，也没有处理这种替换的简单方法。"①

再来看所指判定。在人机对话中，甚至在信息检索中，机器要理解对方的话语，一项必不可少的工作是所指判定。例如对方会用到一些名称、代词、动词等，要让对话顺利进行下去，必须对这些词所指称的东西作出判断。例如当计算机听到这样的话语"我在那里看到了一只猫和一个小孩，它很狡猾"时，就要判定这里的"它"指的是什么，这对于一般的人来说是再简单也不过的事情，而机器则不那么容易。

现在，人们对此已作了一些研究，认识到："为了成功地生成并解释所指语，系统需要两个部分，一是构造话语模型的方法，该模型能够随着它所表示的话语的动态变化而演化，二是各种所指语暗含的信息与听话人的看法之间的映射方法，后者包括该话语模型。"② 当然，要具体地让机器作出判定，还必须解决一些技术上的问题，如制定相应的判定算法。这里以代词判定算法为例作一说明。据 S. Lappin 和 H. Leass 在 1994 年的一项研究，这样的算法应包括这样的步骤：1. 收集可能的所指对象。2. 排除与代词在数和性上不一致的可能的所指对象。3. 排除不能通过句内句法共指称

----

① ［美］D. 朱夫斯凯等：《自然语言处理综论》，冯志伟等译，电子工业出版社 2005 年版，第 347 页。

② 同上书，第 416 页。

约束的可能的所指对象。4. 通过将在话语模型更新阶段计算出的显著值与可应用的值相加，计算所指对象的总的显著值。5. 选择显著值最高的对象，在出现平分的情况下，再根据字符串的位置，选择最靠近的对话。例如：约翰在那商铺看到了一个漂亮的礼物。他指给 Bob 看。他买下了它。这里的两个"他"和一个"它"的所指就需要判定。不然，对话就无法进行下去。据说，这样的算法若与其他的过滤算法一起使用，在判定时，可以获得 86% 的精度。①

其实，指称判定算法仍是以句法分析为基础的，因此并没有真正的语义性，例如它并未像人的判定那样真的根据符号与外部世界的关系，而只是根据语法分析来确定指称。D. 朱夫斯凯等人在评述朱夫斯凯（1978）的代词判定算法时说：它"以当前句子以前的几个子句子（包含当前句子）的句法表示为输入，并在这些句法树中执行先行名词短语的查询"②。中心算法也是一种判定指称的算法，尽管它采用了话语模型，并引入了这样的主张：在话语中的任何给定点都有一个单独的实体作为"中心"，但是它仍是以句法分析为基础的，而没有涉及外在的所指。D. Jurafsky 等人说："在该算法中，代词的优先所指对象是通过相邻句子向前看中心和向后看中心之间的关系来计算的。"③

三　新计算主义的改进与"爱尔兰屋论证"

如前所述，新生代计算主义者承认，传统的计算主义以及以此为基础建立起来的自然语言处理系统的确疏忽了语义性，至少没有真正解决语义问题，因此其处理系统只是一种句法机，而非语义机。根据他们的理解，一方面，计算主义所阐释的计算不应是纯句法转换，而应具有语义性；另一方面，据此所建立的处理系统应真

---

① ［美］D. 朱夫斯凯等：《自然语言处理综论》，冯志伟等译，电子工业出版社2005 年版，第 427 页。

② 同上。

③ 同上书，第 428 页。

正具有人那样的语义理解能力。① 针对语言加工系统缺乏对语义的理解、把握、处理能力，只会形式转换这一塞尔的中文屋论证所提出的问题，许多人作出了新的探索。马科尼（D. Marconi）说：语言处理系统之所以不能理解，是因为它们在用符号表征自然语言概念时没有视觉图式的作用加入进来。沿着这一思路，许多人作了大胆的探索。如威尔克斯（Y. Wilks）讨论了语言、视觉和隐喻的关系，强调应把它们结合起来，认为隐喻与意义的外延有联系，只有符号才能有意义。②

有许多句子有歧义性，如 I saw the man on the hill with the telescope。对这个句子中的"with"的理解不同，对整个句子的意义也不同。至少有三种情况：（1）拿望远镜看那个山丘上的人；（2）看到山丘上拿望远镜的人；（3）看见山上有个人，还有一个望远镜。对这样的句子如不加处理，机器就无法翻译。尚克（R. Schank）等人认为，如果给这句子配上一幅图，机器就可理解其语义。这图是：

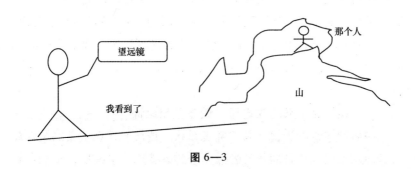

图 6—3

集合 AI 系统是人工智能研究中的一个新的热点。AI 专家按照有关思路研制出了集中处理词典。这种词典又有多种形式，其中之

① D. Marconi, "On the Referential Competence of Some Machine", *Artificial Intelligence Review*, 1996, Vol, 10, Nos. 1 – 2, pp. 21 – 35.

② Y. Wilks, "Language, Vision, and Metaphor", *Arifical Intelligence Review*, 1995, Vol. 9, Nos. 40 – 5.

一就是用空间表征来表示单词。有的人做了这样的尝试，即用动画片来描述自然语言中的原概念。还有比如纳拉亚南（A. Narayanan）等人①在 1994 年提出了这样的构想，即用动态的视觉原词来表示语言原词，即用动力学的方法将语言原词视觉化。而语言原词又可表征像进入一个建筑物这样的动态过程。他们将尚克②的概念发展原词如 PTRANS 映射为图画，然后来说明简单的故事怎样映射为图画序列。

集合 AI 系统的研究还出现在文档处理研究之中。拉贾戈帕南（Rajagopalan）于 1994 年定义了一种图画语义学，其作用是，能说明用在示意图和城示规划图中的模式和颜色等之间的关系。斯里诃里（R. Srihari）等人定义了一种带空间语义学的词典，其作用是能解决文件理解中的问题，在这里，上下文说明文字可用作对应图片解释中的附属信息。他们把他们的系统称作 PICTION，可用作句法/语义词汇库。③ 凯维特（P. M. Kevitt）等人在《从中文屋到爱尔兰屋》一文中对这方面的成果作了集中的描述，可参阅。④

近年还有一种方案，就是试图将单词和句子表征还原为原词，例如尚克为他的概念发展机定义了 14 个这样的原词，维尔克斯在他的 Preference Semantics 系统中定义了 80 个。在凯维特等人看来，这种尝试有三大问题：第一，用于原词的一般推理规则在用于特殊情境时并不能被遵守。第二是根据问题：原词怎样以世界为根据？或者说，是什么使原词有其意义？第三是循环问题：某些词是根据

----

① A. Narayanan et al. , "Language Animation", in *Proceedings of Workshop on Integration of Natural Language and Vision Processing*, Twelfth American National Conference on AI (AAAI – 94), Seattle, WA: AAAI Press, 1994, pp. 58 – 65.

② R. C. Schank, "Conceptual Dependency: A Theory of Natural Language Understanding", *Cognitive Psychology*, 1972, 3（4）, 552 – 631.

③ R. Srihari et al. , "Visual Semantics", Proceedings of Twelfth American National Conference on AI (AAAI – 94), 1994, pp. 793 – 798.

④ P. M. Kevitt et al. , "From Chinese Room to Irish Room", in S. Nuallain et al. (eds.), *Two Sciences of Mind*, Amsterdam: John Benjamins Publishing Company, 1997, pp. 179 – 196.

原词定义的，而这些原词又是根据最初的词定义的。① 对第二个问题以及人们诉诸塞尔中文屋论证所作的批评，维尔克斯作了这样的回应：自然语言的原词不存在任何明显的视觉对应物，原词也用不着定义，只需根据它们在作为整体的语言中的程序作用来定义。②

　　再来看意向分析理论与 OSCON。凯维特等人认为，要想让自然语言处理系统有像人那样的语义理解能力，进而让它们彼此或与人自由、恰当地对话，必须使它们有意向识别和分析能力。为了解决这里的问题，他们创立了"意向分析理论"，它是一种关于自然语言融洽对话的模型，其核心原则是："自然语言对话的融贯性可以通过分析意向序列来建模。"③ 他们还认为，这一理论可通过一个计算机程序而具体化为一种计算模型。这种模型已为许多人研究出来了，被称作 Operating System CON Nsultant，简称为 OSCON，其倡导者主要有凯维特、维尔克斯和加思里（L. Guthrie）等。他们认为，他们的计算模型有分析意向序列的作用。当然，要作出分析，还要有这样的条件：第一，意向有可能被识别，第二，意向有可能被表征。一般来说，自然语言交流中的意向是可以被识别和表征的，因为自然语言话语的句法、语义性和语用性有助于人们识别其后的意向。同样，其表征也不是没有可能性的，因为对话中的意向可以借助于他们所说的"意向图表"（intention graphs）来表征。如用这种图表表征对话中意向序偶出现的频率，一组意向如果出现在与意向序列的结合中，就可指示对话中说者的专门知识是局部的还是全部的，其程度如何。就 OSCON 系统来说，它由六个基本模块和两个扩展模块组成。六个基本模块分别是：（1）Parse CON。即自然语言句法语法分析器，其作用是分辨问题类型。（2）Mean CON。即语义语法分析器，其作用是确定问题的意义。（3）Know

----

① Y. Wilks, "Good and Bad Arguments about Semantic Primitives, Communication and Cognition", *Artificial Intelligence Review*, 1977, 6: 53–74.

② Y. Wilks, "Language, Vision and Metaphor", *Artificial Intelligence Review*, 1995, Vol. 9, Nos. 4–5.

③ Ibid., p. 188.

CON。即一种知识表征，包含的是理解所需的关于自然语言动词的信息。（4）Data CON。即另一种知识表征，包含的是关于操作系统指令的信息。（5）Solve CON。即解答器，它根据知识表征，解答问题表征。（6）Gen CON。即自然语言发生器，其作用是用英语作出回答。如果使用者的询问是独立地给出的，或与情境关系不大，那么六个模块的工作会令人满意。

尚克等人也是这一方案的倡导者和实践者之一。他们强调：要在世界中完成某种任务，就要有理解，而理解不过是把视觉、语言输入与来自于任务的意向（目的、计划和信念）关联起来。[①] 他们说："在用一个定义来规定一个词时，人们在诉诸别的语词的同时还可用上空间和视觉构造。这些构造将对那些被定义词给出部分定义，由此，即使有循环，也只是局部循环，有时甚至完全没有循环。"[②] 基于上述论证，他们认为，通过为自然语言处理系统增加图画辅助，有望使这些系统超越句法机而成为语义机。他们说："空间和图画或动画序列可以作为语词意义的符号自然语言说明的基础，进而在它们的定义中消除循环性。我们的解决方案不是偶然得到的。多年来……已有人作了这样的论证：大多数语言运用像隐喻一样是以空间关系和心理类比映射为基础的。"[③]

新计算主义者关于"爱尔兰屋论证"所作的讨论，较好表达了他们在语义处理问题上的见解与方法。这个论证是哈拉德（S. Harnad）1990 年和 1993 年为反击塞尔的中文屋论证而提出的，[④] 后在 1996 年得到了许多人的详细讨论。其操作和论证在许多方面与中文屋论证是相同的。在这里，也有一个屋子，即爱尔兰屋，里面有一个矮妖精 Séan。他不懂的是英文。而递给他的句

---

① R. Schank et al., "Memory and Expectation in Learning, Language and Visual Understanding", *Artificial Intelligence Review*, 1995, Vol. 9, Nos. 4 – 5, pp. 261 – 271.

② Ibid., p. 187.

③ Ibid., pp. 187 – 188.

④ S. Harnad, "The Symbol Grounding Problem", *Physica D*, 1990, pp. 335 – 346; "Grounding Symbols in the Analog World with Neura Nets: A Hybrid Model", *Think* 2, 1993, pp. 12 – 20.

子恰恰是英文写的。其内容是："What are the directions of lexical research?"（什么是词汇研究指南？）与中文屋论证中的情况不同的是：这个句子被附上了起注释作用的图画。被关在爱尔兰屋中的矮妖精的任务与中文屋中的塞尔有一点相同，即要借助规则理解一个句子。所不同的是，它的规则书是用苏格兰的盖尔语写成的，要理解的句子是英文而不是中文。每个词都附有一个图片或图片序列。在外面的观察者看来，Séan 像中文屋的塞尔一样能理解被递进来的句子。因为他们只需按规则书进行匹配就能如此。①所不同的是，Séan 的"理解"既有规则书的帮助，又有文字所附图片的帮助，因此似乎是根据词语的意义完成他的理解的。在哈拉德等人看来，如果在计算机理解符号时，也为它提供相应的图画，那么它也会有同 Séan 一样的理解语句的能力。不仅如此，声音、气味甚至触觉信号都可附在文字之后，以便帮助它们理解文字。总之，只要附上有助于理解意义的东西，那么机器所实现的智能将会像人类智能一样理解语言的意义，亦即有意向性或语义性。

凯维特在讨论"爱尔兰屋论证"时对爱尔兰屋作了一点改进，如让它有点像中文屋，因为被递进屋中的句子是中文，目的也是想检验不懂中文的人能否理解中文。凯维特想回答的问题是：纯句法的加工能否具有语义性？在凯维特的实验中，被关在屋中的是凯维特，他只懂英语。他邀请北京大学和清华大学的几位人工智能专家一同来做这个实验。他让他们用中文写几个句子，每个句子被画上相应的与内容有关的图画。然后从爱尔兰屋的窗口递进去。第一句是"你很强大"，下面画了两幅画，第二句是"猫子很强大"，也附有图画。凯维特得到句子后，在图画的帮助下，对第一句作了这样的猜测："某人或某物很大"（some person SOMETHING big）。对第二个句子的猜测无误。基于这一实验，凯维特等人断言："我们可以预言：借助更好组织的图画、录像、音响和别的感觉信息，实

---

① 爱尔兰民间传说中的人物，据说捉住后，可让它指点宝藏埋在什么地方。

验的结果会更理想。"①

　　凯维特等人认为，借助他们上面的方案可解决自然语言处理中令人头疼的循环问题，并使处理系统具有根据所指去把握语义的能力。所谓循环问题是指：自然语言处理系统由于是借助语词来定义语词，然后又借助别的语词来定义用来定义的语词，还有可能用被定义的语词来定义刚用来定义的语词。例如在 LDOCE 这种自然语言处理系统中，表示 Disease（疾病）的原词被定义为 disorder 或 illness（有病），而在对后面词的定义中，用的定义又是 disease。如果是这样，就不能说这类系统有语义理解能力，因为它们只是停留在无休无止的句法转换过程中。凯维特等人认为，用他们的系统就不会有这类问题。

四　自然语言处理中的意识建模与"速写板模型"

　　许多新计算主义者意识到：不管是原有的理论和实践，还是后来为回应塞尔挑战所创立的新的理论和人工系统，包括新计算主义的探索，都面临着一个致命的问题，即没有涉及作为人类意向性、语义性之根本特征的意识或觉知或理解。不错，许多新的系统的确有对环境的关于性，在语言交流中有不凡的表现，等等。这些当然能说明它们具备了意向性的部分特征，即把机器的符号加工与所指对象关联起来，如基于它们的内在表征"说明"它们的所指和意义。但是它们充其量只有派生的意向性，因为符号与所指的捆绑，它们之间约定关系的建立，对语义规则的遵循，都依赖于人的编码、解码、解释。而人在语义处理过程中，能指与所指关系、约定关系的建立和遵守，都是"自己"独立自主地完成的，是主动作出的，而非按程序命令他律地完成的。更为重要的是，这些过程都是有意识地进行的，尤其是在语义理解时，人有真正的理解，如清楚明白地"晓得"符号指的是什么，进而不是根据形式规定、规

----

①　P. Kevitt, "From Chinese Room to Irish Room", in S. Nualláin et al.（eds.）, *Two Sciences of Mind*, Amsterdam: John Benjamins Publishing Company, 1997, p. 186.

则而是根据对意义的把握来进行交流，来完成对歧义句的处理，等等。所有这些都说明：自然语言处理中还存在着一个更为棘手的问题，即意识的建模问题。

麻烦在于：人的语言理解中的意识、觉知能否被研究、建模呢？许多人认为，这是不可能的。而纽曼（J. Newman）和巴思（B. Baars）则认为，意识不比语言复杂。既然语言已受到了深入的、有成效的研究，那么意识也应能够如此。事实上，巴思所阐发的"全局工作空间模型"（global workspace models）就是关于有意识经验的一种认知神经模型。另外，20 世纪 70 年代以来，雷迪（D. R. Reddy）等人所建立的黑板模型、速写板模型等都有深化对意识的认识的作用。从工程实践上说，这类模型在 AI 实践中的应用也十分活跃，而且成果显著。①

纽曼等人承认：他们的意识模型可能有不完善之处，有许多观点还只是猜想，有些看法还需实践的进一步验证。而且他们也不完全排斥这样的可能性，即计算机不能完全理解人的语言。他们说："我们无法保证：我们能够建构可以完全理解人类语言的计算机程序。"② 但是他们又否认人的意识能力不能被建模的观点。他们说："意识并不像有些人所主张的那样是人工智能建模能力所不可企及的。"③

萨巴赫（G. Sabah）也持类似的看法，他说："我一直认为，意识是自然语言理解的关键方面。"④ "为了把控制过程和非控制过程这两个范畴结合起来，显然要让意识发挥关键的作用。"⑤ 为此，

---

① J. Newman and B. J. Bears, "Neurocognitive Model for Consciousness", in S. Nualláin et al. (eds.), *Two Sciences of Mind*, Amsterdam: John Benjamins Publishing Company, 1997, p. 394.

② Ibid. , p. 388.

③ Ibid. .

④ G. Sabah, "Consciousness: A Requirement for Understanding Natural Language", in S. Nualláin et al. (eds.), *Two Sciences of Mind*, Amsterdam: John Benjamins Publishing Company, 1997, p. 361.

⑤ Ibid. , p. 362.

他提出了一个关于意识的新的模型，即 CARAMEL。这一模型的理论基础是这样一个假定："语言是智能必不可少的一种能力。"① 就思想渊源来说，它受到了下述思想的启发：

第一种是巴思关于意识的"经济"观点。在巴思看来，意识主要与三个因素有关，即工作空间（workspace）、专门化的无意识过程和情境（目的等级结构）。在这一思想的启发下，萨巴赫认为，下述因素对意识至关重要：1. 有一个作为工作空间的黑板，上面写的是有意识的数据。2. 解释性情境组成的结构和断裂的处置。3. 无意识过程之间的冲突。4. 关于随意控制和注意的模型。

第二种对萨巴赫有影响的理论是哈思（E. Harth）的非二元论、非多元论。哈思强调：大脑中不存在能审视、检查大脑诸状态的小人，大脑本身是作为观察者而起作用的，是大脑在分析、创造。根据这些思想，萨巴赫形成了这样的看法：1. 关于无意识过程之间的反馈观念。2. 无意识过程的先天评估。3. 意识活跃于处理的初始层次，而不是其终端。

另外，萨巴赫还受到了著名脑科学家如艾克尔斯、埃德尔曼等人的科学意识论思想的启发。从他们那里，他形成了语义根源于概念、感性输入和符号之间的相互作用的思想。

萨巴赫认为，要建模语义理解中的意识，首先要弄清意识、理解的条件。他说："理解不仅基于逻辑的标准，而且还是非理性认知过程的一种突现结果，后一过程是不能用算法方式描述的。"② 同样，思维过程也离不开意识和无意识过程。其次，要知道意识的决定因素。他认为，有这样几方面的决定因素：一是"感觉到"。即当对象出现在自主体面前时，它能觉察到。只有有这种能力，才有可能有意识。而觉察又有多种形式，如基于理解的觉察、基于矛盾的觉察和模棱两可的觉察。二是注意（attention）。所谓注意是

① G. Sabah, "Consciousness: A Requirement for Understanding Natural Language", in S. Nualláin et al. (eds.), *Two Sciences of Mind*, Amsterdam: John Benjamins Publishing Company, 1997, p. 362.

② Ibid., p. 364.

使结果被意识到的一种过程。三是反射性。一自主体只有在能对刺激对象作出响应的前提下，才可能是有意识的。四是心理表征有新颖性和信息内容。他说："心理表征越新奇，越有信息，那么它越有可能被意识到，这说明了这样的事实，即新颖性或与期望的距离是一刺激被意识到的主要理由。"①

最重要的是，要建模意识，无疑要知道意识的特点。在他看来，意识的特点主要是：第一，选择性。并非一切神经活动都能被意识到，只有被挑选出来的东西才能被意识到。意识的选择性的作用在于：在多种随机事件中作出选择。第二，排他性。一对象被意识到了，就会阻止其他事情被思考。第三，关联性。意识中的事项彼此套接在一起，其关联的纽带就是联想和推理。第四，统一性。意识能把有意识的人和他的意识内容统一起来，而且还为把分散经验统一为自我意识提供了链条。

在已有认知模型的启发下，萨巴赫提出了自己的速写板（Sketchboard）模型。根据这一模型，自主体 A 为自主体 B 提供了一个输入，B 除了形成自己的结果之外，还把 R（S）反传给 A。这里 B 所作的反应，目的是指导 A，以使它形成更进一步的结果。

他自认为，他的模型的特点在于："不存在来自于系统的'输出'，因为速写板是为工作在它之上的诸模块读取的，理解的感觉来自于整个系统的稳定性。应注意的是：某些模块可用计算期望值予以描述。因此被写入速写板的某些结果可说明这样的事实，即系统正期待特定的数据与意识。一种与意识有关的特殊过程可能晓得被计算的东西和被期望的东西之间的差别。"②

萨巴赫认为，这一模型可以应用于自然语言的理解之中。他认识到，这一模型在应用中有这样的问题，即既然不同模块是以不可预测的方式影响最终的决定的，因此就有一个如何加以控制的问

----

① G. Sabah, "Consciousness: A Requirement for Understanding Natural Language", in S. Nualláin et al. (eds.), *Two Sciences of Mind*, Amsterdam: John Benjamins Publishing Company, 1997, p. 384.

② Ibid., p. 373.

题。通过研究，他认为有办法解决这一问题，即使在自然语言理解中也是这样。他的方案是：首先，承诺模块性，因为这一原则对于实践是必不可少的。其次，要有一个独立的控制因素，即选择一个最有用的自主体，让它在特定的条件下起作用。最后，为了让该自主体的行为适应于环境，这种控制作用就应分布于诸自主体之中，使它们有能力表征自己。这样的过程都是动态的，如动态的选择加工过程、动态地计算。

萨巴赫一直在完善他的速写板模型。如在借鉴别人思想、改进自己的看法的基础上，他提出了所谓的"修改的CARAMEL"。萨巴赫试图让它有这样的特性，即"不仅能理解和产生自然语言，而且还能成为关于智能行为的模型"[1]。要让这种系统有理解自然语言的能力，关键是得让它具有意识的特性。因为一系统的关于性特征，要成为人所具有的那种意向性，关键是必须有意识的特性。怎样实现这一特性呢？他认为，人的意识可以这样来建模，即把它"建模成一种能驱动各种子过程的控制过程。它的数据储存在黑板上，且是固定不变的……各种子过程的职责是管理和评价那些固定的目标，评价从速写板而来的候选者的相关性，维护自身的表征等"[2]。由于不同模块对最终结果是以不同的秩序产生影响的，因此为了目的能够被实现，由这些模块组成的系统就存在着如何予以控制的问题。在分布式的AI系统中，这种控制是不难实现的，例如只要让每个自主体成为一种反射性系统就行了。所谓反射性系统就是能根据关于自己的表征推出自己该做什么行动的系统。因此这样的控制也可叫显控制，其系统可称作反应性系统。另外，要完成控制，还得有一种元系统。所谓元系统就是能控制几个自主体的系统，而它本身又可看作是自主体，其特点在于：它本身能在元层面被表征。

----

[1]　G. Sabah, "Consciousness: A Requirement for Understanding Natural Language", in S. Nualláin et al. (eds.), *Two Sciences of Mind*, Amsterdam: John Benjamins Publishing Company, 1997, p. 380.

[2]　Ibid. .

对于萨巴赫关于意识建模的上述理论和实践探讨，许多人可能提出这样的否定意见：他所说的，以及被他建模出来的所谓意识压根就不是意识。当然有的人可能会认为，这就是意识。很显然，这里的争论涉及了意识的标准问题。萨巴赫也知道：这个问题是不可回避的。因此他作了自己的回答。在他看来，说一种数据被意识到或没被意识到，其标准在于：要看它是否被读取和写入。他说："意识可看作是速写板上的读取和对短期记忆中的写入的管理。只有稳定的结果——值得得到它们——才会写入黑板之上。"① 这里的"值得得到"（deserving）有三种意思：一是基于理解的觉得，二是模糊地觉得，三是矛盾地觉得。第一种感觉会导致能被意识到的结果的产生，后两种感觉也有这种作用。在他看来，这三种感觉都是意识出现的标准。他说："这些标准意味着：只有通过有意识知觉获得的结果才能为其他知识源泉所利用。"② 总之，意识可以被建模为一种反射性的过程。

第三节　言语识别、话段解释与会话自主体

用自然语言进行口头交流，既是人的智能的重要体现，也是人的智能得以提升和发展的一个途径。AI 研究中的自然语言处理研究从一开始就意识到了模拟人类口头交流能力、编写相应程序、建立各种人工系统的重要性，并作了一些积极的探索。自塞尔的中文屋论证提出之后，理论和实践探索中出现的新的要求和任务，以及新出现的问题都极大地促进了这一领域的发展，其最突出的表现就是：从原来的对语义的自发关注转变成了自觉的探索和实践，从而有理由说，现在的研究真正由原来的句法级进到了语义级，甚至进到了意向级。自主体理论中的 BDI 模型向话段解释研究的渗透或

---

① G. Sabah, "Consciousness: A Requirement for Understanding Natural Language", in S. Nualláin et al. (eds.), *Two Sciences of Mind*, Amsterdam: John Benjamins Publishing Company, 1997, p. 381.

② Ibid., p. 382.

应用就足以说明这一点。从研究的范围来说，既有综合性、全局性的研究，如会话自主体研究，也有各个击破、专题性、单刀直入性的探究，如分别对话语识别、话段解释、理解、语言生成等的专门研究。

一　言语识别

我们先来看言语识别方面的研究。人的话语识别是在很短的时间内完成的，看似简单，但仔细分析，却极为复杂，包含着一个从接受声波输入到形成意义理解的复杂过程。有关专家在解剖人的话语识别过程的基础上，研制出了人工的话语识别系统。它模拟了人的上述过程所包含的这样几个步骤：第一步是接受说者的以声波形式表现出来的话语输入，这输入无疑是由说者的发音器官流出的空气压力变化所构成的一个复杂系列。第二步是对声波进行模拟和数字转换。它又分为两步，一是抽样。所谓抽样就是对一个信号在特定时刻的振幅进行度量，选取样本。二是量化。所谓量化就是将关于振幅的测量的结果以数字的形式储存起来。当一个波形被数字化后，话语就被转化成了声波特征的集合，即某种声谱的表示。第三步是根据这些特征来估算语音的似然度或观察似然度，估计的方法是高斯估计混合法和神经网络法。第四步是解码。在解码时，必须用相应的解码法，如要么是 Viterbi 算法，要么是 A* 解码算法，或别的算法。

就 Viterbi 解码算法来说，它是能完成语言似然度估算、将某一声波输入与某单词系列对应起来，并确认说者的话语意义的算法。对于给定的声波输入，这种算法要计算的是与这样的单词系列近似的、对于给定输入具有最大概率的状态系列，即音子系列或次音子系列。这个系列确定好了后，再来寻找与它对应得较好的单词系列。当然由于有些词有多种发音，因此在确定与之对应的单词序列时，就要计算其对应的概率。这也就是说，与一个单词序列对应的可能有多种音子序列。因此有必要通过概率计算，确认一个音子序列所对应的具有最大似然性的单词系列是哪一个。正是由于言语识别系统所做的不外是通过这样的过程进行形态学上的转换，因此在对话中，闹笑话便不足为奇。

A*解码算法也能说明这一点。当得到某一声波输入之后，经过特征抽取，该算法便在内存中进行搜索，查找与此特征模型最相匹配的句子，如从树的根开始向叶子进行探索，查找概率最大的路径，而此路径代表的就是概率最大的句子。可见，机器把输入的话语"理解"为某个句子，其实完全与语义无关，因为它们只是在根据形态学特征进行形式转换。

言语识别的研究已非常细致深入，而且在向应用化、商业化发展，例如已造出了许多有较高复杂度的、能识别大量词汇的言语识别系统。有的的确能代替人的某些劳动。但从实质上说，机器的言语识别不管多么复杂和巧妙，其功能不管有多大，都还没有超出形式转换过程。言语总是以声波形态存在的。机器正是以之为输入。经过中间过程，机器能对这种输入作出正确的反应，如作出恰到好处的应答。这一事实似乎说明它能像人一样"理解"自然言语后面的"意义"。其实不然，在它那里，从输入到输出的中间并未出现人内部必然发生的那种理解意义的过程，而只出现了一种比较、计算、匹配的过程。经过这样的过程，机器便将某一声波输入对应于某种单词系列，然后再在内存中选择与此相应的话语，将其作为输出。

二　语段解释

与言语识别密切相关的一个课题是言语解释或话段解释。严格说来，后者是前者的一个方面，因此对它的研究其实是对话语识别研究的深化。这方面的研究也很活跃，已出现了多种自动解释方法。例如"计划推理解释""基于提示的解释"等。特别值得一提的是，自主体理论中的 BDI 模型通过向该领域的应用推广，也结出了有价值的果实，即形成了话段解释的 BDI 方法。

话段解释的 BDI 方法就是基于对说者的信念（Belief）、愿望（Desire）和意图（Intention）的推测来对话语作出语义解释，进而确定它是哪种言语行为的方法，也被称作意向策略（Intentional Approach）。这一方法是格罗兹（B. J. Grosz）等人在 1986 年提出的。① 在他们看来，话语由三部分构成，即语言结构、关注状态（指话语在每个时间点上关注的显著对象、属性和关系及其动态变化）和意图结构（指话语后面贯穿的说者的意图、目的结构）。这一方案强调的是：机器要理解、解释说者的言语行为，关键是要设法把语言结构与后面的意图结构联系起来，或推测这种结构，如果弄清了这个结构，那么就能确认说者的话语属于哪一种言语行为。一般来说，说者在对话中表达的整个话语有一个总目标，而为了这个目标，每个语话片断又有相应的子目标。在实现会话的整个目标时，每个子目标都有一个与该话语片断相对应的角色。而总目标、子目标不外这样几类：1. 行动者试图完成某些任务的意图。2. 相信某些事实的意图。3. 相信一个事实支持另一个事实的意图。4. 企图识别一个对象（如物理对象、虚构对象、计划、事件和事件序列）的意图。5. 知道一个对象的某些属性的意图。

　　要让话段解释系统对人的话语作出解释，首要的一项工作就是要确定意图结构。已有的工作不外是建立关于对话（以及口语独白）的意图结构的推理算法，它们类似于对话行为的推理算法，当然应用了 BDI 模型。其次，系统要对人的话语作出解释，还要建立信息连贯与意图连贯。意图连贯取决于对话参与者识别彼此的意图并使其适合于计划的能力，信息连贯取决于确立话段之间内容所承担的某些类型的关系的能力。许多学者认为，这两个层次的分析必须共存。假设有这样的电话对话，即机票销售代理人（话段解释系统）和订票人（要找到合适的航班）的对话，前者说出了下面的一段话：

You'Ⅱ want to book your reservations before the end of the day.

Proposition 143 goes into effect tomorrow.

----

　　① B. J. Grosz and C. L. Sidner, "Attention, Intentions, and the Structure of Discourse", *Computational Linguistics*, 1986, 12 (3): 175–204.

　　这段话既可以从信息角度也可以从意图角度进行分析。从意图角度看，前者试图说服后者在今天预订航班。实现这个目的的一种方式就是为该行为提供动机，这就是第二个句子所起到的作用。从信息角度看，第二个句子提供了在今天预订航班的原因。基于打电话者的知识，在信息层的识别可能导致对说话人计划的识别，反之亦然。

　　这些成果似乎表明：对话中的计算机系统不仅进到了句法级、语义级，而且进到了意向级。因为它们的确在按照一定的指令去揣测说者的意图。如果是这样，把握话语的意义，对之作出解释当然就不会有什么问题。其实，这只是一个为解释机器的行为而作的一种方便的、便于理解的归属或投射，而这归属在本质上是一种无中生有的强加。因为首先，机器并没有真正的意识、知道、晓得过程发生，而这是推测意图的前提条件。其次，机器没有任何主动性，只是被动地按事先规定好的程序不停地识别、匹配。如果某话语片断的特征符合某一模式，那么里面就显示出它要表达某个子目标，从特征到模式到目标的转换完全是一个形式转换过程。机器根本没有也不可能触及到说者的目的。因为信念、意图、目的等的识别与确认完全是人的事情，把某话语与某意向结构关联起来也完全是人的事情。机器所做的完全是一个鹦鹉学舌的工作，即只在形式上模仿了人在对话时对话语意图的推测过程。因此这里最关键的是要把实际发生的事情与解释语言区别开来。我们常用意向习语解释机器的行为，把意向过程归属于它们。但要注意，它们内部并没有真的发生这些过程。就像我们听到鹦鹉见了人说几声问好时，常解释说：它在向人致意。其实，这只是基于方便而作的解释。

　　关于话段解释系统的研究还有许多，如许多专家还设法模拟人在会话中的"理解活动"。很显然，在人的交往活动中，理解与解释密不可分。因为要对话语作出解释，揭示话语的意义，一个必不可少的条件是要对话语有相应的理解。这方面的模拟也取得了一些积极的成果。一般来说，语音识别系统有三个组成部分，即负责信号处理的部分、负责音子最大似然度估计的部分和负责解码的部

分。如图 6—4 所示：①

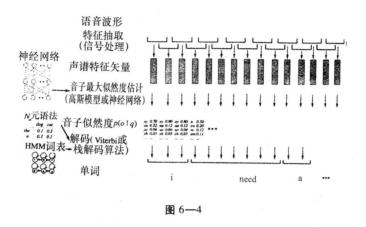

图 6—4

由于这种系统有三个构成部分，因此对话语意义的识别和理解也有三个阶段：一是信号处理阶段，又称特征抽取阶段。它接收到的话语，实际上是声学输入，而此输入实际是源句子的一个噪声版本。为了对这个句子进行"解码"，就得考虑所有可能的句子，对于每个句子，又要计算它生成噪声句子的概率，然后选取概率最大的句子。这也就是说，言语理解系统的这一过程实际上是从人发出的声音到噪声句子、到解码、再到猜测源句子的过程。这里涉及的只是形式，而完全没有触及语义。因为机器所做的完全停留在切分音节、匹配之上。如将语音的声学波形切分为音节框架，进而把音节框架转换为声谱特征，然后确定声谱特征的不同频率的信号的能量。这完全不同于人的交流，因为人的交流是基于对话语意义的理解而实现的。二是音子阶段或亚词阶段（subword stage）。在这个阶段，机器所做的也与语义无关，不过是用一些模型、统计技术（如高斯模型、神经网络模型等），通过计算音节的概率大小，猜测它是属于哪个音节。三是解码阶段。机器是利用单词发音词典和

---

① ［美］D. 朱夫斯凯等：《自然语言处理综论》，冯志伟等译，电子工业出版社 2005 年版，第 150 页。

语音模型（概率语法），借助某种算法（如 Viterbi 算法或 A* 解码算法等），对所接收到的声学波形，确定音子似然度，即计算出它属于哪一单词序列。

众所周知，人的话语理解是基于对声学波形上所负载的意义的把握而实现的，尽管要借助声学波形这一媒介，但意义理解与此关系似乎不大。而机器至少到目前还没有进到这个层面，只是停留在形态学的转换之上。正因为有这一特点，机器所确认的声波后的源句子，不过是基于概率计算而得出的似然的猜测。不可否认，从功能效果或从行为主义的角度看，许多系统的确表现出了这样的能力，例如在与人对话时，机器能给出符合情境和要求的答复。有些答复的难度还比较大，句子甚至很复杂。如果是这样，似乎就应承认这样的机器系统有像人一样的意向或语义处理能力。例如当向家用照料计算机发出请求：请给我一杯柠檬水时，它一般会按要求走向冰箱，从里面拿出柠檬水，在说出得体的话语之后，恭敬地送上它。从行为主义观点看，它的言语活动与人的似乎没有区别，都有对于外部世界的关于性。其实不然，机器仍只是在从事形式上的转换工作，所不同的是，现在的机器比以前的形式转换更复杂一些罢了。

人的自然语言处理的特点还在于，面对歧义句，也能应对从容。而这却是机器语言理解的一大难关。尽管如此，人们知难而上，积极探讨如何消解歧义的种种问题。从效果上说，某些自然语言处理系统在面对有歧义的句子时，也有较好的表现。如有这样一个句子：made her duck，它既可以理解为：我为她烧鸭子，又可理解为：我已对她的鸭子进行了加工等。机器面对这样的句子有时也能作出正确的反应，如果是这样，那么似应认为它有理解歧义句的能力。其实，这里的"理解"只是一种方便的说法。它并不表明机器能像人一样理解歧义句子。因为机器之所以有如此的表现，是因为设计人员为它建立了消解这些歧义的模型和算法，如使用词类标注方法确定 duck 是名词还是动词，再用词义排歧方法确定 made 的意思是"创造"还是"烹饪"。

三 语音生成

语音生成相对于语言理解来说，要容易处理一些。人们已建构了许多这样的人工系统。我们知道，语言生成是指从非语言输入构造自己语言输出的处理过程，即从意义到语言的映射过程。与语言理解不同，语言理解是从语言学到意义的映射过程。

在语言生成系统中，它的输入是非语言学的表征输入，一般是没有什么歧义的、指定的和良构的输入，这也就是说，它是从意义和上下文开始的，因此输入是功能性地被指定的，而不是句法性地被指定的。语言生成要解决的核心问题是语言选择，即从知识库中把能组成为语言表达的因素挑选出来，组成为完整的句子。待选择的因素有：内容选择、词汇选择、句子选择（一是集结，即将选择的内容分配给短语、从句和句子长度的词块；二是所指表达，即让语言指向对应的客体、话语结构，即选择出连贯且可分辨的结构）。从构成上说，一个语言生成系统包括这样一些组件：

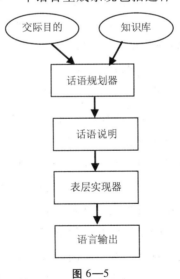

图 6—5

在这个系统中，最重要的一个组件是话语规划器，其作用是规划话语结构，其方法有文本说明图式和修辞关系规划。其运作过程是：从知识库中根据目的要求挑选内容，并使之具有合适的结构，作为结果的话语规划将为可能跨越多个句子并包括其他注解的整个交际指定所有的选择。表层实现器是按照上一部分的规划、生成由句子词汇和语法知识源约束的单个句子。这些知识源决定了实现器的可能输出的种类，如果规划指定了多个句子的输出，那么表层实现器就要被多次调用。

目前的语言生成研究十分活跃，也取得了一些成果。按照设计者的初衷，它们的生成过程和结果似乎都进到了语义级、内容级。例如作为系统之输入的东西据说不再是句法性的东西，而是功能性地被指定的输入。因为语言生成系统所做的事情是将某种意义或意愿转化为某种语言结构。尽管输入到系统中的意义仍要表现为句子，但这里的句子被分析成了有多层结构的功能，如语态（句子是主动句还是被动句等）、及物性（句子是及物还是不及物）和主题（是主位还是述位）。很显然，由于输入时，系统要处理的是这三种不同的功能集，因此人们才说，系统的输入是功能性的东西。而这些功能性的东西又据说超越了句法，而进到了语义层，例如第一层即语态表示的是作者的命令或倾诉或询问。而第二层即及物层则涉及概念元功能，与通常所说的"命令内容"有关，它确定了正在表达的处理以及必须被表示的各种角色的性质。而主题层表述的则是句子的主题。① 从具体实现来说，自然语言处理系统是不可能真正涉及意义、命题内容的。因为，即使其任务是要将意义映射为语句，但意义在输入给它时，要表现为句子。即使句子被分析成了一些功能要素，但仍是一些形式化的东西，否则就不可能为系统直接处理。其次，就语言生成的实质而言，它是要完成一种映射，即将作为功能输入的句子转换为自然语言的话语。这种转换对于设计者来说的确涉及了意义，对于周围的人来说，也是如此，但这并不等于说机器真的在进行意义映射。它之所以被理解为意义映射，

---

① 参阅［美］D. 朱夫斯凯等《自然语言处理综论》，冯志伟等译，电子工业出版社 2005 年版，第 475 页。

是因为理解者有关于意义的解释图式，有民间心理学。因为有这些东西，人们才把意义加工归属给了机器。质言之，机器中所发生的是形式映射，而解释者（设计人员、周围的有关的人）则基于自己的解释图式把意义加工过程赋予了机器。为什么说语言生成系统中真实发生的仍只是形式转换而没有意义映射呢？

首先，从实现映射的方法看，机器在将某些输入功能特征转化为单个句子的过程中，一般要用到"系统语法"，而"系统语法采用的是实现语句（realization statement），以建立语法指定的特征（比如指示语、祈使语）与句法开展之间的映射。网络中的每个特征都具有一个实现语句集，并通过该语句集指定了对最终表达形式的约束"①。

其次，就具体运算来说，系统中发生的完全是一些形式、代码的转换。如果没有人的解释作用，那么里面将不会有什么东西涉及意义。

最后，从语言生成的处理程序看，它规定的处理过程不外是这样的一系列形式转换：1. 从左到右遍历网络，选择正确的特征并收集相关的实现语句。2. 建立中间表征，它能满足遍历期间收集的实现语句所施加的约束。3. 对于任何没有完全指定的功能，通过在较下层递归调用该语法而加以指定。②

不可否认，在从输入到语言输出的转换中的确离不开系统的一些内部过程，如查询、选择、决策等，但这些过程在本质上仍不过是一些形式匹配而已。D. Jurafsky 等人说："一个系统的正确选项是通过与系统有关的简单查询或决策网来选择的。查询或决策网是基于从输入说明以及知识库获取的相关信息来进行决策的。"这就是说，系统在什么条件下输出什么样的话语（即所谓的正确的选项）完全是一个机械的过程，输入的功能特征符合什么，系统就

----

① ［美］D. 朱夫斯凯等：《自然语言处理综论》，冯志伟等译，电子工业出版社2005 年版，第 475 页。

② 同上。

将基于查询、匹配选出什么样的句子。当然这里不排除根据变化的情况作出一些随机的组合。即使是这样，它也是被事先决定好了的过程。因为它严格遵循的是这样的条件规则："如果条件是 x，那么输出就是 y"。例如如果输入说明指定的是一个断言句，那么语态系统就将选择指示语和宣传语的特征。"与指示语和宣传语特征有关的实现语句将插入主语和定式功能，并将它们排列为主语、定式（finite）、谓词的顺序。"①

四　会话自主体

会话自主体是综合了上述专门功能、能全面模拟人的语言交流能力、能用自然语言与用户沟通的智能系统或程序。D. Jurafsky 等人说："会话智能自主体（原译为代理）的思想令人神往，像 ELI-IA、PARRY 和 SHRDLU 这样的会话智能自主体系统已经成为自然语言技术最具知名度的实例。目前会话智能自主体的应用实例包括航空旅行信息系统、基于语音的饭店向导以及电子邮件式日程表的电话界面。"②

根据传统的语言理论，语言只有描述对象、交流思想的功能，并不能直接改变外部物质世界。如果是这样，在建构人机对话的智能系统时便会碰到很多障碍，如机器要通过许多中间环节、通过不停地变换，如从肢体行为到言语、从言语到内部语言、从内部语言到意义、再从意义到内部语言、从内部语言到言语、从言语到肢体行为直至听者和外部世界的变化等复杂过程。西方 AI 专家通过向相邻学科的学习，找到了解决上述问题的思路和办法，那就是哲学的言语行为理论。可以毫不夸张地说，这一理论成了 AI 人机对话系统研究的一个理论基础。它是由奥斯汀和塞尔等人创立的。

奥斯汀认为，人的言语不仅有描述的功能，而且有改变世界

---

① ［美］D. 朱夫斯凯等：《自然语言处理综论》，冯志伟等译，电子工业出版社2005 年版，第 476—477 页。

② 同上书，第 464 页。

的作用，至少与其他改变世界的行为有一致之处，因此可称作言语行为。言语行为有三类：一是以言表意行为（locutionary act），即表达特定意义的行为；二是以言行事行为（illocutionary act），即在说话时同时带有询问、回答、承诺的行为；三是以言取效行为，即对听者的感情、行为、信念有特定效果的行为。塞尔认为，言语行为有五类，它们分别是：（1）断言：说者对所谈事情的表态（建议、推断、自夸等）。（2）指令：说者的目的是想让听者做某事（询问、命令等）。（3）承诺：说者对某事作出承诺（发誓等）。（4）表达感情：如感激、致歉等。（5）宣示：如"我辞职"等。

　　自然语言处理的有关研究，借鉴了这些思想，但又扩展了核心概念，如增加了对话行为或会话行动等概念。这些概念建立在话段所能扮演的更多类型的会话功能之上。最近，艾伦（J. Allen）等人所研究的对话系统主要集中在对话行为的标注之上，其语言被称作"多层对话行为标记语言"（Dialogue Act Markup in Several Layers，DAMSL）。它编录了话段的各种层次的对话信息，其中有个层次，即向前功能和向后功能是对言语行为的扩展。前者对应于奥斯汀等人的言语行为概念，它集中处理的是面向任务的对话中容易发生的那类对话行为，如说话人的声明、提问、指令等，后者要表示的是由其他说者说出的话语，如接受或拒绝建议。①

　　要建构能完成对话的自主体，首先要让它有对话语的自动解释能力。因为机器要与人对话，必须"理解"话语。而像人那样地理解、晓得、知道，在机器上是不可能发生的。它能做的，主要是根据说者话语的形式上的特征，将其归结为某种模式，然后再与储存的模式匹配。符合其中的某一模式，即被同化了，就被认为"知道"或"理解"了某话语。有此匹配，接下来的就是以此为线索，在数据库中找出对应的话语。

　　① 　[美] D. 朱夫斯凯等：《自然语言处理综论》，冯志伟等译，电子工业出版社2005年版，第448—450页。

这里的问题是：机器是如何具体地确定一个给定输入是疑问，还是陈述、建议或承诺呢？从表面上看，对话中的话语的句法就是告诉我们：它们是哪一种言语行为，其实不然。表面的句法形式与言意言行之间的对应关系并不明显。例如英语中的礼貌的请求常用问句的形式来表达，因此不属 yes—no 句型：Can you give me a list of… 它表面上像问句，其实是请求。还有这样的句子，它表面上像陈述句，其实是疑问句。怎样识别和解释这些行为呢？有多种方案。

先看"计划推理解释"。倡导这种方案的人很多。艾伦等人依据他们所提出的信念—愿望—意图模型，说明了言语行为如何生成，认为一个试图发现信息的听者，能够利用标准的技术，尤其是利用关于信念—愿望等的知识，对说者的话语，乃至间接言语语效形成合理的推理。基于这样的认识，他们为参与对话的语言加工系统设计了类似的推理系统，即编写了相应的程序，让机器能够根据说者话语中的有关线索，形成相应的关于说者说话意义的理解。假如一个人向机器说出了这样的话："你能给我一份关于航班的目录吗？"根据设计者的看法，机器通过下述步骤的推理就能形成关于说者话语类型的推理。

- （PI. AE）行为—效果规则（Action-Effect Rule）：对所有行为人 S 和 H，如果 Y 是行为 X 的效果，并且如果 H 相信 S 想实施 X，则 H 相信 S 想获得 Y 是合理的。

- （PI. PA）前提—行为规则（Precondition-Action Rule）：对所有行为人 S 和 H，如果 X 是行为 Y 的前提，并且如果 H 相信 S 想获得 X，则 H 相信 S 想实施 Y 是合理的。

- （PI. BA）身体—行为规则（Body-Action Rule）：对所有行为人 S 和 H，如果 X 是 Y 的身体的一部分，并且如果 H 相信 S 想实施 X，则 H 相信 S 想实施 Y 是合理的。

- （PI. KD）知道—期望规则（Know-Desire Rule）：对所有行为人 S 和 H，如果 H 相信 S 想 KNOWIF（P），则 H 相信 S 想让 P 为真。

B（H，W（S，KNOWIF（S，P）））$\overset{\text{plausible}}{\Rightarrow}$B（H，W（S，P））

- （EI.1）扩展推理规则（Extended Inference Rule）：如果 B
（H，W（S，X））$\overset{\text{plausible}}{\Rightarrow}$B（H，W（S，Y））是一个 PI 规则，则

B（H，W（S，B（H，（W（S，X）））））$\overset{\text{plausible}}{\Rightarrow}$B（H，W（S，

B（H，W（S，Y）））））也是一个 PI 规则，也就是说，可以把 B
（H，W（S））放置于任何计划推理规则之前。[①]

　　计算机在与人对话时尽管在行为效果上相似于人，表面上有智能，其实完全没有智能，只是作为工具按事先编好的程序一步一步地运行，因此没有主动性，只有被动性。例如在与人对话时，它完全没有理解、推理发生，只是按程序将说者的话语归入某种事先就有的模式。这些模式不是计算机自己生成的，而是设计人事先想好的，如关于某一话题，可能有多少种形式的句子、词发生，简单的句子只需直接匹配就可确认，而有些复杂一点的、不完全对应的则要靠所谓的"推理"。其实，这里的推理，不是人所完成的那种靠动脑筋完成的过程，而是一个抽出特征，然后予以猜测、匹配的过程。例如这里要予以述及的基于提示的对话语的理解也属于这一情况。这种解释采用的是（监督）机器学习算法，利用对每个话段都添加手工标注的语料加以训练，然后根据话语中的提示线索来确认话语属于哪种模式。这里的线索很多，如词汇、搭配、句法、韵律、对话结构等。由于有这么多提示线索，因此便有不同的系统。例如 Yes-no 疑问句，句尾音高上升的捕捉对增加词典提示是一个十分有效的提示信息，而陈述话段具有最后下降的特点。如果抓住了这些特点，系统就能将它们与储存中的相应模式加以匹配，最终确认它们属于哪一种话语。

　　以 ELIZA 为例，它是最早的会话系统之一，仅有一个极为普

[①]　［美］D. 朱夫斯凯等：《自然语言处理综论》，冯志伟等译，电子工业出版社2005 年版，第 455 页。

通的对话管理生成系统。如果人工用户的句子满足可能回复的正则表达式的前提，则 ELIZA 可以简单地生成该回复。模拟妄想狂的对话管理系统 PARRY 更复杂一点。与 ELIZA 相同，它也是基于生成系统的，但是 ELIZA 的规则只是基于前面用户给出句子中的单词，而 PARRY 的规则还基于表示情感状态的全局变量。而且，PARRY 的规则还基于表示情感状态的全局变量，而且它的输出有时会采用类似脚本的陈述序列。当会话转向它的幻想时，例如，如果 PARRY 的愤怒（anger）变量较高，它就会从"敌对"集中选择输出句。如果输入句提及它所幻想的主题，那么它将提高害怕（fear）变量，并开始表达与它的幻想有关的句子。

　　最简单的对话管理系统是基于有限状态自动机而设计的。例如，一个普通的旅行航线系统的任务就是询问用户的出发城市、目的城市、时间和任何优先航线。图 6—6 给出了这样一个系统的简单对话管理。有限状态自动机（FSA）的状态对应于对话管理系统询问用户的问题，弧线对应于将采取的行为，这依赖于用户的回答。

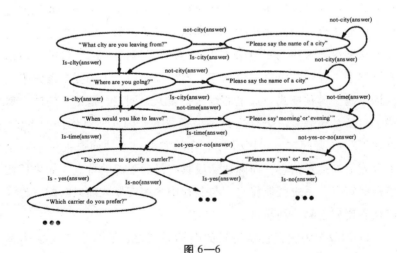

图 6—6

　　D. 朱夫斯凯等人强调：即使是这种简单的应用领域也需要采

用比单一模板要复杂一些的架构。例如，符合用户约束的航班常常不止一个。这意味着在显示屏上给用户列出一个选择列表，或对于完全的对话界面逐条读出该列表。因此，基于模板的系统需要另外的带有能够识别所列航班的信息槽的模板（How much is the first one? 或者 Is the second one non-stop?）。其他模板可能带有一些常见的路线信息（例如 Which airlines fly from Boston to San Francisco?）、飞机票价实行的一些信息（例如 Do I have to stay a specific number of days get a decent airfare?）或汽车和饭店预订的信息。因为用户可能在模板之间转换，也因为用户可能会回答预期的问题而不是系统当前所提的问题，所以系统必须能够对给定的输入填入应该对哪个模板的哪个槽进行排歧，然后将对话控制转换到该模板。因此，基于模板的系统本质上是一个生成规则的系统。不同类型的输入激发不同的生成规则，每个生成能够灵活地填入不同的模板。可见，生成规则能够基于一些因素进行转换控制，这些因素包括用户的输入和一些简单的对话历史（例如系统所问的最后一个问题）。在实际运行中，常有这样的问题，即会话自主体常常会对用户的请求感到迷惑或无法理解。

为了解决这些问题以及其他一些问题，许多人设法建立更复杂的基于 BDI 架构的对话管理系统。这类系统常常与基于逻辑的计划模型集成在一起，并将会话当成计划行为的序列。

艾伦等人曾描述过这样一个系统，即 TRAINS—93 系统，它是一个口语会话计划编制智能代理系统，它的任务是管理一个小范围内的铁路运输系统。例如，用户和系统协作编制将一车厢橙子从一个城市运往另一个城市的计划。TRAINS 的对话管理系统必须保持会话的流程，并表达会话的目的（例如，为实现橙子成功转运的目的，提出一个可行的计划）。为此，会话管理必须针对对话状态、对话本身的意图以及用户的请求、目标和信念来建立模型。会话管理系统利用会话行为解释器对用户的话段进行语义分析，领域计划器和实施器解决实际领域的问题，生成器为用户生成句子。据说，TRAINS 对话系统能够推理它自身的目的。对于旅行代理领域，对话管理的目的可能就是找出客户的旅行目的，然后生成正确的计划。

　　会话自主体当然可以有自己的语音合成。机器系列确认了输入波形所对应的句子序列之后，便要说出相应的话，以示响应。而要如此，系统就得有办法把要说出的句子符号转换成语音系统。在这个过程中，常用的算法是波形毗连合成（wave form concatenation）。其基础又是语音语料库。里面储存的是人的声音。这个语料库被切分成一些短的单元，它们包括音子、双音子、音节、单词以及其他单元。在选择合适的单元时，先要生成多个单元系列，然后通过匹配选择合适的系统。在语音生成过程中，一般是通过毗连方法合成语段，然后从一个记录说者语言的大规模数据库中取出双音子，再对它们进行平滑处理。[①]

第四节　机器翻译

　　机器翻译就是借助有相应人工功能的计算机所完成的对自然语言文本的翻译，包括两方面：一是对口语文本的翻译，二是对书面语言文本的翻译。从过程上说，它也像人的翻译一样要经过从源语到译语的转换过程。

　　在 20 世纪 40—50 年代，计算机一出现，就有人郑重提出了机器翻译的思想。如韦弗（W. Weaver）在 1955 年就在《翻译》一文中提出了这样的设想。[②] 60—70 年代，在经费被大幅度削减，甚至在"机器翻译"的字样从"机器翻译与计算语言学学会"的会名中砍掉的情况下，一些仁人志士仍矢志不渝地从事着自己的研究，以致在 70 年代末以后，机器翻译走过了漫漫的冬夜而进入了明媚的春天。早期的一个成功例子是：Météo 系统可以将英语的天

----

　　① 〔美〕D. 朱夫斯凯等：《自然语言处理综论》，冯志伟等译，电子工业出版社 2005 年版，第 146—176 页。

　　② W. Weaver, "Translation", in W. N. Locke et al. (eds.), *Machine Translation of Languages*, Cambridge, MA: MIT Press, 1949/1955, pp. 15–23.

气预报译成法文。

1980 年以前，这一研究所关注的主要是翻译规则的探讨和翻译词典的开发。1980 年以后，人们认识到：要真正实现机器翻译的理想，必须同时关注语法形式和语义内容的转换。基于此，工作的重点便转到了语料库的建设之上，与此相应，新的成果也不断问世，如 1993 年诞生了基于统计的机器翻译方法，1997 年出现了基于超函数的机器翻译方法。所谓统计翻译，就是采用解密方式将一种语言（加密）还原成另一语言（解密）。这一方法还在研究之中，尽管能成功翻译一些句子，在拥有大规模对译语料库的领域，能得到较理想的译文，但其问题在于：将高难度的、包含有理解语言过程的智能活动退缩为一种解码过程，因此"远离了机器翻译的核心问题"①。基于超函数的机器翻译是试图将数学公式引入到自然语言处理中的一种机器翻译。其思路是：一旦建立了两种语言的超函数库，翻译就变成了对适合超函数的寻找；一旦从库中找到了相应的超函数，余下的工作就是用变量加以替代。

从理论研究来说，1980 年以前，机器翻译的着眼点主要是句法分析和转换。尽管也注意到了意义或语义问题，但正如 Jurafsky 等人所概述的："这种对基于意义的技术的兴趣也是对那个时代计算语言学中以句法为核心的反映。"② 此后，随着语义学转向的发生，机器翻译的研究一般自觉同时考虑到了句法和语义两方面的转换。与理论探讨上的进步相应，具体的工程技术和实际结果也在向好的方面发展。例如 80 年代后，日本电器公司（NEC）成功开发出的便携式翻译机，能在大约一秒钟后完成日语和英语之间的翻译。语音合成方面的成果也很明显。1985 年，理论物理学家、宇宙学家史蒂芬·霍金在手术后完全丧失了言语能力，而人们给他安装的语言合成器和计算机系统，使他成了一位很优秀的演说家。关

----

① 任福继：《机器翻译的历史、现状、课题和展望》，载涂序彦主编《人工智能：回顾与展望》，科学出版社 2006 年版，第 266 页。

② ［美］D. 朱夫斯凯等：《自然语言处理综论》，冯志伟等译，电子工业出版社 2005 年版，第 509 页。

于机器翻译的新系统、市场动态以及用户的经验，还有许多报道，可在"机器翻译国际消息"（MT News International）中看到。

机器翻译研究之所以势头强劲，生机勃勃，与实践上的需要不无密切关联。因为全球贸易不断增长，需要将所有文件翻译成各种官方语言，文字的电子处理的激增、个人计算机和互联网的普及等，都对机器翻译提出了更高、更迫切的要求。

对于机器翻译的可能性根据及原理，人们有不同的看法，因此也形成了不同的理论，同时还在对应理论基础上提出了具体的操作模型。具体有这样几种情况：（1）转换模型或直接翻译法。它强调翻译是将输入句子的结构和单词转换为目标语的对应句子的处理过程，具体实施办法是，把源语的词语、短词直接用目标语的对应单位来替换，必要时做一些语序调整。（2）中间语模型。它将翻译看作是一个获取意义（或形成对源语句的中间表征），然后将意义再还原为另一自然语言的处理过程。其操作是：首先对输入语言 x 进行语义分析，将语言 x 处理为中间语（即意义表征或本体论图式）。这种中间语是一种对所有语言都适合的句法—语义表征。最后，再由中间语生成目标语 y。（3）三阶段转换法。这种方法比第二种方法更进了一步，它分别为源语言和目标语言设计了中间表达。第一步是将源语言转换成源语言的中间或内部表达，第二步将这种表达转换为目标语言的内部表达，第三步再将它转换为目标语言。（4）直接转换模型。它强调机器翻译系统应尽量少做工作，只考虑一种语言。机器翻译由几个阶段组成，每个阶段只处理一类问题，如第一阶段：词形分析，第二阶段：实词的词汇变换，第三阶段：与介词有关的加工，第四阶段：主谓宾排列，第五阶段：杂类问题的处理，第六阶段：词形生成。（5）是现代反传统的机器翻译。其基础和特点是建立语料库。在语料库中，包含有源语言和目标语言的大量相互对应的句型。在翻译时，机器会根据要翻译的句子，从语料库中选择类似的句子，并加以模仿，以实现源语言向目标语言的转换。

这里，我们对中间语模型略作分析。它的基础是本体论（详见本章），强调：机器翻译的第一步是对输入语言 x 形成语义分析，将它处理为中间语表征即意义表征，而这种意义表征就是存在表征。因为对同一事物、事态、过程可有不同的语言表示，如说英语与说中文的人对它的描述是不一样的，句法、词汇迥然有别。但所指的对象则是同一的。如果能超出语言，将要翻译的语言意义回归到实在之上，形成能共享的本体论图式，那么翻译就好做了，也不会出现大的意义偏差。因此第二步是在形成中间意义表征或中间语的基础上，再将它转换为目标语言 y。① 它的基本理论依据是：机器翻译的过程是一个获取源语意义然后将意义表达为目标语的处理过程。它认为，机器翻译有两个环节：一是进行语义分析，形成中间语表征或意义表征，二是将中间表征转化为目标语。

这里的中间语实际是两种语言之间的、关于所指对象的、更加逼近实在的图式或表征，既可以说它是语义、意义表征，又可以说它是本体论图式。在本质上，它是存在的表征，与语言无关。因为"无论该事件依托的是哪种语言，该事件总还是以相同方式进行着的'相同'的事件。"② 因此这种方案主张的是："通过概念之间的映射（也就是说，本体论知识体系中与语言无关的元素）来进行词汇转换……如果在中间语中采用这种概念，则大部分翻译处理都可以通过一般的语言处理技术和模块来实现。"③

这种方案尽管有许多优势和特点，但在操作时则会碰到一些棘手的问题。例如：第一，将两种语言转换的基础搬到本体论或所指对象的关系与结构上，尽管能避免翻译的任意性，但人们对同一事物的本体论概念图式并不总是一样的。正如 D. 朱夫斯凯等人所说的那样："这里存在着一个关于中间语的概念和关系的正确分类的非常深刻的问题，即采用哪种本体论知识体系（ontology）。当然，一个意义表示的设计者可以自由地选择标记集并确定它们的意

① ［美］D. 朱夫斯凯等：《自然语言处理综论》，冯志伟等译，电子工业出版社2005 年版，第 500—501 页。
② 同上书，第 500 页。
③ 同上书，第 501 页。

义。"第二，要形成中间语言义表征，"需要系统设计者对该领域的语义进行详尽的分析，并将其形式化于一个本体论知识体系，"这种语义可以通过一个数据库模型捕捉，在这些数据库中的定义确定了可能的实体和关系。这是很难做到的，而且，这种工作"更像一门艺术，而不是科学"。① 第三，"它的纯形式化需要系统在所有时间都彻底排除歧义。对于一个真正通用的中间语，这可能引起某些不必要的工作。例如从日语翻译为汉语，该中间语必须包含一些概念……采用这些相同的概念在从德语到英语的翻译过程中……进一步需要系统具有保留歧义的技术，以确保输出与输入完全一致的方式保留了歧义或模糊。"最后，按该方案形成的所谓中间语表征并不是真正的中间语表征，例如，"there was an old man gardening"，经过语义分析而形成的中间语表征是这样的：

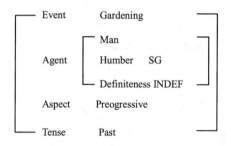

许多人认为，这并不是真正的中间语表征，"而更像一个英语单词"②。这也就是说，经过语义分析而形成的所谓中间语表征仍是一种语言，只是形式化程度更高一些，或者说是纯形式。另外，这种语言并非真正"中间"和"共同""通用"的，因为不同的人在生成关于两种不同语言的中间表征时，由于文化、世界观、价值观、看问题的角度与方式的差异，总会形成不同的概念图式。世界上没有关于同一对象的共同的本体论和概念图式，这一事实足以

① ［美］D. 朱夫斯斯凯等：《自然语言处理综论》，冯志伟等译，电子工业出版社2005年版，第501页。

② 同上书，第500页。

说明这一点。由此所决定，中间语模型尽管试图进到语义级，进到本体论以解决机器翻译的问题，其愿望是好的，但实质上仍停留在形式转换或映射的层面，仍未逃脱塞尔中文屋论证的责难。

从实际效果看，西文的机器翻译的准确率较高，有的达到了90%以上，因此在西方，甚至在日本，机器翻译系统已承担了大量的过去需由人承担的翻译任务。新的发展趋势是：对智能声控翻译通信技术的研究十分活跃，表现出良好的发展前景。以前只能处理简单的句子，现在能处理大块文章。从速度上说，以前一小时只能译几千字，而现在一小时能译几十万字。尽管机器翻译系统面对诗歌、小说之类的文本时束手无策，但在处理专业性强、数量较大的技术资料和论著时，则显示出了较大的优势。尽管也有不准、错误较高之类的问题，但毕竟省出了人的大量的查字典以及文字输入的时间。现有的机器翻译技术尽管还不成熟，但其价值不可低估。对它的评价应相对不同的需求层次来进行。如果对机器翻译的要求是正式高质量的、能发表的十分准确的文本，那么现在的技术尚无法满足这一需要。如果用户是从事专业研究的人员，只是要了解信息，对于准确性、表达的规范没有太高要求，那么目前的技术足以满足他们的要求，因此它们是有效有用的。很显然，这类用户以前一般要靠自己去阅读、摘译有关文献，这无疑费时费力。现在有机器提供的译文，尽管不准，也无大碍。因为译出了一部分毕竟比没有好，哪怕是只能从译文中猜测，也是不错的。

机器翻译研究要解决的问题无疑是 AI 研究乃至全部哲学、语言学、心理学研究最困难的问题，即如何建造语义机的问题。因为让机器做两种语言的转换工作，最难的不是句法转换，而是在保真的前提下，即在既不增加语义信息又不减少语义信息的同时，将一载体上的语义转移到另一载体之上。朱夫斯凯等人说：要让机器进行翻译，就必须"对源语言和输入文本具备博大精深的理解，同时也需要能够老练地、富有诗意地、创造性地支配目标语。因此将任意文本自动从一种语言生成为另一种语言的高质量的翻译问题是难以自动实现的。但是，当前的计算模型对一些较简单的翻译任务还是可以胜任的"①。由于存在着这样的问题，因此尽管文本翻译、语音翻译都进入了实用研究阶段，但正如任福继所说："现在还没有一个可以称得上高质量的机器翻译系统问世。"② 人们已在一定程度上认识到了问题的原因，并有意识地予以攻克，如建立大规模语料库，甚至许多机器翻译词典也加入了一些语义信息，形成了这样一些攻关领域，如语言资源、形态分析、句法分析、语义分析、语言生成、语言知识获取、信息抽取、文本挖掘、状况计算、概念依存、知识模型和本体论等。但根本的问题依然故我。任福继说："目前实用化了的机器翻译技术，几乎都回避了理解语言这一机器翻译的本质难题。"③ 书面语言翻译已有实际应用案例，但仍有上述本质难题。语音翻译只是到了"实用化的前夜"，这一难题对这种翻译就更难了。不过，又完全没有理由因上述困难而陷入悲观主义。因为随着大规模语料库经验的积累，特别是语义理解、本体论知识系统研究的进步，"真正意义的机器翻译研究将迎来新的曙光"④。

第五节　万维网与自然语言处理

万维网（world wide web，www）是 1989 年创建的分布式超媒体系统。它能把全球一定时间内的不计其数的信息汇聚起来，并借助一定的技术，如搜索引擎，按照用户的要求，让用户方便快捷地抽取所需信息。这一过程不仅让人能够真正做到"秀才不出门，全知天下事"，而且为人类节省了大量的劳动。另外，万维网以及相应的配套技术（如搜索引擎）的诞生和发展，极大地促进和提

---

① ［美］D. 朱夫斯凯等：《自然语言处理综论》，冯志伟等译，电子工业出版社 2005 年版，第 493 页。

② 任福继：《机器翻译的历史、现状、课题和展望》，载涂序彦主编《人工智能：回顾与展望》，科学出版社 2006 年版，第 272 页。

③ 同上书，第 262 页。

④ 同上。

高了机器的自然语言处理能力。一方面，它为自然语言处理提出了新的更高的要求，因为要让用户通过输入极有限的词汇而得到所需的信息，就必须让服务机器有一定的理解能力，并能根据对关键词的理解抽取出所需的信息。另一方面，这一需要带动的研究的确为自然语言理解带来了机遇，并促进了它的发展。

万维网上的自然语言理解和处理靠的主要是搜索引擎。所谓搜索引擎指的是一种在万维网上自动运行的浏览和检索数据集的工具。目前它已商业化、实用化，如著名的搜索引擎公司 Google、yahoo 和百度等都做得非常出色，都能很方便地为用户提供个性化服务。之所以如此，首先是因为，它们似乎能理解用户所输入的语词；其次是能既快又相对准确地提供基本符合用户意愿的语义信息。这也就是说，它们在形式上已有自然语言理解和处理的能力。因为它们输入和输出的一般是自然语言。总之，从自然语言处理的角度说，自动搜索引擎的诞生标志着自然语言理解研究有重大突破，因为它之所以能通过专门设计的网络程序自动发现网上新出现的信息，并对其进行自动分类、自动索引和自动摘要，是因为它有自然语言理解研究所形成的一些关键技术，如自动分词、自动句法分析、自动关键词提取、自动摘要等。另外，自动搜索引擎还能进行模糊检索、概念检索，这也得益于自然语言理解研究中的新成果，例如有关技术能对关键词进行分析和理解，甚至不仅能进行句法级的检索，而且能进行语义级的检索。搜索引擎是怎样实现自然语言理解和处理的呢？它与人类的自然语言理解有无区别呢？

我们先来看它的结构。它一般有这样几个大的构成部分。第一，搜集器。它是一个计算机程序，其功能是在互联网上漫游，发现并搜集信息。由于信息太多，它不可能把用户所需的一切信息都搜集到，因此它必须采取相应的策略遍历并下载文档。常用的策略是"宽度优先搜索为主，线性搜索为辅"。搜索完成时，它会维持一个超链队列。然后再由此出发，下载相应页面，从中抽取出新的超链加入到队列中。第二，分析器。其功能是对搜索器搜集到的信息进行分析，以便于分门别类，为后面的索引器建立提供条件。常用的分析技术是：分词、过滤、转换等。第三，索引器。其功能是对分析器过滤、转换过的信息作出分类，抽取出索引项，生成文档库的索引表。索引项有两类：一是元数据索引项，如作者名、更新时间、编码长度等，它们与文档语义内容无关；二是内容索引项，如关键词、权重、短语等。它们反映的是文档内容。索引器完成它的工作后便会产生输出，即输出索引表，据此可查找到相应的文档。第四，检索器。其功能是按用户请求从索引库中检索出文档，并评价它们与查询的相关度，然后排列将要输出的文档。第五，用户接口。其功能是为用户提供可视化的查询输入与结果输出界面，方便用户输入查询要求、显示查询结果，为用户提供相关反馈信息。

　　毫无疑问，搜索引擎有十分强大的自然语言处理功能，在许多方面都超过了人的处理能力，例如它的速度、信息量、分类、条理性等是人无法与之相比的。而且，它所做的工作再不是塞尔所批评的纯形式转换。一方面，输入、加工和输出过程中的信息量、信息的载体经常发生变化；另一方面，信息内容在保持动态对等的前提下，也有很大的变化，这说明，其内除了形式的转换之外，还涉及内容的局部的、微妙的变化。另外，从形式上说，搜索引擎在它的全部运作过程中似乎不再完全是与信息形式打交道，而涉及了对内容的把握和处理。例如搜索器并不是漫无目的地搜索信息，而是按照用户输入的关键词去搜索。很显然，这里有一个"理解"的问题，即必须先理解用户通过关键词想实现的目的，或想得到的文档。其次，在分析器发挥作用时，它有分词、过滤、转换等这样一些过程发生，而这些过程正是人的语言理解必然要涉及的环节。例如对词条进行单复数转换，词缀除去，同义词转换，主动句与被动句转换，复句与分句转换等，人在将一种语言翻译成另一种语言时也离不开这些方面的工作。再如，计算机在告知我们查询结果时，不仅有排序，而且还有对有关线索的提示。

　　但必须注意的是，搜索引擎在处理自然语言时并没有真正的意向性发生。即是说，它尽管涉及了语义，因为它的确按用户的意向动机、语义诉求提供了相应的内容，而不只是提供了有待用户去解释、扩展的形式符号，但是它的内部与人的语言处理过程仍有质的差别，那就是人的语言处理与对话、翻译是基于对内容的把握、理解而完成的，而且时时刻刻都有清楚的意识伴随着处理过程。正是有这一特点，人随时能意识到形式转换是否偏离语义内容，如偏离，会及时加以纠正。而机器的转换则不同，它完全不能理解内容，也没有关于理解及内容的意识、感受，它只能按规则转换。其加工是否偏离语义，只有人知道，它自己一无所知。例如搜索服务器开始工作时，表面上理解了用户输入的语词，表面上是按要求去工作，其实不然。它所做的不过是：按事先编好的关键词词典，把搜索关键词转化为 wordId，然后在标引库中得到 docID 列表，对 docID 列表中的对象进行扫描，并与 wordID 进行匹配，提取能满足要求的网页，然后计算网页与关键词的相关度，最后根据相关度的数值将结果报告给用户。不难发现，它不过是按规则对符号形式进行转换，至于后面的内容，它是不管的，也管不了。而形式的转换之所以导致内容的符号要求的转换，即从用户关键词的内容转化为输出文档，完全是基于内容与形式之间的同型关系。由于有这种关系，只要有相应的形式转换，便会有相应的内容转换。

如前所述，搜索引擎似乎可按照用户要求找到所需的信息，因此有一定的智能性。但这只是表面现象，分析一下其原理就清楚了。它的工作原理是：将查询要求分解成若干关键字，然后到数据库中去搜索，将能与关键词匹配的信息挑选出来，再根据匹配程度的高低对结果进行排序，最后将排序结果返回给用户。很显然，搜索引擎目前还不能理解人的查询要求，所做的工作不过是分解关键词，根据关键词计算文档与用户要求的匹配程度。计算的方法，要么是根据关键词在文档中出现的频率确定它对用户请求的匹配程度，要么是计算关键词出现次数和页面总词数之比。Google 这一引擎考虑到了关键词的频率、位置甚至格式等信息，可以较好衡量文档对用户请求的匹配程度。但问题在于：它们都不能对同形异义词作出区分，不能联想关键词的同义词。简言之，只能根据字形作出搜索，而不能进到语义层面。

　　毫无疑问，人们迫切需要有语义能力的搜索引擎。它既允许用户以自然的方式提出请求，又设法在理解请求内容的基础上，对内容是否匹配作出判断和识别。人们也试图把这一愿望变成现实，如基于内容的搜索技术就是如此。从发挥因特网的正面作用来说，人们迫切需要从海量信息中找到自己所需的信息，需要这样的系统，即智能文本摘要系统、翻译系统、语音转换系统，它们能帮助人们生成文摘，获得自己不熟悉的文字所负载的信息等。从抑制因特网的负面作用来说，人们希望检索系统对信息的有益与有害、有用与无用作出准确的判断和甄别，既不错杀有用信息，又不漏过有害信息。钟义信等人说：这些实际需要不过是"要求机器能够理解和判断'信息的内容'和信息的价值，具有这种能力的机器就是一种典型的'智能机器'，这就是 Internet 给智能科学技术激发出来的巨大社会需求"①。

　　为克服现有搜索引擎尚无真正的语义处理能力的缺憾，人们已开始了对智能搜索引擎的研究。当然现在只能说，这种引擎还只是这一研究领域的一种追求。其目的是：解决传统搜索引擎不能涉及语义、无法处理无序的信息、面对信息量迅猛增加束手无策等问题，能根据用户请求，从可以搜寻的网络资源中检索出对用户最有价值的信息，也就是说，让引擎真正有智能。其具体表现是：第一，网络蜘蛛智能化。它能通过启发式学习，运用最有效的搜索策略，选择最佳时机从网上自动收集、整理信息，同时，它可以移动，遍历整个网络，还可以挖掘信息，尽可能使所获得的信息具有较高的召回率和准确率。所谓召回率是指，一次搜索结果集中符合用户要求的数目与用户查询相关的总数之比。所谓准确率是指，一次搜索结果集中符合用户要求的数目与该次搜索结果总数之比。第二，人们还希望新的搜索引擎有这样的智能，它能支持多语言搜索。第三，为特定用户提供相关信息，如能观察用户的行为，了解

----

① 钟义信：《智能科学技术导论》，北京邮电大学出版社 2006 年版，第 164 页。

其兴趣爱好，能根据用户评价调整搜索行为，能对搜索结果作出适当解释。第四，具有主动性，如在任何时候，主动与用户取得联系，还要根据用户特定时刻的位置信息，选择适当方法与用户通信。第五，这种引擎的接口也有智能化的特点。就实际状况来说，真正的智能搜索引擎尚在襁褓之中。钟义信等人说："目前的搜索引擎虽然有所进步，但距离真正的智能搜索引擎还相当遥远。"①

再来看语义 Web。语义 Web 是为解决网络发展过程中信息的高效有序管理和运用问题而创立的一种工具。如果说计算机的出现为人工智能的研究奠定了坚实的物质基础的话，那么因特网的产生和发展则为它的发展提供了更为宽广的舞台。1992 年，万维网诞生，1999 年，全球因特网用户达 1.5 亿，网页数量超过 8 亿。这些新的技术为人们更好地利用人类已积累起来的知识提供了方便。但是由于缺乏相应的技术去管理网上的知识和信息，因此随着知识的增长，万维网上的信息则越来越乱，仿佛成了一个无序的大仓库。另一方面，由于缺乏相应的检索技术，尤其是没有能识别信息之语义的技术，因此人们有时又无法高效有序地检索到自己所需的知识。这又导致了资源的浪费。为解决这些问题，人们便开始了对语义 Web 的研究。它已成了一种协作项目，参与者来自不同方面，既有理论家，又有业界精英。其具体提出和发展过程是：1999 年，Web 的创始人伯纳斯－李（Tim Bernes-Lee）首先提出了语义网（Semantic Web）这一概念，2001 年 2 月，W3C 正式组织"语义网活动"，以指导和推动这一领域的研究。现在，它成了 W3C 领导下的一个协作项目。所谓 W3C 即指万维网联盟（World Wide Web Consortium，W3C）。

这一研究的目的是：让机器能理解 Web 上的信息，从而实现Web 信息的自动处理，以适应信息资源急剧增长的需要。从使用角度看，它试图提供一种通用框架，适用于不同应用程序，且能让数据为人们共享和重用。从它自身的结构看，其基础是资源描述框

① 钟义信：《智能科学技术导论》，北京邮电大学出版社 2006 年版，第 164 页。

架（RDF），而 RDF 又以 XML 作为语法，URI 作为命名机制，能将不同应用集中在一起，对 Web 上的数据进行抽象表示。从作用上说，语义网为我们提供了一个通用的框架。它允许人们跨越不同应用程序、企业和团体的边界而共享和重用数据。应注意的是：这里所说的"语义"不是人的自然语言的语义，而是机器可处理的语义。

最后再来看与语义处理有关的自动文摘系统。如前所述，有关专家早已意识到：判断一人工系统是否理解了语义，一个重要的标准是看它能否在收到输入之后，凭自身自动形成对文本的内容摘要。基于这样的认识，人们既独立地，又在万维网的大背景下研究自动文摘系统。所谓自动文摘就是利用计算机自动生成文章的内容摘要或中心思想的技术。从效果上看，有此功能的计算机事实上已能在"阅读"有关的文档之后，形成关于文章内容的、符合字数要求的摘要。不仅如此，从作用上来说，这一技术由于对信息作了筛选、剥离，因此它能节约人的劳动，使人免去了从头到尾浏览信息的麻烦。如果是这样，似乎就应把语义理解能力归于这种计算机。因为在过去，文摘的生成是不可能离开对内容的分析和理解的。既然机器像人一样形成了文摘，因此就应认为它不再是句法机，而同时是语义机。其实不然。只要分析一下自动文摘的几种方法就一目了然了。

现在成熟的、可以实现的方法主要有三种，第一种方法是频度统计法。其步骤是：先运用统计方法计算词语出现的频度，以确定词的重要性和句子的可选性。在这一过程中，一般不考虑连词、副词、代词、介词、冠词、助动词和形容词等。接着再在上述统计的基础上，确定文章的代表词。确定的根据是：凡是频度超过设定阈值的词就被认作代表词。最后是确定代表性句子，方法是根据句子包含的代表词的多寡来计算。代表性超出了设定阈值的句子就被抽出来作为文摘句。把文摘句合在一起，就有了文摘。第二种方法是关键位置判定法。即根据句子在文章中所处的位置，如标题、开头、结尾、段头、段尾等来判定其重要性，再根据各个句子的重要性来选择文摘句。把文摘句合在一起即文摘。第三种方法是句法频度结合法。其程序是，先利用句法分析程序将文本的短语挑选出来，再计算短语中各个词的频度，以此来判断包含它的句子的代表性。

很显然，尽管这些方法能形成一个"像模像样"的文摘，但其过程一点也没有涉及内容，而只是在词法、句法等形式方面打转转。由于有这样的局限性，因此按上述方法形成的文摘充其量只是把文本中的部分内容挑出来了。至于它们组合在一起是不是中文内容，这是机器所不知道的。正是看到了这一局限性，本领域的许多专家便把它们称作"机械式文摘"。尽管它们有原理简单、易于实现等优点，但质量不高。有鉴于此，人们提出了"理解式文摘"的理念，希望让机器像人一样在理解文本、关注分析语义内容的基础上形成文摘。近年来，这方面的研究越来越多，并出现了知识化、交互化的发展趋势。人们基于对人类生成文摘过程的认识意识到，要让自动文摘系统生成高质量的文摘，关键是要让它有相应的能力。而基于现在的知识科学关于能力的认识，有关专家便将形成和发展这种能力的关键放在知识的获取和利用上。在他们看来，只有让有关系统有更多的知识，它们才能获得相应的理解能力。基于这样的认识，"理解式文摘"研究的一种倾向就是将知识存储在词典式知识库中。知识包括特定领域的关键词的语法、语义和语用信息，以及对应领域的文摘结构。知识的获得和知识库的建立采取人机交互的方式，由人提供基本的关键的词和典型的文摘句，供机器分析和学习，以便它能自动获取文摘句的构造规则，并在运行过程中自动地更新关键词和构造规则。另一思路就是以本体论为基础的方法。

我国学者在这一领域也作出了积极的探索，以理解式自动文摘系统为例，如前所述，它的理想目标就是让机器在理解文本内容的基础上，自动生成关于文本内容的摘要。北京邮电大学的杨晓兰提出了"自动文摘选择生成模型"，即用选择生成法自动生成文摘的方案。① 先看图 6—7：

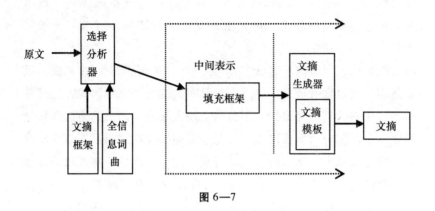

图 6—7

　　在这个模型中，最关键的一个要素是选择分析器。它的任务是对文本的语句作出分析，如针对特定领域的信息，利用全息词典中各个词汇的语法、语义和语用的全方位信息，对句子作出分析。其特点在于：能对不同领域的信息作出选择性分析。它之所以能如此，是因为它的基础之一是文摘框架。这框架是根据个别领域分别构造的。例如如果是科技文本，那么它应有研究对象、目的、方法、实验结果、分析和结论等组成部分，将它们按通常的规则组织起来便形成了科技文本的文摘框架。正是借助它，选择分析器才能确定要分析的文本属于哪一个领域。由于不同领域的文本在内容和形式上有不同的特点，只有先确定了领域，下一步的分析才能顺利进行，例如选择分析器在选择与文摘有关的文本之后，便照着语法、语义和语用的全信息进行分析，分析结构被填入文摘框架。在此基础上，文摘生成器通过文摘框架形成文摘的毛坯进行再加工，根据已填充的内容及全信息词典中的知识对尚未填充的空槽进行补填，然后将文摘框架中的内容填入文摘模板，最后再形成文摘。

　　总的来看，上述许多方案的确有向语义靠拢的一面，因而所生

----

　　① 杨晓兰：《基于理解的自动文摘生成》（学位论文），北京邮电大学 1998 年版。

成的文摘在质量上要高于机械式文摘。但是问题在于：机器在自动生成文摘时，模拟的不过是人处理语义问题时遵守规则的过程，而没有模拟人类加工处理语义的过程本身，因此在本质上仍未涉及文字符号后面的内容本身。如我们一再强调的内容、意义是一种抽象的存在，一种新的、高阶的，在人与符号、句法发生动的交涉的过程中所突现出来的有自己特殊本体论地位的东西。例如文本的内容就是这样一种东西。当文本不与人发生关系时，它就是一堆物理的符号，它上面即使有意义、内容，也是以潜在的形式存在的。没有人读它，没有人理解它，其意义等于无。特殊领域的文献当然也有意义，但是如果由外行来读，其意义也不会显现出来。例如数学专著对于不懂数学的人来说，一点意义也没有。文本的意义只能在出现在有相应理解前结构的人面前才会显现其存在。很显然，再先进的文摘生成系统至今都无法进到符号后面的意义之中。因此从根本上说，即使是理解式文摘系统，仍没有真正达到人的理解的境界，当然也就不可能像人那样在理解意义的基础上形成关于文本的内容提要。

从技术上说，已有的理解式文摘系统还只是一种初步的尝试，很不成熟，需要进一步的研究。正如郭军所说："这种方法需要区分领域来设计文摘框架和全信息词典，而这个工作又是需要智慧和耗费时间的，目前只在个别领域中完成了实验工作。因此离在实际中广泛应用还有很大距离。"① "理解式自动文摘还远不如机械式自动文摘成熟，要达到实用水平，还需要一段时间。"②

不可否认，人工系统在模拟人类的语义处理能力甚至意向性方面已有很大的进步，甚至有卓越的表现，许多系统已具备了意向性的关联性、关于性、主动性、内在性等特征，如家用机器人的言语应答、行为表现已较好表现了人的意向性的上述特征。但小心分析仍不难发现，它们与人的意向性还有一个根本的差距，那就是它们

----

① 郭军：《智能信息技术》，北京邮电大学出版社 2001 年版，第 144 页。

② 同上书，第 145 页。

没有内在超越性，没有在这一过程中贯穿的觉知过程，以及有意识的随机调节过程。就机器来说，如果它们能按人的语言指令完成某种动作，那么就应该承认：它们在内部语言加工过程中完成了一定的语义处理，即不仅有从输入语句到输出语句的句法转换，而且有语义加工，如分析输入语句的意图，确定它们的指称。如果能按语言要求完成了相应的拿物体的动作，那当然应承认机器的言语行为有指称、意义和真值条件，即有语义性。但是机器的内部过程与人的仍有不同。因为被机器看作是输入符号的意义或所指的东西，仍是一个形式符号，例如问它："什么是人"，它提供的意义是"两足动物"，好像作了意义回答。但须知：这里的意义仍是形式符号。它目前尚无办法在说出意义表示时，"想到"符号之外的对象。

第六节　人工语义系统理论与实践的哲学反思

就各种形式的自然语言处理系统事实上已触及了语义问题、进到了语义处理的层面来说，完全有理由把它们称作语义机，而不能只把它们看作句法机。无论是从动机还是从效果上看，都是如此。更应强调的是：已有的自然语言处理理论和实践都取得了不容小视的进步和成果，并在改变我们的认识和生活中发挥着积极的作用。但为了推进我们的研究，使之实现真正质的飞跃，我们仍有必要经常向我们自身的智能"回归"，通过将对 AI 的认识与对真实智能的认识进行比较，一方面深入进行对我们自身的认识，另一方面又以之为镜，反观我们的自然语言处理理论和实践。完全有理由说，要想深化我们的认识，我们必须经常不断地进行这样的回复，而这样的回复也不会有一个终点。

一　人工语义机的深层次问题

当我们对两种语义机作出比较时，我们仍能清楚地看到，人工语义机还存在一些根本性的欠缺。其主要表现是：作为它的理论基础的关于语义的研究，从根本上说仍停留在形式主义的层面，如仍只关心如何用形式方法来表示语义，如何用一些映射算法将话段转化为相应的意义表示形式。质言之，主要停留在意义的形式表示与转换上。由此所决定，所研制出来的自然语言处理系统也就只能作为意义之形式表示和转换的工具而被动地发挥作用，而不能主动地、直接地接触、关注、理解、把握、处理意义。既然如此，对意义的涉及仍只是设计、操作人员的事情。朱夫斯凯等人在概述当前的计算语义学研究现状及特点时正确地指出：已有研究的"语义学方法建立在这样的概念基础上：语言话段的意义可以使用形式方法来捕捉。这种形式化方法称为意义表征（meaning representation）。相应的，用来说明这种意义表征的句法和语义学的框架称为意义表征语言"①。就机器的语言生成能力来说，目前的计算机只要安装了相应的语言生成程序，如 hell, world 程序，就能生成"精彩而优美的英文文本，但遗憾的是，这些文字所拥有的微妙而卓越的交际语力其实不是由程序本身而是由该程序的作者创作的"②。

就文本理解来说，目前的人工系统的理解能力尚不能真正对大规模真实文本作出处理，而只能对某些有限的子语言作有限的处理。其根源在于，人类处理自然语言的能力依赖的资源、条件极其复杂，如除语言学知识外还有非语言学知识，除逻辑的、有序的知识之外，还有非逻辑的、经验的知识，除知识外，还有一些特殊的、与能力无关的因素，如直觉、猜想、想象、悟性等，即使是知识，很多都无法用形式规则加以表征、表示。这有两个原因，一是数量太大，二是它们中的许多内容极其模糊和不确定。

就机器翻译来说，有关的系统只不过是基于已有的规则、程序，将输入符号转换成了输出符号，或者说从初始状态机械地过渡

---

① ［美］D. 朱夫斯凯等：《自然语言处理综论》，冯志伟等译，电子工业出版社2005年版，第318页。

② 同上书，第471页。

到了被生成的状态。一方面，在转化的过程中，机器内部并未发生理解或猜想、推理、计算之类的过程，只发生了匹配、对应、形式转换的过程。它的转化遵循的是条件规则，即如果被给予了什么，那么它就根据被给予的去搜索，把条件句的后件搜索出来，然后作为输出给出。另一方面，机器的转换过程尽管试图模拟人的语义处理机制，但尚未抓住"牛鼻子"。不难发现：机器"理解""生成"自然语言靠的不过是它里面储存的许多短语结构树。这种树其实就是一种生成树，基于它们，机器就能生成语法串。过去的结点包含有状态的地方，每一短语结构树的节点就只表示一个符号，这符号与后继的、表示它据以得到重写的符号连在一起。于是，由语法所给予的语法串就能沿着短语结构树的最后的节点被读出来。比如说，短语结构语法的状态是那些在规则中出现的符号的有限串，初始状态是符号"S"，该系统的规则是这样的：

$S \rightarrow S$ con S / NP IVP/ NP IVP NP

Con $\rightarrow$ and /or/but

NP $\rightarrow$ Det N

Det $\rightarrow$ the /a

N $\rightarrow$ Adj N

N $\rightarrow$ man/woman/kitten/dog

Adj $\rightarrow$ Adj dj

Adj $\rightarrow$ Young/happy/cute/silly

IVP $\rightarrow$ IVP Adv

IVP $\rightarrow$ runs/eats/plays/smiles

Adv $\rightarrow$ quickly/nicely/happily

IVP $\rightarrow$ loves/disgusts/wants

PP$\rightarrow$ PNP

P $\rightarrow$ to

有这个短语结构语法，就可生成下述三个语法串：

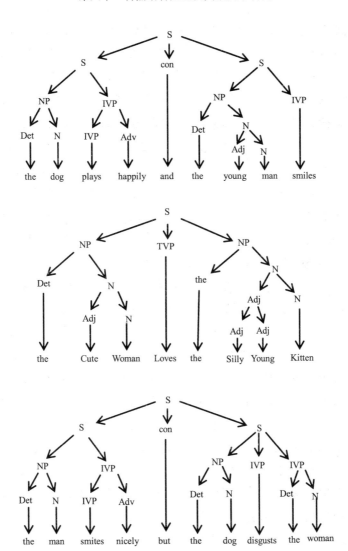

最后，人工系统尽管已进到了语义级、意向级，如能建立意义表征，但机器的意义表征与人的意义表征有根本的差别，这主要表现在以下几点：

第一，不知道把符号与外在的所指关联起来。借助一阶谓词演算等方法建立起来的意义表征的确模拟了人类有意义的语言表达式的深层结构，如像人类语言一样有谓词及相关项，因此具备了作为人类语言的能指的一些内在的特征。但问题是：人类语言有语义性，有意义表征能力，除了取决于能指的内在结构和特征之外，还取决于人的关联能力。例如在命名过程中，人们除了创造出名称之外，还发生了一个看不见的，也不表现于名称之中的客观存在的过程，即把名称与对象关联起来的心智过程，如为一个新生儿安立一个名字。通过一个命名式，通过人们之间一传十、十传百的传递，就有了名称与对象之间的约定俗成的关联。这才是人类语言意义的实质。人们之间传递的表面上是表示对象的符号，而实质上则是既不存在于对象、符号上，又不存在于个别人心中的那种形而上的关联作用。正是因为这种关于性、关联作用有这一特点，弗雷格才把意义称作一种新的存在，即抽象的实在。它与指称有关，但又不同于指称。现在的一阶谓词演算等意义表征方法虽然抓住并模拟了语言结构中的某些因素和结构，但仍未抓住上述抽象的因素。

　　第二，自然语言处理系统尚没有人类语言意义活动中的那种必不可少的"有意识的晓得"或"知道"的因素。许多学者认识到，语言既然是表征世界的，就一定有真假两种值，而这种值是离不开判断或指派活动的。例如"Ay Caramba is near ICSI"（Ay Caramba 在 ICSI 附近）。D. 朱夫斯凯等人说："这个句子可以根据现实世界中 Ay Caramba 是不是真正与 ICSI 离得近而被指派 True 或 False 值。当然由于我们的计算机很少直接访问外部世界，所以只好依靠某些手段来决定这个公式的真值。"① 这就是说，对真值的判断，对符号与对象相符关系的判断，现在还不是由计算机来做的，常是由人来完成的。即使是由计算机来判断，它的判断与人仍有本质的差别。从原则上说，计算机可以"感知"符号所表示的世界，如对上述两地的距离作出精确的感知和计算，进而借助匹配、比较，它能对两地是否靠近给出较准确的回答。这与人的判断在形式上是一致的，因而就此而言，可以说机器有真值判断进而有意义表征能

　　① ［美］D. 朱夫斯凯等：《自然语言处理综论》，冯志伟等译，电子工业出版社 2005 年版，第 327 页。

力。但它的判断过程仍是一个形式转换过程，一是没有发生把符号与世界关联起来的过程，二是没有有意识的觉知过程。

第三，人与机器固然都能加工语言，不同在于：人在加工语言时，一是把语言与它表示的对象区别开来了，并知道：加工的是符号而不是对象本身；二是在加工或加工之后，都能想到所加工的符号是对象的代表，即又能把它们关联和统一起来。很显然，这里的分离、关联、想到、统一等都是现行的语言加工系统做不到的。它们只能由旁边的设计者、操作者来完成。D. Jurafsky 等人说，有四个问题使自然语言处理系统"在实际应用中显得捉襟见肘：如何对于一个给定的事件确定它的正确角色数目，如何表示关于与一个事件相联系的角色的事实，如何保证能够直接从一个事件的表示引导出所有正确推论，如何保证从一个事件的表示引导出所有推论没有不正确的"①。在说明自然语言处理的意义表征的实质时，他们说："对于哲学家来说，把一个句子从原来的自然形式转写成另外的人工形式，并不能使我们离它的意义更接近。尽管形式表示可以使实际的语义学研究工作变得容易一些，但是这些形式表示本身并没有多大意思。根据这种观点，重要的工作是功能和过程，因为它们决定了从这些形式表示到被模拟的世界之间的映射关系。这些方法中最有意思的是确定句子或其形式表示的真值条件的哪些功能。"② 功能主义哲学家 D. 刘易斯等人就持此论。③

D. 朱夫斯凯等人还对意义表征、语义分析的实质作了这样的一针见血的说明："我们这里的意义表示是逻辑形式，因为它们可以很容易地转换为 FOPC。但从稍广阔的视角看，它们也是中间表示，因为我们确实还需要进一步的诠释来使它们更接近合理的意义表示。""正是词汇规则对我们的意义表示提供了内容级的谓词和

---

① ［美］D. 朱夫斯凯等：《自然语言处理综论》，冯志伟等译，电子工业出版社 2005 年版，第 331 页。

② 同上书，第 342 页。

③ D. Lewis, "General Semantics", in D. Davidson et al., *Natural Language Seman-tics*, D. Reidel, Dordrecht, 1972, pp. 169 – 218.

词项，语法规则的语义附着将这些谓词和词项正确地联系起来。但总体来说，确实没有将谓词和词项引入生成的意义表示。"①

　　对短语的语义分析的状况也是如此。就名词短语来说，它们的句法"几乎没有为它们的意义表示提供帮助，通常能做的最好情形不过是提供一个相对中间的意义表示，而这个中间意义表示又可以被用于进一步的理解处理"②。以语义语法为基础的语义分析器尽管有较复杂的生成语义表征的能力，甚至有一定的预测能力，但也有问题，这就是：它"很容易赞成语义的过度生成"，即根据既定的规则把某短语本来没有的意义赋予该短语，如"加拿大饭店"会被它生成这样的意义：一个提供加拿大风格食物的饭店。这就是典型的意义过度生成。因为它没有这样的意义，所意指的只是：位于加拿大的饭店。③ 而人则不同，他在给出意义回答时，尽管也要通过符号，但在说出符号时，同时能"想到"符号之外、与符号有约定关系的对象。这种"想到"就是意向性的超越性特点、觉知特点。今后，我们的努力方向似应是研究人的意向性这类根本特征及其实现条件。

二　意义实在论论意义的实质及其内在机理、依存条件

　　要建造真有智能、真有语义处理能力的人工语义机，必须把作为其样本、原型的人类语义机弄清楚，如首先要弄清楚究竟什么是意义，因为 AI 研究在这里的目的是要让机器也像人一样能自己产生、加工和输出意义，那当然要弄清其实质是什么。其次，要弄清人类何以可能产生、加工、传递意义的内在根据、条件和机理。对于这些问题，心灵哲学、语言哲学、认知语言科学等在这方面做了大量工作，可资借助。从总的倾向来说，哲学在这类问题上的理论有两大走向，一是实在论的走向，强调意义和意向性是一种实在，

----

　　① ［美］D. 朱夫斯凯等：《自然语言处理综论》，冯志伟等译，电子工业出版社2005 年版，第 351 页。

　　② 同上书，第 353 页。

　　③ 同上书，第 363 页。

当然是一种特殊的实在，因此有实在的机理及依存条件可予探讨；二是反实在论的倾向，其中最新、最有影响的理论便是各种形式的解释主义。这一部分只讨论前一倾向。

先看意义的本质问题。意义在特定的意义上肯定有本体论地位，即以一定形式存在于世界之中。因为人创造语言符号不是弄着玩的，而是要通过它传递非传达不可的东西。语言也是服从这样的需要而产生的。恩格斯说："这些正在形成中的人，已经到了彼此间有些什么非说不可的地步了。"① 很显然，这"非说不可的东西"就是意义。

当然，又应看到，意义问题也是人类科学研究中最复杂难解的一个问题。尽管各有关学科作了大量探讨，但对意义的"意义"究竟是什么，仍莫衷一是。不过，可分别从自然语言和心灵语言两大方面概述一下有关的成果。有理由说，它们都从特定的方面对意义的本质发表了有价值的看法。

所谓自然语言即人类在进化过程中自然生成的语言，主要表现为口头语和书面语。我们将首先从用法上将它们分成不同的类别，然后再来分析这些意义后面的意义及其生成机理和依存条件。

巴怀士（J. Barwise）认为自然语言有三种意义。以"我是一个哲学家"为例，甲在某环境中对乙说了这句话，这句话的意思肯定不同于其他句子的意思。巴怀士认为，句子所独有的意义就是第一种意义，他称之为"meaning"。第二种意义，他称作"内容"（content），即作为一个事件的话语的内容。上面的甲对乙的话语行为的内容就是。三是说者想表达的意义，他称作"使用者意义"或"作者意义"（user meaning or author meaning）。

利奇则认为有七种意义。他说："我将把最广义的'意义'划分七种不同的类型。"我们为了叙述的方便把它们分为四组：

1. 外延意义与内涵意义。外延意义又叫理性意义、认知意义，与"所指"概念相重叠。而内涵意义是指一个词语凭借它的所指

---

① 恩格斯：《自然辩证法》，人民出版社 1971 年版，第 152 页。

内容而具有的交际价值。两者的区别在于：第一，前者是基本的，如"女人"就是指的有女性特征、成年的人，而后者指的是很多附加的、非标准的特性，如有双足、有子宫、有母性本能等。第二，前者较稳定，后者不稳定，经常随着文化、历史的变化而变化。第三，前者是明确的、其所指特性是有限的，而后者是无限的、不明确的。

2. 社会意义和情感意义。社会意义是一段语言所表示的关于使用该段语言的社会环境的意义。情感意义表达的是说者情感等非理性的内容。

3. 反映意义和搭配意义。前者指的是联想意义。如一个词有多重理性意义，当听到一个意义，便想到了另一意义，如 The Holy Ghost，其所指是圣灵，能使人想到神圣的意义。后者是由一个词所获得的各种联想构成的，而这些联想则产生于与该词经常同时出现的一些词的意义。

4. 主题意义。它是说者或作者借助组织信息的方式（如语序、强调手势、信息焦点的安排等）来传递的一种意义。例如有这样两个句子："张三给图书馆赠送了一本书"，"这本书是张三送给图书馆的"。它们的外延意义差不多，但主题意义不同。因为第一句侧重回答的是谁送了书，第二句话侧重回答的是张三送了什么。①

与我们这里讨论的主题有关的是内在的意义，即心灵哲学家们所说的心灵语言或思想语言（mentalese）的意义，或心理状态的语义性。这种语言类似于计算机所用的机器语言，是人的大脑直接与之打交道的语言。它们的语义性可理解为命题态度中的命题内容。根据心灵哲学对心理状态的新的看法，任何有意向性的心理状态不过是对某命题的一种态度，如对"天要下雨"这一命题，既可采取相信的态度，又可采取怀疑、憎恨、期盼的态度。这里的命

---

① ［英］杰费里·N. 利奇：《语义学》，王彤福等译，上海外语教育出版社 1987 年版，第 13—33 页。

题不一定表现为自然语言。福多等人认为，命题态度中的命题就是意义或语义，当然是内在心理的意义。它们的载体不可能是自然语言，只能是心灵语言。因为说出的话，写出的字之所以有意义无疑是根据于心理状态中想到的内容或意义。这种意义尽管不可能以纯粹精神或物质的形式存在，但肯定有存在性，因为人们在想、在希望和相信时，不可能什么也不想。当人们诚实地报告自己的思想内容时，这内容也一定是发生或正在发生的有一定客观性的事实。当然，在建构关于这内容或意义的图景时，又要努力避免堕入民间心理学和二元论的人格化理解和描述的窠臼。因为这内容如大多数自然主义哲学家所说的那样不过是一种自然现象。如果人格化地构想，以为它是另一非物质实体在他的心灵空间或"黑板"上所写的东西，那就犯了人为杜撰世界的错误。

那么，这心理的内容，或心理符号的意义究竟是什么呢？第一种观点认为，它们就是符号的所指，此即"指称论"所说的意义。例如我心里想：有一杯水喝该多好。这心里所想的内容就是真实世界中的一杯水。第二种观点认为，心里所想到的意义是一种观念性东西，此即"观念论"所说的意义。第三种观点是"抽象实在论"或"呈现方式论"。这一理论由德国著名数学家、哲学家弗雷格所创立，后得到了许多人的支持和发展。弗雷格认为，指称肯定是意义的一种形式。例如一个人想到或说出"天上有暮星"，肯定不是为说而说，而是要告知天上存在的某实在。但是语言表达式除了这种意义之外，还有另一种意义，他把它称作"含义"（sense）。例如有两个词："暮星"和"晨星"，其指称是相同的，都指金星，但是它们的意思显然有区别，一个指的是夜晚的，一个指的是早晨的。再如不同的人在说"亚里士多德"一词时，所指都是古希腊的一个伟大哲学家，此即指称相同，但不同的人所理解的"亚里士多德"肯定是不一样的。再则，有的符号有意义，但不一定有所指。如"距离地球最远的天体"这些词有一种含义，但是它们是否也有其所指，则大有疑问。"最弱收敛级数"一词有一种含义，但是可以证明它并无所指。

在上述区分的基础上，弗雷格还进一步讨论了陈述句的思想内容、含义和所指之间的关系。他说："对于知识的目的来说，句子的含义即句子所表达的思想与句子的指称即它的真值一样是有关系的。如果 a = b，那么 'b' 的指称与 'a' 的指称是相同的，进而 'a = b' 的真值与 'a = a' 的真值是相同的。尽管如此，'b' 的含义可以有别于 'a' 的含义，因此 'a = b' 表达的思想就不同于 'a = a' 所表达的思想。这一来，两个句子便有不同的认知价值。如果我们把 '判断' 理解为从思想到它的真值的前进，那么我们也能说：判断是各不相同的。"①

基于上述说明，结合弗雷格的其他论述，我们不难发现他对"含义"所作的规定。首先，在他看来，一表达式的含义就是该表达式指称的"思想方式"或"呈现方式"。从含义与指称的关系看，含义有决定指称的作用。之所以如此，是因为人们要解释一名称怎样指称一个体，谓词怎样适用于特定对象的类型，就必须诉诸表达式的含义。含义的这种作用是由含义的本质决定的，因为含义描述的是条件，而指称只能根据这条件去描述。例如，"亚里士多德"一词的含义可以是"柏拉图的学生"、"亚历山大大帝的教师"等。这些条件决定了怎样把一个个体"呈现"出来。"亚里士多德"指称亚里士多德，其实是根据"亚里士多德"的含义把亚里士多德表现或呈现出来。

说含义是一种心理的呈现方式，是否意味着他把含义看作是意义的观念论所说的观念呢？回答是否定的。因为在他那里，两者是不同的。当然，强调含义不同于观念，并不等于说含义与心理没有关系。相反，含义与心理状态有密切的关系。例如一个人对一个词的含义的理解，总是这个人由于他的心理状态而做的事情。也就是说，含义是一种思考指称的方式，将其概念化的方式。正是因为这一点，因此不同的人对同一名称的含义的理解便有不一致性。例如

① G. Frege, "On Sense and Meaning", in P. Geach et al. (eds), *Translations from the Philosophical Writings of G. Frege*, Oxford: Blackwell, 1980, p. 56.

许多人都说"亚里士多德",但每个人赋予它的含义又有其独特之处。显然,这是由他们思考这个词所使用的方法、所伴随的心理状态造成的。一表达式在由一个人使用时,其含义总会受到他对含义的把握以及他把含义与表达式联系在一起的方式的影响。但另一方面,又不能说含义是心理实在。因为如前所述,含义有客观性,有不依赖于心灵的地方,另外,交流能够开始和持续,也说明同一含义的不同把握中隐含着共同性,否则各说各的,互不相干,正常的交流就无法进行。

否认含义与观念、心灵中的东西有一致性是否意味着他倒向了物质实在论即认为意义是物质实在呢?回答也是否定的。我们先看弗雷格对"思想"的论述。他所说的"思想"不是一个心理学概念,所指的实际上就是内容或含义。首先,他认为它是非物质的,弗雷格说:"思想本身是非物质的。"[1] 其次,它也不是心理王国中的存在,因为它不同于心理状态、观念之类的东西,尽管它不能为感官知觉到,但本身又不是私人的或主观的。[2] 思想是心和物之外的第三个王国中的存在。这个王国就是内容的王国。由此不难看出,尽管弗雷格强调有一个内容王国存在,但他并不认为它独立存在,相反,他强调它是在说者、听者及其交流活动中存在的,因此是关系中的存在。要交流思想,当然得有有意义的话语,而有意义的话语之所以存在,又是因为人有要交流思想的愿望。要传达这愿望,又必须有相应的媒介,这就是语言,因为思想并不能凭自身直接到达听者的心中;其次,当然是要有能通过语言媒介理解其后的内容的听者。总之,含义和思想内容既不是纯心理的实在,也不是纯物理的实在,而是介于两者之间的一种抽象的实在。

著名分析哲学家皮科克也支持弗雷格的看法。在《思想:论内容》一书中,他试图建立关于内容最一般本质的哲学理论。[3] 他

----

① G. Frege, "Thought: A Logical Inquiry", in A. M. Quinton (tr.), P. Strawson (ed.), *Philosophical Logic*, Oxford: Oxford University Press, 1967, p. 20.

② Ibid., pp. 28 –29.

③ C. Peacocke, *Thoughts: An Essay on Content*, Oxford: Blackwell, 1986, p. 1.

所关注的"内容"就是弗雷格所说的"思想"。两个词是同一意义的不同风格的表述方式。他像弗雷格一样强调：内容有四个根本特点：（1）内容有绝对的真值，（2）它们是复合、被构成的实在，（3）它们是信念、意图、希望等的对象，（4）两个不同的人对同一思想可作出相同的判断和论证。从内容的表现形式看，内容有概念性内容、非概念性内容（经验内容或纯现象性质的、没有概念参与的内容）和表征内容（既有经验性内容，又有概念性内容）。从内容与概念的关系来说，至少有两种内容，即概念性内容和表征性概念，概念是这些内容的组成要素，最基本的构成单元。例如某人相信 A 很诚实，这一信念的内容就是"A 很诚实"，而"A"和"诚实"都是概念。因此概念理论是内容理论的组成部分。反过来，通过对概念的具体剖析，可对内容的一般问题作出间接的解答。从内容与语言的关系来说，内容可用语言表达出来，例如某人有"我很冷"的想法，这命题可用"我"、"冷"等词及其组合来表达。但语言与思想不是绝对对应的。例如"贝克莱是哲学家"和"《人类知识原理》的作者是哲学家"，两个句子表达的是同一个思想，但有的人可能相信第一个语句，而不相信或不知道第二个句子。

要找到建构人工语义机的正确的方向，关键是探索人类语义机产生、形成、处理、传递意义的条件与机制。在这方面，心灵哲学家做了大量工作，值得关注。先看登克尔的意义理论。

从否定的方面看，登克尔（A. Denkel）的意义理论似乎不属于已有的任何阵营，因为他对已有的理论似乎一概骂倒。例如他反对关于意义的唯名论、最低限度主义、还原主义、心理主义。在反对心理主义时，他指出："尽管在说明意义时有必要假定心理的方面，但把心理方面与意义不加区别地等同起来则不可取。有充分的理由否认意义是心理实在。"[1] 关于意义还原论，他说："有理由认

---

[1] A. Denkel, *The Natural Background of Meaning*, Dordrecht: Kluwer Academic Publishers, 1999, p. 1.

为，就其本身来说，还原的或最低限度的说明完全不可能解释语言和意义的发生。"①

　　在批评的基础上，他正面阐发了自己的观点。首先，他强调：必须承认意义有客观的基础。他说："意义有其自然背景，这是意义之存在所必不可少的。我将努力摧毁洛克—格赖斯的那类理论赋予意义的那些内在的、心理主义的特征。"② 他还说："除非意义有客观的方面，我们就不可能超越我们心灵的私人性，进而就无法让我们的思想相互传递。意义理论的主要任务就是说明这一方面，说明它关联于我们语词的方式。"③ 登克尔承认意义有客观基础，并不等于他倾向于意义外在主义或客观主义。因为他同时还认为，这样理解意义有两个难题：第一，不借助人的心灵的作用，怎么可能说明符号与其意义之间的关系？第二，有这样的意义，即表达式在设法表达一般或普遍性时要传递的东西，怎样予以解释？

　　在他看来，意义不仅依赖于客观基础，而且还依赖于包括心理作用在内的广泛的因素。他强调：应把意义放在人们需要交流这样的更广阔的背景下来理解。而交流本身是一种非常复杂的现象，既不是纯粹精神性的，又非纯物质性的，既非纯自然的，也非纯社会的，既非个体的，又非纯群体的。因为没有个体的参与，交流不会发生。交流要现实出现：一方面，要有说者存在，而说者又必须是有思想或意义要表达的存在；另一方面，还要有听者，这听者必须有相应的心理和语言能力，只有这样，他才能基于听，把握说者的话语。除此之外，交流还有赖于一系列中间环节，如交流的媒介、手势、场景等。

　　从对心理主义语义学的否定看，登克尔似乎接近于弗雷格。他的确赞成弗雷格将含义与观念区分开来的观点。不过也有区别，一方面，他提供了新的论证。另一方面，从这一论证中也引出了自己

----

　　① A. Denkel, *The Natural Background of Meaning*, Dordrecht: Kluwer Academic Publishers, 1999, p. 2.

　　② Ibid., p. 3.

　　③ Ibid., p. 37.

的不同结论。例如登克尔认为，意义之所以不同于观念，主要是因为，意义不仅与心理的东西有关，还与外在的事态有关。他说："意义与观念一定不能画等号。不管意义如何反映在心中，人们还应在它之外去寻找意义。"① 正是在这里，登克尔与洛克、格赖斯分道扬镳了。他认为，洛克和格赖斯等人的问题在于：仅在心灵中去探寻话语有意义的根据和条件，从而滑向了内在主义或心理主义。而登克尔则不同，他同时还要到外部世界寻找意义所有可能的条件，并将意义所依赖的心理作用自然化。他说："我们的目的是通过将洛克—格赖斯的那类方案外在化进而形成关于意义背景的一种自然化理论。"要完成这一项工程，又必须诉求"因果—进化模型"，或者说"进化论的构架"。他说："我将在进化论的构架中实现这一目的。我所谓的意义的进化论，指的是能够描述各种类型的连续意义层次在其中相互重叠的发展阶梯。"②

他的自然化理论的一个重要概念是"进化演替"。所谓"进化演替"指的是在发展进程中相互不可还原的阶段之间的交叉和毗连。他说："在我的模型中，任何较早的阶段将是后续阶段的必要但非充分的条件，因为后续阶段正是由于在前阶段提供的材料才得以形成的。"基于这一前提，他指出："有意义事项"（meaningfulness）就是在进化的后继阶段发生的现象。所谓"有意义事项"，指的是一种广泛的、高级的现象，既包括意义，又包括携带意义的物理事实，如对象或事件；换言之，它指的是各种类型的有意义信号、符号等。接下来的问题是，这些能作为有意义符号而存在的物理实在是如何获得意义的呢？它们怎么可能具有意义？

就有意义事项的进化来说，它经历了这样几个阶段：第一阶段是无生命世界中的自然信号，如闪电、雷声；第二阶段是动物的信号；第三阶段是原始人的交流；第四阶段是人类的话语交流。这最

① A. Denkel, *The Natural Background of Meaning*, Dordrecht: Kluwer Academic Publishers, 1999, p. 58.

② Ibid., p. 59.

后阶段也是最高的阶段，交流者所使用的话语充满着意义与指称。在最低的阶段，我们能看到的是自然的信号，它有最原始的意义或前意义，例如某处的闪电意味着那里要打雷。这种意义提供了后来进化演替的基础。因为它的基本形式、要素、结构能为后来的更高的有意义事项继承和发展。正是有这个基础，后面才依次进化出了这样一些意义形式，如动物的本能交流所产生的意义形式，前语言意向的交流类型和前语言的惯例交流类型所产生的意义形式。

　　在自然信息阶段，烟之类的物理实在如何成为信号，或它们是如何具有意义的呢？他回答说：这是根源于其中有一种机制，这机制就是信号（烟）与新意指的东西（火）之间有一种因果联系，而这种联系是"广泛分布于时空之中的常见的共现关系"①。当意义形式进到高级的阶段，这种机制仍被保留下来了，当然又增加了新的机制，如动物间的交流中就增加了习惯性的关联，即动物在与别的动物、外物打交道过程中借助习惯而在信号和所指事态之间建立的联系。人类的语言交流除了有上述机制在符号与事态之间起作用之外，还有概念性的一般原则在其中起作用。他说："即使话语和事态之间的联系是客观的，但一般的规则则是概念性的。"例如借助一般原则而在话语和事态之间所建立的关联是推论性的，因为一个人在听到某话语时之所以想到某事态，是以一般原则为基础而推论出来的。②

　　由上可知，登克尔关于意义产生条件的分析是极其复杂的。首先，意义离不开信号与所指事物之间的因果关系、习惯性关联，更复杂的意义还离不开交流。他说："人类语言中的符号及意义是与原始的交流形式密切联系在一起的。"③另外，意义的产生和存在离不开一定的媒介，而把意义与媒介关联在一起的东西，又是人的表征能力和意向。他说："意义有这样的心理的方面，即它直接与

----

　　①　A. Denkel, *The Natural Background of Meaning*, Dordrecht: Kluwer Academic Publishers, 1999, p. 60.

　　②　Ibid., pp. 59 – 61.

　　③　Ibid., p. 62.

存在的表征世界的能力相关联。因为在没有这样的存在的世界中，不可能有什么东西有意义，也没有什么能被看作意义。"① 他不仅承认意向对于意义的必要性，而且强调意义后面有两种意向。一是一阶意向。即说者在用 x 意指 r 时想让听者也相信 x 指 r 这一意向。二是二阶意向。因为人的交流不能以心灵感应或无线电通讯的方式实现，必须借助某种直接的、物质的媒介实现。要如此，说者就必须做一点什么，如说出声音或写出符号或做出身体动作。而要如此，说者就必须有做某事的意向，此即二阶意向。不仅如此，说者还要有这样的信念和知识，即知道做某事（写某种符号）能完成他的传递某意义 r 的意向，并相信这一点。

　　我们将用物理学家沃尔夫的一段话作为本小结的结语。他说："今天所设计出的人工智能尚无真正的意识，这显然是因为它还不具有量子不确定性，没有根源于非决定的能导致创造性的种种可能性。……人是量子机器，而计算机只是经典机器。人会犯随机的无知错误和量子非决定性错误，而机器只会犯第一类错误，人所犯的错误会让他思考犯错误本身，而机器的错误只会导致错误。人能思维，计算机只是遵守程序。当计算机能犯第二类错误时，人工智能的新时代才会开始。"②

三　反实在论的意义—意向性理论

　　反实在论的意义—意向性理论的基本观点是：意义、意向性不是实在的东西，如不是依赖于大脑或心灵的属性或现象，因此人们关于它们的概念或认识不是反映，而要么是不存在的，要么是虚构的，要么是为解释和预言的需要而创立的解释性框架。有许多理论形态，而解释主义是其中最新、最有影响的形式。其倡导者很多，如著名的有戴维森、丹尼特和卡明斯等。这里我们重点剖析捷克学

----

　　① A. Denkel, *The Natural Background of Meaning*, Dordrecht: Kluwer Academic Publishers, 1999, p. 42.

　　② F. A. Wolf, *Star Wave*, New York: Macmillan Publishing Company, 1984, p. 326.

者佩里格林（J. Peregrin）的理论。其基本观点是：意义和意向性等根本就不存在，它们是人们为理解、解释的需要而归属、投射或强加在人之上的。如果事实果真如此，那么有理由认为，这种理论也为人工智能指出了一种可能的、新的发展方向，那就是研究被归属的对象应该符合的标志和条件，然后据此去建构相应的对象。如果能建构出这样的对象，那么就等于建构出了像人那样的语义机。

佩里格林在建立自己的理论时，批判地借鉴了结构主义和戴维森意义理论的思想成果。例如他考察了当代各种关于语义结构的理论。他认为，这些理论把语义结构看作类似于句法结构的东西，因此是不可取的。在这里，应区分两类问题：一是哪些表达式构成了语言、复合表达式怎样由其部分所构成；二是表达式怎样在语言中起作用。在他看来，语义学要关心的，且只能关心的是第二类问题。因为它与具体的结构无关，它不是要把具体的语义结构解释为纯形式的句法结构，也不是要在特殊的形式语言中理解表达式，"而是要探讨整体发挥其功能作用与部分发挥其功能作用的相互关系，尤其是说明：个别的表达式对它们作为其组成部分的陈述的真值所起的作用。因此语义学要研究的是：真/假对立怎样从部分到整体被投射，反过来，这些投射又是怎样加起来进而构成了那些陈述的真值条件"①。

他运用上述资源和方法建立起来的语义学有两个关键概念，即语义结构和逻辑形式，而其宗旨则是试图用数学的结构概念将意义还原为结构。什么是结构呢？对此，大陆和英美的结构主义有不同的看法。大陆的结构主义认为，人文社会科学的对象不是实体性的，而是关系性的，例如语言学的对象是语言，而语言中的一切东西都以关系为基础。它还认为，结构主义不是理论，也不是方法，而是看问题的方式，相应的结构是部分组合为整体的方式。语言作为结构也是这样，它也是一个有整体—部分结构的系统。英美的结

---

① J. Peregrin, *Meaning and Structure*, England: Ashgate Publish Company, 2001, pp. 257–258.

构主义强调：任何语言都有自己的横向和纵向结构。横向结构是指表达式与表达式的横向相互关系，纵向结构是指表达式与意义的关系。根据这种观点，意义不是现成的东西，而是类似于表达式的值那样的东西，而这种值是与该表达式在整个语言系统中的地位联系在一起的。

佩里格林对各种结构主义思想兼收并蓄，当然受影响较深的是前者。他说："有结构的整体是要素的集合，而这集合又离不开要素之间的一系列关系和使要素发生转化的一系列作用。"① 在他看来，系统的结构有三个要素：部分、关系、操作（作用）。就语言来说，它也是部分—整体的系统，由部分所构成。当然，这里的结构指的是句法结构。佩里格林更为关心的是语义结构或逻辑结构。他说："语义学研究的并不是平行于句法结构的独立结构，而是真与假的对立按照（句法）结构从整体到部分得到投射的方式。"②

从结构的种类来看，至少有两种结构：一是事物内各部分相关联所形成的结构。这是真实存在的结构。二是形式的、抽象的结构，它不依存于具体的对象，是经抽象或虚构而形成的。但既可以独立地予以研究，又可以用作观察事物的工具。后一类结构的形式很多，如数学研究的结构、语言的结构。佩里格林关心的是后一种结构。他说："我们对有结构意味着什么这一问题的思考使我们得出这样的结论，即至少有一种结构是我们最感兴趣的（如由语言结构从词形变化上予以例示的），有理由把它们看作是我们用来使事物能为我们所理解而用的棱镜，而不是存在于我们将这些结构归属于其上的那些事物之内的东西。"③ 也就是说，他所关注的结构就是这些漂移不定的、独立自存但又能满足我们解释需要的结构，就像我们看问题时所用的棱镜那样的结构。用戴维森的话说，这结构就像经纬线，地球上本没有经纬线，但它对我们描述和理解地球

----

① J. Peregrin, *Meaning and Structure*, England：Ashgate Publish Company, 2001, p. 90.

② Ibid. , p. 235.

③ Ibid. , pp. 231 – 232.

极为有用。而当我们描述说地球的经纬度是多少时，我们并不是对地球的实在形成了认识，而不过是把我们的概念框架投射到地球之上。

就结构的本质与作用来说，"结构并不是简单地由不同的、共结构的事物所共有的，而好像是飘忽不定的浮舟，它是由我们的理性所雇用的，其作用是帮助我们理解事物"①。换言之，事物被赋予结构，不是事物本身所使然，而是由我们的理性从外面"打压"进去的。从起源上说，结构是我们理性的发明，从作用上说，结构是"理性在想说明世界时所用的工具"，就像我们拿着棱镜和三角板来观察相关的对象一样。有了这些结构，对象就会"表现出""意义"来。②

基于上述分析，现在就可以揭示意义的本质了。他说："一表达式的语义或逻辑结构并不是孤立的表达式的属性，而是它的作用的表现，即它与别的表达式的逻辑关系的表现。"③ 这也就是说，表达式的意义就是表达式的逻辑结构或逻辑形式。要确定一表达式的意义，就是要分析该表达式与别的表达式的逻辑关系。用戴维森的话说："给予一句子以逻辑形式，就是在全部句子中给它以逻辑地位，就是这样来描述它，即说明它可衍推出什么样的句子，又能由什么样的句子衍推出。"④ 由于受戴维森思想的影响，佩里格林的意义理论又有实用主义倾向，这表现在：他也有把意义看作是一种投射或被归属的东西的倾向。如他认为，意义不是语句本身实有的成分，不是说者想表达的，且通过话语表达的东西，但同时又不是在交流、解读活动中生成的东西，而是翻译者、解释者归属或投射给说者的，是一种将结构给予不确定的东西之上的手段。但这样

----

① A. Denkel, *The Natural Background of Meaning*, Dordrecht: Kluwer Academic Publishers, 1999, p. 272.

② Ibid., p. 228.

③ Ibid., p. 243.

④ D. Davidson, "Action and Reaction", in *Essays on Action and Events*, Oxford: Clarendon Press, 1980, p. 140.

一来，又会有一系列的问题接踵而至。

在说明结构的本质时，他同样坚持工具主义或实用主义立场。他认为，理解结构的最好办法是把它与几何学的点线面体加以对比。他说："真实的语言与它的语义学理论的关系类似于真实空间与几何学理论的关系，两者的共同点在于，都试图根据某种结构看待事物。"① 例如在几何学中，点线面体都是一些抽象的形式或结构，并不存在于真实的世界之中。但是我们关于这些抽象的东西的知识可以帮助我们对实际事物的量的关系作出判断。这个判断的过程，实际上就是"把我们所看到的——更一般地说我们所碰到的——在我们周围的东西放进某些简单的形式、结构或范畴之中，如果有别于它们，那么我们就说这些东西不是这些东西，或说它们不完善、有问题"②。例如有这样几幅图：

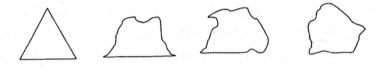

图 6—8

假如它们描绘了实际的事物，我们一看就会说哪个是三角形，哪个像三角形，哪个不是三角形。之所以如此，这是因为我们事先有一种关于三角形的结构或形式。如果某物符合它，我们就说它是三角形。而这样做，实际上就是我们把这形式授予这事物了。这事物原本只是一个事物，并不是三角形，是因为我们把它放进相应的结构之中，它才被称为有三角的事物。语句的意义也是这样，它本来没有什么意义。它在被我们翻译或解释之后之所以有意义，是因为我们为了翻译它而把我们本身具有的一种抽象的结构加给或归属

----

① J. Peregrin, *Meaning and Structure*, England：Ashgate Publish Company, 2001, p. 224.

② Ibid. .

给了它。例如当十个土著居民面对兔子被问及那是否是 gavagai 时，都有点头的表示，我们便会把我们所说的"兔子"的意义加之于他们的话语。

　　既然作为意义的结构真正存在的地方不是说者的话语，而是我们解释者的头脑，那么解释者是怎样形成或发现意义的呢？他回答说："我们可以'发现'结构，要么是快速和偶然地发现的，要么是逐渐的。"① 他还说："结构的发现不像用 X—射线照手臂，看骨头怎样在它之内相连的，而是像制订一个计划，以帮助人们在不熟悉的环境中对自己作出定位。"② 简言之，意义是解释者所假定的一种结构。我们应怎样归属意义呢？他说："在彻底的翻译这种情况下，我们有意或无意地评价经验材料，以此为基础，我们便把意义和信念归属于说者。"所谓经验材料实即解释者所看到的由说者表现出来的行为反应，例如一个土著人面对兔子时，我们问那是不是"gavagai"，他作肯定的表态，我们就可把我们所理解的"兔子"的意义加之于"gavagai"之上。佩里格林强调：尽管经验材料有这种决定意义授予的作用，但不能由此说：意义是由之所决定的。他说："没有理由认定意义就是由这些材料所决定的。"③

----

　　① J. Peregrin, *Meaning and Structure*, England: Ashgate Publish Company, 2001, p. 225.

　　② Ibid. , p. 226.

　　③ Ibid. .

第七章

智能自主体

自主体研究无疑是 AI 研究中最热闹和最重要的领域之一，斯坦福大学的罗思（B. Hayes-Roth）甚至说："智能计算机自主体既是人工智能的最初目标，也是人工智能的最终目标。"[①] 卢格（G. Luger）说："对基于自主体方法的研究在现代 AI 研究中非常流行……目前在 AI 年会……中有些部分完全是针对自主体研究的。"[②] 从实际情形来说，这一研究的兴盛还表现在它得到了雄厚资金的有力支持，例如自主体成了美国信息技术研究中的一个重大课题。1999 年 1 月 24 日，美国总统宣布：2000 年，政府将斥资3.66 亿美元，支持信息技术研究。这一研究要突破的主要问题有：1. 计算机可以听、说、理解人类语言，能完成实时语言的精确翻译。2. 智能自主体能在互联网的数据汪洋大海中，代替人漫游、检索，并对信息作出综合。不仅如此，为推动这一研究，世界上还成立了专门的国际组织。例如智能物理自主体基金（Foundation for Intelligent Physical Agent，FIPA），原是设在瑞士的一个国际性的非营利性协会，后来成了 IEEE 计算机学会下的一个标准化组织。其目的是促进自主体的研究，如基于自主体的应用、服务和设备的实现。所做的主要一项工作就是建立能获得国际承认的规范。为了规

[①] B. Hayes-Roth，"Agent on Stage：Advancing the State of the Art of AI"，UCAI（1），1995：967 –971.

[②] ［美］G. Luger：《人工智能：复杂问题求解的结构与策略》，史忠植等译，机械工业出版社 2006 年版，第 197 页。

范智能软件自主体的相互通信，它还定义了一种通信语言（ACL）。截至1999年4月，其下已有来自12个国家的50多个合作成员。

自主体研究如此受青睐，既有理论上的原因，又源于实践上的困惑和无奈。李德毅院士说：人工智能"引发了人们无限美丽的想象和憧憬，但人工智能的发展过程也存在着不少争议和困惑：什么才算是真正的'智能'？为什么再高级的电脑、再智能的机器与人类的智能相比仍然那么幼稚？为什么人工智能与人们最初的想象和期望仍然相距甚远？"[①] 通过对塞尔中文屋论证之类的难题的反思，人们意识到：现有的人工智能之所以不是真正的智能，的确缺了一些关键的东西，例如意识性、有目的性、自主性等，这些归结起来，实际上就是缺少了意向性。而缺了这个东西，就不能成其为真正的自主体。

这一研究从20世纪80年代就开始了。如作为人工智能的开创者之一的明斯基在1986年出版的《思维的社会》一书中就提出和讨论了这个问题。他设想：人工智能应该成为一种社会性的智能，它由许多子系统所构成，每个子系统就是一个自主体。它们能做一些简单的事情，但又能像人这样的真正的自主体一样与其他自主体发生关系，如交换信息，发生关联，进而作出协作的行动，以具有社会交互性。到了90年代，英国出现了一些专攻自主体问题的专家，如M. Wooldridge、N. R. Jennings等。他们发表了大量的论著，如前者于2000年出版了专著：《推理与理性自主体》。[②] 尽管这一课题尚处在探讨之中，且存有较大争论，但无论是理论还是技术都取得了可喜的成绩。从理论上说，人们对自主体研究的目标和思路有了比较明确而一致的看法，那就是认为，自主体应成为这样的新型计算模型，它更逼近人类的智能，如有自主性，能连续不断感知外部世界和自身状态，在此基础上能根据新的变化了的情况作

----

① 李德毅、刘常星：《人工智能值得注意的三个研究方向》，载涂序彦主编《人工智能：回顾与展望》，科学出版社2006年版，第41页。

② M. Wooldridge, *Reason and Rational Agents*, Cambridge, Cambridge, MA: MIT Press, 2000.

出及时应对和行动。目前，有关的程序能在通信与管理，多网络机器人协作、协商、协调，过程智能控制、交通控制等方面产生应用效益，本身就说明这一研究的目的有一定的合理性，其前途应是十分宽广的。其次，在对未来的自主系统的本质特征、基本结构、类型、研究方法等问题的探讨中，也取得了一些成果。一般认为，自主系统应是这样的自主程序，即能根据对变化着的环境的感知、按照目标要求及时作出决策和行动的系统。其应具备的标志或特征是：自主性、主动性、反应性（即能对变化着的环境作出及时应变）、一贯性或持续性、自适应性、可靠性等。

从技术上说，自主体研究之所以于 20 世纪末异军突起，是因为当时有解决复杂、动态分布式智能应用问题的迫切需要。例如要使多个应用程序间相互作用的模式从单一的集中式系统向分布式系统演化，要建立这样的系统，就必须解决它们之间的动态关联问题，让分布而异构的应用程序之间能以一种共同的方式获得服务，而自主体技术可在一定程度上满足有关要求，因此有的软件学者宣称："自主体技术将成为 21 世纪软件技术发展的又一次革命。"①

90 年代，自主体技术已开始应用于协同设计领域，人们通常用它来支持网络环境下多设计者异地协同，以及异构系统的集成，近年来，这一技术开始应用于网络服务、网络计算等。在制造领域，它还用于制造资源表达，如生产线、制造单元、制造装备，其作用是在任务分配、生产规划及调度、制造执行等过程中完成协调功能。

自主体研究的发展带来了认识上的深刻革命。有的认为，自主体是一种新的超越于图灵模型的计算模型，它更好地表达了计算的本质。由于这种观念上的变化，计算机已从 80 年代纽厄尔等人设想的知识级进到了社会级。这表现在：系统按自主体组成，自主体

---

① 转引自李长河主编《人工智能及其应用》，机械工业出版社 2006 年版，第251 页。

组织的部件是它本身,其交互作用依赖于它的通道。组织和行为的法则对系统的作用至关重要,环境也是如此。更令人欣喜的是,自主体研究方兴未艾,新的倾向不断涌现,如理论上,人们正关心心理表征的形式语义学、行为构成的模型、分布问题的解决等;在实际的工程技术方面,人们十分关心建构自主体的编程工具问题,智能自主体在机器人和软件中的应用问题等。[①]

第一节 哲学中的自主体研究

"自主体"一词译自英文的 Agent。该词的本来意义是"施动者""作用物""可以产生作用或效应的东西"。在我国哲学和当今的 AI 研究中,还有很多异译,如"动原""行动者""主体""代理"等。鉴于该概念强调的是一种独立自主地产生作用的东西,我们这里统一译为"自主体",以与哲学中相近的概念"主体"(subject)区别开来。与该词同源的词还有 agency,它指的是"行使权力的能力""使然作用""能动作用"。这个词突出的是源自 agent 的作用,因此我们将其译为"自主体作用"。

自主体是哲学中的一个古老的研究课题。早在亚里士多德那里,它就成了一个重要的哲学难题。他发现:在人身上有两种行为:一类是某种强制性的东西引起的行动。其特征是不自由的,非随意的,引起和决定它的东西不是行动者自己的意志,而是外在的力量。另一类是自由的、有意的行动。如想吃桃子时把手举起来去摘桃子。它不同于第一类行动的根本特征在于:它是行动者深思熟虑、谨慎选择的结果,其动力是愿望和引起运动的思想,过程包括思考、形成愿望、作出选择,最后作出身体的动作。两种行为无疑是有区别的,但是是什么把它们区别开来的呢?现代的维特根斯坦用一个更简明的例子把这一问题重新表述为:把手抬起来与有意举

---

① S. J. Rosenschein, "Intelligent Agent Architecture", in R. A. Wilson et al. (eds.), *The MIT Encyclopedia of the Cognitive Sciences*, Cambridge, MA: MIT Press, pp. 411 – 412.

起手臂之间有何不同？从"有意抬起手臂"中把"手臂抬起来"减去还会剩什么？亚里士多德对这类问题的看法是：第二种行动不同于第一种行动的根本之处在于：它后面有它内在、自主的动力源泉，那就是意志的决定，而意志的决定又根源于人的理性的深思熟虑。因此决定行动的施动者是一种理性的决定力量。基于此，"自主体"一词常与"理性"连用，即理性自主体。以至于到了现代还出现了这样的命题："没有理性就没有自主体。"① 亚里士多德的问题和回答成了后来哲学研究的重要课题，以致到了现代派生出了一个专门的哲学子学科，即行动哲学。其主要课题有：（1）行动的特征、种类、范围和行动的结构问题。即什么是行动？与其他自然事物的运动以及人的无意的运动、动作（如睡眠时的翻身、打鼾等）有无不同？如果有不同，区别何在？人的行动的根本特征是什么？人的行动包括哪些种类和范围？人的行动由什么因素构成？结构如何？（2）行动的解释问题。也就是如何解释或说明行动的发生的问题，具体包括如下问题：人的行动由什么引起和决定？是否处在因果链中，受在前的原因的限制和决定？如果人的行动有前因，它们是什么？人的内部状态对行动有无作用？如果有，如何描述这种作用？它们是物理的事件、状态和过程，还是愿望、信念、意图（intention）、自由意志（will of freedom）、意志作用（volition）？说明了行动的理由是否等于揭示了行动的原因？这一探讨最终又涉及理由和原因的关系问题。（3）行动的估价或评价问题。亦即什么样的身体动作才能说它对或错、善或恶？什么样的行动才是人应对之负责或承担责任的行动？这些是把心灵哲学与道德哲学、法律哲学关联起来的问题。

行动哲学的诸问题是现当代哲学争论的一个中心。其中最有影响的是浸透着民间心理学和传统哲学观点同时又从理论上作了提升的所谓"标准的观点"。其基本思想是：有意的行动是一种结果，

① C. Cherniak, "Rational Agency", in R. W. Wilson et al. (eds.), *The MIT Encyclopedia of the Cognitive Sciences*, Cambridge, MA: MIT Press, pp. 698 – 699.

是独立的行为事件，由前面的另一独立事件所引起，可把它称作自主体，它有感知和理性能力，能创造性地形成思想和信念，能深思熟虑地作出选择，能自己生成意图、愿望、目标。面对具体的环境，自主体究竟选择何种行动，取决于这些因素的相互作用。

这一观点得到了大多数哲学家的支持，例如著名加拿大哲学家邦格认为，自愿行动是由自由意志决定的行动。不过他又作了这样的限制：当行动是出自于自由意志时，"当且仅当：（i）它的行动是自愿的，且（ii）它能自由选择自己的目标，即并不处在业已规定的或来自外部、旨在得到某种被挑选目标的压力之下"①。在许多哲学家看来，一种行动就是你所选择的举动，其特点是经抉择而产生的，即考虑过是否去做。因此，真正的行动就是你要求你自己做或不做的某事，例如能要求你坐下，但不能要求你消化食物，前者是行动，后者不是。由于行动有上述特点，因此"行动"这个概念与"责任"这个概念紧密相连。人类能明智地对他们所做的事负责，因为行动是经过他们考虑而选择并要求自己做的。

萨特认为：任何行动的独特标志，第一就是会带来一定的结果，即引起世界的某种变化，如引燃炸药，就会爆炸。第二，任何行动都是借助一定的工具和手段而实现的。第三，行动的直接条件是行动者"承认欠缺"。他说：一切行动的直接条件就是发现事物处于一种状态即"欠缺"，或否定性。② 通俗地说，对象的欠缺或否定性就是行动者在行动前没有对象，没有自己所需要的东西，这就使行动者有占有它的欲望。在这个意义上可以说，"欲望"是行动的动力。这里的"欲望"具体地说是"存在的欲望"这一原始的欲望，而不是具体的经验的欲望，如性欲、权力欲等，因为具体的欲望是原始欲望的存在方式。接着他还描述了欲望的结构即"存在的缺乏"的结构。他认为：欲望就是欲望者追求所欲望者已

----

① ［加］马里奥·木格：《科学的唯物主义》，张相轮等译，上海译文出版社1989年版，第87页。

② ［法］让·保罗·萨特：《存在与虚无》，陈宣良等译，生活·读书·新知三联书店1987年版，第558页。

达到一种不再有欲望，即绝对充实的存在者。第四，是目的或意向性。他说："一个活动原则上是意向性的。"[①] 由于行动者"承认对象的欠缺或否定性"，产生了对它的需要或欲求，从而就有得到它的目的和意向性。第五，自由是行动的深层的、内在的条件。他说："从人们将这种否定世界和意识本身的权力赋予意识时起，从虚无化全面参与一个目的的位置的设立时起，就必须承认一切行动的必要和基本的条件就是行动着的、存在的自由。"[②]

在塞尔等哲学家看来，人类之所以能组成社会，在社会中，人与人之所以有交往行为，有竞争和协作的行为，其原因在于，每个人都不仅把自己看作是自主体，而且同时也把别人看作是自主体。他说："当你要有合作意向或据以作出行动时，你反问一下自己：你必须承认什么？你要承认的不外是：他人也是像你一样的自主体，而他人又同样知道你也是像他们一样的自主体，你的这种认识最终又结合成这样的意识：我们是可能或现实的集体自主体。"什么是自主体呢？所谓自主体不过是有目标、有意识、有对环境作出反应能力、能自己决定自己行为的行动主体。而所有这些特性又可归结为意向性，或被看作是意向性的标志及特征。塞尔说："集体意向性预设了把别人看作有协作动因的候选者的背景认识，即是说，它预设了这些的意思，他人不过是有意识的自主体。"[③]

在现当代，随着人们对民间心理学和传统哲学的批判性反思的深入推进，出现了许多带有叛逆甚至另辟蹊径的观点。例如戴维森和丹尼特等人与认知科学中的玛尔的视觉理论相呼应，提出了一种带有工具主义、反实在论色彩的解释主义。其基本观点是，的确应该诉诸自主体的信念、愿望等前态度来解释人的包括言语在内的行

----

① ［法］让·保罗·萨特：《存在与虚无》，陈宣良等译，生活·读书·新知三联书店1987年版，第557页。

② 同上书，第561页。

③ J. R. Searle，*Consciousness and Language*，Cambridge：Cambridge University Press，2002，p. 104.

为。因为要解释他人的话语，肯定得具备解释所需的一切条件，如关于对方的信念、愿望、目的的知识。戴维森说："理由要对行动作出合理化解释，唯一的条件就是：理由能使我们看到或想到自主体在其行动中所看到的某事——自主体的某种特征、结果或方面，它是自主体需要、渴望、赞赏、珍视的东西。"① 但另一方面，又要注意到：戴维森并不像传统的意向实在论那样认为，信念、愿望等及其所构成的自主体是真实存在的。毋宁说，它们是我们为解释行动而作的一种理论虚构。换言之，我们关于心灵、信念、思想等命题态度的观念，不是关于客观存在的心理状态理状、属性、过程的反映，因为在他看来，根本就不存在信念之类的心灵状态。这也就是说，我们在解释说者时尽管可以说"他有某某信念"，但这解释并未反映客观存在的事实，它并不是陈述句，而是归属语句。它是解释者为了解释他人的言语行为而"强加"或"投射"于人的。在这里，戴维森发起了一场名副其实的"哥白尼式转变"，即认为心灵观念不是对人的认识、反映的结果，而是人为了解释的需要而虚构出来，然后强加或归属于人的。他说："在思考和谈论物理对象的重量时，我们用不着假定存在着对象所具有的重量之类的东西，同样，在思考和谈论人的信念时，我们也没有必要假定存在着信念之类的东西。"② 戴维森主要借助与测量图式的类比说明了这一点。他强调，在解释中，对命题态度所作的归属，类似于对温度、长度或位置所作的归属。说地球有经度、纬度，这都是我们加于地球的。同样，把命题态度归之于人，或说人有信念，这完全取决于我们对之所作的解释，而解释之所以出现，首先又是因为我们每个正常人都有一种"解释理论"。有这种理论，就意味着知道怎样把说者所说的与特定的意义和真值条件联系起来，就知道在什么情况下把某一信念、愿望归属于要解释的对象，就知道怎样解释预言他

---

① ［美］戴维森：《行动、理由与原因》，载高新民、储昭华主编《心灵哲学》，商务印书馆 2003 年版，第 959 页。

② D. Davidson，"What is Present to the Mind"，in J. Brand et al.（eds.），*The Mind of D. Davidson*，Amsterdam：Rodopi，1989，p. 11.

人的行为。基于这些分析，戴维森得出了与取消论大致相同的结论：当我们把命题态度归属于说者以解释他的行为时，我们并没有触及任何实在的东西。这也就是说，信念之类的命题态度不是实在存在的东西，它们在自然界、人身上没有本体论地位，追问它们是否实有、是什么，就像我们用经纬线描述了地球上的某一方位之后再去在地球上寻找经纬线一样是愚不可及的。

从上述分析不难得出这样的结论：说者有心、有命题态度依赖于解释者的解释，以及他所具有的知识。这种知识也就是通常所说的民间心理学（Folk Psychology）。而民间心理学又是从哪里来的呢？戴维森认为，它们是错误的概念化的产物。根据已有科学的观点，真实存在的东西是物理事物及其属性，如力、倾向性等，它们是产生运动变化的原因。就人来说，人的行为也是由人身上的力、行为倾向产生的。因此对行为的合理的科学解释应是诉诸这些实在及其力的解释。但是创立民间心理学及其概念（信念等）体系的古人不知道这一点，当看到人作出这样那样的行为时，在寻找原因对之作出解释时，不知道人身上存在的客观的力和行为倾向，便发挥想象和推理的作用，设想行为后面有一类特殊的存在，并用"意图""信念""愿望"等词语加以表示。

如果说戴维森等人的观点有折中的特点的话，那么维特根斯坦和赖尔的理论则表现得更为激进。如前所述，传统哲学根据内在因素对行动特征的种种说明，最终都归结到意志、意图、意愿之类的东西上面，因而在哲学中就产生了自由意志这一所谓的"真正的"哲学问题，或者说形成了吸引哲学智慧的宇宙之谜。维特根斯坦也是如此，他在《哲学研究》《关于心理学哲学的评论》等著作中花了很大的篇幅讨论这一问题。不过，他的动机与其他探索者大异其趣，即他不想去解决它，更不想建立关于它的一种什么"理论"。他只是想澄清问题，如我们关于这个问题思考些什么，我们怎样谈论这个问题，关于这个问题实际上会有什么真实的东西。

由于所谓的意志、行动问题是由于语言的使用而产生的，因此澄清问题的最好办法就是分析语言，找出所用的语词及句子是代表什么的。在维特根斯坦看来，行动（如"我举起手臂"）和身体的动作（如手臂抬起来）之间是有区别的。他说："当你说'我打算离开'时，你当然是真正地意指这个行动。同样，这里给予句子生命的东西就是意指的心理动作。"① 也就是说，一种行动既有外在形式如身体某部位的变化，同时也有内在的过程或标志，如心理动作。但是他坚决反对通常的看法，即把人的行动当作因果过程，把意志之类的内在心理因素当作行动的决定因素，当作行动区别于非行动的根本条件，如认为由于意志的决定、选择，然后才有身体的相应动作。在他看来，这些都是错误的。意愿与行动根本就不是两个独立的事件，更不是有先后关系，一个引起另一个的事件，因而也不是有因果关系的事件。传统的观点之所以把它们当作有因果关系的东西，根源在于一个错误的类比。例如一台机器的主机（发动机）与在地上转动的轮子之间确有因果关系，前者转动才"引起"后者转动。由于人的肢体的动作与轮子的转动有类似性，而它们本身不可能在没有力量推动的情况下运动，借助类比推论，人们自然推论出肢体内部有"引起"肢体运动的"内部过程或事件"。这种推论是完全错误的，说意志像发动机那样"引起"身体的动作是不恰当的。因为只要注意到这样的情况就明白了，假如说发动机不转了，不是由于受到别的什么东西的干扰，而是由于齿轮的突然松动、错位等所致，在这种情况下就不能说"引起"。另外，发动机自身的转动也不是由什么引起的。也没有什么内部的事件和过程作为它的原因。人的行动也是这样，即正像发动机自身的转动一样，意愿等是身体的行动的组成要素，而不是"引起"行动的原因。他说："意志，如果它不是一种愿望的话，必定是行动本身。讲意志、意欲之类是行动的在前的决定因素，从而是使行动与一般的动作相区别的根本条件，这是没有任何意思的。""当我'自愿地'举起我的手臂时，我没有使用任何工具来引起这个动作

----

① ［英］维特根斯坦：《哲学研究》，汤潮等译，生活·读书·新知三联书店1992年版，第592页。

发生。我的愿望也不是这样一种工具。"①

　　为什么意志不是行动的在前的原因呢？最简单的事实就是"我们无法用意志移动手指"②。例如某人想要我移动我的手指，他的"想"就不可能做到这一点，用眼神也做不到。此外，做一简单的减法也足以说明上述道理。他说："让我们不要忘记这一点：当'我举起手臂'时，我的手臂向上。问题出来了：如果我把我的手臂向上这个事实从我举起手臂这个事实减出，还会剩下什么呢？"③ 根据通常的看法，还应剩下意志、意图之类的内在心理因素。其实不然，什么也没有剩下。因为意志之类本身就是行动，或者说是完整行动的一部分。如果说有意志活动的话，那么它不过是行动本身，或者说是行动的内在标志，而身体动作是其外在标志。

　　赖尔也旗帜鲜明地否定传统的看法，尤其是对二元论、唯心论深恶痛绝。当然，他这样做不等于他要抛弃行动说明中常用的"意志"、"自愿的行动"与"非自愿的行动"这类概念，也不等于他否认这些语词有其所指和意义，相反，他对"自愿的行动"和"非自愿的行动"作出了清楚的区分，对它们的真正含义作出了在他看来是"更清楚的说明"，④ 从而形成了一种独特的理论，可称作"双重语言论"。其要点是："意向"等心理语言并没有独立的指称，所指的东西可用对应的物理语言来描述，例如"意志"所描述的不外是"行动倾向"一词所描述的东西。他承认：人的行为有自愿与非自愿之别，自愿与非自愿的行为并不涉及意识流中的隐秘事件（其实也不存在这种事件）。赖尔也承认：自愿地做某事当然反映了心的某种性质。如某人自愿地蹙眉头，表明他是在以某种程度和用某种样式思考所做之事，但绝不能认为自愿的行为由

----

　　① ［英］维特根斯坦：《哲学研究》，汤潮等译，生活·读书·新知三联书店1992年版，第613—618页。

　　② 同上书，第617页。

　　③ 同上书，第621页。

　　④ ［英］赖尔：《心的概念》，刘建荣译，上海译文出版社1988年版，第69—70页。

心理的原因和身体的随后动作两部分构成。他说："他有意地蹙眉，并不意味着发生了两件事，只意指发生了一件事。"① 也就是说，自愿的行动是统一的人的身体的完整的活动。最后，自愿的、非自愿的行为当然与意志力有关系。所谓意志力不过"是一种倾向，发挥这种倾向就在于坚持完成某种任务，也即不受干扰，或注意力不被转移。而意志薄弱则意味着太缺乏这种倾向"②。

　　总之，在维特根斯坦和赖尔等人看来，行动不是由两个独立的因素即在先的心理原因（自由意志、意志力、意图等）和在后的身体动作构成的，也不是由内在的心理过程和外在的表现过程两个独立的过程构成的因果链，更不是由幽灵般的隐秘心灵世界中独立的"自由意志"（根本就没有这种东西）所"引起"的"结果"，而就是身体的完整的、复杂的、既有内在过程又有外在标志的动作。尽管可以用"意志"之类的概念来描述和说明行动，但意志要么是行动本身，要么是行动的倾向。使行动区别于简单的身体动作的因而使行动具有其独特特征的东西是行动本身的复杂性，即它既有内在的过程，又有外在的行为标志或表现。

　　对于信念、自主体等概念的更为激进甚至极端的看法是取消主义。它不仅否定这些概念有其所指，亦即否定民间心理学和传统哲学赋予其所指的本体论地位，而且反对让这些意向习语进入认知科学和 AI 研究之中。客观而言，解释主义、双重语言论直至取消论尽管有片面性，但对常识和传统观点的批判反思是耐人寻味的，的确有打破许多人的带有拟人论色彩的意向实在论迷梦的作用，值得严肃谨慎地对待。不加批判地根据民间心理学和传统的哲学观点去建构 AI 的模型，将犯方向性错误，误入歧途而不能自拔。还特别值得一提的是：今日 AI 研究中的许多关于自主体的模型都受到了布拉特曼关于意向性的哲学理论及模型的影响，这是一件好事。但同时又应看到：布拉特曼的思想是在戴维森的解释主义的启发下并

① ［英］赖尔：《心的概念》，刘建荣译，上海译文出版社 1988 年版，第 73 页。
② 同上书，第 72 页。

以之为基础而建立起来，因此必然包含有后者的思想。质言之，我们在关注布拉特曼对民间心理学的利用的同时，还应注意到他对其中的小人理论、二元论图景的扬弃，尤其是要注意他的反意向实在论、行为主义的倾向。他说："常识心理学图式把意向看作是一种心理状态，它还允许我们把行动看作是意向地做的或带着意向做的事情"，而这些看法是错误的。① 在传统观点看来，意向现象必然涉及两种现象，一是行动，二是做某事的意向，人们一般是根据做某事的意向这一概念解释什么是有意地做某事。在布拉特曼看来，这一看法有许多问题，例如"有意向地做某事"这说法就十分令人困惑。要说明它，似乎要提到指向未来的意向。因为当我们正在做某事时，显然不能再说我们正在意向地做这事。根据行为主义观点，现在想做某事，如买一张明天的机票，它指向的是未来，但在想时，一定还是做了某事，即有某行为发生了，这就是说，对未来行为的承认包含在现在的行为之中。

第二节　AI 的自然自主体解剖与人工自主体建模

在 AI 研究中，agent 一词有多种译法，如代理、主体、智能体、智能主体、智能自主体构架，蔡自兴教授则音译为"艾真体"。② 对它的定义也五花八门，如：1. 能感知所处环境，并根据自身的目标作用于环境的计算机实体。2. 在没有人干预的情况下也能自主完成给定任务的对象。3. 具有感知能力、问题求解能力、与外界通信能力的完全自治或半自治的实体。4. 处于某种环境并且有灵活自主行为能力以满足设计目标的计算机系统。③ 罗森沙因

---

① M. E. Bratman, *Intentions*, *Plans*, *and Practical Reason*, Cambridge：Harvard University Press, 1987, p. 3.

② 蔡自兴：《智能控制》，电子工业出版社 2004 年版。

③ N. R. Jennings et al., "A Roadmap of Agent Research and Development", *Autonomous Agent and Multi-Agent System*, 1998（1）：275 – 306.

（S. J. Rosenschein）则说："智能自主体是能够以变化的、有目的指向性的（goal-directed）方式与环境相互作用的装置。为了取得预期结果，它既能认识环境的状态，又能对之产生作用。"[①]

智能自主体模拟的对象就是有原始自主性的生物系统，其典型特征在于：既能把握环境的特征，又能根据变化的环境作出积极的响应，而这些特征又根源于它的合理的推理、有效的反应和适时中止的能力。智能自主体要成为真正的自主体，也应具有这些形式和系统特性。尼尔森（N. Nilson）认为，人工智能研究的是人工制品的智能行为，所谓智能行为就是在某些信念的前提下，为实现某种目的而采取的行动。有这种行为的人工制品就是有自主性、能动性的自主体（agent）。[②]

史忠植认为，自主体是一种计算机系统。它不同于传统人工智能的区别在于：它被赋予了人类智能所特有的心智或意向状态。"一个自主体的状态由诸如信念、决定、能力以及承诺等部分构成。基于这种情况，一种自主体的状态通常叫做心智状态。形式上，心智状态用一种扩充形式的标准认知逻辑来描述：除了通常的知识与信念算子以外，我们还引进了承诺、决定以及能力算子。自主体被自主体程序控制，自主体程序中所包含的一个基本成分就是自主体之间相互通信的机制。"[③] 从构成上说，一个完整的自主体有这样一些成分：1. 一种受限的形式语言。它利用若干模态词，有清晰的语法和语义。2. 一个程序语言解释器。程序语言的语义与心智状态描述语言的语义保持一致。3. 一个自主体控制器。它把神经装置转换成可程序化的自主体。

还有人定义说：自主体指有一定智能的、具有一定自主性的实

----

① S. J. Rosenschein, "Intelligent Agent Architecture", in R. A. Wilson et al. (eds.), *The MIT Encyclopedia of the Cognitive Sciences*, Cambridge, MA: MIT Press, 1999, pp. 441－442.

② N. J. Nilson, *Artificial Intelligence: A New Synthesis*, Morgan Kaufmann Publishers, Inc., 1998.

③ 史忠植：《智能主体及其应用》，科学出版社 2000 年版，第 151 页。

体，既可以是物理实体，又可以是抽象实体，或者说是有推理决策、问题求解功能的自主逻辑单元。当然，在该词的不同用法中，其意义是有细微差别的。如在有些环境中，它表示的是有封闭功能、能自主决策的功能实体，故通常称作"自主体""自治体"。而在另一些条件下，则指某一功能实体利益的代表，负责代表功能实体处理一切外部事务。这种 agent 被称作"代理"。一个代理与其所代表的功能实体组合在一起，也相当于一个自主体，故名。或者简单地说：它是指 AI 中能自动行事的实体，它能在感知环境的基础上，对变化着的环境自主作出相应的行为。因此一般由传感器（如摄像机等）和效应器两部分构成。还有从学科门类的角度予以定义的，如认为，智能自主体是指由从分布式人工智能领域中发展出来的理论和技术。这种智能不同于过去的由控制中心集中控制的人工智能，而具有社会性，即由有关的、智能较差的子系统在彼此的相互作用中、在与变化环境的动的交涉中形成的智能。此外，这种智能还有能学习，从而能进化发展的特点。

尽管定义各有侧重，但又有共同性，即都认为，AI 所建构的自主体构造是一种试图模拟人类智能的、有自主智能特性的人工构造，它既可表现为软件实体，又可表现为软件与硬件结合的实体。从目的和任务上说，它"试图将对象的简单输入、输出扩展为对环境的感知和作用，将对象具有的状态自主进行为行为的自主，将对象固定的行为发展为反应式的、Proactive（前能动的）和社会的"①。

自主体作为人工智能研究中一个重要热门领域，其主要任务是探讨：如何建立关于自主体的模型，如何对之作形式化描述，自主体应由哪些模块组成，它们之间如何交换信息，所感知的信息怎样影响内部状态和行为，如何将这些模块用软件或硬件的方式组合起来进而形成有机的整体。用哲学术语说，这一工程的目的就是要让

----

① 金芝：《关于"基于 agent 的软件工程"的一点注记》，载刘大有主编《知识科学中的基本问题研究》，清华大学出版社 2006 年版，第 396 页。

自主体系统即这里所说的对象具有人类智能所具有的智能及其意向性特征。

当前的自主体研究涉及的范围极广，既有对自主体必然涉及的横向的、共时性的方方面面的因素的研究，也有对它的纵向的甚至由进化切入进来的研究。其前沿问题主要是：自主体及其特性问题：（1）自主体究竟是什么？有哪些特性？应怎样予以研究，怎样从形式上加以表示？（2）自主体的结构和实现问题：怎样构造能体现一系列自主体特性的自主体？应该用什么软件和硬件予以实现？（3）自主体的语言问题：怎样对自主体进行编程？什么样的指令可用于描述自主体？怎样有效地编译和执行自主体程序？在研究多主体及其系统时，人们还关注这样的问题，如多主体的组织问题（合作、通信）、动态性问题（行为一致、协调与协商）、社交问题（对其他自主体的推断、分布式情景评估）等。

强调进化论视角的研究者认为，不管是自主体，还是自主体系统都是进化的产物。这种理论还重视突现。因为一方面，生物在进化中会突现出新的属性；其次，部分在相互作用中会突现出不能还原为部分的、带有整体论性质的特性。虚拟的人工进化方案试图借助计算机在虚拟的计算世界重演生物模块及其功能的进化历史，模拟自主体系统的进化历史。这一理论也试图解决应用问题。如它运用以自主体为基础的计算机模拟，对没有固定的、形式化的数学描述的复杂系统进行建模。而这是以前不可想象的。因为这里所说的复杂系统是指人的免疫系统及其适应性调整、复杂过程的控制，全球货币市场及其运行规律，天气系统等。

从构成元素上讲，自主体构造一般是一个五元组系统，即 A-gent =（ID、心智、规则、行动、交互性）。这里的 ID（Identification）是指自主系统独有的标识符。心智指它所具有的像人一样的心理背景条件，如有感知、认知能力，有类似于信念、承诺、意志之类的东西。规则是指这样的运行、控制规则，如对用户请求的分解、对返回结果的综合等。交互性是指它与用户及别的自主体发生联系的接口。

人工智能科学非常重视对自主体的结构的研究。这一研究关心的问题是：自主体应由哪些模块组成？如何用软件或硬件的方式把这些模块组合成一个有自主性的系统？这些模块如何交换信息？自主体所接受的信息如何影响其行为？要解决这些问题，没有别的办法，只能师法自然，即学习大自然的心灵建筑术。很显然，人类自主体的结构可从静态和动态两个角度去描述。从静态上说，它无非有四大部分：一是环境，二是感知系统，三是中枢系统，四是效应系统。如图7—1所示：

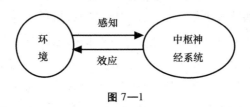

图7—1

从动态上说，它是一个从感知环境刺激，接受信息到信息内部交互、融合、处理、作用、交互的过程，如图7—2所示：

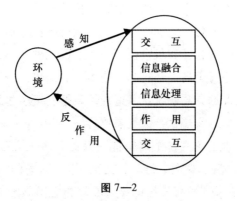

图7—2

一般认为，agent实际上是一个自主自动的功能模块。而要有功能，它又必须有独立的内部和外部设备，有输入和输出模块，有自主决策的模块，同时它还必须能够接受信息，并根据内部工作状态和环境变化及时作出决断。

关于自主体的结构，目前尚没有形成统一的看法。因为对如何安排它的结构、它应包括哪些模块、这些模块如何交换信息、自主体如何感知、感知的信息如何影响内部状态和行为、如何用软件或硬件的方法将这些模块组成为统一的整体等问题，存在着不同的设计思想和工程实践，因此事实上存在着不同的理论和实践。从总的倾向来说，人们一般认为，自主体应该是由感知模块、处理模块、控制模块、执行模块、通信模块和方法集所组成的系统。其关系、结构如图7—3所示：

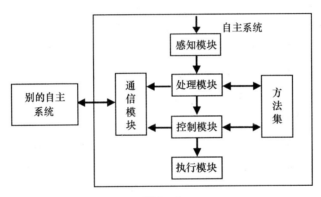

图 7—3

有的人从功能的角度强调：agent 的结构模型必定是由多种功能模块所组成的系统。其中包括这样一些功能模块：用户界面、通信接口、感知模块、推理模块、决策模块、计划模块、执行模块、知识库。自主体尽管由不同模块所组成，但从功能上说，每一自主体其实就是一个模块。由于问题的复杂性、信息知识的不确定性以及数量上的无穷性，因此每一自主体被封装的信息总是有限的，这就使每一自主体不可能是"全智全能"的，而只能被赋予某一或某些特定的功能。

关于自主体应具有的能力和特性，人们从不同方面作了概括。综合地说，它应具有人所具有的一切特性，如自主性、学习性、协调性、社会性、反应性、智能性、能动性、连续性、移动性、友好性。从能力上说，它有在环境中行动的能力，有能与其他自主体直接通信的能力，有由倾向驱动的能力，有能有限地感知环境的能力，有能提供服务的能力，以及自我复制的能力。而它要有上述能力，还必须有这样的知识，即必要的领域知识、通信知识、控制知识。另外，自主体还应具有人所具有的本质因素，如信念、愿望、意图或意向（intention）、义务、情感等。[①]

　　这里，我们拟就已有的自主体所表现出来的主要特点作一些简要的考察。据称，人工自主体之所以为自主体，是因为它表现出了人类智能的这样的关键特性，即有自治性或自主性（autonomy）。其表现是：它有自己的内部状态，有自己决定自己行动的能力，或者说，在决定行动时，它可以不受其他主体和环境的左右。正像人类自主体的行为是源自自己内部的选择、决策一样。人工自主体表现出的第二个特点是反应性或响应性（activity），即自主体能对变化的环境作出及时的响应。史忠植说："智能自主体是一种处于一定环境下包装的计算机系统，为了实现设计目的，它能在那种环境下灵活地、自主地活动。"[②] 换言之，能把自己内部的状态变化与环境关联起来，即有像人一样的关于性、关联性或语义性。由于有这一特点，它就不再是纯粹的句法机，而成了像人一样的语义机。第三，人工自主体有前—能动性（pro-activeness）。这种能力是指：自主体不仅可以根据环境变化作出反应，而且能根据系统预定的目标主动地、超前地作出计划，采取超前的行动。第四，人工自主体有社会能力（social ability）。这种能力是指：自主体能使用自主体的通信语言与其他自主体交互，如通过协调、合作达到求解目标。第五，人工自主体有主动或自动（active）学习的特性。因为智能自主体要有自主性、适应性等特点，很显然要有对环境的敏感性，

----

① M. Wooldridge et al., "Intelligent Agent: Theory and Practice", *Knowledge Engineering Review*, 1995, 10（2）: 115 – 152.

② 史忠植：《智能主体及其应用》，科学出版社 2000 年版，"前言"，第 i 页。

即有能力获取新的变化着的信息，并能学习。学习的方式有主动和被动之别。被动的学习是指：一组训练例子是通过教师或领域专家选择的。而主动学习则不同，在这种学习中，自主体能注意不同动作序列的执行效果，并能据此校正它们的领域知识。

从技术上，它在控制上有不同于传统控制的特点。后者的特点是：采取分级递阶的控制方式，例如在这样的一个系统中，每一级都由一个中心控制器对该级的各子系统进行统一调度和控制，各子系统只充当中心控制器的执行器。子系统只接收中心控制器的命令，执行任务，完成之后将有关信息反馈给中心。这是一种封闭式的控制。其局限性是：不能应对不确定性问题，不能随环境变化而变化，处理能力差。而自主体在控制上的特点是：中心控制器不再把所有决策、控制权力集于一身，而将有关权力下放。其子系统都是独立的功能实体，它们在物理上是分布的，数据上是独立的，有较大的自主性，因而是自治的单元。但各系统同时又有这样的自主性，即能与别的子系统合作、协调，即有相互协调的机制，同时又能与环境协调一致。因此它们可以解决不确定性问题，能适应环境变化，处理能力强。

另外，自主体还有时间连贯性（即能在较长的时间内连续地、一贯地运行）、实时性（即在时间和资源受到苛刻限制的情况下，能及时采取相应的行动）和个性等特征。总之，人类自主体所表现出的特性，它在形式上都有。至少从目的上说，这一领域的研究就是试图让它表现人类自主体的一切固有特性，用哲学术语说，表现人的固有意向性及其内在标志。

要建构像自然自主体一样的人工自主体，首先要解决的理论问题，就是必须对自主体的形式进行逻辑建模。人们已从不同方面作了探讨。摩尔（R. Moore）是运用形式逻辑手段为自主体建立理论模型的开创者之一。在《关于知识与行动的形式理论》一文中，他用模态算子表示知识，用时态逻辑表示行动，并探讨了如此表示的知识与行动之间的关系。而科恩（P. R. Cohen）等人根据性线时序逻辑和可能世界逻辑，分层引入形式模型，并以之表示时间、事件、行动、目标、信念和意图之类的概念及其关系。在此基础上，他们还进一步描述了这类关系的演化规则和约束条件，探讨了它们的演算问题。在意向概念中，他们最为关注的是信念（B）、愿望（D）和意图（I），因此他们的主要工作是用有关逻辑手段建立关于 BDI 的形式化模型。他们强调：当确定了模型结构 M、事件序列 a、整数 n 和变量指派 v 之后，就可分别对它们作这样的形式化定义：

M, a, n, v | = （Bel, xn），意即：当且仅当对所有从 n 通过信念关系 B 可达到的可能世界来说，都有 a 为真。

M, a, n, v | = （Goal, xn），意即：当且仅当对所有从 n 通过目的关系 G 可达到的可能世界来说，都有 a 为真。

在他们看来，意图与持续目标（P-Goal）有关。所谓持续目标是指：x 只在这样的条件下才以 P 为持续目标，即 x 以在将来实现 p 为目标，并且相信 p 在当前不成立，如果 x 相信 p 成立，或相信 p 永远不能成立，那么就会以 p 为目标。根据这一对持续目标的规定，意图就可这样从形式上加以定义：（（1）INTEND1 x n）＝def（P－GOAL x ［DONx（BELx（HAPPENSxn）?; a]），在这里，a 指行动，;指行动的顺序连接,? 为对行动的验证。（2）（INTEND2 x p），其中 p 是谓词。在此基础上，他们还推出了自主体的各种特性，并据以推论出了自主体这样的行动原则，即不会选择这样的意图，它们一定会妨碍已确定的有助于意图实现的行动。从性质还可推知自主体会优先执行什么样的意图，例如一行动 e 会带来另一行动 a 的成功，那么自主体就会先做 e。

米尔纳（R. Milner）等人建立了关于自主体的 π 演算模型。他们认为，已有的描述自主体的形式化方法尽管作出了有益的尝试，但存在着深层的问题。例如自主体内部和自主体之间的行为具有并发的特点，自主体是一种类似于进程性的、并发执行的实体，而用经典和非经典逻辑方法对自主体所作的形式化描述都难以反映这一点。其次，多自主体系统的体系结构是动态的，而已有的形式化描述基本上是静态的，而且还不能很好表现自主体间的交互，如通信和合作。米尔纳等人认为，他们提出的 π 演算有这样的描述能力，因此能避免上述问题。[①] 所谓 π 演算指的是一种刻画通信系统的进程演算方法，是基于命名概念的并发计算模型，其作用是：能自然表现具有动态结构的进程内及进程间的交互。在 π 演算中，系统是由若干相互独立的通信进程组成的，而进程间又可通过连接一对互补端口的通道来进行通信。从构成上说，进程由名字按一定语言规则组成，而名字是最原始的要素，端口和通道或链路都可看作名字。

根据关于自主体的 π 演算模型，自然的生物自主体是自主的、有种种心理或意向状态的实在，人工智能试图建构的自主体也应如此，应是一种拟人性的自主系统。它们要有自主性，应该像人一样有种种心理状态，如知识、能力、感知、情感、信念、愿望、意图等。其中最重要的是意图。既然如此，他们的模型不仅要体现这些特点，而且特别关注对它们的形式化描述。在描述信念时，π 模型注意到，自主体的信念有两种：一种是关于客观事实的知识或信息。在描述这种信念时，它特别强调：信念的形式化既要表现自主体所掌握的知识的内容，又要能方便自主体对这些知识的使用。基于这一要求，它把这类信念定义为知识的查询过程。相应的子程序是：Fact Based Belief (x) $=$ def Fact id (x) · Facvt id (x)。这意思是说：进程通过端口 Fact id 获取向量 x，然后通过子进程 Fact id 找到与 x 相关的事实性知识。其中，id 是自主体的标识符。第二种信念是主观性的信念，是自主体对对象的一种主观态度，其正确与否不肯定。如"我相信他是好人"。它也可描述为由子进程构成的进程。

在定义目标时，π 模型强调：目标是自主体希望进入的状态，也可理解为一种进程。在刻画这种进程时，既要表明自主体要达到的状态，又要表明自主体为此所必需的知识。在定义意图时，这一

----

① R. Milner, "The Polyadic π – calculus: a Tutorial", in F. L. Bauer et al. (eds.), *Logic and Algebra of Specification*, Springer-Verlag, 1993, pp. 203 – 246.

模型认为，意图是自主体对实现某种目标所作出的将付诸行动的承诺。自主体在通过端口 intend id 感知到 t 时所发生的事件所蕴涵的意图之后，就会判断自主体是否相信这一时刻能实现这一目标，有了判断之后，就会向自主体提出实现目标的请求。

π 模型还描述了自主体的行为规则。这里的规则是指意向状态对行为产生的约束机制，有两种：一是当自主体有某目标时，将采取什么行动；二是当自主体处在某种感知状态时将采取什么行为。

这种模型还探讨了自主体的自适应的问题。米尔纳等人认为，生物自主体的一个特点是：能够通过学习新知识、建构新能力适应变化了的环境。人工的自主体要成为真正的自主体，也应有这一特性。现在的问题一是要弄清自适应有哪些表现或标志，二是要弄清怎样让它有自适应的能力。一般认为，自适应能力主要表现在：能自我调整目标，能自我更新知识和能力。怎样让它有这样的表现呢？首先看知识更新。这有两种方式：一是请求外界提供知识，二是通过与外界互动自己形成知识。能力的更新实质上是一样的。因为当自主体获得了某些知识，能据以向外界提供新的服务时，就表明它获得了新的能力，因此更新能力是通过更新知识实现的。能力更新也有两种方式，一是向外界发出更新能力的请求，获得所需知识：

Req（Cap）＝def（Req（w，x）｜Req Knowledge（w，c））·UptateCqp（c）

意思是：自主体向外界发出提供能力的请求，然后根据所获知识更新能力；二是通过反省、自检提高自己的能力，即在需要执行新的服务时，自我检索原有的知识库，看里面有无能解决当前问题的知识，如果有，就据以去解决。这样，自主体就等于获得了一种新的能力。

关于自主体的类型，有许多不同的分类方法。第一，从功能的角度看，自主体可分为反应式自主体（其功能是对环境及变化作出及时的应变）、认知式自主体（是能根据环境信息在知识库支持下按目标要求制定决策、作出系列行动的系统），此外还有跟踪式、复合式等类别。第二，从组合、实现方式看，自主体有软件自主体和机器人自主体之别。第三，从作用方式来说，有慎思自主体、反应自主体和混合型自主体之别。第四，从存在形式上说，有以软件形式和软硬件结合表现出来的自主体之分，前者的例子有：网络上运行的、可搜集信息的软件，后者的例子是智能计算机。第五，从是否表现动态性看，有静态和移动自主体之别。第六，从系统的构成上看，有单自主体和由若干单自主体组合成的多自主体系统之别，而后者中又有移动多自主体、协作多自主体、协作移动多自主体之别。协作移动自主体是同时兼有协作和移动两种能力的多自主体系统。它的协作能力表现在有交互能力，即能对消息进行发送、接收和解释，其移动的能力表现在：它的状态是可以保存、传输和恢复的。此外，还可把自主体分为本地自主体与网络自主体、集中式自主体与分布式自主体、固定的自主体与迁移的自主体，等等。① 下面，我们拟对几种较有影响的自主体模型略作分析。

第三节　典型自主体模型的理念与实践

先看慎思式自主体（deliberative agent）。这种模型在某种程度上既受民间心理学的影响，又以物理符号系统假说为基础，因此是一种按符号主义原则设计的显式符号模型，或以知识为基础的系统。根据物理符号系统假说，通过形成关于环境的符号表示，进而通过对它们的语法操作、逻辑运算，可以使有此能力的系统产生出智能的、对环境有关于性的行为。这种模型认为，智能自主体有这样一些子系统，即储存符号、命题表征的子系统，这些表征对应于信念、愿望和意图，还有加工子系统，它们的作用是感知、推理、计划、执行。这种模型也有对民间心理学的超越，其表现是：把抽象的推理和表征过程形式化为计算解释过程。

在这种自主体中，环境模型一般是预先实现的，它对环境的观

----

① N. Roudriga et al. , "Intelligent Agent on the Web: A Review", *Computing in Science & Engineering*, 2004, 7: 35 – 42.

察能力可用感知函数 see 表示。如果用 s 表示环境，感知用 p 表示，那么感知函数即为：see：s→p。除了感知模块之外，自主体要成为自主的主体，还必须有自己的内部状态。在这种模型中，该状态是由一阶谓词逻辑公式构成的数据库来表示的。假定 L 为一阶逻辑句子的集合，那么 D＝P（L）便是 L 数据库的集合，即 L 公式的幂集。这里的 p 即是一组演绎规则。根据这种方法，自主体的行为是由自主体自决定的。而它的自决定又不是任意、随便的，而是自主体根据所感知到的环境变化或当前的数据库（表示当前环境的信息）和演绎规则决定的，或者说是这两者的函数。用公式表示是：action：P→Ac。

总之，根据这一理论，自主体作出决策或行为的过程不过是一种演绎过程。例如它的感知环境的过程可用函数式表示为：see：s→p，下一状态函数 next 可表示为：next：D×P→D。它将数据库和感知映射到一个新的数据库，自主体接着便会作出决策。而这个过程也可看作是它作出行动 action 的过程。它作出什么决策，取决于当前的环境和内部状态（如演绎规则、程序、先前感知所形成的数据库等），因此是根据感知 P 选择行为的函数，可写作：action：P→Ac。

从结构上说，慎思自主体是一种具有内部状态、能完成逻辑推理、问题求解、决策和别的智能行为的主动软件。由于它坚持的是经典人工智能的符号主义传统，因此也可看作是一种显式的符号模型。从模拟基础上来说，它直接以人类意向心理学为建模基础，试图体现人类从意向状态到行为产生的过程，因此它所采取的结构是 BDI 结构。如图 7—4 所示：

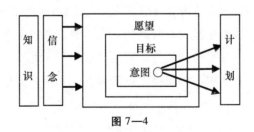

图 7—4

不难看出，慎思自主体有人类自主体的关键要素，如信念、意图、目标等。它们相互作用，决定着自主体的智能行为。当然，由于人工自主体尚不可能有人类那样的硬件和软件，因此，实现的方式彼此有别。例如在人工自主体中，每种构成因素都有不同于人类的实现方式。如图7—5所示：

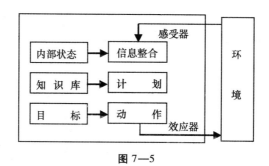

图7—5

从图7—5可以看出，它通过感受器获取关于环境的信息，借助信念、愿望和意图所构成的内部状态整合信息，产生能改变当前状态的描述，在知识库的支持下，制订下一步的计划，进而根据目标产生能改变环境的行为。它似乎在形式上有清晰的语义性，即通过特定方式实现了人类智能所具有的自主性这一特点。但也有很多问题，例如不能对变化着的环境作出及时的反应，如果决策的时间没有环境变化快时，这种自主体就无法选择与环境一致的动作，另外，没有从根本上解决复杂、动态环境的表征和推理问题。学术界对这种自主体理论的批评主要表现在：这种自主体尽管有意图和规划，但它们是根据过去特定时间内的符号模型开发的，很难发生灵活的变化。尽管基于规划的结构表面上能使自主体随环境变化而变化，但事实上是适得其反，因为规划器、调度器、执行器之间的转换是颇费时间的。等到转换完成之时，所面临的情况又发生了变化。总之，这种自主体的问题是：结构僵硬，因此难以在复杂多变的环境中发挥作用。

再看第二种类型的反应式自主体。为了克服慎思主体的局限性，让自主体在多变环境中表现出准确及时的灵敏性，布鲁克斯等人基于他们的无符号、无表征、无推理智能的思想，提出了反应性自主体的构想。它以这样的直觉为出发点，即使符号主义模型有合理性，但不足以描述全部信息加工过程，尤其是那些模糊不定的信息加工过程。基于此，其倡导者强调要关注行为，把实时的行为反应作为建模的基础，把自主体和环境看作是一种耦合动力系统，即把一方的输入看作另一方的输出。这种理论还主张：自主体应包含这样的行为模块，它们是自包含的反馈控制系统，每个模块都能根据感觉材料分辨环境状态，并产生相应的行为。

　　根据他们的设想，这种自主体内没有关于世界的用符号表示的表征或模型，也不进行基于符号的推理。它们的行为直接由对应的功能模块所决定。这里有两种结构：一是阿格雷（P. Agre）等人的模型。阿格雷（P. Agre）等人通过对人类行为的观察发现：大部分活动都是常规的，有些甚至根本不需要思考、推理的介入。人的很多反应方式一旦学会，常能以常规的方式被完成。既然如此，自主体的结构就应是由许多能完成自己特定任务的功能模块组成的系统。如图7—6所示：①

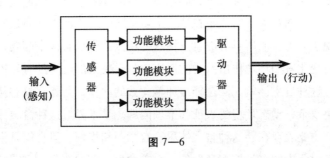

图7—6

　　二是布鲁克斯（R. Brooks）等人所倡导的模型。布鲁克斯关于自主体的理论和实践建立在他一系列关于心智、计算和人工智能等的大量的新思想的基础之上。

---

　　① P. Agre and D. Chapman, "PENGI: An Implementation of a Theory of Action", in *Proc. of the National Conference on AI (AAAI - 87)*, Seattle, MA, USA, 1987, pp. 268 - 272.

　　布鲁克斯试图超越计算主义的基本观点，他不仅提出了这样的问题：是否有可能不诉诸意义的内在的、形式化媒介来解释理性的行为？我们人的生活、思想是否可以不用表征这一工具？而且作了大胆的创新实践。他的著名口号是："快速、廉价、无控制。"① 他主张：多自主体系统的协调应以行为主义为基础，在设计系统时应以最小性、无状态性和鲁棒性为准则。所谓最小性是指：系统应尽量简单，只有这样，才能便捷地与环境保持适应。所谓无状态性是指：系统用不着有关于环境的表征或状态模型，行为也无需以此为媒介。它的替代传统观点的看法是：行为是根据感知——行为的模式而发生的。这就是他的著名的无表征、无思维智能的思想。所谓鲁棒性是指：系统应能有效处理环境中的不确定性，而不是人为除去这种不确定性。

　　布鲁克斯是人工智能研究中敢于远绝常蹊的学者和实干家。从人工智能哲学观点上说，他既反对传统的"图灵"观，又反对联结主义的主要观点。当然，有一点与后者有相同之处，即认为，智能模拟应以大自然所缔造的生物性人脑为模型。过此，就与联结主义分道扬镳，而接近于著名脑科学家埃德尔曼等人的某些观点了。后者有一十分反传统的观点，即认为，智能、"意识不是某种东西，也不是某种简单的性质"，更不是控制中心。他们说："在任一个给定时刻，人脑中都只有神经元群的一个子集直接对意识经验有贡献。"② 当然，意识有整体性、统一性和多变性，这些性质不是根源于一个固定的中心。其次，人脑中根本就没有这种中心，只有动态核心。所谓动态核心指的是"在几分之一秒的时间里彼此有很强相互作用而与脑的其余部分有明显功能性边界的神经元群聚类"③。

　　人工智能中主流的观点是：智能是自上而下产生的，是由中央控制器、详尽的程序控制的。而布鲁克斯的观点是：智能是以自下

----

① A. Clark, "Artifical Intelligence and the Many Faces of Reason", in S. Stich et al. (eds.), *The Blackwell Guide to Philosophy of Mind*, Oxford: Blackwell, 2003, p.313.

② ［美］杰拉尔德、埃德尔曼等：《意识的宇宙》，顾凡及译，上海科技出版社2004年版，第169页。

③ 同上书，第170页。

而上的方式产生的，就像自然界所做的那样。在他看来，智能是由相关的独立元素间的相互作用产生的。① 他还有一新奇的观点，那就是认为，至少智能的基本表现形式更接近脊髓腱而不是大脑。对此，布里德曼评价说："这种与传统大相径庭的理论在人工智能研究领域掀起了轩然大波，而自称为坏孩子的布鲁克斯更是竭尽所能推波助澜。"② 布鲁克斯还认为，智能不是由符号加工产生出来的，而是由自主体的相互作用产生的。他说："在完整的智能的每一步中，我们必须递增地加强智能系统的能力，并因此自动地保证它们的片断和界面的有效性。在每一步中，我们应该创建完整的智能系统，只有这样，我们才能感受到真实的感觉和真实的行动，如同置身于现实世界中一样……我们得到了一个意想不到的结论：当我们观察智能的简单层次时，我们发现关于世界的外在表达方式和模型仅仅是挡住了我们的路。因此结论是：用世界本身代替世界的模型是更好的方法。"③

当今心灵哲学和人工智能中有一得到大多数人拥护的方案，即根据表征来解释意向性，乃至解释一切心理现象，一切智能。而布鲁莫斯则"冒天下之大不韪"，明确提出"无表征智能"的思想。他为什么要这样想呢？一个重要根据就是他认为，人类水准的智能太复杂了，因而无法谈论模拟整个智能，只能模拟其中的某一或某些方面，另外，对人类智能也无法分解。更为重要的是，当智能以增量的方式被探讨，从而通过知觉和行动严格地依赖于与真实世界的相互作用时，它对表征的依赖性就不复存在了。他认为，一切既是中心，又是边缘，把表征作为中介看待纯属多余。④

根据他对智能的解剖，智能不过是面对各种环境能够作出相应

① 参阅〔美〕戴维·弗里德曼《制脑者》，张陌等译，生活·读书·新知三联书店2001年版，第2—3页。
② 同上书，第3页。
③ R. A. Brooks, "Intelligence Without Representation", *Artificial Intelligence*, 1991, 47 (3): 139–159.
④ 参阅高新民、储昭华《心灵哲学》，商务印书馆2003年版，第581—582页。

反应或行为的能力，而要如此，当然得有对环境的相应的感知。因此智能就表现在感知和行为之中，只要能对环境作出适当的感知和反应，就是有智能。而不在于其内部是否有知识表示和推理过程。在此基础上，他提出了无知识表征和推理过程的思想。从历时性过程来说，智能是一个不断生成和发展的过程，因此人工智能也应有进化的可能。基于这些看法，他提出了他的带有强烈行为主义色彩的人工智能设计思想，这就是强调：通过建构能针对特殊环境作出适当反应的行为模块来实现人工智能。这一关于人工智能的理论为人工智能开辟了一条新的途径，也为控制论、系统工程的思想应用于人工智能研究开辟了新的方向，因此引起了广泛的关注。

在上述思想的指导下，他建造了可动的、能规避的机器人。他把它叫作阿提拉。它能以每小时 1.5 英里的速度爬行，并努力不撞到其他东西。这看起来简单，实际上，阿提拉是世界上最复杂的机器人。它重 3.6 磅，有 6 条腿，24 个马达，10 个处理器，150 个感应器，其中包括一个微型摄像机，它的每条腿可以单独做四种方向的运动，这就使它能攀越物体，爬上几乎垂直的斜坡，甚至它能上十英寸高的架子。更为重要的是，阿提拉蕴含了"包蕴结构"——这是布鲁克斯的独特创意：利用软件来控制机器人。传统人工智能一向认为，要使机器人能正确执行任务，必须设计出复杂的对等程序，对每一可能出现的动作进行严格的控制，而且还需要用复杂的程序对机器人所处环境变化进行跟踪，不断与事先制定的路线进行比较。布鲁克斯完全摆脱了这一方向，并让它像脊髓腱一样运行。结果是，这机器人似乎表现出很多的智能，如能避开障碍，绕过复杂的地方，上下楼梯、爬砖块等。所有这些似乎意味着它有意向性，有表征，完成了内容处理。其实不然，例如当它"发现"有物体进入视力范围时，它尽管会作出相应的避让行为，它仿佛经历了一个"感知""加工""行为输出的意向过程"，但这里发生的只是一个反射过程，即刺激"触发"了避开指令。阿提拉什么也不知道。布鲁克斯也不想让它知道得那么多，更不想让它知道论证、选择及其基础。

　　再来看他关于反应性自主体的模型。这种自主体理论和实践是鉴于慎思式主体结构僵硬、难以灵活应对环境变化之类的问题而提出的。基于他的著名的"无表征智能"、"无推理智能"说，他提出了一种崭新的、具有较强操作性的自主体建构思想。其核心概念是"包蕴结构"（subsumption architecture），这是一种典型的反应式结构。他认为，他的以行为主义为基础的自主体也有自己的结构，即包蕴结构。这种结构实际上是一种行为模块或行为模块的集合体。每一行为模块没有符号表征和推理，其结构极为简单，只对特定输入作出特定的反应。例如上楼梯的动作由一行为模块执行。自主体碰到了相应的刺激，就会让相应的模块起作用。如此类推，如果碰到障碍物或可以穿过的门，相应的模块就会发生作用。因此每种模块的功能就是将情境刺激映射为特定的动作。这也就是说，一种行为一个偶对（c，a），其中 $c \in p$ 为感知集合，可被称作条件，而 $a \in Ac$ 则是动作。当环境处于状态 $s \in S$ 时，行为便被激活，当且仅当 see（s）$\in c$。另外，自主体的包蕴结构是多种行为模块组成的层次结构，低层模块的行为具有优先性，高层模块的行为表示的是抽象的行为。由于有这样的结构，他的自主体便可同时作出多种行为。当然，不同行为的优先级别是不同的。哪种行为的优先级更高，取决于以环境为基础的计算。换言之，决策函数是通过一组行为以及这些行为的抑制关系实现的。所谓抑制关系即指与自主体行为规则集合有关的关系，可形式化为：$\pi \subseteq R \times R$（$R \subseteq Beh$）。假如 R 为全序关系，即传递、不自反、不对称关系，如果（b_1，b_2）$\subseteq \pi$，则记为 $b_1 \pi b_2$，抑制 b_1，b_2 的层次比 b_2 低，因此优先级别相对较高。[①] 动作函数可这样定义：

1. Function action（p：P）：Ac

2. Var fired：r（R）

3. Var selected：Ac

4. begin

----

① 参阅史忠植《智能主体及其应用》，科学出版社 2000 年版，第 355—356 页。

5. fired

从构成上说，反应性自主体由不同的层次、不同的面向任务的专用模块组成。在这种结构中，不存在功能分解，只有面向活动的任务划分。如图 7—7 所示：

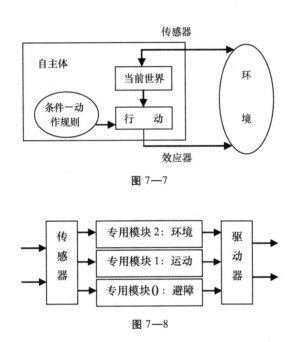

图 7—7

图 7—8

专用模块有很多，每一种都有特定的功能，负责执行专门的行为，如初级的专门模块执行基本初级的任务，高层的模块负责较复杂的行为。每个模块都可以独立起作用，同时，高层模块又能与低层模块的子集联合起作用。如最底层的专用模块 D 既具有避障的作用，又有与其他模块交互的能力。专用模块 1 是负责运动的，它当然能影响或控制模块 O 的输入和输出。由于有这样的交互，因此机器人便可完成感知行为，不会在障碍周围徘徊。同理，专用模块 2 在模块 1 之上。它要认识环境，就必须能发现附近区域有趣的物体，然后靠近它们。正是在这个意义上，布鲁克斯把他的自主体称作包蕴系统。另外，每一模块都用包蕴语言编写，因此是被扩充了的有限状态机。

　　当高层模块与低层模块结合时，可以利用抑制和禁止节点。如图 7—9 所示：

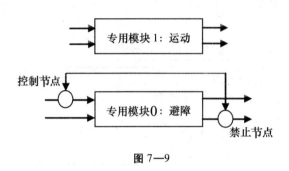

图 7—9

　　抑制节点加在输入端，控制输入信号，必要时也可作出修改，禁止节点放在输出端，在一定的时间里，它可以禁止某些信号的输出。

　　布鲁克斯的自主体结构具有结构简单、开发费用低、计算简单等特点，其算法也是可计算和可处理的。但也存在许多局限性，例如根据这一思想设计的自主体不能从经验中学习，不能进化，不能改进自己的行为。其次，这种自主体的行为是根据局部的刺激信息作出的，不可能考虑非局部尤其是全局信息，因此其行为的灵活性、准确性、适用性就有很大的问题。由于不能学习，没有计划，因此完成的行为较简单。如果要它表现出复杂的行为，就需要大量的模块，而且要使系统高度同步，还要有复杂的管理。这些都是很难做到的。

　　第三种自主体结构是 BDI 自主体。BDI 分别是三个英文单词Belife（信念）、Desire（愿望）和 Intention（意图）的第一个字母，因此这种自主体可全译为信念愿望意图自主体。它试图模拟的是人的用常识心理学术语（"信念"等）描述的作出行为决策的心理过程。这种过程不同于人的用概念完成的理论思维过程，其目的是要选择人在实践活动中的行为方式，或者说是要确定采取什么样的行为来实现自己的意图，因此常被称作实践性思考或推理。

　　这种自主体的研究早在 20 世纪 80 年代就开始了。斯坦福研究所的布拉特曼（M. E. Bratman）等人承担了一个关于"理性自主系统"（Rational Agency）的研究项目。后来，1987年，布拉特曼又完成了《意图、计划和实践性推理》[1] 一书，提出了关于 BDI 的模型。由于在后面章节中，我们将专门考察他的思想，这里从略。

再看第四种自主体结构，即层次结构自主体。这是一种综合性的自主体。它试图克服以前的自主体各自固有的片面性、局限性，例如行为主义自主体产生的行为过分依赖于环境而缺乏主动性，BDI 自主体难以解决对意图的承诺和过度承诺之间的平衡问题，但又融合了这些自主体结构中的合理因素，例如为了让自主体既能完成反应行为，又能作出自主行为，便分别建构了不同的子系统，让它们成为不同的层次，各负其责，但又相互关联。这样形成的自主体就是有多层次结构的自主体。

由于在设计这种自主体结构时，人们对信息流和控制流采取了不同处理方式，因此多层次自主体又有不同的形式。第一是水平式的层次结构。在这种结构中，每个软件层次都直接与输入和行为输出相连接，因此每个层次实际上就是一个自主体，都能接受感性输入，进而产生相应的行为输出，至少能提出关于应采取什么行为的建议。这种结构的特点是简单性，因为每种层次负责特定的行为输出，要产生多少种行为，就设计多少种层次。当然，它也有其麻烦，那就是：每个层次都有自己的行为选择，这就使得如何选择具有统一性的行为成了一大难题。为了解决这一问题，专家们一般在这种结构中确定一种仲裁机构，通过它来确定哪个层次在什么时候有控制权。

第二是垂直的层次结构。其特点是：不再让每个层次都与输入、输出相关联，而让输入和输出功能分属不同的层次承担，这又有两种情况：一是单道（one-pass）结构。在其中，控制流顺序地经过每个层次，其终点就是输出层次。二是双道（two-pass）结构。在其中，存在着两条通道，如果信息流按从下往上的方向流

----

[1]　M. E. Bratman, *Intentions, Plans, and Practical Reason*, Cambridge: Harvard University Press, 1987.

动，那么控制流则沿相反的方向流动。其典型的形式是 Inter RAP 模型。它由世界接口、控制器和知识库三部分组成。而控制器又有三层，即合作层、规划层和行动层。知识库中包含有社会知识、规划知识等内容。不同的层次分别有不同的功能，如行动层能对环境作出及时反应，规划层能完成实践性推理，合作层的功能是负责不同部分的相互关联、沟通。

层次自主体由于试图通过不同的层次完成不同的功能，如让它们分别有不同的行为（反应行为、自主行为等），因此便表现出像人类智能行为一样的复杂性和灵活性。正是由于有这一优点，因此在多自主体系统中得到了较多的应用。但是其问题在于：不具有清晰的语义，所表现出的行为有时具有不统一性或矛盾性。与上有关的是混合结构，其形式很多，最有影响的一种是 M. P. Georgeff 和 A. L. Lansky 所开发的 PRS（Procedural Reasoning System）。这是一个为模拟人的意向行为结构而建立的系统。如图 7—10 所示：

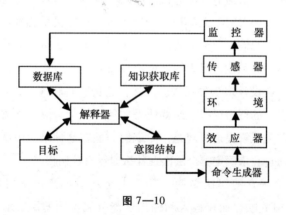

图 7—10

它有一个规划库，还有由符号表示的信念、愿望和意图，其中，信念是一些关于外部环境和内部状态的事实材料，愿望是用系统的行为表示的。在规划库中，有一些已得到部分实现了的计划，可称作知识块。每个知识块关联于一个激活条件。它们的激活的方向既可能是目标驱动、数据驱动，也可能是反应式地被激活的。在当前系统中，受到激活的知识块就是它的意图。从图7—10还可以看出，解释器的作用至关重要，因为更新信念、操控数据结构、激活知识块、行动意图和命令的形成都是由它决定的。[①]

德国学者 Fischer 等研制出了一种叫做 INTERRAP 的混合自主体结构，其特点是：将反应自主体、慎思自主体与协作能力结合在一起，因而具有更复杂的能力和更大的灵活性。从构成上说，它有三大部分：控制器、知识库世界和接口。前两部分都有三个层次，如控制器有行为、本地规划和协作规划三个层次，知识库有世界模型、心理模型和社会模型三层。不同层次体现的是自主体的不同水平的功能。如行为层有对环境作出直接反应的能力，本地规划层使自主体有长期慎思的能力，协作规划层有最后规划的能力，因为它能运用知识库中的各种知识，甚至运用社会模型中保留的其他自主体的目标、技能和承诺，协作各部分的关系，解决冲突。[②] 如图7—11所示。

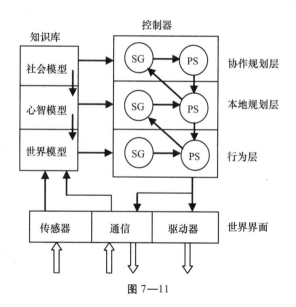

图7—11

① M. P. Georgeff and A. L. Lansky, "Reactive Reasoning and Planing", in *Proceedings of the Sixth National Conference on AI* (*AAAI* - 87), 1987, p. 6.

② K. Fischer et al. , "A Pragmatic BDI Architecture", in *Intelligence Agent* Ⅱ, *Lecture Notes on AI*, *1037*, 1996, pp. 203 – 218.

　　慎思自主体和反应自主体的结构无疑都有自己的长处，如前者有复杂的内部状态，能应对复杂的环境，而后者简单且有较高的灵活性。鉴于这一点，许多人试图把两者的优势熔于一炉，建构出混合式的自主体。其操作很简单，就是在一个自主体中设计两个子系统：一个是慎思子系统，它包含有复杂的内部状态，能用人工智能的方法作出计划和决策；二是反应子系统，它能对变化多端的环境作出迅捷的反应。

　　最后是分布式人工智能专家倡导的模型。其灵感来自于这样的观察：局域性的、能整合感性材料或能产生行为的子系统也会包含关于环境状况、关于它所做的事情的不确定或错误的信息。基于这一观察，分布式方案强调：智能自主体应是一种包含了能合作、沟通的子自主体的网络，其中的每个自主体独自加工输入，产生输出，它们的相互作用就构成了自主体的智能。

第四节　移动自主体

　　移动自主体是为解决互联网发展过程中的种种问题而建构的能在网络中漫游并完成有关任务的软件包或软件实体。它不同于传统的客户/服务器，因为它能在相关资源/实体所在位置执行任务，是远程程序运行，而后者是位于不同计算机的静态组件，只能通过远程过程调用来进行远程通信。移动自主体在网络中能做的工作包括：（1）在网络节点中动态安装和维护业务。（2）在网络的操作和维护管理中，通过自主体的自主和异步操作减少业务量负荷。（3）通过在智能网中引入移动代理，实时提供个人化业务。移动自主体还很年轻。20世纪90年代初，General Magic公司在提出其商业系统Telescript时第一次提出了"移动自主体"这一概念，并用它创立的语言编写了具有移动自主体功能的软件。

　　这一技术的出现与互联网的发展密不可分。原有的传统的Client/Server模型面对迅速发展的网络资料，表现出了许多水土不服的问题。例如它在运行时，当碰到中间数据相对较大、中间数据在客户任务结束后不再有时，会浪费大量的网络宽带。如果它提供了较多的服务功能，又必然减少中间数据的传输。其次，随着互联网的发展，尤其是随着信息搜索、分布式计算和电子商务的发展，人们对互联网的需要在质和量两方面都大大提高了，希望从中得到更多更好的服务。要满足这种需要，就迫切需要这样的网络，它能成为一个虚拟的整体，其中相应地有这样的软件实体，它能在异构的软、硬件环境中自由地移动。

　　从构成上说，移动自主体是以系统形式存在的。作为系统，它包括两个组成部分：一是移动主体（MA），二是移动主体服务设施（MAE）。后者的作用在于：为 MA 建立安全正确的运行环境，为其提供创建、传输、执行服务，此外还能提供事务、事件、目录、安全和应用服务。质言之，MA 之所以有移动性和求解能力，是离不开 MAE 所提供的服务的。从具体的执行过程来说，MAE 一般只位于网络中的一台主机上，当然有时也可跨越不同主机。它是通过自主体传输协议实现 MA 在主机上的移动的，为其分配执行环境和服务接口。就 MA 来说，它有用户自主体和服务自主体两类。前者的作用是完成用户提供的任务，为此，它必须有移动语义、安全控制和外界通信的功能。在执行这些功能时，它必须运行在 MAE 中，访问 MAE 提供的服务，通过 ACL 与其他的 MA 通信。在这里，MAE 的作用是向本地 MA 提供服务，或为访问 MA 提供服务。它是不能移动的，只能由它所在的 MAE 的管理员启动和管理。移动自主体技术的构成如图 7—12 所示：

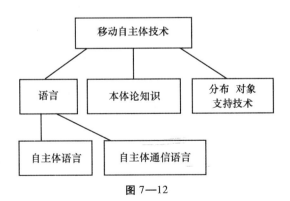

图 7—12

　　移动自主体既然是一种软件，就必须通过一定方式实现。就现在的技术来说，它主要是通过专门的移动自主体服务器实现的。这种服务器的职责是负责移动自主体运行环境，并让移动自主体在这样的环境中被安全执行，如通过 API（存储 API、传输 API 和外部应用 API）来访问系统的资源，保存移动自主体及其环境状态，传输移动自主体，利用非自主体语言编写的程序。

　　一个移动自主体要移动到目的地，还必须有相应的环境，如有网络来支持这种移动。为了运行的安全、有效，还必须有其他自主体存在，如代码代理自主体。使一自主体得以移动的自主体有：（1）代码提供自主体。其作用是提供可以被系统中任何自主体共享的代码。（2）代码代理自主体。其作用是维护共享代码的全局访问信息，提供共享代码的注册、撤销和查询服务。（3）代码使用自主体。它是共享代码的使用者，其任务是通过申请得到可用代码信息，然后下载代码、执行代码。

　　移动自主体的运行方式是：移动自主体从移动计算机发送出去之后，移动计算机就从网络断开（不要求永久性连接）。当移动自主体完成任务后，便处于睡眠状态，待移动计算机与网络重新连接后，移动自主体便携带数据返回。它的移动有两方面：一是代码移动，即自主体提出移动请求，将代码传输到目的网络结点。二是状态移动，包括状态捕获、传输和恢复。

　　相对于其他软件系统来说，移动自主体具有更多、更明显的智能性，因为它模拟了人类自主体的许多能力及行为。第一，它模拟了人类自主体在移动于不同位置的过程中灵活完成任务的机制与特性。当然，它移动的范围受到了限定，即只能运行在计算机网络这样的环境之中。第二，像人类智能一样，它为了在移动中完成任务，也有对变化环境的及时感知，因此有感知网络状态的能力。由于有这种能力，因此它能"知道"网络节点是否连接，当前的网络有什么样的负荷，软件资源是否可用，数据库中所发生的种种变化等。第三，它像人类自主体一样，具有自主决策的能力，例如能利用所访问的网络节点的信息资源和反馈信息，独立地修改整体计划，甚至根据变化了的环境，重新确定具体的行动计划。它之所以有这种能力，是因为移动自主体在出发之时，并未被具体规定要做的事情及其步骤。第四，它还有这样一些自主性：不需要统一调度，可自主地根据需要以及网络和服务器负载情况决定移动目标，因而有利于负载平衡。为了完成某项任务，它可以动态地创建多个自主体，在一个或若干个节点上并行运行，形成并行求解能力。第五，人类智能之所以在发展，是因为智能之间有相互沟通。移动自主体也模拟了这一特点，而这又是通过会见（meet）实现的。所谓会见是不同自主体在一个节点上相遇，其目的是以较小代价获得别的自主体提供的服务。

移动自主体除了有自治性、主体性、响应性、推理性等特点之外，还有这样一些特点。第一，可移动性。即能从一台主机移动至另一台主机，代表用户完成指定任务。这可看作是移动自主体独有的特征。因为没有智能，不是自主体，而没有移动性，又不是移动自主体，因此它是移动性与智能性的统一。第二，身份的唯一性。要能代表用户，它就必须有自己的特定的、不与别的自主体混同的身份。第三，运行上的连续性。即能在不同的地址空间中连续运行，例如当一主体进到一节点上运行时，其状态能保持上一节点挂起时的状态。第四，作为一种新的计算模式，它有不同于传统模式的特点，例如它不同于远程过程调用，其表现是，它能不断从网络的一个节点移到另一个节点，而且这种移动是根据自身需要而选择出来的。另外，它也不同于一般的进程迁移，其表现是，它能自己选择移动，想到哪里就移动到哪里，而后者不允许选择移动的时间和地点。第五是异步性。即有自己的、独立于产生者和派遣者的执行线程。第六，从应用上说，可以为分布计算带来更多的灵活性、高效性、可靠性和智能性。

移动自主体的形式多种多样，如 Agent Tcl、Kali Scheme、Odyssey、Aglets，等等。其中，Telescript 是目前最安全、最高效、能容错的系统之一。在这一领域我国学者也有自己的贡献，如中国科学院的史忠植等构建的 JMAT 就是用 Java 语言书写的移动自主体原型。大致说来，有两大类移动自主体。第一，协作移动自主体。它们是既有与其他自主体的交互能力，又有移动能力的自主体。其交互性表现在：它对 KQML 消息有发送、接收和解释的能力，移动性表现在：它的状态可以保存、传输和恢复。这种自主体还有知识表达、理解和交换的能力。第二，工作流自主体。它们是携带分布任务规划在网络节点上移动并在相应的网络节点上自治地完成指定分布任务的自主体。

　　尽管移动自主体的研究方兴未艾，硕果累累，但人们在回顾、反思、展望之后所表现出的态度、所表达的情绪和观点是截然不同的，至少存在着悲观主义和乐观主义的分野。例如对于它的应用前景与研究现状，悲观论者认为，目前的移动自主体系统完全处在研究阶段，即使是由商业公司开发的系统也尚未见有实际的应用价值。而在许多人看来，目前的移动自主体既是理论研究的课题，同时又走出了实验室，即进入了应用领域，例如出现了一些较为成熟的开发平台和执行环境，也诞生了一些移动自主体系统。例如 General Magic 公司的 Odysses，它能支持 Java RMI、Microsoft DCOM 以及 CORBA HOP，是目前应用极广的一种移动自主体开发平台。IBM 公司开发的 Aglet 也是基于 Java 的移动自主体开发平台。它以线程的形式产生于一台机器，需要时可以暂停当下正在执行的工作，并将整个 Aglet 分派到一台机器上，然后执行未完成的工作。由于构造了一个简单而全面的移动自主体编程框架，因此能为自主体之间的通信提供有效的交互条件。

　　客观地说，移动自主体的理论研究和应用开发尽管存在着这样那样的问题，但毕竟在模拟人类的许多智能特性及行为上有了一些突破，而且在应用开发上也取得了一些举世瞩目的成绩。例如在智能决策中，移动自主体也有不俗的表现。从 20 世纪 70 年代开始，人们就提出了这样的设想：以计算机系统作为群体决策的支持工具。经过研究，导致了一个新的研究领域的诞生，即群体决策支持系统。到了 90 年代，这一研究十分活跃，而且取得了一些有价值的成果。所谓决策支持系统，是指综合利用各种数据、信息和知识，以模型技术为核心，辅助人们解决半结构化或非结构化决策问题的人机交互系统。群体决策系统是通过网络，为决策群体协作决策提供支持的计算机系统。在今天，智能自主体技术为群体决策提供了有效的技术途径。它有很多形式，如信息共享群体决策支持系统、协同工作群体决策支持系统等，其中的重要技术手段就是自主体技术。

移动自主体在组织移动计算中也发挥着积极的作用，例如移动自主体可以完成这样的任务，即帮助公司职员订票、财务结算等。首先，它移动到旅行服务机构，在那里与订票系统交互，根据旅行者的要求和公司的报销标准做具体的订票操作。如在众多候选方案中选择一种，与服务机构签订旅行协定。然后携带有关信息返回，与公司的财务自主体交互，从那里获得资金，将资金送到负责支出的自主体，将来由后者按合同支付费用。

分布信息检索也是较成功、较典型的应用案例。这是一种浏览、查找和组织分布信息的高效方法。在完成有关任务时，移动自主体能携带检索任务，移动到网络中的各个信息节点上，通过与信息搜索引擎的局部交互，达到高速信息检索的目的，然后将检索的结果带回到用户本地的机器。中国科学院计算技术研究所就开发了这样的基于移动自主体的分布式信息检索系统。在检索中，系统并不理解自然语言，只是将用户的提问分割成许多不同的字、词和短语，然后查找包含这些词的文献。另还可进行完全字符串匹配检索、右截断模糊匹配检索等。这种信息检索系统有快速高效检索分布信息的强大功能，甚至能"理解"用自然语言表述的检索任务，如关键词匹配、字符串匹配等。它按要求完成任务之后，会将所需信息带回来。这一过程与人按要求检索有关信息的过程类似。人之所以能如此，首先是他理解了用自然语言所提的要求，然后照着去做。因此这一过程是一典型的有语义性、意向性的过程。机器程序所完成的既然是同样的任务，因此也应认为它有意向性、语义性，至少在形式上能理解自然语言。其实不然，有关专业人员也承认这一点。例如该所的李威博士说：该系统"从本质上并不能理解自然语言"，只是"将用户的提问分割成许多不同的字、词和短语，然后查找包含这些词语的文献"①。

　　究竟该怎样看待移动自主体所表现出的意向性特点呢？从表面上看，移动自主体似乎表现出了人类智能所具有的那些自主体的特点，如自感知、自调整、自适应、自决策，有这些特点，当然也意味着它们有表面上的关联于外部环境及对象的能力，但实际上并非如此，它们并没有真正意义上的自主性、意向性。因为真正的自主性是在多种可能抉择中自由地、不受约束地，甚至不按常规、不服从条件地作出选择。例如逃逸的罪犯究竟躲藏在追捕人员的眼皮底下，还是逃之夭夭，离得远远的，这是没有定数的；他有时甚至干脆就不离开，因为他的根据是"最危险的地方同时也是最安全的地方"。可见他的选择完全是自由的，完全没有固定的模式。这些是人类自主体的特点的表现。而移动自主体的自治决策则不同，完全没有上述意义的自主性，因为它们的所谓选择根本就不是选择，仍是一种机械的过程，遵循的是"如果→那么"这样的条件规则，这里发生的完全是一种映射，有什么条件就采取什么行为，这是机械地被规定好了的。当然，移动自主体也有对传统机械决定论的超越，即这里的条件和行为样式可能更为复杂多样，不再是只有一种简单的从一个条件到一个行为的线性转换，而被设计了多种模式。尽管如此，自主体的所谓决策仍是不存在的，因为一切都被设计人员预先规定好了。即使是前面讲到的这种情况，即移动自主体在出发之时，设计人员并未给它们确定具体的处理突发事务的步骤，情形依然如故。因为它们将"制定"什么步骤都将遵循设计人员制定的原则和程序，即在什么条件下，"制定"什么步骤。这里的"制定"严格来说仍只是"遵循"。

　　只要稍微分析一下移动自主体的设计过程就会明白这一点。首先，设计人员在设计 Telescript 这样的移动自主体时，都会让它

----

① 李威：《移动主体的研究与应用》，博士学位论文，中国科学院，1999 年，第84 页。

们携带一系列的"许可"（Permit）。所谓许可是指移动自主体被赋予的使用一定的指令及一定量资源的权利，一旦超出许可的范围，自主体就将立即被终止。因此它们的所谓的抉择是严格遵循条件原则的，而人的选择则不同，可以超出"许可"或既定的条件和范围，在条件不许可的范围内，人常常会试一试。人的铤而走险、走以前没有人走过的路以及创新这类特点就足以说明这一点。移动自主体通过服务器的表现也可以说明它们的自主性的实质。移动自主体的服务器有一个层次叫API，它是移动自主体与服务器的唯一接口，完全由执行引擎支持，因此再好不过地体现了移动自主体的能力。移动自主体之所以能完成它的各种任务，实际上都是由这一层次的各种操作决定的，如借助Bigin操作，移动自主体向系统中的ANS注册；借助End操作，又能撤销注册；借助Jump操作，移动自主体捕获执行自主体的完整状态映像，并将其发送至目的机；借助Fork操作，移动自主体可以在新的机器上产生一个自己的复制实例；借助Name操作，可以在系统的名字空间中获得一个名号；借助Send操作，可将消息异步发送到系统中的消息缓冲区；借助Meet操作，一自主体可与另一自主体通信；借助Status操作，它可以返回到系统中当前运行的自主体列表；借助Notify操作，一自主体可以要求服务器通告某个特定的自主体：系统中的某个自主体已存在或消亡；借助Cheekpoint操作，可将自己当前状态主动备份为非易失存储。如此等等。这些说明，移动自主体的实质在于：只有形式上的自主性，实际上不过是更加先进的按程序运行的机器。

就移动自主体的发展前景来说，有人预言：移动自主体的发展方向是走向个性化。因为现在的移动自主体之所以能在异构环境中运行，是因为它是一个共性极强的软件，由于有共性，有一般性，因此具有平台无关性，这种无关性正是它能在异构平台之间自由移动的前提。但是这种特性同时又是它的局限性的表现，因为平台无关性限制了移动自主体在宿主机中性能和效率的发挥，其根源在于：这种无关性要求移动自主体只调用平台的通用功能与资源，而忽略某些特殊功能及资源。因此移动自主体要能成为真正的自主体就是要形成自己的个性，有对于平台的有关性，即能针对平台的特殊性采取一些特殊的对策，能够具体情况具体分析，进而具体行事。例如有的主机平台有较强的图形、视频加速功能，如果移动自主体能够尽可能予以利用，那么就能提高它的服务质量。

第五节　多自主体系统

　　AI专家不仅重视单自主体的研究，而且重视对单自主体的协调、组合进而形成有内在一致性、统一性的多自主体系统的研究。换句话说，自主体理论不仅对单个自主体如何表现智能感兴趣，而且对群智能同样感兴趣。之所以有这种兴趣，是因为有关专家受到了人脑以及别的生物、社会系统的启发。例如人脑的智能就是一种群智能，是由大量简单的神经元通过有机组织和协调而产生出来的，群居性动物如蚁群、鸟群等所具有很强的觅食、打扫巢穴的功能也是由群体协作而导致的。总之，一些个体通过相互连接、信息交流结合成群体之后会产生群智能行为。基于这样的观察，人们便提出了粒子群算法、蚁群算法、混沌蚁群算法等。多自主体的理论探讨和工程实践也是在这样的思路指导下开展起来的。

　　什么是"多自主体"呢？卢格尔（Luger）说：该词"是指由多个半自主组件组成的所有类型的软件系统。分布式自主系统考虑如何用很多个模块来求解一个特定的问题，这些模块通过分割和共享问题及演化解的知识来协作。多自主体系统研究的焦点是通过多个自主体……所组成的群落来求解一个给定问题"①。他还说："多自主体（agents，原译为多主体）是这样的计算机程序：它包含多个被置于交互环境中的问题求解器，每个求解器可以执行灵活、自主、但符合社会要求的动作……因此智能自主体的四个标准是：情

---

① ［美］G. E. 卢格尔：《人工智能：复杂问题求解的结构和策略》，史忠植等译，机械工业出版社2006年版，第193页。

景化、自主性、灵活性以及社会性。"这里的社会性是指一自主体可以与其他自主体发生交互联系。[①]简言之，多自主体指的是：由在逻辑或物理位置上呈分布状态的多自主体所组成的，能根据协议、目标、资源，通过协调和协作来组织行为、完成任务的智能构造。

多自主体系统作为人类群智能系统的理论抽象和模拟，也具有人类智能的许多特征，至少试图体现这些特点。第一，它没有中心控制和数据，因此具有鲁棒性。第二，不会因为一个或几个个体的故障而影响整个系统的功能。第三，群体能随环境变化而变化，与环境保持动态平衡，因此群体智能具有灵活性。第四，群体中的个体比较简单，个体行为执行起来时间较短，因此有简单性。第五，群体之间可通过非直接方式合作，因此群体智能具有可扩充性。第六，群优化系统是基于群体运行的，具有本质上的并行性，且易于并行实现。

多自主体理论和技术仍处在探索之中。目前备受关注的一个关键问题是如何实现系统的协调与协作。我们知道，多自主体系统内在的诸单个自主体在目标上是共同的，运作上有独立性或平等的并列关系，而且由于子系统加入或退出因而系统格局有变动性，这也可看作是子系统间灵活动态组织关系的表现，因此如何实现它们的协调和协作，如何组织它们的体系结构就成了多自主体研究最关键的任务。所谓协调是指在多自主体并存的情境之下，通过影响意图的改变而使行为协调一致的活动。之所以要协调，是因为存在着歧异性的意图，因此协调的目的就通过一定活动改变自主体的意图，进而达到改变行为的目的。协作是指利用其他自主体的行为达到目的实现的活动。协调和协作是人类社会生活的普遍特性。随着计算机科学和智能自主体的发展，它们之间的协调与协作也被提上了议事日程。因为要更多更快更好地解决问题，拓展自主体的应用领域，必须让它们建立协调与协作关系。

----

① ［美］G. E. 卢格尔：《人工智能：复杂问题求解的结构和策略》，史忠植等译，机械工业出版社2006年版，第192页。

这一研究领域正在探索的问题还很多，如多自主体系统应具有什么样的体系结构，它们之间用什么方法、手段来相互协调。对这些问题，主要有三种不同的对策。

一是符号主义的观点。其基本观点是认为，多自主体系统应具有以符号推理系统为基础的体系结构和协调机制，要让多自主体系统有自主思考、决策、与环境协调的能力，必须建立完善的符号系统，并以此为基础来进行符号处理，从而完成知识推理。这一方案的理论基础是布拉特曼等人提出的"信念—愿望—意图"（BDI）理论。这一学派的具体的观点有三方面：（1）联合意图理论。这一理论试图为多自主体系统提供基本框架。其提出过程是：科恩等人最先在 BDI 理论的基础上提出了承诺和契约（convention）等基本概念，后来詹宁斯（N. R. Jennings）等人在此基础上阐述了这一理论的基本内容。其要点是：多自主体在完成共同任务时应形成共同承诺，并予以贯彻，直至完成共同任务。如果不能信守，自主体应把自己要退出去的意图设法通知其他自主体，以便适时予以调整。有这样的承诺和契约，协调才有可能。因此这种承诺和契约可看作是联合的意图。正是有这样的意图，多自主体系统的形成和正常运作才有可能。（2）共享计划理论。它强调：结合到系统中的自主体必须达成一个共享计划，它规定了具体的行动步骤和细节。有这一计划，各自主体就能协调地完成共同的任务。（3）一种带有综合性的理论。它强调：事先要对系统的环境有清楚的了解，在此基础上制订计划，并在行动之初将计划分配给有关自主体。由于计划不是动态产生的，因此这样的系统不适合于动态环境。

二是行为主义的感知—行为模型。主要是布鲁克斯"无表征智能"理论及实践。已如前述。

三是协同进化模型。所谓协同进化（co-evolution）是指物种在生存竞争中既有竞争，又有合作，正是这种竞争和合作，决定着资源在物种间的分配，制约着各自的进化过程。这样的过程就是协同进化。在协同进化概念的基础上，人们提出了协同进化计算。它不同于传统的进化算法，是一种适用于多自主体协调的、通用的机器学习方法。其特点是：在对个体进行适应度评价时，注重群体间的协调作用，如果有利于协调的个体，就赋予它以较高的适应度，反之，则只能得到低适应度。正是借助这一机制，群体不仅产生协调的行为，还能协同进化。不难看出：竞争与合作是协同进化理论强调的两种基本的交互方式。这两种方式在不同系统中有不同的地位。如果协同进化主要是通过合作实现的，那么这种进化就是合作型进化，反之即为竞争型进化。基于这样的看法，多自主体系统的体系结构和协调机制便有两种建构方法，即合作型协同进化方法和竞争型合作进化方法。就前者来说，对个体的适应度评价可以这样进行：先对种群 P 中需评价的个体 I 与其他种群中的代表性个体进行组合，再将每个组合形成的协作行为应用于目标问题，然后评价它们的适应度，在此基础上，再来对个体 I 赋予适应度。

为了解决上述问题，有关专家还探讨了应该运用的决策方法。例如作用图或决策网络就是其中之一。它是关于行为决策的一种图形表示方法。其内有三个节点：第一是自然节点。它表示的是自主体系统中不确定的信念等随机变量。第二是决策节点。它表示与行为选择有关的决策能力。第三是效益节点。它表示的是自主体的偏好。节点之间有连接，它表示的是各节点的依赖关系。有了这种作用图，似乎就可建立自主体行为的动态模型。行为决策的第二种方法是递归建模方法与贝叶斯学习。其基本思路和操作是：建立一种嵌套的知识结构，让自主体在获得关于环境、其他自主体状况的知识的基础上，建立递归决策模型，在嵌套数有限的情况下，利用动态规划方法来决定自主体应该采取的行为。除上述方法之外，还有Markor 对象和决策树、对策树策略等。

本领域还有这样的前沿问题，即怎样通过调整各自的意向状态实现协作？在探讨中，人们建立了不同的方法论模式。兹择要考释如下。

（一）合同网（contact net protoool）。1980 年，史密斯（R. G. Smith）在"The Contact Net Protoool：High-Level Communication and Control in a Distributed Problem Solver"一文中提出了关于合同网协议的观点，后被应用于多自主体协调的研究之中。它强调：多自主

体之间的通信应建立在约定的消息格式上，实际的合同网系统基于合同网协议提供一种合同协议，指派各自自主体的任务和应承担的角色。其结构形式如图7—13所示:①

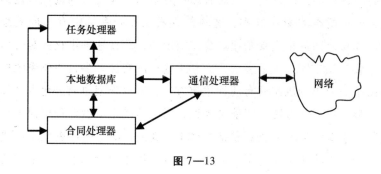

图7—13

　　这里最关键的部件是本地数据库，它包括与节点有关的知识库，还有能协调当前状态、调节问题求解过程的信息。另外三部分就是靠它所提供的知识库执行被分派的任务的，如任务处理器的任务是分派任务，通信处理器的任务就是负责与其他节点的通信，合同处理器的任务是：判断投标所提供的任务，发布应用信息，完成合同，分析、解释传来的信息，负责全部节点的协调。

　　（二）多处主体规划。这一模式所依据的原则是现实社会的协作中常用的原则，即"因需设岗、竞争上岗"，其意思是：根据协作的总目标和需要来设定合作所必需的特殊岗位，然后让愿参与协作的竞争者通过竞争获取适应自己特点的岗位。所依据的方法既有逻辑的描述方式，如模态逻辑、时序逻辑等，还有基于进程代数的进程演算，如π演算等。这一模式所规定的协作过程有：产生需求、确定目标、制定协作规划、求解协作结构、寻求协作伙伴、选择协作方案、实现目标、评估结果。

　　（三）部分全局计划系统（partial global planing）。其要求是：在同一系统中工作的一个自主体既知道自己的工作状态，又知道其

----

①　In *IEEE Transaction on Computers*, 1980, N. 12.

他自主体的工作状态。这样的知识就是部分全局计划，它对于求解全局问题来说是一种部分的知识，故名。假如有这样一个多自主体系统，其中有 A 和 B 两个自主体。每个自主体都会将它当前正解决的子问题及解决的近况告知于另一自主体。假如自主体 1 和自主体 2 分别要解决的问题是 A 和 B，它们的通信、协作关系就可用图表示如下：

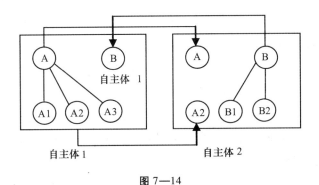

图 7—14

（四）生态系统与计算生态系统模型。生态系统具有进化、开放、并发、自适应、通过变异和协作来处理问题等特点。人工智能专家受此启发认为，计算机系统、人工智能系统也是这样的系统。基于这一看法而模拟生态系统所形成的人工系统就是计算生态系统。它试图模拟生物进化赖以发生的机制，如选择、变异等。这方面的研究十分活跃，已产生了多种模型，如生物生态系统模型、物理进化模型、经济模型等。

自主体组织也是多自主体研究中的一个重要问题。我们知道，若干单个的自主体组合在一起，就能形成多自主体系统或自主体社会。而一旦组合在一起，便有一系列的问题出现，如通信压力增大，协调问题提上日程，而且组织越大，难度越大。因此自主体软件开发工程目前非常重视对自主体组织的研究。其目的是减小内部冲突，提高通信效率，协调问题求解。

要建立合理的、能有效实现系统目标的自主体组织，第一，要探讨建构组织结构的模型。自主体的组织结构是多自主体组织的一种抽象，它描述了各自主体在系统完成合作求解任务中应担当的角色，表达了角色与角色之间的合作关系，因此是一个多元组，即由组织结构标识符、角色集合（非空）、角色关系集合（可空）、组织目标集合（非空）和管理者集合（非空）构成的五元组。自主体的组织结构模型是设计各种形式的自主体组织的工具。例如ALAADDIN 就是这样的模型。它允许人们在建立自主体组织时使用不同的语言和结构，但又可帮助人们设计出不同的组织，如市场类型的组织、层次类型的组织等。

第二，要建立自主体组织，还要探讨方法论问题，即探讨怎样形成自主体组织。人们在这方面已作了大量的探讨，提出了许多各具特色的方法，如基于对策论的联盟方法、合作网协议方法、价格调控的市场机制、基于依赖关系的社会推理、基于结构的自主体组织形成和求解方法。①

第三，要建立能减小自主体冲突、使组织行为更加协调和有效的组织结构，还必须探讨组织规则。这也是自主体组织研究中的一个重要课题。自主体组织规则是关于组织对角色关系、交互协议和角色行为的约束，是对组织"活性"和"安全性"的规定。

第四，如何让多自主体组织能够自进化，也是自主体组织研究中的一个热点问题。有这样的情况，即环境变化不大，自主体之间的交互、任务分配及负载平衡等较简单。在这样的条件下，只需预先根据求解的要求及各种约束，设计好组织结构，并让它在整个求解过程中，始终保持不变。这种组织结构的优点是，比较稳定，缺点是对环境的变化和目标的变化不能作出及时的反应，有时甚至不能完成求解任务。然而，大多数环境和求解任务都是复杂多变的。这就要求在设计组织结构时，应设法让它能根据环境的变化和目标的变化对自身结构作出调整。这样的形成组织结构也就是有进化能力的结构。当然，

----

① 张伟、石纯：《面向 Agent 的软件工程研究》，载刘大有主编《知识科学中的基本问题研究》，清华大学出版社 2006 年版，第 382—383 页。

解决组织与环境的协调问题还有其他方式，如自主体主动改变环境，使之满足求解任务的要求；在不改变组织结构的前提下通过改变组织的行为方式而让自己动态适应变化着的环境等。

我国学者在这一领域也有自己的贡献，如清华大学的王学军提出了"基于意图的协商"。[①] 它试图模拟的是人类社会群体协作的过程及机理。根据这一模型，人类在合作中所作的行为的直接原因是合作者的意图。它存在于信念、愿望与计划之间。有信念和愿望就会有行动的意图，但意图又不是信念、愿望。有意图之后，就会产生行动的计划。人类的合作之所以能顺利进行，是因为他们能及时交换各自的意图。基于这样的认识，王学军认为，自主体之间的协商也应通过交换意图来实现。其具体步骤有：第一，交换子意图集，形成协商集。第二，针对意图集的每一个意图进行协商，以形成共同意图。第三，针对共同意图协商，分派各自主体的操作，产生联合的计划。

多自主体系统的应用范围十分广泛，如生产调度、生产操作、产品协作设计、电信、运输系统、信息管理电子商务、交互式游戏和剧场等。

毫无疑问，多自主体理论和实践研究在逼近人类智能的征途上无疑又迈出了重要的一步。例如多自主体系统中的自主体的确有一定的意向性，至少有派生的意向性。如能为子系统提供协调界面，提供与别的子系统通信的功能，提供全局数据与局部数据之间的映射操作，从而使子系统既能自主决策，又能与其他子系统进行协调。每个自主体都有自己的数据储存机制，具有适应环境的动态自组织能力，因此是名副其实的开放式系统。这些表现至少体现了人类意向性的两个重要特征：一是主动性，二是对环境的敏感性，或有对环境的关于性，能把内部的处理关联于有关的环境对象。

另外，多系统之间所进行的通信再不是以前的纯形式的句法转换，而具有语义性。如前所述，语义性是意向性的特例。很显然，

----

① 王学军：《多 Agent 系统中协调问题研究》，博士学位论文，清华大学，1996 年。

多系统要协作，就要与系统交流或沟通，而要沟通又要有言语行为或通信。这一研究的理论基础是英国语言哲学家奥斯汀的言语行为理论。根据这一理论，说者的话语就是一种行为，它能通过改变他人的心理、行为而改变世界。基于这一理论，研究者在研究多系统通信时也试图通过一系统的言语行为来改变其他系统的行为。有两种实现方法：一是通过改变环境来改变其他系统的行为。只要某系统知道另一系统是如何对环境作出反应的，它就可以借助这一方式做到这一点；二是通过交流，改变另一系统的目标、知识、动作选择机制，如把它们写入或说给另一系统，进而改变它的行为。有了这样的技术，再辅之以任务分解、多级学习、动态角色分配等技术，就可以让机器人协作完成较复杂的行为（如机器人足球比赛等）。也就是说，自主体间的通信再不是过去的机器间的那种与内容无关的纯形式传递或纯符号转换，而是有含义、内容的传递。这里的传递和转换仍诉诸语言媒介，不过，这里的语言不是自然语言，而是专门为自主体设计的只能为它们使用的语言。例如"智能物理自主体基金"（FIPA）就专门为自主体定义了一种规范的通信语言，即 ACL。

这种通信之所以必须涉及内容，是因为作为通信发送方和接收方的自主体都有自己的心智状态，如有信念、愿望、意图等。它们的信念被表示为一组为真的命题，而接受为假的命题则表示为相信这个命题的反面。意图则被表示为一种选择。接受这种意图的自主体会形成行为的计划，而该计划又会导致该选择所表示的状态的产生。由于有心智状态，尤其是有其特定的目的，因此自主体的所作所为就不再只是服务于人的目的的工具或手段，也不是人的智力的替代和延伸，而有它的目的性和独立自主性。它们之所以要产生通信行为，也是出自于它们的目的，即通过通信，传递发送者的意图，影响接受者的行为，以让它也服从于这个目的，从而通过行为的改变促成目标的实现。另外，一群有协作关系的自主体系统往往有共同的目标。而在各自的行为中，有的系统可能偏离目标，这时也有通信的必要。所有这些都决定了自主体的通信一定是有特定的消息或内容的。总之，主体间的通信现已演变成了一种特殊的行为，而这种行为的目的又是要改变行为。既然如此，通信的行为就必须是有内容、有消息的。史忠植和王文杰说："消息类型定义了被执行的通信动作，结合适当的领域知识，通信语言可以使接受者确定消息内容的含义。"①

怎样实现这种有内容的通信呢？为了解决这一问题，有关专家对通信要传递的消息的结构作了探讨，认为，能在自主体间传递的消息是由复杂的因素所构成的，首先它被表示为 S—表现形式，它的第一个元素是确定通信的通信行为和定义消息的主要含义，接下来是一列由冒号开头的参数关键字引导的消息参数，其中一个参数包含用某种形式编码的消息内容，其他参数用于帮助消息传输，以正确传递消息，或帮助接受者解释消息含义，或帮助它回复消息。接受者要接收、理解发送器传来的有内容的消息，当然得依赖于 ACL 解释器。正是借助这种解释器，它便能生成一个表示全部嵌入语式的词汇符号，一字符串。经过这一环节和其他辅助手段，表示内容表达式的符号便为自主体所理解，最后便有自主体的相应的行为。

尽管这一研究在模拟人的自主性、意识性、主动性、目标性等意向性特征方面作了大量有益的尝试，取得了一些突破性进展，但仍有一个根本性问题未能解决，首先，它们所具有的意向性仍不是固有的意向性，因为它们的自主性、意识性仍有设计者的解释、操纵、指派的痕迹。例如它们尽管在形式上能理解变化着的环境，但这环境一般是"预成的"，或预先就为它们所知道的。真正的动态环境，尤其是未知环境还是它们所无法理解的。其次，这里的理解、知道、意识还不是人的那种关联性行为，即把符号、概念与对象联系在一起的知道，而仍只是一符号串的转换，面前的环境空间意味着什么，所作出的决策和采取的行为究竟有什么意义，与目标有何关系，它们并不真的"知道"，而只有设计操作人员才真的知道。因此它们表现出的行为实现的不过是人的意向和意愿而已。由

---

① 史忠植、王文杰：《人工智能》，国防工业出版社 2007 年版，第 363 页。

此所决定，它们还不是真正的自主体，而只是工具。最后，由于没有经验、猜测、直觉、灵感等因素的帮助，自主系统的能力完全依赖于所储存的知识资源，而这种资源即使再多，总是有限的，这便决定了自主体的应变能力、行动能力总是有限的，其"智商"仍是很低的。

第六节　关于自主体研究的意义与未来走向的哲学思考

AI 研究向自主体领域的倾斜，的确是一种"回归"。即向 AI 要模拟的真实的原型的回归。但这种回归又不是简单的回复，而是一种否定之否定式、螺旋式的回复。因为在表面上，它好像重新回到了 AI 创立之初的那个认识起点，实则不然。尽管它重新强调要以人类智能为参照，但经过几十年的曲折的理论和实践，它对人类智能的认识大大深化了，这主要表现在：它既看到了自然智能的形式方面，又看到了其内容方面；既看到了它的纯内在主义的、封闭性的方面，又看到了它的关于性、关联性、超越性的本质；既看到了它的转换的被动性，又看到了它的有意识的主动性。如此等等，不一而足。因此这次向自然智能的回归是名副其实的"衣锦还乡"。

从哲学上说，自主体概念的回归实质上意味着对意向性概念的默认。因为人们归之于自主体的种种特性实质上就是意向性的特性。在此意义上可以说，自主体就是或者应该是有意向性的系统。例如伍尔德里奇（M. Wooldridge）和詹宁斯（N. Jennings）赋予自主体的下述特性就是如此。他们认为，有两类自主体概念：一是弱概念，二是强概念。前者的特征是：（1）自控性（antonomy）。自主体对系统的结构、功能和运行有自己的控制权，不再是纯粹按照指令运行的机器。（2）社交能力（social ability）。指自主体能用特定的自主体通信语言与别的自主体进行信息沟通。（3）反作用或反应（reactivity）。指自主体不仅能感知、反映周围环境，而且还可以对它们发生积极的反作用，亦即既受环境影响，又能反过来影响、改变环境。（4）前能动性（pro-activens-sy）。自主体不再是被动地按程序运行的机器装置，而有自己先于行动并决定行动的能动性。由于有这种能动性，自主体的行为不再是无目的的，而是能指向目的或由目的所指导的行为（goal-di-rected behavior）。① 自主体的强概念强调的是：自主体不仅具有人的上述特性，而且还具有人的这样一些理性和非理性的特性，如知识、信念、意向、承诺等。肖汉（Y. Shoham）说："自主体是这样的实在，其状态是由信念、能力、选择、承诺等心理要素构成的。"② 有的还认为，自主体应是有情感能力的实在。③ 有的甚至认为，人的智能所具有的下述属性，自主体也应该有，如长寿性（即能在长时期内连续运行）、可移动性、推理、计划、学习和适应性、诚实、宽容（benevolence）、理性等。史忠植先生在讲到学习和语言时强调：学习"是对外部事物前后关联地把握和理解以便改善系统行为的性能的过程。学习的神经生物学基础是神经细胞之间的联系结构突触的可塑性变化……突触可塑性条件即在突触前纤维和相连的后细胞同时兴奋，突触的连接加强"。语言是生物长期进化的产物，"语言符号不仅表示具体事物、状态或动作，而且也表示抽象的概念"④。这里所说的"关联性理解、把握"和"表示"换成哲学的专门术语，就是"意向性""关于性"或"指向性"。

对自主体的回归，不仅意味着学界以一定的形式认可了塞尔、彭罗斯等人从科学哲学、心灵哲学和语言哲学角度向传统的 AI 理论及实践的发难，而且意味着学界已经或正在对这一难题作出回应。因为大量的自主体研究事实上是在解决塞尔等所提出的这样的

① M. Wooldridge and N. R. Jennings, "Agents Theories, Architectures and Langua-ges: A Survey", in their *Intelligent Agents*, Berlin: Springer Verlag, 1995.

② Y. Shoham, "Agent-Oriented Programming", *Artificial Intelligence*, 1993, 60: 51–92.

③ J. Bates, "The Role of Emotion in Believable Agents", *Communications of the ACM*, 1994 (7): 37.

④ 史忠植：《智能科学》，清华大学出版社 2006 年版，第 10 页。

问题：以前的 AI 系统与人类智能相比，还差一个根本的东西，即作为智慧之必然标志的意向性或语义性。而人类之有此性质，又是通过其目的性、关联性、意识性、觉知性、主动性、自主性等特征表现出来的。只有同时表现这些特性，才能说有真正意义上的意向性。在已建构的自主体系统中，除了少数特征没有完全表现出来之外，大多数特征已为人工的自主体活灵活现地体现出来了。至少 AI 专家在动机上已在设法让它们表现这些特征。

就拿软件开发来说，20 世纪 80 年代以后的软件开发进到了面向对象的软件开发阶段。所谓自主体软件开发是这样的理论和工程技术，即专门研究自主体开发的科学和应用技术。其特点是：强调用软件来表达客观世界和求解客观世界中的问题的能力。与此相应，软件形态表现为"对象 + 消息"，方法表现为面向对象的方法。这里所说的对象不仅指最后产生出来的软件组织形式，而且还是贯穿整个软件开发过程的关键概念。在这一软件开发中，有系统的方法和技术支持整个的软件开发生命周期，即从面向对象的分析到面向对象的设计和程序设计的全过程。金芝说："在需求分析中，对象概念成为将现实世界映射到软件世界实体的隐喻。对象成为客观世界实体在软件世界中的映像。"[1] 后来新生的面向自主体的软件开发更突出了对现实世界的反映或与现实世界的关联。金芝说："它们有一个共同点，就是都希望软件建模的第一类概念可以直接映射到现实世界的实体上，如面向对象中的隐喻'实体就是对象'，而面向 Agent 也是试图用 Agent 来刻画现实世界中存在的众多交互的、主动的、有目的性的实体。"[2] 可见，两者区别在于：后者模拟的是人类自主体的有意向性的特征，而前者则没有"交互性、动态性和主动性"[3]。

自主体软件开发的新的进展表现在：一是继续探讨原有的形式化方法，二是积极研究新的非形式化方法。前一类方法的特点是试

① 金芝：《关于"基于 agent 的软件工程"的一点注记》，载刘大有主编《知识科学中的基本问题研究》，清华大学出版社 2006 年版，第 396 页。
② 同上。
③ 同上。

图用逻辑方法建立自主体系统。许多学者把建立这样的系统作为一项软件工程来研究,取得了一些成果。其中,伍尔德里奇等人用形式化方法建立自主体系统是较有影响的一种尝试。这种探讨主要是试图用逻辑方法建立自主体系统,由三个步骤构成。

第一步是建立系统规格说明。其任务是给出自主体系统的定义和应具备的特性。在定义时,一般是将自主体建成为意识系统。为了实现这一目标,他们用 BDI 模型刻画自主体的结构。按这一模型,自主体的系统规格说明框架有这样的构成要素,即自主体所具有的信念,将实现的目标,完成目标的行为,自主体与自主体、自主体与环境的交互关系。[①] 目前,较成功的规格框架用的是时序模态逻辑,如用正规模态逻辑连接词表示自主体的信念和意动性(如愿望、意图等),用时序逻辑连接词表示系统的动态性,用一些工具表示自主体完成的行为。例如要对过程控制系统的某系统作规格说明,就可以这样说明:

If i believes value 32 is open, then i should intend j should believe value 32 is open.

换成 BDI 逻辑公式可这样表示:

(Beli open (value32)) ⇨Inti (Beli Open (value 32))

很显然,人们在定义自主体的任务和特性时,实际上是基于对人的意向系统的认识,试图把所设想的自主体系统建构成具有人的意向性的一系列特征的系统。这一考虑无疑是正确的,方向是对头的,但也存在许多问题,例如时序模态逻辑的可能世界语义学意味着逻辑全知,据此所建立的自主体应具有无限的推理能力,而实际的自主体并不可能具有这样的特性。另外,可能世界语义学没有现实的基础,因此自主体状态的抽象表示与具体计算模型不可能有直接的联系。由这些问题所决定,基于时序模态逻辑的形式化规格说

----

① N. R. Jennings, M. Wooldridge, "Agent-Oriented Software Engineering", in *Agent-Oriented Software Engineering.* (*ADSE2000*), *LANII957*, Springer Verlag, 2001; "The Gaid Methodology for Agent-Oriented Analysis and Designs", *Autonomous Agents and Mutli-Agent Systems*, 2000, 3 (3): 285 –312.

明框架在现在条件下就难以投入到实际的应用之中。

第二步是系统实现。这是 AOSE 的形式化方法的第二个环节。该方法在这一阶段的任务是：如何将抽象的规格说明转化为具体的计划模型。为了实现这一转化，人们常用手工细化、直接执行和编译三种方法。手工细化是一种非形式的技术。其作用是把最初抽象的系统规格说明逐步细化、具体化，如用多个更小的等价的规格说明表示抽象的说明，直至被细化后的规格说明足够简单，以便能被方便地实现为止。直接执行是指省略对规模说明的细化过程，直接通过对规格说明的解释和执行，产生自主体的行为。编译方法的目标是把用抽象符号表示的规格说明变成简单表示的计算模型，为此，便对抽象的说明进行编译。

第三步是进行系统验证。目的是判断系统是否正确地完成了规格说明。验证的方法有公理化方法和模型检查方法。

自主体软件工程的非形式化方法是关于自主体分析和设计的新的方法学或方法论。有不同的思路和方案，如有的试图扩展面向对象的建模技术，设计出自主体系统，还有的试图拓展基于知识工程的建模技术，有的试图研究能支持特定自主体的开发方法。目前，已产生了许多极富个性的建模技术。下面略作介绍。

（1）Gaia 方法。它由安妮（C. Anne）等人创立。其特点是：试图利用社会学观点，将软件系统看作是包含多种角色的自主体组织。每个角色都有自己的责权，由自主体来承担，一个角色可由多个自主体承担，一个自主体可承担多个角色。这一方法有两个环节：一是 Gaia 分析，其任务是理解系统及其结构；二是 Gaia 设计，这一阶段的任务是通过降低分析阶段自主体组织模型的抽象级，使用传统的系统设计技术实现自主体系统。①

（2）SODA。它是 Societies in Open and Distributed Agent Space

---

① C. Anne, D. Alexis, and B. Philippe, "Agent-oriented Design of a Soccer Robot Team", in *Proceedings of the 2nd International Conference on Muti-Agent Systems* (*ICMAS - 96*), Kyoto, JaRan, 1996, pp. 41 - 47.

的缩写，意为开放分布式自主体空间中的社会。也是一种自主体软件工程方法，在这种方法中，自主体是以社会实在的形式存在的。既然如此，它就一定有自己的环境。而且它与环境不是分离的，不是环境之外的存在，而是其中的一员。基于这样的观点，该方法强调自主体之间的交互关系，而不关心内部的通信。

　　自主体作为一种软件，现已成了重要的研究开发目标，甚至成了一种重要的软件开发工程（AOSE）。这一工程不是无源之水，而是过去的开发工程的继续和进一步发展。过去的软件开发经历了三个阶段：第一阶段是机器语言的程序设计阶段。在这种开发中，每个程序由一个独立的模块组成，或由一系列语句、数学表达式构成。第二阶段是结构化的程序设计阶段。在这里，每个程序由若干子程序构成，程序中的数据被忽略，而程序的控制流程极为重要。第三阶段是面向对象的程序设计阶段。这里的对象既包含计算，又包括数据，因此这种程序设计比较重视资源的作用，如通过自由使用计算时间资源，使程序有一定的自主性。进一步的发展就是面向自主体的程序设计。其特点是：在这里，主动的程序即自主体单元代替了被动的对象。它们不仅有自己的独立的控制线程，而且有自己的内部状态，因而可根据环境变化和求解目标自主地作出自己的行动。

　　这种程序设计尽管是在面向对象的程序设计的基础上发展起来的，但与后者相比，则有很多特点和优越性。第一，自主体是主动的，在收到外部请求时，可根据目标和内部状态作出相应的行动。而对象是被动的。第二，对象的求解机制是互相调用，而自主体是通过协商合作等机制完成求解任务。第三，自主体是一个独立的、自治的系统，有多个控制线程，每个自主体可自主决定自己的行动。总之，基于自主体的系统是典型的并发分布系统。而对象是单控制线程。

　　由上不难看出，AI 的软件开发已开始关注内容或语义问题了。有学者认为，软件的基本形态和软件工程的研究内容是不断发展的。第一阶段是 20 世纪 70 年代，软件的形态表现为语句 + 控制，软件工程的研究重点是程序设计方法。第二阶段是 80 年代，形态表现为模块＋调用，研究重点是结构化方法。第三阶段是 90 年代，其形态是对象＋消息，重点是面向对象方法。① 这一阶段的形态和重点是什么？有的人认为是面向自主体的软件工程。②

当然，学术界对将自主体技术作为软件开发工程是有不同看法的。多数人认为这是软件工程的一种重要的、新的有前途的方向。我国学者张伟、石纯一说：自主体软件工程已"取得了很大的进展，作为新一代的软件工程方法，它还有很长的路要走，相信前景是光明的"③。但也有一些人持悲观的看法，如认为：目前尚没有足够的实践支持上述乐观的观点，因为已经出现的许多方法，以及许多支持自主体系统设计与实现的软件工具，多数还不够成熟。④另外还有一些人持谨慎的立场，既坚持这一研究方向，但又强调有许多问题乃至难题需进一步攻克，例如这一软件开发方法与其他方法之间的界限尚不清楚，它的方法学还缺乏一致性，尽管自主体系统中允许存在大量动态交互过程，但容易出现不稳定，甚至走向崩溃。因此不能过高估计自主体技术，更不能抱迷信心理。⑤

不管怎么说，当前方兴未艾的自主体研究无论是在理论还是在实践上都有不可限量的意义，它至少为认识、模仿人类的智能找到了一条新的有一定可行性的方式。正如史忠植和王文杰所说："计算的遗传和涌现对于理解人和人工智能提供了一种新的、最激动人

----

① 金芝：《关于"基于 Agent 的软件工程"的一点注记》，载刘大有主编《知识科学中的基本问题研究》，清华大学出版社 2006 年版，第 396 页。

② M. Wooldridge, P. Ciancarini, "Agent-Oriented Software", in P. Ciancarini and M. Wooldridge（eds.）, *Agent-Oriented Software Engineering*, *LNAI* 1957, Springer-verlag, Janu-ry, 2001. 参阅张伟、石纯一《面向 Agent 的软件工程研究进展》，载刘大有主编《知识科学中的基本问题研究》，清华大学出版社 2006 年版，第 370—391 页。

③ 张伟、石纯一：《面向 Agent 的软件工程研究进展》，载刘大有主编《知识科学中的基本问题研究》，清华大学出版社 2006 年版，第 391 页。

④ 同上书，第 390 页。

⑤ M. Wooldridge and P. Ciancarini, "Agent-Oriented Software Engineering: The State of the Art", in P. Ciancarin, M. Wooldridge（eds.）, *Agent-Oriented Software Engineering*, *LNAI* 1957, Springer-Verlag, 2001.

心的方法。整体智能行为可以由大量受限的、独立的和具体化的单一主体协作而形成，通过论证这一点，遗传和涌现理论讨论了那些通过相对简单结构的内部关系而表达出来的复杂智能的问题。分布的、基于自主体的结构和自然选择的适应性综合在一起，形成了智力起源和运作最强大的模型。"①

但应冷静地看到，自主体的研究还刚刚起步。作为智慧之必然特征的意向性尚不能说已为人工自主体完全具足了，更没有理由说，已有的自主体理论已充分掌握了人类智慧及其意向性的全部秘密和机理。例如作为固有的意向性最根本特征的意识或觉知特性还无法为自主体体现出来。与此相应的是，我们对意识的认识仍处在十分幼稚的阶段。正是鉴于此，相关学科将其列入要予攻关的前沿课题，许多国家和国际组织斥巨资予以研究。尽管如此，它对我们仍是一个谜。史忠植中肯地说："在智能科学中，意识问题具有特别的挑战意义……意识涉及知觉、注意、记忆、表征、思维、语言等高级认知过程，其核心是觉知……在21世纪，意识问题将是智能科学力图攻克的堡垒之一。"②

由于意向性的意识特征无法在自主体中体现出来，因此其他的意向性特征如关联性、自主性、自适应、自学习等，在人工自主体之上并未得到真正的体现。即使有些得到了形式上的模拟，但它们与人类身上表现出来的对应特征则有根本的差别。例如自主体即使表现出了对环境的关于性，能基于对象的特点作出恰到好处甚至比人还要好的表现，但仍不能说它有真正的意向性。因为人的意向性的特点在于：在人的思想有语义性时，在人用符号指向对象时，人不仅是作了关联，而且还清清楚楚地"知道"，即有塞尔所说的意识或理解。由此所决定，人所作出的下一步反应是在知道的基础上作出来的，因此不是按形式规则所作的映射。又是由于有这一点，人的行为就不是被决定的，而是自由的，因此有出其不意、违反必

① 史忠植、王文杰：《人工智能》，国防工业出版社2007年版，第385页。
② 史忠植：《智能科学》，清华大学出版社2006年版，第408页。

然性因而带有规范性的特点。

就智能感知装置来说，尽管关于机器的感知，已形成了专门的理论和技术，现在研究的重点集中在新型传感技术和传感器的开发上，如开发无线分布式传感与监测。凝聚这些技术的感知装置的确可以提供关于环境及其变化的信息，获得了这些信息的系统能据以对输出行为作出适时调整，也从一个侧面说明它们有关于环境的"意向性"。研制已取得了巨大成功，而且伴随着巨大的商业价值。它们主要在两种环境下发生作用。一是在无人的、人不能去、不能做的环境中工作。例如在对金星的探测中，旅居者（sojourner）机器人拜访金星，完成了人无法完成的作业。自主水下机器人可以潜入北极冰下，不管水下湍流和水流如何，都能自主地稳定机器人潜水艇。还有一类机器人，与人类生活在共同的时空中，其特点是具有自主性、机动性，例如有一种机器人，即自主导向车，可跟踪用定制传感器做成的专用导向电线，自主地在不同装配站之间分发零件。Helpmate 服务机器人能跟踪天花板上的灯的位置，在医院内行走，完成传送药物和食品的任务。移动机器人的应用范围极为广泛，如可以用于擦亮超市地板、守卫工厂、打扫高尔夫球场，在博物馆做导游，在超市做导购。

现有的自主体的确有形式上的意向性。但是这种意向性与恒温计、里程表的"意向性"仍没有实质的区别，完全有别于人的意向性。很显然，恒温器或温控开关的确有对环境信息的关于性，在表面上看与生物智能的意向性没有区别。但其实，它们的关于性带有"约定"的特征，是一种约定的表征。也就是说，里程表本身并不"关于"汽车的速度，只"关于"内部轮子的转速。它之所以有"意指"汽车速度的作用，是根源于人的意向性或解释，或设计时的约定。因此里程表关于汽车速度的表征功能是一种获得性或设计性、规范性的功能。再拿机器的模式识别的意向性来说。计算机对事物或模式的认识和辨别就是所谓的模式识别。这里的模式既指具体的事物（如文字、声音、图像、人、物等），又包括抽象的对象（如国民经济状况等）。现在的智能计算机已有非常高超的模式识别能力，至少有基本的辨识能力，如能识别文字，甚至手写文字、识别声音。当接触某对象或被输入某信息时，它们便能在输出中显示相应的符号或图像或声音来。这与人对对象的识别在形式上几乎没有太大区别。如果从本质上看问题，就会发现它们之间的巨大差异。因为机器之所以能识别对象，主要机理在于：在它们的系统中被储存了大量的标准模式，而且它们还有将它们提取出来与输入进来的模式进行比较的能力，如找出与输入模式最相近的模式，进行比较，然后在确认后将该标准模式所代表的类名作为输入模式的类名输出。机器之所以能完成识别这样的智能行为，还因为它们被输入了对输入模式与标准模式进行比较的方法，如模式匹配法、统计法和结构法。模式匹配法是将输入模式与标准模式直接加以比较，然后根据是否一致作出确认。它的比较的测度有距离和类似两种。统计法是一种较复杂的比较方法。在现实世界，同一文字会有无穷多种书写、印刷和显示方法，在形成模式时，也会有无穷的表现。很显然，它们不可能直接与标准模式匹配。因此用第一种方法在这里是行不通的。为了解决这一问题，人们便提出了统计法，即根据统计学的方法来确定输入样本最有可能是哪一种标准模式。结构法又叫句法方法。它借用数理语言学中的句法描述与分析方法，把一个模式描述为简单的子模式的组合，子模式又可被描述为更简单的子模式的组合，最终得到一个树型结构。在树型结构底层的子模式就是模式基元。树型结构用特定的语法来描述，识别的过程是：先辨别基元，后进行语法分析，如分析输入模式的语法与参照模式的语法是否一致。

在模式识别中，机器要进行匹配，还要用到特征抽取法。所谓特征抽取就是对模式所包含的信息进行分析和处理，将不易受随机因素干扰的信息作为该模式的特征抽取出来。抽取到了相应的特征，就等于得到了关于对象的输入模式。特征抽取的方法有直观和数学变换等方法。机器能够在"感知到"某对象时，能用人也会用的符号来予以称呼，这无疑说明它们的认知有对于对象的指向性、关联性，亦即有一定的意向性。但应注意的是，这里的意向性只是派生的、比喻性的意向性，而非本原性的、原始内在的意向性。因为机器在接触对象、抽取特征、形成比较或匹配时，尽管在形式上与人的同样的识别过程没有太大区别，但是其内则缺少一个关键的因素，即"意指过程"。例如人要识别某对象，在接触时，他不仅实在接触到了，而且晓得自己的接触，晓得接触到了什么，始终把得到的信息关联于外在的对象。在抽取特征、比较时也是如此。这一过程尽管很抽象，所抽取和比较的是形式化、符号性、代码性的东西，但是人在处理它们时，始终把它们与它们所关于的东西统一在一起，知道所处理的尽管是符号，但它们代表、表征的是外物。尤其是在识别过程完结时，人清楚明白地把符号看作对象本身，至少知道它们关于、意指的是对象。而机器永远只能关注一方面，即正在加工的代码，不知道或不管它们代表什么，不知道自觉地、有意识地把符号与对象关联起来。即使当人们看到机器的输出与人的输出一样时，会情不自禁地解释说：机器有对对象的认知，它们的加工是关于对象的，但这种关联是机器本身做不出来的，只能由设计人员或解释的人来作出。

从哲学角度看，已有的自主体理论研究及建模是建立在民间心理学及其作为理论升华的传统哲学心理学之上的。这是值得认真思考的，在某种意义上，是令人忧虑的。因为这里有一个带有方向性、战略性的大是大非问题。熟悉当代西方认知科学和心灵哲学的人都知道，作为传统哲学心理学以及常人世界观、心灵观之源泉和基础的民间心理学是极有争议的，其承诺的意向状态的本体论地位是极其可疑的，因此这种理论在未来的命运是扑朔迷离的。许多对它作过严肃反思的人预言：它的必然结局是像以太理论、燃素学说等一样被无情地淘汰。因此如果以此为基础建立自主体模型，或不加批判地让它的有关习语流进科学的建模中将是很危险的。

很显然，在建立自主体的理论模型的过程中，有关专家尽管从多方面、多角度开展其工作，如从逻辑、行为、心理和社会等方面去建构模型，但从思想根源来说，他们建模的灵感、思想火花则主要来自于民间心理学。罗森斯海因（S. J. Rosenschein）说："审慎的方案在很大程度上受到了民间心理学的启发，把自主体建模为一种符号推理系统。"① 其实，如我们后面将看到的那样，其他的方案也莫不如此。

须知，民间或意向心理学的基本"理论"是：人的行为是由人的心理状态决定的，因此心理状态与行为之间有因果关系。由于有这种关系，因此知道了人的某些心理状态，就可推知人们将采取什么行为，知道了人所完成的行为，可反推他有什么心理状态。总之，由于它们之间有因果关系，因此诉诸心理状态可以解释和预言人的行为。这里所说的心理状态的范围极为广泛，如既有知情意三大类，还有动机、欲望、愿望、意图、期待等个性心理倾向。由于意向状态极为复杂，因此自主体理论建模时必须首先要解决这样一个问题，是否可以只对一些主要的意向状态进行建模或作形式化描述？如果可以，哪些状态应成为其候选者？现在一般认为，信念、愿望、意图比较典型，又带有较大的综合性，如信念中无疑包含有认知、情感等复杂信息，因此理论建模一般只关心这三种意向状态。由于表示这三种状态的英文单词的第一个字母分别是 B、D、I，因此为简便起见，一般把关于意向状态的模型称作 BDI 模型。

要建立关于 BDI 的模型，首先要建立一个语言框架来描述它们，或对之进行形式化。一般认为，这种语言应包括模态操作符。有了它们，就可对 BDI 进行描述，如用 Bel 表示信念，Beliφ 表示其主体 i 有信念 φ。信念有时可能会产生一定结果，即让某行为发生，它可这样表示：< doi（a）>。其意思是：某主体 i 完成了行为 a。主体要作出某行为，必须有相应的能力。其能力一般包括两方面：主体能够完成某行为（可记为 CanDoi（a））和主体能达到某个目标（可记为 canAchi（Ψ））。有信念和能力的主体在打算作出什么行为时，常常会进行筹划，即作计划。这计划的内容包括：它计划做什么，不做什么，计划达到什么目的。它们可分别表示如

----

① S. J. Rosenschein, "Intelligent Agent Architecture", in R. Wilson et al. （eds.）, *The MIT Eneyclopedia of the Cognitive Science*, Cambridge, MA: MIT Press, 1999, p. 411.

下：PlanDoi（a），PlanNotDoi（a），Plan Achi（φ）。有了上述心理状态之后，主体还会产生行动的意图。意图是主体对行动的预先安排，是行为的方向。它与计划密切相关。它可表示为：Intentioni（ψ）。

以民间心理学作为建模自主体的理论基础，在现在也许有其合理性，在一定时期内可能会指导智能自主体的理论研究，并使之取得一些成功。这是由民间心理学有一定的合理性决定的。但如此进行理论建模风险很大，因为民间心理学的前途、命运是什么，在今天是未决的。最明显的理由是：民间心理学毕竟是一种常识的心灵理论，是原始人留给我们的遗产，自古以来，几乎没有什么变化。如果它最终像乐观主义所坚持的那样，不会被取消，能作为解释、预言人的行为的理论框架，那当然可成为智能自主体理论建模的可靠的理论基础。但如果它有问题，最终会像激进的悲观主义即取消主义所认为的那样，将像以太、燃素学说一样成为错误的理论而遭淘汰，那么智能自主体的前途就惨极了。

根据现有的认知科学和心灵哲学对民间心理学和心理现象的认识，去反思已有的自主体理论和建模，可以发现：它们的共同问题在于：1. 都以民间心理学为建模的理论基础，而民间心理学所提供的是关于人的内部世界和行为原因的错误地图。2. 即使根据稍微温和的观点，承认民间心理学概念在诚实运用时有真实所指（但要根据脑科学成果作重新探求和澄清，而不能以拟人或拟物的方式去设想、类推），但是两种情况下所用的意向心理学概念（即用在人类自主体和拟人自主体上的概念，如"信念"等）有根本的差异，因为描述人的意向概念所述的状态有意识、意向、本原性、自主性的特点，而用在拟人自主体上的同类概念根本没有这类信息，是真正的有名无实。它们所表示的过程纯粹是一种按事先规定的指令而运行的机械过程。例如"决策"所表示的尽管是自主体在几种可能中所挑选出的一种方案，但这里根本不存在人所完成的那种自主决定。因为它不过是按照事先规定好的指令、依据"如果→那么"这样的蕴涵规则，执行了事先储存的几种指令中的一种罢了。与人的决策的最大区别是，人在决策时，有可能有创造性，有可能出其不意地选择一种以前没有发生过的行为方式。而计算机自主体的选择则没有这种"自由"。

在已有的自主体结构中，都被安排了这样那样的功能模块，如有的有信念的作用，有的有计划、决策的作用，有的有调控、缓和冲突的作用，有的有通信的作用等。从根本上说，它们尽管在形式上类似于人的作用，在效果上与人的相应的过程差别不太大，但仍不能同日而语，因为这些功能模块并没有自主的功能作用。这从定义可略见一斑。史忠植说："这些功能模块都是预先编译好的可执行的文件，自主体内核也是一个可执行文件。""这些功能模块都是预先编译好的可执行代码。"① 很显然，这些模块的功能作用不过是按指令被动地被执行罢了，并不包含人所具有的那种真正的自主性、主动性。

就具体事例而言，汽车自主体似乎能根据变化的环境自主地驾驶汽车，甚至在碰到当前情况与原定计划有矛盾的条件下，能作出"自主"决策，对冲突作出化解。其实这都只是表面的、形式上的。史忠植所举的例子足以说明这一点。"例如，一个汽车自主体正在按计划向预定目的地行驶时，感知到另一汽车占据了原定要经过的一条单行道，建模模块因此建议汽车改道。这时决策模块根据规则，有两种解决方案，一种是先减速行驶，并立即发消息给规划模块让它重新规划；如果时间充裕，则可以决定暂停计划的执行，等另一汽车离开单行道后再继续执行预定计划。"② 自主体不管采取哪种方案，其实都不过是在执行已有的命令。如果现实世界中出现了程序所没有考虑到的情况，它就会停下来，而停下来也是在执行命令。因此这类自主体还没有真正意义上的意向性及其自主性。

当然，说民间心理学有问题，并不意味着我们一定要投入取消论的怀抱。客观地说，从一个极端走向另一极端，既无必要，又不

① 史忠植：《智能自主体及其应用》，科学出版社 2000 年版，第 45 页。
② 同上书，第 41 页。

现实。因为在现在的认识水准之下，我们完全抛弃民间心理学的意向习语是不可能的，如果抛弃了，将像福多等人所说的那样，我们人类将面临最严峻的理智灾难，因为最明显的是：我们的人文社会科学尤其是人与人的相互交流将变得不可能。之所以说没有必要抛弃，是因为意向习语只要诚实地运用，还是有其所指和意义的，因此这些概念并非纯粹的虚构。既然如此，正确的态度一是继续保留这些术语；二是在使用时一定要抛弃过去的民间心理学加之于它们的错误构想，即抛弃对于心理世界的拟人式、人格化构想或观念；三是在多科学的通力合作下，重构关于人及其心灵的正确的地形学、地貌学、结构论、运动论、动力学。①

　　最后，值得特别注意的是，AI 专家在利用西方哲学家的有关心灵哲学理论时一定要慎之又慎。例如戴维森表面上肯定了意向状态的存在及其对行为的原因作用，表面上像我们一样大量使用意向习语，但他们的骨子里却是否定民间心理学和意向实在论的，而倾向于取消主义。因为他们的理论是以解释主义、行为主义为基础，并用语言分析这种没有建议性作用，只有破坏性、颠覆性作用的工具建立起来的。稍不小心，就会犯方向性错误。最明确的例子是：被视作自主体建模之理论基础的布拉特曼的关于意向的计划理论，在本质上与戴维森的解释主义、玛尔的三层次描述理论是一脉相承的，充满着反意向实在论色彩，但我们一般将其理解为意向实在论。这显然有点南辕北辙。

----

① 以上可参阅笔者的《心灵的解构》（中国社会科学出版社 2005 年版）和《人心与人生》（北京大学出版社 2006 年版）。

第八章

机器人与专家系统

机器人和专家系统是人工智能等研究领域的热门话题，同时也是最能体现人工智能研究成果和发展方向的领域。本章的任务就是在考察它们的理论基础、结构、功能和应用等问题的基础上，从心灵哲学角度作一些初步的思考。

第一节　机器人及其智能模拟

"机器人"一词译自西文 robot，原为 robo。1921 年，原捷克斯洛伐克作家卡雷尔·恰佩克在他的科幻小说中，根据 Robota（捷克文，原意为"劳役、苦工"）和 Robotnik（波兰文，原意为"工人"），创造出了这个词。原意为奴隶，即人类的仆人。被 AI 借用后，就成了一个使用频率最高的词，现在一般指一种可编程和多功能的操作机，或者说是为了执行不同的任务而具有可用电脑改变和可编程动作的专门系统。它是控制论、机械电子、计算机、材料和仿生学的产物。之所以被称作"人"，是因为它不再是原来意义上的只为人役使的工具，而具有人的许多特点，如除了有变通性、通用性、空间占有性、力、速度、可靠性、联用性和寿命等物理和生理特性之外，还有一定的智能，至少形式上如此，这表现在：它据解释有形式上的记忆、运算、比较、鉴别、判断、决策、学习和逻辑推理等能力。因此，可以说机器人就是具有我们的某些功能的、能在实在空间中运行的特殊工具，其最有意义的作用是：可以代替人类完成一些危险的甚至是人难以完成的劳作、任务。目前还诞生了专门研究机器人的科学，即所谓的机器人学。

机器人作为一种特殊的"人"只有短短几十年的"家族史"。它的较早的"祖先"大概可追溯至1939年美国纽约世博会上展出的由西屋电气公司制造的家用机器人Elektro。它结构简单，功能也较单一，如由电缆控制，可以行走，会说77个字，甚至可以抽烟，但干不了什么真正的家务活。1942年，美国科幻作家阿西莫夫提出的"机器人三定律"意外地成了后来指导人们研发机器人的原则。不久，诺伯特·维纳在《控制论——关于在动物和机器中控制和通讯的科学》一书中不仅在揭示人的神经活动、感觉机能的规律的基础上阐述了机器中的通信和控制机能问题，而且提出了关于以计算机为核心的自动化工程的设想和研究思路。1954年，美国人乔治·德沃尔制造出了世界上第一台可编程的机器人，并注册了专利。它的机械手能按照程序做不同的事情，且具有通用性和灵活性。明斯基是人工智能的奠基人。1956年，他在著名的达特茅斯会议上提出了关于智能机器人的新思想，认为智能机器人的作用与特点应该是：能够创建关于周围环境的抽象模型，如果遇到问题，能够从抽象模型中搜寻解决的办法。从此以后，机器人研究步入了发展的快车道。现在的机器人可以代替人类的许多劳动，有一些比人做得还出色。由于一个机器人一般只被赋予某一方面的专门功能，因此可按其特长对机器人作这样的分类，如家务型机器人（能帮助人们打理生活，做简单的家务活）、操作型机器人（能自动控制，可重复编程，一般用于相关自动化系统之中）、程控型机器人、示教再现型机器人、数控型机器人、感觉控制型机器人、适应控制型机器人、学习控制型机器人、智能机器人（它是最复杂的机器人，也是人类最青睐的机器朋友）、搜救类机器人、空中机器人等。这最后一种机器人又叫无人机器，是近年来最活跃、技术进步最快、研究经费投入最多、实战经验最丰富的领域。80多年以来，无论从技术水平还是种类及数量来看，美国在这方面都居于绝对领先地位。

机器人无疑有自己的控制系统。而它的控制一般用两种方式。一种是集中式控制，即机器人的全部控制由一台微型计算机完成。另一种是分散（级）式控制，即采用多台微机来分担机器人的控制，如当采用上、下两级微机共同完成机器人的控制时，主机常用于负责系统的管理、通讯、运动学和动力学计算，并向下级微机发送指令信息；作为下级从机，各关节分别对应一个 CPU，进行插补运算和伺服控制处理，实现给定的运动，并向主机反馈信息。

机器要有智能，必须要有知识。但如何才能获取知识呢？这被认为是人工智能的"瓶颈问题"。[①] 机器学习这一研究课题的任务就是：弄清人类学习的机理，进而将有关原理付诸实践，建立机器学习系统。它的理想或追求是：让机器通过书本、与人谈话、观察环境获取知识。如果这一目标能够实现，那么不仅机器人可拥有真正的智能，而且还将大大克服人的局限性，如人与人之间的知识不能互换，而当机器有了上述学习能力之后，一台计算机的知识就可以复制给任何一台有相应能力的机器。

人之所以为人，是因为人有学习的能力，如人首先能学习识别事物，其次能学习对对象进行分类，还能学习抽象、概括、归纳，举一反三，最后能学习发现关系、规律，等等。同理，机器要超越机器，成为有人的特点的特殊的机器，也必须有学习的能力。正是因为学习有如此的重要性，因此机器学习不论在过去还是在当前都是人工智能研究的一个重要前沿领域，而且取得了大量丰硕成果。例如许多人通过对人的学习的剖析和机器模拟学习的可能性、可行性分析，对机器学习的本质特点有了新的、有价值认识。在他们看来，学习就是构造或改进对经验的表征，就是通过已有的内在条件对外部实在作出适当的表征。人们还认识到，对表征可从三方面加以评价：一是评价它是否真实，与实在是何关系；二是评价它的有效性，即评价学习的性能，评价表征对实现预定目标有何用途；三是在抽象层次对表征解释能力的评价，即评价表征的范围、细节和

---

① 史忠植、王文杰：《人工智能》，国防工业出版社 2007 年版，第 201 页。

精确性。

基于对人的学习过程及其机理的认识，AI 专家还构建了机器学习的一般模型，如图 8—1 所示。

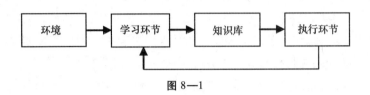

图 8—1

机器学习有许多种类，如记忆学习、传授学习、演绎学习、归纳学习、类比学习、实例学习、基于解释的学习、告知或指导学习等。以归纳学习为例，要让机器自己识别一动物是不是狗，机器首先得有关于狗的一般知识。这知识可通过两种方式取得：一是由程序员事先把有关的标准程序化，然后交给机器。二是让机器有归纳学习的能力，自己形成这种知识，如编程人员设法为它编制这样的程序，即让它自己通过对狗的正例和反例的观察，从中找出属于狗的特征，并上升为规则。有了这种归纳知识，它自己就能根据这些规则对那动物是不是狗作出判断。

AQII 程序，是 1978 年由 AI 专家设计的一个学习程序，它能自己学习 15 种黄豆病害的诊断规则，先提供 830 种关于患病黄豆植株的描述，由它自己来抽象规则。

著名 AI 专家麦卡锡在说明人工智能的目标时说：我们的最终目标是创造像人那样有效地通过经验自己学习的程序。要造出这种能自己学习的机器，就必须研究人何以可能学习的机理。人之所以有很强的学习能力，一是因为他有相应的知识，二是他有转化、融合、会通、理解的能力，而这种能力中不可缺少的一环是人能对被给予的信息作出解释、说明。基于这样的认识，基于解释的学习便应运而生了。这种学习不同于归纳学习，而属于演绎学习，因为它的运作原理主要是根据给定的知识领域，进行保真的演绎推理，存储相应的结论，然后经过对知识的编辑，构造能求解的因果解释结

构，获取控制知识。有了这种知识，机器就会表现出相应的学习
能力。

重视解释这样的环节及其作用，当然不是当前 AI 研究的发现。
传统的程序中也注意到了解释的重要性。在那里，它的作用主要是
说明程序、给出提示。而在人工智能的新的研究中，解释的作用和
实现过程发生了新的变化。其作用是：对所产生的结论的推理过程
作详细说明，以增加系统的可接受性，对错误决策进行追踪，发现
知识库中的知识的缺陷和错误的概念；对初学的用户进行训练。由
于作用变化了，因此解释的方法也随之由简单变得复杂了，如常用
这样一些方法：预制文本法、执行追踪法、策略解释法等。根据这
种方法建立的学习系统的一般模式是：

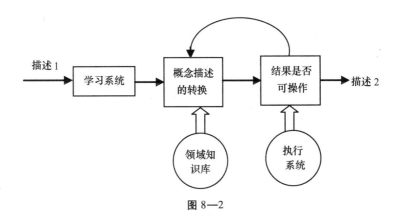

图 8—2

基于上述对学习的理解，人工智能专家开发了许多学习系统，
例如 1987 年卡耐基—梅隆大学的明顿（S. Minton）和卡伯内尔
（J. G. Carbenell）构建了 PRODIGY 系统。这个系统能从许多目标
概念中学习，所用的解释过程是对每个目标概念作详细描述。当这
一过程结束后，就把所得的描述转换成相应的控制规则。这些规则
又能选择合适的结点、子目标、算子及约束。

告知或指导学习（Learning by being told or by instruction）是通
过接受专家传授的知识而进行的一种学习。鲁斯（H. Roth）于

1980 年提出了自动接受建议的程序，它包括要求、解释、实用化、归并和评价五个阶段。其中尽管也涉及了解释，但还不是人所进行的那种解释，因为这里的解释只是知识的表征，即通过一定的方式，将专家的建议转换成内部的表征。史忠植说："一个学习系统在没有知识的条件下是不可能学到高级的概念的，因而把大量知识引入学习系统作为背景知识，使机器学习理论的研究出现了新的局面和希望。"[①]

　　机器学习的研究尽管成绩不菲，但相对于人的学习而言，现有的人工智能系统可以说完全没有真正意义上的学习能力，充其量只有有限的学习能力，因为它们不能自动获取和生成知识。系统中的知识是通过人工编程而给予机器的，所获取的知识即使有错误，也不能自动改正。另外，这里最关键的、尚未被多数人意识到的一个难题是，即使机器按上述要求对实在作了表征，但这表征还是不能同人的表征相提并论。因为后者在形成、构造出这类表征时，能意识到、能知道它所关于的东西，即有主动的意向性，而机器的表征尽管也可有关于性，但这种关于性不是机器自动地作出的，而依赖于人的解释或关联。

　　机器人、智能自主体要成为名副其实的自主系统，必不可少的是要能与环境互动，能根据环境的变化作出相应的行为。而要如此，它必须能关联于环境，获得关于环境的信息。这一特点用哲学的话说就是，自主体要能根据环境变化采取相应行动，就必须有意向性。有关专家尽管没有用到哲学的术语，但意识到意向性的必要性，并从工程技术角度探讨了怎样让自主系统关联于环境等问题。就现有的研究来说，机器主要是通过它的传感器来实现它的认知上的意向性的。通过人们的不懈努力，它能通过它的传感器完成比较正确的行动，如避开或绕过障碍物、抓握运动的物体等。这些表现足以表明：它已有西蒙所说的那种能证明机器有意向性的因果能力。尽管如此，它们所实现的意向性与人类智能表现出的意向性仍

<hr>

① 史忠植、王文杰：《人工智能》，国防工业出版社 2007 年版，第 201 页。

有本质的差别。我们将通过分析机器人的传感器的结构、功能、动作来说明这一点。

　　机器人传感器有许多不同的类型。大致说来，可以从两方面来进行分类。第一，根据感知的对象可把它们分为本体感受传感器和外部感受传感器。前者测量的是机器的内部状态及其值，如电机速度、轮子负载、机器人手臂关节的角度、电池电压等。后者要获取的是关于机器的外部环境的信息，如到达目标物的距离、亮度、声音幅度等。第二，从传感器接收信息的方式可把它们分为主动和被动两类。前者的特点是：能发射能量到环境，然后再测量环境的反应，其次这种传感器能支配、主宰环境，并与之交互。这种传感器有主动性的优点，但有一些风险，如发出的能量可能影响传感器要测量的环境之特性。被动传感器测量的是进入环境的能量，如温度探测器、话筒、CCD 和 CMDS 摄像机等。

　　先看本体传感器。轮子/电机传感器是测量机器人内部状态和动力学的装置，如果说它们有意向性的话，那么它们的意向对象是主体自身的内部状态。实现这种意向性是通过一些比较固定的装置，如刷式编码器、电位计、同步机、分解器、光学编码器、磁性编码器、电感编码器、电容编码器等。其中的每一种都有表征机器相应内部状态的意向功能。以光学增量编码器为例。它能表征电机内部、轮轴的状态，在操纵机构上测量角速度和位置变化。在表征完成后，再辅之以相应的控制器，便能产生反馈作用，实现对位置或轮子速度的调节，或对电机驱动关节的调节。如果是这样，机器人或自主体身上就有一个完整的意向弧显现出来，即有一个从接受本体信息到实现对自身行为的调节的过程，这当然是一种有意向性的因果作用过程。这种意向性的特点是什么？与人的意向性有何异同？通过分析这种传感器的结构和作用过程就能回答这些问题。光学编码器基本上是一个机器的光振子。只要对各轴转动，它就能产生一定数量的正弦或方波脉冲。它由照明源、屏蔽光的固定光栅、与轴一起旋转带细光栅的转盘和固定的光检测器组成。当转盘转动时，根据固定的光和运动的光栅的排列，穿透光检测器的光量发生变化。在机器人中，最后得到的正统波用阈值变换成离散的方波，在亮和暗的状态之间作出选择。分辨率以每转周期数（CPR）来度量。最小的角分辨率能轻易地根据编码器的 CPR 额定值来计算。很显然，这种传感器的所谓意向弧以及有意向性的因果作用，都是人在解释机器的运作时加之于机器的，它本身并没有像人那样的内在的意向性，因为它不过是按程序对状态进行转换，只是这里的程序及转换比以前的机器更加复杂而已。

再来看陀螺仪。它是一种测量机器人内部状态的本体感受器或导向传感器，可以用来测量机器人的方向和倾斜度，同时还有保持相对于固定参考框架的方向这样的意向因果作用。陀螺仪有两种，即机械性的陀螺仪和光学性的陀螺仪。以后者为例。这种传感器已应用于商业中，如被安装在飞机中。它使用了从同一光源发射出来的两个单色光束或激光。其工作原理是：光速保持不变，而几何特性的改变可以使光获得到达目的地的可变时间量。发射一个激光束，顺时针地行进通过一个光纤，而另一个逆时针地行进。因为行进在转动方向的激光路径稍短，所以它将有较高频率。两个光束的频率差 Δf 正比于圆柱体的角速 Ω。基于相同原理的固体光学陀螺仪用微制作技术做成，所以提供了分辨率和带宽远远超过移动机器人应用所需要的导向信息。

如前所述，外感受传感器的作用是获得关于机器人之外的环境以及其中的物体的信息（如距离、速度、形态、颜色等）。例如用于测量机器人与周围物体距离的传感器，能根据传感器向目标物体发射的声波或电磁波或超声波返回的时间，测量出它们的距离。有这些信息之后，机器就能借助相应的结构对之作出适宜的反应。如果是这样，那么就可以说，从感知信息到作出反应之间便形成了一个因果链，一个意向弧。这类传感器通常被称有源测距传感器。由于它们所发射的波不同，因此它们有不同的种类。如果一传感器发出的是超声波，那么它便是超声传感器，如果发射的是激光，那么便可称作激光传感器。前者的原理是：发送压力波包，并测量该波包反射和回到接收器所占用的时间。这是可以计算的。假如用 d

表示到达目标物体的距离，c 为波的传播速度，t 为所用的时间，那么这一过程可写作：$d = \dfrac{c}{2}$。

用于测量物体颜色的传感器就是颜色跟踪传感器。其形式多种多样，如有一种基于硬件的颜色跟踪传感器，它能在专用处理器上以极快速度跟踪用户选定的颜色。如它能根据用户定义的颜色，以 60HZ 速率检测色斑。这一系统能对每帧 25 个物体作检测和报告，提供关于物体质心、面积、纵横比和主轴方向等方面的信息。它用的是一个不断设限的技术来辨识颜色。在红绿蓝空间中，用户对各个红绿蓝定义两种值，即最小值和最大值。再由这 6 个约定所定义的 3D 框体形成一个颜色界定框，所有在该界定框内具有红绿蓝值的任何像素被定义为一个目标。目标像素被并入到较大的向用户报告的物体。

测量到的信息是怎样影响机器人的行为的呢？解决这一问题有这样几种策略：第一种策略是用各传感器的测量作为原始的和单个的值，再通过一定物理方式，将这种值与机器人的行为联系起来，以便让机器人的动作成为它的传感器输入的函数。其关联过程，即从输入信息到输出行为的转换过程，同温度自动启闭装置中的双金属片的作用原理一样。随着温度的变化，双金属片的形状会发生变化（如变弯），这种变弯一方面表征了温度的变化；另一方面，由于物理变化，又能影响后面的装置的变化，进而让它开启或关闭。第二种策略是用传感器的原始值来更新即时模型。如果是这样，那么被激发的机器人的动作便成了该模型的函数，而不是单个传感器测量的函数。第三种策略是首先从一个或多个传感器中提取信息，产生较高级的感觉，然后用它通知机器人的模型，也可直接通知机器人，让其直接产生动作。例如为了在面临即时障碍情况下保证紧急停止，机器人可直接使用原始的正面的距离数据停止它的驱动电机。当然，由于环境一般较复杂，所得信息较多，其中有不确定、不准确的信息，因此有时需要一个较为复杂的处理信息的感知过程。这一过程通常被称作特征提取，如图 8—3 所示。

图 8—3

　　特征提取的过程实际上是一个表征的过程。人之所以能快速准确表征周围环境，就是因为人能迅速及时抓住要表征对象的主要特征。机器人学和人工智能都意识到了特征提取对于它们的重要性。西格沃特（R. Siegwart）和 I. R. 诺巴克什（I. R. Nourbakrsh）说："在移动机器人学建立环境模型中，特征起着特殊重要的作用。它们能够更精密和鲁棒地描述环境，在作地图和定位期间帮助移动机器人。在设计一个移动机器人时，关键的决策要反复考虑选择合适的特征以供机器人使用。许多因素对决策是很关键的。"①

　　很显然，机器人学对特征提取的探讨不仅进到了对人的表征能力的模拟，而且抓住了人的表征能力的要害。它既认识到了这一模拟的重要意义，又作了大量有价值的探讨。首先，它对要提取的特征作了分类。如认为，它们可分为两大类：一是低级特征，如直线、圆或多边形；二是高级特征，如边缘、门、桌子，一物与另一物的区别等。其次，机器人学在解决如何让传感器具有特征提取能力方面也作了大量卓有成效的探讨，如在探讨低级的几何特征（直线等）的提取过程中，它认为，这种提取就是将被测量的传感器数据与期望特征的预定描述或模板进行匹配的过程。在探讨高级特征的提取中，它探讨了边缘检测。早在 1983年，坎里（J. Canny）就建造了边缘检测器，还有人建造了梯度边缘检测器。在探讨地平面特征的提取中，斯坦福研究院开发了一个自主机器人，它能在一个生产制造环境中，用基于视觉的地

　　① ［美］R. 西格沃特等：《自主移动机器人导论》，李人厚译，西安交通大学出版社 2006 年版，第 156 页。

面特征提取技术作障碍检测。此外，人们还探讨了全图像特征的提取技术，如层次提取，它覆盖了许多方法，如首先提取空间上局部的特征，以建立全图像特征，然后把这些特征组合在一起形成一个单独的元特征。

我们再来看看机器人足球队的表现。受 IBM 公司的计算机深兰打败世界围棋冠军卡斯帕罗夫的鼓舞，有关专家设想：机器人组成的足球队也应能打败由人组成的足球冠军队，于是人们开始了这一研究，以创立机器人足球队。不仅于 1977 年举行了机器人世界杯足球比赛（Robocup），而且还制订了这样一个雄心勃勃的计划："到 2050 年，在 FIFA 正式规则下比赛，全自动的拟人机器人足球队将打败由人组成的世界杯冠军队。"①

很显然，要创造能参与这种比赛的机器人，必须进一步解决有关技术问题，其中特别突出的是需要自主体技术的集成，而要如此，又要进一步研究自主体的设计原理、多自主体的协同工作，实时推理，传感器融合和自主学习等。目前，这一研究在快速发展之中。随着技术的进步，参赛的水平和队伍都在同步发展。1999 年，在斯德哥尔摩比赛时，参赛队由 1997 年的 40 个上升到了 80 个。研究和比赛活动可以相互促进。而这一研究无疑会推动自主体技术上新的台阶，当然也会极大推动人工智能的进步。

移动机器人是机器人中的一个种类。我们知道，一机器要实现在障碍环境中的移动，显然必须有哲学所说的关于环境的"意向性"。而要如此，又必须通过下述各个模块的协同作用，一是感知模块，它能接受环境的刺激，并解释传感器所提供的信息，提取有意义的数据；二是定位模块，它能确定机器人在环境中的位置；三是认知模块，它能决定行动以达到目标；四是运动控制模块，它能适时调节运动输出，以实现预期的目的。如果设计得再复杂和精密一些，它们还有望表现出原本属于人的机动性和目的性之类的

① H. Katano and M. Asada, "On Overrieu: Robocop, Today and Tomorrow", *Invited Speech*, *PRIMA 99*, Kyoto, 1999.

特征。

　　毫无疑问，目的性、机动性是人的本原意向性的特征。为了让机器人具有真正的意向性，有关专家也在设法让机器人具有目的性和机动性。例如探讨机器人的运动的动力学、确定机器人环境背景的传感器、相对于机器人地图的定位技术，都旨在让机器人有"鲁棒性和机动性"，有人的"至关重要的因素"，而"导航能力则是与鲁棒的机动性直接相关的认知特性"。所谓导航能力是指，"机器人的动作能力，它根据机器人的知识和传感器值使之尽可能有效和可靠地到达它的目标位置"①。在移动机器人避障的过程中，就要用到导航能力。面对想到或原先没有想到的障碍时，机器人必须根据机器人的当下状态和新的信息，对行为作出调整，如是绕过去，还是跨过去，以达到既定的目标。有关专家借助函数关系来解决这里的问题，因为机器人面对障碍要采取什么运动，不过是它当前或最近传感器读数的函数，是机器人目标位置及距离目标的相对位置的函数。当然要具体完成行为的转换，既要靠硬件设备，又要有相应的算法。这种算法就是"避障算法"。它"不同程度上依赖于全局地图的存在和相对于地图机器人定位的精确知识"。例如常用的算法是 Bug 算法。它"代表了一种只用最近机器人传感器数值的技术"②。当然具体的避障法很多，如局部动态窗口法、全局动态窗口法、Schlege 避障法、ASL 避障法等。③

第二节　专家系统

　　所谓专家系统是指有专门领域知识，并运用它来解决需要专家来解决的专门问题的智能化的计算机程序。我国著名的人工智

----

　　① ［美］R. 西格沃特等：《自主移动机器人导论》，李人厚译，西安交通大学出版社 2006 年版，第 264 页。

　　② 同上书，第 281 页。

　　③ 同上书，第 292—297 页。

能专家蔡自兴教授说：专家系统是指一种能模拟人类专家解决领域问题的计算机程序系统，内部包含某个领域大量专家的知识和经验，能够利用人类专家的知识和解决问题的经验方法来处理该领域的高水平难题。[①] 20 世纪 60 年代开始兴起。如 1968 年，诞生了世界上第一个专家系统：DENDRAL。同时，它是一个化学专家系统，能根据化合物的分子式和质谱数据推断出化合物的分子结构。这种问题在过去是须由人类专家才能解决的问题。进入 80 年代以后，专家系统的应用领域大大拓宽，如属设计型的专家系统有：超大规模集成电路设计系统 KBV—LSI，规划型的有：安排机器人行动步骤的 NOAH；教育型的有：蒸汽动力设备操作教学系统 STEAMER；感染疾病诊断治疗教学系统 GUIDON；预测型专家系统有：军事冲突预测系统 I&W 和暴雨预报系统 STERMER。

专家系统有与环境相互作用的特点，例如环境、对象不同，它输出的信息、提供的解决办法不同。换言之，它的输出是根据有关环境、对象的信息而作出的。另外，从事实上看，专家系统面对与人类专家相同的问题时，常常会作出相同的反应，如对同一疾病作出相同的诊断。如果人有意向性，那么专家系统似应有意向性。我国专家、中国科学院自动化所的涂序彦教授研制的中医诊断专家系统"关幼波肝病诊断治疗专家系统"是世界上这方面的一个创举，它通过了基于"图标测试"的双盲测试，如任选一个病人，先后由上述专家系统和人类专家关幼波来诊断、开处方，结果，两类专家所作的诊断、所开的处方完全一样。

从专家系统的结构上，专家系统似乎不再像过去的智能系统那样，只负责进行符号形式的转换，如有穷地将有限串长符号转化为有限串长的符号，而要随时根据环境信息的变化，对具体问题作出具体分析和具体解答。它的结构和工作原理似乎能说明这一点。它的结构如图 8—4 所示。

----

① 蔡自兴：《智能控制》，电子工业出版社 2004 年版。

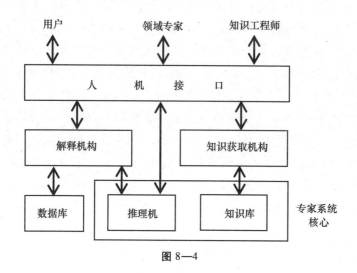

图 8—4

专家系统的核心一是知识库，二是推理机。前者是用来存放领域专家专门知识的结构。它要从知识获取机构得到知识，同时又为推理机提供求解问题所需的知识。推理机的作用是根据当前已知的事实、利用知识库中的知识，按一定的方法和控制策略进行推理，直至找到关于问题的答案。知识获取机构的作用是建立知识库，如把知识输入到知识库中去，并对知识作出维护和管理，以保证知识有一致性和完整性。人机接口是一个方便人机进行沟通的界面，用户要提出问题，知识工程师要发指令、输入信息，专家领域要与专家系统沟通，都要通过这个界面。因此其作用是完成输入和输出工作。而这又是由一组程序及相应的硬件实现的。数据库是一种动态的、储存信息的机构，其作用是存放用户的初始事实、问题描述及系统运行过程中得到的中间结果、最终结果等方面的信息。解释机构的作用是跟踪记录推理过程，用约定的形式对用户的询问作出解释。

按其功能分，专家系统有解释、预测、诊断、设计、规划、监控、调试、修理、指导、控制等多种类型。

从其作用、效果上看，专家系统不仅有像领域专家一样的能力，而且似乎也有自然智能共有的那种意向的本性。例如当用户指出有关领域问题的咨询和提问（得了什么病？皆吃什么药？）时，专家系统能在"理解"的基础上作出推理，形成某种结论，并作出相应的解释。不仅如此，所形成的结论可以像人一样通过文字、口头语言、图示的形式表现出来。

专家系统既然模仿的是人类专家的工作过程及方式，那么它一定有自己的推理。我们知道：人类的智能有常识推理的能力，其特点是非单调性。这一特点从根本上有别于精确推理的单调性，因为常识推理是在知识不精确、不完全的情况下作出的。既然前提中缺乏可靠的根据，因此它的完成就离不开假设，甚至离不开猜测。现在的人工智能也能模仿这种推理。如麦卡锡 1986 年研究了一类非单调推理的应用；再如以语义网络表示的 PRODPECTOR 系统，采用了主观的 Bayes 方法，以度量不确定性，建立不确定性推理系统。不确定性推理有数值方法和非数值的语义描述两种方法。1985 年科恩提出的不确定性认可（endosement）模型用的就是后一方法。其问题仍在于，它究竟适用于什么，推论的是什么，有何意义，都依赖于人的关联和解释。

专家系统为了模拟人类的不确定性推理，建立了多种不同的不确定性推理模型。如：（1）认可模型。所谓认可是指对不确定性的背景知识和证据方面的不确定性因素的语义记录，是对信任和不信任某命题的理由的结构化知识表示。在这种模型中，需认可的知识，根据有关规则，确定分级的知识，进而生成分解任务的规则，最终形成不确定性推理及结论。（2）信念网络。这也是一种不确定的推理模型，它试图模拟人类在不推理过程中的因果关系。它有许多节点，它们分别表示问题求解中的变量或命题，有的表示的是假设。其次，它还有弧，正是通过它们，直接有关的变量便连接在一起，如果节点 M 的值对节点 N 的值产生了直接影响，就可把它们连接起来，记作 M→N。这种连接的强度不一样，可用条件概率 $P(N/M)$ 表示。此外，还有默认推理模型、封闭世界假设模型、谓词完备化方法等非单调推理方法，等等。

　　从结构上看，一般的专家系统尽管像人类专家一样有知识库、推理机、知识获取和推理咨询四大模型，但专家系统的意向性只是一种假象，充其量是派生的意向性。在知识库的一部分即规则库中，存放的是作为专家经验的判断性知识，如建议、推断等的产生式规则，而数据库存放的是能说明问题的状态、事实、概念和各种条件及常识的数据。知识获取这一模块的作用是通过与领域专家的交互获取和更新知识库，完成对知识的测试和提炼。推理机则是通过对知识库中的知识的调用、基于某种问题求解模型进行推理和求解问题的软件。推理咨询模块是专家系统与用户发生关系的人机接口。

　　我们重点以产生式系统为例作一分析。所谓产生式系统就是在知识表征过程中运用了产生式规则的系统。众所周知，专家的知识不能直接给予专家系统，必须以机器能识别的方式存储在机器之中。知识的表征就是专门研究这种存放方式的技术。目前已形成了状态空间、谓词逻辑、语义网等多种知识表示形式。产生式规则也是其中的一种。这一规则规定的是：只要具备了某条件，机器下一步就必须采取某相应的步骤，因此这一规则类似于一个条件语句。其基本形式可表示为：IF［条件］，THEN［结论］。例如在动物识别的专家系统 IDENTIFIER 中，有这样的规则库，它包含的就是这样的一系列的判断动物的规则式条件。如 R1—R2 规定的是哺乳动物的条件：

　　R1：IF［该动物有毛发］，THEN［它是哺乳动物］

　　R2：IF［该动物能产乳］，THEN［它是哺乳动物］

　　不可否认，我们人之所以能对许多事情形成自己的判断，根源在于：我们的大脑中储存着相应的条件知识。一个对象来到我们面前，我们马上就能叫出它的名字。这种称呼无疑具有意向性，因为它关联于、指向性于它之外的存在。而意向性之所以发生，是因为我们内部有相应的知识（条件、规则等），既然专家系统中也存放了这样的知识，那么也应认为：它们是承认机器有意向性的根据。其实不然，机器尽管有类似的知识，但并不能被授予本原的意向性，因为它在有这种知识或符号时，并不知道它关联、意指的是什么。它的符号与什么东西关联起来，符号意指什么，凭机器自身是无法完成的，必须依赖于人的解释、说明。而人类则不然，他们有一种机器目前还不具有的特殊能力，即有意识地把符号与所指关联起来的能力，有意指的能力，用胡塞尔的话说有意义、赋义的能力。正是因为人有这样的能力，人与之发生的关系的一切对象便都有人所授予的意义，因此人的世界是意义的世界。而机器至今生活在无意义的世界之中。

再从推理机的运作原理和过程来说，它在本质上仍是一组程序。它规定的是：下一步该选用什么规则，该如何运用规则，其作用是控制专家系统的运行，决定推理路线，并完成对问题的求解。而为了完成这些任务，它必须依据这样的原理：首先进行当前数据库与规则的前提条件部分的匹配工作，当有多于一条规则与当前数据库相匹配，那么便要进到冲突解决程序，即决定先作用哪一条规则，然后再执行操作，这也就是执行规则的结论部分。经过操作以后，当前数据库被修改，于是其他规则就有可能被调用。

依据这样的原理，推理机就能进行它的推理工作。其推理过程不外是：对解空间进行搜索，直至发现能解决问题的最优解。而这一过程又不外是一个匹配过程。如果输入的模式符合解空间中的某一结论所需的条件，那么该项结论就会被调出来，作为结论输出给用户。

从表面上看，这一过程有意向性。因为用户向专家系统提出的是关于某一对象的问题，如看病时，说出的是发热之类的症状，而专家系统所作的解释（你感冒了）和所提出的解决办法（处方）无疑是关于病人及其症状的。这与有意向性的人类专家在形式上并无二致。事实也是这样，许多疾病诊断专家系统对病人的诊断与人类专家的诊断常常是一致的。但应予注意的是：在人类专家身上发生的是一种复杂的意向过程：外部对象—符号—加工—结论。之所以说它复杂，一是人类的内部意向过程由某外部对象所引起，二是在进到内部的符号处理过程时，人想的、加工的不只是符号，而更重要的是符号所关于的东西。而机器接受的是纯粹的符号，加工处理时也不管这符号后面的东西，输出的结论关于的是什么，它一概不知，只有人类专家和用户才能知道。质言之，专家系统所完成的过程是一个纯粹的符号或代码的匹配、转换、映射过程，而人类的同样过程则始终有两方面，既有上述过程，同时又以符号为代表想到它们所关于的外面的对象，因此人的加工实际上也是以特殊的方式对外部对象的加工。而这两种加工又是统一的，其统一的基础就是人所特有的关联能力。

总之，专家系统的结果和工作原理似乎与人类专家解答问题的过程相差无几，无疑具有对有关外部对象和信息的关于性。但是这只是表面现象。尽管它与人类专家加工的对象都是有信息内容的形式，但是在人类专家那里，信息的内容和形式有明确的界限，他们加工的是形式，但这形式是关于外在对象的，如最开始表示事实、问题的符号形式，以及作为结果输出的符号形式都是关于外在事态的，而不是形式本身。而形式与内容的这种统一，或它们的关联是由人类意向性中的重要机制——意识——建立起来的。即是说，人类专家在输出符号形式时有这样的意指，即有意识地让符号关联于某对象或事态，如他们在处方上写出药名时发生了一种机器所没有的过程，即用它表示外在的某药物。而机器尽管开出了与人类专家一样的处方，但它在从接受信息到内部所完成的加工的全部过程中，并不会对信息形式和内容作出区分，因此形式和内容是混沌统一在一起的。而且它从未发生"知道""晓得"之类的意向活动。质言之，尽管它完成了十分复杂的加工过程，但究其本质，仍只是在从事形式的转换工作。输入有什么意义，输出有什么意义，是它全然不知的。因此它不是作为自主体而是作为人类的工具起作用的。最明显的是：这输出的结果有什么意义，一刻也离不开人的解释。这一点在它的接口上表现得最为明显。例如如果没有人机接口，专家系统就没有与外部事态发生交互的性能；而有了它，就让它有了表面上的意向性。因为人机接口所做的就是输入和输出信息，而这种工作实质上是形式转换。如在输入时，将领域专家、知识工程师和用户的输入信息通过一定的软件和硬件转换为系统能处理的表示形式，在这个转换过程中，它全然没有人的意识、意指、知道等活动发生，因此没有关联过程发生。在输出时，它又把系统要输出的信息由内部形式转换为人们能够理解的外部形式。而它本身并没有理解这样的意向性的必然过程的发生。例如有这样的医疗诊断系统，它能推断有症状 A 时，患者得了什么病，如是 B1，还是 B2…Bn。它引用 Bayes 公式来求解。Bayes 公式是：设事件 B1…Bn 互不相容，B1…Bn 中的一个同时发生，而且 P（A）>0，P（Bi）>0，$i = 1…n$。则有：

$$P(Bi \mid A) = \frac{P(A \mid Bi)P(Bi)}{\sum_{j=1}^{n} P(A \mid Bj) \cdot P(Bj)} \quad i = 1 \Lambda n$$

这公式实际上是把症状 A 出现时对患病 Bi 的概率计算转化为对 P（A｜Bi）和 P（Bj）的概率计算。例如在 K 之下，如果 P（Ak｜A）明显地大，那么便可推断：当有症状 A 时，患者得的是 Bk 这种病，计算机的确可完成上述计算，而且快速明了。但它只是完成了一系列的形式转换，而没有自主的关于性。

专家系统由于没有真正的知识，尤其是没有关于知识的意义的真正的意识和把握，只是按规则进行形式转换和模式匹配，在转换、匹配时不能涉及后面的意义，因此常常犯错误。例如有一个疾病诊断系统在为一个脑膜炎患者选择治疗药物时，询问患者是否怀孕了。尽管这个患者已告知该系统：他是男性，但还是闹出了这样的笑话。

第九章

人工智能与本体论

在一般人的印象中，本体论是真正的形而上学，远离现实生活，与具体的科学技术没有任何关联。然而，最近的人工智能研究中却出现了一种新的现象，即"本体论"之类的纯哲学术语在像自然语言处理之类的文本中以极高的频率现身。为什么会有这种"怪现象"发生？

本体论是人类智慧大厦中最奇特的构件，一方面，它位于本来就高不可攀的形而上学的塔尖；另一方面，它又能上能下，甚至可潜入这座大厦的底层结构，例如可在具体的信息科学技术和 AI 的工程建构中发挥着支柱性作用。有关专家在对人类智能的解剖与揭秘中惊奇地发现：人的智能之所以是真正高级的智能，其内除了有动因、动机、目的的构造、各种能力构造，以及有意志力、情感能力和各种先天、后天知识资源之外，还有一种很神奇的能力及知识，即概念化能力，凭这种能力，人能形成关于世界的概念或范畴体系，对世界作简化、抽象和统一的把握；相应的，人的知识资源中便有一类特殊的知识，即关于整个世界的最一般的知识。这大概就是人们常说的世界观或自然观吧。只要是人，甚至包括没有任何理论化的科学和哲学知识的人，都必定有上述概念化能力和最一般的知识，只是其内容、深度、科学性各不相同罢了。但由于个性中包含共性、特殊性中包含一般性，全人类中每一正常个体中的上述能力和知识也有共通的一面，例如任何人听到"红"一词之后，都会有这样的概念化活动，即想到它指的是一种性质，而非物体，但它又离不开物体；它是一种颜色，但又不同于黄、白、黑等颜色；它不可被打碎、没有重量，但肯定存在，能被感知到，等等。还由于有这种能力，不同知识背景、不同民族和国家、不同年龄及性别、操不同语言的人便可进行相互沟通，甚至一种语言有向另一种完全不同语言转译的可能性。鉴于这种能力、知识与人们完成哲学上的本体论承诺、建构范畴体系存在着关联，人们便用了一个颇令人费解且极富争议的概念来予以表示，那就是"本体论"（ontology）。在有关的 AI 专家看来，要建构像人的智能一样的 AI，一个必不可少的条件就是让 AI 也有本体论构造，因此 AI 研究的一项重要工作就是为 AI 构造本体论。众所周知，"本体论"历来是哲学中聚讼纷纭的概念，究竟该如何理解这一概念呢？

第一节 "大写的本体论"与"小写的本体论"

哲学家瓜里罗（N. Guarino）在对各领域的本体论研究作全面考释的基础上指出："本体论"一词有许多不同的用法，不过可归结为两大类：一是纯哲学的用法，二是具体科学和工程学中的用法。前一用法可称作"大写的本体论"，后一用法可称作"小写的本体论"。这一区分独具匠心，对于澄清本体论理解和界定中的混乱无疑有积极的作用。我们先从前一用法说起。

"本体论"是哲学中的一个古老概念。在现代以前，中文中没有"本体论"一词，中国哲学也很少或几乎没有人研究西方哲学中的那种严格意义上的本体论。如果按中文的字面意义来理解本体论，即把它界定为本根论、本原论，那么中国哲学不仅有博大精深的本体论，而且有世界上最为古老的本体论。有根据说，"本体"是中国哲学最古老的范畴之一。在最初，"本"和"体"都有本体的意义，即指本根之本、本性之本、本末之本。如《庄子·知北游》云："惛然若亡而存，油然不形而神，万物蓄而不知，此知谓本根。""本"与"体"的连用则兴盛于西晋以后。在西方，古希腊已有非常发达和完备的本体论研究，当然，与中文"本体论"一词所对应的词"ontology"是在 16—17 世纪才被创立出来的。这里有两种说法：一种观点认为，它由德国经院学者郭克兰纽（1547—1628）最先创立。另一种说法是：它由德国神学家、笛卡尔主义者克劳贝格（Joannes Claubergius，1622—1665）于 1647 年首创。不过，可以肯定的是，它之所以在哲学中流行开来，主要得益于德国唯理论哲学的系统化人物 C. 沃尔夫。

19 世纪末 20 世纪初，随着西方哲学著作的大量传译，西方的"本体论"也传进了中国。不知什么原因，最初的翻译家把西文的 ontology 译为"本体论"。现在看起来，这是错误的，危害也是深重的。例如现在的许多稀里糊涂、没有意义的争论主要不是源于对文本的理解，而是源于对这个词的望文生义的理解。从构词上或从字面意义看，西方的本体论是关于 being 的哲学理论。这没有什么问题。但问题是：这里的 being 是很难理解的，甚至没有一定西文知识、没有相当哲学素养的人根本就无法理解。正是因为这一点，ontology 就成了一个难翻的概念。常见的译法有：1. 本体论。2. 存在论。3. 万有论。4. 是论。5. 权变论（即根据具体情况选用不同的译法）。

笔者的看法是：第一，还是译为"本体论"为好，因为它已约定俗成了，再则，换其他的译法，如没有必要的解释和说明，还是不能把里面的意思传达出来。这是因为在中文中，根本找不到对应的词。第二，如果确实想翻译，那么最好是像玄奘法师在佛经翻译时所倡导的"五不翻"那样，直接将它音译过来就行了，其实，陈康先生就有这样的尝试。第三，在使用时，具体情况具体对待，如把中国哲学所说的本体论与西方哲学所说的本体论严格区别开来，在述及后一种本体论时，不按中文字面意义去把握它的意思。而要如此，就必须有对 onta 或 being 的到位的理解。

西方本体论起源于对 being 一词的诧异。本体论的全部秘密就在 being 的秘密之中。我们先看西文中的 being（onta）：英语　to be——Beings（动名词）——being（分词），希腊文 einai——onta（动名词）——on（动名词），德文　sein——Sem（动名词）——seiend（分词）——das seiendes（名词）。怎样理解系词 being 的意义呢？得从词源上入手。

西文中的这些系词形式都有共同的词源，即渊源于共同的印欧语词根，如 es 是这些词的最古老、最基本的词根。es 原指"生命"。所谓"生命"有这样的意思：从自身中站出来，并且运动和维系自身。当然，后来的系词还有其他的词根，如 bhu、bheil、ves 等。不管怎么说，由这些词派生而来的系词有两种词性，一是实义词，二是系词。由此所决定，其词义就较复杂，如既有关联的作用、断定的意义，又有生命（活动）、涌现（产生）、在场等意义。简言之，从词源上说，to be 既是系动词，又是实义词。这一点我们还可从 being 的具体用法看出来！为了使分析更简便和明白，我们引入两个逻辑符号，一是 X（这），二是存在量词（∃）。由它们加上其他成分，可产生无数的句子，如：（∃X）X 是一个人。（∃X）是一只鸡。（∃X）X 是一种运动。（∃X）X 是一种形态。（∃X）X 是大的。（∃X）X 是质数。（∃X）X 是独角兽。（∃X）X 是潘多拉的箱子。（∃X）X 是方的圆。being 在西文中除了可作系词用之外，还可作动词使用，如在"there be…"的句型中就是如此。

由上可以看出，being 绝不只是一个无意义、无指称的词，而是有指称的。只是它的指称太抽象、太一般了。我们可以把它与名词、动词加以比较。如"桌子""跑"，指的很具体，而 being 指的是什么呢？

Being 是本体论研究的对象，其意义问题一直被认为是西方哲学传统中最基本的问题。但是，这个 being 指的究竟是什么则众说纷纭。在英语当中，being 有两种词性，一为名词，二为现在分词。作为名词的 being 既可以意指某一种具体的 being，又可以意指 being 本身。与前者相关联的是实体、本性或者一事物的本质；与后者相关联的则是"所有能够被恰当地表述为'是'（to be）的东西的共同属性"①。此外，being 还是动词 to be 的现在分词。在这里，作为动词的"是"（to be）意指一种行动，正是凭借这种行动，所有被给予的实在才得以存在。② 无论根据哪种词性，being 在其最广泛的意义上都可以被理解为一切能被表述为"是"（to be）的东西。

从词源学来看，作为名词的 being 是从动词"是"（to be）演化而来的。在印欧语系中的"to be"来自于一个共同的词根"es"。动词"es"既是系词，又可表示"存在"或者"有"，因而是一个多义词。但是这些含义之间又有着密切的联系。亚里士多德就曾注意到："是"是一个多义词，有不同的用法和意义，但是，这些意义并非彼此无关、相互独立，而是有着内在关联的，或者说有内在的一致性。在近代，弗雷格和罗素等人在梳理"是"的各种用法后发现，尽管其用法很多，但不外四种：一是表示存在（being）或实存（exist），如说"苏格拉底是"（Socrates is）；二是有等同的意义，如说"柏拉图是《理想国》的作者"；三是述谓，指出主词的属性，如"柏拉图是白皙的"；四是表示隶属关系或下定义，如"人是动物"。弗雷格等人由此认为，本体论中所用的"是"是第一种用法，与其他用法无关。在此之后，尽管许多分析哲学家也赞成把"是"的用法归结为四种，但他们却普遍强调：这些用法是有联系的，尤其是其他三种用法中都包含有"存在"的意义。

作为动词的"是"在用法和意义上的确有细微的差异，而且，"是"的四种用法的本体论意义也确有不同，如第一种用法对被述说对象的本体论地位作了直接而明确的回答。例如，断言"苏格拉底是"，就是断言这个人不是虚构、不是非有或无，而在这个世界有其存在地位。由于这种用法有这种作用，因此本体论或存在论

----

① E. Gilson, *Being and Some Philosophers*, Toronto: Pontifical Institute of Mediaeval Studies（PIMS），1952, p. 2.

② Ibid., p. 3.

中的最一般的、最关键的"是"或"存在"的概念，尤其是名词化的"存在"范畴，便通过提升、泛化而由之演化出来了。质言之，作为本体论最高范畴的"存在"的确与日常语言的第一种用法有关，是其哲学升华的产物。同时，"是"的其他几种用法同样具有本体论意蕴。换言之，当我们用后三种方式的任何一种去述说对象时，除了让它们发挥它们特定的语言学功能之外，我们的述说一定还有这样的共同之处，即让它们完成我们对对象的本体论承诺，或表达述说者这样的看法，即认为：被述说对象不是子虚乌有，而有其"存在"的地位。不管是把主项述谓为什么，等同于或归属于什么，都包含着对它有存在地位的断定。如说"柏拉图是《理想国》的作者"，除了断言他们有等同关系之外，还一定包含有对柏拉图是否存在的回答。

上述对"是"（不管是名词用法还是动词用法，不管是中文还是西文）的用法的分析，可以化解我们在用中文翻译西文 being（或动词 to be）时所碰到的难题。维特根斯坦早就指出：一个词的意义就在它的用法当中。退一步说，分析用法即便不是把握语词意义的唯一办法，至少也是一条行之有效的途径。作为本体论上最一般的范畴的 being 在被哲学家运用时，指的就是存在，或世界中的事物所具有或所包含的某种出场或显现出来的东西，它不是虚无，不是非有。这些意义都是作为名词"是"所不能表述的。再者，就本体论的根本旨趣来说，它所要关心的显然不是"是"，而是世界上有什么，存在什么之类的问题。当西方哲学家说"苏格拉底是"时，除了说他存在、他在着以外，别无他意。所以，我们有理由认为，being 指的就是存在，它的反义词是"非存在"，西文中的 being 应当被翻译成汉语的"存在"，而非"是"。

再来看对西文"本体论"的理解。哲学界关于它的定义可谓不计其数，因为有多少人研究本体论，就有多少种定义。现只能列举几种较有影响的。

1. 亚里士多德没有使用本体论这个词，但有相应的规定：

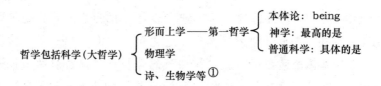

2. 沃尔夫对本体论的定义是："本体论"论述各种关于有（öν）的抽象完全普遍的哲学范畴，认为"有"是唯一的、善的；其中出现了唯一者、偶性、实体、因果、现象等范畴；这是抽象的形而上学。①

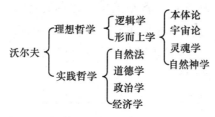

3.《不列颠百科全书》的界定是：研究 being 本身，即一种实在性的基本特性的一种学说。这个学说尽管初创于 17 世纪，但它和公元前 4 世纪所规定的形而上学和第一哲学意义相同。

4. 昂（B. Aune）根据 17 世纪斯宾诺莎和莱布尼兹等人的观点认为：形而上学有两个领域：一是一般的形而上学。它包括本体论和大部分普遍科学的内容，旨在从整体上研究实在的普遍本质，主要研究的问题是：抽象的是与具体的是、殊相的本质，表象与实在的区别，以及坚持具有基本是的东西之真的普遍原理。二是特殊的形而上学，研究的是与存在的特殊性质有关的一系列问题，如精神与肉体、人的自由的可能性、人格同一性、可朽、上帝存在与否等。

5. 巴姆的看法是：本体论是关于存在的学问，但由于人们对 being 有不同理解，因此本体论有不同的意义，如果把 being 理解为存在，那么本体论就是形而上学，如果把 being 理解为具有特性的

---

① ［德］黑格尔：《哲学史讲演录》第 4 卷，贺麟等译，商务印书馆 1978 年版，第 189 页。

东西，即具体存在物，那么本体论就不同于形而上学，就是一种关于万物的哲学学问。①

6. 蒯因认为：本体论是对"存在着什么"这一问题的讨论。而这一问题又可表述为两方面：一是事实问题，即事实上存在着什么，何物实际存在。二是语言问题，即语言使用中何物存在的问题，即本体论承诺问题，语言、话语、承诺了什么。②

7. 霍尔（D. Hall）和埃斯（R. Ames）认为：形而上学有两部分，一是一般的本体论，研究的是事物最基本的特征，探寻存在者中的存在（Being of Beings），探讨存在着哪些种类的事物。二是普遍的科学。③

8. 洛克斯（M. J. Loux）说：本体论是指这样的东西，即形而上学所假定的基本范畴目录，它"是'官方'的哲学关于事物的库存清单"。清单上的每一类项目实际上是相应的具体科学的"先验的 x"，即对象预设。④

笔者认为，本体论研究的对象是 being，而这 being 包括广义和狭义两种"存在"。所谓广义的"存在"是相对于狭义的存在而言的。狭义的存在是指真实的存在，所谓真实的存在即有时空规定性、处在运动中的存在。而这种存在又有基本的和派生的之别。如个体事物是基本的，而依赖于它的种种属性、关系甚至三阶、四阶属性是派生的。所谓广义的存在是指一切能用 being 加以述谓的对象，包括真实的存在和非真实但又确实出现了、在场的现象。例如在思想中所想到的一些对象（"独角兽""方的圆""当今法国王""平均3.6个人拥有一辆汽车"等）。它们尽管不存在于现实世界之中，但一旦我们想到或说出了它们时，它们确实出现了，到场

①　A. J. Bahm, *Metaphysics*: *A Introduction*, New Mexico: Albuquerque, 1974, 9, 15.

②　[美] 蒯因：《从逻辑的观点看》，江天骥等译，上海译文出版社1987年版，第1页。

③　L. Hall and R. Ames. "Understanding Order", in R. Solomon et al. (eds), *From Africs to Ien.*, Rowman & Littlefield Publishers, Inc. 1993, 9, 6.

④　[美] 路克斯：《当代形而上学导论》，朱新民译，复旦大学出版社2008年版，第1—18页。

了。因此可用 being 述谓，也可在"存在"的特定意义（即活动的、在场、涌现）上说它们存在着。另外，像精神本身、数、真、本质共相等也属于这样的存在。根据这种理解：本体论可概括为以存在为中心的，广泛涉及存在与真理、与本质、与现象、与殊相等的关系的哲学研究领域。

具体地说，本体论是由下述主要研究子领域构成的一个哲学门类。第一，要研究一切事物、现象中最普遍、最一般的东西，那就是 being 所指称的东西，或在用 being 述谓对象时所包含的东西。第二，就是要划分是与不是、存在与非存在的界限，确定区分两者的标准。第三，要研究实际上存在着哪些事物，语言使用中会涉及哪些事物，这分别就是蒯因所说的本体论的事实问题和本体论的承诺问题。用传统本体论的术语说，这就是要研究 being 或"存在"的类别，以便更清楚有效地把握整个世界。这也就是要建立关于世界的范畴体系。就此而言，本体论必然有构造范畴体系的任务。第四，要探讨 being 或存在的程度和方式问题。由于有不同意义或不同类型的存在，而它们的存在的程度是不一样的，有些既是主体又是实体，因而在句子中既可作主词，又可作谓词。而有些不能独立存在，必须依附于一定的实体才能存在，如属性就是如此。还有些存在形式的存在依赖于两个以上的事物的关系，如关系属性。另外，有些存在是以场、显现或胡塞尔所说的现象的形式存在的。最后，还有一些存在表现为属性的属性、关系的关系，即所谓二阶、三阶……属性。如果是这样，又该如何说明"存在"的程度呢？如何界定存在的种类和层次？如何建立关于一切存在的范畴体系？在回答这些问题的过程中，本体论还必然要涉及存在与真理、本质以及与语言、思维的关系问题。

总之，本体论（ontlogy）就是关于作为复数的存在（onta，万有）的形而上学理论，或者说，它是形而上学的一个分支，探讨的问题主要是：世界上存在着什么（what there is），怎样对存在着的东西作出规定，存在与不存在的标准是什么，如果存在，它们的意义是什么，有哪些形式的存在。而要如此，又必须对存在与不存在的标准作出说明。

　　"本体论"不是哲学独有的话语，这是一般治哲学的人所不知道的。殊不知，它在信息科学、AI 研究等中使用的频率也很高，而且还呈上升之势。鉴于这一点，哲学家瓜里罗（N. Guarino）在对各领域的本体论研究作较全面考释的基础上指出：本体论是一个跨学科的概念，在不同学科间，含义大不相同，即使在同一学科内，它也是一个颇有歧义性的概念。他还建议，把纯哲学以外的本体论称作"小写的本体论"。

　　一般来说，哲学所说的本体论指的是哲学中的一个特殊的研究领域，属于形而上学，或就是形而上学。具体科学和工程学所说的"本体论"肯定有哲学的意味，因为当它们对它们所关心的对象作本体论承诺或作存在判断时，就必然要碰到存在的标准、意义之类的本体论问题。但它们所说的本体论又有浓厚的应用、实用色彩。小写的本体论又有两种形式，即形式本体论和工程学本体论。瓜里罗指出：所谓"形式本体论……是关于先验划分的理论，如在世界的实在（物理对象、事件、区域、物质的量……）之中，在用来模拟世界的元层次范畴（概念、属性、质、状态、作用、部分……）之间作出划分"①。这种本体论是信息技术等具体学科中的基本理论和方法。借助它，可对有关对象和范畴作出划分，如可从两个层面或等级去划分，即实在的划分和范畴的划分，前者属高阶划分，后者属低阶划分。前一划分是形而上学的，后一划分要根据形而上学划分来阐释。尼伦伯格等人认为，尽管可以说，康德、黑格尔和胡塞尔等人曾阐述过形式本体论，对之有自己的建构，但形式本体论仍是一个正在发展中的学科。由之所决定，人们对它的对象和范畴便自然有不同的看法。在史密斯（B. Smith）看来，形式本体论类似于形式逻辑，要处理的也是有关的关系；当然它们也有

　　① N. Guarino, "Formal Ontology", in N. Guarino et al. (eds.), *Special Issue*, *The Role of Formal Ontology in the Information Technology*, International Journal of Human and Computer, 1995 (43): 5 - 6.

区别，如后者研究的是思维的形式关系，"处理的是各种真之间的相互联系……而形式本体论处理的是事物之间的相互关系，处理的是对象、属性、部分、整体、关系和集合。"① 有的认为，形而上学也有形式本体论，它是本体论的一个组成部分。其中的一部分是要说明存在或 being 的意义，另一部分即形式本体论，任务是为存在建立形式系统。

　　小写本体论的第二种形式是工程学本体论。在人工智能中，其最常见的意义指的是工程学上的人工制品，它由用于描述特定实在的具体词汇所组成，另外还包括一些关于词汇的意欲意义的明确假定。这些假定常采取一阶形式逻辑理论的形式。在最简单的情况下，这种本体论描述的是由假定关系关联起来的概念体系，在最复杂的情况下，它又被加上了一些适当的公理。这样做的目的是要表达概念之间的别的关系，进而限制它们试图作出的解释。可见，工程学的本体论与哲学中的本体论有很大的区别。它既不关心形而上学的 being 的意义，又没有关于实在的本体论分类。它不过是一个想象的名词，指的是这样的活动结果，例如在标准方法的指导下通过概念分析和范畴模拟所得的结果。当本体论作为方法论和结构上的特质发挥作用时，这些结果也就现实地存在着。如果是这样，那么本体论就成了信息系统的整合因素，即这样的范畴结构，它能整合被输入的信息，把它们按本体论的类别放入相应的范畴之下。由于这里涉及有关概念分析之结果的本体论判定，因此人们才把它称作本体论，但它关心的又不是一般的存在问题，而是信息系统中的整合因素，因此它又是名副其实的工程学本体论。②

　　说工程学本体论是一个想象的名词，是否意味着工程学本体论可以任意设立呢？它有没有自己的标准呢？一般认为，一种工程学

　　① B. Smith, "Basic Concepts of Formal Otology", in N. Guarion (ed.), *Formal Otology in Information System*, Amsterdam: IOS Press, 1998, p. 19.

　　② S. Nirenburg et al., *Ontological Semantics*, Cambridge, MA: MIT Press, 2004, pp. 138 – 139.

理论要成为工程学本体论，必须符合下述五个标准：（1）明晰性；（2）一贯性，或无矛盾性；（3）拓展性；（4）最低限度的编码误差；（5）最低限度的本体论承诺。

根据一般的看法，工程学本体论有三种形式：一是信息科学中的本体论。斯坦福大学的格鲁伯（T. R. Gruber）对它的定义较有影响，因此得到了许多同行的认可。他认为，本体论是对概念化或范畴体系的明确表达。所谓概念化，就是建构关于世界存在的概念或范畴体系，就是用概念对世界作出抽象和简化。本体论是信息科学不可回避的一项工作，因为无论是知识库，还是基于知识库的信息系统，以及基于知识共享的自主体，都必须将复杂的世界概念化，建立自己的本体论图式，否则就不能正常有效运转。[①] 第二种意义的工程学本体论指的是某个领域的知识实在或描述某一领域知识的一组概念，而不是描述知识的手段。例如在 Cye 工程中，这里所说的本体论就是知识库，既包括词汇表，又包括上层知识，当然还包括描述这个知识库的词汇。第三种工程学的用法是人工智能的用法。它被等同于人工智能的内容理论（content theory）。这种本体论关心的不是知识的形式，而是知识与对象的关系，尤其是对象与对象的关系、对象的分类等。这是本章接下来要论述的主题。

概言之，不管哪种形式的本体论，既然带上了这样的称号，就一定既有与其他形式的共通性，又有自己的个性。这种共性和个性均可从两个维度来说明，一是存在的维度。不管什么样的本体论，都与存在问题有关，但因切入的层次和角度各不相同，因此又各有特点。二是范畴的维度。不管什么样的本体论，都旨在建构自己的范畴体系，或要从事范畴化、概念化（conceptualization）工作。但由于所处的层次和所关注的领域各不相同，因此又有把它们区分开来的界限。

----

① T. R. Gruber, "A Transtation Approach to Portable Ontology Specifications", *Knowledge Acquisition*, 1993, 5（2）: 199 - 220.

第二节　AI本体论的缘起、结构与建构

在 AI 研究中，本体论是伴随互联网的发展、为适应日益提高的知识共享要求而被创立的一种 AI 理论和技术。首先，如果没有真正意义上的知识共享，那么就不可能建立名副其实的互联网。但是在互联网的产生和发展过程中，知识不能共享是一客观存在的事实。例如由于组织和个人之间，软件系统之间彼此的背景、语言、协议、技术等各不相同，因此它们在交流协作时障碍重重。要解决这一问题，要提高交流、协作的效率，提高软件的重用性、互操作性和可靠性，就必须有一种通用的概念框架和描述系统，这概念框架和描述系统就是 AI 本体论的核心内容。因为在描述知识时，不同系统使用了不同的概念或术语。这种不同便使得别的系统无法调用这种知识。要解决这一问题，就必须开发一种真正能为不同系统通用的基础框架和描述系统，即开发可重用、可共享的本体论语言学和语义学。如果能为不同系统建立一种由此可以实现相互沟通的工具，或如果有让它们能互译的本体论工具，那么即使不同系统有自己的特殊本体论，也可实现资源的共享和互用。具体而言，如果能建构出合适的本体论，那么将有助于解决知识共享和重用中的这样一些问题。第一，有可能让各自持有自己一套概念和术语的人群有一种规范的、通用的概念体系，进而消除语词的混乱，避免不必要的争论，使人们在理解和交流时保持语义的一致。第二，有可能让异构系统能够实现数据的传输和互操作。第三，保证知识能共享和有可重用性。第四，通过显式地描述和定义领域知识，能使知识清晰地从代码中独立出来。第五，有可能让算法与具体的领域知识分离开来，进而让一个算法能使用不同领域的知识。

还应看到，AI 的本体论研究是伴随 AI 对内容（或意义或意向性）问题的日益升温的关注而发展起来的。如前几章所述，随着理论探讨的深入和工程实践的发展，语义问题、内容问题的解决迫在眉睫。因为人工系统如果只是满足于形式转换而忽略对内容的处

理，那么建构有真正智能性质的人工系统的追求将化为梦想。塞尔等人的论证和实践中的经验教训反复向人们昭示了这一点。史忠植、王文杰说："许多现实问题的解决如知识的重用、自主体通信、集成媒体、大规模知识库等，不仅需要先进的理论或推理方法，而且还需要对知识内容进行复杂的处理。"[1] 此外，在互联网的发展过程中，现实对语义网的要求日益强烈。而语义网要达到的一个目标就是信息在知识级别上的共享，以及信息在语义级别上的可互操作性。要如此，不同系统似乎必须有对语义的共同理解。而要做到这一点，就必须以本体论语义学为基础。因为后者能对特定领域知识的对象作出分类，说明它们的关系，还能为描述知识提供框架和术语。基于这样的看法，伯纳斯—李把本体论语义学作为语义 Web 体系结构的基础看待。[2] 在许多专家看来，建立在 Unicode 与 URI、RDF（S）等语言标准之上的本体论词汇具有至关重要的作用，它提供的原语不仅是描述领域的概念模型，而且是对知识进行推理和验证的基础。

由于本体论在语义 Web 中有这样的地位，因此极受有关专家重视。W3C 在语义网活动中，专门成立了"Web-ontology"工作组，其任务就是在 Web 的现有标准之下创立一种能定义和描述本体论的语言。现有的语义 Web 的目标是试图让 Web 上的信息具有计算机可理解的语义，在本体论支持下实现信息之间语义上的可互操作性，进而对 Web 资源进行智能访问和检索，因此可看作是借助本体论对原有 Web 的一种扩展。

这些理论和工程技术中所说的本体论究竟是何意？其结构是什么？对于这类问题，他们可谓见仁见智。如有的说：这里的本体论"定义的是领域词汇的基本术语和关系，以及用于组合术语和关系以定义词汇外延的规则"。该领域有重要建树的学者瓜里罗的看法是：本体论由一组描述存在的特定词汇、一组关于这些词汇的既定

---

[1] 史忠植、王文杰：《人工智能》，国防工业出版社 2007 年版，第 348—349 页。
[2] 同上书，第 315 页。

含义的显式假设所构成。有简单和复杂两个组成部分。简单本体论描述了通过包含关系而形成的概念层次结构，复杂本体论除此之外还包括用来描述概念之间关系和限制概念解释的合适的公理。①

　　格鲁伯（T. R. Gruber）强调：本体论是关于领域共享概念的一致的形式化说明。这个定义有五点值得注意：第一，本体论的描述是形式化的，因此可为机器理解，能支持对领域概念和关系的推理。第二，本体论具有一致性，不存在内在矛盾。第三，共享概念的形式很多，如对领域知识进行建模的概念框架，互操作的自主体用于交互的、与内容有关的协议，表示特定领域的理论的共同约定。② 第四，从语义上说，本体论中的共享概念表示的是事物及属性的集合。第五，从结构上说，每一概念都是这样一个四元组，即 $C = (Id, L, P, Ic)$。其中，Id 为概念的唯一的标识符，用 URI 表示，L 为概念的语言词汇，P 为概念属性之集合，Ic 为属于该概念之实例的集合。

　　我国学者程勇提出的定义是：本体论是关于领域概念模型的明确的共享形式化说明。它有语义性，因为它表示的是事物及其属性。形式上，可定义为一个六元组：$O = \{C, R, H^c, H^R, A, I_D\}$。C 即领域概念的集合，$H^c$ 和 R 描述了概念之间的关系，H^R 定义的是关系之间的层次结构，A 是公理的集合，I 是本体论实例的集合。③

　　概言之，工程本体论指的是作为 AI 研究中的由哲学、语义学、工程学等的交叉互动而形成的一个领域，它有自己的独有对象和问题，如知识的获取和表示、过程管理、数据库模式集成、自然语言处理、企业建模等。换言之，作为 AI 研究中的特殊的工程技术活

----

　　① 转引自程勇《基于本体的不确定性知识表示研究》，博士学位论文，中国科学院，2005 年，第 30 页。

　　② T. R. Gruber, "A Translation Approach to Portable Ontology Specifications", *Knowledge Acquisition*, 1993, 5 (2): 199 – 220.

　　③ 程勇：《基于本体的不确定性知识表示研究》，博士学位论文，中国科学院，2005 年，第 30 页。

动，本体论指的是概念化（conceptualization）活动及过程，即为所关注的领域建构范畴体系，就像形而上学中的本体论是要为世界上的全部存在着的事物构建范畴体系一样。同样，AI 的工程学本体论就是要对与领域概念模型相关的实在、属性、关系、约束等作出形式化描述，或建立概念化的明确表征与描述。这里的概念化如果用 C 表示，那么对 C 可以这样形式化地予以表示：C = < D，W，R > 。其中，D 指一个领域，W 是该领域的事态集合，R 是领域空间 < D，W > 中的概念关系集合。作为 AI 中的使 AI 得以表现智能特性的知识资源，本体论指的是一种特殊的知识，即概念化、范畴化的、能为全球共享的领域知识。

工程本体论在形式和内容上有相似于哲学本体论的地方。就哲学本体论来说，它有自己的本体论承诺（如承认有物存在），有对类别和关系的界定。从哲学本体论与人的关系来说，它是人必须具有的知识，是人类的一种共有、通用的知识。例如不管人的专业有多大的差异，看到红色都会把它归于属性范畴，并认为它依存于实体。这就是说，人类都有大致相同的本体论承诺和概念图式。正是有这样的知识，人类才有理解事物、理解更具体的知识的可能，甚至有获得科学知识的可能。从哲学本体论与知识的关系来看，它是人类知识中的一种，即最抽象、最一般的方面，既是别的知识的基础，又贯穿在它们之中。AI 中的本体论知识尽管不是最一般的，但在它起作用的领域也带有一般性，即是关于特定领域内的现象的概念体系，或对表示它们的概念及其关系的明确刻画。正是因为有这一特点，它才有沟通异构结构和知识的作用，才能成为领域知识共享的基础。从作用上说，这种本体论为不同系统和用户提供了一种形式化、规范化地表示领域共享概念模型的方法，为领域知识的表示、共享、传播和利用奠定了基础。另外，它还为知识单元提供了公理化基础，并支持对隐含知识的推理，因而成了知识组织的核心。由于有这些作用，因此它便能够广泛应用于多自主体系统、移动自主体、数据集成、信息检索、知识管理等领域。

AI 中的本体论知识多种多样。从表征和描述的形式化程度上看，有这样几种本体论，如完全非形式化的本体论、半非形式化的本体论、半形式化的本体论、严格形式化的本体论等。形式化程度越高，越有利于计算机自动处理。① 就一特定领域的本体论知识而言，它也有不同的种类和层次，如顶层的、任务性的、应用性的。它们有机结合在一起，可以组成严密的系统。正是通过这种系统，有此知识的程序或机器就能表现出特定的智能作用。专家们通过对人类本体论知识的解剖，认为这种知识的理想结构是这样的：

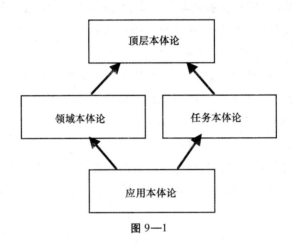

图 9—1

既然如此，机器要表现特定的智能特性，它所获得的知识也应如此。在这个结构中，顶层本体论是关于世界整体的概念图式，贯穿、内化于其他层次的本体论之中。第二和第三级的本体论是具体层面的本体论。如第二级的领域本体论是关于特定领域、对象的本体论，例如关于物理、化学、心灵、医药等对象的本体论。同层的任务本体论是关于特定的任务、推理活动的概念图式。底层的本体论则属应用层面。

在工程本体论建构中，会碰到如何动态协调本体论语义性的问

---

① 参阅 Uschold et al., "Ontologies: Principles, Methods and Application", *The Knowledge Engineering Review*, 1996, 11 (2): 93 - 136. M. Uschold et al., "Knowledge Level Modelling", *The Knowledge Engineering Review*, 1998, 12 (1): 5 - 29。

题。开发者由于对世界的认识不同，因此所开发的本体论有异构性，而这种异构性对相同或不同领域的知识系统之间的互操作性来说是一道屏障。多自主体通信中网络用户与服务者之间也有本体论异构的问题。网络用户与服务者之间这种问题显然不能由某一本体论解决，而必须另辟蹊径。经过大量的研究，人们找到的解决上述问题的方法就是本体论映射。"本体论映射"的相近概念有：合并、集成、联合。可以这样予以界定：假如有两个本体论，O1 和 O2，对于其中一个的每个元素（如概念、属性、关系），本体论映射就是设法从另一个中找到与之对应的元素，使它们在语义上具有相同或相近的含义。本体论映射的形式很多，从内在元素上看，有概念映射、关系映射和实例映射之别。从函数关系上看，有一对一、一对多、多对多和多对一之分。本体论映射在语义网、知识管理中显示了巨大的威力，成了动态协调本体论语义性的重要方法之一。

　　建构 AI 的工程本体论的灵感来自于对人类交流过程中贯穿的本体论图式及其巨大作用的观察。人们发现：人之所以有语义能力，如听到或看到一个词，马上能想到它的意义，乃是因为人有特定的本体论概念图式。操不同语言或从事不同工作的人之所以能相互理解和沟通，也是因为人有一种通用、共同的本体论知识。有的人学会一门外语之所以快，不是因为他会背诵、记忆单词短语的词义，而是因为他善于在一种存在图式中去理解它的所指及其关系。鉴于本体论图式在人的智能和实践活动中的这种举足轻重的作用，人工智能专家便产生了自己的灵感。我们知道：他们的理想是要创造类似于人类智能的智能，解决已有人工智能不能理解语义、不能共享人类知识、不能相互理解、不能与人直接沟通等问题，现在透过本体论这一人类智能的核心因素，似乎可以找到化解难题的办法，这就是为机器建构本体论图式。可见，建构本体论的实质仍是人工智能知识工程的组成部分，即仍是要通过一定的办法让机器获取知识。只是这种知识是一种特殊的知识，即一种人际、人机共享、通用同时又贯穿于其他具体知识之中的最一般的、概念化的框架性的知识。质言之，建构本体论，就是从关于整个世界或关于某个领域（如医药、生物等）的数据文档中提取一般性的概念化知识，形成关于其内的存在对象及其关系的概念图式。

由于这种知识必须是计算机能理解且能为异构系统共享的知识，因此对它们的抽取就必然受到一些特殊的限制，换言之，在抽取时必须符合这样的要求或准则，如它们必须具有明确性、客观性、一致性、可扩展性，还能形式化，因为形式化是实现客观性的一种方式，另外，在编码时，其偏差应控制在最小范围之内，最后，它们应具有最低限度的本体论承诺。因为本体论构建的一个目的就是要让机器的加工也具有语义性，既然如此，这种加工就必须有与相应对象的关联，用哲学的话说，应有对对象的关于性，而要如此，加工及有关表征就应有本体论承诺。当然这种承诺又必须最小化。

要建构本体论，还必须遵循一定的方法论程序。主要包括如下几个环节：（1）本体论需求分析。即根据应用程序的要求确定合适的本体论需要，它包括这样的信息：本体论的领域和目的，使用场景，本体论领域描述，不同用户的需求及其特点等。（2）建构的规划。如确定建构要达到的目的以及实现的程序、所需的资源及配置。（3）获取信息。在了解领域知识的现状的基础上，明确信息源，然后用适当的方法和途径去获取信息。（4）确定概念及关系。如弄清核心概念是什么，厘清诸概念的关系，然后进行领域分析与建模，如确定知识源（如领域字典、数据库、电子文档等）、领域宏观分析，确定领域建模方法。（5）本体论学习过程。以结构化、半结构化和无结构文档语料为输入，通过浅层自然语言处理（如中文分词、停用词消除、词性标注、关键短语识别、实体名词识别等）过程将文档向量化，即表示为向量空间模型，目的是便于学习算法进一步处理。（6）本体论提炼与形式化编码。（7）评价。（8）演化。（9）具体予以表示。即在一个统一的界面上用一定方式将领域本体论知识明确有序地表示出来。表示是否成功，直接关系到本体论建构的成效。由此所决定，判断其是否成功的标准，就是看被表示的知识能否有知识导航、方便知识检索的作用。

迄今为止，本体论建构所用的方法主要是手工和半自动化方法，尚达不到由机器自动建构的程度。所谓手工方法，即指知识工程师利用本体论编辑器靠手工劳动来建构本体论。半自动化方法，就是把机器学习和知识工程师的劳动结合起来，让机器从关系数据库中半自动化地学习本体论知识。

要建构本体论，还要解决所使用的描述语言问题。因为本体论是一种全球共享的领域知识，至少从创立者的动机来说是如此。但它并不能直接为计算机理解、处理和应用。像其他知识一样，它也有一个如何表示或表征的问题。而要表示就一定要用计算机能使用的语言。为了使信息资源的语义描述具有规范性，以让不同领域、不同类型、有不同软件的用户能共享同样的信息，W3C 于 2004 年2 月 10 日正式发布了支持语义网的两种标准语言：RDF，即资源描述语言，OWL（Web Ontoloqy Language），即 Web 本体论语言。RDF 是描述数据语义的基础和有效手段，其作用是可定义描述资源和陈述事实的三类对象，即资源、属性和值，因此现已成为语义互联网实现的关键技术。OWL 是以 RDF 为基础、以 XML 为书写工具的本体论的标准描述语言。其作用是表述由计算机应用程序处理的知识信息，这种知识信息就是本体论，即词条中各词条的含义及其关系。与 XML 和 RDF 相比，它有表达语义即与对象世界发生关联的能力，而前者只有表达网上机器可读文档内容的能力。除了上述语言之外，还有都柏林核心元数据集，它是一套用于描述Web 资源元数据的规范。创建这种描述语言的目的是为描述一个资源的基本元数据提供一套最小的、最有通用性的元素集。从作用上说，它一般用于对出版信息的描述。另外，Cycl 也是一种知识表示语言。由于它是一阶逻辑的一种扩展，因此具有处理量词、缺省推理等二阶特性，还有表示类和类之间的关系的功能。它涉及的类很多，如集合、可触事物、不可触事物等。最后，WordNet 语义网络是典型的基于图的本体论描述语言。它把每个词看作一个网络节点，每一节点又通过"同义关系""上下关系"等与其他节点关联起来。通过这些关系，每个词的意义便可得到定义。

在本体论建构中，还必须考虑本体论的进化问题。人类智能内在包含的本体论构架的特点是：既能作为一前提、基础或前结构，帮助人们认识世界，形成对于语言的理解，同时又能随着不能为其同化的反常对象、事实、环境的增加，而不断进行自我修改、更新，完成新的建构。这就是说，人类本体论同时有能进化的一面。而人工智能的本体论到目前为止，还只是作为静态的知识表示方法而存在的。要使人工智能不断接近人类的智能，其本体论也必须具备进化的能力，其知识表示方法应具备良好的动态适应特点。目前，客观的现实已提出了本体论进化的迫切要求。这主要体现在三个方面：一是领域经常变化。有些变化是隐蔽的，只有在对系统和用户的交互关系作出分析之后才能被发现。有些变化是显性的，因为在开放性动态知识管理系统中，人们随时都会发送新的信息，或对信息作出更新。二是共享概念模型的变化。这种变化常常是由领域视图或使用方法的改变而引起的；另外，当原有本体论应用于新的领域或面对新的任务时，概念模型也会随之发生变化。三是知识表示语言的改变。有时，本体论有必要从一种表示语言转换为另一种语言，由于这种变化，语法、语义等都会随之变化。这些变化都要求本体论有进化的能力。

　　要让本体论有进化能力，必须进行进化管理。怎样实现这一目标呢？怎样让本体论完成进化呢？斯托亚诺维奇（N. and L. Stojanovic）等人对此作了大量研究，写成了《基于本体论的知识管理系统的进化》一文。在该文中，他们论述了一种 CREA 系统，它似乎能让本体论获得进化功能。其进化过程如图 9—2 所示。

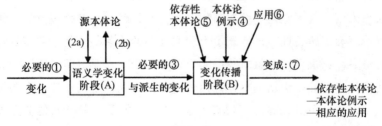

图 9—2

　　根据这种图式，本体论的进化有两个阶段，即从（A）到（B）。第一阶段（A）是语义学变化阶段，其输入有两方面，即①所述的变化的需要和（2a）所述的源本体论，其输出也有两方面，即（2b）所述的源本体论和③所述的变化要求和派生的变化。第二阶段（B）是变化传播阶段。其输入有四方面：一是③所述的原因，二是依存性本体论，三是本体论例示，四是应用，输出是⑦所述的三方面，即经过变化的依存性本体论、本体论例示和相应的应用。①

　　要在人工智能的有关领域建立和运用本体论，必须营造一定的工程环境，找到相应的开发工具。例如在知识查询、管理中，只有有这样的环境和工具，本体论才能在概念识别、一致性检查和文档编写等过程中发挥它的作用，才有可能提高本体论的开发质量。这方面的研究也很多，出现了许多开发工具。根据工具在开发中的作用，可将其分为以下几类，即本体论开发工具、评价工具、合并和映射工具、注释工具、查询和推理工具。例如 KNDN 既是一种本体论开发套件，又是面向商业应用的本体论管理框架。它有一系列支持本体论创建和管理的工具，能提供可编程接口 KADN-API，据此可访问和存储本体论。Sesame ＋OMM［ses05］是欧盟 IST 项目 On-To-Knowledge 的主要研究成果。作用在于：能提供这样一个稳定高效的平台，它支持 RDF、RDF Schema、OWL 等形式的本体论存储、检索、操纵和管理。

　　计算机要处理知识，必须将待处理的知识用适当的形式加以表示。因为它不能直接处理现实世界的知识。本体论要成为计算机的一种有用的工具也是如此，也有一个如何表示的问题。目前，出现了许多本体论的表示语言。之所以能如此，是因为有现代描述逻辑。这种逻辑是本体论表示语言（如 OWL 等）的形式化基础。现代描述逻辑是一阶逻辑的可判定子集，在语言表达能力和推理可判

　　① N. and L. Stojanovic, "Evolution in Ontology-Based Knowledge Management Systems", *The European Conference on Information System*, Gdansk, Poland, 2002, pp. 203－215.

定性之间进行了合理折中。

人工智能的本体论研究还有这样一个重要问题，即怎样开发本体论？对此，有不同的解决方案，如爱丁堡大学的尤斯科德（M. Uschold）提出了所谓的骨架法。他认为，可按下述四个步骤开发本体论：第一，确定所建领域本体论的目的和使用范围。第二，着手建立本体论，这一步又包括三步，即本体论获取、编码、集成。第三，对所建本体论作出评估。第四，文档记录。有影响的本体论开发方法还有 KACTUS 方法。它把步骤分为应用说明、初步设计和本体论求精三步，此外还有 TOVE 方法、Methbeinglogy 方法等。

第三节　本体论语义学

AI 中的本体论研究既有一般性的理论探讨，又有在众多应用领域（信息集成、语义网、知识管理、多自主体系统、不一致需求管理等）的、兼有理论和工程学双重性质的百花争妍。它向自然语言处理领域的辐射，既是本体论成功应用的一个范例，又为 AI 的本体论研究注入了活力，为本体论在其他领域的应用提供了经验教训，从而成为推动本体论研究的一支生力军。

作为一种自然语言处理的崭新的方案，它是为解决已有自然语言处理方案所碰到的种种难题而提出的一种诊断和处方。如第五章所述，已有的语言处理系统的最大问题是只能完成句法加工或符号转换，由此所决定，它即使快捷、方便、"多才多艺"，也无法改变其工具角色。因为它离人类智能还差关键的一点，那就是它没有语义性。所谓有语义性，就是人类智能所涉及的符号有意义、指称和真值条件等特征。美国著名哲学家、认知科学家塞尔（John R. Searle）一针见血地指出：已有计算机所实现的所谓智能"本身所做的"只是"形式符号处理"，它们"没有任何意向性；它们是全然无意义的……用语言学的行话来说，它们只是句法，而没有意义。那种看来似乎是计算机所具有的意向性，只不过存在于为计算机编程和使用计算机的那些人心里，和那些送进输入和解释输出的人的心里"①。如果从意义的角度理解信息,甚至不能说计算机有加工信息的功能。他说:"计算机所做的事不是'信息加工',而是处理形式符号。程序编制者和计算机输出解释者使用符号来替代现实中的物体,这个事实完全是在计算机范围之外的事。"本体论语义学领域主要的拓荒者尼伦伯格(S. Nurenburg)等人不仅认识到了这一点,而且进一步强调:"意义是未来的高端自然语言加工的关键因素","有根据说,没有这种利用文本意义的能力,人们就不可能在自然语言加工中取得真正的突破……而过去在这个领域中的大多数工作都未注意到意义"②。他们提出本体论语义学的目的就是要改变这一状况,就是要从技术的层面研究计算机如何利用和处理文本意义,如何让机器智能也有意向性或语义性。

一　本体论语义学的任务、方法与实质

本体论语义学是一种旨在建构关于自然语言加工的理论和方法,其建模基础是关于人类智能自主体的模型。它承认智能自主体能完成有目的和有计划的活动,承认他有对于实在的态度。要模拟这样的自主体,又必须进到这样的语境,即说者与听者或语言的生产者与消费者相互交流的语境。他们是社会成员,有目的指向性,能知觉,能从事内部符号加工,直至做出各种行动。本体论语义学要模拟的就是这样的自主体及其语境。这种模拟不同于以往各种模拟的地方在于:它不是形式或句法模拟,而进到了语义模拟或意义的处理。如果其计划真的实现了,那么由此所造出的智能机将不再是句法机,而会是名副其实的语义机。

从应用技术的层面来说,它的具体工作就是研究计算机如何利用和处理文本意义,而不只是关注句法形式的转换。要如此,就要探讨:怎样将我们关于语言描述的观念系统化,将计算程序处理意

---

① 〔美〕塞尔:《心灵、大脑与程序》,载博登主编《人工智能哲学》,上海译文出版社 2001 年版,第 113 页。

② S. Nurenburg and V. Raskin, *Ontological Semantics*, Cambridge, MA: MIT Press, 2004, xiii.

义的观念系统化，怎样形成更符合实际的、更有应用价值的表征理论。从构成上说，本体论语义学是理论、方法、描述和具体操作的复杂统一体。尼伦伯格和拉斯金（V. Raskin）说："本体论语义学是一种关于自然语言意义的理论，一种关于自然语言加工的方案，它把经构造而成的世界模型或本体论作为提取和表述自然语言文本意义的基本源泉，作为从文本中推出知识的前提。这种方案也想根据自然语言的意义形成自然语言的文本。"①

在他们看来，如果本体论语义学实现或部分实现了它的构想，那么它将带来巨大的利益，开辟广阔的应用领域，因为它至少能成为下述应用技术的理论基础，即自然语言的机器翻译、信息提取、文本简化、回答问题、提出忠告、人机合作等。这将成为人类在认识、开发和利用智能的历史征程上的巨大突破。因为它的工作将会真正掀开人类智能的神秘面纱，并深入进去探幽发微，揭示人类智能处理意义的奥秘，在此基础上把利用文本意义的能力授予计算机。有鉴于此，他们把意义看作是未来的高端自然语言加工的关键因素。由于本体论语义学是让机器得以处理意义的一个途径，因此有理由说，它是发展人工智能研究的必然。

由上述任务所决定，本体论语义学提出了自己的方法论原则。既然它要完成的是应用方面的任务，它当然会设法形成这样的假设，即重构人类加工语言的能力及其所需的知识与过程，也就是要弄清人类的自然语言加工是如何可能的。为此，它有这样的理论预设，即承诺弱人工智能观，而非强人工智能观。后者认为，计算机程序不仅应在功能上模拟人脑，而且还应从结构上、物理执行的过程与细节上去模拟。而前者则主张，在模拟人脑的语义能力时，只需从功能上加以模拟就行了。判断模拟是否成功，主要看机器处理语义的能力是否与人类的语义能力在功能上等值。

本体论语义学的方法论的独特之处在于强调：要让机器对自然

----

① S. Nurenburg and V. Raskin, *Ontological Semantics*, Cambridge, MA: MIT Press, 2004, xiii.

语言的加工有语义性，必须以本体论为基础。因为人类之所以能理解和产生意义，根本的条件是人类有一种本体论的图式。正是借助它，任何语词一进到心灵之中就有了自己的归属，被安放进所属的类别之中，如听到了"红"一词，人们马上有这样的归类：它指的是属性，与"绿""蓝"等属一类，为物体所具有，因而不是物体，等等。① 不过，这里所说的本体论有其独特的含义。

由本体论语义学的任务、方法所决定，它与其他理论相比便凸显出了自己的一些特点。第一，本体论语义学带有强烈的应用动机，即试图把有关理论应用到人工智能和计算机技术之中，因此它的范围比传统的语义理论要宽。第二，本体论语义学在借鉴有关成果的基础上，也形成了自己的特色，例如新提出了一些范畴，如"意义表征"；相对于传统的"指称""外延"等概念而言，它又提出了"例示"（instance）；再如把"信息"分为"所与的"与"新的"两方面，等等。第三，除了把本体论作为建立一系列原词的基础之外，本体论语义学还把自己作为支持多语言机器加工这一应用研究的最好工具。因为本体论信息是独立于语言的。第四，本体论语义学是辞典语义学、构成语义学的综合，并最终要进入语用学领域。第五，它旨在让语义描述适应应用的需要。第六，它强调在微观的层面对文本作全面的描述。

二　本体论语义学的直接思想渊源

据其倡导者说，本体论语义学是一门综合性极强的学问，它不仅广泛借鉴了哲学、心理学、认知科学、人工智能等相关科学的成果，而且对于以前的各种语义学理论更是兼收并蓄。例如它从语言学和哲学的语义理论中吸取了方法论和思想要素，甚至它的前提也受到了别的语义理论的影响。当然与它联系最直接的则是这样一些语义学思想。

----

① S. Nurenburg and V. Raskin, *Ontological Semantics*, Cambridge, MA: MIT Press, 2004, p. 135.

一是奥格登等人的语义三角形思想。我们知道：意义与指称及其关系问题是传统语义学关心的核心问题。而语词意义与指称的关系问题实际就是语言符号与所指示的真实世界的关系问题。弗雷格最先在他的逻辑学中对两者作了明确区分，强调它们的差别（详见本书第五章）。奥格登等人对此作了进一步的深化，强调意义、符号和指称的关系是一种三角的关系。根据他们的观点，符号不能直接与世界上的所指发生关联，必须以心理表征为中介。这里的心理表征实际上就是通常所说的关于指称的观念或思想，亦即意义。在尼伦伯格等人看来，把语词或符号与它们的所指分离开来，这是一个革命性的观点。因为这种分离有利于解释语言的误用和滥用这类现象。例如语言常用来指称实际上不存在的事物。尽管奥格登没有明确规定"关于指称的思想"，但把它从语义关系中独立出来也是了不起的发现。由于有这一发现，便有后来的进一步的工作。例如斯特恩（G. Stern）经过自己的研究提出：它们属于"心理内容"的范围，或者说是说者心灵中存在的东西。[1] 这一思想又导致后来许多有价值的工作的出现，如关于心理模型和关于心理空间的构想，甚至还有人提出了人工相信者的设想。所有这些都集中到了一点，即承认有意义表征，并试图对如何表征意义提出自己的方案。[2]

本体论语义学的第二个重要的思想渊源是形式语义学。形式语义学继承了重视语义构成性分析这一传统，提出了构成性原则，即主张：可以把适当的外延归于命题的构成要素。这也就是说，复杂表达式的意义是由其构成部分的意义加上它们结合在一起的方式决定的。这一理论提出了下述四个问题，并试图作出回答。（1）怎样对作为语义表征的对象作出形式描述？（2）这些对象怎样支持那些作为它的描述目的的推论关系？（3）表达式怎么与它们的语义

----

① G. Stern, *Meaning and Change of Meaning*, Göteborg Hogskolas Aresskrift, 1931.

② S. Nurenburg and V. Raskin, *Ontological Semantics*, Cambridge, MA: MIT Press, 2004，p. 154.

表征联系在一起？（4）什么是语义表征？是基本的心理对象还是真实世界中的对象？他们的回答是：对语义表征的形式描述要利用表征了外延的、有双空的元语言。这些表征是通过帮助命题的真值计算这一途径支持等值、推论这样一些以真值为基础的关系的。表达式是借助赋值活动而与它们的语义表征联系在一起的。语义表征是心理的还是外部对象，对于构成过程无关紧要。① 本体论语义学深受这些思想的启发，但又作了自己的发展，如在为计算机设计处理意义所需的资源和条件时，除了充分考虑到语义的构成性因素之外，还增加了本体论条件、形态学条件、句法学条件等。

本体论语义学中的"本体论"既不同于形式本体论，又不同于哲学本体论，但从它们那里吸取了有用的东西。尼伦伯格等人说：他们的"本体论建构试图从形式本体论和哲学本体论中得到帮助"②。例如从形式本体论中，它学到了划分对象和范畴的方法，学到了建构范畴体系的原则与技巧，吸收了对分析各种关系有用的概念构架。从哲学的本体论中，它得到了作本体论承诺的标准、原则和方法，发展出了分析意义之本体论地位的手段和技巧。至于与工程学本体论的关系，本体论语义学从中得到的东西就更多一些，既有形式方面的，又有内容方面的。

当然，由于本体论语义学批判借鉴了形式本体论和哲学本体论的某些思想内容，同时又结合自己的特定研究对象，作了大胆的创新，因此使自己成了一种极有个性的本体论。例如它的问题域十分独特，主要包括这样一些子问题：（1）本体论与别的知识资源在应用于语义学时的地位问题；（2）概念、范畴的选择问题；（3）选择把什么内容赋予每一概念；（4）本体论性质的评估问题。在评估时既可用透明的程序，又可用黑箱程序，但需要探讨的是，这两种程序的运用条件究竟是什么，该怎样运用。不仅如此，本体论语

① S. Nurenburg and V. Raskin, *Ontological Semantics*, Cambridge, MA: MIT Press, 2004, p.154.

② Ibid..

义学还在将语义学与哲学本体论的联姻中获得了一个重要的结果，那就是明确了自己的对象，或者说至少有了关于自己研究对象的预设或本体论承诺。这种预设只有借助本体论才能形成和成立。因为在它所关心的对象中，有些（例如"独角兽"等）常被认为是不存在的，而不存在的当然就没有资格进入科学的殿堂。他们是怎样作出自己的本体论承诺的呢？

在作出这种承诺时，他们首先面临的是困扰哲学家的这样的问题：如何说明属性的存在？实在论者承认有两类存在：一是处在时空中的个体，二是个体的属性。它虽是抽象的，不存在于时空之中，但也有存在性。唯名论只承认个体的存在。在共相的存在问题上，两者也有尖锐的对立。本体论的语义学怎样看待存在呢？尼伦伯格等人说：它"既承认物理的实在，又承认抽象的非存在的实在。事实上，这种本体论的大部分，尤其是它的全部应用，既要讨论心理对象，又要讨论心理过程"①。很显然，本体论语义学几乎得出了与迈农主义一致的结论。在他们看来，不仅指称实在的概念及其意义有本体论地位，而且指称非存在的概念也是如此。因此不管什么概念、语词，只要被人们想起和运用就有本体论地位。他们说："就人们像知道山羊一样知道独角兽来说，本体论的有关概念都有同样的地位。"② 总之，"本体论语义学以这样的本体论为基础，它不依赖于语言，假定所有自然语言都有概念上的一致性。在本体论语义学中的每种语言的词汇都用相同的本体论来说明意义，因为它一定包含了那个本体论中的所有意义。"③ 问题在于，本体论语义学的最重要的应用动机是解决工程学问题，而上述本体论分析似乎都是哲学的，因此这些与它的应用动机有何干系呢？他们的答复是，尽管有强烈的哲学味道，但这样的本体论是计算机科学和人工智能不可缺少的知识资源。因为计算机科学和人工智能要发挥

----

① S. Nurenburg and V. Raskin, *Ontological Semantics*, Cambridge, MA: MIT Press, 2004, p.135.

② Ibid..

③ Ibid., p.111.

作用，在应用时既离不开其他的知识资源，又离不开本体论。它可以为解释词汇意义提供语言，为语义分析和产生这样的动力性知识提供启发性知识。

三　本体论语义学的理论前提

如前所述，本体论语义学建立的初衷是要解决语义学中的理论问题和人工智能中的应用问题。而它对这些问题的解答又是建立在一定的理论基础之上的。概括地说，它有如下理论前提：第一，大多数理论尤其是意向实在论的这样的观点：意义能够被研究和被表征。第二，本体论不可或缺。本体论语义学对于把意义与外部世界关联起来并不打算提出任何过分的观点，它也不赞成形式主义语义学的证实主义前提。由此所决定，它也便没有兴趣探讨作为语义学工具的真值。尽管如此，本体论语义学又不赞成维特根斯坦等人的观点，而坚持认为：存在着（内涵的）本体论的意义层次，它不仅限定了意义描述的公式，而且限定了词汇（原语言）范围。这个层次既不同于指称，因此不是外部世界本身，同时又不同于语言本身。例如英语中的"晨星"和"暮星"，在本体论语义学中，就可映射到本体论概念"行星"的例示即"金星"之上，而"行星"或"金星"又储存在事实储备库之中，英语的相应词汇则储存在英语的专有名词之中。事实储备库中的"金星"就是本体论概念的一个例示。正是后一类一般概念才是意义的终极源泉。这也就是说，存在着事实储备库，其中有许多一般的概念或模式。他们说："计算本体论以这种构成和作用形式出现，可以看作是存在于计算机记忆中的知识基础，同时又不是与外在世界完全分离的，因此一种熟悉的语词—意义—事物这样的三角关系的变体在这里仍是存在的。"① 对于本体论语义学来说，上面的三角关系在这里采取了语句—意义—事件的形式。所谓意义是文本意义表征语言中的一

----

① S. Nurenburg and V. Raskin, *Ontological Semantics*, Cambridge, MA：MIT Press, 2004, p.84.

个陈述，事件是一个本体论概念。但是"本体论语义学又不完全是唯我论的。外在世界（外延的王国）与本体论语义学（内涵的王国）之间的联系是借助静态知识资源的人类获得者这一中间环节建立起来的"①。

本体论之所以是必不可少的，是因为心理模型对于意义描述是不可缺少的，而心理模型只有在本体论和被记住的例示这样的知识基础上才有可能。其次，把外在世界作为意义王国来处理，这在实践上、技术上都是行不通的。"因此一个人要承认表征和处理意义的可能性，就必须找到这样的具体的意义因素，它们是外部世界实在的替代。而本体论语义学中的本体论就是能直接指示外部世界的最合适的东西。它实际上是世界的模型，是据此而建构的，因此对于研究者的最杰出的能力来说，它是外部世界的反映。"② 由此便不难明白，这种语义学为什么被称作本体论语义学。因为它有一个本体论承诺，即承认独立的意义世界的存在，它是内部世界中存在的关于外部世界的心理模型或反映。

本体论语义学的第三个前提是：关于意义的表征可为机器处理，意即意义可为计算机程序处理。这也是许多计算语言学家、人工智能学者赞成的观点。对于本体论语义学来说，意义之所以具有可为机器处理的性质，根源在于它们能被表征。前提之四：意义有合格的构成性，一个整体的意义由部分的意义所决定。

四　本体论语义学的主要内容

如前所述，本体论语义学研究和处理的对象是自然语言的意义，这种意义既可以是动态的，又可以是静态的。静态的意义存在于字词单元之中，通过与本体论概念的关联，可以得到澄明。动态的意义存在于文本意义的表征之中，例如从句、句子、段落和大块

----

① S. Nurenburg and V. Raskin, *Ontological Semantics*, Cambridge, MA: MIT Press, 2004, p. 84.

② Ibid. , p. 88.

文本的意义就属此类。人类肯定能产生和处理这类意义，尤其是能将静态意义结合为表征意义。而现在的计算机一般没有语义表征能力。但人工智能、计算机科学和认知科学要解决的问题恰恰是让它有这种能力。这一任务有点类似于戴维森所说的"从零开始"或"彻底的"解释，即一个完全不懂一种土著居民语言的人，面对这种语言所要做的解释活动。戴维森所设想的解释条件有助于人们揭示语言理解所需要的条件。同样，本体论语义学所提出的任务无疑向着揭示意义何以可能、意义依赖于什么条件迈出了关键的一步。

要完成对人类自然语言加工的模拟，首先必须解决的问题是：人的自然语言加工如何可能？人的有意义的交流如何可能？根据本体论语义学家的研究：所以可能的条件不外是：有外部世界存在，有将它与语言关联起来的能力，有别的技能，有情感和意志之类的非理性方面，因为人们赋予语词的意义常带有情感色彩，另外，就是活动的目的、计划及程序，最后就是知识资源。这是本体论语义学目前比较关心的，我们重点予以剖析。

知识资源有静力学和动力学两个方面。所谓静力学的知识资源是指指导描述世界所用方法的理论，它有自己的范围、对象、前提、原理体系和论证方法。主要包括这样一些知识：第一类：关于自然语言的知识，它又有多方面，一是句型学、生态学、语音学知识，二是关于语义理解、实现的方法及规则的知识；三是语用学知识，四是词汇知识。第二类知识是关于世界的知识，其中又有：本体论知识即关于世界的分类知识。它也可以理解为：关于作为自然语言要素之基础的概念的不依赖于语言的信息集合，简言之，是关于自然语言的终极概念体系的信息组合。其次是事实储备，它包含的是本体论概念的被记下的事例之汇聚，例如，与"城市"概念相应，在事实储备中便有"巴黎"等条目。它常常以特定的记忆模块的形式存在。还有本体论概念表达的关于单词和短语的信息。

在意义的生成过程中，最重要的条件是本体论知识。他们说："本体论提供的是描述一种语言的词汇单元的意义所需的原语言，以及说明编码在自然语言表征中的意义所需的原语言。而要提供这

些东西，本体论必须包含有对概念的定义，这些概念可理解为世界
上的事物和事件类别的反映。从结构上说，本体论是一系列的构
架，或一系列被命令的属性—价值对子。"① 它的作用在于：为要
表征的词项的意义作本体论的定位，即说明它属于哪一类存在，其
特点、性质、边界条件是什么。例如当有一词"pay"输入进来，
首先就要经过本体论这一环节，换言之，该词首先要被表征为一个
本体论概念，要被放进本体论的概念体系之中，一旦这样做了，它
的属性、值便被规定了，例如它有这样的定义，即由人体所从事的
一项活动，它的主体是人，参与者也是人，等等。如果这思路是正
确的，那么人工智能、计算机的自然语言处理的前进方向就比较清
楚了，那就是为它们建立更复杂、更丰富、更切近实际、更可行的
本体论概念框架。动态的知识资源是在应用所提出的任务、要求的
基础上所产生的知识。例如图 9—3 就说明了材料、加工器和静态
知识资源之间的相互作用。

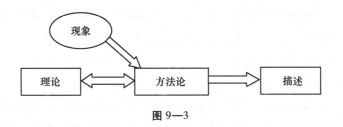

图 9—3

　　图 9—3 说明，加工器要表述、表征现象，必须有方法和工
具，而要有这些东西，又必须有理论的指导。理论涉及对该理论
所适用的范围作出规定，提出有关前提，建立实际的陈述、命题
体系，最后对之作出证明。在描述和应用中，又会产生新的问
题，这些问题又会促进理论的发展，理论发展了又会进一步指导
新的实践。

----

　　① S. Nurenburg and V. Raskin, *Ontological Semantics*, Cambridge, MA：MIT Press, 2004, p. 191.

有了关于人类加工自然语言所需条件的比较清楚和量化的认识，就有可能通过建立相应的网络让计算机也获得这样的条件，进而让其表现出对意义的敏感，最终不仅有句法加工能力，同时也有语义加工能力。本体论语义学相信：这不是没有可能的，至少有巨大的开发前景。事实上，也有许多人在进行大胆的尝试，并建构出了许多语义加工模型。其具体操作就是：先让加工器具备静态和动态的知识资源，然后让其有相应的加工能力。在这些实践的基础上，尼伦伯格等人仿照一般语义学的形式，在他们的本体论语义学中也建立了两个部门，一是语词语义学，二是语句语义学。我们简要分析一下句子语义学。它要说明的是词汇的意义如何结合为句子的意义。有的认为：产生句子的意义是形式语义学的工作。而本体论语义学认为，句子的意义可定义为一种表达式，一种文本意义的表征，它是通过把一系列规则运用到对源文本的句法分析之上、应用到建立源文本单元的意义之上而得到的。他们说："这种理论的关键要素是关于世界的形式模型或本体论，它是词汇的基础，因而是词汇语义成分的基础。这种本体论是本体论的词汇语义学的原语言，是它与本体论的句子语义学结合的基础。"①

他们通过分析 Stratified 模型作了说明。这是自然语言加工的一种模型，得到了许多人的认可。其基本结构是：第一步是分析，即分析文本的意义，将意义析出。其分析的步骤是：

输入文本 → 形态学分析 → 语义学分析 → 文本意义表征
生态学分析 → 句法学分析 → 语用学分析

① S. Nurenburg and V. Raskin, *Ontological Semantics*, Cambridge, MA: MIT Press, 2004, p. 125.

第二步是产生文本输出：

文本意义表征　　　词汇选择　　　　形态实现　　　文本输出

文本计划　　　　句法选择　　　语词顺序实现

图 9—4

在尼伦伯格等人看来，将文本转化为意义离不开一系列的加工。它们主要包括这样一些环节。一是文本分析。他们说："文本分析只是本体论语义学所支持的加工中的一种。"① 要完成这种分析，首先要输入文本，然后产生一个正式的表达式，这表达式表征了文本的意义。由这任务所决定，它又必须有分析器和生成器。从文本分析的过程来说，文本要输入到系统之中，首先要经过"前加工"，第一步是将文本加以重新标记，以便让文本能为系统所分析。因为文本可能是用不同的语言写成的，还可能采取了不同的体裁和风格，等等。二是对标记过的东西作形态学分析。在从事这些分析时，要动用生态学、形态学、语法学、词汇学的资源。例如碰到"书"这个词的输入，形态学分析会这样来分析："books，名称，复数"，"book，动词，现在时，第三人称，单数"等。形态学分析器在完成对输入的分析、形成了关于文本的单词的引用形式的分辨之后，第三步就会把它们送给词汇学分析器，并激活这一分析器的入口。这个入口包含有许多类型的知识和信息，如关于句法的信息、关于词汇语义学的信息，其作用是检查、净化形态学分析的结果。例如英文文本中可能夹杂有法、德、意等语言的单词，还可能有一些模棱两可的单词，更麻烦的是，有些词在词汇分析器中没有出现，因此无法予以检查。在这些情况下，就要予以查检、甄别，如对不熟悉

----

① S. Nurenburg and V. Raskin, *Ontological Semantics*, Cambridge, MA：MIT Press, 2004, p. 247.

的词，它有一些处理的步骤和办法。第四步是句法分析。第五步是决定基本的语义从属关系，例如建立未来的意义表征的命题结构，确定哪些因素将成为这些命题的主题，并决定该命题的属性位置。

由上不难看出：本体论语义学的确有重要的实践意义和广阔的应用前景。他们说："本体论语义学已经得到并且掌握了关于自然语言意义的极其丰富的知识，它们对自然语言处理具有重要的应用价值。由此看来，本体论语义学自然包含了研究意义的综合性方案。"[①]　本体论语义学最重要的应用价值是它能产生文本意义表征。如图9—5所示：

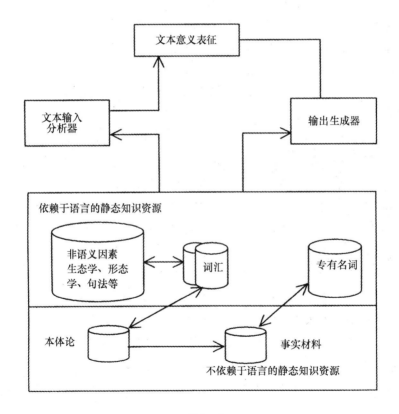

图9—5

① S. Nurenburg and V. Raskin, *Ontological Semantics*, Cambridge, MA: MIT Press, 2004, p. 182.

图 9—5 表明：本体论语义学要完成文本意义表征，必须有加工器和静态知识资源。首先第一步，借助静态知识资源（生态学、句法、形态学、词汇学、词源和本体论及事实材料）对输入文本作出分析，然后又借助这些知识资源产生文本意义表征。分析模块和语义生成器都离不开静态知识资源。知识资源是如何得到的呢？要靠学习。他们说："本体论语义学必须涉及学习：它们越起作用，它们储存的关于世界的知识就越多，它们可望达到的结果就越好。"① 除了静态知识之外，计算机要完成语义表征，还必须有动态的知识，它们是关于意义表征的程序方面的知识以及推理类型的知识。另外，加工器还要有这样的动态能力，即把所储存的知识动态地提取出来，运用于知识表征。总之，"在本体论语义学中，这些目的是通过把文本意义表征、词汇和本体论关联起来而实现的"②。他们还说："我们关于表征文本意义的方案动用了两种手段，一是本体论概念的例示，二是与本体论无关的参数的例示。前者提供了与任何可能的文本意义表征例示相一致的、抽象的、非索引性的命题。这些例示是这样得到的，即提供了基本的本体论陈述，它们有具体的情境的、包含有参数的值，如方面、方式、共指等。"③ 在这里，本体论的概念之所以抽象但又必要，主要是因为它提供了对存在和语词的分类，如对于要表征的意义，它首先要借助这种本体论范畴确定它是属于物体、属性、方面、方式、过程、活动、数量中的哪一种。简言之，对于任一词的意义或所指，首先要借助本体论概念确定它应包含在哪一类存在范畴之中。在此基础上，再用非本体论参数分析它的具体的、情境方面的值。

本体论语义学与传统认知科学、人工智能的不同首先在于：它不主张通过纯形式的过程来完成语义分析，事实上也没有这样做，而是强调：对语义的处理无需通过句法分析，至少主要不是通过句

---

① S. Nurenburg and V. Raskin, *Ontological Semantics*, Cambridge, MA: MIT Press, 2004, p. 160.

② Ibid. .

③ Ibid. , p. 174.

法分析。其次，它注意到了多方面的因素，即不仅关注知识因素，而且关注非知识因素。最后，在意义生成中，突出了本体论构架的作用，而且为本体论图式的向工程技术领域的转化作了大胆的探索。

第四节　基于本体论的知识管理

当今社会的一个显著特点是：人类对世界的认识无论在广度和深度上均以迅雷不及掩耳的速度向前发展，学科划分越来越细，而跨学科性、横断性的整合学科又在学科分化中纷纷脱颖而出；知识、信息增长的速度越来越快。所有这一切都将知识管理的改革提上了议事日程。

事实上，在现代社会，知识管理已成了有关科学研究的对象，也成了一门系统工程。所谓知识管理就是对知识进行组织和再组织，对人的显性和隐性知识进行管理，通过对知识的获取、组织、分发和应用，实现知识共享，最大限度发挥知识的潜能。由于当今的知识管理，尤其是互联网上的知识管理，是一项庞大的系统工程，不仅涉及知识的形式，更多的是与内容有关。尤其是高效快速的知识组织和利用，都无法回避内容或语义问题，因此传统的管理手段都存在这样那样的问题。例如传统的知识管理方法只是从语法上对知识进行表述，而未涉及语义。这表现在：它采用的是基于关键词的检索方法，因此结果是：查全率和查准率比较低。为解决这一问题，本体论翩然而至，出现了基于本体论的知识管理的新范式。

本体论在知识管理中的应用，为知识管理实现从形式描述上升为语义描述提供了条件，从而使人类的知识重用和共享这一目的的实现有了更好的手段。因为要建构基于知识的系统，首先要建立领域知识库和推理机制，要对说明性知识进行建模，同时要将知识用机器能理解的方式表示出来，并且要使如此表示的知识对用户有重用性和可共享的特点。所谓领域知识不同于以文本形式存在的知识，它是一种结构化或半结构化的知识，其内容包括：领域概念、概念间的关系、领域实例、规则、公理等。由于基于本体论的知识管理有这样的必要性，加之又存在着实现的可能性，因此在1991年，DARPA知识共享计划提出了一种建立知识系统的新方法，即用本体论来对说明性知识进行建模，通过问题求解方法对推理机制进行说明。后来，一些由此而设立的重大项目如 Task Structures 等又极大地推动了本体论的研究，并为本体论的进一步发展提供了基础，而因特网和 Web 技术的发展又为本体论向应用的转化提供了技术支撑。

由于有关专家的通力合作，已诞生了许多基于本体论的管理系统，例如斯坦福大学斯坦福医学信息学实验室开发的 Protégé 系统；德国 Karlsruhe 大学开发的本体论知识管理系统，这个系统取名为KAON，是一个面向语义驱动业务处理流程的开放源码的本体论管理系统。其功能是：可帮助领域工程师对本体论进行管理和应用。中国科学院计算技术研究所智能科学实验室也研制出了一种基于本体论的知识管理系统，名为 KMSphere，它有多方面强大的功能，如能协调 Web 的资源共享，对本体论中的概念和查询作出分类，检测本体论和查询的一致性，本体论层的注册/注销机制能动态地处理新的成员，其中的映射模块能解决语义异质性问题，知识层的查询转换和增量式查询方法能够在动态开发环境中向用户提供令人满意的知识服务。

要通过本体论这一工具真正让知识管理从句法级上升到语义级，绝非易事，因为当我们将这一计划付诸实施时，许多极其困难的问题纷至沓来。当然，有问题出现有时恰恰意味着机遇。事实也是这样，在基于本体论的知识管理的研究中，许多新的有价值的问题催生了许多有价值的前沿性的研究领域。第一类前沿性的研究问题是：如何基于本体论获取所需的知识，亦即如何通过学习得到本体论元素。大致说来，有这样一些尝试：（1）基于文本的本体论学习。其中又有许多形式，如 B. Bachimont 等人 2002 年所提出的Bachimont 方法。它有三个环节，一是语义规范化，二是知识形式化，三是用某种知识表示语言来表示这一本体论。再如 Hahn 方法，它是一种增量文本学习方法，分别通过四个阶段抽取知识，首先是语言处理，然后，根据所得分析树计算语言质量指标和概念质量指标，再次，进一步由此计算概念的综合可信度，最后是评价。(2) 基于半结构化数据的本体论学习。也有许多方法，如欧盟的 UNIVERSAL 项目所开发的 Papatheodorou 方法［PVSOZ］，首先将相似的元数据文件加以聚类，然后从中抽取关键词汇，以便发现领域概念并建立关系。(3) 基于关系模式的本体论学习。如 Johannesson 方法［Joh94］把一个关系模式转换为一个概念模型，让新产生的模式的信息量与原始模型的信息量相同，其特点是：把关系模式转换成适合识别的对象结构形式，转换后，关系模型被映射成一个概念模式。(4) 基于字典的本体论学习。其中一个方法是 SEISD 方法［Rig98］。它的目的是从某种欧洲语言中学习词汇本体论。为此，它将字典这样的半结构化语料作为输入，通过分析字典的定义而弄清词条之间的关系（上下位关系、整体与部分的关系等），进而获得单语言或多语言知识。其步骤有二：一是识别定义中的类属特征，二是消解这些词条的语义上的歧义性。(5) 基于知识库的本体论学习。例如有一种从知识库中获取本体论的方法叫［SC00］［SC01］。这里的知识库由规则树组成，树的结点代表规则。具体操作是将所有规则组成一些类，而每一类又是一些具有相同结论的不同规则的路径的集合。通过对这些类之间关系的定量度量，来确定关系是否成立。它考虑的关系主要是包含关系、排斥关系和相似关系。

　　基于本体论的知识管理必须解决的第二大类问题是，如何以本体论为基础完成对知识尤其是不确定性知识的表征问题，如何进而建立大规模的知识系统，如何实现知识库建立的自动化。这类问题之所以困难，是因为我们将再次面临最令人困惑的语义学问题或意向性缺失难题，如必须设法对领域知识、相关概念及其关系作出有语义性的描述，对具体知识进行有语义性的标注，进而形成含有丰富语义信息的知识库。其次，困难还在于，要建构的基于本体论的知识库必须是机器能理解的，而且自主体还能在这里根据用户需求进行知识的查询和组合。而要做到这些，知识管理中的本体论就必须发挥这样的作用，即不仅能表示形式化知识，而且还能表示非形式化的经验知识。很显然，这些是以前的知识储存、表示方式所不能做到的。而基于本体论的知识管理能否做到，也还是一个未知数。尽管困难重重，但是早在 20 世纪 80 年代，有关专家就不畏艰难，开始了有关的研究和开发。例如美国的 Cyc 系统就是 1984 年开始启动的一个研究项目。2006 年 7 月，又推出了 OpenCyc1.0 系统，其知识库具有 47000 个概念，306000 个事实，可以在 OpenCyc 网站上浏览。要建立这样的系统，必不可少的环节是开展本体论研究。因为其查询系统所用的语言一般是自然语言。而要运用这种语言，就必须解决语义问题，建立相应的自然语言处理系统。例如 Cyc 系统就是如此。它试图提供友好的人机界面，能够通读并且理解英文语句，有人类的常识。

　　第三类前沿研究课题是：本体论语义的协调问题。本体论是人们关于世界图景的概念化体系。一般而言，正常的人都有自己的、或自觉或自发的本体论，当然，不同的人有不同的本体论。用技术术语说，这一现象可称作"本体论的异构性"。由于有异构，因此不同本体论便有语义上的歧异性。如何消解这种差异，是本体论语义学中的一大难题。现有两种方法：一是开发一种全局通用的本体论。但这在今天往往不能如愿以偿。因为难以找到一种能满足各方要求的本体论。二是通过本体论映射解决异构本体论的协调问题，即在概念级上，定义源本体论和目标本体论之间的映射关系，以便从整体上维护一个可共享的概念模型。具体的映射方法有很多种，如：（1）基于图匹配的方法。它将算法输入模式表示为图，将图的节点表示为模式元素，算法采用从上而下和自下而上相结合的遍历技术。算法执行有这样几个阶段：一是语言匹配，二是对结构模式的相似性作出计算，三是映射生成。（2）基于实例匹配的方法。如 A. Doan 等人用机器学习技术来计算实例级相似度，据此进行模式映射。（3）基于逻辑的方法。它将发现概念之间语义关系的问题转化为命题是否满足的问题，如将概念所蕴涵的词汇知识和结构表示为一个逻辑表达式，然后检查两个概念表达式之间是否满足某种逻辑关系。它有两个阶段，即先表达概念，然后对语义进行比较。

尽管这些方法有从句法层面跨入语义层面的动机，试图解决机器不能处理语义的难题，而且在形式上也取得了一些成功，但实质性的进步尚难看到。我们知道，机器不能直接处理概念、关系和公理。这些知识只有用标识符表示之后才能如此。例如 HowNet [HN05] 是一个常识知识库。概念的语义用义原来描述，而义原是描述概念语义的最小单位。在 HowNet 中，一共有 1500 多个义原，它们又可分为十类：事件、实体、属性、关系、数量、数量值、语法、次要特征、动态角色、动态特征。一标识符代表什么，义原指什么，合在一起有什么意义，这些问题是计算机不知道的，只有有关人员才知道。很显然，人与计算机的根本区别不在于语用学上有什么不同，因为他们都能运用符号，而在于语义学上的差别，即计算机不知道用标识符去"表示"对象，不知道把符号与所指关联起来，让符号有关于性，而人恰恰有这一特点。

以对概念相似度的计算来说，本体论在这方面的确做了大量前无古人的开创性工作，实现了由面向形式的研究到面向内容研究的转化。因为通过探索，对概念语义相似性的计算已拓展到了许多方面和层次，如探讨语言级的相似度（主要是探讨概念语义如何由义原来描述）、结构级和实例级上的相似度。从行为主义的角度来说，机器的计算过程（输入与输出）与人的已没有太大区别。当然内在实现的过程有根本不同。相似度计算是不同本体论之间映射的一个重要环节，其目的是要确定两个不同语词之间在语义上是否相同或相似。很显然，一个智能自主体或机器如果能完成这样的判断过程，给出答案，至少应该说它不再只是在进行形式转换，而是进到了语义级的转换。尽管如此，这一过程与人的语义加工过程仍无法相提并论。因为人对概念是否相似的判断，是基于对内容的理解、比较而作出的，而机器完全不可能有对内容的涉及和理解，它在本质上仍只是按规则进行转换。我们只要考察它的计算相似性的过程就会明白这一点。

　　不可否认，目前的本体论语义学的确有超越于传统的理论和技术的地方，例如它认识到：概念是本体论中最核心的元素，因此如果能判断它们之间的相似性，那么对于人来说，无疑是进到了语义的层面。有鉴于此，人工智能中的本体论研究便抓住了这一点，并把它作为语义相似度计算的重要内容，试图让机器模拟人计算相似度的过程和方法。为此，本体论语义学制定了一系列的规则或指令，规定机器在什么情况下作出什么判断。例如：1. 如果两个概念具有相同或相似的命名，那么它们可能在语义上是相同或相似的。考虑到现实语言中的这一情况，即名称相同或相近，其意义不一定相同或相近，本体论语义学又作了进一步的规定。2. 如果一个概念是另一概念的上位概念或下位概念，那么两个概念可能是相同或相似的。3. 如果两概念具有相同的上位概念，那么它们可能是相似的。4. 如果两概念具有相同的子概念，那么它们可能是相似的。5. 如果两概念具有相同的实例，那么它们可能是同一的。6. 如果两概念具有相同的属性，则它们可能是相似的。7. 如果两概念与另一概念有相同的关系，那么它们可能是相似的。还有一种更复杂的综合性的算法，是程勇提出来的。"其基本思想是通过综合权衡概念的各维度的相似程度，然后决定两者可能存在的语义特性。"[①] 程勇认为，综合权衡概念各维度的相似度，实际上就是计算构成概念语义的义原的相似度。在此基础上，通过综合权衡就能得到概念在语言级上的相似度计算方法如下：

$$Langsim(c_1, c_2) = \sum_{i=1}^{m} \sum_{j=1}^{n} wij sim(si, sj)$$

　　m 和 n 分别是概念 c_1 和 c_2 所含义原的数目。[②]

----

　　① 程勇：《基于本体论的不确定知识的知识管理》，博士学位论文，中国科学院，2005 年，第 58 页。

　　② 同上书，第 59 页。

应承认：只要按照上述规则运行，那么从实际效果上来说，机器的确会给出一个输出，它涉及了对语义相似性的判断。问题仍在于：机器实际上并未过问语义，只是根据形式上的特点来作出自己的判断。

再来看基于本体论的知识存储和查询。由于引入了本体论的范式和技术，加上其他的改进，如有关学者对基于本体论的查询语言和技术作了大量探讨，提出了许多新的设想（如 Algae［ALg05］以及 rdFDB 查询语言［rdDB05］等），因此现今的基于本体论的知识存储大大优于传统的方法。在传统方法中，知识单元常以案例的形式存储，而知识描述指向的是案例的链接，检索则以相似度量为依据。在以本体论为基础的知识管理中，本体论成了组织知识的核心。在存储时，知识单元都根据某一领域的本体论作了元数据信息标注。由于本体论为知识单元提供了公理化基础，因此新的知识管理支持对隐含知识的推理。在知识检索时，又可以使用演绎推理方法。在知识查询时，由于有专门的本体论查询语言，因此查询有更高的准确性和更快的速度，相应的，知识的共享程度也得到了提高，同时也带来了应用上的方便。

由于本体论的引入，对面向语义的知识服务的研究也取得了积极的成果。语义 Web 服务研究包括两方面的内容，一是研究：怎样创建这样的语言，它是计算机能相互理解的语言，并能充分表示 Web 服务的内容、功能、属性、接口、规则和限制条件。二是在这种语言的基础上提出一种模型，它能支持 Web 服务的自动发现、选取、执行、集成和交互。有多种方案，如 Ogbuji 的方案将 WSDL 元素系列化到 RDF 格式，如果 WSDL 所包含的信息可以用 RDF 元组来表示，那么就可用 URI 引用这些信息，甚至直接使用 RDF 语句来描述其语义。Peer 的方案是：利用 WSDL 语言的可扩展性来添加语义到现有 WSDL 构造算子，具体方法是嵌入意义定义语言（Meaning Definition Language）作为属性扩展。这种语言是一种基于 XML 的语言，可对 XML 数据类型表达的意义以及引用的意义如何由其他语言来表达作出定义。OML-S 是基于 OWL 的服务本体论。创立这一系统的目的是想提供一系列核心构造算子，以机器可理解的方式来描述 Web 服务的属性和能力。

　　与上述本体论应用相关，还有学者试图将本体论应用于不一致需求管理。如金芝和朱雪峰指出："不一致需求的分析和处理是大型软件开发中的关键问题……另外，它也是人工智能对不一致知识处理的研究在软件工程领域的延伸，体现了不一致知识处理的研究特点。"① 根据陆汝钤院士的界定，所谓不一致需求既不指异名问题，也不指多义问题，而指基于逻辑的不一致性。他说："一个需求说明称为是不一致的，如果存在一个命题 a，使得 a 和 $\neg a$ 都能从此需求说明推得。因此不一致性是一个语法概念，而不是一个语义概念。"② 中国学者对这一问题作了大量研究，形成了自己的看法。例如金芝和朱雪峰指出："针对不一致需求的管理，我们认为，可以建立以领域本体（论）为基础的、基于不一致需求的分析，进行需求诱导和需求精化的方法，并进而建立多层次、多模型的需求描述体系，为不一致需求管理提供一个新型的机制。"③

　　总之，本体论作为一种概念化手段，向知识管理领域中的推广尽管起步较晚，但已显示了勃勃生机和重要作用。例如，首先，它提供了一种表示领域知识的结构化手段，为知识的重用创造了条件，因为它提供了对领域知识的、不受应用影响的描述手段；其次，由于它对领域知识作了形式化表示，因此有助于对隐含知识的推理服务；再次，由于它对领域知识作了静动和操作区分，因此可使操作上相同的知识能够应用到不同的领域；最后，这种本体论为人与自主体的沟通提供了桥梁。尽管成绩骄人，但有这样一个问题不能不问：人们当初"高薪引进"本体论是想通过它解决传统的

----

① 金芝、朱雪峰：《管理不一致的软件需求：研究进展和展望》，载刘大有主编《知识科学中的基本问题研究》，清华大学出版社 2006 年版，第 445 页。
② 陆汝钤：《副报告：关于需求不一致性》，载刘大有主编《知识科学中的基本问题研究》，清华大学出版社 2006 年版，第 449 页。
③ 金芝、朱雪峰：《管理不一致的软件需求：研究进展和展望》，载刘大有主编《知识科学中的基本问题研究》，清华大学出版社 2006 年版，第 445 页。

知识管理停留于句法级而无语义性的痼疾，经过若干年的实践，它的这一角色扮演得如何呢？以它为基础的知识管理是否真的进到了语义级？

不可否认，有关的研究的确带有上述非常值得肯定的、大有前途和希望的动机，同时也作了大胆、积极、开创性的探索和尝试，如试图从语义上描述领域共享概念，对知识进行本体论标注，进而形成有丰富语义信息的知识库，在此基础上，让用户借助对语义信息的利用来进行检索，最终提高知识服务的效率和质量。从效果上说，也应承认，基于本体论的知识管理相对于传统的理论和实践来说，的确有一系列富有创意的革新。这主要表现在：以本体论为基础而建立的领域概念模型所依照的是实在世界中的对象及其关系。这样做的目的，当然是想让概念图式有对于实在的关联性。如果能做到自主关联，那当然有名副其实的语义性。另外，在对概念的形式化描述中，除了形式化符号之外，还试图建立与该概念有关的本体论实例集合。这都是超越了传统的形式化建模方法的表现。另外，在本体论获取的过程中，新的理论不仅强调：以有关的语料（如结构化数据库、半结构化的 Web 表格和无结构的文本文件）为获取来源，强调预处理、学习过程、领域专家的确认、本体论需求分析、领域分析与建模、本体论提炼和形式化，而且还强调根据真实世界来评价所建构的领域本体论。例如程勇提出的半自动化本体论获取方法，最后一个环节就是"本体论评价"。这个评价可从四方面进行：1. 本体论中概念和关系的定义；2. 本体论中的实例和领域公理；3. 现有本体论所引入的其他本体论定义；4. 从已有本体论定义中推理得到的定义。如此评价的目的不外是弄清：所创建的领域本体论与真实世界的领域模型是否是一致的。[①] 再如在讨论本体论获取所必需的关系学习方法时，有关研究注意到：关系学习对提高本体论质量至关重要。而关系学习的内容很多，其中之一是

----

① 程勇：《基于本体论的不确定知识管理》，博士学位论文，中国科学院，2005年，第 39 页。

层次关系学习。这又依赖于自底向上和自顶向下两种途径。程勇说："前者需要计算词汇的相似度，然后合并语义相似的概念或词汇，形成新概念。"[①] 这些无疑都可看作是知识管理向语义级迈进的有益尝试。

当然，如果用更高的标准看问题，那么不难发现：有关的探索还有许多有待进一步改善、完善的地方，因为相对于人的语义处理过程中的本体论操作来说，有关的理论和实践还有相当大的差距，有关的系统充其量只有派生的语义性，即只进到了派生的语义级。例如在本体论获取过程中，要用到潜在语义索引方法（LSI，Latent Semantic Index）。这是一种统计方法，其目的是用维的概念空间来替代文档空间，通过使用奇异值分解来获得潜在语义信息。概念空间中的一个维表示一个概念，它们在统计上不相关。使用这种方法时，文档用向量空间模型予以表示，通过奇异值分解得到潜在语义信息，再构造概念图，并经过用户确认，获得领域中的重要"概念"。[②] 再看"基于 HowNet 的概念学习"。HowNet［HN05］是一个常识知识库。其中，概念的语义是通过义原来定义的。所谓义原即是不可分割的最小语义单位。这个知识库包含有 1500 多个义原，它们从不同的角度对概念进行描述。基于 HowNet 的概念学习的基本思想是：如果两个概念具有相同或相似的义原描述，那么就可以说，这两个概念在语义上是相似的。[③] 这里尽管涉及了语义及其构成，但与人的意向状态的语义性存在着根本差异。因为后者有对对象的主动关联，而知识管理工程中所说的语义仍是形式上的。

一般都不否认，语义性在目前的 AI 理论和技术中还只是工程技术人员的事情，有关的人工系统本身还不具备这种能力。例如本体论映射这一研究尽管也涉及语义问题，即在一种本体论的元素中找到与另一本体论相对应的元素，以使它们具有相同或相近的含

----

① 程勇：《基于本体论的不确定知识管理》，博士学位论文，中国科学院，2005年，第48页。
② 同上书，第45—46页。
③ 同上书，第47页。

义。但这种映射看起来是由计算机或网络完成的，但实际上是由设计操作人员完成的。本体论映射的过程就足以说明这一点。按程勇描述的过程，它主要包括六个阶段：领域理解、特征选取、领域知识、映射算法、映射评价、映射解释。就领域理解来说，这里最关键的是要理解领域对于语义相似性的要求和含义，而不同领域的要求是不一样的。这里的理解显然都是设计人员的事情。特征选取是指在可能的特征（如概念名、属性、实例、概念与其他概念的关系）中进行选择，以发现语义上相似的概念。这显然也是设计人员考虑的问题。至于领域知识获取更是如此。所谓领域知识是指关于领域中的规则、约束、关系的知识，要得到这种知识，就要让领域专家参与，或与之沟通。如果没有他们的参与，领域知识的内容、语义是不可能有准确的理解和可靠的传递的。映射算法当然是要机器执行的算法。运行这个算法，目的是让机器在可能映射空间中进行搜索，最终找到语义相似的概念、关系和实例。有多种算法，目前流行的是基于相似度计算的映射方法。这里的计算、匹配当然是由机器完成的，但问题是：它是按指令运行的，而且它本身并不知道、理解有关元素在语义上是否相似。映射评价也是如此，其目的是要检查映射算法的质量。这是由机器完成的。它在形式上能对查全率与查准率给出一个结论，但它本身并不知道这个结论的意义。映射解释是指：在实际领域环境中，考察映射结果是否符合应用的要求，是否达到用户的期望，然后决定是否开始下一映射过程。这里的匹配是由机器完成的，但问题仍然是：它并不知道什么，只是按章行事而已。

第五节　移动自主体和语义 Web 中的本体论

　　移动自主体、多自主体通信和语义网研究中也有关注内容或发生语义学转向的表现。移动自主体出现在网络中，目的是要解决网络中的知识爆炸问题，因此有其必然性。同时，它也是人工智能发展的一个产物和标志。而移动自主体本身的发展又呼唤对语义内容和本体论的关注。因为不涉及语义问题，移动自主体根本就无从谈起。理由很简单，自主体要在网络中移动，完成捕获资源和分布计算的任务，必然要求与其他自主体的沟通和协作，例如必然要有代码提供和代理自主体存在和发挥作用。没有它们，就没有自主体移动、运行的安全、可靠、有序的环境。自主体之间要协作，就一定得有知识语义上的共识。因为在多自主体系统中，自主体通信语言都是根据奥斯丁的言语行为理论建构的。其好处是，可从语法上进行顺利的交互。而多自主体的通信内容常由不同的内容语言表示，如果两个自主体在交互中不能共享某种内容语言，就不能理解对方的语言及其含义。这样就会使移动、交往、通信根本无法进行。而它们之间要有这样的共享知识和内容语言，在目前的认识水平和技术条件下，只能借助有共享的本体论知识。因此共同的本体论知识是不同自主体得以协作、会见、交互信息的共同基础，是拥有不同目的和状态、有异构本体论的自主体能相互沟通的桥梁。

在多自主体系统中，能帮助自主体移动，进而与别的自主体协作、通信的共享本体论知识有多种形式，如基本本体论知识、移动本体论知识和停靠本体论知识。每一种在它们的协作中都发挥着特定的作用。而它们之所以有其特定的作用，又是由于每种本体论有自己的解释器及其资源。

本体论的解释器由内容语言的语法解释对象和语义解释对象组成。对于一个用 KQML[①] 消息表达的本体论知识 Kmessge 来说，如果它所对应的内容语言语法解释对象是对象句法（objsyntax），语义解释对象是对象语义（objsemantic），那么它的知识理解过程就可写作：

Ontology Interpreter（KQML message KMessage）

if（"erro Format" = ObjSyntax（kmessge））throw Format Exception action = objSemantic（kmessage）

execute（action）。

----

　　① Knowledge Query and Manipulation Language，即关于共享知识通信的知识查询和操作语言。

　　这里，我们简要考察一下多自主体系统共享的本体论知识。自主体本体论（agent ontology）知识对应的解释器资源为每个系统自主体（SA）所拥有。从行为方式上说，它有通告有效资源、查询资源和通知无效资源。它们所对应的资源类型是：地址、类别、解释器、语言、文档。移动本体论（mobile ontology）知识对应的解释器资源是每个移动自主体、移动服务器所具有的资源。它们包括：请求移动、回应请求移动，通告协作移动自主体的移动文件列表，通告协作移动自主体的对象持续存储文件，会见请求、回应会见请求、帮助请求、回应帮助请求、通告移动成功。停靠本体论（Docking Beinglogy）知识对应的解释器资源是每个协作移动自主体和 DS 所具有的资源。它们包括：向 DS 提出停靠申请、告知答复、向 DS 作停靠注册、从 DS 撤销停靠注册、通告移动计算机重新连接。

　　移动自主体在移动过程中，必做的一项工作是状态捕获。而要顺利完成这一任务，它必须有共享本体论知识。因为它移动的目的是到远程网络结点去访问、获得资源。这是移动自主体技术优越于以往技术的一个表现。因为它比过去的方法（将资源大量下载）要有效和可靠得多。它怎样捕获呢？它捕获状态的过程就是遍历目的地的资源对象，根据要求作出筛选，形成资源对象的外部描述。要如此，它就必须有捕获对象资源的可能性根据与条件。这条件很多，其中之一就是移动自主体的语义解释器及其理解能力。而这些工具和能力要发挥作用，显然离不开它所具有的本体论知识。因为移动自主体要捕获到状态，要从目的网站结点带回所需的知识，首先必须能理解它的语义。而这显然取决于它的本体论。如果它的本体论 O 能包容进而能理解异地资源 r，那么它就能将 r 转化为自己的知识资源，否则即使那里的资源再多，也无济于事。所以移动自主体获得异地资源的第一步是：异地资源 r 属于本体论范畴 O，可记为 $r \in O$。依次的步骤是：自主体将资源 r 下载并装入当前运行环境，这一过程可称作资源 r 与自主体的动态集成。接下来是理解、解释过程。假设 oi 是本体论知识对应的解释器，记为 $oi \Leftrightarrow O$，可用 oi 集成的所有资源组成的集合记为 H（oi）。如果解释器 oi 理解资源的语义 p，那么称 oi 具有解释器资源集成的能力，记为 p∈ sem（oi），其中 Sem（oi）是 oi 理解的所有的语义的集合。总之，移动自主体对资源的集成过程是对目的资源的 KQML 消息的解释，它理解它们的语义。之所以如此，是因为它有内置的本体论知识，有解释器，它支持对资源语义的解释。

简单分析一下 JMAT，将有助于我们更好理解本体论在移动自主体中的应用及其实质。JMAT（Java Mobile Agent Templat）意即用纯 Java 语言书写的移动多自主体系统原型，是一个具有静态和动态扩展能力的开发的、高效重用的分布计算支持结构。在这种系统中，各自主体分布于 Internet/Intranet 网络环境中。它们的位置可以移动，而此特点又是保证分布计算完成的基础。要完成分布计算，就必须交换信息，必须有共享知识。而交换和共享又是以本体论为其前提的。也就是说，在这种系统中，每个自主体都有基本的本体论知识，它是每个自主体都必须具有的关于 JMAT 系统特性及相互协作的最基本知识。对于利用 JMAT 构造的特定分布应用自主体来说，它们可以通过集成符合特殊本体论知识的解释器资源而具有新的知识共享能力。再看 JMAT 的结构。它由如下层级构成：（1）抽象层（它定义了 JMAT 中的自主体、通信界面、资源、分布任务规划的基本构件）；（2）基础层（是保证基本通信能力的层次）；（3）KQML 层（保证以 KQML 语言作为自主体级通信语言）；（4）消息层；（5）本体论知识层（为基本本体论、移动本体论和停靠本体论知识的语义解释提供解释器实现的层次）；（6）分布任务层。从上述描述可以看出，不同自主体之间之所以可以进行信息交互和完成协作任务，首先是它们有共享的知识资源。而这又是因为它们有共享的本体论知识。之所以有这种知识，又是因为有能作出语义解释的本体论知识解释器。如前所述，相应于三种本体论（即基本的、移动的和停靠的），有三种解释器。正是依靠这些解释器，不同自主体在运行时才能获得共享的语义。解释器之所以有此功能，是因为它有移动服务器，它既能提出移动服务请求，又能提供移动服务。当然，解释器的核心实现部分还是它的本体论语义解释算法。正是按照它规定的指令，自主体的移动请求及其满足、会见请求及其满足、消息发送请求及其满足、帮助请求及其满足等才能有条不紊地被执行。

从内在的实现过程来说，JMAT 所支持的移动服务，其实是通过一系列移动服务原语来完成的。而这一完成过程的理论基础又是奥斯丁的言语行为理论。因为这里的原语或者是一些 KQML 的执行式语言（performative），或者是一些不可分解的基本算法。奥斯丁认为，言语从作用上说有多种：一是纯描述性的或直陈式的言语，如把某一场景告诉某个没有见到它的人。二是执行式（performative）的行为，它不描述什么，本身就是在进行一种行为。如仪式语"你好""谢谢"等。他的公式是：说某事就是做某事（saying something is doing something）。后来的研究使他的看法有所拓展。其表现是：他认为，所有一切言语行为都是说话行为，都包含有执行式行为的方面。根据新的看法，言行行为有两类，即以言行事行为（illocutionary act）和以言取效行为（perlocutionary act）。以言行事行为的特点是：这种话语说出时除了实行了一个说话行为外，还实行了别的行为，如"请关上门"，一方面，是做了一件事，另一方面还有要求、劝告等行为。以言取效行为是指这样的行为，其说出对听者、说者和其他人产生了某种影响，如说服、打扰等。

移动自主体之所以能完成移动服务，是因为它执行了一系列移动服务原语。而这些原语在本质上是按言语行为理论设计的。即是说，这些原语是一系列的语言指令，而它们既有特定的意义和描述、表达功能，同时本身又是一种行为。移动自主体发送或接收它们，其实同时是在完成相应的行为。质言之，言语指令本身就是在行为，在做某事。因此只要对这些移动原语采取了适当的应用级封装，那么它们的发送或接收就意味着某种行为的执行。例如"移动的请求"一发出，就等于向远程结点上的自主体移动服务器发出了请求移动的消息。"产生当前状态文件"一发出，就等于移动自主体产生了当前状态的恢复文件。"向远程结点的自主体移动服务器发送移动文件列表"、"将自主体移动到远程网络结点上去"等可如此类推。

　　再来看基于本体论的语义 Web。在 Web 和浏览器出现之前，互联网研究的重点在于研究网络互联本身，应用也简单，如只用于E-mail、FTP、BBS 等之中。随着网络的发展，浏览器的出现，网页成了利用网络共享信息的载体，Web 则成了人们获取信息的主要渠道。Web 服务就是通过 Web 为人们利用知识库中的信息而提供的方便途径，为 Web 环境下建构的可扩展的软件系统提供解释方案。从其自身的构成来说，Web 服务是具有标准接口和通信协议的可重用软件组件单元。由于它采用了 SOAP、WSDL 等一系列基于 XML 的数据交换格式，因此确保了服务之间的动态交互。从作用上说，它为推广现有 Web 应用和开发模式提供了途径。目前，Web 有 3 亿多个页面，而且全球的网页数量还在按指数增长，但问题在于：机器能处理的信息只是整个 Web 中的一小部分，大部分信息主要是设计给人看的。质言之，计算机无法根据意义对它们作出处理，Web 仅停留在语法层面，而未涉及语义，即它们存在着语义信息和关系的缺失问题。而这个不足又极大妨碍了服务协作和组合的深度，限制了服务发现、匹配和组织的自动化。

　　要解决这些问题，当务之急就是建立和发展语义 Web。这是一种数据网，其作用是对 Web 信息重新编码，使它具有机器可理解的语义。如果是这样，就能拓展 WWW，使 Web 提供机器能理解的 Web 资源信息，以实现和促进人—机以及机—机的相互合作。它的特点在于：为 Web 上的资源附加上能为计算机理解的内语，以便于它进一步处理。谢能付等人说："语义 Web 是对未来网络的一个设想，在这样的网络中，信息都被赋予了明确的含义，机器能够自动处理和集成网上可用的信息。"[1]

----

　　[1]　谢能付等：《语义 Web 与 NKI》，载刘大有主编《知识科学中的基本问题研究》，清华大学出版社 2006 年版，第 403 页。

语义 Web 概念是 1999 年由 Web 之父 T. Berners-Lee 在 *Weaving The Web* 一书中创立的。他倡导，应设法让 Web 的信息内容能为计算机理解和处理。如果能实现这一目标，那么不仅可以促进互联网的发展，让人类的已有知识发挥更大的效用，还能解决人—机对话、机器翻译等具体领域中的棘手问题。国外这方面的研究很多，已出现了新一代的 Web 技术。我国学者谢能付、曹存根等人在这方面也颇有建树。①

要实现语义网的上述构想，真正让计算机理解和处理 Web 上的信息内容，就必须找到与之相适应的途径和手段。经过探索，人们找到了一种既有可能性又有可行性的工具，那就是本体论语义学。谢能付等人说：“近年来，本体论的应用受到越来越多的重视，本体论在很多著名的知识系统中都有不同程度的应用，如美国的 D. Lenat 教授领导的小组正在研制一个大型的常识知识库系统 Cyc……”②

这里所说的本体论与哲学中的本体论有关，但主要是工程学意义的本体论，指的是解释一定世界现象的一个特定系统，或者说是关于一定范围内现象的概念体系。从知识共享的角度来说，指的是对客观存在的概念和关系的明确刻画。“本体论的目标是捕获相关领域的知识，提供对该领域知识的共同理解，确定该领域内共同认可的词汇，并从不同层次的形式化上给出这些词汇（术语）和词汇之间相互关系的明确定义。”③ 就语义 Web 来说，“本体论 Web 语言能够清晰地表达词汇表中术语的含义以及词条之间的关系，这种词条和它们之间的关系的表达就称作本体论”④。

在语义 Web 中，本体论的应用尽管只是刚刚起步，但具有非常重要的意义，因为它将成为解决语义层次上 Web 信息共享和交

----

① 谢能付等：《语义 Web 与 NKI》，载刘大有主编《知识科学中的基本问题研究》，清华大学出版社 2006 年版，第 402—418 页。

② 同上书，第 407 页。

③ 同上。

④ 同上书，第 406 页。

换的基础，还可能为机器理解提供技术保障。

现有的语义 Web 不仅以本体论语义学为理论基础，而且其工程支持也是本体论的描述语言和工程。从基本的构成元素来看，这种作为工程支持的本体论有如下组成：第一是 URI（Uniform Resource Identifiers）。即统一资源的标识符，其作用是对具有统一性的资源提供标准化的名称描述。第二是 Unicode。即统一编码，其作用是为各种不同语言提供具有统一性的字符编码标准。第三是 XML（extensible markup language）。即可扩充标高语言，其作用是定义结构化数据描述方式，因而是数据具有可互操作性的语法基础。第四是 name space。即命名空间，其作用是对名称提供分类，以便让重名但含义不同的资源能够一起使用。

语义 Web 有自己的层次模型，主要有如下层次：一是 RDF + RDF Schema Layer。这里的 RDF 即资源描述构架（resource description frame work），由这些构架组合在一起便形成了一个层级。它是描述数据语义的基础，因为它可定义一些对象，即资源、属性和值。这里的资源指网络的数据，属性指能描述资源的一个特征或方面，值即资源的价值。因此 RDF 描述是由对象或资源、属性和值三种元素组成的三元组。二是本体论层次。其作用是给出数据的语义信息，即元数据。这里的本体论语言不同于其他的本体论语言，因为它是在 RDF 之上被限定的、专门的网本体论语言（Web Ontology Language，WOL），但它由于引入了传递关系、集合的势和约束等因而又是有很强的描述力的本体论语言。三是逻辑层。其作用是在本体论所描述的知识之上为系统提供基于规则的推理。四是证明层。其作用是在对事实的逻辑描述的基础上，对事实作出证明。五是可信度判定层。其作用是对以上各层关于某一事实所作的各种陈述根据上下文作出可信度判定。

传统的知识工程常采用 SCBR（Structured CASE-Based Reasoning）作为知识库模型。在这种模型中，知识被表示为 CASE 集合，查询时，查询引擎将用户要求的 CASE 模型与模型中的 CASE 进行匹配，然后返回符合要求的 CASE 集合。这种检索实际上是基于关键词的检索。其问题是：查询效果差。而语义网由于运用了先进的建模方法不仅存储了建模领域的相关概念，而且还存储了概念之间的关系，被存储的知识经过标注后会有丰富的语义信息，因此在检索时，通过匹配可以获得较令人满意的知识，还可通过推理获得新的知识。具体而言，其优点是：1. 由于通过本体论提供了应用领域的概念模型，因而能提供语义级知识查询服务。2. 支持对隐含知识的推理。3. 支持对不确定性领域知识的推理。另外，语义网络领域中的基于语义的查询语言（如 RQL、SPARQL 等）由于提高了查询表达力，因而改进了查全和查准率。但仍不支持对领域不确定知识的查询。

毋庸讳言，当前的移动自主体和语义 Web 研究在通过本体论实现"语义学转向"的过程中的确做出了大量扎实而卓有成效的工作。例如由于有本体论的知识表示手段，移动自主体在特定意义上真正成了有较高智能性质的软件实体。其表现是：有知识表达能力（如能表达其他自主体的地址）、知识理解和交换能力。所谓理解能力，即能通过解释器对 KQML 消息作语义上的解释。因为每一 KQML 的解释器都对应于特定的内容语言和本体论知识。应该承认，经过解释器，一种形式的知识的确转换成了另一形式的知识，而且保持了内容的不变。这似乎类似于人类翻译工作者对两种不同语言的翻译。但其实完全不同。它类似的是塞尔所说的中文屋中的"我"所做的工作。例如在多自主体的通信中，在不同数据库的集成或整合中，由于不同数据库所使用的模式（如表、列和关键词等）是不同的，因此要实现通信，要向用户提供统一透明的服务，就需要设计人员预先明确定义不同模式之间含义相同的表、列、关键词之间的对应关系。为了将遗留关系数据库的内容迁移到语义网上，也需要明确定义数据库模式和本体论元素之间的对应关系。

从行为主义角度看，这些人工系统有与人一样的输入和输出，因此根据行为主义标准，现在的许多自主体有语义加工能力。但从实质上看，则不是这样。因为它们不过是把语义问题转化为语法问

题，通过对形式的转换间接实现对语义的传输和转换。机器本身对
语义仍一无所知，它所做的仍是形式、语法的变换。所不同的是，
这种变换更复杂了，进到了所谓的语言级、结构级、实例级。但在
本质上仍未真正解决"中文屋论证"所提出的问题。因为它们如
此按照程序的要求作了形式的转换，如被"认为"作了语义的加
工或语义相似性的计算。这个"认为"是人作出的，而不是计算
机自己作出的。如果它们要"认为"自己有此作为，那就又得给
它们装相应的程序，而一旦如此，它们又还是在作形式转换。总
之，计算机、自主体到目前为止都没有自主地、有意识地、直接地
处理语义的能力。

　　就本体论的应用来说，也有许多值得进一步探讨的地方。毫无
疑问，要想在本体论的理论和应用研究上实现根本性突破，除了师
法自然，别无他途。在这个世界上，人是具有本体论且能够驾轻就
熟予以运用，进而成功应对许多难题、让自己表现真正的智能属性
的唯一的样板。既然如此，要想让人工的智能自主体表现基于本体
论的智能，就不能闭门造车，而应自觉、深入地探讨种系和个体的
人的本体论发生发展的历史过程，弄清其内在构成及结构，追溯其
在语义处理中的作用以及发挥作用的内在条件、根据和机理。人是
最典型的异构动物，每一个体在心理、生理等方面都有自己的独特
性，甚至不同的人所使用的同一个词都有不可通约性。有的学者如
美国著名哲学家蒯因等甚至否认世界上有同义词存在，维特根斯坦
为说明这一点提出了自己的"语言游戏说"、"家族相似论"。尽管
如此，人与人之间事实上又存在着客观的可相互沟通性，操不同语
言的人甚至也有这种可能性。这类事实之所以发生，肯定是因为人
的智能中存在着许多特殊的内在条件，其中之一当然是人类共有的
本体论知识构架。很显然，这一资源无疑是 AI 研究及创新的取之
不尽、用之不竭的源泉。本体论是哲学的古老话题，但人的语义处
理机制后隐藏的本体论知识资源则是一个刚刚发现的新大陆。要开
发利用它，无疑需要包括心灵哲学在内的多学科的通力合作。很显
然，这样的工作严格说来还没有开始。正是由此所决定，AI 中的

本体论研究便难免稚嫩，有关专家便自然会觉得力不从心，许多理论和技术上的障碍难以突破；相应的，本体论在工业上的真正的应用，还有相当长的路程要走。例如要将已有的一些不太成熟的理论设想转化为应用，就必须有相应的本体论开发工具和支持环境。尽管现在已经开发了一些系统，如开发工具有 Protégé 2000〔Pro05〕、WebODE〔ODE05〕、OntoEdit〔OE05〕、KAON〔Kaon 05〕等；本体论合并工具有 PRMPT；本体论标注工具有 COHSE〔COHSE05〕等；本体论查询工具有 Jena、Sesame 等。但它们离工业应用都有一定的距离。造成这种状况的原因显然很复杂，有的可能是技术本身的问题，但无疑不能排除还存在这样的局限性，即我们对人类本体论的内容、特点及机理缺乏到位的认识。

第十章

意向性建模的认识论基础

如果像大多数人所说的那样，自然智能离不开智慧，而智慧又离不开意向性，那么以自然智能为原型的人工智能的真正建构和健康发展显然必须关注意向性，必须模拟人的意向性。唯其如此，才能使各种 AI 系统或程序有主动性、目的性、自关联、自意指等意向性作用，真正表现出名副其实的智慧特性。而要模拟意向性，首先无疑要建构关于它的模型。科学方法论告诉我们：要认识复杂对象，一种有用的方法就是建构关于它的模型。对心智的认识也是这样。心智建模不仅是认识心智的一个途径，而且也是人工智能发展的需要。因为要获得类似或超过人类智能的人工智能，首先必须有关于人类心智的正确认识，形成关于它的模型。众所周知，模型是复杂对象的一个简化的摹本，其作用是帮助我们把握复杂的对象。它借助抽象，将对象中的非主要的方面过滤剔除掉，只剩下主要的、值得关注的方面。在此基础上，再通过理想化，让对象得到进一步过滤和简化。要认识自然智能的意向性，也必须用这种方法去建构关于它的模型。而要予以建模，一个必不可少的条件是弄清它的内在构成及其相互关系。麻烦在于：对意向性的认识尽管贯穿在人类认识尤其是哲学思维的始终，但相对于其他领域而言，这一领域又是最薄弱的。当然，这不是说没有形成什么理论；恰恰相反，围绕它，哲学已形成了一个蔚为壮观、博大精深的研究领域，有关的理论学说也是汗牛充栋，人们对一系列问题的认识众说纷纭、莫衷一是。所有这些，无疑既为我们的建模提供了条件，又为我们设置了障碍。很显然，现阶段要立即为意向性提供一种模型，是不现实的。当务之急是为此做一些认识论、方法论上的准备工作，如弄清西方意向性研究的历史与现状，查明意向性认识中积累下来的各种积极有价值的成果，厘清有关概念，等等。简言之，为以后的真正的意向性建模作认识论的铺垫。

第一节　西方意向性研究的起源与"布伦塔诺问题"

在古希腊哲学中，尽管尚未提出关于意向性的专门术语，但相应的思考和近似的表述已出现了。柏拉图在《克拉底鲁斯》一书中所用的关于弓箭的论述是关于意向性的真正的隐喻。他认为，思想、信念就像弓箭一样，对准的是某种东西。他说："信念要么就是灵魂所从事的一种对事物怎样成立的知识追寻，要么可称之为弓箭的射击。""思想更是这样。"[1] 不难发现，柏拉图所说的意向性既包括实践的心理活动，又包括理论的心理活动。从词源学上说，柏拉图把信念、思想之类的心理状态比喻为"射箭"，这是后来的意向性概念的真正发端，而且比较形象、准确地体现了意向性的特征、过程和本质。因为后来中世纪学者所创立的"意向的"（intentio）一词，其本义或原义就是"瞄准、射箭"（intendere）。当代著名心灵哲学家丹尼特也注意到了这一点。他说："意向性"是基于类比而提出的一个概念。心理现象关注某对象类似于箭对准某物（intendere arcum in）。因此意向性现象就是隐喻的箭。意向对象像箭的对象一样，箭的对象可能是一匹马，也可能是一只麋鹿，也可能是幻觉，意向的对象也可以是存在的，也可以是不存在的。[2]

---

① Plato, *Cratylus*, 420bc.

② ［美］丹尼特：《心灵种种》，罗军译，上海科技出版社1999年版，第29—30页。

　　亚里士多德思想中包含有较丰富的意向性思想，这是不争的事实。如他在他的知觉理论中指出：人之所以能认识到或接受没有质料的形式，根源在于知觉指向了意向对象。[①] 在思想中也是如此，人们之所以能思考没有质料的形式，是因为人们以意向的方式进行思考。这些看法既影响了后来的经院学者，又对现代意向性研究的开山鼻祖布伦塔诺提出自己的意向性问题和理论产生了有据可查的作用。布伦塔诺说："亚里士多德已经谈到了这种心灵的、存在于内的东西。在他的《论灵魂》一书中，他说：被经验的东西，作为被经验的某物就在经验的主体之内……在菲诺（Philo）那里我们同样可以看到关于心理的存在和非存在的学说……新柏拉图主义也有类似的理论。"[②]

　　一般认为，中世纪对意向性已有较丰富、较深入的认识，而托马斯·阿奎那又是其集大成者。要把握托马斯的意向性学说，首先必须认识到他提出和建立这一理论所要解决的问题。在托马斯建构这理论之前，困扰他的问题有三方面：第一是实践或行动方面的问题：人为什么会做出这样那样的行动？有时为什么会不惜一切代价去行动？在行动之前，行动要得到的东西为什么能浮现在头脑之中？它们是什么？与实际要得到的是什么关系？第二是一种认识论上的诧异：头脑之外的有广延形象的东西为什么能进入心灵之中为其所思考？这是如何可能的？简言之，作为心灵的实在为什么，又是怎样把它之外的东西"弄到手"加以把握的？第三是本体论方面的困惑：在内浮现的目标、对象等是不是一种存在？如果是，它们是一种什么类型、性质的存在？为什么有这些存在？

　　托马斯的这些困惑，是他用亚里士多德的蜡块说和本体论反观人与世界的必然产物。根据蜡块说，心灵不是柏拉图所说的那种有先天观念的东西，而是一种类似于蜡块的东西。基于这一心灵观，

----

① F. Brentano, *Psychologie Vom Empirischen Standpunkt* (1874), 2 Bände, Leizing: Felix Meiner Verlag, 1924, I, 125, "note".

② Ibid..

就自然会有上述惊诧。在解决这些问题时，托马斯所坚持的原则又
是精神主义，即认为心中所浮现出来的东西不是外物本身，而是它
们的某种"精神性变形"或"转换"（spiritual change）。问题在
于：心灵是如何完成这种转化的呢？转化后的外物在心中的存在方
式该如何设想呢？他借鉴前人的有关思想，尤其是引进了"意向
的"这一关键概念。通过研究，托马斯认识到：精神所作的转化
依靠的正是这种意向，而转化后的存在则是一种新的存在方式，即
意向的或内在的存在。由此所决定，"意向的"一词在他那里便具
有极为丰富的内涵，如一是意动层面的内涵，它似乎能说明人们为
什么会作出行动，其根源在于有这种意向（意愿、对所渴望对象
的追求）。而所追求的对象最初是以意向的方式存在的。二是认知
意义上的内涵，它指的是对象转化为精神中的存在方式，即意向的
方式。三是本体论的意义，即认为存在除了别的方式之外，还有意
向的存在方式，或内在的存在方式。

　　在托马斯看来，人的认识能力主要有两种形式：一是感知觉。
它们得到的是直接的印象。经过一定的中间环节，在想象力的作用
下，它们便变成了心中的观念或心像或可理解的种。它们呈现于心
中，便引起了理智的活动。二是理智。理智又有两种形式，一是消
极（passive）或潜在、可能的理智。它是一种接受能力，能从观
念中抽象共同的东西，排除个别的东西，直至从中接受理智的形
式。另一种理智的形式是积极（active）理智或现实的理智。它是
灵魂的不朽方面，其功能是对形式发挥作用，作出积极的思考，形
成关于事物的本质或形式的认识，在理智的接受和思维的过程中，
事物的本质并不能直接进入理智之中。理智只能以意向的方式来接
受和思考。所谓以意向的方式，就是在心中接受和思考事物的形
式，而这种形式又是对象的本质的映象或表征，或者说是对象的本
质的相似物、摹写、代表。尽管心中的形式和事物中的形式都是形
式，但前者具有更高的本质。正是有这种更高本质的形式，心灵才
有意向性，或者说能意向地思考外在的事物。

　　德国心理学家、哲学家布伦塔诺是开启现代意向性研究的关键

人物。他在他的哲学中引入意向性概念本意不是要认识意向性本身，而是为了找到心理现象与物理现象的区分标准这一令他困惑不已的问题的答案；但布伦塔诺的意向性探讨客观上起到了深化意向性认识的作用，不仅如此，还为后来的研究留下了著名的难题：人为什么能超越自身而把握外在异质的世界？尤其是，为什么能思考过去、未来以及空间上不在场的对象？为什么只有人能与不存在的对象发生关系，而其他任何事物都不能进至这种关系之中？为了表彰布伦塔诺对于现代意向性研究的开创性贡献，人们一般把意向性的一系列著名难题称作"布伦塔诺问题"。

布伦塔诺认为，揭示心理现象独特本质的方法只能是：先列举明白无误、谁都会承认的心理现象、物理现象的"实例"。然后从中分析和抽象。他说："每一呈现在感觉中和想象中的表象都是心理现象的一个实例。""此外，每一判断，每一回忆，每一期望……每一疑虑，都是一种心理现象。"至于物理现象，其"实例"有："我所看到的一种颜色、一种形状和一种景观；……我所感觉到热、冷和气味。"① 接着，布伦塔诺便开始着手揭示其本质特征。他认为，心理现象之所以不同于物理现象，是因为它不是一个东西，而是关于某东西、某活动的表象，或关于表象的表象。什么是表象呢？表象是被感知的外物在心中的呈现。他说："上面所列举的每一种东西都具有相同的特点，那就是它们的呈现（Gegenwartig-sein），而呈现状态即是我们所说的被表象状态（Vorgestelltsein）……只要某东西呈现于意识中，不管它是被恨也好，被爱也好……那么，它就处于被表象的状态中。"他还认为，"被表象"与"呈现"是同义词。② 总之，在布伦塔诺看来，心理现象的共同特点在于：它们以表象为基础，或者说总是与某种心中的呈现有关的过程或活动，都预设了表象。因此，"心理现象不是表象便是

---

① ［奥］布伦塔诺：《心理现象与物理现象的区别》，载倪梁康主编《面对事实本身》，东方出版中心2000年版，第39页。

② 同上书，第41页。

（在上面所解释过的意义上）立足于表象之上的东西"。[①] 他还说：心理现象可"定义为表象以及建立在表象基础上的现象"[②]。这一思想对后来的胡塞尔说明意向性的本质有重要的启迪作用。胡塞尔在《逻辑研究》一书中经常述及以上观点。

布伦塔诺认为，心理现象区别于物理现象的根本的、独特的特征尽管只有一个，但表述方式却不是唯一的。事实也是这样，他除了说"表象"之外，还经常说"内在的对象性或对象的内在存在性""对内容的指涉""对对象的指向""内在的客体性"以及"意向性"等。内在的对象性，即指心理现象一旦发生，总有其内在的对象显现于心中。他说："这种意向性的内在是为心理现象所专有的，没有任何物理现象能表现出类似的性质。所以我们完全能够为心理现象下这样一个定义，即它们都意向性地把对象包容于自身之中。"[③] 他还说："对象的意向性的内存在乃是心理现象的普遍的、独具的特征，正是它把心理现象与物理现象区分开来。"换言之，心理现象是"一种能被真正知觉到的现象，因此我们还可以进一步说，它们也是唯一一种既能意向性地存在又能实际地存在的现象"[④]。

他说得最多的是意向性。他不承认无意识，因此在他那里，心理现象都是有意识的心理现象，而心理现象同时有两个特点：一是指向某对象，二是有呈现性，意即所有心理现象都是"自呈现的"，或者说能被觉知到。而能被觉知或意识到实质上是心理现状能指向自身。因此，可被意识实即意向性的一种特殊形式。这一来，心理现象便只有一个特征，即意向性。

布伦塔诺在批判继承、改造中世纪意向学说的基础上，抛弃考察意向性问题的认识论和本体论视角，即不考虑意向性与实在

----

① ［奥］布伦塔诺：《心理现象与物理现象的区别》，载倪梁康主编《面对事实本身》，东方出版社2000年版，第39页。

② 同上书，第60页。

③ 同上书，第50页。

④ 同上书，第54页。

的各种关系，而纯粹从心理学角度予以探讨，形成了自己的比较系统而独到的理论。他说："每一种心理现象的特征，就是中世纪经院哲学家称之为对内容的指向、对对象（我们不应把对象理解为实在）的指向或者内在的对象性的那种东西，尽管这些术语并不是完全清楚明白的。每种心理现象都包含把自身之内的某东西作为对象，尽管方式各不相同。在表象中，有某种东西被表象了；在判断中，有某种东西被肯定了或被否定了……在愿望中，有某种东西被期望，等等。意向的这种内在存在性是心理现象独有的特征。任何物理现象都没有表现出类似的特征。因此，我们可以这样给心理现象下定义，即心理现象是那种在自身中以意向的方式涉及对象的现象。"①

　　根据上述关于意向性的经典论述，结合布伦塔诺的其他论述，我们不难发现他关于意向性的下述思想。第一，心理现象是一种不同于物理现象的独特的现象，而意向性是把心理现象与非心理现象区别开来的标准。有理由说，探讨心理现象的独特特征，布伦塔诺不是第一人。但他是第一个把意向性当作心理现象区别于物理现象的根本标志的人。根据这一思路，对心理现象、意识的研究便有了方向，那就是进一步研究意向性。这无疑是心理的科学和哲学研究中的一种新的转向。正是这一点，启迪了胡塞尔，使他看到了现象学的进路。第二，意向性是一种属性，作为属性，意向性不是依赖于"不灭的心灵实体"的东西，因为他否定有这种实体。第三，意向性是心理活动或状态对一定对象的指向性。也就是说，任何心理活动都不是纯粹的活动，总涉及、指向着一定的对象。这种对对象的指向构成了心理现象的独特本质。第四，意识所指向的对象不是外在的实在，而是内在存在的对象（inexistence of object），不具有外在的客观性，只具有内在的客观性（immanent objecjivity）。因为在他看来，任何心理活动总要涉及内在于自身的内容，针对着、

---

① F. Brentano, *Psychology From on Empirical Strandpoint*, Oxford: Routledge, 1995, p. 89.

指向着一种客体，并有意使其依附于其内而存在。第五，意向对象具有对意识的依赖性。尽管布伦塔诺承认它之后还可能有自在的、作为现象的超验原因的外部事物（形而上学的假设、物理学所要研究的），但他认为：这是意向性研究之外的东西。第六，意向性也可指向意识活动自身。也就是说，意识可以以自身为意向的对象。

可以肯定，布伦塔诺继承了先前的思想，但又有自己的独创和超越，如强调意向的认知层面的意义，抛弃意动层面的意义；强调意向性是一种对内在对象的指涉性；强调表象是解开意向性奥秘的进一步的钥匙。这些不仅丰富了意向性研究，而且触及了或暴露了大量的问题，如意向性是不是心理现象所独有的根本的特征，意向性的对象是不是内在的存在，意向性的主体是实体还是活动，意向性作为属性与其他内在的心理、物理属性是什么关系，是不是可以还原的，等等。因此，他的学说一诞生便引起了广泛而激烈的争论。

在他看来，物理现象不包含有对象，心理现象包含有对象。他的弟子们花了约20年的时间来澄清这一把内容与对象混淆起来所引起的混乱。而这一研究正好又成了布伦塔诺家族分化的导火线。到了19世纪90年代，后布伦塔诺的意向性理论家族分为两个派别。在特瓦尔托维斯基（Twardowiski）和迈农（A. Meinong）等人的对象理论中，意向性有对象与内容两方面，而且对象有时是非存在的。而胡塞尔在1894—1901年这一时期认为，有一些活动有内容，而没有对象。他后来之所以提出现象学还原主要是基于这样的主张，即所有指向外部的活动可能没有外部对象，先验现象学就是带有笛卡尔印记的关于意向性的本质主义的本体论。

第二节 胡塞尔的意向性学说

现当代西方的意向性学说有两大传统或走向：一是英美以分析

哲学和认知科学为基础的意向性学说；二是现象学传统的意向性学说。后者在胡塞尔的现象学中发展到了极致。这里我们重点剖析他的关于意向性的主要思想。

可以毫不夸张地说，意向性概念在胡塞尔心目中的地位有如上帝在基督徒中的地位、"实践"概念在今日许多实践唯物主义倡导者心目中的地位。我们可以以他的几段表白来证明。胡塞尔说："整体时空世界，包括人和作为附属的单一现实的人自我，按其意义仅只是一种意向的存在。"① 他还说：意向性是"主体的人本身纯粹固有的本质的东西"②。这就是说，意向性是人的根本的特点。要理解人，必须认识他的这一特点。从意向性概念对于哲学、形而上学的地位来说，它是解开其中一切谜团的钥匙。他说："一切理性理论的和形而上学的谜团都归因于"意向性这一"令人惊异的""特性"。③ 从意向性概念在现象学中的地位来说，它既是现象学的出发点和基础，又是其贯穿始终的结构。他说："意向性是涉及整个现象学中的一个问题名称。这个名称正好表达了意识的基本特性；一切现象学问题，甚至质素性问题都可纳入其内。因此现象学从意向性问题开始。"④ 他还说：应"把意向性作为无处不在的包括全部现象学结构的名称来探讨"⑤。

在规定意向性概念时，他抛弃了布伦塔诺赋予它的那个内在对象性的内涵，同时又兼收并蓄，把先前人们赋予它的许多特性囊括进来。如承认柏拉图以来这样的形象规定："'意向'这个表达是在瞄向（Abzielew）的形象中表象出行为的特性。"他还承认它的较窄的用法："与瞄向的活动形象相符的是作为相关物的射中的活动（发射与击中）。"⑥ 另外，胡塞尔还承认意向性一词有这样的较

----

① ［德］胡塞尔：《纯粹现象学通论》，李幼蒸译，商务印书馆1995年版，第135页。
② ［德］胡塞尔：《欧洲科学的危机与超越论的现象学》，王炳文译，商务印书馆2001年版，第285页。
③ 同上书，第210页。
④ 同上书，第350页。
⑤ 同上书，第210页。
⑥ 同上书，第445页。

宽的含义，即"充实"。他说："充实也是行为，即也是'意向'。"①

从意向性与其主体的关系来看，意向是各种体验的特性，而这特性是一种与对象之物发生关系的关系属性。他说："'意向的'这个定语所指称的是须被划界的体验组所具有的共同本质特征，是意向的特性，是以表象的方式或以某个类似的方式与一个对象之物发生的关系。"② 这也就是说，意向性就是意识，就是体验对某物所进行的特别关注或注意。在这里，胡塞尔对传统的观点作出了重大的修改，即把意向性的主体从心理现象移到了"意向体验"身上。以布伦塔诺为代表的传统意向性理论认为，意向性是一切心理现象共同的，且区别于别的现象的独有的特征。而胡塞尔由于看到了对世界的心物二分的问题，因此一般不再使用"心理现象"一词，而说"意识"或"意向体验"，认为，意向性仅仅是它们的特性。他说："我们将完全避免心理现象这个表达，并且，凡在需要正确性的地方，我们都使用'意向体验'这个说法。"③

胡塞尔还承认，从字面上望文生义地来理解"意向性"并无不可，如可以把意向性理解为"心理目光的指向""朝向""专注"。他说："就它们是对某物的意识而言，它们被说成是'意向地关涉于'这个东西。"④ "意向性的基本特征，即'对某物之意识'的特征。"⑤ 也可以说，意向性就是意识对对象之物的"专注"、"指向"，或心理"目光"的"自由朝向"，因此也可以简称为"指向性""朝向性"。⑥

----

① ［德］胡塞尔：《欧洲科学的危机与超越论的现象学》，王炳文译，商务印书馆2001年版，第446页。

② ［德］胡塞尔：《逻辑研究》第2卷第一部分，倪梁康译，上海译文出版社2006年版，第445页。

③ 同上书，第444页。

④ ［德］胡塞尔：《纯粹现象学通论》，李幼蒸译，商务印书馆1995年版，第105—106页。

⑤ 同上书，第106页。

⑥ 同上书，第104—105页。

　　根据《纯粹现象学通论》法译者利科的看法，包括胡塞尔对意向性概念的发展内在，一共形成了三种意向性概念：一是心理学的意向性，它相当于感受性；二是由意向作用和意向对象的相关关系制约的意向性；三是真正构成性的意向性，它是生产性的、创造性的。[①] 在笔者看来，即使把三方面都算进去，似乎也没有完全穷尽胡塞尔意向性概念的丰富内容。当然应该承认，这种概括把胡塞尔意向性概念最本质、最独特的方面即构造性、生产性、创造性揭示出来了。正是这些特点使胡塞尔的意向性概念相对于以前的同一概念来说发生了新的转向。例如在 1907 年发表的《现象学的观念》中，胡塞尔明确提出了把意向性作为内在性的新方面而引进来，从而导致了两种意向性，一是真实的内在性，二是意向性意义上的内在性。这种内在性同时也是一种超越性，即自我超越。这种超越不是通过将对象包含于内而实现的，而是通过自身的构造性、创造性、生产性而实现的。因此意向性是自我的活动，体验中的超越性客体是自我活动功能的最高成就。胡塞尔说："意向性，它构成自我学的生命之本质。意向性，换一种说法，就是'思维活动'。"[②] 由上看来，意向性不仅是认识论、伦理学、价值论的原范畴，因为借助它可以解开例如像怀疑论的问题、价值世界如何可能之类的难题，而且它同时还是一个本体论的基本范畴，因为意向性是存在的一种真实的形式，甚至是一种本原性的存在，由于它，超越的客体才有可能。

　　在胡塞尔那里，超越性、意向性、意义是相互关联的问题，因为意向性就是"对"（of）……的意识，这里的"对"就是一种关系属性，即一物关联于、指向另一物的属性，通过一种向外的运动，到达它之外的某物，因此意向性就是一种自我超越性。他说："经验活动的一切意向作用……都是哑默地进行的"，尽管如此，

[①] ［德］胡塞尔：《纯粹现象学通论》，李幼蒸译，商务印书馆 1995 年版，"法译序"，第 484 页。

[②] ［德］胡塞尔：《欧洲科学的危机和超越论的现象学》，王炳文译，商务印书馆 2001 年版，第 103—104 页。

其作用必不可少。例如"各种数字、各种断定的事态、各种价值、各种目的、各项工作，都因那些被隐藏起来的意向作用而得以呈现出来，它们将逐项地被建立起来"①。

毫无疑问，意识是他的意向性学说乃至全部现象学的最重要的概念。如前所述，他的现象学是围绕它而展开的。不仅如此，他还把意识当作是"一般存在的原范畴"，因为经过现象学还原之后，它是作为最根本的现象学剩余，作为最真实、最根本的存在而被确认的，因此其本体论地位毋庸置疑。之所以说它是原范畴，是因为"其他范畴均根源于此"②。胡塞尔是怎样理解意识的呢？他坚决反对经验论的看法。在胡塞尔看来，经验论的意识观的根本问题是没有看到意识的更重要的功能，如赋予感觉以意义和整体性的统觉作用，亦即意向性功能。由于这一缺陷，经验论便必然陷入感觉主义和主观主义，无法说明人的认识的超越性，而将人的活动彻底封闭于主观世界之内，最终导致怀疑主义。而在胡塞尔看来，意识是包含着多种分支的意向功能系统，感觉内容只是意识用以编织一个充满意义的超验世界模式的原材料。简言之，意识是一张活动的"网"。他说："意识是一切理性和非理性、一切合法性和非法性、一切现实和虚构、一切价值和非价值、一切行动和非行动等的来源，彻头彻尾地就是'意识'。"③

从具体用法看，胡塞尔自认为，他感兴趣的意识概念有三个：（1）意识是作为经验自我所具有的整个实项的现象学组成、作为在体验流中的统一之中的心理体验而存在的，或者说是作为自我体验的实项现象学统一而出现的。应注意的是，这里所说的体验是现象学意义的体验，而不是一般所说的体验。一般体验的特点是：人们在心理行为如感知中，"关系到"一个与体验有别的对象，这个对象是被感知，被指称。而现象学意义上的体验同时也就是"自我或意

---

① ［德］胡塞尔：《笛卡尔式的沉思》，张廷国译，中国城市出版社 2002 年版，第209 页。

② ［德］胡塞尔：《纯粹现象学通论》，李幼蒸译，商务印书馆 1995 年版，第 183 页。

③ 同上书，第 218 页。

识所体验的东西"。"在被体验或被意识的内容与体验本身之间不存在区别。例如被感觉到的东西就是感觉。"① （2）意识是对本己心理体验内容的内觉知，简言之，就是"内"意识，就是相即的感知。所谓相即的感知是指："当对象被实项地包含在感知本身之中时，这种感知就是相即感知。""相即感知只能是'内'感知，它只能朝向与它一同被给予的、与它一同属于一个意识的体验。"② 上面两种意识是什么关系呢？回答是："第一个意识概念起源于第二个意识概念。"（3）意识就是任何一种心理行为或意向体验的总称，简言之，就指心理行为，它不同于表象、判断之类的意识内容。

从作用上看，意识是"意义"之源。我们所生活的世界，不管其中的事物是什么，只要向我们显现出来，就是意义统一体。这一观点是把胡塞尔与自然的态度区别开来的一个重要标志。意义又是从哪里来的呢？他说："意识正是'关于'某物的意识；其本质正在于自身中隐含着作为（可以说）'灵魂'、'精神'、'理性'之要素的'意义'。"③

从意向性与意识的关系看，意向性有有意识意向性和无意识意向性之别。有意识一定有意向性，因为后者是前者的必然的、本质的构成和结构，是其有作用的基础、根据、机制，也是其特殊性的根源。但是由此不能说，只有意识才有意向性。他说："仍然总还有一些'无意识的'意向性。"如被压制的爱、屈辱感、怨恨等，以及无意识地引起的行为方式等。"这些意向性也有它们的有效性样式（对存在的确信，对价值的确信，对意志的确信，以及它们的样式上的变化）。"④

必须强调的是：胡塞尔的意向性概念在某种意义上可以说有超

----

① ［德］胡塞尔：《逻辑研究》第2卷第一部分，倪梁康译，上海译文出版社2006年版，第412页。

② 同上书，第415页。

③ ［德］胡塞尔：《纯粹现象学通论》，李幼蒸译，商务印书馆1995年版，第218页。

④ ［德］胡塞尔：《欧洲科学的危机与超越论的现象学》，王炳文译，商务印书馆2001年版，第284页。

前性、后现代性。其概念的内涵，也许与今日分析传统的意向性概念有不可比性，但其形式确有惊人的一致。今日分析传统的意向性研究涉及的一些前沿课题，胡塞尔几乎都涉及了。例如分析哲学家在将意向性研究向前推进的过程中，都触及了心理内容、意义、表征等问题。这些问题在他们那里还有靠拢合流的表现。在胡塞尔的意向性理论中也是如此，而且它们在胡塞尔那里表现出来的繁复程度与分析传统的意向性理论有过之而无不及。例如在表征问题上，胡塞尔分得更细致，他提出了两个范畴：一是表象（Vorstellung/Vorstellen）。二是代表或代理（representation），每一种形式下面又有复杂的因素与结构，如代表有立义形式、立义质料和立义内容等。另外，有些课题是分析传统意向性理论从未涉及的，当然由于其致思取向不同，也用不着涉及，如"立义"、"意义促创"、"充实"或"充盈"等。

　　总之，意向性概念是打开全部现象学秘密的钥匙，因为在胡塞尔看来，只有通过意向性，人才能超越自身，也就是说，只有通过这一概念才能解决一切哲学甚至一切人都会碰到的超越性难题。所谓超越性问题是指意识为什么能超越自身、成为关于某物的意识，意识如何从分散的感知中获得了关于对象的统一的、同一化的认识。他的回答是：根源和基础在于意识具有意向性，亦即具有自身先验的、独特的意向行为—意向对象结构。他说："认识作用必须彻底地理解为是意向作用。正因为此，任何一种存在着的东西本身，无论是实在的还是观念的，都可以被理解为恰好是在这种作用中构造出来的先验主体性的'构造物'。"反之，对"暗含的意向性任务盲目无知"，就不可能理解意识的超越性。① 从内在机理上说，意识之所以有超越性，之所以能意识到别的非意识的东西，之所以有对它们的意指，根据和条件就在于意向性，而各种意识体验、行为之所以有意向性，又是根源于表象。表象之所以有如此大

　　① ［德］胡塞尔：《欧洲科学的危机与超越论的现象学》，王炳文译，商务印书馆2001年版，第116页。

的作用，又是根源于其内的质料、质性、代现、立义和充实等意向作用。

第三节　意向性研究的分析哲学进路

以分析哲学和认知科学等为基础的英美心灵哲学沿着不同于传统和现象学意向性理论的路径，不仅创新了自己的话语体系和言说方式，而且在保留、挖掘传统意向性问题的基础上，提出了许多新的问题，如内容的宽窄问题、自然化问题等，从而开辟了新的发展方向和研究领域，并形成了自己独具一格的深化意向性研究的方法和进路。还值得一提的是，许多论者把意向性研究与心灵乃至心物的整体把握结合起来，进而在意向性理论的基础上提出了新的心灵观，新的关于心与世界关系的观点。与此相应，他们所关注的意向性问题便带有我们所说的哲学基本问题的性质，至少有靠拢的一面，如该领域有这样的前沿问题：意向性是基本属性还是非基本属性，有意向属性的心灵是单子式存在还是同时兼有心物成分的弥散性存在等。另外，意向性问题成了所有心灵哲学问题的会聚点，是它的真正意义上的最高和最基本的问题。著名认知科学家皮利辛的下述观点也适用于心灵哲学，他说：“在交叉科学性质的认知科学中，几乎没有什么问题像‘意义’‘意向性’或行为解释中的‘心理状态的语义内容’这些常见概念那样受到如此激烈的争论。”①

一　概念嬗变与问题整合

英美心灵哲学的意向性研究不同于以往和其他走向的意向性理论的一个鲜明特点是：它有自己独特的言说方式和概念体系。例如它常用“关于性”（aboutness）、“关涉性”（of-ness）等说明意向

---

① I. W. Pylyshyn et al. (eds.), *Meaning and Cognitive Structure*, New Jersey: Ablex Publishing Corporation, 1986, "Preface", vii.

性，把以前分属不同学科的基本概念，如"意义"（meaning）、"语义性"（semanticity）、"表征"（representation）、"心理内容"（mental content）与"意向性"（intentionality）等，当作相近甚至等同的概念。这种变化绝不是任意的，也不是无关紧要的，既体现了它对有关学科及其概念内在关系的一种新的理解，对这一领域的问题的新的挖掘和梳理，又反映了它在意向性认识中既强调分化又重视整合的致思取向。在此我们稍作分析，就清楚了。

　　"意义"问题不是心灵哲学独有的问题，而是一个多学科关注的焦点问题。著名分析哲学家赖尔说："热心于意义问题的研究，这已成了20世纪哲学家的职业病。"① 随着有关认识的发展，它逐渐演变成了心灵的哲学分析中的一个主题，甚至成了意向性的一个代名词。当然应注意的是，心灵哲学在意向性研究中所涉及的意义问题，与语言学和语言哲学中的意义问题尽管有联系，但又有很大的区别。如前者更具根本性，关注的主要是心理符号的意义问题。所谓心理符号是指"心灵语言"（mentalese）或"思维语言"中的符号。这种语言据设想不同于人们口说手写的那种自然语言，是思维专用的类似于"机器语言"的语言。如果有这种语言，那么就自然要研究它的意义和句法学问题，当然还要研究它的意义与自然语言意义的关系问题。与意义密切联系在一起的概念是"语义性"。这个概念作为语义学中的一个基本概念指的是语言符号这样的属性，即有意义、指称和真值条件。在心灵哲学中，这个概念的使用频率非常高，它指的是心理符号的语义性，即强调心灵符号尽管是形式化的东西，但它能把人与外在世界关联起来，能表示、指称外在的事态，且有成真的条件。很显然，有语义性实际上就是有意向性。

　　"心理内容"、"思维内容"已成了英美心灵哲学备受关注的研究课题。根据对心理现象的新的理解，心理现象不外乎两大类，其

----

　　① G. Ryle, "Theory of Meaning", in C. E. Caton（ed.）, *Philosophy and Ordinary Language*, Illinose: University of Illinose Press, 1963, p. 128.

中之一就是命题态度。例如一信念"相信天要下雨"就是一命题态度。"天要下雨"是命题或心理语句，亦即是相信这种态度的内容。如果是这样，那么一系列哲学问题便接踵而至：描述信念内容所用的命题如"天要下雨"等在描述心灵时起什么作用？当我们求助于有关外部世界的命题来刻画心灵的特性时我们正在做什么？这些内容是实在的还是为解释人的需要而归属给人的？如果是实在的，它们以什么形式存在？它们为什么能够又是如何表现外部世界的？等等，很显然，这些问题正好就是意向性问题的子问题。正是基于这种关系，人们一般把"意向性"和"心理内容"两词当作同义词使用。如果说有区别的话，那主要表现在："心理内容"更明确一些，因此可用它从语言上解释"意向性"这一更难懂的心理习语。这一倾向肇始于罗素和弗雷格。他们强调：研究意向内容有助于把握意向性的相状、特点和本质，而且这样研究也有极强的可操作性，因为通过分析任何意向状态的态度和内容两方面便可将意向性的分析具体化。从心理内容与意义的关系看，由于这里所说的内容就是命题态度的内容，有这种内容就是有关的状态有语义性或意义，因此内容与意义在意向性语境中也没有太大的区别。

　　"表征"（representation）的字面意义是表达或代表，既有动词形式，又有名词形式。人心中想到的东西不可能是纯粹内在的东西，而必定与外面的世界有关系，就像词语表示的不是语词自身一样。基于这样的考虑，哲学家便设想：人们直接思考的东西是作为对象之代表的观念，此即心理表征。从其自身的构成来说，表征有这样一些因素：媒介、目的性、对表征的态度（命题态度）、知识结构（由态度所构成的）。从特征和实质上看，表征不只是一种有内容的静态结构，而且还是某种过程或活动。由于表征不仅存在于世界之中，而且能主动地指向、关涉世界上的别的事物，因此便产生了一系列令人困惑的哲学问题。例如表征是怎样起源的？表征为什么能够又是由于什么而代表别的东西？头脑中被储存或加工的表征究竟是什么？怎样描述表征？它的物理实现是什么？在心理加工中有何作用？表征的本质究竟是什么，是相似、协变，还是功能作用、适应作用？表征关系究竟是心灵与柏拉图式的形式的原始的、非物理的关系，还是可还原为物理属性的关系？很显然，这样表述的问题都是典型的意向性问题。

关于这些概念之间的关系，一种有代表性的观点是，这些概念是有一定的区别的，所隐含的问题也不尽相同。其中又有许多各不相同的看法。例如有的强调：这些概念及所代表的问题分属不同的学科，因此不应混同。而有些人，如福多，不反对把表征、内容看作大致相同的概念使用，但认为表征比意向性更根本。他强调：内容问题就形式而言，可称为心灵语言的意义问题、表征问题和关于性问题。因为有心理态度也就是有心理语句。而心理语句有句法和语义两种属性。他还认为，自然语言的语义学不能解释心灵语言的语义性。因为自然语言的意义根源于心理的意向性，而意向性又根源于心理表征的语义性。因此只有揭示了心理表征的语义性，才能从根本上说明自然语言的意义，而不是相反。就此而言，心理内容或表征比意向性更根本，而意向性又比自然语言的意义更根本。我们可依据前者说明后者，却不能倒过来，否则就会陷入循环论证。

在上述概念的相互关系问题上，占主导地位的倾向是把它们当作同义词看待。最低限度上，多数人认为，它们之间没有实质性的区别。若有区别，也只是表述的侧重点、角度上的区别。在分析传统中，不仅意义研究有统一的趋向，即建立能说明一切形式的意义（如人生意义、语言意义、政治意义、经济意义、价值意义等）的统一的意义理论，而且还出现了这样的现象，即把意向性、内容、表征、语义性、意义等看作在本质上没有区别的心理属性或特征，进而作为一种统一的对象来观照。因此，以前分属不同学科、领域的研究及理论，如意向性理论、表征论、语义学、意义理论、内容理论，便合而为一了，或者说合流了。既然如此，有关的论者把自己的意向性理论称作语义学或表征理论或意义理论便不难理解了。在本书中，我们把这一观点看作一种"规范性"的约定，在没有特别说明的情况下，我们一般是把它们当作同义词看待和使用的。

二　本体论地位与内容的宽窄属性问题

心灵哲学家在研究意向性的过程中，都有自己的本体论预设，而预设不同，后面的进程和结论自然有别。所谓本体论预设实际上是对下述意向性问题的解答：意向性在自然界有没有本体论地位？世界上有没有意向性这样的属性存在？对此，学界有三种回答，一种是意向实在论。这是在现当代心灵哲学中占主导地位的倾向。它肯定意向性在自然界有存在地位。有这种本体论承诺又会面临进一步的本体论问题：如果有这种东西存在，它会以什么形式存在呢？对此有许多选择：（1）唯心主义和二元论主张。意向性是一种精神性的存在，要么是本原性的，要么以依赖于精神实体的属性的形式存在，在当代，尼科尔森（K. Nicholson）对之作了有力的辩护。（2）自然主义。类型同一论认为，意向性不仅有存在地位，而且它们不是物理事物的派生的属性，而是其原始的、第一性的属性。当然，它们在特定的意义上就是物理属性。持个例同一论和随附论的人认为，意向性是派生的、次级的、因而需要进一步说明的属性，要么个例同一于物理属性，要么随附于物理属性。第二种本体论预设是意向怀疑论或取消论。它们强调：常识心理学和传统哲学所说的意义、意向性是不存在的，因为人脑中真实存在的只是神经元及其活动、过程和连接模式。持这一立场的人在意向性研究中尽管要少做好多事情，但其观点仍很有影响，因为它们常常是其他心灵哲学家讨论意向性问题的出发点。第三种本体论图式既反对意向取消论，又不赞成意向实在论，而试图走出一条中间的道路。其特点是在"实在""存在"等本体论概念上大做文章，认为，可以承认意向性有实在性，但这里所说的"实在"不是自然的实在，这里所说的"存在"也不能理解为物理事物及属性所具有的那种存在，而是一种极其特殊的"实在"或"存在"，如相对于概念图式而言的实在，或者说工具性的存在，或者说抽象的存在。

如果承认意向性有本体论地位，那么还必须进一步回答这样一系列问题：意向性究竟是什么？有何本质与独特特征？与其他实在、属性、特征是什么关系？很显然，这里的问题仍带有本体论的性质，但更进了一步。不过，在切入和回答这些问题的时候，人们所用的方式是不一样的，例如很多人是通过提出和回答下述问题而接近上述形而上学问题的，即心理内容的共同性和个体性的根源和条件问题。一般都不否认，心理状态之间既有共同性，又有相互区别之处，即有个体性。现在的问题是：这种个体性的条件或原因是什么？也可以这样表述：心理内容是什么样的属性？是否应根据它们所随附的内在物理属性而将心理状态个体化？此即个体化问题。目前的争论焦点在于：意向性究竟是一种"宽"（wide）属性还是"窄"（narrow）属性，常用的术语是："宽内容""宽意义""宽意向性""宽状态""宽特征""宽表征""窄意向性""窄内容"等等。要理解这里的"宽"与"窄"，必须从状态或属性的种类与特征说起。对于世界上的状态或属性可以有很多分类方式，例如从关系的角度看，不外乎关系属性和非关系属性两种。前者是由其持有者与所处的共时性和历时性条件的关系性质所决定的，因而要说明它，就要诉诸它与环境以及其中的其他事物之间的关系。后者是其持有者不以他物为条件而独自具有的属性，对之进行说明无需求助于外在的事物和属性。由此可以说，上述意义上的关系性属性或特征或状态就是"宽的"，而反之，则是"窄的"。现在的问题是：意向性或心理内容是哪一种属性呢？它存在于大脑之外还是大脑之内？

围绕上述问题，意向性领域内正上演着个体主义与反个体主义的激烈论战。从渊源上说，这一论战肇始于普特南。他不仅对反个体主义作了新的论证，提出了激进的观点，而且对传统的个体主义作了彻底的清算，从而引发了个体主义与反个体主义的当代论战。对于普特南的反个体主义，福多等人作出了同样激烈的回应，不仅对反个体主义作了尖锐的批驳，而且根据认知科学、心灵哲学的有关成果对个体主义提供了新的论证。而这些在受到人们的广泛注意和讨论的同时，又引来了许多人的批评，其中包括普特南的批评。目前，争论仍在继续。

　　反个体主义有时又被称作外在主义。它的内部十分复杂，普特南倡导的是非社会的外在主义。他认为，语词的所指是后天所确定的，即它们有这样的内在本质，这本质必须通过科学方法从后天加以把握。因为物理世界的特征决定了人的思想的内容。尽管两个人的心理结构相同，但如果外部对象不同，那么其思想、语言的意义则可能不同。在此基础上，普特南明确提出：意义不在头脑之内。为了证明这一点，他设想了一个思想实验，即孪生地球案例。假设有两个地球，一个是我所生活的现实的地球，一个是作为此地球的分子对分子复制品的孪生地球。再假设有两个人，一个是生活在现实地球上的我，一个是孪生地球上的作为我的复制品的另一个我。普特南认为，地球人和孪生地球人尽管有相同的大脑结构、心理结构，但他们在用"水"表示他们星球上的相应的物质时，其所指是不同的，即尽管两种物质都叫水，但地球上的水是 H_2O，而孪生地球上的水则是 XYZ。这一来，两个人在看到他们各自星球上的水时尽管用的是同一个词"水"，但它们的意义是不同的。这说明内容是由环境而个体化的。普特南的孪生地球案例已成了语言哲学、心灵哲学中的一个重要的、经常被讨论的话题。

　　柏奇是当今英美意向性研究领域内最有成就和最有争议的人物。他的基本观点是：社会环境和语言共同体是最重要的决定因素。他说："如果我们不与经验的或社会的世界相互作用，我们就不可能有我们所具有的那些思想。"[①] 有鉴于此，人们把他的主义称作社会外在主义。他的标新立异还在于：他在他的宽内容概念的基础上，阐发了一种反传统的心灵观。根据传统的看法，心灵是一个单子式的、个体性的、实体性的存在。在柏奇看来，既然心理现象是由外在的社会和自然因素而个体化的，渗透着内外复杂的因素，因此一旦现实地出现，不论是作为内容、表征，还是作为属性或机能，作为活动和过程，就一定会以非单子性的、非点状的、跨

----

　　① T. Burge, "is Lauguage Social?" in C. A. Anderson et al . (eds.), *Propositional Attitudes*, Stanford University Press , CSLI, 1990, p. 116.

主体的、关系性的、弥散性的方式存在，它不内在于头脑之内，而弥漫在主客之间。

当今的个体主义是在反击反个体主义进攻中发展起来的。其旗手主要是福多。支持个体主义的队伍也很庞大，其中不乏赫赫有名的人物，如乔姆斯基、布洛克、皮科克、洛尔等。福多的个体主义开始比较激进，后逐渐转向温和。在与外在主义的论战中，他自认为，他与外在主义的差别主要表现在三方面：第一，两种有同样因果历史即有同样窄内容而有不同宽内容的心理状态不具有两种不同的因果力，它们是同一种因果力，因此根据它们对行为的解释不是两种不同的因果解释。第二，这两种心理状态不构成两个自然类别。福多说："仅在'宽'意向属性上……不同的心理状态在因果力上事实上是没有不同的；因此仅在宽意向内容上的差异并不能决定有利于心理解释的自然类型。"①第三，提出并论证了"窄内容"概念。他说：它"是这样的某种东西，即从思想到真值条件的映射：由于思想的这个内容，你便知道该思想在其之下为真的条件"。也就是说，你有某种内容，就是有了一种条件或标准，据此你能判断，那个思想指的是什么，适用于什么，怎样运用才是真的。当有相应的情境或外部事态出现时，这思想内容就会映射到它之上。洛尔倡导的内在主义认为，人的内心世界中有自己内在的、不依赖于外部世界的资源，如现象的东西、主观的东西，形成一概念之前的概念和构想等。他认为，这些东西是客观存的，并一定有其作用，是心理内容具有个体性的条件甚或决定因素。他说："如果没有理由否认现象意向性，没有理由把这种现象特征当作是依赖于对象的，那么外在主义对内在主义的批判就是没有根据的。"②

在个体主义与反个体主义相互对峙、唇枪舌剑中，有些人站在中立的立场冷静观察，多方位思考，形成了新的、介于两极端之间的带

---

① J. A. Fodor, "A Modal Argument For Narrow Content", in C. and G. Macdonald (eds.), *Philosophy of Pschology*, Oxford: Blackweell, 1995, p. 206.

② B. Loar, "Phenomenal Intentionality as the Basis of Mental Content", in M. Hahn and B. Ramberg (eds.), *Reflections and Replies*, Cambridge MA: MIT Press, 2003, p. 254.

有调和色彩的理论。当然形式不尽相同。有的把双方中合理的因素抽取出来，加以适当的重组，从而提出了兼收并蓄的二因素论和内容二元论；有的抓住其中一极，加以改造、修改，使之靠近对立一极，从而形成了所谓的修正主义。麦金倡导的内容二因素论关心的问题是：心灵从根本上说是自主的吗？或者说，世界进入了心灵的本质之中吗？为了回答这类问题，他提出了一种新的内容理论，即内容二因素论。它不承认有两种内容，即宽和窄内容，因此不同于内容二元论。它强调的是：每一内容中同时有宽和窄两方面或两因素。他说："我们关于信念内容的直观概念包含两方面的因素，它们分别可满足我们归属信念时的不同兴趣。一种因素是表征世界上事物的样式，另一个涉及表征与被表征事物之间的严格的语义关系。"①

三　取消论威胁与自然化问题

　　意向性的自然化问题是英美心灵哲学独有的问题。一方面，当代心灵哲学的主流是自然主义，而自然主义一般坚持物理主义的意向实在论，既承诺意向性有本体论地位，又认为它是非基本属性。如果是这样，自然主义者就必须进一步说明：一系统的哪些基本属性能够表现出意向属性？它们为什么有这些特点？又是怎样表现出这些特点的？要回答这些问题，它又必须诉诸非意向术语，否则就背离了自然主义。而一旦这样做了，就是在对意向性进行自然化。另一方面，这一研究的外部诱因是意向取消。它公然站在自然主义的对立面，强调包括意向习语在内的所有常识和传统心理学概念应予抛弃。其根据如当今自然主义的主要倡导者福多所概述的，是"这样的本体论直觉，即意向范畴在物理主义世界观中没有地位，意向的东西不能被自然化"②。自然主义要化解取消论威胁，不仅要论证意向性自然化的必要性和可能性，而且要探讨并完成其具体

----

① C. McGinn, "The Structure of Content", in A Woodfield (ed.), *Thought and Object*, Oxford: Claredon Press, 1982, p. 210.

② J. A. Fodor, *Psychosemantics*, Cambridge, MA: MIT Press, 1987, p. 97.

操作。它承认：心理学本体论乃至形而上学本体论都是关于自然事物及其属性的本体论。而自然事物及其属性有基本和非基本之别。基本属性有无可争辩的本体论地位，而作为非基本属性的意向性目前还没有这种地位。但是如果有办法说明意向性与基本属性确有某种依存或派生关系，如果能为它提供充分或充要的自然主义条件，如说明它同一于基本属性，或说明它随附于基本属性，或由基本属性所实现，从范畴上说，如果能用自然科学概念解释意向概念，说明它在物理主义世界观中有其地位，那么就应承认意向性有本体论地位，就没有理由抛弃意向概念。如果上述操作和工程就是意向性的自然化，那么当今的自然主义者都坚信他们能将意向性自然化。福多说："严肃的意向心理学一定预设了内容的自然化。心理学家没有权利假设意向状态的存在，除非他们能为某种存在于意向状态中的东西提供自然主义的充分条件。"①

德雷斯基是当今意向性自然化研究中最有影响的哲学家之一，所提出的信息语义学影响深远。其策略就是诉诸信息及相关概念说明意向性。他自认为，他的整个工程可看作是自然主义的一种实践，因为根据他的说明，意向性的基础是信息，而信息是完全自然客观的东西。他的基本观点是：个体命题态度的意向性或语义属性来自于个体心灵与他的环境之间的信息关系。个体如果不处在与环境的关系之中，就不可能进行思维活动。没有信息关系，就没有语义属性。他的论证有两方面，首先是强调：要理解意向性，最好的办法就是分析最简单明了的事物，例如分析信号或指示器的指示对象的信息关系。很显然，信息关系是客观的，同时又有关于性，即携带着信息，能产生知识。他说："一信号携带什么信息就是它关于另一状态能'告诉'我们的东西。"② 如从星星而来的光携带着关于那个物体的化学构成的信息。这就是说，以信息理论为基础，

① J. A. Fodor, *The Elm and the Expert*, Cambridge, MA: MIT Press, 1995, p. 5.
② F. Dretske, *Knowledge and the Flow of Information*, Cambridge, MA: MIT Press, 1981, p. 44.

完全可以解决意向性的根本问题。其次，他根据表征理论作了说明。在他看来，意向性的确是存在的，但它最终又确实是某种别的东西，即在本质上就是表征。而表征现象又不过是一种特殊的自然现象。其特殊主要表现在：作为表征的自然属性是特定系统的一种功能，而此功能有选择的历史，这选择要么是自然的，要么是人工的。例如人的大脑或感官能表征外在的事态就是大自然所设计并赋予人的一种表征功能，因此既有客观性，又有关于性。

目的论语义学是当今意向性自然化运动中的又一尝试，其倡导者很多，如米利肯、帕皮诺（D. Papineau）和博格丹等。在他们看来，目的或功能是说明意向性的最合适的自然基础。所谓目的不是旧目的论所说的主观的东西，而是被设计或选择好了的、被编程或固定在一定结构中的程序与机制。① 这里的功能指专有功能。在米利肯看来，专有功能与再生的、被复制的个体有关。一个体要获得一种专有功能，必须来自于一个已生存下来的族系，这是由于，把它区别开来的特征与作为这些特征之"功能"的后果之间存在着相互关系。这些特征是因为再生而被选择出来的。因此一事物的特有功能与它由于设计或根据目的而做的事情是一致的，它们的关系不是偶然的，而带有规范性（normativity）。在这里，她所说的"设计"是一种隐喻，指的是自然界客观存在的选择、塑造、决定力量。这里的规范性不是偶然的，但又不同于自然必然性、因果性。因为带有这种性质的关系之成立，一方面依赖于它出现之前有多种可能性，另一方面又依赖于大自然所作的选择。理解了目的或专有功能，就不难说明意向性。米利肯说："就'意向性'一词的最广泛的、可能的意义来说，任何具有专有功能的构造都可以表现意向性。……意向性从根本上说就是专有性或规范性。有意向的东西'据设计'处在与别的某事项的某种关系之中。"② 因此意向性

---

① R. Bogdan, *Grounds for Cognition*, New Jersy: Lawrence Erbaum Assciates, Inc. Publishers, 1994, p. 37.

② R. Millikan, *Language, Thought, and Other Biological Categories*, Cambridge, MA: MIT Press, 1984, p. 95.

一点也不神秘，它像"心脏的泵血"等一样都属专门功能的范畴，而这类范畴不能根据当前的结构和倾向来分析，而最终只能根据长期和短期的进化史来定义。这是因为，撇开进化史的分析，即使把有意向性的东西的结构、构成成分彻底搞清楚了，也无济于事。

功能作用语义学试图用当今认知科学和计算机科学中十分流行的"功能作用"来说明意向性。由于"功能作用"可以与"概念作用"、"推理作用"、"认知作用"相互替换，因此该理论又有"概念作用语义学"等称号。应注意的是，这里所说的功能根本有别于目的论所说的功能，因为它指的不是生物学功能，而是输入与输出、心理状态之间的一种因果转换功能。其基本观点是：意义就是语言运用的一种功能，语言表达式的意义就是它在语言中的作用，表征的内容就是它在心理表征系统中的作用。其倡导者很多，影响较大的人物有哈曼（G. Harman）、菲尔德（H. Field）、布洛克等。哈曼认为，所谓"概念作用"可理解为概念所具有的功能。既然是功能，那它就是一种关系性的东西。也就是说，概念不是孤立的存在，也不可能孤立地获得它的内容，而必须在一种概念或思想的关系网络之中，才可看出它的作用，进而看出它的内容。总之，"意义或内容的根本源泉就是符号在思想中所起的功能作用"①。这里的问题在于：概念作用似乎是主观的东西，怎么能作为自然化的基础呢？为了解决这一问题，布洛克提出了他的表征论。在他看来，表征及表征系统等概念是经验科学关于人的内部活动与过程的基本假定，因此可以据以进一步说明概念作用，甚至可以把概念作用还原为符号在表征系统中所发挥的功能作用。

意向性的自然化尽管是当今心灵哲学的主流之声，但泼冷水唱反调的人仍大有人在。塞尔就是一例。他承认，如果放宽对"自然的""物理的"理解，那么可以认为，意向性是一种自然的甚或物理的属性，当然是一种高层次的、类似于表现型的东西。但既然

----

① G. Harman，"（Nonsolipsistic）Conceptual Role Semantics", in E. Lepore（ed.），*New Directions in Semantics*, London: Acadmic Press Inc., 1987, p. 79.

意向性本身就在自然之内，属自然现象中的现象，那就用不着常见的那类自然化。还有人更进了一步，公开站在了自然主义的对立面，一方面试图颠覆自然主义，另一方面论证非自然主义。这样的人尽管不是多数，但又绝非个别，其中也不乏重量级的哲学家。如麦卡洛克（G. McCuloch）等。

四　副现象论威胁与因果相关性问题

如果对于意向性或心理内容的本体论地位问题给出了肯定的回答，那么在进一步讨论它与行为的关系时就会面临两类问题：一是意向性领域内的具体问题。如心理内容对身体的行为、对外部世界的事变有无作用？如果有，其作用的过程、条件和机制是什么？二是在解答它们的过程中必然要碰到的这样一系列更棘手的形而上学问题。比如什么是因果关系、因果解释？两事件之间要具有因果相关性，其前提条件是什么？当前的探讨主要是围绕副现象论威胁而展开的。因为承认内容有本体论地位的人大致有两类，即要么主张内容是窄内容，要么主张是宽内容。如果坚持前者，就会碰到先占（preemption）威胁。所谓先占威胁是指这样的难题：个体的任何命题态度有许多属性，如物理的、化学的、语义的。前面的是基本的，后一个是非基本的。正如符号的句法属性的因果作用可能为符号的物理属性取代或先占一样，个体命题态度的语义属性的因果有效性也会为物理属性及句法属性抢占。如果是这样，内容在行为的解释中不就成了无用的伴随现象？赞成宽内容的外在主义则有这样的麻烦：既然个体命题态度的语义属性不在大脑之内，而因果作用的产生和发挥离不开内在的特定区域，因此它怎么可能有因果作用呢？另外，根据外在主义对内容的规定，它似乎成了一种"桥梁属性"。桥梁属性的概念来自于桥梁变化这一概念。桥梁变化（cambridge change）的例子有：苏格拉底的妻子在他逝世后成了一个寡妇。她成为寡妇这一新的法律上的性质就是桥梁属性。苏格拉底之死对她的身份变化肯定有影响，但根据前者解释后者能否看作是因果解释呢？一般认为，两者之间没有因果联系。外在主义也有这样的难题，即它实质上否定了语义属性的因果作用，因为它导致了这样的可能性，即语义属性可能是大脑中的一种桥梁属性。

倾向于副现象论的人尖锐指出：大脑是句法动力机，而不是语义动力机，"语义动力机……在力学上是不可能的——就像永动机不可能一样"[1]。这就是说，有语义内容的实在不可能从它们的内容中派生出它们的因果力。例如一块砖尽管是在霍博肯造出来的，但它打碎窗户的因果力不是来自于在霍博肯的制造，而是来自于它的速度和质量。同样，身体内部刺激腺体，调节肌肉张力，进而控制行为的力量，并不是来自于思想所意指的东西，而是来自于它们的电子的、化学的属性。总之大脑是句法机，不是语义机。布洛克赞成这一观点，但作了不同的论证，并明确地提出了内容的因果相关性问题。[2] 他调强：作为原因的事件同时具有许多属性，并非每一属性都对结果的产生发挥了原因的作用。例如我相信美国很危险，因此离开了美国。在这里，信念是原因事件，其中有许多属性，如有信念内容，表述内容的字词有符号，信念有物理实现等。在这里，只有信念的物理实现才有因果相关性，而信念内容则没有。因为它不符合因果相关性的条件。在他看来，只有当两事件之间具有法则学关系时，才能说它们之间有因果关系，而法则学关系显然不等于逻辑关系。所谓逻辑关系是指：一事件先于另一事件且前者对后者在逻辑上充分的关系，如药物的催眠性对实际的入睡。他认为，两事件有这种关系，还不能看作是因果关系。例如某人喝了一杯并不含有催眠作用的水，但别人告诉他这是催眠剂，于是他入睡了。在布洛克看来，两事件要成为因果关系必须具有内在的、法则学上的关联性，即一个事件合规律地且通过内在的机制实际地引起了另一个。心理内容尽管与行为有逻辑上的先后关系，但不具有法则学关系，因此对行为没有因果相关性。

----

① D. Dennett, "Ways of Establishing Harmony", in B. McLaughlin (ed.), *Dretske and His Critics*, Oxford: Blackwell, 1991, p. 119.

② N. Block, "Can the Mind Change the World?" in C. and G. Macdonald (ed.), *Philosophy of Psychology*, p. 57, n. 9.

　　塞尔则认为，意向状态与世界上的事态之间肯定存在着因果关系，有的人之所以怀疑意向状态的因果性，原因在于，他们对因果关系本身的理解有问题，即要么把因果关系理解为一物引起另一物如台球与台球撞击那样的相互作用的关系，要么按法则学标准理解因果关系。塞尔不否认这些关系是因果关系。但反对把因果关系局限于这些形式。他认为，因果关系除了这些形式之外，还有这样的形式，如"原因是结果的一种表示"，以及"结果是原因的一种表示"①。例如我想要喝水，于是我为了满足它而去喝水。前一事件造成了后一事件。在这里，愿望既是造成它的满足条件的原因，又表示了它的满足条件。有时，它只有以因果的方式起作用，才能得到满足，这便成了意向状态本身的满足条件的一部分。

　　福多和戴维森等人承认诉诸内容对行为的解释是因果解释，但同时又主张有涵盖它们的规律。他的逻辑是：要承认内容对行为有因果作用，就要证明存在着意向心理学规律，即有把信念、愿望与行为相互关联起来的规律。因为科学的解释离不开规律。他认为，规律有严格的、无例外的规律和松散的、包含余者皆同从句的规律之分。意向规律就属后者。前者的特点在于：没有例外，前件发生是后件发生的充分条件。而意向规律则不同，首先，它有例外；其次，它包含有保护措施，即余者皆同的附加条件；最后，意向规律的实现不是靠自身的内在结构，而是借助于下一基础层次的属性与机制。这正如同：父代将个子高这一表现型特征遗传给子代，使子代也有这一特征，不是靠父代的这种特征本身的作用，而是借它所依赖的基因型完成的。同理，心理符号的语义性对行为的因果作用是借该符号的形式属性完成的。

　　对于坚持内容有因果相关性的人来说，不具体说明内容因果作用的过程及条件，其目的是不可能达到的，因此这又成了当前研究的一个难点问题。之所以如此，是因为一方面内容是由于人与环境

---

　　① ［美］塞尔：《心灵、语言与社会》，李步楼译，上海译文出版社 2001 年版，第100 页。

的关系而获得的，因此有外在性；另一方面，行为不是由外在的东西引起的，而是由内在的东西引起的。正如女高音歌手的歌声震动了玻璃，不是由其声音的意义所使然，而是由其声音的物理属性所使然。同样，人的行为是由大脑内的物理过程所引起的，而与它所随附的意义无直接关系。因此内容怎么可能有对行为的作用就很难说明了。对此，德雷斯基以纸币上的金额为例作了他的分析。信念类似于纸币，信念所关于的东西类似于纸币所标的金额。如果纸币上没有任何金额标记，即使把它插进售货机之中，后者也不会给货。同样，信念如果有内容，不同的信念有不同的内容，那么它们就会产生对行为的不同作用。这种不同的作用显然根源于信念所关于的不同内容。他不仅说明了信念内容有因果作用这一事实，而且还深入到内在机制中揭示了有关系属性的信念内容为什么，又是怎样发挥它们的因果作用的。他强调：即使促使身体运动的直接原因和机制是内在事件的形式属性（就像用一定金额的纸币要使售货机识别自己并售出相应的货物，得靠纸币的大小、形状、水印、标记等一样），但是只有随附于神经生理属性的关系属性才能决定行为的具体方式和内容。也就是说，内在状态的内在属性只能解释身体为什么运动，而关系属性则能解释它为什么如此运动。

福多认为，要说明语义属性的因果作用，必须求助于句法，因为符号的句法是符号的二阶物理属性，既表现了语义属性，同时它的形态又潜在地决定了它的因果作用。这些形式属性既适合于表达符号的语义属性，又由于表达了一定的语义属性而具有特定的"形态"，从而产生特定的因果作用，就像用钥匙把锁打开是取决于它的几何学形态一样。句法形式之所以能完成语义属性的因果作用，这完全是一个目的论的事实。他根据计算机类比指出：这种机器的操作完全是由符号的转换构成的；在执行这些操作的过程中，那机器只对符号的句法属性敏感；机器借符号所完成的操作完全限制在符号的形态转换之内。然而它是如此被设计出来的，当且仅当被转换的符号具有特定的语义关系时，它才将一符号转换为另一符号。

当今英美心灵哲学的意向性探讨涉及的问题远不止这些，经常被讨论的还有：意向性与意识、人工智能的关系问题、关于实在的内容与关于观念的内容及其关系问题、马尔视觉理论的解释问题、内容整体论与原子论的争论，等等。所有这些探讨无疑体现了人们对于意向性研究的方向和路径的新的洞见，反映了意向性认识由抽象向具体、由笼统向细致、由模糊向可操作性的发展。而意向性认识的深入发展，不仅使这一领域的面貌发生了巨大变化，而且也为其他哲学问题的进一步探讨提供了有价值的资料和启迪。例如有了意向性的研究成果，化解历史上长期困扰人们的怀疑论难题似乎不再那么艰难和遥远了，因为根据有关成果，主体之所以能超越主观世界把握外在异质的客体，根源在于人在进化中获得了意向性这样的能主动将一物与另一物关联起来的功能，而它之所以有此功能又是根源于它有内容、表征等内在的条件。其次，现当代意向性理论对内容的因果相关性的探讨，不仅为回答传统的心身问题提出了许多可能的方案，而且大大丰富了因果关系问题的形而上学探讨。

第四节　审视意向性的非实在论视角

从原始思维以来，人们在观察心理现象时，一般都坚持实在论立场，即不管是唯物论者、唯心论者还是二元论者，都承认包括意向性在内的心理现象有本体论地位，要么认为它是真实的甚至第一性的、本质性的存在，要么认为它有派生性、随附性的实在性，如作为一阶、二阶或三阶属性存在，或作为多种因素发生相互关系和相互作用的过程中突现出来的存在。最近出现了一种全新的视角，即非实在论的视角。其特点在于：不把意向、信念等看作是存在的现象或属性，而把它们看作是人的描述解释工具，或看作是描述所用的术语或语词。不仅如此，它强调这些语词所包含的认识内容并不是存在的反映，而是人为了解释、预言的方便而构造出来，纯粹是一种方便的工具。持这种立场的人很多，如著名心理学家、认知科学的奠基人玛尔关于视觉的三层次描述理论就有上述倾向。著名哲学家丹尼特和戴维森的解释主义更是将上述异端思想发挥到了极致。我们这里重点剖析后两人的思想。

作为一种特殊的意义理论，一种关于意向状态的特殊理论，解释主义另辟蹊径，为解释传统的意义、意向性问题提供了一种全新的、耐人寻味的思路。它不直接思考意向状态是什么、与物理过程是什么关系，而把回答理解和解释人的言语行为如何可能这一问题作为它的出发点；经过对解释条件、根据的丝丝入扣的探讨，最终形成了一种全新的理论。其基本观点是：人本无心灵，本无意向状态，它们是我们的解释性投射的产物；质言之，意向性、意向状态不是像自古以来人们天经地义地认识的那样，是实在地进化而来的，而是人为了解释的需要而设定的。

在观察人际交流时，人们不难发现这样一个显而易见的事实，即人们能相互理解对方的言语和行为，每个人既是说者、被解释者，又是听者、解释者。不仅如此，人们还能对自己完全不熟悉的人及其言语作出解释，例如理解外国人及其言语行为。这样的解释就是戴维森所谓的彻底或从零开始的解释（radical or from scratch interpretation）。因为在解释之前，解释者对说者的语言和心理状态一无所知。要理解这种话语，哪怕是其中一个句子，解释者必须学到理解所需的一切条件或知识，尤其是非语言的知识，而这是可以做到的，因为现实生活中有许多人掌握了母语之外的语言。即使是完全不懂外语的人，面对一种从未接触过的、完全陌生的语言，也能在具备了相应的条件时，对操这种语言的人的言语和行为作出理解和解释。现在的问题是，理解、解释他人的话语和行为是如何可能的呢？

戴维森认为，解释者之所以能够理解说者的话语，首先是因为解释者有这样的非语言的知识和假设，如民间心理学等，他说："因为存在着许多不同，但同样可接受的解释行为主体的方法，因此如果愿意的话，我们便可以说：解释/翻译是不确定的。"[1]　正是

① D. Davidson, "Three Varieties Knowledge", in A. P. Griffiths (ed.), *A. J. Ayer Memorial Essays*, Cambridge: Cambridge University Press, 1991, p.161.

从解释不确定性这一命题中，戴维森引出了重要的心灵哲学结论，即关于心灵的投射理论。他一反传统的实在论的、镜式的心灵观，认为，我们关于意向状态的观念，不是关于客观存在的东西的反映，因为根本就不存在信念之类的意向状态。这也就是说，我们在解释说者时尽管可以说"他有某某信念"，但这句话并不是陈述句，而是归属语句。信念等是解释者为了解释他人的言语行为而"强加"或"投射"于他的。在这里，戴维森发起了一场名副其实的"哥白尼式转变"。他主要借助与测量图式的类比说明了这一点。他强调，在解释中，对命题态度所作的归属，类似于对温度、长度或位置所作的归属。在后一类归属中，我们利用的是简单的公理系统中得到有序组织的数量属性，如"28℃"、"5米长"等。说地球有经度、纬度，这都是我们加之于地球的。他说："正像在测量重量时，我们要用到一些有这样结构的工具一样，通过它们，我们可以表示有重量的物体之间的关系，同样，在归属信念状态（以及别的命题态度）时，我们也需要一些相关的东西，它们能让我们跟踪各种心理状态的有关属性。在思考和谈论重量时，我们没有必要假定：物体有像重量之类的东西，同样在思考和谈论人的信念时，我们也没有必要假定有像信念……之类的东西。因为我们在描述心理状群时提到的东西并没有任何心理和认识上的作用，正如数量没有物理作用一样。"① 同样，把意向性、命题态度归于人，这完全取决于我们对之所作的解释，而解释之所以出现，又是因为我们每个正常人都是一种"解释理论"。基于这些分析，戴维森得出了与取消论大致相同的结论：当我们把命题态度归属于说者以解释他的行为时，"我们并没有触及到任何实在的东西"②。如果要追问它们是否实有，那么就像我们用经纬线描述了地球上的某一方位之后再去在地球上寻找经纬线一样是愚不可及的。这样一来，戴维

---

① D. Davidson, "What is Present to the Mind", in J. Brand et al. (eds.), *The Mind of D. Davidson*, Amsterdam: Rodopi, 1989, p. 11.

② D. Davidson, "Interpretation: Hard in Theory, Easy in Practice", in M. D. Caro (ed.), *Interpretations and Causes*, Dordrecht: Kluwer Academic Publishers, 1999, p. 36.

森通过对解释的探讨，最终便实现了对传统意向观念的解构和对潜藏在大多数人心底的二元论幽灵的颠覆。

如上所述，说说者有心、有意向性、某话语有某意义依赖于解释者所具有的知识。但这种知识又是从哪里来的呢？戴维森认为，它们是错误的概念化的产物。根据已有科学的观点，真实存在的东西是物理事物及其属性，如力、倾向性等，它们是产生运动变化的原因。就人来说，人的行为也是由人身上的力、行为倾向产生的。因此对行为的合理的科学解释应是诉诸这些实在及其力的解释。但是创立民间心理学及其概念（意向性、意义等）体系的古人不知道这一点，当看到人做出这样那样的行为时，在寻找原因对之作出解释时，不知道人身上存在的客观的力和行为倾向，便发挥想象和推理的作用，设想行为后面有一类特殊的存在，并用"意向"等词语加以表示。不仅如此，在构设关于世界的概念体系的过程中，他们还把它们提升为自然类型概念，以为心灵享有与身体一样的地位，信念享有与物理事物同等的地位，并相互具有因果关系。

对于这一新颖的理论，罗蒂给予了极高的评价，认为它代表的是西方形而上学发展的第三个阶段，可看作是"当代分析哲学中整体论派和实用主义派的最高发展"[①]。这一评价尽管有溢美之嫌，但不是没有一点道理的。笔者以为，它有许多值得我们进一步思考的地方，例如，它提醒我们：思考心身问题，除了实在论视角之外，还有解释的视角。其次，它还给我们提出了这样的问题，我们大多数人包括唯物主义哲学家心底关于精神、意识的看法中是否真的保持了与唯物主义的一致，其中是否还有原始灵魂观念的残留物和二元论幽灵？面对戴维森的投射主义以及其他本体论变革主张，我们的确该认真地批判反思常识的、传统的心灵观念。

《丹尼特及其批评者》一书是丹尼特与研究他的人包括批评者展开对话的产物，汇集了各种研究丹尼特的新成果。该书有一副标

---

① ［美］理查德·罗蒂：《哲学与自然之境》，李幼蒸译，生活·读书·新知三联书店1987年版，第431页。

题："为心灵祛魅",用它来概括丹尼特心灵哲学思想的实质与特征是再合适也不过的。他自己也明确地说过："我们对机械的以及从根本上所说的生物的细节的探讨愈是深入,那么我们不得不放弃的假说就愈多。"① 心身二元论、心灵神秘论、福多等人的意向实在论等都是应放入"放弃"行列的东西。但是应特别注意的是,尽管他也主张要批判、否定传统的心灵理论,但是他又没有滑向取消论的极端,而是试图在取消主义、还原论、同一论这一极与二元论、神秘主义这另一极之间保持必要的张力。他明确指出:"从本体论上来说,根本就不存在信念、愿望和别的意向现象。但是意向习语'在实践中'又是不可缺少的。"② 为了论证这一观点,他像戴维森一样诉诸解释主义。不过,他的解释主义与戴维森的解释主义相比有自己的特点。这首先表现在,丹尼特的解释主义反对戴维森的投射原则,而坚持规范原则。根据这一原则,"人们应该把信念归属于这样的造物,在他(它)的特定条件下,他应当有这样的信念"③。接下来,他的任务就是约束、规范这个"应当"。他说:"我的基本观点是关于解释的约束的",④ 即是说,他的解释主义的任务,不是说明心理现象的机制、基础,为其在自然界寻找本体论地位,而是为对心理现象的解释或归属提供原则,提供约束性条件。其次,丹尼特的解释主义从本体论来说带有"温和的实在论"情调,在方法论上带有现象学的印记。

丹尼特认为,人的特点在于:面对一定的对象及其行为表现,都会情不自禁地选择自己所特有的观点(stance)或解释图式,对之作出解释和预言,简言之,人们实践上的一个特点就是从事解释。而要解释,一定要有观点或策略。人类的解释实践所依据的观点不外三种形式,即意向观点(intentional stance)、设计观点(design stance)和物理观点(physical stance)。相应的,人类的解释

----

① Bo Dahlbom (ed.), *Dennett and His Critics*, Oxfod: Blackwell, 1993, p. 222.

② D. Dennett, *The Intentional Stance*, Cambridge, MA: The MIT Press, 1987, p. 342.

③ Ibid..

④ Ibid., p. 223.

也就有三种。

　　我们先来看意向观点及意向解释。我们的分析从"相信者"和"意向系统"两概念开始。对这两个概念，通常的理解是实在论和反映论式的理解，即如果一对象固有信念，或客观表现意向的特征，那么我们就可以说它是"相信者"或"意向系统"。在这一点上，丹尼特像戴维森一样完成了所谓的哥白尼式转变。在丹尼特看来，一对象之所以被称作"相信者"或"意向系统"，不是因为它有信念之类的客观状态，而是由于我们为解释的方便和需要，把信念等意向状态归属于他们，他们才成了相信者。可见，相信者就是可用意向策略预言和解释的对象。他还说："成为一个相信者不过是成为这样一个系统，其行为能用意向策略加以可靠的预言，因此说某某真实地、确定无疑地相信 P，不过是说他是这样的意向系统，P 作为最好的（最有预言力的）解释中的一个信念发生了。"① 这就是说，如果有什么系统或对象，其行为能用这种意向策略加以预言，那么就可称它为相信者。反过来，把要解释的对象当作有理性的行为主体，认为它有信念、愿望等意向状态，并据以去解释和预言它的行为，这样的解释立场、观点和态度就是解释的意向策略。

　　这里应特别注意的是，意向策略有时尽管能对行为主体作正确有效的解释和预言，但这不是因为它作出了正确的归属，如把信念等意向状态归于行为主体，而是因为它碰巧是有用的、有效的。丹尼特说："这种态度是否成功自然是从效用方面来加以确定的，而不涉及对象是否真的有信念、意图等：因此不管计算机是否有意识、思想或愿望，某些计算机无疑是意向系统，因为它们是这样的系统，其行为能通过采取意向的态度而加以预言，有时可作出最有效的预言。"② 根据丹尼特的看法，追问一系统是否真的有信念，

---

① D. Dennett, *The Intentional Stance*, Cambridge, MA: The MIT Press, 1987, p. 342.

② D. Dennett, "Mechanism and Responsibility", in his *Brainstorm*, Cambridge, MA: MIT Press, 1978, p. 238.

这是十分愚蠢的。因为说它有或说它无，那都取决于你的观点和你所作的归属，而使一种归属为真的东西既不是因为相信者有任何特殊的属性，也不是因为相信者以任何特殊的方式相关于它的物理环境，而是因为这样的事实，即该相信者服从这种观点或策略。有的人也许会问，诉诸不存在的东西为什么会作出正确的解释和预言呢？丹尼特认为，这一点也不奇怪，例如地球上根本不存在引力中心、力的平行四边形法则之类的东西，但我们根据他们所作的解释和预言如对地面上物体的重量、星球之间的关系的解释和预言不也常常是正确的吗？

丹尼特对意向解释策略的分析，具有重要的心灵哲学意蕴。他通过复杂的、迂回曲折的分析路径最终达到了解构传统心灵观念、祛除心灵的神秘性这一目的。下面的结论足以表明这一点："人的心灵本身是人们在重构人脑时为了方便而创造出来的一种人工制品"①，即不是人身上客观存在的现象，不是人脑的高层次的状态或属性，而是人为解释的需要而加给人，归属于人的。如果是这样，人们普遍承认的人的超越性、人与非人的区别不就不复存在了吗？丹尼特认为，这个问题的提出和回答超出了意向策略的范围，而进到了设计策略的层面。

第二种解释策略是设计立场。所谓设计立场就是根据设计时确定的功能和机制解释对象的行为、表现。因此这种解释又可称作功能解释。这里的"设计"是广义的。人工产品的功能根源于人的设计，自然事物的功能、机制则根源于大自然的"设计"，如自然选择、事物之间客观形成的相互作用等。在简单的有机体中，我们可以省掉意向立场，而根据对它们的设计的分析去解释它们的行为。对人工产品也是如此，例如计算机程序设计者可根据计算机的程序去解释它的行为。设计立场不能取代意向立场。因为两种立场各有各的用途和适用范围。当我们理解或解释某实在的行动的兴趣

---

① Bo Dahlbom (ed.), *Dennett and His Critics: Demystifying Mind*, Oxfod: Blackwell, 1993, p. 12.

主要是行动的起源问题时，即我们想尽快地预言那实在怎么可能行动时，我们就得采用意向立场。当我们的兴趣变化了，当条件使我们系统细致地考察控制那实在的活动的机制成为可能时，我们就得采取设计的立场。但是对人类的设计层面的描述是什么样子呢？设计立场告诉我们的是视觉、记忆、语言加工等方面的机制。这种解释要诉诸神经系统的细节，如视网膜、神经纤维等的组成部分。这方面的例子在生物学教科书中俯拾即是。

可见，在解释人时，设计立场就是用设计层面的描述，通过神经机制的定位来解释心理现象，这涉及把这些机制当作有目的的活动的实在。简言之，设计立场旨在揭示心理现象后面的神经机制。但是解释过程并不到此为止，我们的解释还会前进，再进一步就是物理解释，即用构成机制的更简单的物理细节和结构来解释机制。视网膜被认为执行了特殊的理智功能，对此可这样去解释：进一步发现视网膜由什么构成，如视锥、视杆以及其他的细胞，说明它们各自本身又履行着什么样的功能。正如我们把系统分析成子系统一样，我们最终会到达这样的层面，在这里，构成性的机制是专门的，我们可能发现各种细胞，它们所干的就是分辨特定的化学物质是否出现。这就是物理的立场。运用这种立场时，我们就会发现：所设想的细胞怎样借助它们的物理化学过程而履行其功能作用。

总之，丹尼特的解释主义是一种非常独特的心灵哲学。首先它与取消论、还原论、同一论界限分明，因为他的一个目的就是要从取消论的枪口下救出信念—愿望心理学。但是另一方面，他的哲学与维护信念、愿望的本体论合法地位的二元论、神秘主义以及自然主义理论又南辕北辙。他把信念、愿望救出来了，但又设法驱除覆盖在它们之上的厚厚的神秘主义、拟人论、实体论尘埃，要么把它们当作一种为解释的需要而虚构出的一种理论预设（工具主义），要么把它们等同于引力中心、赤道一样的抽象的存在。如果说有对信念愿望的本体论承诺，那也只是一种非常奇特的本体论承诺。

第五节　意向性观念的解构与重构

关于意向性的理论不计其数，但并不是任何理论都能成为 AI 建模基础的，例如明显错误的理论就是如此。如果据此去建模，势必误入歧途。一种值得注意的现象是，AI 研究的许多领域如自主体、多自主体系统、自然语言处理等，都意识到了建模相应的人类能力的重要性，并到心理学中吸取成果。这在方向上是没有问题的。但应注意的是，心理学目前是一个鱼目混珠的大杂烩，特别是随着民间心理学的概念和关于心理世界的结构图式的无批判的涌入，这里的问题就变得更加扑朔迷离了。一不小心，就会跌入万丈深渊。如前所述，民间心理学是关于心理世界的一幅完全扭曲的图画，而它同时又是死死地牵制着我们一般人看世界的立场、观点和方法。如果不加批判地利用心理学的成果，以其中的意向性图式以及浸透着它的核心思想、经过所谓的理论升华而建立起来的哲学理论和"科学"心理学理论为基础去建模 AI 研究所需的模型，那么就将犯方向性的错误。如果承认这一点，我们就应冷静地对待 AI 研究中常用的"信息—愿望—意向模型"。笔者认为，要建立关于意向性的模型，既要关注哲学和有关学科的意向性认识成果，又应把好入口关，如用笛卡尔所倡导的"普遍怀疑"的方法，不让错误的理论潜入我们建模所依据的基础理论之中。

一　当心"小人理论"的潜入

"意向性"尽管不是我们每个人都会使用的概念，但每个人在清醒时与它所指的现象则须臾不离，甚至在无意识时也会让它以潜在形式发挥作用。除了真正进入了佛家所说的"非想非非想"之类的状态，我们在清醒时，总会有心理意识和言语活动，而一旦有这些活动，就必然要超出活动本身而关联于某种别的东西，如在想时，绝不会什么也不想，在恨时，绝不会什么也不恨，在爱时，绝不会什么也不爱。这种贯穿在一切心理意识活动、过程、状态中的关联作用或关于性（aboutness）、指向性、超越性正好就是意向性。正是有这种特性，我们人类才成了能走出自身、与他物发生各种联系的一种具有弥散性、扩散性、渗透性而非彻底封闭孤立的特殊存在。然而由于它对于我们太平常、太密切、太自然了，因此它又成了我们最"熟视无睹"的一种现象。

它在爱起"疑情"、爱生"惊诧"的哲学家面前就大不一样了。它使他们困惑不已，而且越是到现当代，越是那些疑情重的人越是如此。真可谓大疑大问题，小疑小问题，不疑无问题。由于有疑情，许多哲学家还以自己独具的慧眼发现了它在自然界的踪迹及其奇特、隐秘与奥妙之处。例如河狸用尾巴溅水，蜜蜂所表演的"蜂舞"，并不是纯粹内在封闭的活动，它们也有一定程度的关于性，它们分别"关联着"这里有危险和这里有花源之类的外在事态。人类不仅有这种关联性，而且更加高级、复杂和奇妙。例如人类身上的某些状态对之外的事态的关联相对于"烟意味着火"来说，有自关联的特点，即不是像后者那样基于人的解释才有其关联性的，而是自己主动地、自觉地进行着自己的关联。更神奇的是，人类的关联性或意向性作为一种关系属性还有其他任何关系属性所不具有的这样的特点，如心理状态可以处在与不存在的东西的意向关系之中。而任何物理的东西则不可能有这种关系。例如某人可以想象有独角兽，而任何物理的事物都不可能与独角兽发生关系。其次，人的意向状态可以处在与不曾发生、不会发生以及已逝、尚未发生的东西的意向关系之中，例如我可以想象我取得了本届长跑世界杯比赛的冠军。物理关系只能存在于真实的东西之间。

由上说来，我们不赞成当今流行的取消主义一概否定意向性有本体论地位的极端观点。因为即使是用当今英美哲学家津津乐道的语言分析的观点看问题，我们也不会否认"意向性"一词在我们诚实地运用时确有真实所指。例如当我诚实地说"我想到了丘吉尔"时，我头脑里面肯定有一真实的过程发生了，这几个词的组合也绝不像蚂蚁碰巧在沙地上爬出的类似于这些词形的图案，因为我的话不是纯粹的形式符号，而是通过我的意向关联于丘吉尔，即符号有对实在的指向，而蚂蚁爬出来的"符号"则没有这样的意向内容。

对意向性的存在地位，唯物论、唯心论和二元论大概没有太大分歧。分歧出现在此之后对习语所指的实在、状态、过程、性质和作用所作的构想，表现在它们对意向性所形成的观念图式。这是一个最容易出现分歧也最容易出错的地方，更麻烦的是：错了还让人毫无觉察，并难以纠正。民间心理学关于意向性的小人理论就是这样。"民间心理学"（Folk Psychology，以下简称 FP）是比照民间音乐、民间医药学等概念而杜撰出的一个新的概念，指的是人们解释、预言行为时作为基础和原则而发挥作用的知识或资源。当然这只是对 FP 的众多理解中的一种。此外，还有几十种之多，如说"FP 是一种认知现象""是一种模仿能力""是关于心理现象的常识概念框架" "是根据信念等命题态度解释人的行为的常识理论"等。

FP 这一概念不是任意杜撰出来的，而是通过对人的解释和预言实践而从我们常人的文化心理结构中挖掘出来的。尽管每个人的民间心理学观念是错误的，但它在人心内的存在却是客观的。正像一个人关于鬼的观念是错误的，但只要他形成了该观念，就应承认它是存在的一样。在日常生活中，每个正常的人在看到别的人做了一件事情如出门拿着雨伞时，就会把"相信"、"希望"等词语用之于他，以对其行为作出解释和预言。反过来，每个人又会成为被解释者、被归属者，即接受别的人对他所作的心理归因。鉴于这一点，莫顿（A. Morton）指出了人的一个新的特征或"人性"："我们是一种能够进行心理归属（mind-attributting）的物种。"① 这一事实是怎么可能的呢？答案自然是：在人的归属实践后面存在着一种理智资源，那就是 FP。正是有了这种资源，人们才能从事心灵的归属，才会对人的行为作出解释和预言。因为人们要作出解释，

----

① A. Morton, *The Importance of Being Understood*, London and New York: Routledge, 2003, vii.

他们至少要做两件事情：一是假设行为后面有某种心理状态存在，二是在它与行为之间建立因果联系。而要如此，他们就必须有某些知识，或有"移情"、模仿的能力。这正好就是FP。

关于FP的内容和实质，丘奇兰德等人认为：FP是人们关于心理现象的常识概念框架，其核心是承诺人有命题态度，亦即有意向内容的心理状态，它由态度（如信念期望）和命题内容（如"天要下雨"）所构成。而命题态度中最重要、最常见的是信念、愿望和意图。从FP的存在和显现方式来说，它是内在于人脑内部、外显于人的解释预言实践中的常识心理学知识，因此FP有时又被称为常识心理学；从其关系维度看，它与人的民间物理学等处在同样的层次，渗透、包含于常人关于人、自然、宇宙的概念图式之中；从其历时性结构看，它与人一样古老，它是人们自发学习、建构乃至遗传等多种因素共同作用的产物；从共时性结构看，它包含着许多存在命题、普遍原则和大量的理论术语。对FP作进一步的"考古"挖掘，不难发现：它的核心包藏的是一种关于心身、关于人的"哲学"。例如，它的第一个原则是，信念等心理状态、事件是一种实在，像物理事件一样存在着，只是看不见、摸不着，没有形体性。第二，信念等像外物一样也有存在的处所，那就是在"心灵里面"。第三，心理事件从属于因果律，由外部刺激所引起，进而又可引起人的行为。人们之所以能谈论他人，之所以能判断他人言论是否属实，之所以能侦察破案，如此等等，都得益于民间心理学中的这些规律或原则。第四，信念等具有指向性，是关于它之外的某事某物的。第五，诸心理概念具有整体性、相互联系性，因而从一个可推知别的。不难看出，FP所代表的这幅心理图景既涉及心理世界的内部关系，又涉及心与身、心与外部世界的关系，因此是一幅关于人的概念图式，至少是常识世界观的组成部分或基础。从其实质上来说，常识心理观、常识人学里面隐藏的是某种形式的二元论，因为当人们说某某战胜疾病、某某在比赛中获胜，主要得益于"精神作用"时，这里的"精神作用"肯定不是指某种生理过程的作用。另外，常人在相信精神世界、心理王国存在时，肯定同时承认它们是物质世界之外的另一个世界。常识心理学中的这种二元论因素不仅是其他常识理论的基础，而且是哲学中的二元论的基础、渊源和雏形。

当今的"本体论变革"的倡导者在解构心灵时的第二个"重大发现"是：大多数哲学家、心理学家的心底回荡的是二元论的幽灵，他们对人的理解中包含着一种"本体论裂隙"，① 甚至许多唯物主义哲学家也不例外。拿心灵哲学来说，大多数理论打出的旗帜都是各种形式的唯物主义、物理主义、自然主义，除个别之外，几乎再没有人公开地声称自己是二元论者、唯心主义者。但他们的骨子里并没有完全抛弃二元论，尤其是在说明人的自主性、独特性、能动性、反作用等问题时更是如此。赖尔尖锐指出："有一种关于心的本质和位置的学说，它在理论家乃至普通人中非常流行，可以称其为权威的学说。大多数哲学家、心理学家和教士都赞同它的主要观点。"罗蒂对二元论在哲学中的地位有类似的看法。他说："笛卡尔的直观仍然存在着。"②

民间心理学关于意向性的图式是一种想当然的甚至是自明的、不言而喻的图画。许多哲学家、心理学家在设想它的时候尽管做了理论化、系统化的工作，但在本质上无法摆脱通常的设想模式。例如我们前面提到的大哲学家、心理学家柏拉图、亚里士多德、阿奎那甚至胡塞尔和塞尔等都未从根本上摆脱小人图式的影响。他们在承认意向性的巨大能动作用进而予以解释时，都隐约地设想有一个能发挥这种把自己与外在对象关联起来的主体。正是由于有它，人的意向性才有主动性、目的性、自律性，才能有意向之箭从里射出来，才成了本原性的、原始的、自生的意向性，符号和计算机的处理之所以只有派生的意向性，根源在于它没有自主体。人的意向性活动之所以是理性的、自觉的，又是由于人在完成这些活动时，一

----

① ［美］理查德·罗蒂：《哲学与自然之镜》，李幼蒸译，生活·读书·新知三联书店 1987 年版，第 13—15 页。

② 同上书，第 14—15 页。

方面有从外面传来的感性材料（就像进入搅拌机中的泥沙等一样），另一方面有主体的注意、比较等活动（就像搅拌机的搅拌一样）。人的意向性之所以对人是有用的，是因为经过意向活动之后，有成果输送出来（像搅拌机送出的混凝土一样）。外部实体的加工离不开时间和空间，于是民间心理学相应地也为意向活动提供了特定的时间和空间，只是这里的空间不是三维空间，而是一种特殊的空间，即"心里"。之所以说上述图画是错误的，是因为它是非科学的比喻、隐喻、类推的产物，即是根据可见的人或物的活动类推出来的，而不是真实的科学认识的结果。

例如在人们理解动词"思考"、对观念的"加工"、"分解组合"等时，人们自然会联想到人体对外物的加工改造。基于两者输入输出过程的类似性，人们自然会从外物运动的状况、特性和主体类推出相应的东西。如根据外物的运动有空间特性，便想到心理有深浅、表里；外部加工有产物，人们便说思维也有其产物；外部加工有主体、材料，心理活动也是如此，主体就是自我或精神实体。总之，借助心理语言、类推和联想所建立起来的心理世界图景，是实在物理世界的复制品。它已积淀在人类的文化心理结构中，成了常识的心理观即所谓的民众心理学的重要组成部分，以致一旦看到某一心理语词，就会在心中浮现出相应的有时空特性的形象的图像。显然，这是不科学的，包含有太多的想象、虚构、拟物与拟人的成分，使心理世界的本来面目支离破碎，因而准确地说是一种隐喻式的、拟物拟人的、前科学的心理观，因为大脑对感觉信息的加工绝不像工厂内机器的来料加工。

由于 FP 所设想的信念之类的意向状态根本就不存在，就像神学所设想的上帝不存在一样，它的概念表示的是一种完全错误的地形学、原因论和动力论。因此难怪取消主义要予取消。斯蒂克说："我的核心主张是：这个概念（信念）再也不应在解释人类认知和行为的科学中招摇过市了。"[1] 丘奇兰德表述得更全面："我们关于

----

① S. Stich, *From FP to Cognitive Science*, Cambridge, MA：MIT Press, 1983, p. 5.

心理现象的常识概念实即一种完全虚假的理论，它有根本的缺陷，因此它的基本原理和本体论最终的结果是被完善的神经科学所取代，而不是被平稳地还原。"①

从特定的意义上说，取消论不是完全没有道理的。因为"灵魂"之类的词语是原始人为了解释的需要凭想象、类推虚构出来的，它们表达的概念并无真实的所指，诚如恩格斯所说，它们"像一切宗教一样，其根源在于蒙昧时代的愚昧无知的观念"②。如果他们知道思维和感觉也是身体的活动，那么他们就不会造出这些语词。后来逐渐派生出来的心理动词（如"想""愉快"）、心理名词（如知、情、意）以及形容词、副词（如城府很深、心潮澎湃）等，基于已确立的那种实体化、小人化的灵魂观念，加上与已知物体及其属性的比附、类比，最终都成了想象的心理世界及其活动的隐喻式的表达式。

在理解心灵、建构关于意向性的模型时，笔者认为，我们当务之急是思考这样的语言哲学的问题：意向习语的意义是什么？有无所指？如果有，指的是什么？换言之，应像戴维森等人所倡导的那样，首先应研究人类将意向状态"归属"于人的实践。罗蒂正确地指出：要讨论心身问题，应"先问一下'心的'一词究竟是什么意思"。因为完全有这样的可能，即"我们对心的事物的所谓的直观，可能仅只是我们赞同某种专门哲学语言游戏的倾向而已"。③戈肖克问题的解决也许为我们提供了有益的启示。当该问题一直没有得到解决、似乎已经陷入毫无希望的绝境时，突然有一天有个人这样假设：戈肖克仅仅是个名词。接着人们纷纷寻找它所表示的东西。结果发现，它没有对应物。于是长期困扰人们的难题就这样被解决了。或许"意向性"问题亦复如是。即使它有指称，这样思

① P. M. Churchland, "Eliminative Materialism and the Propositional Attitudes", *The Journal of Philosophy*, 1981 (78): 69 – 90.

② 《马克思恩格斯选集》第 4 卷，人民出版社 1995 年版，第 224 页。

③ ［美］理查德·罗蒂：《哲学和自然之镜》，李幼蒸译，生活·读书·新知三联书店 1987 年版，第 18 页。

考问题也是有益无害的，至少有助于澄清混乱，避免笼统性和含混性。这也许是取消论、解决主义留给我们的一个重要启示。

当然，这并不是说我们应该立即抛弃意向习语。在这个问题上，取消论是错误的，福多、戴维森、丹尼特等人是正确的。笔者这里强调的不过是：在保留意向习语的前提下，应从词源学和语义学的角度对它们作出全面而深入的分析，把它们与思维、实在区别开来，清除覆盖在其上的、混淆其实质的文化尘埃，尤其是拟人论和神秘主义因素，进而揭示其本质。

二 意向性观念的重构

要揭示意向习语的真实所指及其相关项，应有本体论上的探索。著名心灵哲学家海尔说："只要我们能够认识到，对心灵的任何研究都离不开严肃的本体论方法，那么我们就将在这方面取得令人瞩目的进步。"[①] 笔者认为，这里尤其要关注本体论或形而上学的一些"元问题"，如存在的标准问题和"意义问题"，以及解决这些问题应该遵循什么样的方法论程序、语言学和语言哲学原则等问题。

在构想关于意向习语之所指的本体论图景时，我们必须摒除三种策略：一是紧缩主义的策略。其特点是以是否有时空属性、是否能以独立个体形式存在为本体论地位的判断标准；二是二元论的策略。其特点是自由主义，犯了头上安头、不切实际地新增实体的错误；三是介于两者之间，同时又包含了两者某些因素的做法。如一方面承认意向现象的不可还原性、纯粹精神性，另一方面又按已知的关于人、物理事物在时空中运动的模式去设想意向现象，把它们看作是小人式的心灵在心灵时空中所做的关联活动。这正好是民间心理学和传统哲学的主要图式。

笔者认为，用意向术语所作的描述，如说人的思想有意向性，

----

① J. Heil, *Philosophy of Mind*: *A Contemporary Introduction*, London: Rutledge, 1988, p. 12.

头脑中有概念、命题，概念等又有内容或语义性，心理语句有意义
等，是对实在的一种隐喻式、拟人化的描述。正像我们在把庄稼的
随风摇摆拟人化地形容为"载歌载舞"时，它们的确描述了事物
的某种客观存在的状态或属性一样，我们说"某人正思考 1 + 1 等
于多少"也有所指。但如果真的以为庄稼在载歌载舞，真的以为
人头脑中有黑板一样的东西，上面有数字呈现，还有将一个东西加
到另一个东西上的活动，最后又有一个数字作为结果出现在大脑黑
板上，那就大错特错了。这也就是说，尽管我们可以承认：意向习
语在诚实予以运用时，所指的东西一定有本体论地位，但又不能按
传统的、常识的观点去予以设想，以为里面有一个小人式的"我"
或"心"在意指，以为有意向性就是头脑里面有内容呈现给心灵
之眼。

　　在重构关于意向性的概念图式时，最重要、最关键的一环是要
摒除对意向性的小人或人格化描述。不然的话，在理论上会误入歧
途，在 AI 的实践上将四处碰壁。好在这一观念已得到了许多哲学
家和科学家的认同。如著名脑科学家、诺贝尔奖获得者埃德尔曼明
确指出，大脑中不存在固定不变、像小人一样的"我"或"意识
中心"，如果说有中心的话，这种中心也只能是动态的，或如著名
物理学家哈肯所说的那样，是一些神经元集团根据当前任务随机组
合起来的协同作用，它会随着环境、时间的变化而变化。认知科学
家、计算主义者萨巴赫（G. Sabah）认为，大脑中不存在审视大脑
状态的小人。他还用视觉研究的材料证明了这一点。在视觉中，存
在着从上到下的路径，这些路径能动地参与到了视觉加工之中，如
把新的信息注入进去，以利于高层次的加工，而一些初始信息则基
于自涉过程而被修改，还有研究表明这些自涉过程还有控制整个神
经系统的作用。①

----

　　① G. Sabah, "Consciousness: A Requirement for Understanding Natural Language", in
S. Nuallain et al. (eds.), *Two Sciences of Mind*, Amsterdam: John Benjamins Publishing Company, 1997, p. 369.

彭罗斯也以有关科学的成果有力地论证了上述道理。例如量子力学的成果告诉我们：世界上根本不存在边缘绝对分明的、独立的个体。在微观世界更是如此，粒子不是以个体的形式存在，而是以弥散的形式存在。他说："单独粒子在空间中弥散开来，而不总是集中在单独的点上。"[①]"看来必须接受这样的粒子图像，它会在空间的大范围内发散开去，并会一直发散到下一次进行位置测量为止。"[②] 他还援引加拿大著名神经外科专家怀尔德·彭菲尔德的成果指出：意识不是一个中心，而分散在广泛的范围内，这个范围主要包括丘脑和中脑所组成的上脑干区域。如果说意识及其主体有其位置的话，那么它们应在这个广大的区域之内。可见，意识及其主体不是以一个中心、舵手的形式起作用的。他还说："头脑分裂实验似乎至少指出：'意识'的'栖息地'不必是唯一的"，当然，"大脑皮层的某些部分比其他部分与意识有更密切的关联"。[③]

要正确理解意向现象的本体论地位，重构关于它们的观念，重建意向习语语义学，哲学必须与科学携起手来，通力合作。在传统哲学中，意向性被认为是哲学的固有领地，实验自然科学是爱莫能助的。这一状况在今天已开始发生喜人的变化。随着无创害脑成像技术和脑解剖学等的发展，现已有这样的初步可能：在人们诚实地使用心理语言时，借助科学工具、手段，特别是无创伤脑成像技术，然后辅之以科学的合乎逻辑的分析与推理，可以观察、探寻人脑内发生了什么。如果一个人报告说："刚看到的那种鲜艳的红色又栩栩如生地浮现在我心中"，在这时观察他的脑电图之类的仪器一点反应也没有，或者说他的脑中根本就没有任何物理、化学过程发生，那么由此可以断言，真的存在着二元论所说的心灵及其过程。如果在说出某些词时，有相应的脑行为发生，那么就可断言，它们指称的就是这类行为。因此在某种意义上可以说，意向习语像

----

① ［英］彭罗斯：《皇帝新脑》，许明贤、吴忠超译，湖南科学技术出版社1994年版，第290页。

② 同上书，第291页。

③ 同上书，第446页。

物理语言一样是描述发生在大脑中的行为的一种方式，它描述的东西并未超出自然现象的范围，但由于描述角度、层次的特殊性，因此其指称尽管大体相同于有关物理语言的指称，但意义则不完全相同。例如"信念""注意""思维"等所指的不是别的，仍是大脑内发生的物质运动。这样看问题，也符合恩格斯和列宁等人的观点，因为他们不止一次强调：思维是一种物质运动，世界上除了物质及其运动什么也没有。从这个意义上来说，我们仍可承认大脑内存在着意向活动，它们可用"相信"等词来描述。但应注意，这里的意向活动不是电子运动、化学运动、机械运动、物理运动之外或之上的又一个独立层次的运动形式，而是包含着它们的、带有更大的复杂性的物质运动形式。恩格斯曾说过，一切高级运动形式中都包含着机械运动，意向活动也不例外，例如要获得视觉经验，既离不开眼球的转动，也少不了脑内神经元中化学物质的迁移。当然，包含机械运动并不等于就是机械运动，正像一碗水含有 H_2O 这样的化学成分，并不等于就是 H_2O 一样，它还包含有其他的因素。其指称不管涉及多少因素，不管多么复杂，总是不会超出物质及其运动的范围的，总是可以用物理语言加以分述的，因为意向习语和物理语言是描述同一个世界的不同方式。说到这里，有人可能会问，既然意向习语指谓的仍是物理语言所指谓的物质运动，那么承认这种语言的存在不是多此一举吗？

答案是不是这样。意向习语的指称尽管没有超出物质世界，但仍有物理语言所不可企及的独特、殊胜之处。我们来看一个有点相关的例子。如一个人走向冰箱，对此我们可用不同类型的术语加以描述。如既可用生理学的术语描述这个人的细胞活动，还可用物理、化学的术语描述他身上的原子分子运动以及周围的空气波、地面物质结构的变化。而要想用科学术语把这个人为什么要这样做、怎样做说清楚则可能极为麻烦，得动用大量的词汇和句型。甚至在现有的科学水平下，有些还可能说不清楚。然而有一种很简洁、很准确的描述方式，那就是用日常语言来描述："他想喝或吃点什么"。也许有一天，我们能用物理语言把这个人大脑中发生的事物描述清楚，但是那太麻烦了。而用意向语言描述尽管很含混、笼统，但也把事实说清楚了。意向语言与物理语言的关系类似于这两种描述的关系。它们的所指是相同的，但描述的侧重点各有不同，因此意义可能有差别。这就是意向语言不能完全转译为物理语言、不能为物理语言所取代的原因。从大的方面来说，一个意向语词与有关的一群物理词汇可能指称同一个事件，但其侧重点是不同的，表述的内容也有差别，如意向习语描述的是该事件中宏观的、高层次的要素、结构、活动与过程。尽管这些过程、活动离不开基础层次的原子、分子运动，但意向语言截取的是高层次的方面。正如卡尔文所述："在量子力学与意识之间也许存在 10 来个结构层次：化学键、分子及其组织、分子生物学、遗传学、生物化学、膜及其离子通道、突触及其神经递质、神经元本身、神经回路、皮层柱和模块、大规模皮层的动态活动等等。"而"意识"所涉及的合适的层次应是：大脑皮层回路、皮层区域间有放电模式参与的动态自组织层次，也就是说，"'意识'一词纵有多种含义，也不能在低层次的化学水平上或甚至是更低层次的物理水平上来加以解释。我把这种自量子力学这个下层地下室向意识阁楼的跳跃的企图称作'司阍之梦'。"①

　　尽管意向主词描述的主体仍是物质实体，意向谓词描述的对象仍是物质的运动，但是并不是任何物质及运动都适用它们来描述的，也就是说，意向状态的归属、意向语言的使用是有条件的。首先，适合于用心理语言描述的对象是由许多系统和许多层次组成的复杂系统及其活动，正如埃德尔曼、克里克等人所说的那样，它们必须是"动态核心"、"神经元集群"、"动力模式"及其活动。另外，这些东西及其活动要成为意向习语的描述对象，还必须有它们的特定的种系和个体发生的历史，还必须与自然和社会环境有动的交涉，亦即有新目的论哲学家所说的"规范性"特征。因为一个

---

① ［美］威廉·卡尔文：《大脑如何思维》，杨雄里等译，上海科技出版社 1996 年版，第 33—34 页。

大脑如果完全与世隔绝，那么是不能表现出那些高层次的作用过程的。

人脑内发生的意向现象与物理现象不存在碰碰车式的一实在对另一实在的关系，在此意义上可以说，传统的二元论、唯心主义、唯物主义所理解的心身或心物问题是虚假的问题。因为当一个人诚实地用意向习语报告说"我想喝水"时，所报告的东西与脑科学家在观察他大脑活动时所看到的并用有关物理语言报告的东西尽管在角度、复杂性、侧重点上有差别，但在指称上并没有差别。如果是这样，再说两种语言所报告的东西之间有依赖和被依赖、产生和被产生、原因和结果之类的关系，就犯了赖尔所说的"范畴错误"。正如一个小孩在看一个师的阅兵式时，看完了各个团的表演之后，便问：师的表演什么时候进行？这里犯的是把师与它所包含的团并列起来的范畴错误。

说到这里，我们觉得有必要顺便对一些日常的说法、表述方式作一些分析和澄清。例如许多人包括脑科学家常说大脑的某些过程"产生"了某种意向过程，实现或例示了某种意向内容，后者"依赖"于前者，由前者"决定"，或说后者是前者的"产物"，前者是后者产生出来的"基础""机制"。这些说法在日常交流中使用，当然不影响交流信息，不会造成太大麻烦。但从哲学和科学的严谨性上来说，则是有问题的。意向语言所描述的事态、内容本身就是大脑内发生的复杂的物质过程，说它们由别的物理语言所描述的物质过程产生出来当然可以，但把它当作独立的东西，笼统地说它们是由相应的物理语言描述的物理过程产生的，其基础、机制是那物理过程，这一方面存在着语言的混乱，另一方面未摆脱与二元论的干系。正如我们用"水"和"H_2O"描述同一对象时，如果说一个的所指产生了另一个的所指，或在它们之间加上产生被产生、依赖被依赖、决定被决定之类的关系，那显然是荒诞不经的。

总之，我们应在适当的本体论构架之下，用描述的观点、语言分析的观点看待意向性的本体论地位问题。只要一个人诚实地用意向习语描述自己的内部状态时，那么可以肯定其内部真的有某过程或内容发生了。不妨称之为意向事件或意向内容。但同时应注意的是，这事件或内容又不是物质世界之外的东西，而仍不过是能用相应的物理语言加以描述的东西。当然，这不是说两种描述绝对没有一点差别。相反，由于它们是从不同的角度、层面，用不同的方式所作的描述，因此所抓住的可能是同一大脑行为倾向的不同的方面和特点，如意向习语描述的可能是大脑行为的整体性的、概括性的、抽象性的特点，而不同科学的语言描述的可能是同一行为的局部的细节及结构。正像不同的盲人摸同一头大象一样，由于角度、位置各不相同，因此可能摸到的是大象的不同的地方。如果有人站得高一些，摸的地方多一些，或到处都摸到了，他便有可能获得较宏观的印象。但这仍会有抽象、笼统、遗漏的问题。对大脑内部行为的描述也是这样，可从不同的方面去描述，如民间心理学的、认知科学的、计算和算法的、生理学的、生物化学的、原子物理学的，等等。诉诸意向习语所作的描述属于第一个层面，诉诸表征术语属于第二个层面，诉诸句法转换、形式操作所作的描述属于第三个层面……这里有必要强调的是，第一个层面的描述是最省事、最方便、最快捷的，但也最不精确，而且带有逻辑推理甚至想象的色彩。例如笔者有这样的报告："我刚想到我飞到天上去了"，如果笔者的报告是诚实的，那么尽管飞到天上不可能，但内部有"思想"或某过程发生则真实不虚。如果笔者进一步思考刚才的想是怎么回事，那么所想的大多属于推理，甚至包含很多想象的成分。这说明，意向术语所描述的东西既有真实的成分，也有不真实的，因此可以恰如其分地把它描述的东西称为一种特殊的理论实在，或称作实在物理过程的抽象物。用计算机的类比足以说明这一点。当计算机按我们的要求完成了某种加工之后，我们至少可以同时用三种语言来加以描述：一是心理学的描述，如说它把记忆中的东西调出来，完成了它的推理；二是算法或功能的描述，如说它完成了一系列的符号加工，或是用物理学的语言予以描述，如说它里面发生了电子运动、电脉冲的转换、物理状态的变化。第一、二种描述只透露了这样的真实信息：计算机内有某过程发生了，而其他的信息

则是推论、想象的产物，有添盐加醋、比拟、隐喻的成分。用意向
习语所作的描述也是如此。

第六节　　意向性与意识的关系

　　谈论意向性，必然要涉及意识。而一旦把它们放在一起来思
考，问题便变得更加复杂。但要建模意向性，就不得不捅这个马蜂
窝。要认识意识性与意识的关系，首先要对两个概念有正确的理
解。前面已分析过"意向性"，这里只需考察"意识"。这也是一
个用得很乱且有极大的歧义性的概念，不同的人可以在许多不同的
意义上予以使用，即使是同一个人在同一篇文章的不同地方用这个
词时，其所指、意义则可能大不相同。而且，这个词的各种用法之
间还很难找到共同性。既然是这样，如果不加以澄清和限定，泛泛
地谈论两者有何关系，那是没有任何意义的。

　　即使不说语言的意义就是其用法，至少透过其用法或运用，我
们有可能揭示其意义。因此分析语词的用法，可为我们把握其意义
提供便利。"意识"最常见的一种用法就是指：意识是所有有意识
心理现象的共同特征，它贯穿在它们（如信念、感知等）之中，
是它们被人自己觉知到、亲身体验到的基础和途径。例如在经历每
一种被自己觉知到的心理现象时，我们都可以说："我意识
到……"或"我晓得"等。"意识"的第二种用法是：把意识等同
于一切心理现象。这种理解在弗洛伊德之前十分盛行，中国哲学界
仍流行这种理解，甚至把意识、思维、心理、精神等不加区分地使
用或互换。"意识的"第三种用法指的是"清醒"。如一个昏迷的
人醒过来了，可以说他"有意识了"。这就是维特根斯坦和马尔科
姆等人所说的"不及物意识"，或"意识"一词的不及物用法，意
即在用"意识"一词时，不用带宾语。如果这样用，那么它表示
的就是人的清醒的、有觉知的状态。"意识"的第四种用法是指注
视、注意或人们常说的高阶思维，如一个人在回忆往事时，可以说
"我意识到了……"此即 N. 布洛克所说的内在扫描性的意识。高

阶思维的例子有："我意识到了我在意识"，第二个"意识"是一阶思维，第一个"意识"指的就是二阶思维。如果在此基础上再来反观，就是三阶思维。如此类推，以至无穷。在此意义上，"意识"又有与"反省"、"内省"相近的含义。"意识"的第五种用法是指现象学所说的"意识"。它包含有前面除第二义之外的几种意义的部分内容，但又有很大的不同。因为它指的是现象学悬置之后的一种最基本的剩余物，因此它不仅有本体论地位，而且是最根本的本体论范畴，是基本的、第一性的存在。更为重要的是，它作为存在又不是自然的态度所说的那种静态的、处在时空和因果链中的存在，而是一种现象学的存在，是在显现、所予过程中表现自己的存在的，而不是以自然方式、自在地、僵尸式地存在的，质言之，是在体验中存在的，因此在特定的意义上，也可以说就是体验、体验流。"意识"的第六种用法是今日英美心灵哲学常见的一种用法。即用"意识"指人的生动的非理性的经验或"感受性质"（qualia）。这里的"意识"有点类似于现象学所说的"意识"，因此人们常说"现象意识"、"现象学意识"。但这里所说的"意识"与胡塞尔所说的"意识"又有很大的不同，这主要表现在范围各不相同。前者指的只是在感觉、知觉、情感体验等非命题态度中所贯穿的经验。①

　　既然"意识"一词有如此复杂的用法和所指，因此在讨论它与意向性的关系时就要格外小心。不过，西方哲学家由于都受过良好的分析哲学训练，因此在使用有关概念时是十分严谨的。一般来说，在意向性研究中，人们谈论得较多的是第一种意义的意识即"觉知"或"晓得"或"意识到"与意向性的关系。在具体的领域中，则谈其他形式的意识与意向性的关系，如胡塞尔和查默斯所说的那两种意识与意向性的关系，即要么讨论意向性与现象学意识的关系，要么讨论意向性与质的经验的关系。有现象学渊源的哲学

----

① N. Block, "Consciousness", in S. Cuttenplan（ed.）, *A Companion to the Philosophy of Mind*, Oxford: Blackwell, 1995, pp. 210 – 211.

家看重第一种关系，分析传统的哲学家则关注第二种关系。

在揭示意识与意向性两者的关系时，不外这样几种观点：一是可分离论（separatism）。它又叫对立论。它认为，意向性与意识分别是心理现象的两种根本不同的、互不关联、互不依赖的特征。这里的意识显然是指意识经验或感受性质。换言之，它们分别是两类不同心理现象的独特标志，因此也可看作是划分标准，例如如果一种心理现象具有意向性，就可认为它是意向状态或命题态度：如果它有现象意识特征，即是感觉经验。当然也有个别特殊的心理现象同时具有两个特征。即使在这种现象中，两个特殊仍是互不相干的。既然两者有本体论上的独立性，因此不能根据一个解释、说明另一个，质言之，两者在解释上也是独立的。要予研究，就不能采取偷懒的方式，而应各个击破，分别对之作出独立的、专门的研究。

二是不可分离论。这里的不可分离，既指意向性与现象意识不可分离，又指它与觉知不可分离。就前者来说，泰伊（T. Tye）和皮科克等人强调：意识与意向内容不可分离，正是有这一特点，意识才能为我们所理解。为什么是这样呢？因为意向内容的形式不是单一的，即不止概念的或命题的内容这一种，除此之外还有非概念的内容，其特点是没有明确的概念表达，甚至难以名状，但都可以借经验或意识确切地知道其状况、"滋味"和特点，相应的，也可以把它看作意向性或表征的一种形式，即经验性的、体现在人的感觉、知觉、体验中的意向性。从根源和重要性来说，它不同于概念内容，但比后者更根本。同时，如果承认有这种内容，那么便为更好地说明意识提供了条件。根据这种观点，意识之所以为意识，一种有意识状态之所以有别于别的有意识状态，是因为它具有专属于某种感知觉的内容。

在上述思想的基础上，霍根、廷森和西沃特（C. Siewert）等人明确提出了不可分离论（inseparability thesis），认为经验的现象特征不可能与意向性相分离，有某种现象特征就一定有某种形式的意向性。他们之所以赞成不可分离论，除了对两者关系有自己特殊的看法之外，还有一个重要的原因，那就是他们对意向性的理解比较宽松，即认为意向性既有概念性的，也有非概念性的。现象性意识可能没有概念性意向性，但可有非概念性意向性。

现在多数人持意向性与觉知意义上的意识的不可分离论。它认为，两者是统一的，有一个必有另一个，至少人的本原的意向性是如此。例如当一个人想到、意指某一对象，一定同时包含着有对它的意识。

与此相关的一个有关的观点是：意向性与注意密不可分。这里的注意有点类似于上面所说的觉知。根据这种观点，任何心理状态要发挥它的意向作用，即要有其意向性，那是离不开注意的，因为只有去注意，才有对对象的指向。这里有困难在于：大脑中是否存在着专门或单独的注意系统。有的人作了否定的回答，因为在注意时，整个大脑系统都可能起作用。有的人予以肯定。不仅如此，还有人试图建立起"注意网络"。借助无创伤脑成像技术（如正电子发射断层扫描术 PET 和功能磁共振成像术 FMRI），人们可以观察到：在人完成不同注意任务时，大脑内有关区域有血流的变化，其功能和解剖定位也是不一样的。由此可以得出结论说：注意起作用时，有关的解剖结构发挥了作用，它们既不是某一脑区，也不是整个脑区，而表现为动态组合的脑区。因此可据以建立关于注意的网络。波斯纳（M. I. Posner）认为，这一网络由三个子系统构成。一是前注意系统。这一系统涉及的区域是：额叶皮层、前扣带回和基底神经节。二是后注意系统。它包括上顶皮层、丘脑枕核和上丘。三是警觉系统。它涉及的区域是大脑右侧额叶，其作用与这区域的蓝斑去甲肾上腺素向皮层的输入有关。①

不可分离论中有这样的极端理论，即强调意识比意向性更根本，这一理论可称作意识中心论。意识中心论又可称作意识基础论。由著名哲学家塞尔等人所倡导。其基本观点是：意识和意向性

①　M. I. Posner, "Attention, the Mechanism of Consciousness", *Proc. National Acad of Sciences*, U. S. A., 1994, 91（16）: 7398-7402.

都是心理现象的两个重要特征，两者不是相互分离、互不相干的，而是相互依赖的。但两者的地位和作用又不可同日而语。因为意识比意向性更根本。从时间上说，意识先于意向性，从作用上说，意识优于意向性，前者是后者的基础，后者是前者的产物。我们先来看塞尔的论证。

塞尔明确站在表征主义的对立面，强调必须把解释关系颠倒过来，即应根据意识来解释意向性，因为意识先于意向性，比意向性更根本，因此是解释意向性的最好根据。从起源和存在上说，意识是由人脑这一生物系统最先产生出来的心理现象，同时又贯穿于各种心理生活和心理形式之中，甚至是主观性、意向性、合理性、心智因果关系的基础和根源。他承认：主观性、意向性、合理性、自由意识和心智因果关系等是心灵的特征，但它们都依赖于意识。例如就意向性而言，他说："不参照意识而企图描述和说明意向性是一深刻的错误。"① 任何意向状态要么现实地，要么潜在地是一种有意识的意向状态。

就当前备受关注的人工智能来说，机器人尽管在许多方面的表现远胜于人类，但严格说来，它们并没有真正的智能。这是塞尔的著名的"中文屋论证"的基本结论。因为正如一个不懂中文的人可以借助他本来不懂的工具书完成将一串中文符号向另一串中文符合的转换，在这种情况下，无疑不能说他懂中文，同理，机器做了人脑该做的工作，即使做得比人快得多、好得多，但也不能说它们有人类的智能。因为句法转换并不是计算，不是智能的表现。因此计算机既不是人类那样的语义机，甚至连句法机也不是。因为所谓的句法转换是我们人类为描述和解释的需要而强加给它的。机器人为什么没有智能呢？根源在于它没有原始的意向性，充其量只有派生的意向性。而这种派生又是根源于人的解释，不是派生于它自己。为什么计算机不能成为语义机？为什么没有意向性呢？根源在

① ［美］塞尔：《心、脑与科学》，杨音莱译，上海译文出版社1991年版，第46—47页。

于它没有真正的通过生物进化而获得的意识。由于意识是生物学现象，是生物生命史的产物，因此计算机不可能得到它，由此所决定，它也就不可能有真正的意向性。

弗拉纳根（O. Flanagan）1992 年提出了一种奇特的理论，即"意识必要论"（consciousness essentialism）。它认为，现象意识对于各种意向性形式不仅是充分的，而且也是必要的。这种观点要站立起来，最大的理智障碍就是弗洛伊德的无意识理论。根据这一理论，心理王国除了思维、有意识的经验之外，还客观存在着无意识的心理现象。后一种心理现象尽管没为人意识到，但仍有其意向性。如果是这样，即使没有被意识到，一种心理状态仍可有其意向性。为什么是这样呢？他无法回答。

塞尔深知这一问题困难，但还是作了自己的解答。他首先强调：必须认识到不同形式的意向性及其本质特征。如前所述，有两种意向性，而两种意向性之所以根本不同，就在于内在意向性是以意识为基础的，或者说，一种心理状态之所以有意向性，是因为它是有意识的。而派生意向性之所以是派生的，是由于我们解释者对某物作了相应的解释，它才仿佛有意向性，因此这种意向性是我们人加上去的，从本质上说，仍根源于人的意识。现在的问题在于：塞尔也承认了无意识心理现象的存在，加之他也不否认这种心理也有意向性，因此它们的意向性如何可能呢？他的回答简单而明确：无意识心理状态之所以有意向性，是因为它同时具有潜在的意识。有意识心理状态之所以有意向性，理由当然更清楚，那是因为它有现象的主观的特征，正是这些方面决定了心理状态对有关对象的指向性。[①]

显然，塞尔并没有令人信服地回答：怎样说明潜在的有意识，其必要条件是什么？为什么无意识状态的意向性需要进一步说明，而有意识状态则不需要说明？路德维格（K. Ludwig）提出了另一

----

① J. Searle, "Consciousness, Explanatory Inversion, and Cognitive Science", *Behavioral and Brain Science*, 1990（13）：585－642.

种解答。他认为，要说明一种特定无意识状态是谁的心理状态，弄清它为什么有意向性，关键是搞清楚：这种状态有没有一种产生有意识心理这样的倾向。如果没有这种倾向，那么这过程就不是他的。这也就是说，这些状态不是心理状态。质言之，心灵要具有统一性，意识是必不可少的，没有意识，就没有心灵。同样没有意识也就没有意向性。①

　　莱勒（K. Lehrer）表达了与塞尔大致相同的看法，他说："在当代心灵哲学中，人类心灵的最显著也最令人困惑的东西有两个方面，一是意向性，二是意识。"② 而这两个特征又是相互关联的，当然地位是不对称的。因为意识是意向性的基础，意向性是意识的产物。以对符号的指示意义为例。他说："我们对（符号）含义的理解是意识的结果。当我们感觉或思维时，我们便会意识到心灵的种种作用。我们对这些作用的意识便产生了我们关于感觉或思想的概念，进而相信它们是存在的。基于意识的这种作用，感觉或思想便显示了自身，因为它自动地引起了关于自身存在的概念和信念。……结果，我们获得了对这种指示关系的理解。这种关系自然不局限于心理活动与外在性质及对象的关系，因为符号、感觉也能指示别的东西。我们对指示的理解进而对意向性的理解都是意识的一种产物。"③

　　在这里，指示关系极为重要。动物也有感觉、思维，也能发信号，并能理解信号所指的东西，但它们没有关于指示关系的概念，没有对指示的理解。它们没有关于思维的思维。这又是根源于它们没有相应的意识。因为"意识在本质上是一种元机能"④。可见，在他那里，对指示关系的理解极为重要，因为这是人区别于动物的

----

① K. Ludwig, "On Explaining Why Things Look the Way They Do", in K. Akins (ed.), *Perception*, Oxford: Oxford University Press, 1996.

② K. Lehrer, "Metamind", in R. Bogdan (ed.), *Belief: Form, Content and Function*, Oxford: Clarendon Press, 1986, p. 52.

③ Ibid..

④ Ibid., p. 53.

根本之所在。动物有信号及指示，但不能理解两者的关系，因此不能决定让它指示什么。这便使动物在语义上是刻板的。而人不同，他们让心灵发挥自己的作用，并改变符号的所指，赋予符号以任何意义。因此人在语义上是富有弹性的。之所以如此，又是因为人有对指示及其关系的理解，这些理解又离不开意识的作用。他说："我们的独特性不在于我们的有意向性的心灵及其作用，而在于：我们有能力利用和创造意向性，利用和创造指称，而这又是因为我们理解了指示。意识是这种理解的必要条件。"① 他还说："正是意识使我们认识我们的心理活动，从而使创造共同的属性和共性（即一般语词的意义）成为可能。"② "正是意识让我们获得了关于心灵的意向作用的直接知识。"③

应注意的是，莱勒如此突出意识的作用，又没有由此而背离自然主义。因为他同时强调：我们能思考我们之外的东西，而且我们能做到这一点靠的完全是我们进入了我们自己之内的物理过程。我们知道这个根本的事实，靠的又是我们对我们思想的指向性的意识。正是在意识中，我们有了我们自己与"外部"世界之间的神秘的联系。而意识又不过是发生在我们身上的东西，当然它也是超越自身而进到时空世界的关键。

第七节　意向性建模的可能性根据探讨

在否定 AI 研究现今所创造的 AI 是真正的智能、否定 AI 研究能达到预期目标的人中，有这样一种观点，它认为，之所以如此，是因为人的智能是不能被形式化的，是非算法的，至少有一部分是如此，如彭罗斯就坚持这一观点。还有人认为，作为智慧之根本特点的意向性是抵制编程的。既然如此，所造出的 AI 就不可能有智

----

① K. Lehrer, "Metamind", in R. Bogdan (ed.), *Belief: Form, Content and Function*, Oxford: Clarendon Press, 1986, p. 53.

② Ibid., p. 55.

③ Ibid., p. 57.

慧，而没有智慧当然算不上智能。冈德森（R. Gunderson）也是一个有独立思想的学者。他通过设计一些思想实验，对流行的符号加工和联结主义方案作了严肃的反思，对 AI 的发展方向作了新的探讨。在这些探讨中，他提出了一些与塞尔的思想有某些相似之处的观点，例如承认：有无意向性是人类智能与 AI 区分的根本标志。但他没有由此走向悲观主义，而强调 AI 模拟意向性是有其可能性的，今后的任务就是探讨怎样让 AI 表现出真正的意向性或语义性。但怎样完成这一任务呢？

　　冈德森认为，要解决上述问题，必须首先解决这样一个瓶颈问题，即如何让有意向性的状态同时有意识。他说："意识不管怎样难以描述，但它确实有效地存在于我们一般的意向活动之中。我这里要说的是：它存在于大脑之中，作为意义的唯一的裁决者而起作用，这是因为它存在着，在决定我们所说和所做的结果是什么的过程中起着至关重要的作用。"① 已有的 AI 之所以没有真正的意向性，是因为它们没有意识。例如有一种联结主义模型 MUSAI，已表现出了派生的意向性。但它们没有真正的意向性，其原因在于：它们在关于它们的对象时，没有意识的作用参与进来。我们人类的意向性之所以是真正的、原始的意向性，这主要是因为有意识在场，因此人"有原始的或内在的意向性"②。例如人的谈话、写作都是意向行为，也可以说是意义活动。说者、作者要实现自己的这些意向活动，必须让意识发挥作用，否则就不会有意向活动发生。意识的作用具体表现在：首先，在开始说或写作时，须有对听者、读者的评估与判断；其次，要有说或写某事情的需要、愿望和意图；最后，要知道何时开始说、从什么地方说为妥。要让有意向的状态同时有意识的特点，关键是要研究意识是怎样出现在人类身上的，其作用的机制、条件是什么。而要解决这些问题，必须研究人

----

① R. Gunderson, "Consciousness and Intentionality", in C. Anderson et al. (eds.), *Propositional Attitudes*, Stanford, CA: CSLI Publications, 1990, p. 285.

② Ibid., p. 313.

类进化的历史，研究大自然为人类塑造意识所用的方法和所经历的
过程。

接着，冈德森强调：在让人工智能模拟人的意向性的过程中，
还要思考：意向性能否按通行的编程的、形式化的方法来模拟。他
认为，要理解意识在意向活动中的作用，理解意向性的种类、范围
和本质，弄清人工智能、计算机计算的本质和限度，有必要先来研
究疼痛。因为他认识到：意向性有原始的和派生的之别，而疼痛则
没有这种区别，只有疼痛与疼痛报告（行为）的区别。尽管如此，
"弄清为什么是这样，会有助于认识我们意向现象的范围……因为
适用于疼痛的东西也一定适用于一般的意向现象"①。例如疼痛有
抵制编程的特点，这对理解意向性的本质极其重要。

主张人工智能系统没有感觉、没有情绪，不是冈德森的首创。
德雷福斯（S. Dreyfus）和豪格兰德（J. Haugeland）等早就作了否
定的回答。他们认为，思想和感觉、理解与情感是根本不同的东
西。冈德森在此基础上进一步指出："我自己对我们生命的这些广
泛而不够认知的方面的兴趣是来自于这样的信念，即相信：它们可
能是我们是什么这一问题的组成部分，显然与认知是相互作用的，
最终需要用关于认知的可行理论来加以说明。"② 这里的"不够认
知的方面"，就是"抵制编程的方面"。所谓抵制编程，就是它们
不是程序性的，不是符号或形式性的，它是以非形式、非认知的方
式发生和进行的。要予模拟，必须另辟蹊径。他说："对于非意向
的心理方面而言，没有可比的东西让人们去从事强人工智能的探
索。因为不存在独立的派生的疼痛个例，因此事实上没有这样的材
料能让人们通过接受加工和产生程序的形式去从事疼痛的模拟
工作。"③

既然它们抵制编程，因此就必须另辟蹊径，即用非编程的方式

----

① R. Gunderson, "Consciousness and Intentionality", in C. Anderson et al. (eds.),
Propositional Attitudes, Stanford, CA: CSLI Publications, 1990, p. 287.

② Ibid., p. 317.

③ Ibid., p. 323.

去模拟人类的意识和意向性。而要如此，又必须否定丹尼特的工具主义，坚持意向性实在论，即承认有原始的真实的意向性。冈德森认为，丹尼特对原始意向性的否定一定隐含着某种误解，这主要表现在他对"派生的"的理解有歧义性，或作了模棱两可的使用。例如当他讲我们的意向性来自于自然之母的选择时，这里所说的"派生"指的是"被引起"。人的意向性不能自发产生，总是被什么引起的，这种有"引起"作用的东西常常是基因。但是这种广义的"被引起"并不能等同于"派生"或"来自于"。比如说"烟意味着火"，这里有"派生的"意向性，这种"派生"指的是"借用"意义，而没有"被引起"的意义。计算机的意向性也是如此，它是"派生的"，这样说指的是：它来自于我们的解释。说它能思维，并不是说它真的能思维，而只是说好像能思维，简言之，这样说有隐喻的、拟人化的意义。冈德森说："正是行为的近端原因上的这种差异首先促使人们把原始或内在意向性与派生的意向性区别开来。"① 更明确地说，派生的意向性是观察者归之于某对象的意向性，因此它有相对于观察者的特点。例如恒温器、计算机的意向性都属于这一类型，话语、句子等如果说有意向性也是如此。但强调它们只有派生的意向性，不同于人的意向性，并不等于说派生的意向性是一种简单的现象，恰恰相反，它同样是"极其壮观的东西"②。

要用非编程的方式模拟人类的智能，还必须坚持关于意义的理性主义和非自然主义，承认意向性、意义、意识有不能还原为自然实在的一面。他说："如果我们要辩护在原始的（内在的）意向性中所作的区分，我们就必须对意义理性主义的全部学说作出辩护，包括对不可错的优越通道、作为'所与'的意向性以及反自然主义等作出辩护。"③ 这里，最重要的是弄清"优越通道"的本质与

----

① R. Gunderson, "Consciousness and Intentionality", in C. Anderson et al. (eds.), *Propositional Attitudes*, Stanford, CA: CSLI Publications, 1990, p. 299.

② Ibid., p. 300.

③ Ibid., p. 301.

机理，因为包含着人类意识的首要的秘密。在他看来，人类的有意向性的心理状态的特点，就是有为其主体直接接近的途径，即有优越的通道。很显然，优越的通道就是意识的前提，因为人正是由于有通向各种意向状态的优越通道，因此才能获得关于它们的过程、性质和特点的直接的意识。他还认为，承认这一点，就意味着承认两种通道（即一个是关于自己内心世界的，一个是关于他心的）的不对称性。在他看来，不对称性是客观存在的事实，因为我们每个人对我们自己的心理状态在认识上、在把握的过程中具有直接性，对他心，只能间接地加以认识。①

"优越通道"与原始的意向性之间有何联系呢？他的回答是："我们意识到的东西几乎总是我们对之有优越通道去接近的东西。就像意识隐藏在任何类型的意向性作用之中一样，优越的通道有时也是如此。"② 明白了这些道理，智能的非编程式模拟就有了前进的一个方向，即研究"优越通道"成立的条件和起作用的机制、原理，然后从工程学上探讨如何让人工智能也有自己的"优越通道"。一旦解决了这类问题，就可能让原先只有派生意向性的人工智能也有内在的意向性。因此意向性的建构不仅有理论上的可能性，而且有工程上的现实性。

坚持意向性建模的乐观主义、反对悲观主义，仍是这一领域的主要倾向。即使是像彭罗斯这样极力主张意向性和意识具有非算法特点的思想家也没有由此而倒向悲观主义。在彭罗斯看来，在现有的条件下，的确没法用形式化方法去模拟非算法现象，但这不等于在将来也找不到别的方法。其实，已有迹象表明：量子计算及计算机就很有前途，也许可诉诸得到充分发展的这一技术来实现我们的愿望。

福多的乐观主义更明朗和更坚定，其底气来自于这样的认识：

----

① R. Gunderson, "Consciousness and Intentionality", in C. Anderson et al. (eds.), *Propositional Attitudes*, Stanford, CA: CSLI Publications, 1990, p. 302.

② Ibid., p. 303.

意向性就是心理表征，他说："我们早就说过，认知学家的假说就在于主张：心理因果性是由信息加工决定的，尤其是由对表征的计算决定的。这也等于说，当我们进入有意识的状态，就它们是因果的而言，它们也是意向的（即表征的）状态。"① 而"心理表征完全就是模块"。既然是模块，就有建模和模拟的可能性。所谓模块就是有特定信息封装和特定功能的子系统。在福多看来，一系统成为模块的条件是：它有特定的作用范围，如只对有限的输入作出反应，其操作就是执行命令，它在信息利用上是分隔的，即操作不受来自于别的信息层次的反馈的影响。② 当然，福多并不认为一切认知系统都是模块，只承认感知等系统是模块。现在有很多哲学家把这一观点加以推广，认为推理、语言能力、概念获得、范畴化、他心、特定范围的表征都是模块。

从发生学上说，模块是进化的产物，或者说进化设计了许多准独立的模块。这些模块被设计要履行与特定的条件有关的任务。如果可以把意识和把意向性也看作是由进化所设计的模块，那么只要弄清了这些模块的结构以及所表现出的功能，那么就可通过功能模拟让人工系统也表现出意识和意向性。

在解密和模拟人的意向性的过程中，完全可以花一定的力量来研究简单事物所表现出来的意向性，因为解剖猴脑也可成为解剖人脑的钥匙。试以温度自动启闭装置为例。它内装有双金属片 C，C 像温度计一样，携带着关于房间温度的信息。温度变化到一定程度，它就开启。它作为开关起作用，这是它的因果属性。而此属性又是与信息属性密切相关的。例如由温度自动启闭装置控制的火炉被点着了，是因为电子点火开关被打开了，而后者又根源于双金属片的特定弯曲，此弯曲又是由它所携带的信息决定的，如房间温度降至15℃，双金属片便变弯曲，从而形成它的因果作用。这一过

----

①　J. Fodor, *The Modularity of Mind*, Cambridge, MA: MIT Press, 1983, p. 62.

②　Ibid..

程描述如图 10—1 所示。①

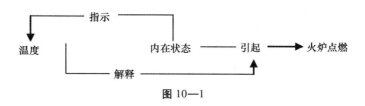

图 10—1

可以肯定，这种装置有一程度上的意向性，因为要予解释，必须述及 C 的语义属性，即 C 所携带关于环境的信息。再如一张面额 20 元的钞票，它之所以有 20 元的购买力，一方面是因为它有这样的内在属性，即成为 20 元钞票随附于其上的纸的物理或形式结构属性。另一方面是由它的关于性所决定的。纸币能买多少东西，是由它的"关于性"这样的关系属性决定的，只有当它关联于 20 元的购买力时，才能买 20 元的东西。这两个例子都说明：人脑以外的事物也可有关联他物的关于性或简单的意向性，而且这种关于性、"语义性"还有特定的因果作用，如纸币的关于性内容不同，其购买力（因果力）就不一样。

当然，我们必须同时认识到，人的意向状态无疑又有自己的特殊性，这主要表现在：第一，温控开关的关于性是无意识的，而人的意向性是有意识的，既是有意地指向，又在指向中能清楚地意识到、觉知到自己的指向。第二，人的意向性是有目的的，而纸币的关于性无此特点。第三，人的意向性是自主的、主动的，并可随时随地作出调整、变化，不是必然如此，如按外在的必然性要意指 A，但人却可以偏不这样，它既可指 B，也可什么也不指。而温控开关等的关于性尽管是自动的，但完全是按程序行事的，是被迫的、不得已的、必然的，除非发生了故障，否则不会有别的可能的关于性。

笔者认为，要建模意向性，还要注意到，意向性的形式是多种

----

① D. Dretske, *Explaining Behavior*, Cambridge, MA: MIT Press, 1988, p. 84.

多样的。因为意向性作为一种关系性属性或现象是一种存在于广泛范围的现象，不仅表现于人身上，还可表现于低等生命之中。这已成了当今意向性研究的一个共识，例如许多人经常讨论海底细菌的意向性。这大概可看作是今日的意向性理论不同于前现代意向性理论的一个特点。不仅如此，在特定意义上，还可说无机物有意向性，例如当一物被另一物撞击了，它的反应、它的刺激感应性就可看作是一种意向性。当然，这在严格的意义上只能被看作是意向性的萌芽或潜在形式。既然意向性的范围极广，形式极多，而建模意向性又是一项具体的、对可操作性要求较高、对目标和对象的明确性有苛刻规定的工作，因此要予建模，就必须对它的形式和类别有足够的认识。

意向性像其他现象一样也可根据不同的标准来进行分类。从层次上说，有低级的意向性和高级的意向性之别。从意向性的载体来说，有心理状态的意向性、语言符号的意向性之别。从根源上说，有派生的、解释性或描述的意向性与原始固有的意向性之别。原始固有的意向性主要指人的有意识心理状态所表现出来的意向性，它的关联活动是靠人自身完成的，它的意向性根源于其内的结构及功能。这是目前讨论得较多的一种形式，当然也是 AI 研究要予关注的意向性。前者是根源于人的解释而被赋予的意向性，如计算机计算出来的结果本身并不关于什么，语言符号本身也是如此，它们指向什么，有何意义，完全是由人授予的。从意向对象上说，有指向外部真实对象的意向性、指向不存在或非存在（如人所想到的独角兽等）的意向性以及以意向性本身为对象的元意向性之别。最后的这种意向性也是人所特有的，也应是 AI 研究要予以关注的。从与意识的关系来说，有非意识的意向性和有意识的意向性。前者的例子有：无意识的欲望肯定有意向对象，但未被意识到，后者主要体现在人的清醒的心智活动之中。

AI 研究要建模人的固有的意向性，必须探讨意向性的结构和特征。从共时态结构来说，意向性是由意向对象、意向主体（多种内在要素所组成的有动态中心的系统或模块）和意向活动所组成的统一体。从历时性结构来说，人的意向性是从简单的刺激感应性经进化演变而来的高级智慧特性。就人的固有意向性来说，至少有这样一些特征或标志：一是有目的性，二是有主动性、自主性，三是有觉知性，即主体的意指活动是有意识地进行的（这当然是有意识的意向性才有的特征），四是能自表征，即能形成关于意向性的意向性，五是有注意活动的参与，六是有把意向主体与超越的外在对象关联起来、使两者发生关系的资源、概念结构和能力。

第十一章

意向性建模的尝试性探讨

如前所述，意向性是人类心理现象中最复杂、最难把握的一种现象。胡塞尔说："意向性是在严格意义上说明意识特性的东西"，"最终在自身内包含着一切体验"，① 所有重大哲学难题的解决都有赖于意向性的揭秘。塞尔说："全部哲学运动都是环绕着意向性而展开的。"② 正是由于其难解，因此长期以来尚无关于它的理论模型。而哲学、心理学对于其他心理现象包括比较困难的意识、注意等都还有许许多多的模型，这也从特定的方面说明了意向性的上述特点。然而，AI 研究要回应塞尔等人的挑战，真正让 AI 表现出意向性特征，又不得不为其建立模型。为了适应这一要求，直到最近才有一些尝试性的理论探讨，至少许多人开始了对意向性本身的理论解剖和建构，以为进一步建模作理论上的铺垫。这种转向的发生，主要得益于两种力量的推动。一种是来自方法论上的考虑。一般而言，要研究复杂对象，一般要借助模型方法，为其建构模型，以便揭示其主要的构成要素、结构和机制，把握其实质和主要特征，就像要建立三峡大坝，首先要为其建构模型一样。AI 研究要模拟智能的这一最根本的特性当然也不例外。第二种力量来自"自主体研究"的"回归"。回归这一概念是史忠植提出的，恰到

---

① ［德］胡塞尔：《纯粹现象学通论》，李幼蒸译，商务印书馆 1985 年版，第210—213 页。

② J. Searle, *Intentionality: An Essays in the Philosophy of Mind*, Cambridge: Cambridge University Press, 1983, vii.

好处地概括了当前 AI 研究的走向及特点。他说："自主体概念的回归不单单是因为人们认识到应该把人工智能各个领域的研究成果集成为一个具有智能行为概念的'人'，更重要的原因是人们认识到了人类智能的本质是一种社会性智能……构成社会的基本构件'人'的对应物'自主体'理所当然地成为人工智能研究的基本对象，而社会的对应物'多自主体系统'也成为人工智能研究的基本对象。"① 众所周知，自主体成了当前 AI 研究的主要内容和焦点问题，甚至是人工智能研究的最初和最终目标。罗思（B. Hayes-Roth）说："人工智能是计算机科学的一个分支，它的目标是构造能表现出一定智能行为的自主体。""智能的计算机自主体既是人工智能的最初目标，又是人工智能的最终目标。"② 这里说"回归"，的确意味深长。因为 AI 研究作为一门学科创立之初就是从人这一智能自主体开始的，但后来在它的具体行进过程中，由于这样那样的原因，它忘却了自己要模拟的真实原型，而遨游于带有更多想象色彩的虚幻智能世界。当彭罗斯、塞尔等人的警钟伴随着 AI 研究的许许多多的"事与愿违"而敲响时，人们似乎恍然大悟：我们离真实的智能自主体走得太远了。因此回归势在必然，并已成了 AI 研究最引人注目的现实呼唤。

从哲学上说，对自主体概念的回归在很大程度上是对民间心理学及其哲学研究的回归。民间心理学又称常识心理学、意向心理学。它是科学心理学的出发点和批判反思的对象。由于这种心理学知识为每个人持有，故称常识心理学。由于它主要是诉诸信念（believe）、愿望（desire）、目标（goal）、意图（intention）等意向状态来解释和预言行为，故称意向心理学。信念之类的状态之所以被称作意向状态，是因为它的根本特征是意向性，即有对外在事态的关于性、意指性。而它们之所以有这样的意向性及其自主性特

① 史忠植、王文杰：《人工智能》，国防工业出版社 2007 年版，第 11—12 页。
② B. Hayer-Roth, "Agents on Stage", in *Proceedings of IJCAI - 95*, Montreal, Canards, 1995.

点，又是因为它们后面有一个自主体。由于自主体具有如此的根本性，因此一直是心灵哲学家、认知科学哲学反思批判的对象。从AI对自主体的实际研究来看，许多人认识到，建立关于自主体的模型，就是建立关于信念等意向状态的 BDI 模型（详后），而这又是真正让智能自主体成为名副其实的自主体的前提条件。史忠植说："当前人们侧重研究信念、愿望、意图的关系和形式化描述，建立自主体的 BDI 模型。"尽管还有其他模型，但几乎都无一例外地使用了民间心理学的意向习语，如信念、意图等。①

第一节　布拉特曼的意向性建模

史忠植在概括自主体建模的状况时指出："目前对自主体和多自主体系统的建模工作受 Bratman 的哲学的影响很大，几乎所有工作都以实现 Bratman 的哲学分析为目标。"② 既然如此，我们就从布拉特曼的意向性理论与建模开始说起。

布拉特曼（M. E. Bratman）是美国关心 AI 和认知科学的、颇有建树的哲学家，有关理论在 AI 研究中颇有影响。20 世纪 80 年代，他在斯坦福研究所工作，与同事一道承担了一个名为"理性自主系统"（rational agency）的研究项目，后又于 1987 年出版了他的研究成果《意向、计划和实践性推理》一书。该书系统表达了他关于意向性、自主体的基本看法，完整阐述了他关于信念—愿望—意向的模型。

一　出发点和思想根基

布拉特曼理论的出发点是计算主义，而基本立场是反计算主义。他指出：从刺激到行为输入的中间过程，绝不只是一个映射、纯形式的转换或理性计算的问题。因为它还涉及意向、计

----

① 史忠植：《智能主体及其应用》，科学出版社 2000 年版，第 12 页。
② 同上书，第 12—13 页。

划、信念等的作用。他说："根据这种概念，关于实践理性的理论绝不只是一种纯粹的关于理性计算的理论。确切地说，其他过程和习惯在理性系统中都起着重要的作用。"① 他的目的就是要建立关于这一中间过程的、没有遗漏的全面的理论，以便为 AI 的建模提供理论基础。他试图回答的问题是：当我们放弃计算主义时，当我们把指向未来的意向和计划及其作用当作引起进一步的实践推理的输入时，我们关于心灵和理性自主体的概念会有什么变化？为回答这类问题，1981—1985 年，他对自主体、行动、意图、信念、计划等作了大量研究，发表了大量论文，如《意图与目的——手段推理》、《严肃看待计划》、《意向的两个方面》、《戴维森的意向理论》等。

在解决上述问题的过程中，布拉特曼承认他受到了戴维森等著名哲学家的影响。他说："是戴维森唤起了我对行动理论的兴趣，后来，佩里（J. Perry）作为我在斯坦福的同事，多年来一直保持与我交流，从而大大发展了这些兴趣。"② 从实际效果来看，戴维森关于意向之类的心理事件与行动关系的理论的确在布拉特曼的思想中留下了深刻的印记。至少从形式上说是这样，因为戴维森的许多概念、范式和表述方式为他所借用。在借鉴戴维森等人的意向学说的基础上，布拉特曼从两方面作了自己的创发性研究。一是探讨了心灵哲学和行动哲学中涉及意向、意志、信念、行动等的哲学问题。他说："我的说明的优点之一就是有助于理清这样的关系，即心灵和行动哲学、合理性理论、道德哲学中的某些问题与那些很容易区分开来并逐一予以解决的问题之间的关系。另外，这种说明还有助于与心灵哲学中的这样的倾向进行论争，它特别强调：知觉和信念在理解心灵与智能中的作用，而无视意向和行动的核心作用。"二是为将这些理论成果转化为 AI 的应用研究作了大胆探索。

----

① M. E. Bratman, *Intentions*, *Plans*, *and Practical Reason*, Cambridge：Harvard University Press, 1987, p. 50.

② Ibid. , viii.

他强调：他分析的直接对象是人类这样的智能自主体，但又间接地
涉及类似于人的智能构造。在他看来，对人的分析有助于我们更好
理解其他的自主体，有助于建模这样的自主体。他说："通过对意
向的两面性的认识，我们便使自己更有条件把意想（intending）状
态当作我们关于智能构造的概念体系中的独特的核心的要素。"①
这也就是说，要想建造人工智能，首先得认识和模拟人类自主体中
的意向这样的功能状态。总之，为了理论和实践的目的，他提出和
详细阐发了他的意向理论。

二　关于意向的计划理论

　　布拉特曼特别重视计划在意向中的作用，因此他把他的意向理
论称作关于意向的"计划理论"。应注意的是，这一理论是在批判
安斯康伯（ E. Anscombe）和戈德曼（A. Goldman）等人的意向
理论的基础上建立起来的。在布拉特曼看来，这些理论的共同特点
是：（1）强调意向在行动中只具有方法论的优先性，不具有时间
上的优先性。即是说，不能像传统观点所主张的那样，先有意向，
然后有行动，而只能说：行动与意向可以同时做出来。因此对意向
的研究不应研究行动之前的意向状态，而应研究出现在行动中的意
向，或有意向的行动本身。（2）使行动有意向地做出来的东西就
是自主体所期望和所相信的东西。因此关于意向的理论可归结为关
于行动意向的信念—愿望理论。由于信念等有原因作用，因此应根
据自主体的信念—愿望来理解自主体所完成的意向行动。这里的信
念、愿望是广义的，如信念包括相信、知道、看法等，而愿望包括
意欲、有希望的判断、关注等。当然，安斯康伯等人不像戴维森那
样承认信念与行为之间有因果关系，而只承认信念愿望是理由。
（3）主张他们的上述思想可以推广到其他的自主体如非人动物、
机器人之上。（4）主张将指向未来的意向还原为适当的信念和

----

① M. E. Bratman, *Intentions*, *Plans*, *and Practical Reason*, Cambridge：Harvard University Press, 1987, p. 167.

愿望。

　　很显然，上述理论是 20 世纪 80 年代以前占主导地位的心灵哲学理论，曾得到了维特根斯坦等著名哲学家的支持。究其实质，不外是一种行为主义理论。布拉特曼认为，这四个论点都应被拒斥。他说："我们对意向的理解在一定意义上说就是对指向未来的意向的理解。"① 因为我们是有计划的生物。而指向未来的意向则是更大计划的组成部分。而上述四个论点 "不可能合理地说明我们是有计划的自主体这一观点"②。

　　布拉特曼特别强调：尽管他的意向理论也使用了信念—愿望等概念，但一定不能与功能主义的关于意向的信念愿望模型混淆起来。另外，尽管他强调意向有解释作用，但一定不能与基于意向的理由混淆起来，因为安斯康伯等人的理论否认意向有原因作用，只承认意向是理由，而布拉特曼像戴维森一样认为，意向状态有原因地位。为区别起见，他把他的理论称作关于意向的计划理论。它旨在说明：意向和意向行动的关系，说明它们是怎样相互关联的，说明在前的意向和计划怎样引导和调节审慎的思考。他认为，意向和计划的作用不是表现在为行动提供理由，而表现在：引导人们思考，为实践推理提供输入。他说："根据这一理论，我们身上的一个根本的事实是：我们是有计划的生物。我们经常制订关于将来的计划。这些计划有助于引导我们后来的行为，协调我们的活动，其引导的方式是不同于信念和愿望起作用的方式的。意向是这种协调的计划中的因素。就其本身来说，意向是独立的心理状态，而不能还原为信念和愿望的系列。"③可见，他的意向理论是一种意向实在论，属于广义的功能主义的阵营。

　　布拉特曼的出发点是常识或民间心理学。当然他也试图作出自己的超越。不过，他的超越不是质上的，而只是量上的。例如

----

　　① M. E. Bratman, *Intentions, Plans, and Practical Reason*, Cambridge: Harvard University Press, 1987, p. 7.

　　② Ibid., p. 9.

　　③ Ibid., p. 111.

他认为，常识心理学只是用意向概念描述我们的行动和我们的心理状态，而未从理论上说明它们之间究竟有什么关系，是怎样相关的。他的意向理论恰恰是要对这种关系作出理论的说明。他说："常识心理学在根据意向的某种根本概念划分出行动和心灵状态时，显然承认这里存在着某种重要的共同性。而我们的问题是：通过说明意向行动与行动的意欲之间的关系来说明这种共同性是什么。"①

在阐述意向等概念时，布拉特曼首先承认：它们是常识心理学构架，其核心内容就是把意向（intention，还可译为意想或意图）看作至关重要的东西。在日常生活中，人们既用意向描述行动，又用它描述人的心灵。更常见的是，用它解释、预言别人的行为，协调人际关系。他认为，它们尽管是常识概念，但不应像取消论者那样将它们抛弃。他之所以不愿抛弃它们，是因为："包含在我们的常识构架中的分类图式在我们的生活中起着某些重要的作用。"②从本体论地位说，"意向是独立的心灵状态"③。当然他又强调：在利用这些概念时，应作必要的分析和清理，尤其是要努力理解常识心理学用意向术语所描述的心灵与行动的一切方面，进而弄清其整体构架。他的这一追求是根源于这样的想法："我们的意向常识概念与计划、做计划等现象有不可分割的关联。……一种充分的意向理论应严肃地对待这些现象及其与意向的关系。"④

在常识心理学的概念框架中，意向的地位十分特殊，因此应特别关注。布拉特曼说："一般来说，意向是像我们这样的有限自主体的更大的、有偏向性的计划的构成要素。"⑤ 从关系上说，它有两副面孔，一面关联着意向行动，另一面关联着计划。从构成上

---

① M. E. Bratman, *Intentions, Plans, and Practical Reason*, Cambridge: Harvard University Press, 1987, p. 111.

② Ibid., p. 124.

③ Ibid..

④ Ibid., p. 2.

⑤ Ibid., p. 27.

说，意向有值得注意的三个要素：第一，它是控制行为的前态度；第二，它有惯性；第三，它可看作是进一步的实践推理中的输入。"这三个事实是挑战信念—愿望的描述方面的根据，而这个挑战又是促使我们把意向看作特殊的心理状态的动因。"① 从种类上说，有三种意向：一是慎思性意向，二是非慎思性意向，三是权谋（policy-based）意向，即临时性、应急性的意向，它介于前两种意向之间。如果从时间上分类，则可认为有指向未来的意向和指向现在的意向两种。前者的特点是：包含着一种对未来行动的承诺。这种承诺部分是这种意向在我们生活中实际所起的作用，部分是它应该起的作用。这也就是说，承诺有描述的和规范的两个方面。从作用上说，意向有两种解释作用，一是会引起进一步的目的—手段推论，如考虑怎样到达某一目的。二是引起由信念引导的活动。意向与实践推理、与能引起活动的信念及别的状态之间，存在着把它们关联起来的规则。因此要认识和模拟人的意向，必须研究这种规则。

所谓规则"指的是向着平衡的一种一般倾向"②。例如，如果一个人注意到了他的意向具有不现实性，他就可能作出调整，如果它与他的信念、愿望不一致，他就会设法使之一致。总之，意向不仅在合理性行为中有重要作用，而且在自主体的评估中也是如此。

他的意向理论的独特性不仅表现在把意向理解为独立的心理状态，而且还表现在试图根据计划来说明意向。正是因为有此特点，他才把他的理论称作关于意向的计划理论。

意向的计划理论中最关键的因素当然是计划。布拉特曼说："关键的事实是，我们是有计划的自主体"，而计划之类的现象与意向密不可分。③ 例如每时每刻，只要是清醒的，就要作计划，而要作计划，就要进行选择。要选择，就得想，就得权衡、分析，就

----

① M. E. Bratman, *Intentions*, *Plans*, *and Practical Reason*, Cambridge: Harvard University Press, 1987, p. 27.

② Ibid., p. 125.

③ Ibid., p. 2.

得谋划。当然有的计划复杂，有的简单，一下子就能做出来。总之，要理解我们是什么样的存在，就得理解我们人的这样的能作计划的特点。他说："作为有计划的自主体，我们有两种关键能力。一是我们有目的地行动的能力，二是有形成和执行计划的能力。"①由于同时有这两种能力，人才成了真正意义上的人，人才是理性自主体。其他非人事物不可能同时有这两个方面，至多只有一个方面。

从理论上说，计划不仅对人有不可或缺的作用，而且"对于意向理论来说，计划在我们生活中的作用也至关重要。尤其是，它们对于说明意向的本质、避免对指向未来的意向的怀疑主义，有重要的作用"②。他说："计划的不完全性和层级性与迟钝性结合在一起，使许多意向表现出混合的特性，如在某一时刻，一个新的意向或行动可能同时表现慎重和不慎重的特点。"③

什么是计划呢？从作用上说，计划是一种协调人际间的行为关系、协调我们自己的生活、有助于人们作出审慎的行为的内在过程。从构成上说，计划有作为抽象结构的计划和作为心理状态的计划。换言之，从语言上说，"计划"一词有两种用法，一是指抽象的结构，二是指一种心理状态。当然，布拉特曼更多的是在后一种意义上使用"计划"一词。他说："计划是与对行为的适当承诺有关的心理状态，例如我有对于 A 的计划，当且仅当我计划 A 对我是真的。"④ 从与意向的关系上说，"计划就是放大了意向。它们具有意向的这样一些属性，如阻止重新思考，在此意义上，它们具有迟钝性；它们是行为的控制器，而不只是潜在地影响行为；它们为进一步的实践推理和计划提供了关键的输入。但（相对于简单意向而言）由于它们极其复杂，因此有这样的属

---

① M. E. Bratman, *Intentions*, *Plans*, *and Practical Reason*, Cambridge: Harvard University Press, 1987, p. 2.

② Ibid., p. 3.

③ Ibid., p. 30.

④ Ibid., p. 29.

性，它们对于理解以推理为中心的承诺至关重要。尤其是，像我们人类这样的有限自主体所独有的计划还有两个特征。第一，我们的计划一般是不完善的，即允许后来补充、修改和完善，"第二，我们的计划一般有层级结构。如关于目的的计划包括关于手段和辅助性步骤的计划"①。

计划之所以有这样那样的作用，是因为计划有特殊的内在条件，即背景构架。他指出：计划要做出来，离不开相应的背景构架。这构架包括的因素有：在前的意向和计划，以及各种确信、认同，以及其他的态度等。计划要发挥协调行为、推进慎思对于行为的作用，还必须满足这样的条件：如"一致性约束"，即计划要协调行为应有内在的一致性。其次，计划的目的和手段应有相关性。布拉特曼说："这两个要求的满足对于计划成功履行其在协调和控制行为中的作用是必不可少的。"②

意向与信念也有密切的关系。在布拉特曼看来，信念不仅有不同的形式，还有不同相信程度的信念，如深信不疑、相信、较相信、半信半疑、不太相信等。一般来说，一个意向的出现，常常依赖的是程度较高或主观概率高的信念。当然在有的情况下，意向也可能与信念不一致，如对于深信的东西不一定有意向。

意向的计划理论的最后也是最重要的内容就是说明意向与意向行动的关系。该问题之所以重要，是因为：要使人工智能表现出意向行为，必须研究它的决定因素，研究它与意向的关系。在两者的关系问题上，通常有两种解释说明方式，一是信念—愿望模型。它认为，意向行为并不会涉及独立的意向状态，因为只存在信念和愿望之类的状态，意向性存在于它们之中，由它们分别表现出来，因此不存在独立的意向状态。第二种观点即简单的观点。它走向了另一极端，认为任意意向行为永远离不开如此行动的意向。它承认意

----

① M. E. Bratman, *Intentions, Plans, and Practical Reason*, Cambridge: Harvard University Press, 1987, p. 29.

② Ibid., p. 31.

向的独立性，认为，如果我有对 A 的意向，那么我一定意欲得到 A，在行动时的我的心理状态一定是这样的，即 A 属于我意欲的事物中的一个。在意向与行为的关系问题上，这种观点把意向看作是意向状态和意向行为中的共同因素，强调行为是由意向状态决定的。换言之，意向地做的事情与被意欲的东西之间存在着紧密的配合。

布拉特曼不赞成这两种观点。他尽管也承认：意向是独立的心理状态，行动的意向性依赖于它与意向状态的关系，但他拒绝简单的观点强加给它们之间的关系。他认为，即使对于意向的 A 来说，我一定想做某事，但我没有必要想到做 A。他说："我主张应放弃简单观点的假定，因为它简化了这里的关系。"在他看来，这里的关系十分复杂，行动之所以是意向的，只能说部分取决于它与意向的关系。他说："决定什么被意欲的因素与决定什么被意向地做出了的因素并不是完全重合的。"① 在意向地行事时，的确存在着我所意想的某东西，但这并不是我意向地做的事情。比如说，有这样的情况，我意向地做 A 事情，但我并没有对 A 的意欲，而只是想要 B。也就是说，意向与意向行为的关系极为复杂，是一种包含意向、愿望、信念和行为类型四种因素的四位关系。他的理论要说明的是：基于某种信念和愿望背景，什么类型的行为在执行某种意向的过程被意向地做出了。这种说明引出了意向的动机性潜能（motivational potential）概念。A 基于我的信念和愿望，存在于我对于 B 的意向的动机性潜能之中，仅仅是由于我在执行我对于 B 的意向的过程中有对于 A 的意向。如果我实际所想要的是 A，那么 A 就是我的意向的动机潜能。"但我没有必要假设：如果 A 在我的意向的动机潜能之中，那么我就一定会意欲 A。"② 例如在视频游戏中，我的意向包括射中目标 1，这是它的动机潜能。基于我的愿望和信念，我在执行我的意向的

---

① M. E. Bratman, *Intentions, Plans, and Practical Reason*, Cambridge: Harvard University Press, 1987, p. 119.

② Ibid., p. 120.

过程中可能意向地射中 1。尽管如此，我并不会下力气去射中 1。即使射中目标 1 存在于我的意向的动机潜能之中，但那并不是我想要的。我真正意欲的东西有这几种可能。例如我既想射中 1，又想射中 2。我还有可能只想射中其中的一个。还有这样的可能，如果我能射中 1，就射 1，如果能射中 2，就射 2。总之，我的意向就其动机潜能来说，可能包括射中目标 1，但在被意欲的东西中并不包括射中目标 1。

上述分析的确揭示了行为的复杂决定因素。其中最重要的当然是意向。他通过对意向的解剖，又发现了动机潜能在其中有关键作用。在他看来，意向想得到什么，就是根源于这种潜能。不仅如此，这种潜能还可能扩展，进到间接的意向之物之上。例如，尽管某人基于他的动机潜能所想要的是 B，但他又相信：追寻 B 的行为会产生 x，于是他便又会意向地产生 x。可见"动机潜能可由人的某些信念而被扩展"[1]。另外，确信对行为也是至关重要的。确信存在于在前的意向和计划的背景之中。这对我们理解意向发挥作用的内在过程和机制极有帮助，对于人工智能的实践研究也有启发。那就是要让意向发挥作用，还必须有相应的背景构架。而在这种构架中，必须有确信这样的资源。他还强调：对责任的意识其实是人的意向和计划的一个必要方面。尤其是在做出对他人、社会有利害关系的行为时，意向和计划中更少不了这种因素的作用。他说："对责任的关心促成了我们对行动的描述……一旦认识到意向的这两个方面，我们便使我们更有条件把意向状态当作我们关于智能构架的理论中的独特的和核心的方面。"[2] 这里所说的意向的两个方面即是意向的理论推论和道德评价的方面。至于意向性，他的看法是：意向性就是目的性，它反映的是行为的慎思的、合理的组织程度，当达到了意向性时，一个人就会通过完成一系列随意的行动而

[1]　M. E. Bratman, *Intentions, Plans, and Practical Reason*, Cambridge：Harvard University Press, 1987, p. 124.

[2]　Ibid., p. 167.

使计划或预期的结果出现。①

　　基于上述分析，布拉特曼提出了一个关于意向行为的"标准的三元组"。它是由三个因素所组成的集合体。它们分别是：（1）想做事；（2）所做出的事情；（3）意向地去做。从目的上说，这三个因素的目的是不完全相同的，如第一个因素的目标是被意欲的事情，第二个的目标是努力要取得的东西，第三个的目标是要意向地做的事情。他说："在典型的意向行动中，我们不仅有标准的三元组中的全部三要素，而且还有对它们的目标的匹配。"

　　布拉特曼自认为，他的意向理论是一种别具一格的理论，因为它追求对于心灵和行动的新的理解。从内容上说，它既不同于否定意向状态独立存在性的信念—愿望理论，又不同于否认信念、愿望、意向有原因作用的理由观，因为它把意向当作不同于信念、愿望的心理状态，强调把意向和行动看作是理解心灵与智能的最关键的方面，同时在根据计划说明意向的本质、构成与特点的基础上，论证了意向行为由多种因素共同促成的观点。

三　关于 BDI 模型的概念图式及其拓展

　　在上述理论分析的基础上，布拉特曼提出了自己关于意向性理论模型的概念框架。它是基于对人类自主体的解剖而建构起来的。他提出：人之所以是有真正的自主性、意向性的自主体，是因为他有理性，并能自主决定、驱动自己的行为。他的行为与信念、愿望以及两者所组成的计划有密切关系，但又不是直接由它们决定的。质言之，行为之所以产生，除了离不开上述因素之外，还依赖于意向。而意向以信念为基础，存在于愿望与计划之间。什么是意向呢？意向就是对承诺的选择。所谓承诺就是自主体决定要做的事情，一旦对要做的事情作了选择，就等于建立了一种

----

① M. E. Bratman, "Planning and Temptation", in L. Friedman et al. (eds.), *Mind and Morals*, Cambridge, MA: MIT Press, 1996. 转引自 G. Gillett et al., *Consciousness and Intentionality*, John Benjamins Publishing Co., 2001, p. 11。

有效的承诺。当然自主体承诺什么，不承诺什么，即确立什么意图是由理由决定的。这里的理由主要是自主体对环境的信念，亦即相信如此做既是环境允许的，又有利于自主体。自主体如何确定这种合理性呢？主要是从四方面加以评判的：一是看性能测度，即应做的、预期的行为能否使它的性能测度达到最大；二是看主体所感知的事情；三是主体对环境的知识；四是自主体可能做出的动作。如果自主体的意图有合理性，那么他就会将意图付诸行为。这就是关于意图—行为的准则。总之，人之所以能作出自主行为，是因为人能基于环境的知识修改内部状态，实现状态变迁，最终达到某种目的。这里有一个从认识变化到行为输出的因果作用过程。例如首先基于变化的认识形成了某种信念，由信念产生了相应的愿望，后者又导致了意图的产生，意图再导致了行为的产生。基于这样的看法，有关专家强调，这里首先要研究的是信念、愿望、意图三要素的关系，探讨如何将它们形式化、然后再来建立关于这三要素的原始模型。

布拉特曼也在自己的意向理论的基础上建立了关于意向的模型，即 BDI 模型或 BDI 自主体模型。这一模型的特点在于：通过简化、形式化，较清晰地揭示了人类自主体的结构。在他看来，这种结构是由信念、愿望、意图、计划、思考等因素构成的复杂动态系统，他将其称作 IRMA（Intelligent Resource-Bounded Machine Architecture），即以理智资源为基础的机器结构。后来，乔治夫等人开发出了"实践推理系统"，它被应用于空间飞行器反应控制系统的故障诊断和澳大利亚悉尼机场的航空管理系统之中，产生了较大的商业价值。

在 BDI 自主体中，基本的构成要素是信念、愿望和意向之类的数据结构和表示思考（确定应有什么意图、决定做什么）、手段—目的推理的函数。其中，意向的作用最大。因为意向一旦形成，行为便被确定了，剩下的事情就是一个演绎推理的问题。而有什么意向，则是由自主体当前的信念、愿望决定的，或者说，是由信念、愿望、意图三者的关系决定的。

　　从构成上说，自主体的状态是信念、愿望、意图的三元组（B、D、I）。从过程上说，自主体完成它的实践推理要经过七个阶段。如图 11—1 所示：

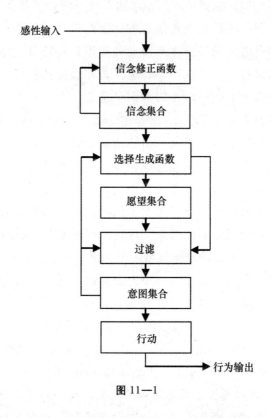

图 11—1

　　由图可知，第一步是自主体作出行为的决定。这决定一般与关于感官所提供的环境的信息有关，得到信息后，便会产生许多信念。第二步，自主体由于有信念修正函数，便能基于感性输入和已有信念，形成新的信念集合。第三步，自主体的选择生成函数则基于已有的信念，形成相应的愿望，即作出可能的选择，在此基础上，运用手段—目的推理过程，确定意图以及实现意图的过程和方法。而要这样，又必须进一步选择，这选择比意图更加具体。这是一个递归式的选择生成过程，通过它，更具体的意图得以形成，直至得到对应于能付诸行动的意图。第四步，通过选择机制，挑选出若干可能的行动方案。第五步，借助过滤函数即自主体的慎思功能，根据当前的信息、愿望和意图，确定新的意图，以便在多种可能行为中作出选择。第六步，分析当前自主体的意图集合。它们是自主体关注的焦点，是它承诺要实现的目标。第七步，借助行动选择函数，根据意图确定要付诸执行的行动。

四　简评

　　布拉特曼的 BDI 模型是今日有关领域讨论得最多的理论之一，在 AI 的理论建构和工程实践中享有重要地位，已成了许多工程实践的理论基础。但应看到，这一模型至少有两大问题。第一，它的理论基础是常识或民间心理学，而这种心理学在本质上是一种关于心理现象的错误的地形学、地貌学、结构论和动力学。不加批判地利用这种资源，将把 AI 的理论建构和工程实践引入歧途。第二，布拉特曼对戴维森意向理论的解读存在着误读的问题。而这又是他误用常识心理学的一个根源。在戴维森那里，所谓心理事件不过是我们用意向术语如"信念"等所描述的事件。对这同一个事件，我们还可以用物理术语来描述，如果是这样，它便成了一个物理事件。因此事件究竟是以心理事件还是以物理事件表现出来的，取决于我们用什么方式去描述和解释它。质言之，世界上本无心理的东西，我们说某某事件是心理的东西，完全是我们所作的一种"归属"、"投射"或"强加"。这是一种巧妙的取消主义，至少是心灵观上的反实在论。而布拉特曼并未看到这一点，以为戴维森所说的"信念"等有不同于物理语言的另一种指称。换言之，布拉特曼对信念等意向状态坚持的是实在论路线。

　　明白了戴维森的投射主义或反实在论实质，就不难理解他为什么承认心理事件有因果地位。尽管世界上本无意向性、信念之类的东西，但一旦我们用意向术语去予以描述和解释时，这些术语就不是空概念，它们所指的一定是某种事件。至于其内究竟是什么真实地引起了行为结果，那又是另一个问题。这也就是说，这些事件不一定有内涵的因果作用，但肯定有外延的因果作用。前者指的是原因通过内在的机理、作用过程真实地引起了结果的发生，而后者指的是因果关系的外在表现，例如喝水可以止渴。有前因就会伴随有后果。一般常人所知道的因果关系就是这种外延因果关系。拿心物事件来说，有某信念、愿望等在前的意向态度发生，就会有某行为跟随着发生。如想喝水，同时又相信面前的冰箱里有水，在相应的条件具备时，相信者就会有走向冰箱的行为发生。基于这些考虑，戴维森便把心理事件与物理事件可以互为因果作为他的异常一元论的第一个原则提了出来。这一原则表达了他对因果关系的一种新的较宽松的理解。在他看来，只要一事件伴随着另一事件发生了，并由之所引起，那么就应承认它们之间有因果关系。从解释上说，只要能对一事件"为什么"发生提供了"辩护"，能说明它的发生，即使两事件之间不存在涵盖它们的规律（当然符合普遍的原则），那么就应承认，这种解释是因果解释。他说："对于有足够预言力的规律的无知并不妨碍有效的因果解释，不然的话，就几乎不可能作出因果解释。"① 另外，他还认为，因果解释的形式多种多样，例如理由解释也是因果解释的一种形式。所谓理由解释就是诉诸信念之类的意向状态或前态度对行动的解释，可称作"合理化解释"。在许多论著中，他不遗余力地为"合理化解释是因果解释的一种形式"这一古老的观念作论证。②

第二节　责任能力与意向性模拟

豪格兰德（J. Haugeland）承认塞尔中文屋论证的合理性，承认AI 研究摆脱困境的一个出路是设法模拟人类智能所必备的意向性特征。当然他的表述十分特别。他强调：已有的认知科学、人工智能

---

① ［美］戴维森：《行动、理由与原因》，载高新民、储昭华主编《心灵哲学》，商务印书馆 2003 年版，第 975—976 页。

② 同上书，第 959 页。

之所以没有取得预期的成绩，没有造出真正的智能，连下棋机、定理发现和证明机器也是如此，是因为它们对人类心灵的认识尚有欠缺。他说："我们并没有真的理解人类的心灵，尤其是没有理解它的非常独特的探寻客观真理的能力（也许只有几千年的历史）。"要把握这种能力，首先要认识人类诚实允诺的能力。[①] 这里所说的寻求客观真理的能力其实就是人类的以意向性为基础的认知能力。因此他对 AI 研究的危机及其原因的诊断在本质上与塞尔的无异。

豪格兰德在论述意向性、语义性之建模时对程序语义学提出了有力的批判。他指出：程序语义学的最大问题是没能触及语义学的实质和核心问题。在他看来：语义学应是研究意义的学问，[②] 其中特别关注的是有意义的个例（状态、事件、过程……）之间的关系，或者说这些有意义的个例与它们有意义地"关于"的一切东西的关系。它有三个核心问题："（1）有意义个例中的语义关系怎样依赖于某些相关的结构性、形式化关系；（2）有意义个例的语义属性怎样由它们的非语义属性决定或限制；（3）在物质宇宙中，有意义存在是如何可能的。"[③] 而根据程序语义学对意义的定义，意义成了一种抽象的程序。其实，意义有自己的基础，有自己的复杂结构，由特定的要素所组成，本身可为理智系统把握。豪格兰德认为，程序语义学的最大问题是没有说明这种意义是从哪里来的，尤其是没有说明，我们的世界怎么可能有意义。即使它承认：意义依赖于解释，但仍有难以回答的问题。因为意义既然依赖于解释，那解释者的意义又是从哪里来的呢？豪格兰德说："计算器不可能意指任何东西，它之能意指任何东西，仅仅是因为我们把意义给予它了，这完全是由于我们的目的，完全依赖于我们自己状态和行为

----

① J. Haugeland, "Andy Clark on Cognition and Representation," in H. Clapin (ed.), *Philosophy of Mental Representation*, Oxford: Clarendon Press, 2002, pp. 35 – 36.

② J. Hangeland, "How Can a Symbol 'Mean' Something?" in Z. Pylyshyn et al. (eds.), *Meaning and Cognitive Structure*, New Jersey: Ablex Publishing Corporation, 1986, p. 86.

③ Ibid., p. 87.

的先在'有意义'。"① 总之，只有我们人才真正有意义。这是如何可能的呢？语义学的这一重大问题是程序语义学没有回答也没法回答的问题。既然这一基础性的理论问题没有搞清楚，那么将它应用到人工智能的研究中便只能是瞎折腾。

他还强调：要模拟意向性，建立关于意向性的模型，必须弄清意向性的必要条件，否则模拟就会迷失方向。在他看来，意向性所依赖的最重要的条件是责任能力，因此建模意向性最重要的工作是，必须设法模拟人的责任能力。他说："认知科学和 AI 能够理解和执行自由、爱的能力之日，就是它们成功实现自己的目标之时。"这里所说的爱、自由，其实都是人的责任能力的表现。因此人工智能的出路在于：去认识和模拟人的责任能力。②

在理论建构中，豪格兰德还对传统的计算概念发表了自己的看法。他认为，这一概念隐藏着许多问题，其中最突出的有两个。第一，有许多系统完全不同于传统的计算系统，它们有完全不同的结构和强大的能力，可对之作出不同的数学分析，如联结主义网络、动力模型、人工生命等。显然不能说它们的工作不是计算。如果是这样，问题便来了：是什么使它们成了一种计算装置？第二，"认知肯定离不开语义学"，③ 因此如果计算是对认知的模拟，那么也必须有语义性。但问题是：已有的人工智能所表现出的能力只是一种计算，一种形式符号的转换，一种从输入到转出的映射，因此这种计算是不是真正的智能行为，就值得怀疑了。

豪格兰德在阐述自己的解决办法时指出：要想让人工智能成为真正的智能，让机器的计算接近于人的智能性行为，就必须让这种计算有语义性。而要如此，就必须进一步探讨计算的必要条件。他认为，这必要条件就是意向性。他说：意向性"就是语义性不可

---

① J. Hangeland, "How Can a Symbol 'Mean' Something?" in Z. Pylyshyn et al. (eds.), *Meaning and Cognitive Structure*, New Jersey: Ablex Publishing Corporation, 1986, p. 91.

② J. Haugeland, "Authentic Intentionality", in M. Scheutz (ed.), *Computationalism: New Directions*, Cambridge, MA: MIT Press, 2002, p. 174.

③ Ibid., p. 160.

缺少的东西"，它也是"认知的前提条件"。他还说："这个必要条件对于能计算的各种可能的'构造'来说是至关重要的。"① 这就是说，认知以意向性或语义性为前提条件，这是确定无疑的。如果像计算主义所主张的那样，认知、智能的本质在于计算，那么智能也一定是有意向性的。如果不具有意向性，就不是智能行为。因此结论必然是：计算要成为智能和认知的模型，就必须有意向性，而要想让计算也有意向性，就必须研究意向性的必要条件。

要建模意向性，一个必要条件是弄清意向性的种类。为此他作了自己的探讨。他自认为，在20多年前，他和塞尔分别把意向性区分为两大类，一是原有的，二是派生的。这种区分在形式上有一致性，但其实有很大不同。他说："所谓派生的（derivative）意向性（或意义）是指这样的意向性，某事物具有这种意向性是由另外的已有意向性的事物所授予的。"例如单词和句子有典型的派生意义，这意义是由真有意向性的思想所授予的。原有的（original）意向性是非派生的、真实的、能动的意向性。而塞尔把意向性区分为这样两类：一是相对于观察者而言的（observer-relative）意向性，此即派生性意向性；二是内在的（intrinsic）意向性，此即原有的意向性。

豪格兰德强调：他的分类与塞尔的分类既有区别，又有联系。这表现在：塞尔所说的相对于观察者的意向性类似于派生的意向性，甚至到后来，塞尔也用到"派生意向性"，但塞尔在这里强调的是：相对于使用者而言的意向性。至于内在的意向性，它与豪格兰德所说的原有的意向性相比，强调的东西是不一样的，例如塞尔在这里突出的是：内在意向性是高阶意向性，是某种物理结构由于具有它们的内在一阶属性或结构而具有的二阶属性。豪格兰德认为，他所说的原有意向性旨在说明：原有的意向性的必要条件是什么，什么使它成为可能。

在澄清和区分意向性概念的基础上，豪格兰德强调：建模意向

---

① J. Haugeland, "Authentic Intentionality", in M. Scheutz（ed.）, *Computationalism: New Directions*, Cambridge, MA: MIT Press, 2002, p. 161.

性应以原有意向性为原型。而要如此，又必须弄清：这种意向性的必要条件是什么？什么使它成为可能？为了实现这一目的，他又进一步对意向性作了分类。他认为，可以把它分为三类：1. 真实的（authentic）意向性；2. 常见的意向性；3. 人造的（ersate）意向性。在这些意向性中，没有一个能等同于前述的原有的、内在的、派生的、相对于观察者的意向性。大致说来，原有的、内在的意向性是真正的意向性，而派生的和相对的意向性是虚假的意向性，是意向性的不完全的类似物，因此充其量是"仿佛的意向性"。这种意向性是人站在意向立场上归之于有关的事物（如机器人、动物、恒温器、老鼠夹子等）的。因此它类似于丹尼特所说的归属意义上的、工具主义性质的意向性。真实的意向性与常见的意向性的关系非常复杂。可以说，能表现前者的系统一定能表现后者，但有后者不一定要求实在地有前者。

在他看来，值得 AI 系统模拟的是真实的意向性。为了有效予以模拟，他进一步探讨了真实意向性所依赖的条件。他说："不管是真实的意向性还是常见的意向性，它们都以能获得客观知识的能力为前提条件。"[①] 所谓客观知识指的是关于对象的信念或断定，而且这些信念有成为客观的真理的可能性。如果没有这种性质，就没有理由说它们关于了什么，没有理由说它们有对什么对象的意欲。其次，这些信念不仅要有成真的可能性，而且其真还应具有非偶然性。但问题是，信念、知识要有上述必然为真的可能性，其必要条件是什么？他说："必不可少的是，能为人或系统担负起获得那些客观知识的责任。"[②] 而责任有两种，与之相应，意向性便有常见和真实之分。

为什么说责任是获取知识的必要条件呢？他分析的例子是科学知识。他说："研究科学意向性的可能性条件是研究其他任何真实意向性的条件的适当的切入点。"[③] 在他看来，科学研究的内在特

① J. Haugeland, "Authentic Intentionality", in M. Scheutz, *Computationalism: New Directions*, Cambridge, MA: MIT Press, 2002, p. 163.

② Ibid. , p. 164.

③ Ibid. .

点是自我批判，这不仅表现在科学家的实验之中，也表现在对科学成果的相互评价之中。除这一特点之外，还有很多特点。这些特点也可理解为科学家所遵守的共同的行为规范或专门的程序与技术。科学家的自我批判有不同的形式和层次。如一阶自我批评，其特点是：科学家为了让自己遵守严格的规范，常常会小心谨慎地检查他们的行为过程和步骤。有了这种一阶自我批评，就有了科学家的真实的意向性。他说："一阶自我批评是……有客观知识这一事实的一个必要条件。因此它对于真实意向性来说，是前提条件。"① 二阶自我批评是一种更深层次的、更高级的自我批评，因为它的批评、细心的审视不仅涉及个体的行为，而且还涉及共同体的行为实验本身，如对已有实验成果、结论的验证、重复就是如此。在他看来，这种批判精神"也是科学知识所以可能的前提条件，因而也是真正的意向性的前提条件"②。除上述两种自我批判之外，还有三阶自我批判。它是这样出现的，即当事实与已发现的规律、原则有矛盾时，科学家就会对这些规律、原则作出严肃的反思和检验。这种批判能力是真正的责任能力。③

　　至此，就有可能揭开真实意向性的神秘面纱。其奥妙全在责任，因为责任是科学的客观性、意向性的前提条件。他说："承担责任的能力即真正的责任……是科学客观性的前提条件。"④ 而理解了责任，就不难理解真正的意向性。他说："我将把承担了真正责任的人所表现出的意向性称作真正的意向性。"也可以说，这种责任是真正意向性和认知的基础。常见的意向性是非科学的、常人表现出来的意向性。尽管如此，有这种意向性一样离不开责任，至少离不开前两种责任能力。

　　总之，责任能力是意向性的根据和必要条件。因为科学活动的

① J. Haugeland, "Authentic Intentionality", in M. Scheutz（ed.）, *Computationalism: New Directions*, Cambridge, MA: MIT Press, 2002, p. 165.

② Ibid., p. 166.

③ Ibid., p. 172.

④ Ibid., p. 173.

客观性和意向性在本质上依赖于自我批判和责任的相对丰富的结构。在这种结构的最底层就是真正的责任能力。有这种能力，人就有诚实的承诺和践诺行为。这种结构同样也存在于一般人的心底。正是由于有它，因此人才有自己独有的、真正的意向性。如果将上面的推出这一结论的论证加以简化，可这样表述：真正的意向性以获得客观知识的能力为前提条件，科学知识是客观知识的典型事例，科学研究作为获得客观知识的路径，必然是自我批判的，要使研究有自我批判性质，科学家就必须有某种责任能力。因此真正的"意向性一定离不开某种责任能力。任何能完成真正认知任务的系统一定有同样的责任能力"[1]。

因此结论是：如果 AI 系统对人类智能及其意向的建模也有"牛鼻子"或主要矛盾的话，如果计算除实现句法转换之外还有可能具有语义性、意向性，那么按豪格兰德的诊断，其出路就在于建模人的认知能力底层的责任能力。

第三节　塞尔论意向性的因果基础和背景条件

塞尔哲学的个性就是试图提出一种有别于以往任何哲学体系的哲学。事实上，他也的确建立了这样一种哲学。例如它在否定方面的表现是：对以往的哲学家，不管其地位多高，都几乎是"一概骂倒"，至少是否定多于肯定、抛弃多于吸纳。正是由于有这一特点，如何对他的哲学作出归类就成了一大难题。在心灵哲学中，有的认为他是二元论者，有的认为他是唯物论者。他自认为，他的理论超越于两者之上，是生物学自然主义。一方面，他认为，心理现象是自然界的一部分；另一方面，他又认为，它不能还原为物理现象。这听起来很矛盾。但在塞尔看来，只要处理得好，就不至于陷入矛盾。其关键就是要"作出概念上的修改"或"改变范畴"，并认识

---

① 　J. Haugeland, "Authentic Intentionality", in M. Scheutz（ed.）, *Computationalism*: *New Directions*, Cambridge, MA：MIT Press, 2002, p. 168.

到：意识完全是物质，又在不可还原的意义上是精神的。他说："问题并不涉及我们对事实的了解，而是涉及我们承袭下来的、用于描述事物的那套范畴。"这些范畴即"心灵""物质"等，传统的观点认为，它们是相互排斥的，而在他那里是可以统一的。①

在意向性问题上，他没有提出什么模型，但对意向性之条件的探讨有为意向性建模作准备及铺垫的意义。他承认，客观研究意向性以至为其建模是完全可能的，这是因为意向性是一种自然的甚或物理的属性，当然是一种高层次的、类似于表现型的东西。

究竟该怎样界定意向性？他说：它是"表示心灵能够以各种形式指向、关于、涉及世界上的物体和事态的一般性名称"②，或者说，意向性就是心理状态和事件的这样的特征，即它们（在下述语词的特定意义上）指向（being directed at）、关于（being about）、关涉（being of）或表征了别的实在和事态。③ 在《意向性》一书中，他说：意向性是"将有机体与世界关联起来的那些在生物学上更加基础的能力"④。"意向性是为许多心理状态和事件所具有的这样一种性质，即这些心理状态或事件通过它而指向或关于或涉及世界上的对象和事态。"⑤

从类型上看，意向性有三类。先看三个句子：（1）我现在很渴，因为有一天没有喝水。（2）我的草坪很想得到水。（3）法语中"Jai grand soif"的意思是"我很渴"。三个句子表达的是三种不同的意向性。"第一种描述了内在的意向性。如果该陈述为真，那么被描述对象一定真的有意向状态。第二句根本不描述内在的或其他形式的意向性；它是象征性的、比喻性的。因此我称该描述中的'意向性'只是仿佛的而非内在的……在第三种情况中，我说

----

① ［美］塞尔：《心灵、语言与社会》，李步楼译，上海译文出版社 2001 年版，第66—67 页。

② 同上书，第 81 页。

③ J. Searle, *Consciousness and Language*, Cambridge：Cambridge University Press, 2002.

④ ［美］塞尔：《意向性》，刘叶涛译，上海世纪出版集团 2007 年版，"导言"，第 1 页。

⑤ 同上。

法语句子有意向性，即法语句子表达了我所说的意思……但它不是内在的意向性。它是从语言使用者的内在意向性中派生出来的。"①

　　他关于"意向性是一种自然或生物现象"的命题，具有重要的 AI 理论和工程学实践意义。因为它既肯定了人工建模意向性的可能性（只有自然的东西才有这种可能性，二元论所说的心灵是没有这个可能性的），同时又为建模指明了方向，那就是向大自然学习，师法自然。

　　塞尔还认为，要理解意向性，说明它的本质，必须理清意向性与意识的关系，也就是说：要把握意向性的本质必须揭示意识的本质，因为意识就是意向性的基础、本质和核心。而要理解意识，又必须抛弃传统的心物二分的世界观。塞尔说：这一区分"到 20 世纪已经成为科学理解意识在自然界中的地位的巨大障碍"。要除去这一障碍，又必须"把意识作为生物现象重新引入科学主题"②。它尽管是"心的"，是主观的，但不是不存在的，因为它也是自然现象，尤其是生物现象。塞尔说："'主观性'指的是一种本体论范畴，而不是一种认识形式。例如有这样的陈述：'我的后下背有点疼'。这个陈述完全是客观的，因为它的真是由一个事实的存在所保证的，而且它又不依赖于观察者的任何立场、观点或意见。然而，现象本身即实际疼痛本身有主观的存在形式，正是在此意义上……意识是主观的。"③

　　要揭示和说明意向性的本质和地位，还必须弄清"背景假设"。因为一般的意向性和特殊的意义常常依赖于既非意义又非意向性内容的一系列能力。他把这些能力统称为"背景"。人类正是因为有这样的背景，因此才有意向性。就此而言，塞尔尽管没有从 AI 角度去建构关于意向性的模型，但他的"背景假设""此地无声胜有声"，即具有重要的 AI 意义。根据这一假说，有

----

　　①　[美] 塞尔：《心灵的再发现》，王巍译，中国人民大学出版社 2005 年版，第 68—69 页。

　　②　同上书，第 75 页。

　　③　同上书，第 81 页。译文据原文有改动。

相关的背景，其上就会表现出意向性，因此如果他的假说是正确的，那么只要人工合成有关的背景，就有可能让其表现出意向性。

所谓"背景假设"是指："意向状态……以非表征性的前意向能力作为基础。"① 它要回答的问题是一个对 AI 至关重要的问题，即意向性是由于什么而有自己的指向外物的作用？很显然，塞尔对"背景"问题的追问，实际上是要揭示意向性的内在基础、机制和条件。他指出：如果是生物现象，那么就会碰到一个令许多自然主义者难以回答的问题：作为生物现象的意向状态如何可能有意向性？如何可能有意识地把自己与外物关联起来？就语言而言，说出某事物并意指它，与说出它但并不意指它之间有无区别？如果有，区别何在？心灵如何将意向性加于本质上不具有意向性的事物之上？

塞尔认为，区别在于有无满足条件。没有意向性的事物如句子，之所以有意向性，是因为心灵为它提供了满足条件。例如当我为学德语而练习"Es regnet"（天在下雨）时，我并没有把满足条件授予它，因此它是我说出了某事而并未意指它的句子的例子。但如果我说出这个句子，目的是要提醒一个朋友注意天气，那么这个句子就是既说出某事又意指某事的例子。两者的区别在于：一个无满足条件，一个有。塞尔说："说出某事情并意指它指的是这样一个问题，即满足条件有意地施加于这种言说之上。"②

在这里，如果回答说：意向性是由于意向的能力而起作用，那是同义反复。塞尔的观点是："意向性是根据一系列非意向的能力而起作用的。"③ 或者说，"所有的意识意向性——所有的思维、感知、理解等——只有相对于一系列不是也不能是意识状态一部分的

----

① ［美］塞尔：《意向性》，刘叶涛译，上海世纪出版集团 2007 年版，第 147 页。

② 同上书，第 172 页。

③ ［美］塞尔：《心灵的再发现》，王巍译，中国人民大学出版社 2005 年版，第 156 页。

能力，才决定了满足条件。实际的内容本身是不足以决定满足条件的"①。质言之，这种能决定意向性之指向能力的东西只能是背景或背景能力。

在具体界定背景能力时，他强调：我们之所以产生各种心智状态，是因为我们有各种能力和技巧，"我总体称这些能力等为'背景'（Background）"②。他所说的背景包括心智能力、倾向、立场、行为方式、技巧、处事能力等。它们本身不是意向性，但只要有意向性出现，它们一定先行或同时显现出来。这种前意向能力包括两类：一是深层背景。它包含的是：所有正常人由于他们的生物构成而共同具有的背景能力，如走、吃、理解、觉察、识别能力等；二是局部背景。这包括开门、喝瓶子里的啤酒，以及对汽车、冰箱等所采取的前意向立场。

这里当然要涉及背景与网络的关系问题。因为一意向状态（相信什么）要起作用，还离不开其他的信念、愿望，以及离不开由这些心理状态所组成的网络。一个人要相信"布什是总统"，必须同时有一个网络存在，如相信有一个布什，他是一个人，在某国有人做总统，实行的是总统制……否则，那个信念就不能出现。同时，网络中还包括无意识的信念、知识、观念等。在塞尔看来，这些网络其实也可看作是背景能力的一部分。他说："要拥有意识思想，一个人必须具有生成很多其他意识思想的能力，而这些意识思想为了应用，全都需要进一步的能力。"③ 这就是说，意向性的直接根源在于人的一系列心理能力所组成的系统，而这些心理能力又进一步根源人的神经生理能力。后者是原因，前者是这些原因要素组成的系统的突现特征。

将上述论证归纳起来，可得出如下结论：（1）意向状态不是自主地起作用的。它们不能孤立地决定满足条件；（2）每个意向

① ［美］塞尔：《心灵的再发现》，王巍译，中国人民大学出版社2005年版，第157页。
② 同上书，第145页。
③ 同上书，第157页。

状态起作用都需要其他意向状态的网络，满足条件只是相对于网络而被决定的；（3）甚至光有网络还不够，因为网络只是相对于一系列背景能力才起作用的；（4）这些能力不是意向状态；（5）同样的意向内容，相对于不同的背景可以决定不同的满足条件。[①]

塞尔之所以强调意向性是生物或自然现象，是因为他坚持一种特殊形式的还原论。根据这一理论，被还原实体的存在及因果能力能够完全由还原现象的因果能力来说明。例如某些物体是固体的，它们具有因果效应：固体物体不能被其他物体穿透，它们抗压等。但这些因果能力可由分子在晶体结构中的振动来因果地说明。塞尔承认他的理论是这种形式的还原论，不过它不会像其他的因果还原论那样导致本体论还原。正是在这个意义上，他强调"意识是不可还原的"，即不能等同于产生它的实在及其因果过程。因为它被产生出来后有其独立性。他认为，他的这种"还原论"的科学基础是物质原子论和生物进化论。根据前者，世界上存在着的东西是极其繁多的。有些存在现在还不确定，有些是确定的。如电子就是如此，在没有被观察时，它表现为波。实际上是"质/能点"。有了物理学基本理论，就可说明意识、意向性是系统的一种特征，而系统的特征有两种：一是组合的特征，如物体的重量是它的部分重量之总和；二是突现的特征，它是"由元素之间的因果作用"决定的。他说："意识是系统的因果突现性质……正如固态和液态是分子系统的突现特征一样。意识的存在能由微观层面的大脑要素间的因果作用来说明。"[②] 根据进化的原理，"殊型个例导致了相似殊型的出现"。这种新的生命的出现，一方面是复制，一方面是变异。正是基于此，新的个体与其父母既相似又有不同。他说："表层特征的变异——殊型的表型——使得这些殊型具有更高或更低的生存概率，这取决于它们所处的环境。相对于环境具有更高生存概

[①]　［美］塞尔：《心灵的再发现》，王巍译，中国人民大学出版社 2005 年版，第 147—158 页。

[②]　同上书，第 95 页。

率的殊型，因而具有更高的概率产生具有同样种型的进一步殊型。因此物种进化了。"① 根据他的"生物学自然主义"，意向性等心智现象和过程就像我们生物自然史中的消化、有丝分裂等一样。他说："这些意识状态只不过是大脑的更高层次的特征"，"是突现的特征"②。

　　塞尔还根据他的还原论对意向性作了具体说明。在塞尔看来，如果从派生的意向性、"好像的"意向性出发去思考内在过程怎么可能有意向性，那么意向性、关于性就变得无法理解了。因此"出路就在于从不同意识形式中的内在的意向性出发"，③ 认识到，"尽管它们是自然过程，但它们具有一种特别的特征。这种状态具有一种意向性，这是内在于这种状态之中的"。④ 简言之，内在的意向性就是一种自然过程的固有的第一性的特征，本身就是一种自然现象，不可能再用别的自然科学术语来还原，来解释。它像空间、运动等一样是大脑的第一性的性质。这就是他的意向性自然化的核心和实质。如果有了这个基本的理解或前提，那么对各种意向状态的具体的自然化或自然主义说明就没有什么困难了。例如"渴"是一种生物学上最原始的意向性形式。渴就是喝的欲望。它是一个自然的、生物学的然而又不能还原为物理化学过程的特殊的过程。他说："机体系统中由于缺少水分便引起肾脏分泌凝乳酶，凝乳酶作用于被称之为'血管紧张肽'的循环肽，产生'血管紧张肽2'。这种物质进入大脑，作用于下丘脑区域，使该区域神经元放电频率增加。这就引起动物产生一种有意识的喝水的欲望。"⑤总之，各种意向状态实际上就是一种自然的运作。有些人之所以不能理解这一点，原因就是他们有这样一种根深蒂固的观点：心与物

----

① ［美］塞尔：《心灵的再发现》，王巍译，中国人民大学出版社 2005 年版，第 77 页。
② 同上书，第 16 页。
③ 同上书，第 94 页。
④ 同上书，第 93 页。
⑤ 同上书，第 91 页。

根本不同，物质的东西不可能到达心理的层面，不可能具有心理、意向的功能。而在塞尔看来，心身、心物之间根本就没有不可逾越的鸿沟。它们是一个连续的整体。意向性本身就是这个过程中的一个环节。

第四节　心理学家和语义学家的意向性建模

心理学家和语义学家对意向性本质的揭示以及在此基础上的初步建模工作不是直接就意向性进行的，而是从对语义性或意义的探讨切入的。不过，这种研究与直接的意向性建模没有实质区别，而有殊途同归的效果。因为如前所述，说语言有语义性，或者说心理状态、心理表征有语义性，与说它们有意向性并没有原则的差别，语义性在特定的意义上就是意向性，至少是意向性的一种特例。既然如此，他们对语义性的建模就有意向性建模的意义。

一　经验语义学

认知语义学是 20 世纪 70 年代以后形成的一种语义学，也是心理主义语义学的最新形式。其动机有二：一是试图根据心理学、认知科学研究的有关成果，解决传统的意义问题；二是试图通过对人类加工处理有意义符号的机制和条件的科学揭示，解决计算机科学、人工智能中所面临的如何让机器加工也具有语义性、意向性这一工程学难题。因此它的诞生既有学理上的意义，又有较强的应用价值。从个性特征上来说，认知语义学是逻辑主义或客观主义语义学的直接对立面。后者之所以被称作是客观主义的，主要是因为它强调必须根据真值条件、指称之类的东西解释意义，不包含这类概念的语义学算不上真正的语义学。而在认知语义学看来，客观语义学"是一种有碍于研究有意义思想的错误的哲学理论"①。因为符号取得其

---

① G. Lakoff, "Cognitive Semantics", in U. Eco (ed.), *Meaning and Mental Representations*, Indiana: Indiana University Press, 1988, pp. 149 – 150.

意义绝不像客观语义学所说的那样，把它与外在事态关联起来就够了。这是因为，一状态意指什么，除了与客观的事态有关以外，还离不开认知主体的一系列内在图式和主观经验。既然如此，语义学的主要任务就应是描述和研究头脑之中决定意义的主观的东西。

当今的认知语义学有许多不同的样式。如有一种认知语义学特别强调原型、图式、定型和构架之类的概念。在其倡导者看来，这些概念以哲学和心理学为基础，能够说明人们是怎样理解、识别语词意义和自然范畴的。理解某词语的意义，离不开把它放在某范畴之下，而这样做与充要条件无关，只与典型事例或原型事例的相似性有关。所谓典型事例实际上是范畴的中心成员或我们心中所建立起来的理想化的成员。我们心中有一个原始的装置，这是逻辑传统的语义学家所不知道或不承认的。原型只受我们将世界范畴化的方式的影响。质言之，原型是人们所形成的关于自然种类（如狗、鱼、树等）中的典型的个例的图式。正是在这一点上，心理主义和逻辑主义两种传统形成了尖锐的对立。认知主义语义学强调：认知以及对意义的认识是环境输入与心中的能动原则相互作用的结果，语词、句子有什么意义，一方面离不开环境的作用，另一方面离不开心灵的原型、能动活动的作用，在有些持心理主义语义学观点的人看来，原型就是意义的基础，或者说，语词的意义就是语词所表示的那个原型范畴。人对狗的解释，就是把它与相应的范畴联系起来。菲尔莫尔的构架语义学就是这种认知语义学中的一种形式。他认为，词语的意义只有相对于构架才能被定义。构架是指类似于认知模型、图式、原本等的东西，它表现的是对一定范围的经验的统一的、观念化的理解。从起源上看，构架是人的创造性思维的产物，存在于作为专门文化构架之集合的大众理论之中。他论证说：意义一定要根据这种理论来定义，而不能根据真值条件来定义。例如"今天"就只能相对于"周"的图式等才能被定义。①

---

① G. Lakoff, "Cognitive Semantics", in U. Eco (ed.), *Meaning and Mental Representations*, Indiana: Indiana University Press, 1988, p. 151.

莱柯夫的经验语义学试图说明的是：意义对于人来说是什么，意义如何受制于人的主观经验。其理论基础是经验主义的认知论。这里的"经验"是广义的，如感知的、情感的、社会的以及正常的人所利用的别的一切经验，尤其包括形成经验的内在能力。当然，这里所说的经验不是经验主义者所说的在心灵白板上所形成的印象。从作用上说，经验可作为自然和社会环境的组成部分而发挥作用。但经验并不决定人的概念和推理方式，只有经验中内在存在的结构才能使概念理解成为可能，它们决定了可能概念和推理结构的范围。

它的基本假定是：（1）有两类有意义的概念：基本层次的概念和映像图式（详后）。（2）以上述概念为基础，会有这样一些产生抽象认知模型的想象过程发生：图式化、隐喻、范畴化和转喻。（3）存在着基本的认知过程，如审视，扫描、集中、叠加、图形旋转、优势点旋转等。（4）存在着心理空间。基本主张有：（1）有意义概念结构来自两个源泉：一是身体的自然本性和社会经验，二是将身体的、相互作用的经验投射为抽象概念结构的能力。（2）理性思维是叠加、审视等一般认知过程对这些结构的运用。（3）"意义与想象性投射有关，要用到图像化、范畴化、隐喻、转喻等机制，我们从身体上经验到的东西正是由此而过渡到抽象认知模型的。"[①]（4）语词含义之间的语义关系必须根据心理结构来描述。

意义依赖于主观经验，这是莱柯夫认知语义学的最有个性的观点。下面我们主要分析这一点。他说："意义是以对经验的理解为基础的，而真值以理解和意义为基础。内在的感觉—运动机制在两个层面促成了经验的构成：基本层次和映像—图式层次。映像—图式概念和表示物理对象、运动及状态的基本层次的概念都是直接按照经验的构成来理解的。每种天赋的想象的能力（图式化、范畴化、隐喻、转喻等）通过把它们与映像—图式和基本

　G. Lakoff, "Cognitive Semantics", in U. Eco（ed.）, *Meaning and Mental Representation*, Indiana：Indiana University Press, 1988, p. 121.

层次的物理概念关联起来而描述抽象概念。认知模型是由这些想象的过程建立起来的。心理空间为利用这些认知模型所作的推理提供了媒介。"①

根据这种语义学，意义不是符号与外物的关系，意义不在外部世界之中，也不在符号与它的关系之中，而在人脑之内，具体地说，它以对经验的理解为基础。相对于客观主义语义学而言，这应该说实现了一种"哥白尼式转变"。因为根据认知语义学的观点，意义之所以发生，与心灵中的表征密切相关，简言之，意义就是在心灵中被表征的。从内在机制来说，意义的认知上真实的表征又必须通过映像图式。另外，经验是在基本层次和映像图式两个层次上构成的。映像图式不是有穷的、任意的、无意义的符号，而是意义的直接决定因素。它指的是带有某种形象，但又有一定的抽象性的图式。它依赖于身体经验，但又有从具体到抽象的投射。

映像图式有许多种，如：（1）容器图式（Container Schema）。它由界线、内、外三个因素所构成，其作用在于把内和外区别开来。由于有这个图式，我们对对象的认识总包含有内、外的区分，对运动的描述也有内、外的内容和"进入"、"出来"之类的属性。例如"在体内"、"在体外"、"从厨房出来进到卧室"等。这种图式的特点是：（a）离不开身体经验，即我们总是把我们的身体看作一个容器，把事物看作一个容器。这种"看作"实际上是一种"身体经验"。（b）有结构要素：内、界线、外。（c）逻辑：要么内、要么外，基于此还可推理：如果 x 在 A，且 A = B，那么 x 在 B 中。（d）隐喻：视域、人际关系可以用这种图式来描述，如"进入眼帘"、"走进爱河"等。（2）部分—整体图式。其特点是：（a）身体经验方面的：我们把我们经验为由部分构成的整体。（b）结构要素：整体、部分、构型（结构）。（c）逻辑：这个图式是非对称的，因为如果 A 是 B 的部分，B 就不是 A 的部分。它

----

① G. Lakoff, "Cognitive Semantics", in U. Eco (ed.), *Meaning and Mental Representation*, Indiana: Indiana University Press, 1988, p. 151.

还是非反射性的，如 A 不是 A 的部分。（d）隐喻：社会组织可用这种图式去理解。（3）连接（link）图式，即起关联作用的图式。（4）源—路径—目标图式。源即起点，目标即目的地，路径即由此到彼的过程。这种图式由起点、目的地、路径、方式四个因素所构成。在观察对象及其过程时，我们常用这种图式，进而在我们用来描述它们的语言中便有相应的意义。

映像图式除上述形式之外还有上—下、前—后等。它们的共同作用就是决定语词的意义尤其是多义性。这是因为，在映像图式中，有许多自然的关系，加之它们还能转换、派生，因此它们能成为意义的一个真正的主观基础。

二　先验条件与程序语义学

程序语义学是认知语义学中最有影响的一种理论。其倡导和支持者主要是伍兹（W. A. Woods）等人。伍兹认为，有两种语言，一是自然语言，二是内部语言。就后者来说，前语言的事实，如假说、目的以及外部语言的意义，都能用它来加以表达和记忆，甚至被怀疑、相信和推论。这两种语言无疑都有自己的语义学。但过去还没有产生能同时涵盖两者的语义学。而他和其他人试图阐发的程序语义学则可成为这样的语义学。它不仅能成为描述自然语言和内部语言的语义学，而且能成为人工智能的语义学。什么是程序（procedural）语义学呢？他认为，可以设想存在着一种抽象的程序，它是自然语言语义学描述的媒介，在原则上，它也能用来说明语句意义与我们关于物理世界感性经验的相互作用。①

建立程序语义学首先是人工智能和计算机科学发展的需要。他说："为了让计算机（大概也包括人）理解和运用自然语言，语言学不仅要用某种抽象的方式来理解，而且还要足够具体、细致地来

----

① W. Woods, "Problems in Procedural Semantics", in Z. Pylyshyn et al. (eds.), *Meaning and Cognitive Structure*, New Jersey: Ablex Publishing Corporation, 1986, pp. 55 - 85.

理解，只有这样，才能让计算机确定陈述的真值，对自然语言的问题和要求作出适当的回答。这一目的对现存的经典意义本身也是适用的，正是它促使我（继续）阐发一种意义理论，这就是我所说的'程序语言学'。"① 其次，建立这种语义学也是描述自然语言语义学的需要。因为描述这种语义学有两步，一是描述从外部语言转化为内部语言的规则，二是描述内部语言的语义学。问题是：怎样描述内部语言的语义学呢？要解决这一问题，首先要确定有没有内部语言，如果有，它是什么。进而要予以描述，就要找到描述的媒介。在他看来，这种媒介就是一种抽象的程序。先来看他关于内部语言的假说。

他认为，内部语言是心灵直接理解和运用的语言。从逻辑和时间上说，它先于外部语言的发展，从作用上说，它是获得外部语言的基础，也是外部语言之意义和使用的基础。从与外部自然语言的关系看，它除了也是一种语言、有自己的表达式及其意义和句法之外，在其他方面与外部语言有明显的区别，如它没有模糊性、歧义性；在句法要素的储备中，它可能有类似的表征，它有更广泛的词汇，甚至有自然语言所没有的概念，它是为了适应心灵比语言的更快的交流这一要求而进化出来的。②

什么是作为意义的抽象程序？为什么要如此设想？他说："要建造一种智能机（或说明智能系统），仅假定有某种直观的或直接的理解或'命题'是不够的。毋宁说，人们必须设想有这种物理过程，通过它，智能机器或有机体才能与世界相互作用。而且人们还必须在感知和计算能力之上建立基本的语义储备（清单）。为此目的，我认为，仅承认有关于命题、个体以及作为所与集合之类的概念是远远不够的，而必须把它们作为需要根据主机的更基本的心理计算能力加以说明的实在本身。我并不关心是否应把这些实在看

----

① W. Woods, "Problems in Procedural Semantics", in Z. Pylyshyn et al. (eds.), *Meaning and Cognitive Structure*, New Jersey: Ablex Publishing Corporation, 1986, pp. 56 – 57.

② Ibid. .

作是真实的或柏拉图式的东西或纯粹精神性构造，我感兴趣的是：如果它们是真实的或纯精神的实在，那么是借什么基本的手段把我们的心理表征与它们所指或与之相符的实在联系起来的，如果它们是心理构造，那么是什么机制决定了它们的真值条件和运用条件。"总之，"语词的意义可根据建立在知觉原词（primitives）基本集合基础之上的抽象程序来加以定义"①。而在原词顶部存在的是更抽象的谓词、命题等。"这些构成性的程序不只是黑箱（输入输出条件的抽象集合），而且还有其内在结构，正是这结构不仅让智能系统相对于特定时空中的世界将程序付诸执行，而且还能在假设的条件下模拟世界。"②

为什么说这里的程序是抽象的呢？他说："因为它们是在抽象的层面得到表达的，这抽象的层面隐含着某些低层次的操作细节，就此而言，两个对同一事物作出计算的程序可看作是相同的。"③就一个具体的词项来说，它总与两个根本不同的程序有关联。也就是说，有两种不同的程序，一个有意义功能，另一个有认知功能。后者又有这样的功能，即一般是用来认识某词项所适用的例示，而前者的作用在于作为标准，正是根据它，认知功能被测定为可靠的，同时在某些理论情境之下，可能的认知功能能从它派生出来。

应予注意的是，作为意义之媒介的程序尽管用不着是具体的、深入到细节的东西，但它绝不是单一的，而是复杂的统一体，具体地说是由子程序构成的。他说："为了进一步探讨抽象程序的内在结构，有必要考察这样的思想，即把程序分解为子程序，这在当前的计算机编程中是很常见的。"④

基于上面的分析，伍兹指出：现在就可以讨论什么是意义了。当然这里的意义指的是属于实际的知觉操作的意义。怎样予以说明

----

① W. Woods, "Problems in Procedural Semantics", in Z. Pylyshyn et al. (eds.), *Meaning and Cognitive Structure*, New Jersey: Ablex Publishing Corporation, 1986, p.58.
② Ibid..
③ Ibid., p.59.
④ Ibid., p.74.

呢？他认为，可以通过这样的途径，即通过一系列反复被定义的程序描述来加以说明。例如如果我们想描述某一过去时态陈述句的意义，那么该论断就有这样的结果，即如果相符的程序在那时被执行了，那么它的计算值就是真的。这也就是说："（内部语言中的）表达式的意义是由某些类型的抽象程序表达出来的，在适当环境之下，这些程序又能用来决定命题的真或假，促成行为的成功与失败。"[1] 例如有一个词，"单身汉"，在我的头脑中就可能是与一个程序的抽象描述连在一起的，这程序说明了某物是否结婚了，是否是男性，是否是人，当然它也可能与这样的信息相关联，即某物被专门称作单身汉，当且仅当它是一个未婚的、男性的、是人的存在。

另外，概念是心智直接加工的对象，它也有意义，而这意义也是程序。他认为，心智直接加工的东西可用一个有点模糊的词加以表达，即"概念"。他说："我们能够说明概念，并用它来进行加工，不管有没有一个柏拉图式的（副现象性的？）对象伴随着它。"[2] 什么是"概念"呢？他认为，概念不是实在的完全的模拟，而只是对实在的某一或某些方面的描述。这里的实在可以是个体、对象、集合、谓词等。这里的描述是从功能上说的。他说："概念的功能就是对某物进行描述"，它不是事物或谓词的集合。说它是描述，也是相对于它作为符号串或节点集合的表征而言的，这种表征有标记和结构的特点，而描述只是对事物某一方面特点的刻画。总之，要描述概念的意义必须诉诸程序。这里的程序没有必要是具体的，就像描述解剖这一概念意义的程序没有必要包含用了什么解剖刀这样的细节一样。"因此我们需要的是关于抽象程序的适当观念，在这个程序中，某些低层次的细节是不重要的。"也就是说，程序相对于这些细节来说是抽象的。

① W. Woods, "Problems in Procedural Semantics", in Z. Pylyshyn et al. (eds.), *Meaning and Cognitive Structure*, New Jersey: Ablex Publishing Corporation, 1986, p. 57.

② Ibid., p. 72.

在伍兹看来，程序意义理论相对于其他意义理论来说有如下特点：（1）程序描述可能表征或刻画对象和谓词之真值条件的类别，这里的谓词的外延可以是无限的。（2）程序语义学可以说明话语以及问题和要求的意义，它们的语义学不直接就是关于有真值的命题的语义学。（3）自然语言语义学的程序说明离不开程序描述的抽象概念。（4）概念、内部语言表达式有不同的功能，即分别有意义和认知功能。把这两者区别开来，有助于说明这样的事实，即执行概念之意义功能时常见的无能或不可预见性。（5）意义和认知功能在适当的条件下可被执行，如实现对感性输入和内部记忆结构的组合计算，它们还能在假设的条件下得到模拟。

当然伍兹也承认，程序语义学并不是基于实证研究而产生的一种经验理论，还只是一种关于计算机科学和人工智能的某些研究领域的"基本假设"。就它的基本概念"程序"来说，尽管它比命题这一概念要具体一些，但就其本身来说，仍是不太明确的。最后，"采取程序语义学的方案尚不能对语义学的古典难题和矛盾提供直接的解答"[①]。例如它强调自然语言表达式的意义可以用抽象程序来描述，但这并不能代替这样一些研究，如这些程序应怎样加以表征，有相同意义的表达式是怎样具有相同的意义的。它充其量只是回答了这样的问题，这些表征可以被解释成什么样的事物，它们有什么功能。总之，要说明意义的模拟，尚有大量工作要做。

三　程序内涵主义

约翰逊—莱尔德带着与伍兹一样的致思取向，提出了自己的"程序内涵主义"或"心理模型理论"。莱尔德认为，有一深层的问题是许多语义学理论没有注意到的，那就是："怎样通过心理的

---

① W. Woods, "Problems in Procedural Semantics", in Z. Pylyshyn et al. (eds.), *Meaning and Cognitive Structure*, New Jersey: Ablex Publishing Corporation, 1986, p. 85.

构架把语言与世界关联起来。"① 换言之，语言与世界的关联如何可能实现。要实现这种关联，无疑不能靠语言和世界本身，也不能靠其他的客观手段，而只能靠内在的心理的东西。这既是语义学的关键课题，也是人工智能研究不可或缺的基础理论问题。因为只有搞清了人类将语言与世界关联起来的条件和内在机制，才有可能让人工智能表现这种关联能力。他自认为，他的理论建立了语言与世界的关系，因而说明了语言意义的根源与基础。他认为，说者的语言之所以在听者的心中产生有意义的表达，即为听者所理解，就是因为听者在过去知识的帮助下，在当下有关信息的帮助下，基于本有的有关能力，形成了相应的表征或心理模型。一旦有这种模型，就有可能获得对意义的把握。他说："你能通过话语建立关于世界的模型，接着如果必要的话，你能把这些模型与借助其他手段如知觉记忆、想象所建构的模型加以比较。如果一话语的真值条件在从这些源泉而来的模型内得到了满足，那么它对于知觉、记忆或想象来说便是真的。心理模型表征的是句子的'指称'——句子所指的特殊的事态，但是因为该模型能随着随后的信息而及时加以修改，因此它可作为各种模型中的表征样本而起作用……这种语言表征抓住了该句子的真值条件或意义。"②

　　心理模型是什么呢？又是怎样建立起来的呢？他举了这样一个例子予以说明。假如把你的眼睛蒙起来，让你在你的厨房中行走。这对于你来说没有什么困难。接下来，我便告诉你：在厨房的中间放进了一张桌子。在这种情况下，你要行走，你的心理就会出现这样的过程，即形成关于厨房内的东西现在是怎样排列的表征，尤其是关于中间的桌子的表征。有了这个表征，你就可能行走。在他看来，有此表征，实际上就是有心理模型。而有此心理模型实际上就是有关于我的话语"厨房中间有桌子"的意义的理解。因此理解

----

　　① P. N. Johnson-Laird, "How in Meaning Mentally Represented", in U. Eco (ed.), *Meaning and Mental Representation*, Indiana: Indiana University Press, 1988, p. 115.

　　② Ibid..

意义是一个"构造心理模型的过程"①。构造模型的过程大致是这样的，先有关于话语的表征，它与语言形式密切相关，接着用它来构造关于事态的模型。这一过程离不开下述知识的引导，如关于真值条件的知识，怎样根据句法把意义结合起来的知识，关于语境的知识，关于话语的适用范围和惯例的知识等。另外，要领会话语的意义，还需要一些信息。而且随着信息的增加或改变，心理模型会随之发生变化。

将他的心理模型理论应用到人工智能研究中，便可以得出如下程序内涵主义结论：（1）心理表征就其为计算机加工过程模拟来说，从根本上说是符号性的。（2）其语义又是由程序给予的，而不是由对指称的计算所给予的，也不是由谓词逻辑的标准语义学所给予的。这也就是说，语言与世界的关联是借程序实现的。因此人工智能研究今后的发展方向，就是在程序上做文章，尽可能让程序接近人的心理模型。（3）将语义分析为某种原词集合在这些表征中起着重要的作用。②

第五节　功能作用语义学

功能作用语义学就是用当今认知科学和计算机科学中十分流行的"功能作用"概念来说明日常语言中的"意向性""内容"等的一种自然主义语义学。由于"功能作用"可以与"概念作用""推理作用"和"认知作用"相互替换，因此也可称作"概念作用语义学""推理作用语义学"和"认知作用语义学"。其基本观点是：意义就是语言运用的一种功能，语言表达式的意义就是它在语言中的作用，表征的内容就是它在心理表征系统中的作用。这种语义学的思想渊源可以追溯到维特根斯坦和蒯因以及实用主义的语义

---

① P. N. Johnson-Laird, "How in Meaning Mentally Represented", in U. Eco (ed.), *Meaning and Mental Representation*, Indiana: Indiana University Press, 1988, p. 110.

② Johnson-Laird, "Mental Models of Meaning", in Joshi et al. (eds.), *Elements of Discourse Understanding*, Cambridge: Cambridge University Press, 1981.

学思想，例如前者的"意义在于用法"的思想在这一理论中留下了深刻的烙印。当然它抛弃了他们思想中的行为主义和证实主义因素，并且热衷心理表征，或者说实现了向心理表征的转向。其倡导者主要有两类人：一是打着"概念作用语义学"旗号的哲学家；二是坚持"程序语义学"（procedural semantics）和心理主义语义学的认知科学家。其中影响较大的人物有哈曼（G. Harman）、菲尔德（H. Field）、布洛克等。

一　概念作用语义学的基本论证

根据哈曼的概括，"概念作用语义学这一理论包含下述两个方面的主张：（1）语言表达式的意义是由它们被用来表达的概念和思想的内容决定的。（2）概念和思想的内容是由它们在人的心理生活中的功能作用决定的"①。他强调：功能作用指的是概念在知觉、理论和实践推理中所起的具体作用。尽管它包含"意义在于用法"的某些思想，但这里的用法指的不是语词在交流中的用法，而是指的在思维过程中的用法。他说："概念作用语义学可看作这一理论的一个版本，它认为意义就是用法，而这里的用法指的是符号在思维中的用法，而非在交流中的用法。"② 这里所说的符号指的是概念，即思维语言中的符号。当然如果从准确性来说，最好不要说思想或概念的意义，而应说内容，因为思想或概念所具有的东西就是内容。

概念作用语义学是伴随着心灵哲学中的功能主义的诞生、发展而形成的一种心理语义学或意向性理论，因此也可称为功能主义语义学。它是一种"标准的意向实在论"，也可以说它是功能主义心灵理论的组成部分。功能主义认为，心理状态是功能状态，而功能状态是刺激与行为、与别的心理状态之间的因果作用。功能状态在

----

① G. Harman, "Conceptual Role Semantics", in C. Peacocke (ed.), *Understanding and Sense*, Vol. I, England: Dartmouth Publishing Company Limited, 1993, p. 181.

② Ibid., p. 182.

人身上是大脑的生理状态的例示，即由它们所实现的。同样，概念作用语义学认为，表征的内容也是可以从功能上加以定义的，即根据它在表征系统中所起的作用加以定义。这里所说的"功能状态"是由它们的因果关系而个体化的，换言之，如果知道一状态的因果关系，那么就知道该功能状态。因为每种心理状态都可看作是这个因果网络上的一个节点，对应于每一个心理状态都有一个因果作用，对应于每一因果作用，又有对应的节点。基于这种关于意向状态的功能主义观点，命题的因果作用与语义作用的关系便不难说明。那就是，它们之间的关系是同型关系，即命题态度的因果作用映射的是作为其对象的命题的语义作用，两者具有同型性。这就是说，命题之间有某种语义关系，就一定有相应的因果关系，如有某信念和某愿望，相应地便会做某事情。

在功能作用语义学看来，同型性完全是客观的，因为知道把什么命题归之于一心理状态就是知道某东西是有用的。在理想化操作的限度内，你从心理状态的语义关系出发，就可演绎出成为这种心理状态所具有的因果结局。例如你知道约翰相信天要下雨，而且认为，如下雨最好带伞，那么你就有预言约翰的行为的方法。总之，根据这一理论，意义正好就是一态度所处的地位，就是它经过态度空间的路径，或者说是这样一种节略的描述，即态度使之可能的各种信念联系，不管一个人实际上是否有别的信念。正像关于关联词"&"的功能作用理论告诉我们的那样，如果"p"为真，"Q"为真，那么"p & Q"也为真，不管"p"和"Q"指示的什么，态度的功能作用都会说明它怎样与别的可能与之联系的东西发生联系，而不只是与实际相关的东西发生联系。换言之，内容可以看作是伴随功能作用的方式，或者说是对相互作用的潜在因素的一种描述，就像化合价是对化学元素结合在一起的简要描述一样。

毫无疑问，概念作用语义学能否站得住脚，在很大程度上取决于它对"概念作用"的说明。如前所述，人们一般把它与"功能作用""推理作用"和"认知作用"等同使用，但它具体指什么呢？包括哪些因素？例如是否包括情感之类的非理智的因素？这是一个有争论的问题。这种语义学的共同观点是：意义就是运用或用法，意义是由推理或概念作用所构成的，而概念作用指的是功能或结构性的作用。过此就各唱各的调了。由此导致这一理论有不同的形式。如哈曼认为，所谓"概念作用"可理解为概念所具有的功能。既然是功能，那它就是一种关系性的东西。也就是说，概念不是孤立的存在，也不可能孤立地获得它的内容，而必须在一种概念或思想的关系网络之中，才可看出它的作用，进而看出它的内容。一概念有什么内容，取决于它在有关关系网络中所具有的地位和所起的作用。在这个网络中，别的概念的内容也是如此，因此概念的内容是相互联系的。总之，"意义或内容的根本源泉就是符号在思想中所起的功能作用"①。博格霍塞恩（P. Boghossian）认为，推理作用是表达式的整个因果作用的纯语言方面，而概念作用是指整个因果作用，它涉及与非语言刺激或对象的关系。② 菲尔德、布洛克等人则根据主观概率说明了概念作用。如前者就是根据一表达式在一个人的所有句子中的概率功能说明概念作用的。他认为，当一个人获得新的信念时，概率功能可以说明他对于他将怎样改变他的相信程度的态度。通过详述归纳和演绎关系，概率功能就可表现一表达式的概念作用的特点，例如 A 和 B 有相同的概念作用，当且仅当对于那种语言中的所有句子 C 来说，P（A/C）= P（B/C）。根据这一理论，对于一个人来说，"塔利是胆大的"与"西塞罗是胆大的"也许有不同的概念作用，因为有一个 S，对于它来说，P（"塔利是胆大的"/S）≠P（"西塞罗是胆大的"/S）。还有人认为，概念作用只包括认识作用，不仅不包括情感、意志等因素，连知觉状态也没有资格进入其中。

　　概念作用语义学的一个最大难题是：既然它强调概念的内容是由概念在推理之中亦即之内的作用决定的，似乎完全把内容看作是

----

　　① G. Harman, "（Nonsolipsistic）Conceptual Role Semantics", in E. Lepore（ed.）, *New Directions in Semantics*, London：Acadmic Press Inc., 1987, p. 79.

　　② P. Boghossian, "Semantic Holism is Here to Stay", in J. Fodor and E. Lepore（eds.）, *Holism*, Oxford：Blackwell, 1991, p. 27.

依赖于思想之内的功能关系的东西，这是否意味着否认了内容与外部世界有关系，因而陷入了唯我论？哈曼认为，概念作用语义学没有这个危险，因为一方面，概念通过与知觉的联系即在知觉中的作用，与外部世界有功能关联；另一方面，概念与行为也有密切关联，既可由行为引起，又可引起行为，因此也与外部世界有功能关联。

二　哈曼的非唯我论的概念作用语义学

这种语义学只承认一种心理内容，认为：心理内容只有一个因素即概念作用，没有指称的因素。如果是这样，他又是怎样得出非唯我论的结论呢？他的办法是，让一个因素进入所指的世界，进入语言共同体的实践之中。一般的功能主义路线在说明概念作用时，只停留于皮肤的层面，如输出是根据身体或运动皮层来设想的，输入是根据大脑所收到的刺激来设想的，因此概念作用被封闭于大脑之内。而哈曼则不同，他说："概念作用语义学与关于内容的'唯我论'理论无关。不存在这样的观点，内容只依赖于思想与概念中的功能关系，比如说特定概念在推理中的作用。有关的东西是与外部世界的功能关系，一方面与知觉有联系，另一方面与行动有联系。使某东西成为红的概念的东西部分是这样的，在这里，那概念涉及对外界的红的对象的知觉。使某东西成为危险的概念的东西部分是这样的，在这里，概念与以某种方式引起行动的想法有关。"[1]可见，哈曼在概念作用的问题上不同于布洛克等人的看法。布洛克等人认为，这种作用是"短臂的"，即只限于头脑之内，而前者认为这种作用是"长臂的"，即波及外部世界和语言实践。

在他看来，具有某物的概念与知觉到它，并对它采取相应行动有关。而知觉到某物又反映在对它所采取的行为之中，如狗吃骨头，表明它已知觉到了它。当然也有异常的情况，如青蛙的面前有

---

① G. Harman, "(Nonsolipsistic) Conceptual Role Semantics", in E. Lepore (ed.), *New Drections in Semantics*, London: Acadmic Press Inc., 1987, p. 67.

时没有苍蝇而只有黑点点，或者面前根本没有对象，它也会作出扑食的行为，这就不能说它有关于某物的知觉和概念。不过在正常情况下，人们可以形成对表征状态的正确知觉和概念，就像雷达瞄准器对敌机的表征一样，它向敌机开了火，在正常情况下足以表明：它得到了正确的表征。由此可以推论说："（非唯我论的）概念作用语义学用不着包含关于思想内容的'唯我论'理论。不能说，内容只依赖于思想与概念之间的功能关系，如特定的概念在推理中的作用，最重要的是与外部世界的功能关系，一方面通过知觉，另一方面通过行动，关联于世界。"①

根据他自己的概括，他的非唯我论语义学包含四个论断：（1）语言表达式的意义由它们所表达的思想和概念的内容所决定。（2）思想的内容又由概念所形成的结构所决定。（3）概念的内容由概念在人的心理中的"概念作用"所决定。（4）功能作用可以非唯我论地看作是与世界上的事物包括过去和将来的事物的有关关系。这里的思想指信念、希望等命题态度。

"功能作用"包括概念在知觉、推理（包括实践理性）中所起的特定作用。"非唯我论地"主要是相对于菲尔德的观点而言的，后者认为，概念作用可唯我论地设想为完全内在的作用。

三　布洛克的两因素概念作用语义学

在布洛克和菲尔德等人看来，内容既有宽的方面，又有窄的方面。但这样一来，对内容的自然化便有新的问题，即怎样用非意向术语说明这种既窄又宽的内容呢？这种说明显然比单纯说明一方面要困难多。尽管如此，他们认为，这一任务不难完成，其步骤有三：一是说明内容的两个方面；二是根据"概念作用"将窄内容自然化，根据指称的社会维度说明宽内容；三是再根据表征论说明概念作用。布洛克说："我所讨论的关于 CRS 的阐释是一种'二因

----

① G. Harman, "(Nonsolipsistic) Conceptual Role Semantics", in E. Lepore (ed.), *New Drections in Semantics*, London: Acadmic Press Inc., 1987, p. 67.

素'观点，据此，概念作用因素旨在把握意义'在头脑中'的方面或决定因素，而另一因素则是要说明意义的指称的社会维度。"①

　　他们的二因素论的基本观点是："意义有两种构成要素，一是完全内在于'头脑中'的概念作用要素（这就是窄意义），二是外在的构成要素，它涉及头脑中的表征（以及它们的内在概念作用）与存在于世界中的表征的指称或真值条件的关系。"② 这里所说的窄意义指的是意义的窄的方面或决定的因素。

　　他们之所以提出二因素理论，一是为了回应弗雷格所发现的有相同指称的两个表达式可有不同意义这一难题，二是为了解释普特南、柏奇等人的思想实验所引出的问题。弗雷格认为，意义比指称更复杂，普特南等人认为，心理、生理结构和状态完全相同的两个人所用的同一符号在指称外部对象时可有不同的意义。这类问题似乎是概念作用语义学无法回答的难题。意义决定不了指称，概念作用并不是意义的全部，因此内容或意义不能等同于概念作用，必须有两个因素才能说明意义。因为就孪生地球这一案例来说，两个孪生人的心理状态、概念作用相同，但他们的"水"的意义却是不同的。因此决定"水"的意义的因素除了内在的因素之外，还一定有外在的因素，这便过渡到了内容二元论。

　　布洛克强调他们的内容二因素论不是主张有两类意义，而是认为有两种决定意义的因素或方面。之所以承认内在的方面，因为他们认为，意义的产生离不开理解和认知的作用。正是在头脑中的概念作用或功能作用决定了窄内容。就弗雷格的著名例子来说，窄内容恰恰是使"晨星"的意义不同于"暮星"的意义的因素。之所以强调有外在的因素，目的是要说明语言、内在表征和外部世界的关系，如说明真、指称、满足。有这个因素就可以说明：两个孪生人的"水"为什么有不同的意义。有了这样的说明，就能避免内

----

　　① 　N. Block, "A Advertisement for a Semantics for Psychology", in T. Warfield and S. Stich（eds.）, *Mental Representation*, Oxford: Blackwell, 1994, p. 101.

　　② 　Ibid., p. 93.

在主义只强调窄内容的片面性。

　　二因素概念作用语义学将内容自然化的基本思路就是用概念作用说明窄内容，用指称或与所指的因果关系说明宽内容。他们认为，窄意义不是意义的一类，而是意义的一种决定性因素。而窄意义就是概念作用。窄意义为什么与行为的解释有关呢？对我和我的孪生地球人来说，它为什么以相同的方式相关？他们回答说：有某种窄内容的内在表征就是有这样的表征，它有某种相同的推理前提和结论。归属窄意义就是归属一组原因与结果，包括行为结果。我与孪生的我跳起来，其理由就是我们有带有概念作用的表征。宽意义之所以与行为解释无关，是因为与窄意义的差异无关的宽意义中的差异并不能引起行为上的差异。例如尽管我与孪生人的"水"的宽意义不同，但对行为并没有不同的影响。功能上个体化的实在能借助独立的、通常是物理主义的手段以及它与结果的因果联系机制来确认。例如基因既可以从功能上、用孟德尔遗传学来确认，也可用分子遗传学的方法来确认。同样，表征的意义的因果作用也可用心理学、生物学、生理学的方法来确认。例如表征"Cat"（猫），自然可通过功能作用来加以分辨，但也有望去揭示它的物理实现。人们可以探索表征与行为的因果链，就像生物化学借助基因起作用的方式追溯其机制一样。

　　根据布洛克对窄内容的说明，心理表征的因果作用是个体主义的，或在头脑之内的，由它的认识关系如它与输入、输出和别的心理表征的推理关系所构成。输入是感官换能器的输入，因为它把外面的刺激转换成了内在表征，输出是身体所驱动的活动，必须非意向地被描述。因此在他那里，概念作用是心理表征、知觉输入和行为输出之间的因果联系。在二因素理论中，外在因素一般是指真值条件语义学所说的所指或真值条件，如塔斯基所说的那样："Fb"意思是 x 是 G，当且仅当"b"指的是 x，"F"指的是属性 G，而且"Fb"为真，其条件是 x 有属性 G。但也有不同的理解。如布洛克认为，"指称"这个概念本身是宽的，它把外在的或指称的因素引到意义上来了，因此必须借助外在环境和系统的历史才能予以说明。这是因为，即使内在状态不变，但一旦所指不同，便可能有内容上的差异。例如有两个人，即使他们的心理状态相同，但如果用 x 指示不同的东西，那么意义显然有不同。而这意义的不同肯定不能用心理状态来说明，而要用某种外在的东西（共同体、专家、指称等）来说明。

上面的还原说明似乎还不充分，也不令人满意。因为还有这样的问题：该怎样根据概念作用语义学，去说明自然语言表达式的意义是由什么决定的，有不同意义的表达式之间是什么关系。为了回答这些问题，布洛克提出了他的表征论。他说："我的目的是阐述一种与心理学基础有关的研究语义学的方案，或准确地说一种对心理学分支即认知科学的研究方案。我将根据认知科学的某些占主导地位的观念尤其是心灵的表征理论，谈一谈：当它们真的有关时，它们的哪些方面会被述及。我们的论证所依赖的表征论学说就是：思想是被构造的实在。"[1] 以推理为例，推理是一个过程，涉及对符号结构的处理。但他不承认，这些符号结构独立于表征性心理状态，以及内在眼睛所看到的心理对象。内在表征好像是大脑中的句子。表征状态本身构成了复合的系统，或者说它们是有结构的，就像语词结合起来构成了对应于句子的表征状态一样。但是并非所有的推理都一定要涉及对符号结构的处理。因为存在着"原始的"推理，它们构成复合推理，但又不由别的推理所构成。例如在某些计算机中，处理是一种符号过程，因为处理问题可分解为一系列的加法问题。但加法不能再分解。它直接由某些硬件设置所完成。这种设置是原始的加工器，并不包含内在表征。如果你问计算机怎样加工，你一定会作出表征论回答。再看关于狗的概念。有一关于狗的概念，就是有一心理表征，而此表征是以某种方式发挥功能作用的。要理解这种作用，"你不能仅仅注意那个表征或它与世界上的事物的'相似'……你还必须知道：作用于它的加工器怎样处理

---

① N. Block, "A Advertisement for a Semantics for Psychology", in T. Warfield and S. Stich (eds.), *Mental Representation*, Oxford: Blackwell, 1994, p. 81.

它。因此只有当作用于形象的表征的加工器忽略其具体的细节时，该表征才能表达相当抽象的属性"。① 例如只要作用于等角三角形的加工器忽略它的等边等角的属性，那么这个三角形的图像就能用来表征一般的三角形。因此他说："我的表征主义体现的是斯马特的'疼痛就是大脑状态'这一论断的精神：一种关于推理最可能是什么的以经验为基础的命题。"② 这也就是说，表征及表征系统等概念是经验科学关于人的内部活动与过程的基本假定，可以据以进一步说明概念作用或推理作用。质言之，可以把概念作用还原为符号在表征系统中所发挥的功能作用。他说："一符号的概念作用就等于是它怎样在一个表征系统中发挥……功能作用（因为这一点，概念作用有时被称为功能作用）。表征在一系统中怎样起作用自然依赖于那个系统。"在这一点上，概念作用语义学有不同于非还原主义语义学的地方。前者认为，概念作用是系统的相关物，因为它们是功能实在，而后者则否认语义值是功能实在。

四　珀尔曼的严格的概念作用语义学

美国西俄勒冈大学的珀尔曼教授也是一个"语不惊人誓不休"的人物。在借鉴功能主义、证实主义、实用主义和他人的概念作用语义学的基础上，他独出心裁地提出了一种崭新的语义学，他自称为'严格的概念作用语义学"。他说："我们必须有一种用法理论，一种非循环的、非武断的用法理论，它用各种实际的、反事实的用法以及表征的完全的概念作用来定义意义。我称这样一种建立在无限的、非理想的、无修饰的概念作用基础上的内容理论为严格的概念作用理论（SCRT）。"③ 其基本观点有四点：（1）关于内容的唯一有生命力的自然主义理论就是用法理论，即根据概念作用定义内容。（2）概念作用理论不承认有错误表征。（3）内容完全是

① N. Block, "A Advertisement for a Semantics for Psychology", in T. Warfield and S. Stich (eds.), *Mental Representation*, Oxford: Blackwell, 1994, p. 128.

② Ibid., p. 107.

③ M. Perlman, *Conceptual Fhux*, Springer, 2000, p. 151.

"窄"的，意义是由于一系列的运用而确定下来的。（4）如果一个概念的每一次运用在形成那个概念的内容中起着作用，那么任何人都不能用与那概念内容不一致的方法去用那个概念。他说："一概念的每一次运用本身都是正确的运用。"① 其新奇的观点有两方面，一是认为心理表征的内容由实际的概念作用所决定，二是否认有错误表征。

　　他的语义学对功能作用提出了独到的理解：这种作用不是理想化的、有限定性的，而是现实的、实际的。理想化的、有限定的功能作用理论在每一概念作用中划出一大块来，认为，它们不能确定意义，因此被这种作用描述的用法就可看作错误表征。而他所倡导的是现实的功能作用。在他看来，对功能作用可以作出如下"形式化的陈述"：假设 S 是机器状态的有限的集合，R 是可能的不从语义上个体化的表征状态 ri…rn 的（无限的）集合。一个表征状态将是在 T 时现实地被标记的表征状态，而且它们在被标记的"那里"，即在信念盒、意愿盒等中。在那里，这些就是该表征由以加工的、从功能上详述的种种方法的节略的描述。因此，R 的一个成员 ri 的功能作用就是 S 中的这样的状态集合，它们来自与 ri 的一个个例有关的任何状态，它们也是这样的状态集合，即与 ri 的一个个例有关的状态可由此进入。一状态 ri 可从另一状态进入就是状态空间中的路径可关联于它们，即 rj 的标记能引起 ri 的标记，要么是直接地，要么是由于与别的中间表征状态的相互作用。任何特定表征 r 的概念作用就是表征系统的状态空间中的各种路径，它们由于 r 的出现而成为可能的，即有了认知状态之间的可能转换。这就是 r 对认知系统的作用。② 因此 SCRT 作为一种内容理论包含两个命题。第一，用法决定意义，第二，用法又由功能作用所决定。所谓用法就是属性 P 的集合，如某物有 P 就会促使那系统将表征 r 应用于它。但是表征应用于什么属性呢？由于什么属性

----

① M. Perlman, *Conceptual Fhux*, Springer, 2000, p. 42.
② Ibid., pp. 153 – 154.

它才应用于它呢？SCRT 的基本战略就是根据属性、根据应用于对象来说明意义。从形式上说，SCRT 又包括两个观点，一是关于意义同一性的，二是关于表征的意义的实际定义的。关于第一个观点可表述如下：如果 ri 和 rj 是两个心理表征，而且 ri 和 rj 都有它们的形式属性，那么 ri 和 rj 就有相同的意义。在他看来，计算加工是形式的，它们通过表征的句法而应用于表征。一表征有它所具有的实际作用，是由于它的句法属性，而不是语义属性。语义属性必须还原于句法属性。内容实际上就是表征在认知加工过程中所起的句法作用。因此同义词或内容的同一性就是表征在句法加工过程中的相同的作用。

珀尔曼自认为，他的这一理论有如下特点：（1）以前的概念作用理论强调的是理想作用，或用某种方式将这种作用理想化，以便为错误表征的存在提供地盘。而 SCRT 则认为，这种作用是现实的。（2）SCRT 强调概念的作用是无限的，即所有一切概念作用，而不是某一范围内局部的概念作用。在这个意义上，它是整体论的。（3）由 SCRT 可衍推出这样的结论：不存在错误表征。他说："坚持 SCRT，就等于赞成不存在错误表征这一结论。"① （4）坚持 SCRT 就等于坚持实用主义的意义论。（5）赞成标准的功能主义观点，并把它作为定义个别表征的内容的基础。这里所说的标准的功能主义即心理功能主义或图灵机功能主义。它承认的输入和输出既包括外在的，又包括内在的。

在许多人看来，概念作用语义学所承诺的整体论不仅在理论上是错误的，而且还会得出这样的荒谬结论：正像人不能两次踏进同一条河流一样，人也不可能两次具有同一个概念，两个人在用同一个表达式时也不可能有相同的意思。很显然，这与事实是根本相违的，因为不同的人用同一个词时，它的意义尽管可能有细微的差别，但其中肯定有共同性，至少有相似性。人们之间的交流、对话，不同语言的翻译之所以能进行下去，也足以说明这一点。此

----

① M. Perlman, *Conceptual Fhux*, Springer, 2000, p. 153.

外，概念作用语义学还有这样的问题，不能很好说明概念与外部世界的联系及其多样性；将概念作用封闭于头脑之内，这无疑忽视了表达式在语言实践中的作用对意义的影响，抹杀或低估了指称、真值条件对意义的作用，因此有唯我论的问题；即使注意到了心理的作用，但片面强调的是概念、推理等理性因素的作用，而忽视了非理性因素对意义、心理内容的影响。

第六节　融合两大传统的意向性理论

如前所述，由于心灵哲学中存在着两大走向，一是现象学传统，二是分析传统，因此关于意识、意义和意向性的理论也有两种传统的冲突。最近，出现了一种熔两种传统于一炉的倾向。例如马尔帕斯（J. Malpas）和吉勒特（G. R. Gillett）等人通过综合现象学传统和分析传统的意向性理论对意向性的本质特点提出了许多独具匠心的看法。根据吉勒特等人的理解，意向性有两个意义，一是有目的性，二是"关于性"。他们认为，第二种理解坚持的是"现象学传统"在讨论意识时所给出的关于意向性的定义。[①] 对这种定义稍作引申，如把思考对象、关涉对象看作是一种与对象的能动的、搜索性的关联活动，即把意向性看作与对象关联、打交道的过程，那么就可以认为，这样予以规定是维特根斯坦、胡塞尔和萨特等人的共同看法。[②]

一　意向性与视域性

在具体阐释意向性的过程中，他们常诉诸视域性范畴。我们知道，在现象学中，视域性与意向性是密切联系在一起的。根据马尔帕斯的理解，视域类似于图式（frame），意向性即指向性、关于

---

① G. R. Gillett and J. Mcmillan, *Consciousness and Intentionality*, Amsterdam: John Benjamins Publishing Company, 2000, p. 11.

② Ibid., p. 13.

性。它们还可结合在一起。一旦如此做了，它们就组成了"意向—视域结构"。

意向—视域结构这一概念是马尔帕斯在借鉴胡塞尔的有关思想的基础上所提出的，也可看作是他对胡塞尔有关思想的一种创发性解释。马尔帕斯认为，意向性指的是从一定的基底（ground）中分辨出一个形象，而视域性恰恰就是这个基底，那个形象就是相对于它而被分辨出来的。从构成上来说，视域是由一组对象构成的，而这组对象就是特定意向活动的视域。另外，这组对象具有整体论的特征，因此视域性与整体论也有内在的关联。

视域的构成不是凝固不变的，它因活动的类型不同而不同。视域—意向性结构可根据视觉来分析，即类比于视觉可揭示这种结构。例如观看面前的桌子，桌子就是观看这样的意向活动的对象，而视域则涉及各种信念和预期。这些信念、预期是观看的人一定会有的，它们包括房间的各个方面、桌子的位置、桌子的构成，另外还有关于观看的人自己的各种预设，如关于他的位置、能力等。

其实，解释活动也有这种意向性—视域性结构。它也可分析为对象和视域两方面。待解释的对象、文本，如对方说出的话语、作者所写的论著等，是解释活动的意向对象，可见，它也有意向性，而视域则是解释者在解释时已有的、已形成的各种信念和预期，亦即解释由以出发的心理图式。而这些心理的东西的视域性又可理解为一种整体论的特性，像意向性结构一样。在解释活动中，有关的意向性和视域性结合在一起，便形成了心理的东西的意向—视域结构。其不同于其他结构的特征在于：它不仅包括现实的可观察的方面，而且预期、预想、假定还会在其中起作用，因此意向—视域结构是由复杂的心理活动所建构起来的复杂的整体。由此可决定，意向—视域结构一定具有不确定性。①

解释活动离不开视域—意向结构。因为不管是解释者还是被解释

---

① J. Malpas, D. *Davidson and The Mirror of Meaning*, Cambridge：Cambridge University Press, 1992, pp. 119 – 123.

者，其心理状态、意义、行动都是一种意向—视域结构。正是因为这样，解释者对被解释者的解释才是可能的。解释者有了上述结构，便一方面有明确的指向性，另一方面有解释的条件，因为借助有关在前的图式，如信念、预期，包括对解释者自己和被解释者的信念和预期，解释者可以作出自己的解释。解释之所以可能，还依赖于这样的条件，即说者或被解释者及其话语也有意向—视域结构。任何个体及其信念、话语等都构成了一种局部化的意向—视域系统，而且它还是更大的系统的组成部分。如果说心理王国形成了一个统一体，那么它是包括许多小的统一体的大统一体，即由许多网络构成的网络，在整个网络中，有许多节点，它们可能成为别的网络的中心。

解释中的意向—视域结构既使解释成为可能，同时又使解释具有不确定性。"解释的不确定性"是戴维森解释理论的一个重要结论。它是在借鉴蒯因的"翻译不确定性"原则的基础上提出的。其要点在于：说者所说的话究竟意指什么，可能不存在客观的不变的事实，质言之，不同的人在解释同一话语时，可能产生不同的乃至相互对立的解释。为什么会有这样的现象？这是解释理论本身固有的一个难题。在戴维森看来，不确定性直接来源于心理学整体论。既然命题态度的个体化依赖于复杂的内外关系，而这种关系是不可能彻底认识清楚的，因此对心理、意义的解释必然具有不确定性。正像没有孤立的要素决定语言系统中的一个要素一样，任何心理现象不可能是由一个孤立的方面决定的，因而在构成那个系统的要素方面的任何变化，必然影响系统的变化。由此所决定，就不存在唯一正确的解释。解释是一种变动不居的赌博性的过程。这也就是说，由整体论特征以及不确定性原则所决定，对心理或其中的某一部分的描述、解释不可能是全面的、完善的。任何解释理论都不可能对心理的东西提供完全的说明。

二　"意向性悖论"与信息关联

一般都承认：关系的存在离不开两个以上的事物的存在，例如 x 与 y 之间要有关系，必要的条件是 x 和 y 都存在。意向性也是一种关系属性，必须有能意指的主体 x 和被意指的对象 y。大多数意向性关系符合这一条件，但也有这样的情况，即有 x，而没有 y。例如我想到了方的圆。这里被想到的方的圆压根就不存在。但是我确实想到了它，两者之间似乎有意向关系。而根据关系的要求，关系中的要件哪怕缺少一个，关系便不能存在。然而意向性居然被公认为是关系属性。这怎么可能呢？这就是所谓的"意向性悖论"。①在解决这个悖论时，里德（T. Reid）完全根据实在论的观点来说明意向关系，即认为只有主体和对象存在才有意向关系可言。不仅如此，他还将这种关系细化，指出其中有三个因素，缺一不可。一是心灵，二是心灵的运作，即用动词表述的活动，三是对象。而且这对象是真实存在的。间接的实在论认为，心灵借助对象的中介性表征而思考外部对象。另一对立的立场则认为，意向的对象可以是非存在的东西，如独角兽等，还可以是抽象的、理论的实在，如共相等。这些对象尽管在时空中不存在，但也有形而上学的存在性，因此是意向关系得以出现的一个基础。在意向对象问题上，除了上述难题之外，还有一个难题，即如何理解意向对象的本质，如何理解意向对象与外部世界的关系。

根据吉勒特等人的看法，要解决上述问题，最好的办法是把胡塞尔和作为分析哲学家的埃文斯（G. Evans）的有关观点整合起来，然后作适当的改造和融合。吉勒特等人认为，分析怪诞的思想有助于化解上述难题。他们说：这种分析"将使我们摆脱在说明意向关系时陷入的僵局"②。所谓怪诞的思想，就是关于一个非常奇特的东西的思想，例如某人想到了一个奇怪的雪人。在分析这样的事例时，要收到好的效果，一是要正确理解"想到关系或意向关系"，二是要承认在这里存在的某种"事实的联系"。他们认为，所有怪异的思想，包括涉及指向不存在对象的思想，里面肯定有一

---

① J. Malpas, *D. Davidson and The Mirror of Meaning*, Cambridge: Cambridge University Press, 1992, p. 72.

② G. Gillett and J. McMillan, *Consciousness and Intentionality*, Amsterdam: John Benjamins Publishing Company, 2000, p. 88.

种关系或联系，即"心灵与意向地理解的对象"的联系。① 对这种联系，无疑不能用简单的分析方法来分析，例如用因果分析的方法就无法说明这里的关系，因为被想到的东西并不存在，或不知道是否存在。因此"这种关系抵制简单的分析，例如因果分析"②。现在的问题是：怎样才能揭示这类思想中所隐含的联系呢？他们认为，要解决这些问题，有必要借鉴利用埃文斯的有关思想。

埃文斯认为，关于特殊个体的思想后面肯定存在着比因果关系更为复杂的关系。对所想到的对象，思想者肯定是亲知的（acquaintance），而在这种对象和思想之间存在的关系则是一种"信息关联"（information link），也就是说，某人之所以想到某对象，例如不存在的对象或古怪的对象，是因为他有有关的信息。信息组合不同，对象也不同。因此要进一步说明不同思想有什么相同和不同之处，这种不同是如何形成的，还得具体说明"信息"。如果做到了这一点，那么就有办法描述思想和对象的意向关系，更好说明思想为什么能关于存在的和不存在的东西。埃文斯承认，有两类怪诞的思想，一是以认知为基础的思想，二是指示性思想。在这两种思想中，信息联系都表现得很明显。第一类思想是有格式塔的主体所具有的思想，而格式塔又是基于从对象中所搜集到的信息。指示性思想与人的思想和经验有关，得益于我们学习概念的方式。例如人们在学习和把握一个概念（狗）时，总是要从复杂的特征中挑出最典型的特征，它是该概念最重要、最根本的方面。把握了它，就基本上把握了一个概念。而特征又是作为信息集合而出现的。由于人所搜集、选择的信息有真有假，有可靠和不可靠之分，对信息的组合、分解、判断更有真实和胡编乱造之分，因此基于信息联系而形成的对象当然有真实和虚构之别。

在借鉴上述有关思想的基础上，吉勒特等人对这一问题也发表

----

① G. Gillett and J. McMillan, *Consciousness and Intentionality*, Amsterdam: John Benjamins Publishing Company, 2000, p. 90.

② Ibid..

656 意向性与人工智能

了自己的看法。其关于怪诞思想的观点既保留了"信息关联"这一基本概念，又作了一定的发挥。他们认为：怪诞思想和信息联系有这样一些属性。第一，怪诞的思想可能是有根据的，也可能没有。这是因为信息联系使思想者有可能在判断中犯错误。信息联系之所以有这种作用，又是根源于人有犯错误的可能性，以及业已形成的一些限定性规则。第二，信息联系并不包含信息的形成，但可以为信息的形成提供材料。因为信息有概念内容，因此这种材料在本质上也是概念性的。公共的符号和语词在哪里把约束加给概念的内容，在哪里便有限制内容归属的规范。这些规范一定会超出对个体内在状态的描述。第三，信息联系提供了不同的内容，它们有别于构成描述思想的内容，但在主体的概念系统中仍有其地位。这种差别根源于这样的事实，即信息联系一定与对象有关，而描述性思想则不同。信息联系的概念本质意味着：在运用概念过程中起作用的认知技能也会在形成信息联系中进而在形成怪诞的对象构念中起作用。他们说："在决定含义（或概念内容）中必要的一切东西不知什么原因也内在于信息联系之中。"①

在他们看来，想到某东西（不管它是存在的还是不存在的），绝不可能是空穴来风。一方面是思想者有某种能力，相应地有某种活动，同时确实有被想到的东西，这东西尽管不存在于现实世界之中，但一定在思想者的头脑中有存在地位。因为被想到的东西有其信息，而信息有概念或语言的表达，有这种表达出现，在头脑内就一定有印记。他们把不断被想到的东西看作一组概念集合，形象地说，它们在头脑中一定有相应的概念"槽"或"孔"（slot）。比如说 x 想到了一个奇怪的对象即雪人，这里他一定有相应的概念槽，这槽中包含有他对下述概念的把握，如（白）、（可怕）、（似人的）、（逃跑）等，它们合在一起就形成了（雪人）这一概念。他们说："说 x 想到一对象 a，就是把概念'槽'归属于他，而关于

① G. Gillett and J. McMillan, *Consciousness and Intentionality*, Amsterdam: John Benjamins Publishing Company, 2000, p.60.

a 的构念就存在于这'槽'之中。"①

三　意识的超越性及其根据

下面我们再来看看吉勒特对"客观性难题"的解答。客观性难题实即表征难题，在胡塞尔那里表现为超越性问题。而在英美哲学中则表现为认识论难题。众所周知，洛克提出二重经验论以后，许多哲学家开始意识到：人们所得到的关于色声香味等的观念并不是关于外界实在属性的观念。后来，贝克莱把这一思想推广到一切属性之上，得出了存在就是被感知的结论。再后来，休谟从根本上否认了人进入客观世界的可能性。康德为了调和这里的矛盾，对现象和物自体作了区分，认为，能被认识的不是自在存在的事物，只能是现象。这一系列哲学探索，最终把这样一个哲学难题尖锐地摆在人们的面前：心灵怎么可能把握事物在真实世界中所是的方式？它能否认识事物的真实相状？如果能认识，是怎样认识的？

吉勒特明确指出：上述问题可通过重新阐发意向性学说而得到回答。当然，有这种作用的意向性学说必须是由他所重新阐发的意向性学说。他说："知觉的意向性通过受规则制约的公共词项运用的实践，把内容与主体间性关联起来了。"② 从而可以化解表征的客观性难题。他认为，人通过知觉所得到的认识以及相随而显现出来的对象具有客观性。不同的人面对同一的对象尽管会看到不同的东西，以致好像不存在同一的或共同的对象，但他仍认为，世界有统一性，对象有同一性。其根源在于：人们的认知能力中有共同的结构，例如概念，而概念是在主体与主体的交往中，在交互实践中，在共同的活动中形成的。他说："知觉是一种通过与世界发生感性联系而获得概念知识的能力。在知觉中，主体能进入他通过他的思想体系的结构所接触到的东西之中。当然，要做到这一点，主

----

① G. Gillett and J. McMillan, *Consciousness and Intentionality*, Amsterdam: John Benjamins Publishing Company, 2000, p. 97.

② G. Gillett, *Representation: Meaning and Thought*, Oxford: Clarendon Press, 1992, pp. 200 – 201.

体必须利用这样的事实，即他对概念的把握是在与他所进入的情境
有内在关联的情境中逐渐形成的。"例如有两个人，一个是城里
人，一个是捕鹿者。他们走到了森林，看到前面有一个动物。后者
问前者："你看到了鹿吗？"前者说："我只看到了一个毛茸茸的东
西。"后者指着那动物说"这就是鹿。"经过多次实践，前者终于
形成了在不同环境下识别鹿（概念）的能力。这也就是说，经过
情境的转换，前者掌握了一种标准，有了这个标准，他就能在各种
环境中运用这个概念。可见，概念不是唯我论性质的东西，它有外
在的所指，而且是在人际间的交往实践中形成的。基于这样的分
析，吉勒特指出：意向性引起了客观性、共同性难题，但同时又是
解开这个难题的钥匙。他说："概念可用之于主体间可接近的对
象，而借助概念形成对世界理解的知觉并不依赖于前概念信息状
态。因此我们可以说：在知觉中，我们的思想直接锁定于世界之上
（因为世界及其内容就是概念所涉及的东西）。"①

第七节　其他建模尝试举隅

由于人们普遍意识到建模在 AI 模拟人类心智的意向性过程中
具有重要的作用，因此都纷纷不畏艰难为其建模。再略举几例。

一　从符号概念图式到"几何概念图式"

美国著名科学哲学家丘奇兰特（P. M. Churchland）在心灵哲
学中也颇有建树，其特点一是从神经科学的角度提出和解决心灵哲
学问题，二是对民间心理学持取消主义立场，因此在他的论著中，
一般不在肯定的意义上使用意向习语。例如在意向性建模时，他使
用的是表征这一术语。在许多人看来，这在本质上并没有什么差
别，因为持自然主义立场的哲学家常常就是用表征这一科学术语来

----

① G. Gillett, *Representation*: *Meaning and Thought*, Oxford: Clarendon Press, 1992,
p. 192.

解释意向性的。

　　丘奇兰德尽管承认思维等心智活动有计算的一面，但不赞成计算主义的心智模型，因为后者片面地把符号加工系统看作是心智的适当的模型。在丘奇兰德看来，这没有抓住心智的另一根本特点，即能表征符号以外的世界。因此他赞成塞尔的责难：即使机器像符号主义所说的那样，按照程序完成了比如说对中文的形式处理，但它并未像懂中文的人那样理解了中文。① 在他看来，只要将计算机与人类心智加以比较，就必然引出这样的问题：为什么作为人的思维的计算有意向性，而机器的计算没有呢？要解决这一问题，就要研究人的意向性的内在机理，研究大脑实现它的过程与条件。他认为：神经科学中已经包含了能回答上述问题的"理论方法"。他说：这种理论方法"对脑怎样可能对它所处的世界的诸多方面作出表征这一问题"，能提供"一个极其一般性的答案"，② 它"解答了它的特定组织如何实现整个脑所表现出的表征活动和计算活动的问题"③。

　　基于他对人的心智本质及特点的看法，他指出：在建模人的心智及表征能力的模型时应进行范式转换，即从符号主义的句法概念图式向几何概念图式转换。由于方法论和理论基础上的问题，经典计算主义在建模思维的模式时，最终把人的认知加工系统看成是一种句法机。这是不符合人的认知本来面目的。丘奇兰德认为，应放弃这一句法概念图式，而回归几何概念图式。在他看来，后一图式抓住了人类认知的实质和一般模式。他说："我们一旦跨越二维状态空间点的认知意义，进入了 n 维状态空间中的直线和闭环的认知意义，我们就可能发现曲面、起曲面和超曲面相交部分等的认知意义。出现在我们面前的将是一个对认知活动的不同于狭义句法概念

----

　　① P. M. Churchland and P. S. Churchland, "Could a Machine Think?" *Scientific American*, 1990（262），1：26 – 31.

　　② ［美］P. M. 丘奇兰德：《认知神经生物学中的某些简化策略》，载博登编《人工智能哲学》，刘西端、王汉琦译，上海译文出版社 2001 年版，第 454 页。

　　③ 同上书，第 455 页。

的'几何'概念。"①

　　要完成上述范式转换，建构出符合心智客观实在本来面目的模型，首先必须转换方法论。在建模时，经典计算主义的方法是：只关注大脑运作的形式过程，试图从中抽象表征和计算的一般模式。丘奇兰德认为，此路不通。他说："脑肯定不是一台以数字计算机方式工作的'通用'机。"② 他提出的策略是：应通过研究脑的微结构来回答上述问题。他说："通过坐标变换而相互作用的状态空间系统所具有的惊人的表征能力和计算能力，为理解神经系统的认知活动提供了一个强有力的、适用性极广的工具。"③ 他还说："脑根据在适当状态空间中的位置，对现实的各个方面作出表征，同时脑通过从一个状态空间到另一状态空间的一般坐标变换，根据这种表征来完成计算。"④

　　在丘奇兰德看来，人之所以能表征，用民间心理学的术语说，人之所以有意向性，关键在于人有一种特殊的拓扑形态映射能力，即能通过特殊的过程和方式形成拓扑形态映射图。例如眼睛之所以能"关于"或"表征"外界物体的形状、颜色等特征，是因为视网膜神经细胞向大脑皮质细胞发出了轴突束，保存了视网膜细胞的拓扑形态组织结构。所谓拓扑形态是指对象的抽象的特征。这也就是说，人类的表征能力是一种抽象的表征能力。他说："脑后部视皮质的给定层中细胞之间的相互位置关系，与把视觉投射到视皮质的视网膜细胞的相互位置关系相对应。从视网膜神经细胞向大脑皮质细胞发出的轴突束，保存了视网膜细胞的拓扑形态组织结构。这样，主要的视皮质表面就构成了一个视网膜表面的拓扑形态映射图。"这里的映射图之所以是拓扑的，是因为视网膜细胞之间的距离关系一般未被保存。其他感官也是用同样的方式完成表征任务

----

　　① 〔美〕P. M. 丘奇兰德：《认知神经生物学中的某些简化策略》，载博登编《人工智能哲学》，刘西端、王汉琦译，上海译文出版社 2001 年版，第 490 页。
　　② 同上书，第 491 页。
　　③ 同上书，第 492 页。
　　④ 同上书，第 456 页。

的。如躯体感觉皮质的表层是身体的触觉表面的拓扑形态映射图，运动皮质的底层是身体肌肉系统的拓扑形态映射图。[①]

问题是：这样的模式为什么是这样？在认知上有什么意义？有关的结构在形成这种模式时做了什么？是怎样做的？丘奇兰德通过分析感觉运动协调作了回答。在他看来，脑之所以有表征能力，是因为大脑有拓扑形态映射图。他说："脑可能具有拓扑形态映射图，比至今已确认的，甚至是推测的，还要多得多。脑无疑具有极其丰富的以拓扑形态方式组织的区域……在试图理解许多以拓扑形态方式组织的脑皮质的重要性时，如果把它们作为抽象的在功能上相关的状态空间的映射来处理，我们将会取得更大的进步。"[②] 基于上述分析，他指出：生物之所以能表征世界、形成拓扑映射图，是因为生物在进化中形成了纵向联结的分层结构。例如人的大脑皮质有六个层次，每个层次都为复杂的神经元贯穿起来了，从而形成了一个纵横交错、四通八达的网络。

他还强调：大脑在表征中必然会进行特定的操作和变换，例如"特定大脑皮质区域的特定皮层中的细胞群体确实是在对状态空间的位置进行编码，但采用的是全体细胞均处于激活水平的全局模式，而不是对最强的细胞激活所作的狭隘空间定位"[③]。最重要的是，内部还会发生一种坐标变换。他说：大脑"皮层内那些分散的映射图，以及许多亚大脑分层结构都从事于从一个神经状态空间中的一些点到另一个神经状态空间中的一些点的坐标变换，其做法是使纵向联系的度量变形拓扑形态映射图直接相互作用。它们的表述方式是状态空间位置；它们的计算方式是坐标变换；而这两种功能在状态空间分层结构中同时得到实现"[④]。他还说："从这一层到邻近细胞层的轴向投射，的确实现了从一个状态空间到另一个状态

---

① ［美］P. M. 丘奇兰德：《认知神经生物学中的某些简化策略》，载博登编《人工智能哲学》，刘西瑞、王汉琦译，上海译文出版社 2001 年版，第 459 页。

② 同上书，第 474 页。

③ 同上书，第 470 页。

④ 同上书，第 469 页。

空间的变换。"①

　　图 11—2（b）是一个图示的螃蟹状生物体（图 11—2（a））的平面图，这生物体带有两个可旋转的眼睛和一个可伸展的爪臂。如果要使这个装置对螃蟹有用，那么这个螃蟹就必须体现出它的眼角对之间在可食目标表现成三角关系时的某种函数关系，并体现出继之产生的肩部及肘部的角度，这样，它的爪臂才能具有一个与可食目标接触的位置。简单说，它必须能抓住它看到的东西，无论所见之物在什么位置。我们可以对所需的臂/眼关系的特点作出如下说明。首先，我们用二维感觉系统坐标空间或状态空间（图 11—3（a））中的一个点来表示输入（眼角对）。输出（臂角对）也可用另一个二维运动状态空间中的恰当的点来表示（图 11—3（b））。这里，需要一个函数，有了它，就能使我们从感觉状态空间中的任何一点到达运动状态空间中一个适当的点，这个函数将用上述方式使爪臂位置与眼睛位置协调一致。

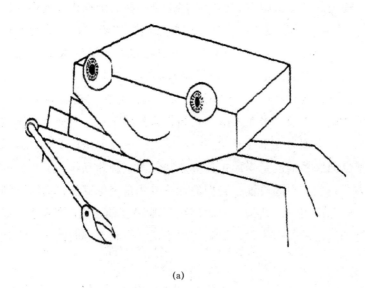

(a)

----

① ［美］P. M. 丘奇兰德：《认知神经生物学中的某些简化策略》，载博登编《人工智能哲学》，刘西瑞、王汉琦译，上海译文出版社 2001 年版，第 470 页。

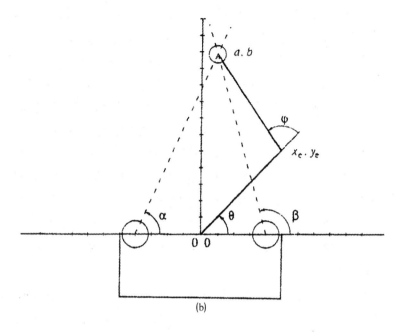

(b)

图 11—2

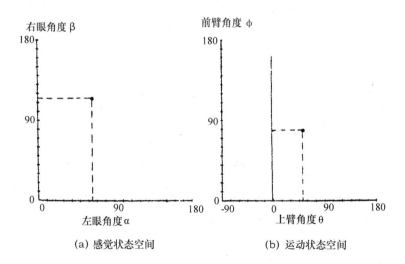

(a) 感觉状态空间　　　　(b) 运动状态空间

图 11—3

丘奇兰德指出：尽管这里的过程和机理很复杂，但如果能在计算机屏幕上画出这个螃蟹，它的爪臂的最终位置（由计算机画出作为输出）就是它的眼睛位置（由我们输进作为输入）的特定的函数，那么就构成了一个非常有效的和举止得当的感觉运动系统。

还可为其编写这样的控制程序。设该程序使得螃蟹爪臂弯曲地靠在它的胸前（在 $\theta = 0°$，$\phi = 180°$处），直到某个适当的刺激对准两眼的中央凹为止。然后，让它的爪臂从初始状态空间位置（0°，180°），沿着运动状态空间中的一条直线，向运动状态空间中计算好的目标位置运动。这就是在实数空间中爪臂的顶端与眼睛的三角测量点相接触的状态空间位置。这种安排产生出一个适度的仿真系统，无论它看到什么东西，只要在它爪臂的可达范围之中，就可以准确无误地抵达。

如前所述，符号主义模型必然有这样的难题，即纯句法转换如何具有语义性？丘奇兰德认为，他所构想的关于表征的几何概念图式可回答这一问题。他说："所有合语法的句子会处于多维空间的专门的超曲面之上，它们之间的逻辑关系反映为某种空间关系。"[1] "语句的几何学表征使我们能够解决'默认信念'的棘手问题……正像全息图不'包含'大量清晰的三维图像，它们以奇特的方式排列着，从而能在全息图被人从不同的位置观看时呈现出真实物体连续变化的景象一样，人类也很可能不'包含'大量清晰的信念，它们以奇特的方式排列着，从而聚集起来呈现出关于这个世界的一个连贯的说明。"[2]

二　"心智的设计约束"

在斯洛曼（A. Sloman）看来，要研制出真正的有智能性质的AI，首先要弄清作为其模拟对象的人类心智本身，而要如此，关键

----

[1]　［美］P. M. 丘奇兰德：《认知神经生物学中的某些简化策略》，载博登编《人工智能哲学》，刘西瑞、王汉琦译，上海译文出版社 2001 年版，第490—491 页。

[2]　同上书，第491 页。

又在于弄清人类心智的设计约束。基于这一认识，他别出心裁地提出了研究"心灵的设计约束"之类的计划和思想。① 他说："一台能理解日常语言并能模拟人类交流方式的机器，至少需要隐含地掌握这一理论。"②

为了实现他的上述计划，他对人类心智运作的机理作了自己的特殊研究。他说："我们需要一个关于怎样产生和控制心理状态，以及它们怎样导致行为的理论——一种关于心灵机制的理论……本文将提出一个理论纲领，概述适用于智能动物或机器的种种设计约束。"③ 根据他的研究，人类心灵具有这样的组织形式，即有情感状态，有动机生成器和比较器，由于需求方面的冲突会产生不相容的目标，因此还有决策制定机制，在作出重要决策时，还有专门化的中央机制。④

根据他对人类心智的活体解剖，智能的首要的特点是有目的或目标。所谓目标"就是以某种形式结构表述的符号结构来描述有待产生、保存或防止的事态"。"事态的表述可以起到目标的作用，只要它趋于……产生改变现实使之与表述内容保持一致的那种行为。"⑤

目标是怎样产生的呢？有一些是由计划过程产生的，有些是对新信息的响应，另外，思想、推理都可产生目标。斯洛曼还认为，人脑中有专司目标生成的目标生成器。不仅如此，还有目标比较器。因为面对某一事态，人们可能生成许多不同乃至相互冲突的目标。而人们又不可能同时服从这些目标。为了解决冲突，人们会对目标作出比较，挑选出自认为合适的目标。目标比较器运作所依据的规则有时是极小代价原则，即两个目标中，如果有一个所付出的

----

① ［英］A. 斯洛曼：《动机、机制和情感》，载博登编《人工智能哲学》，刘西瑞、王汉琦译，上海译文出版社 2001 年版，第 316 页。
② 同上书，第 333 页。
③ 同上书，第 315 页。
④ 同上书，第 317 页。
⑤ 同上书，第 318 页。

代价小而又能被实现，那么就可能被选中。此外还有拯救生命规则。它是目标选择的最高原则。因为没有哪个目的比保存生命这一目的更重要。

另外，智能行为离不开动机激发因素。所谓动机激发因素是"指根据信念趋于产生、修正或选择行动的机制和表述"。要为人工智能"设计出普遍适用的较高层次的生成器和比较器，需要进行理论研究"，如"弄清人类所具有的机制"。

动机是智能行动产生的直接原因。问题是，它又是怎样产生的呢？他认为，这根源于它的激发因素。而激发因素又有派生和非派生之别。前者是指由别的动机或目的所引出的新的动机。后者是由本能的需要、好奇心、获得成功的愿望等引出的动机，如口渴了想喝水就是非派生的动机。而为了有水喝，就想到要钱，则是派生的动机。因此要想有动机，必须有一些内在的需要。

斯洛曼还揭示了动机转化为行为的中间过程，它包括如下环节：1. 始发，即产生；2. 新目标的反射性优先；3. 抑制或通过；4. 引发反射行动；5. 评价相对重要性；6. 采纳、排斥或延迟考虑；7. 制订计划；8. 激活，即开始实现动机；9. 计划的执行；10. 中断；11. 与新目标的比较；12. 计划或行动的修正；13. 满足；14. 挫折或妨碍；15. 内部监控；16. 学习，即根据经验对生成器和比较器进行修正。他说："这些都是计算过程，可通过由规则支配的对各种表述的操作来表示。"①

要研究人的智能行为，还要注意情感以及情感与动机的关系。他的基本概括是："情感是由动机激发因素产生的状态，同时包含着新动机激发因素的产生。"这就是说，情感与动机是相互联系和相互作用的。情感由动机产生，但一经形成又会引起新的动机的产生。②

----

　　① ［英］A. 斯洛曼：《动机、机制和情感》，载博登编《人工智能哲学》，刘西瑞、王汉琦译，上海译文出版社 2001 年版，第 324 页。

　　② 同上书，第 325 页。

最后，态度也很重要，因此在建立关于人类智能的模型时，还要注意态度的维度。所谓态度"是集于某一个人、物体或观念的信念、动机、动机生成器和比较器的集合"①。其作用在于：在许多时候，它会在作出选择的倾向中表现出来。

总之，大自然在设计人类心灵时所受到的约束主要有："来自内部和外部的动机源的……多重性，速度的限制，对环境看法的难以避免的空缺和错误，与动机相关联的变动着的紧迫程度"②，此外，还要有目标生成、比较。这些都是人类智能意向性特点的表现。要建造真正的智能，必须向大自然设计师学习，如必须设计"目标生成器"、"目标比较器"等。③要建立关于心智及其意向性的模型，这些都是必须考虑到的参数。

三　预测—记忆模型

杰夫·霍金斯（J. Hawkins）是美国掌上型电脑、智能电话等的发明人、成功的计算机工程师和企业家、对 AI 的命运极为关注的学者。他和布拉克斯莉合著的《人工智能的未来》倾注了他们对 AI 研究困境及其出路的独到思考。

在他们看来，AI 研究面临着一系列根本性问题，如连通性问题，即芯片、电话线路等的连接是共享的，而人脑中每个轴突都是特殊的；还有建构模型问题，以及如何让它有容错能力的记忆，如何让它有更大的容量等问题。由于这些问题难以解决，因此以造出能模拟甚至超越人类智能为目标的 AI 研究便总是事与愿违。他说："用传统方式研究出的人工智能可以产生出实用的产品，但绝不可能制造出真正的智能机器。"这里所说的"传统方式"既包括物理符号理论，又包括方兴未艾的人工神经网络或联结主义。在他们看来，传统的方式是犯了方向性错误。他们说："回顾人工智能的发

---

① ［英］A. 斯洛曼：《动机、机制和情感》，载博登编《人工智能哲学》，刘西瑞、王汉琦译，上海译文出版社 2001 年版，第 330—331 页。

② 同上书，第 316 页。

③ 同上书，第 317—319 页。

展史及其建立的原则，我们可以看到这一领域的发展偏离了正确的
方向"。①

　　AI 研究举步维艰的原因何在呢？在霍金斯等人看来，主要原
因是只关注功能，而忽视了功能所源自的大脑。在他们看来，视
觉、语言、机器人科学和数学都只是编写程序的问题，既然计算机
可以做到人脑所做的一切，那么为什么我们的思维还要大脑？他们
对大脑如何工作毫无兴趣，甚至有些人还为自己跳开了神经生物学
这一阶段而沾沾自喜。② 在霍金斯看来，"要造出一台与人不完全
相同的智能机器，我们只需关注大脑中与智能有关的部位即可"③。
"所有的智能都产生于新大脑皮层"，因此只需研究这一部分就够
了。因此制造真正的人工智能的出路在于："只有认识了新大脑皮
层的工作原理之后，我们才能着手建造智能机器，而在此之前不可
能做到这一点。"④

　　要模拟智能，当然还要知道人类智能的特点。根据霍金斯等的
看法，智能有容错能力、可塑性、补偿性等特点。除这些之外，最
根本的特点是意向性，或者说是有语义理解能力。他们说："智能
机器之所以有智能，是因为它可以通过一个分层次记忆系统来理解
它的世界，并与之交互，可以如你我一样思考自己的世界。"⑤ 另
外，要制造人工智能，还要知道人类智能是沿着什么样的"路线"
制造出来的。他说："如果在进化过程中给我们的感官连接上一个
分层的存储系统，那么这个存储系统就会建立起一个关于世界的模
型，并以此预测未来。"⑥ 他认为，只有沿着"与此相同的路线"，
才有造出智能机器的可能。

　　明确了进化塑造智能所动用的上述条件，就可为心智及意向性

---

① 〔美〕霍金斯、布拉克斯莉：《人工智能的未来》，贺俊杰等译，陕西科技出版
社 2006 年版，第 7 页。
② 同上书，第 6—7 页。
③ 同上书，第 38 页。
④ 同上书，第 7 页。
⑤ 同上书，第 218 页。
⑥ 同上书，第 216—217 页。

建构模型。不过，他们又强调：尽管心智的意向性在于：能在认识和实践上把内在模式与外部世界关联起来，但建构关于它的模式并不等于只关注模式及其与对象的匹配。因为人类意向性的独特之处在于：它在建立这种关联时，是有意识地、主动地进行的，因此能理解或知道他们所作的关联。他们不赞成这样的看法：有模式就有智能。不错，"模式是智能的基本媒介，所谓模式，就是大脑皮质接收到的载荷信息的电脉冲"。问题在于：有这些东西，并不一定有觉知、知道。例如可以把这些模式放到电子计算机中，但它显然不可能"知道"它代表的东西。霍金斯也承认，我和我的朋友都坐在房间之中，我看到了他们，于是有关的信息进入大脑变成了普遍的模式。但"我怎么知道他们在那儿"这一问题并未被回答。诉诸"匹配"也没用。他说："当我的大脑收到的一系列模式和我们获得的模式相匹配后，这些模式就对我认识的人做出反应……我们对世界的看法是一个建立在这些模式之上的模型……我们对于世界存在的肯定是建立在模式和解读它们的方式的一致性上的。"①很显然，这些论证仍未回答人在有模式之后是如何有意识或知道能力的。

因此要为意向性建模，就必须为意识建模。在他们看来，意识并不像人们通常认为的那样神秘和难解。他们说："对这个问题我提供不了一个完美无缺的答案，但我以为，记忆—预测都部分地回答这个问题。"也就是说，他们关于意识的模型就是记忆—预测模型。不仅意识以记忆和预测为基础，而且其他高级智能现象如思维等也是如此。他们说："高级智能……同样以大脑皮层记忆和预测算法为基础的。"不难看出，这里的一个参数是记忆，这是意识的关键条件之一。他们说："日常理解的意识就是陈述性记忆。"②所谓预测是指人在从事心智活动时所形成的一种预期，如感知到某

①　[美]霍金斯、布拉克斯莉：《人工智能的未来》，贺俊杰等译，陕西科技出版社2006年版，第59页。

②　同上书，第202页。

对象，里面如果有某种模式出现，那么相应地就会产生一种关于对象的预期。很显然，要有预期，就必然有创造力在其中起作用。他们说："创造力是大脑皮层各区域所固有的一个属性，是预测的必要组成部分。"而创造力不过"是通过类推而进行预测的一种活动而已"①。这个过程用日常心理语言描述就是头脑中出现了对对象的指向和意识。可见，预期对于人的意向性至关重要。他们说："预测不仅是你的大脑所做的事情，而且它还是大脑皮层的主要功能，同时也是智能的基础。脑皮层是一个预测器官，如果要解读什么是智能，什么是创造力，大脑是如何工作的，以及如何建造智能机器，我们就必须了解这些预测的本质，并搞清它们是如何形成的。"②

如果是这样，那么人工智能的发展方向便明朗了，那就是要着力研究记忆和预测。而随着研究的深入，必然会进至意向性的物质基础。为说明意向性的物质基础，霍金斯提出了这样的"假说"："大脑皮层的所有区域……都应该有能力对所感觉事件产生预期并表现出强烈兴奋的细胞，它们不仅仅只对感觉事件做出反应。"③"预测应该会在体系的第 2 层和第 3 层中停止向下传播。"④

如前所述，理解或意识是人类意向性的一个关键条件，甚至可以说是其有力的杠杆。在他们看来，理解也可用预期来解释，因为对世界的理解是和预测紧紧联系在一起的。你的大脑早已建立起了一个有关外部世界的模型，并不断将这个模型和事实相比较。因为这个模型是有效的，因此你才会知道自己在哪里，自己正在做什么。既然如此，要让 AI 有意向性，关键是让它们能表现出预测的功能，当然要设法通过相应的大脑结构和功能来予以实现。

----

① ［美］霍金斯、布拉克斯莉：《人工智能的未来》，贺俊杰等译，陕西科技出版社 2006 年版，第 188—189 页。

② 同上书，第 88—89 页。

③ 同上书，第 249 页。

④ 同上书，第 250 页。

结　语

　　这篇结语是在前面诸章关于意向性与 AI 及其关系的研究基础上所作的一些进一步的断想和哲学思考，但愿它们不全是哲学的呓语。

　　（一）对于哲学能否介入 AI 和认知科学，或能否对 AI 和认知科学作哲学的研究，学界一直存有争议。有的认为，这种介入既不合法，也无用处。温和的态度尽管不反对哲学的插足，但对其价值不屑一顾，例如著名脑科学家、诺贝尔奖得主克里克尽管在阐述自己关于意识、意向性和 AI 等问题的思想时，表现出了对哲学有关成果的密切关注和极为厚实的哲学功底及素养，但对哲学在这一领域的表现是极为不满的。他说："我们认为，泛泛的哲学争论无助于解决意识问题。"[①] "意识研究是一个科学问题……用实验的方法可以探索这个问题……过去两千年来哲学家有着如此糟糕的记录，因而他们最好显得谦虚一些，而不要像他们常常表现的那样高高在上……我希望能有更多的哲学家学习有关脑的足够知识……否则他们只会受到嘲弄。"[②] 这后面的话其实也适用于关心 AI 研究的哲学家。坦率地说，许多哲学家在涉足这些领域时的确难以避免"被嘲弄"的窘境，更不用说"纯粹的"哲学家，就连有较好哲学和科学素养的美国哲学家塞尔都是如此。例如他针对已有 AI 研究成

----

　　① ［英］克里克：《惊人的假说》，汪云九等译，湖南科技出版社 1998 年版，第 20 页。

　　② 同上书，第 265 页。

果所提出的"中文屋论证",就收到了这样的建议,即应"克服""对人工智能的无知"。①

　　哲学如果把意识、意向性、语义性等问题据为己有,不允许别的学科插足,这肯定是错误的,也是不可能的。事实是,哲学就像这样一位慈祥、宽容、开放的父亲,他在儿女没有出生、长大时,包办一切事务,而一旦他们长大成人后,便让他们各自自立门户,哲学也是这样,在最初,它主宰一切问题,而各门科学,有名无实,都依偎在它的怀抱。后来,随着科学的成长,当它们明确了自己的对象和领地,并有力量和办法来耕耘时,便纷纷从哲学的母体中独立出去,自立门户,以至到了今天,纯属哲学的领地已所剩无几。但是,由于科学与哲学具有密不可分的血缘关系,因此哲学与许多独立的科学仍共有一些领地,如时空问题、物质的可分性问题、因果必然性问题、宇宙的起源问题、生命的起源问题、心身或心物问题、智能的起源与本质问题等。要完全把一方从这些领域中排斥出去,恐怕是不公平的,也不尽情理。而且仅由一方来包办,大概也无助于问题的更好解决。如果因哲学的包办而导致了"糟糕的记录",便走向另一极端,即完全改弦易辙,让哲学彻底滚蛋,而由某些科学来独占,那同样是行不通的。克里克在建立自己的意识理论时对哲学成果如西方当代哲学关于感觉性质(qualia)或主观特性研究的最新成果的关注已清楚地说明了个中道理。事实也是这样,他反对哲学的包办,但从没有反对哲学的参与。

　　在 AI、意识、意向性等问题上,对于哲学和有关科学关系的正确的知见似乎应该是:哲学不是解决智能、意向性之类的问题的唯一的途径,但却是一个必要的途径,用逻辑学的观点说,是一个必要的条件。数学家德谟兰(B. Demolline)说得好:"没有数学,我们无法看透哲学的深度;没有哲学,我们无法看透数学的深度;

---

　　① [美]塞尔:《心灵、大脑与程序》,载博登编《人工智能哲学》,刘西瑞、王汉琦译,上海译文出版社 2001 年版,第 119 页。

而若没有两者，人们就什么也看不透。"①其实，在对意向性、AI、认知科学等的具体的研究中，也莫不如此。没有多学科的密切配合，认识的实质性的进步是不可能真正发生的。其原因在于：这些问题本来就处在多学科交叉的地带。正是因为有此特点，当今的认知科学就没有忘记给哲学留下一块地盘；当今的 AI 研究中，"AI 哲学"一说的成立和流行也证明了这一点；还有这样的现象或趋势，即 AI 的研究理论和工程技术探讨越是向纵深推进，强调研究其中的基础、根本问题的呼声就越是强烈。

（二）上述议论也适用于本书关注的 AI 研究中的意向性、语义性及意识问题。众所周知，AI 研究的终极目标是要像大自然造出人类智能一样，通过我们人的手造出类似于甚至超越于人类智能的智能。要如此，当然首先要弄清楚人类智能的构成要素、内外标志、内在结构、本质特点以及成立条件、根据和起源演变过程等。而要完成上述任务，除了要有科学的具体实证研究之外，哲学的介入必不可分，例如像人类智能的起源演变之类问题的解决有哲学参与与没有它的参与，其结果是不一样的。如果有它的介入，那么有关科学大概会如虎添翼。其次，像人类智能的本质特点的综合的、高层次的把握还是非哲学莫属的。最后，哲学在许多问题上的提问和解答方式也有其独特和殊胜之处，因此在这一领域的研究中有其不可替代的作用。例如当今的哲学基于分析哲学的成果，首先不会提出这样的苏格拉底式的问题：什么是心灵、思维、智能？机器能否思维？可否具有心灵、智能？而会提出这样的语言哲学问题："心灵""思维""智能"等词有无所指？如果有，其意指是什么？如果这样来提问题，并用语言哲学的方法来回答，就不会陷入机器能否思维的无休止、无意义的争论之中，还会避免在虚假的问题上瞎折腾。因为根据对语词的语言哲学研究，任何语词都带有约定或规范性的特征，在创立和使用语词的过程中都是如此。例如在使用

----

① 转引自陈顺燕编著《数学的思想、方法和应用》，北京大学出版社 1997 年版，第 7 页。

"智能"一词时，不同的人在它上面编码的意义是不一样的，或者说，符号与意义的约定、捆绑是不一样的。如果有这种不同，那么就必须认识到：两个人表面上都用相同符号提出了相同问题，即"机器能表现智能吗"，而实际上提的是不同的问题。同样，两个赋予"智能"不同含义而持相反观点的人，表面上针锋相对，而由于观点是关于两个不同的问题，因而事实上并没有发生真正的争论。另外，从语言哲学角度提出和解决问题，还可以避免陷入虚假问题的探讨。举一例子足以说明这一点。从前有这样一个部落，其中的有智慧的人世世代代都一直在对"戈肖克"问题进行着艰苦卓绝的探讨，每个探讨者都有自己的研究及成果，因而纷纷"著书立说"。围绕"戈肖克"的构成、结构、功能、起源、演变等，已涌现了不计其数的理论、学说。越研究，越觉得问题复杂，以致有越来越多的分支学科诞生，但同时又越来越觉得不好解决。后来，有一个反苏格拉底式提问方式的人提了这样一个问题：大家在研究中所说的"戈肖克"一词究竟指的是什么？这一简单的问题居然使所有的人恍然大悟。当人们去寻找它的所指时，竟然发现：它什么也不指。从此"戈肖克"问题便烟消云散了。

我们在智能研究中，是应该而且必须这样提问的，而且对"灵魂""心灵""精神实体"等如此发问，还会收到近似的效果。恩格斯以及现当代的许多哲学家用类似的方式提问和解答，也完成了灵魂问题认识上的一场革命。恩格斯说："在远古时代，人们还完全不知道自己身体的构造，并且受梦中景象的影响，于是就产生一种观念：他们的思维和感觉不是他们身体的活动，而是一种独特的、寓于这个身体之中而在人死亡时就离开身体的灵魂的活动。"[①]根据恩格斯对"灵魂"一词的创立过程的人类学、语言学分析，终于发现：这个词是杜撰出来的，根本就没有真实的所指。原始人通过自己的命名活动，把"灵魂"一词与一个根本就不存在的实体或主体捆绑在一起，从而建立了一个错误的规则或约定。其实，

----

① 《马克思恩格斯选集》第 4 卷，人民出版社 1995 年版，第 223 页。

如果原始人知道，感觉和思维像走路吃饭一样也是身体的活动之一，那么就不会发生那个错误的命名。

（三）笔者认为，所有心理语言都应该用上述方法来予以审视。当然，如本书前面所说，如果诚实地运用"智能"、"心智"（mind）、"意向性""意识"等词，那么它们是有所指的、有意义的。关键是在争论时，参与争论的人应把自己用这些词时所想到的对象、所指的东西的内涵外延弄清楚，然后围绕被清楚界定的词义去讨论、研究。只有这样，才能使研究的问题保持逻辑的同一性，进而为得到有价值的结论创造条件。关于"智能"一词，每个人都有权建立自己的约定，赋予其自己想当然的意义。但是不管怎样赋义，有一方面，即"智慧"，大概是谁都不会弃之不顾的。当然，对于"智慧"，情形也一样。事实上，人们也有不同的理解。如前所述，彭罗斯、塞尔等人把意识或意向性看作是智慧的众多特征中的一个，甚至是最关键、最根本的一个。其根据在于：如果只知道玩弄纯形式的符号，不知道在处理符号时超越于符号之外，自觉想到或关联于它们的所指，那么这样的活动肯定不能算是真正的智慧活动。同理，人在使用符号时如果没有对于符号的超越性，那么人就不配享有智慧生物的称号，甚至根本就不可能超出无机物而成为有机物。上述观点由于有其内在的合理性，因此已基本上得到了包括 AI 研究领域在内的许多学科的认可。AI 研究中最近发生的"自主体回归""语义学转向"都表明了这一点。人们意识到，如果不把机器的加工提升到语义级、意向级，那么机器的行为就不配称为智能行为。

（四）语言学中的一句格言说得好：没有语言现象是没有规则的，但没有规则是没有例外的。说智慧现象有语义性、意向性也是如此。不错，在人类的被观察到的智慧现象中，似乎没有不带有意向性特征的，至少就其潜在可能性来说都是如此，即表现型上没有意向性的智慧行为都有可能是有意向性的。但我们也必须注意到，从现实性上来说，也的确有一些智慧现象可以是没有意向性的，有时即使有，也没有必要把它表现出来。例如作为抽象思维发展的一个标志的东西是：人在最初的计数、算术时没法摆脱符号的对象，如果摆脱了，他的计算就不可能，例如刚学算术的小孩只有借助自己的手指头或实物才能完成哪怕是比较简单的四则运算。人的思维也是如此，不管是种系，还是个体，在他们的认识发展的早期阶段，其思维如果离开了形象或直观对象就无法顺利进行。随着认识的发展，他们后来完全可以撇开对象而进行空无内容和对象的计算和别的思维活动。很显然，我们不仅不能否认这些活动是智慧活动，而且还应承认它们是高级的智慧活动，或者说是智慧发展到高级阶段的表现。还有，人的专门而高级的数学活动，如定理发现、证明以及学逻辑的人的纯逻辑思维都没有意向性，没有语义内容。再则，根据心灵哲学对心理现象的分类，心理现象有两大类：一是由命题加特殊的心理态度（如相信、希望等）组成的意向状态或命题态度。它们一般都有意向性和语义内容。二是情感体验、直接的感觉、知觉，尤其是躯体感觉。一般认为，这类心理现象的独特特征是感受性质（qualia）或主观特征，它们没有命题内容，因而没有意向性。应该承认，这类现象中的大部分是非智慧的，但有些肯定带有智慧特征，例如人的许多感觉、知觉就是如此，甚至有些情感也是如此。至少，人的积极、健康的情感，美好的心态和体验即使不是人的智慧本身，但也是它的一个必要条件。关于心理现象的新的分类告诉我们：意向性作为心理现象的特征是有例外的。

（五）反观智能的理论探讨和实践模拟，有一点颇令人忧虑，那就是它的正确的方向尚不明朗，或者说，关于这个方向的认识尚在许多误区。不可否认，许多 AI 专家都意识到让人工系统表现意向性、语义性的必要性和重要性，并从理论和工程技术上探索建模的可能性根据及途径，事实上，也取得了一些积极的成果。但同样不可否认的是，这方面的探索障碍重重，收效甚微。其原因当然很多、很复杂，哲学家的看法是：根源之一是我们对智能、智慧以及作为大部分智慧现象之重要特征的意向性缺乏足够的认识。要改变现状，实现突破，无疑需要哲学的辅助性研究。尽管是辅助的，但却是必要的条件。尽管有此必要条件，不一定会有相应事实的必然发生，但无此必要条件，则可肯定地说，有关事实绝无发生的可能。在当前情形下，有些问题的研究没有哲学的参与，可能会犯方向性错误。下面拟通过几个事例来说明这一点。

首先，要让人工系统具有人的意向性，使现在的句法机成为人那样的语义机，关键是要认清人的意向性的特征及标志，意识到现有句法机与人的语义机相比还存在着巨大差距，并正视这种差距，积极探寻原因和解决的办法。如前所述，意向性有派生或仿佛的意向性与固有的意向性之别，而在固有的意向性中还有程度上的差别。所谓派生的意向性是指某些事物所具有的这样的属性，即它们能超越自身，把自己与外物关联起来，即有关于他物的关于性、指向性。之所以说这种意向性是派生或仿佛的，是因为它们所表现的关联性不是凭自身而实现的，要么依赖于外力的作用，例如用计算器对我几天的几笔开销的计算，表面上是对我几天的总支出的计算，因此有对于我的支出的关于性，但这种对于他物的关联作用不是计算器自己完成的，而依赖于我的解释，或依赖于我对计算器上显示的数字的"赋义"。再要么是表面的、象征性的，例如乌云意味着要下雨，就是一种仿佛的意向性，其实它本身并没有任何意向性或语义性。书本上、词典上的词语的语义性也是如此。人的意向性是生物所具有的意向性中的最高级的形式。它除了具有一般的意向性的关联性、指向性、目的性、因果作用、语义内容等特征之外，还有三方面的独特之处。第一，人的意向性是主动的、自主的，即由有意向性的系统自己产生出来的，不需他力的作用。尽管这种主动性也为其他动物所具有，但由于人的主动性、自主性根据于人的动力系统中的理性与非理性欲望或弗洛伊德所说的自我、超我、本我的矛盾运动，因此有别于其他任何事物的主动性、自主性。第二，人有元意向性或元表征能力，即能将意向指向意向本身，形成关于意向的意向性，或关于表征本身的表征。而这一特征又是根源于它的第三个更为重要的特征，即人有高度发达的、用清晰的表征来向自己显示、说明的意识能力。其他动物也有意识能力，但人的意识在清晰程度、实现方式、内容等方面根本有别于其他动物的意识。由于有这种意识，人对符号的加工、变换就具有无与伦比的特殊性，即在符号加工时，借助意识的作用，符号与语义是捆绑在一起的。有时，它边加工，就边知道，即当下就晓得被加工的符号所关于的对象。也就是说，它直接处理的是符号，但同时想到的却是符号所代表的东西。这是人的意向性、语义性最重要的特征，也是有关人工系统相比之下仍显欠缺的地方。不错，许多人工系统，尤其是有高度感知能力、反应能力、避障及完成复杂动作的机器人在模拟人的意向性的部分特征如关于性、主动性等方面已取得了显著的成绩，甚至在表面上也具有上面说的有意识的语义性特征，但细心分析则会发现，两者仍存在着根本性的差距。

不可否认，科学家现在已经造出了这样的机器人，它们既能跑，又能跳，上下楼梯，甚至玩空中把戏，如翻跟斗。本田和索尼公司在过去 10 年已研制了高功能的双腿机器人。如索尼的梦想机器人是 1997 年研制出来的。这种机器人可用于运动表演和交际娱乐，如跳舞唱歌。它有 38 个自由度，有对声音的精确定向，有根据图像的人员识别，有有限的语言识别能力，还有 7 个麦克风。应承认，它们只要能根据变化的环境作出适宜的反应，就足以说明它们有一定程度的意向性，甚至还可以认为，它们在根据环境作出反应时不仅处理了由对象转化而来的符号，而且对符号的处理有语义性、关于性，不然就不可能作出适当的行为。

但同时又必须看到，它们从对象到符号再到行为的过程与相同情境下人的处理过程仍有很大不同。其表现是：机器所处理的当下的一切东西始终是一个东西，如面对对象，对象是一，而面对内部处理的代码，仍是一，最后转化成的行为也是如此。这就是说，机器的处理没有超越性。而人当下面对和处理的东西至少是二，例如面对对象，他可能有很多设想，甚至浮想联翩，更重要的是，他在对内部的符号或代码处理的过程中，只要他愿意，他便可同时想到符号的对象，能知道、晓得或理解这个符号代表的是某对象，即始终把符号与对象、句法与语义捆绑在一起，并有清醒的意识。塞尔把这个意识过程称作理解，并认为，这是机器目前还不可能表现出来的。这样说是很有道理的，值得我们好好体会和深思。另外，人完成加工之后，尽管输出也常常表现为符号或行为，但这符号或行为也是多重因素的统一体，其中尤其是内嵌了多种多样的意义。而这意义不是依赖于符号而存在的，而是依赖于人的意识或理解而存在的。再如有的机器表面上有语义解释能力，例如要它解释某个词，它会把能代表正确意义的词拿出来，文摘生成系统就更是如此了。这些过程与人的同类过程在形式上也没有什么区别。例如人要解释一个词，也往往要通过说出或写出一个或一组新的词语符号来完成。但人的独特之处在于，说者在说出和解释时还有一个特殊的过程发生，即想到、意识到词语后面的意义，听者在听到符号时，除了接受符号的行为之外，也有一个理解意义的过程。如果这个说（听到）符号、想到意义的过程不是两个，那也是一个二合一的过程。但机器人对符号的解释过程只有一方面，即从符号到符号的过程。

其次，要模拟人的意向、语义能力，还必须有关于意向性、语义性的科学的建模。这是科学研究以及理论转化为应用的必要的步骤。而要予建模，得有一个关于意向性的正确的观念。这在今天无疑是一块难啃的硬骨头，因此可以说，此处是哲学及 AI 研究的一个岔路口，一不留神，走错了道，将陷入死胡同。还应注意的是，正是在这里，民间心理学和传统哲学的二元论在这里埋下了宽不见边、深难测底的陷阱。有时，即使有科学头脑，也难免上当。事实上，AI 研究尤其是自主体研究中的有些关于意向、信念之类的模型就已有上当的迹象。依据几十年来心灵哲学的成果，要在这里不上当，就是要做祛魅或去神秘化（demyste rization）的工作，就是要解构民间心理学，完成心灵观念的本体论变革。

为什么要祛魅呢？因为我们关于人的观念、关于心的先见很多是错误的，更麻烦的是，大多数的人并不以为然。例如常识的或民间的心理学乃至传统哲学和科学由于未批判地审视原始的灵魂观念，把人之内存在着一个居于中心和主导地位的心或我作为毋庸置疑的预设接受过来，进而按设想物理实在的方式类推出心的空间

（如常说的"心里"、"心内"或"内心深处"）、心的时间以及心的运作方式，好像它也能像物理的加工那样，由表及里、由浅入深、去粗取精等，如能够将外来的材料加以转化，然后像搅拌机一样将它们结合在一起，此即综合，或像切割机一样对之划分，此即分析。其他的说法，如心的比较、抽象、推演、回忆、追溯、兴奋、愤怒等都带有拟人拟物的色彩，至少是隐喻，而非科学的精确的概念。它们让人想到的是有一个小人式的心在它的自己空间中做某种事情。这样设想心在以前是"不得已而为之"。以后还是这样理解，但那无疑是错误的、有害的，首当其冲的当然是 AI。因为即使是在今天，只要我们稍微用一点批判的眼光，那么就不难发现：关于人心的上述"小人观"肯定是一幅错误、神秘的地图，是必须予以解构的。而解构的首要的一环就是作语言分析。因为这幅图景是借语言的帮助而建构出来的。"解铃还须系铃人"。也就是说，这里首先值得探讨的是心灵的语言发生学，而不是心灵的自然或生物发生学。因为一开始就进行后一种探讨，等于承诺了这样一个理论预设：心及意向性作为实在是存在的。而真正科学的研究是要查明、考察：常识和传统观点所设想的那种心理现象是否真的存在？如果存在，以什么形式存在？而要找到这些问题的答案，从逻辑上说，首先应运用发生学的方法，研究有关意向习语及观念如"意图"、"意向"和"意识"等是怎样在语言中起源和演化的。我们知道："灵魂"之类的词语是原始人为了解释的需要凭想象、类推虚构出来的，它们表达的概念并无真实的所指，诚如恩格斯所说，它们"像一切宗教一样，其根源在于蒙昧时代的愚昧无知的观念"。如果他们知道思维和感觉也是身体的活动，那么他们就不会造出这些语词。后来逐渐派生出来的心理动词（如"想""愉快"）、心理名词（如知、情、意）以及形容词、副词（如城府很深、心潮澎湃）等，基于已确立的那种实体化、小人化的灵魂观念，加上与已知物体及其属性的比附、类比，最终都成了想象的心理世界及其活动的隐喻式的表达式。意向习语所说的"在心灵深处"、"在心灵面前"等尽管可能确有其指，但头脑中并不真的存在着心理空间；说"心"、"意识"在主动积极地"思考"，那也都是比喻的说法，头脑内并无一个作为活动主体的心存在。既然如此，我们在重构科学的心理图景时，就不能不加清理、批判地使用已有的心理术语。

此外，我们之所以要重视意向习语的语言发生学探究，原因还在于：意向语言不同于物理语言，不是按实在→认识→语词的认识论路线发生的，而是基于隐喻、类推、拟人化的自然观等杜撰出来的。因此作为心灵哲学出发点的问题应转换为语言哲学的问题：意向习语的意义是什么？有无所指？如果有，指的是什么？换言之，应像戴维森等人所倡导的那样，首先应研究人类将意向状态"归属"于人的实践。罗蒂正确地指出：要讨论心身问题，应"先问一下'心的'一词究竟是什么意思"。因为完全有这样的可能，即"我们对心的事物的所谓的直观，可能仅只是我们赞同某种专门哲学语言游戏的倾向而已"①。这些思想正是当今心灵观念本体论变革中的一些有代表性的理论，也可看作是心灵哲学的最新成果之一。这样的理论很多，如解释主义、双重语言论、分析行为主义等。其实，对西方当今的认知科学有较多涉猎的人面对这些思想也不会有陌生感。因为与解释主义有异曲同工之妙的玛尔（D. Marr）的非常著名的视觉理论倡导的也是一种祛魅的理念。麦克唐纳（C. and G. Macdonald）说："马尔关于一种认知理论应采取的一般形式的观点已为认知科学家和认知心理学家广泛接受了。"② 他们还说："自从马尔的工作以来，已形成了这样的习惯，即认知科学家假定：科学心理学将把对认知的描述应用在许多解释层次，这些层次之间不存在相互冲突，只存在互补关系。"③

马尔的视觉理论告诉我们：在视知觉解释中存在三个描述层

----

① ［美］理查德·罗蒂：《哲学与自然之镜》，李幼蒸译，生活·读书·新知三联书店1987年版，第18页。

② C. and G. 麦克唐纳（eds.），*Connectionism: Debates on Psychological Explanation*, Oxford: BlacRwell, 1995, p. 295.

③ Ibid., p. 293.

次：第一是计算层次。它描述的是视觉系统完成计算的功能，在人的认知过程中，这个层次涉及的是人的语义的或意向的层次。第二是算法层次。它描述的是功能由以被执行的方法、手段。这里为系统执行的功能还可进一步被区分为许多子功能，正是这些子功能的被执行使系统的功能得以实现。第三是硬件执行层次。它描述的是功能如何从物理上被实现。在马尔看来，一种对视觉的完美说明应描述什么功能被视觉系统实现了，是怎样被实现的，它被实现的物理手段是什么。同理，人的其他认知现象，如语言的获得和产生，都能从这三个层次去描述。这也就是说，对人脑内发生的所谓心理现象，可用不同的方式予以描述。在执行层次，可描述的是神经系统的运作。在算法层次，可描述的是包括语言运用与获得在内的认知过程。在计算层次，语言作为符号系统的结构属性可被描述。从本质上说，马尔的这些思想与戴维森等人的解释主义是基本一致的。因为所谓三种描述就是关于人脑内发生的过程或事件的三种理论，换言之，每一种理论都是从特定层次对同一过程的解释。如第一种理论——计算理论，它"是对特殊计算的基础性质的表征，并对它在物理世界中的基础作出解释。这一部分可以看作对要计算什么和为什么计算所作的抽象的系统阐述"。第二种理论——算法理论。它由算法构成，"说明了怎样做的问题。算法的选择通常视运行这一过程的硬件而定，而同一计算可由多种算法来实现"①。第三种理论——硬件执行理论。既然如此，我们就不能用实在论的态度对待常识心理学所说的"意识""意图"等意向习语，在构想关于它们的观念时，应抛弃拟人化的、小人式的理解。

当然，这并不是说我们应该立即抛弃意向习语。在这个问题上，取消论是错误的，福多、戴维森、丹尼特等人是正确的。笔者这里强调的不过是：在保留意向习语的前提下，应从词源学和语义学的角度对它们作出全面而深入的分析，把它们与思维、实在区别

---

① ［美］D. C. 玛尔：《人工智能之我见》，载博登编《人工智能哲学》，刘西瑞、王汉琦译，上海译文出版社 2001 年版，第 180 页。

开来，清除覆盖在其上的、混淆其实质的文化尘埃，尤其是拟人论和神秘主义因素，进而揭示其本质。

（六）要揭示意向习语的真实所指及其相关项，还应同时有本体论上的探索。著名心灵哲学家海尔说："只要我们能够认识到，对心灵的任何研究都离不开严肃的本体论方法，那么我们就将在这方面取得令人瞩目的进步。"① 笔者以为，这里尤其要关注本体论或形而上学的一些"元问题"，如存在的标准问题和"意义问题"，以及解决这些问题应该遵循什么样的方法论程序、语言学和语言哲学原则等问题。因为赋予"存在"的意义不同，对那些形而上学问题的回答自然不同。在"元问题"层面，不外有两种倾向：一是紧缩主义。即紧缩存在或本体论标准，把是否有时空规定性、是否有个体的独立存在性当作判断存在与否的标准；二是自由主义。即无限制地放宽标准。笔者以为，两种极端都是不可取的。这里最重要的是要认识到存在形式的多样性和存在程度的多级性。只有这样，才有可能对存在的一般规定性作出实事求是的抽象。时空中的个体事物当然是一种存在，除此之外，我们显然不能否认现象学所说的现象、显现的存在，它是一种更为复杂的、当然也是非常真实的存在，因为一旦相应的现象学相关物出现了，就会有相应的现象出现。从明见性上看，相对于人的确认而言，这是不用证明、推论、不依预设的最真实的事实。而其他的事物如物质、心灵等即使存在，对于人来说并不是自明的、直接现实的。另外，从存在的程度来说，亚里士多德早就认识到了存在有基本的和派生的存在之别。前者就其有独立性、直接性、可直观性等特点而言，无疑是第一性的存在。而后者尽管是由于有他物存在才派生出了自己存在，但一旦相应的关系出现了，它便实实在在地存在于它们之中或之上。这也是真实不虚的。例如色声香味这些第二性质没有直接的存在性，既不在物体本身中，又不在有认识事物之能力的人心中，但

---

① J. Heil, *Philosophy of Mind: A Contemporary Introduction*, New York and London: Rutledge, 1988, p. 12.

一旦此能力的主体与相应的对象发生了关系，相应的条件具备了，在原有的存在之上就会有新的存在突现出来，这就是色声香味。以此类推。再高一阶的关系属性，甚至 n 阶关系属性，在它们所依赖的事物、关系没有出现之前，它们是不存在的，但一旦它们之前的各阶事物、属性及关系一步步出现，关系一步步建立时，相应的 n 阶关系属性便会出现。它们的存在能被否定吗？此外，还有一些存在比较抽象和宏观，难以还原为具体的构成部分。例如"水"所指的东西尽管是由 H_2O 构成的，但所指的存在显然不能等同于 H_2O。再如我们常说的某些人所具有的那种号召力、威慑力、感染力、凝聚力等肯定是存在的，但它们既不能还原为个体事物，又不能还原为有关属性和关系之和，它们是在有关的物理实在、生理生物实在、社会和文化因素等有机结合时所出现的一种新的存在。弗雷格所说的"含义"也是如此，它既与所指有关，又与心理过程、观念有关，但又不能等同于它们，而是一种新的呈现方式。正是在此意义上，我们承认"意向性""意义""内容"有独特的本体论地位。它们尽管是常识心理学的术语，其指称是模糊的、不明确的，有时还有误指的问题，甚至其所指中夹杂着使用者加进去的观念、构想、前科学的概念图式，但一旦人们在用这类语词作诚实的描述、报告和解释时，它们肯定陈述了某种真实发生的东西。这些东西是可以为有关科学验证的，即使现在不能，未来肯定有这个可能的。当然如何准确说明其地位，如何建立关于它们的形态学、地形学、结构论、动力学，则是有待进一步探讨的新课题。至于意向性所指向的观念性对象，我们也应承认其本体论地位，它们没有树木山河那样的存在性，但肯定有次级的存在性。即使就"金山"、"方的圆"这样的非存在对象来说，我们也应如是看待，因为它们是在更复杂、更多阶次的关系中表现出来的属性。因此我们的初步想法与传统看法的不同不在于：是否承认意向习语的所指有本体论地位，而在于：如何设想这种地位，如何构想关于这种存在的图景或观念。

　　（七）在构想关于意向习语之所指的本体论图景时，我们必须摒除三种策略：一是紧缩主义的策略。其特点是以是否有时空属性、是否能以独立个体形式存在为本体论地位的判断标准；二是二元论的策略。其特点是自由主义，犯了头上安头、不切实际地新增实体的错误。三是介于两者之间、同时又包含了两者某些因素的做法。如一方面承认意向现象的不可还原性、纯粹精神性，另一方面又按已知的关于人、物理事物在时空中运动的模式去设想意向现象，把它们看作是小人式的心灵在心灵时空中所做的关联活动。这正是民间心理学和传统哲学的主要图式。

　　笔者认为，用意向术语所作的描述，如说人的思想有意向性，头脑中有概念、命题，概念等又有内容或语义性，心理语句有意义等，是对实在的一种隐喻式、拟人化的描述。正像我们在把庄稼的随风摇摆拟人化地形容为"载歌载舞"时，的确描述了事物的某种客观存在的状态或属性一样，我们说"某人正思考 1＋1 等于多少"也有所指。但如果真的以为庄稼在载歌载舞，真的以为人头脑中有黑板一样的东两，上面有数字呈现，还有将一个东西加到另一个东西上的活动，最后又有一个数字作为结果出现在大脑黑板上，那就大错特错了。这也就是说，尽管我们可以承认：意向习语在诚实予以运用时，所指的东西一定有本体论地位，但又不能按传统的、常识的观点去予以设想，以为里面有一个小人式的"我"或"心"在意指，以为有意向性就是头脑里面有内容呈现给心灵之眼。

　　要正确理解意向现象的本体论地位，重构关于它们的观念，重建意向习语的语义学，哲学必须与科学携起手来，通力合作。在传统哲学中，意向性被认为是哲学的固有领地，实验自然科学是爱莫能助的。这一状况在今天已开始发生喜人的变化。随着无创伤脑成像技术和脑解剖学等的发展，现已有这样的初步可能：在人们诚实地使用心理语言时，借助科学工具、手段，特别是无创伤脑成像技术，然后辅之以科学的合乎逻辑的分析与推理，可以观察、探寻人脑内发生了什么。如果一个人报告说："刚看到的那种鲜艳的红色又栩栩如生地浮现在我心中"，在这时观察他的脑电图之类的仪器一点反应也没有，或者说他的脑中根本就没有任何物理、化学过程发生，那么由此可以断言，真的存在着二元论所说的心灵及其过程。如果在说出某些词时，有相应的脑行为发生，那么就可断言，它们指称的就是这类行为。因此在某种意义上可以说，意向习语像物理语言一样是描述发生在大脑中的行为的一种方式，它们描述的东西并未超出自然现象的范围。但由于描述角度、层次的特殊性，因此其指称尽管大体相同于有关物理语言的指称，但意义则不完全相同。例如"信念""注意"和"思维"等所指的不是别的，仍是大脑内发生的物质运动。这样看问题，也符合恩格斯、列宁等人的观点，因为他们不止一次地强调：思维是一种物质运动，世界上除了物质及其运动什么也没有。从这个意义上来说，我们仍可承认大脑内存在着意向活动，它们可用"相信"等来描述。但应注意，这里的意向活动不是电子运动、化学运动、机械运动、物理运动之外或之上的又一个独立层次的运动形式，而是包含着它们的、带有更大的复杂性的物质运动形式。恩格斯曾说过，一切高级运动形式中都包含着机械运动，意向活动中也不例外，例如要获得视觉经验，既离不开眼球的转动，也少不了脑内神经元中化学物质的迁移。当然，包含机械运动并不等于就是机械运动，正像一碗水含有 H_2O 这样的化学成分，并不等于就是 H_2O 一样，它还包含有其他的因素。其指称不管涉及多少因素，不管多么复杂，总是不会超出物质及其运动的范围的，总是可以用物理语言加以分述的，因为意向习语和物理语言是描述同一个世界的不同方式。说到这里，有人可能会问，既然意向习语指谓的仍是物理语言所指谓的物质运动，那么承认这种语言的存在不是多此一举吗？

不是这样。意向习语的指称尽管没有超出物质世界，但仍有物理语言所不可企及的独特、殊胜之处。我们来看一个有点相关的例子。如一个人走向冰箱，对此我们可用不同类型的术语加以描述。如既可用生理学的术语描述这个人的细胞活动，还可用物理化学的术语描述他身上的原子分子运动以及周围的空气波、地面物质结构的变化。而要想用科学术语把这个人为什么要这样做、怎样做说清楚则可能极为麻烦，得动用大量的词汇和句型。甚至在现有的科学水平下，有些还可能说不清楚。然而有一种很简洁、很准确的描述方式，那就是用日常语言来描述："他想喝或吃点什么"。也许有一天，我们能用物理语言把这个人大脑中发生的事物描述清楚，但是那太麻烦了。而用意向语言描述尽管很含糊、笼统，但也把事实说清楚了。意向语言与物理语言的关系类似于这两种描述的关系。它们的所指是相同的，但描述的侧重点各有不同，因此意义可能有差别。这就是意向语言不能完全转译为物理语言、不能为物理语言所取代的原因。从大的方面来说，一个意向语词与有关的一群物理词汇可能指称同一个事件，但其侧重点是不同的，表述的内容也有差别，如意向习语描述的是该事件中宏观的、高层次的要素、结构、活动与过程。尽管这些过程、活动离不开基础层次的原子、分子运动，但意向语言截取的是高层次的方面。正如卡尔文所述："在量子力学与意识之间也许存在 10 来个结构层次：化学键、分子及其组织、分子生物学、遗传学、生物化学、膜及其离子通道、突触及其神经递质、神经元本身、神经回路、皮层柱和模块、大规模皮层的动态活动等等。"而"意识"所涉及的合适的层次应是：大脑皮层回路、皮层区域间有放电模式参与的动态自组织层次，也就是说，"'意识'一词纵有多种含义，也不能在低层次的化学水平上或甚至是更低层次的物理水平上来加以解释。我把这种自量子力学这个下层地下室向意识阁楼的跳跃的企图称作'司阍之梦'"①。

　　尽管意向主词描述的主体仍是物质实体，意向谓词描述的对象仍是物质的运动，但是并不是任何物质及运动都适用它们来描述的，也就是说，意向状态的归属、意向语言的使用是有条件的。首先，适合于用心理语言描述的对象是由许多系统和许多层次组成的复杂系统及其活动，正如埃德尔曼、克里克等人所说的那样，它们

---

① ［美］威廉·卡尔文：《大脑如何思维》，杨雄里等译，上海科技出版社 1996 年版，第 33—34 页。

必须是"动态核心""神经元集群"或"动力模式"及其活动。另外，这些东西及其活动要成为意向习语的描述对象，还必须有它们特定的种系和个体发生的历史，还必须与自然和社会环境有动的交涉，亦即有新目的论哲学家所说的"规范性"特征。因为一个大脑如果完全与世隔绝，是不能表现出那些高层次的作用过程的。对环境不同的大鼠的研究足以说明这一点。人们发现：脑内神经元连接的增加只发生在多姿多彩的环境中的动物身上，而处在笼子中的大鼠则不会增加。因此脑内神经元的绝对数量并不如它们间的连接重要。这些连接不仅在发育中，而且在成年期都是高度易变的，特殊的体验会增加高度特化神经元回路中的连接程度。

（八）人脑内发生的意向现象与物理现象不存在碰碰车式的一实在对另一实在的关系，在此意义上可以说，传统的二元论、唯心主义、唯物主义所理解的心身或心物问题是虚假的问题。因为当一个人诚实地用意向习语报告说"我想喝水"时，所报告的东西与脑科学家在观察他大脑活动时所看到的并用有关物理语言报告的东西尽管在角度、复杂性、侧重点上有差别，但在指称上并没有差别。如果是这样，再说两种语言所报告的东西之间有依赖和被依赖、产生和被产生、原因和结果之类的关系，就犯了赖尔所说的"范畴错误"。正如一个小孩在看一个师的阅兵式时，看完了各个团的表演之后，便问：师的表演什么时候进行？这里犯的是把师与它所包含的团并列起来的范畴错误。当然，既然意向习语与有关物理语言在意义上有差别，因此仍有必要进一步探讨两种语言的关系问题。据我们的初步研究，可从下述方面加以阐明：第一，两种语言的指称可以是同一的，即都可用来描述、解释人脑内产生的活动、事物、状态和过程。第二，尽管对于由基础的过程在广泛的社会、文化等复杂因素影响下所实现的高层次的事物、过程、状态和属性可以用多种方式来描述和解释，如既可以用物理学、生物学语言，也可以用设计的、功能的或计算的语言，当然还可以用心理学的语言加以描述，但是用非意向语言只能描述心理事物得以实现的某一或某些必要条件，因此用它们去指称、描述高层次的事实虽然

可行，但至少在现今的认识水准之下往往会遗漏许多重要而客观的
东西。例如，任何物理学语言都无法把"我相信……"所指称的
事实毫无遗漏地描述出来。另外，由于现今的科学对人脑这一黑箱
的认识还相当贫乏，还不可能对人脑内部所发生的活动、过程、状
态及其细节做出清楚、具体、准确的描述，只能做出抽象、笼统的
描述，因此意向语言在今天从整体上来说是不可丢弃的，当然这不
排除某些语词被遗弃、新的语词被创立这样的可能性。不管怎么
说，作为一个类别，意向语言是不可或缺的，可以恰到好处地用之
于对人的行为的解释和预言，并可收到预期的效果；可以便捷地用
之于对人的内在活动、状态和过程的描述，而且不用这种语言，改
用其他的形式，将会遗漏许多客观的东西。第三，意向语言不能不
还原为物理语言，它们的所指也不能绝对等同。即使是指称同一事
件的心理词语和物理词语，在意义上也是有区别的，因此不能相互
取代和转译，至少在今天的科学水平下是如此。这是因为，意向语
言是一种从宏观的、大跨度层面描述对象的非常抽象、笼统、浓缩
而概括的语言，且带有隐喻、象征的特点，因而常能用不多的语词
或音素，指谓非常复杂、丰富多彩的现象。埃德尔曼说："没有任
何一种描述能够完全说清楚主观经验，不管这种描述有多么精确。
许多哲学家以颜色为例来说明他们的论点。没有任何一种有关颜色
辨别的神经机制的科学描述能够使你懂得知觉到某一种特定颜色感
受究竟如何，即使这种描述再完美也不行。"①

（九）我们应在适当的本体论构架之下，用描述的观点、语言
分析的观点看待意向性的本体论地位问题。只要一个人诚实地用意
向习语描述自己的内部状态时，那么可以肯定其内部真的有某过程
或内容发生了。不妨称为意向事件或意向内容。但同时应注意的
是，这事件或内容又不是物质世界之外的东西，而仍不过是能用相
应的物理语言加以描述的东西。当然，这不是说两种描述绝对没有

---

① ［美］杰拉尔德、埃德尔曼等：《意识的宇宙》，顾凡及译，上海科技出版社
2004年版，第13页。

一点差别。相反，由于它们是从不同的角度、层面，用不同的方式所作的描述，因此所抓住的可能是同一大脑行为倾向的不同的方面和特点，如意向习语描述的可能是大脑行为的整体性的、概观性的、抽象性的特点，而不同科学的语言描述的可能是同一行为的局部的细节及结构。正像不同的盲人摸同一头大象一样，由于角度、位置各不相同，因此可能摸到的是大象的不同的地方。如果有人站得高一些，摸的地方多一些，或到处都摸到了，他便有可能获得较宏观的印象。但这仍会有抽象、笼统、遗漏的问题。对大脑内部行为的描述也是这样，可从不同的方面去描述，如民间心理学的、认知科学的、计算和算法的、生理学的、生物化学的、原子物理学的，等等。诉诸意向习语所作的描述属于第一个层面，诉诸表征术语所作的描述属于第二个层面，诉诸句法转换、形式操作所作的描述属于第三个层面……这里有必要强调的是，第一个层面的描述是最省事、最方便、最快捷的，但也最不精确，而且带有逻辑推理甚至想象的色彩。例如我有这样的报告："我刚想到我飞到天上去了"，如果我的报告是诚实的，那么尽管飞到天上不可能，但内部有"思想"或某过程发生则真实不虚。如果我进一步思考刚才的想是怎么回事，那么所想的大多属于推理，甚至包含很多想象的成分。这说明，意向术语所描述的东西既有真实的成分，也有不真实的，因此可以恰如其分地把它描述的东西称为一种特殊的理论实在，或称作实在物理过程的抽象物。用计算机的类比足以说明这一点。当计算机按我们的要求完成了某种加工之后，我们至少可以同时用三种语言来加以描述：一是心理学的描述，如说它把记忆中的东西调出来，完成了它的推理；二是算法或功能的描述，如说它完成了一系列的符号或表征转换；三是用物理学的语言予以描述，如说它里面发生了电子运动、电脉冲的转换、物理状态的变化。第一、二种描述只透露了这样的真实信息：计算机内有某过程发生了，而其他的信息则是推论、想象的产物，有添盐加醋、比拟、隐喻的成分。用意向习语所作的描述也是如此。

（十）要建模意向性，要意识到这是一项系统工程。在这方面，心灵哲学对意识和意向性本身的探讨及成果尽管没有直接的工程学意义，但由于它们涉及建模的基础理论问题，至少可看作是这项系统工程的组成部分或必要条件，因此值得关注。

第一，要建模意向性，不仅要像过去那样重视从功能映射或从行为效果上去模拟，还要注重结构的模拟。这一点克里克和塞尔等人都有较多较好的论述，其大方向应是很清楚的。例如塞尔说："意识和意向性就如同消化或者血液循环一样，都是人类生物学的组成部分。"它们由大脑所引起，又在大脑中实现出来。① 因此要模拟意向性和意识就像塞尔所说的那样去研究大脑，尤其是研究大脑中的产生因果作用的结构。因为只有具备与大脑完全一样的因果能力的东西才能够具备意向性，石头、卫生纸尽管可以实现某些程序，但由于不具有相应的因果结构，因此不能实现意向性。

第二，要建模意向性，还要注意机制模拟。而要如此，又必须全面准确地认清意向性的庐山真面目及其特征。毫无疑问，意向性是由于内在关系或"内在的更基本的东西"而具有其个体性的。之所以如此，又是因为人的心理生活有自己的内在生命，它既有现象性，又有意向性，同时还是一种流，即意识流。② 怎样理解"内在更基本的东西"呢？美国哲学家洛尔的回答主要包含在他对"心理内容"、"表征"和"意向性"三个概念的分析之中。所谓心理内容就是我们在理解自己和他人时试图把握到的东西，从其自身来说，它是对事物的一种设想（conceiving）。从它与表征的关系来说，我们所把握到的某种内容，既包含了心理状态从事物那里表征到的东西，又体现了它表征事物的方式，即包含了"怎样"的方面。因此内容可以说是心理状态对事物的表征和设想。所谓表征就是通过一定的方式让事物在心中表现或表达出来，也可以说是以

① ［美］塞尔：《意向性》，刘叶涛译，上海世纪出版集团2007年版，"导言"，第3页。

② B. Loar, "Phenomenal Intentionality as the Basis of Mental Content", in M. Hahn and B. Ramberg（eds.）, *Reflections and Replies*, Cambridge, MA: MIT Press, 2003, p. 230.

一定的方式设想事物：它体现的是心理状态"怎样"或"如何"表征事物。由之所决定，各种设想或表征方式都有共同之处，即都有意向的属性。① 表征的方式多种多样，如直观的、理论的和抽象的方式等。从表征的显现方式看，它有显性的和隐性的表征之别。从其形式来看，表征有记忆、知觉、描述、命名、类比、直观等样式。表征的样式也就是设想事物所用的方式。

第三，洛尔对意向性理解中许多错误观点的分析和清理也值得建模意向时注意。在他看来，外在主义、表征主义对意向性的理解之所以是错误的，根源在于：它们是从关系上、从外在的方面规定意向性的，即仅仅只看到了意向性所指向的东西。如果用表征来规定意向性，那么它们只是强调：心理状态表征了"什么"。而关键在于看到"怎样表征"。这才是理解意向性的关键之所在。洛尔认为，"表征什么"和"怎样表征"绝不是毫无意义的、虚妄的区分。这两个概念反映了对意向性的两种根本不同的理解。前者只注意到了意向性的指称性，仅从意向对象方面揭示意向性的本质和结构。而这其实只是意向性的浅表的方面，不是其本质。它的根本的、独特的特征则在于：它表征事物的特定方式，即"如何表征事物"②。"如何表征"涉及人的心理状态呈现事物的方式或风格。质言之，意向性的本质特征在于它的内在性和现象性。这是表征主义、指称主义所不可能触及的方面。以视知觉为例，在洛尔看来，"视知觉的指向性仅仅只是知觉怎样表征事物的一个方面……它与知觉把某物呈现为 F 不可相提并论"③。因为知觉还涉及用什么风格或方式呈现事物。如果不这样理解意向性，那么当心理状态没有真实对象在场时，其意向性就没法予以说明。值得特别注意的是，这里所说的"方式"，不能用自然的态度或素朴反映论的观点去理

---

① B. Loar, "Phenomenal Intentionality as the Basis of Mental Content", in M. Hahn and B. Ramberg (eds.), *Reflections and Replies*, Cambridge, MA: MIT Press, 2003, p. 229.

② Ibid. , p. 241.

③ Ibid. .

解，而应从现象学上去理解。为了进一步说明他的现象意向性这一概念的特点和实质，为了完善他的个体主义，他具体剖析了绘画与概念。他认为，要理解概念的现象意向性，必须理解知觉的现象意向性，而要如此，最好的办法是分析绘画。很显然，一幅画肯定有"画了什么"和"怎样画"的区别。如果只承认前者，那么便陷入了表征主义。但是这对于理解像毕加索那样的大师的绘画作品来说显然是极其不够的。要获得深层的理解和欣赏，唯一的就是要关注绘画是"怎样画的"。洛尔说："视觉表征也是如此。""表征的方式像绘画一样不难理解，它是意向性的。"① 有这样一些概念，如表示一个类别的概念，表示共同属性的概念也有内在的、现象性的意向性。因为这类概念的意向上的个体性不只是由外在的关系或类别所决定的，而且同时也受主体内在的看问题的观点、角度的制约。例如要形成一个关于等腰三角形的概念，必不可少的条件是必须有关于更基本的空间关系的概念，有视觉和触觉方面的认知，有特定的现象性的、意向性的视域，否则就无等腰三角形概念可言。

第四，在认识意向性的内在机制及特点时，我们当然还应关注自然主义的探讨及成果。这是当今心灵哲学中在致思取向上根本有别于现象学传统的又一走向。它认为，意向性本身就是一种自然现象，是由微观属性所实现的属性，因此根本用不着拐弯抹角地说明。泰伊主要从科学哲学的角度提出和论证了他的观点。他的推论是：（1）我们的特殊科学规律从根本上说是由于微观的机制才生效的（这种生效是以高层次的、由与它们的层次相合的规律所控制的机制为中介的）。（2）对于在一个特殊科学规律中表现出来的任何属性 S 来说，存在着一个上向的桥梁规律，它的结果表现出 S，而前件表现为一种微观的属性。承认（1）离不开（2）。既然如此，就可这样来表述（1）：（3）把特殊的科学属性

----

① B. Loar, "Phenomenal Intentionality as the Basis of Mental Content", in M. Hahn and B. Ramberg (eds.), *Reflections and Replies*, Cambridge, MA: MIT Press, 2003, p. 245.

与微观属性关联起来的桥梁规律是由微观的机制执行或实现的。
基于（3），我们的特殊科学规律表现出那些从根本上说是由微观
属性实现的属性。（4）我们的特殊科学规律表现出那些从根本上
说是由微观属性实现的属性。这就是说，只要是特殊科学规律所
关联的属性，就都有其微观的实现机制，因此都有它的本体论地
位。既然如此，就用不着自然化，用不着把它还原为基础的属性，
或用基础科学的术语去予以说明。意向性也是如此。因为心理学
及认知心理学就是特殊的科学，意向状态的因果相互作用就存在
于认知心理学的领域。这些学科也包含一些特殊的科学规律，它
们是关于意向内容的（例如，相信 P 和 Q 就会产生对 P 的相信，
余者皆同，这就是一条规律；再如：如果人们被提出了关于所看
到的事物属性的问题，而且又没有想过这些属性，那么在回答之
前，他们就会去形成关于它们的印象）。于是我们可以增加这个前
提：（5）心理状态的意向方面出现在从属于特定科学规律的因果
交互作用之中。根据（4）（5），加上前面所述的对自然主义的原
则，便可推出下述结论：（6）意向状态就是自然主义的现象。

　　在泰伊看来，如果意向性是他所说的自然现象，那么就用不着
常见的那些自然主义解释。他说："意向状态已是自然主义的，不
管我们是否对一状态有意向内容作出适当的、可辩护的还原分析，
也不管我们是否对之提供了先验的充分条件。……因此如果我们的
目的只是对关心意向性的自然主义作出辩护，那么确实没有必要去
阐发关于那些类型的意向性的还原主义理论。"①

　　仔细一想，上述说明仍有问题。因为它只是根据一般的科学哲
学原理说明了意向性的一般的、共性的方面。而问题的实质和要害
恰恰在于：意向性在人们心中是一种奇特的现象。因此上述说明尚
没有触及意向性的独特特征和真正的内在秘密。如果只是说意向状
态是自然主义的状态，那么这并没回答这样的问题：由非意向状态

---

　　① M. Tye, " Naturalism and the Problem of Intentionality ", in P. A. French et al
(eds.), *Philosophical Naturalism*, Indiana: University of Notre Dame Press, 1994, p. 134.

所实现的那些东西怎么可能有意向内容？大脑中的状态怎么可能在心理上"接触"、"把握"或指向世界上的特定的对象，尤其是，它怎么可能指向并不存在的对象？

泰伊认为，这些问题的确需要予以特殊的解答。而要这样，首先要弄清其实质。在他看来，这些问题指向的是意向性的机制问题，即什么产生、实现了意向性，怎样消解我们直觉上感觉到的存在于两个王国之间的鸿沟？对此，一种回答是否认有这样的机制，它能提供意向与非意向王国的联结。根据这种观点，以为与刺激、环境中的对象具有如此因果关系的大脑状态产生了意向状态，是一种不合理的观点，因为从非意向状态中不可能分析出意向状态。泰伊的看法是：假定意向状态与非意向状态之间有一种把它们关联起来的认识论上的、基本的桥梁法则，这是不可能的，而有理由根据实现的事实承认的是：有一种执行的机制。以温度在大气、流动性在水、消化在人体中的实现为例。他认为，在每一种情况下，都有一种说明高层次的自然属性或过程怎样从低层次的属性中产生出来的机制。如水的流动性是一种倾向性（disposition），即易于变动或倒出来的倾向。之所以有这种倾向性，是因为在水这种液体中，H_2O 分子易于相互移动，不会固定在一个位置上，因此不难明白，流动性是根源于基本的分子属性的。可见，在高层次属性与低层次的实现机制之间没有解释上不可逾越的鸿沟。再如消化。它是一种过程，其功能是把食物变成能量。因此消化是从功能上予以描述的高阶过程。它发生在特定的有机体的器官之内，通过内在的运动、变化，便成了有机体所实现的功能。

一般认为，在自然界，高层次类型从低层次类型中产生出来是根源于机制，但此机制是什么呢？我们应怎样看待它的运作呢？试考察金刚石中的坚硬性。坚硬性是一种结构性的、倾向性的属性：某物之所以是硬的，仅仅是因为它如此被构成了，因此它易于抵制透入。这种倾向是由金刚石中的某种结晶体结构实现的。在这种结构中，结晶体的排列使内在的结晶体的力量最大化。基于这种排列，结晶体便很难透入，从而表现出坚硬性这样的高阶属性。总之，坚硬性是由于其机制而产生的表现型属性。这样说明高阶属性是否仍未跳出还原论的窠臼？泰伊认为，他的解答没有这个问题，因为他不仅承认：高层次属性有自己的某种本质，而且在他的说明中还保护了这种本质的独立性。例如他认为，这种本质是这样的本质，即有一种倾向于使它的所有者倾向于 F 的本质。而低层次属性则倾向于使其所有者倾向于 F。因此一个体有低层次属性，进而它必然有这样的属性，从而便必然有高层次的属性。当然，这种必然性的实现是离不开条件的。这就为我们提供了一种解释模式，根据它，高层次的倾向、功能属性、过程便可顺理成章地得到解释。同样，如果意向内容这样的属性有功能的或倾向的本质，或者说如果这种属性的标记、个例化有概念上的充分条件，那么意向性的机制、作用就很好理解了。他说："我们也许能够提供某种一般的论证，它能证明意向性有功能的本质。"① 泰伊承认：这是一种类比解释，或者说是以我们已有的、成功的解释模式为基础的解释。但是世界上的事情很复杂。在科学史上，常有许多事实、属性、过程是已有模式无法解释的。意向性当然也有这种可能性。他承认：如果它是以某种别的方式运作的，那么对那种作用是什么我们可能没有清晰的概念。自然，没有人会先验地排除这样的可能性，即产生能解释意向性的新的模式，发生大规模的概念革命。当然他认为，即使发生了这种革命，其模式也不一定适用于意向性的机制问题。总之，既有理由怀疑我们能解决机制问题，又有理由满怀希望。

（十一）AI 要建模意向性，无疑必须有相应的哲学理论基础，即必须以哲学、心理学关于意向性的理论为基础。这样的理论很多，最常见的、似乎也是天经地义的理论就是常识心理学或民间心理学。它已成了当今许多建模的理论基础，因为事实上，它已成了我们大多数人包括许多认知科学家须臾不离的解释模式，它的术语

---

① M. Tye, " Naturalism and the Problem of Intentionality ", in P. A. French et al (eds.), *Philosophical Naturalism*, Indiana: University of Notre Dame Press, 1994, pp. 138 – 139.

如"意向"、"信息"等经常被人们使用，甚至在许多情况下，人们离了它就寸步难行。不仅如此，受常识心理学构架的影响，大多数人都承认了这些术语之所指（即意向状态等）的本体论地位。

如后面我们要论述的当代心灵哲学和认知科学的一个新的走向也是一个重要的成就，就是一直在对它作严肃的反思，质言之，这种常识的解释图式与科学心理学的解释图式之间是什么关系，一直是当前研究的一大热点和焦点问题。联结主义的诞生更为这一争论起了推波助澜的作用。从历史进程来说，这一问题最先是由拉姆齐（W. Ramsey）、斯蒂克（S. P. Stich）和加龙（J. Garon）等人提出的。如他们曾质问：常识心理学所假定的意向心理状态及其所具有的特征与联结主义理论层面所假定的状态及其特征是否是对立或冲突的呢，是否相容呢？他们的回答是常识心理学所说的意向状态与某些联结模型所假定的状态的特征是水火不相容的，没有一致性、相似性。因此如果新的模型是正确的，那么意向心理学就是错误的。如果是这样，那么又可进一步得出取消论结论。

他们的具体论证是：常识心理学所假定的意向状态有三个特征，而它们是联结主义模型所假定的心理状态所不具备的。这三个特征分别是：（1）语义可解释性。常识心理学认为，意向状态有命题内容，这内容就其是表征和有真值条件的来说，是有语义性的。而且它还认为，表达了命题内容的谓词如"相信猫有尾巴"是可投射的，即能够出现在因果规律之中，另外，这些谓词所表述的属性是心理学上的自然类型。（2）意向状态具有功能上的具体性、独立性。例如个体可以不依赖于其他意向状态而独立地获得或失去一个意向状态，之所以如此，是因为每一意向状态都是为一子结构编码在一系统之中的，这种编码是不同于别的子结构所编码的意向状态的。因此一个子结构的增加或减少对系统中的别的结构是不会有什么影响的。（3）因果有效性。即是说，意向状态对于行为不仅有因果作用，而且是独立地行使这种作用的。所有这个特征合在一起可概述为："命题具有模块性"。

很显然，联结主义网络不具有这样的特征。例如，在这些网络中，表征是分布式地而非局域性地被储存的。另外，就语义性来说，网络中的单元是不能从语义上予以解释的，因为信息分布在整个网络之中，而非编码在单个单元之中，当然，尽管它们所组成的网络本身没有语义性，但"可以认为它们以集合的方式编码了一组命题"①，即可赋予它们以语义性。总之，在他们看来，不能将个别的具体的命题表征定位在网络的权重和单元之中。至于第三个特征，拉姆齐等人指出：既然同一个单元能在不同的激活模式中起作用，既然编码在网络中的信息分布式地存在于许多单元之中，因此对一个单元或单元的集合就不可能作出固定单一的语义解释。既然如此，特定命题的表征就不可能在网络计算中独立地发挥作用。② 总之，常识心理学假定的心理状态根本不同于联结主义所假定的状态，前者的特征在后者中难觅踪影。因此如果联结主义是对的，那么常识心理学的看法就纯属空穴来风。

克拉克（B. Clark）和斯莫伦斯基（P. Smolensky）反对上述冲突论，而明确主张无冲突论，当然两人的根据和论证各不相同。前者认为，拉姆齐等人之所以主张民间心理学解释与联结主义关于心灵的模型势不两立，是因为他们误解了联结主义模型的实质。其实，联结主义模型所描述的状态可以具有与民间心理学所假定的状态相同的特征。克拉克认为，如果联结主义真的证明了常识心理学是错误的，那么后者似乎真的受到了取消主义的威胁，但事实并非如此。在分析常识心理学所假定的意向状态的三个特征时，克拉克指出：拉姆齐等人没有注意到联结主义的这样的描述层次，从这个层次看问题，它们的激活模式是语义上群集的。如果这样来看，那么就会发现，联结主义假定的状态也具有上述三个特征。也就是说，在这个描述层次，联结主义的状态不仅可以从语义上予以解释，而且它们还有相同的群集。既然如此，也可把这些状态看作是

① W. Ramsey et al. , "Connectionism and Folk Psychology", in C. and G. Macdonald (eds.), *Connectionism*, Oxford：Blackwell, 1995, p. 322.
② Ibid. , p. 327.

自然类型。斯莫伦斯基认为，拉姆齐等人对联结主义模型之实质的理解是错误的，联结主义所假定的心理状态只是具有常识心理学所假定的心理状态的大多数特征，而非全部特征，因此联结主义可以证明常识心理学是错误的，但一种错误的理论并不意味着它的所有假定都要被取消，质言之，对一种理论的取消论并不能从其错误推论出来，同样，联结主义即使证明常识心理学是错误的，但并不能由此得出关于它的取消主义结论。

当然，他也承认，拉姆齐等人的确如克拉克所说的那样，未注意到联结主义的这样的描述层次，即描述激活模式或激矢量的层次。从这个层次看，某些联结主义系统的确有语义的可解释性和状态的功能具体性。斯莫伦斯基认为，在矢量的层次，的确会出现语义可解释性，甚至出现信息这样的自然类型的意向状态。因为有关的联结主义系统会把命题当作输入，然后对它们的真假作出判断，如果是这样，当然就会出现应予解释的语义现象。但应注意的是，他对联结主义系统的语义可解释性这一点的说明是小心谨慎的，例如他强调：说它们可从语义上解释，并不等于说它们实在地完成了语义加工，因而真的有语义性，而只能说，对于这些系统可用语义学术语去描述和解释。这一看法显然有反实在论的解释主义倾向。

关于常识心理学尽管尚有争论，但从总的倾向来看，否定之声居主导地位，其主要根据是，它是一种关于人或心智的错误的地形学、地貌学、结构论、动力学。例如它是根据外物或个体的人的结构和运动方式来理解心智的，正如著名物理学家、协同学奠基人哈肯所揭示的那样：它是一种关于心灵的人格化描述。而"人格化地描述"就必然要面对这样的问题：由谁或由什么操纵作神经元的行为？[①] 他说：传统的理论甚至一些新的理论都一致认为："在人脑内部有一个人起到操纵或组织的作用。"这个小人要么是程序员，要么是组织中心。哈肯提出了这样一种新的观点："我并不认

----

① ［德］赫尔曼·哈肯：《大脑工作原理》，郭治安等译，上海科技教育出版社2000 年版，"前言"。

为，那种整合是由组织中心、程序员或者由某种计算机程序产生
的，我将提出自组织概念。"① 所谓自组织不是指系统内有一个主
体在组织，而是指结构、整体功能由系统自身派生出来。这就是
说，他提出了一种关于心智结构图的新的、根本有别于传统模型的
理论，可称作"协同学的描述方式"。其基本观点是：人的模式识
别、作出决策，都是由无数神经元以高度规则而有序的方式协作造
成的。② 他说："我们将把大脑作为协同系统处理。这种观念的基
础，是通过各个部分的合作、以自组织方式涌现新属性的概念。"③
他还说："在协同学中，我们研究的系统由大量的部分组成，因而
我们倾向于认为，是微观混沌而不是确定性混沌。"但由于"整个
系统的复杂动力学由少数序参量描述，而少数序参量完全可以遵循
确定性混沌的方程，因此协同学能阐明复杂系统为何能表现出确定
性混沌"④。

（十二）AI 的许多领域不仅认识到了重视心灵哲学成果（特
别是其中的意向性和意识方面的研究成果）的必要性和重要性，
而且还在提炼、消化这些成果的基础上开始了对人类意向性的建
模。其突出的表现就是布拉特曼所建构的 BDI 模型（详见第十一
章）。它已得到了许多人的认可，有些人甚至将其作为自己工程学
实践的理论基础。至少有这样的可喜现象，即这一带有心灵哲学印
记的模型已受到了广泛的关注和热烈的讨论。但是必须指出的是，
当下的心灵哲学是一鱼目混珠的大杂烩，如果一不留神，选择了一
种成问题的或根本错误的理论，以之为建模的理论基础，那无疑会
犯方向性的错误，一失足而成千古恨。在笔者看来，布拉特曼的
BDI 模型就有这个问题。从动机上说，它的确是基于对人类自主体
的一种独特解剖而建构起来的，当然这种解剖凝聚着心灵哲学的成

---

① ［德］赫尔曼·哈肯：《大脑工作原理》，郭治安等译，上海科技教育出版社
2000 年版，第 5 页。
② 同上书，"前言"。
③ 同上书，第 34 页。
④ 同上书，第 224 页。

果，其直接的思想渊源是著名哲学家戴维森的有关理论。布拉特曼提出：人之所以是有真正的自主性、意向性的自主体，是因为他有理性，并能自主决定、驱动自己的行为。他的行为与信念、愿望以及两者所组成的计划有密切关系，但又不是直接由它们决定的。质言之，行为之所以产生，除了离不开上述因素之外，还依赖于意向。而意向以信念为基础，存在于愿望与计划之间。什么是意向呢？意向就是对承诺的选择。所谓承诺就是自主体决定要做的事情，一旦对要做的事情作了选择，就等于建立了一种有效的承诺。当然自主体承诺什么，不承诺什么，即确立什么意图是由理由决定的。这里的理由主要是自主体对环境的信念，亦即相信如此做既是环境允许的，又有利于自主体。人之所以能作出自主行为，是因为人能基于环境的知识修改内部状态，实现状态变迁，最终达到某种目的。这里有一个从认识变化到行为输出的因果作用过程。例如首先基于变化的认识形成了某种信念，由信念产生了相应的愿望，后者又导致了意图的产生，意图再导致了行为的产生。布拉特曼的BDI 模型或 BDI 自主体模型就是依据经改造过的心灵哲学的意向理论而建立的。这一模型的特点在于：通过简化、形式化，较清晰地揭示了人类自主体的结构。在他看来，这种结构是由信念、愿望、意图、计划、思考等因素构成的复杂动态系统，他将其称作 IRMA（Intelligent Resource-Bounded Machine Architecture），即以理智资源为基础的机器结构。在 BDI 自主体中，基本的构成要素是信念、愿望和意向之类的数据结构和表示思考（确定应有什么意图、决定做什么）、手段—目的推理的函数。其中，意向的作用最大。因为意向一旦形成，行为便被确定了，剩下的事情就是一个演绎推理的问题。而有什么意向，则是由自主体当前的信念、愿望决定的，或者说，是由信念、愿望、意图三者的关系决定的。从构成上说，自主体的状态是信念、愿望、意图的三元组（B、D、I）。从过程上说，自主体完成它的实践推理要经过七个阶段。

布拉特曼的 BDI 模型尽管是今日有关领域讨论得最多的理论之一，已成了许多工程实践的理论基础，但应看到，这一模型至少有两大问题。第一，它的理论基础是常识或民间心理学，而这种心理学在本质上是一种关于心理现象的错误的地形学、地貌学、结构论和动力学。不加批判地利用这种资源，将把 AI 的理论建构和工程实践引入歧途。第二，布拉特曼对戴维森意向理论的解读存在着误读的问题。而这又是他误用常识心理学的一个根源。戴维森的心灵哲学在本质上是解释主义，而它又是一种巧妙的取消主义。这是布拉特曼没有解读出来的东西。在戴维森那里，所谓心理事件不过是我们用意向术语如"信念"等所描述的事件。对这同一个事件，我们还可以用物理术语来描述，如果是这样，它便成了一个物理事件。因此事件究竟是以心理事件还是以物理事件表现出来的，取决于我们用什么方式去描述和解释它。质言之，世界上本无心理的东西，我们说某某事件是心理的东西，完全是我们所作的一种"归属"、"投射"或"强加"。这无疑是一种取消主义，是对常识心理学所说的意向状态的解构或去神秘化，至少是心灵观上的反实在论。根据这种观点，世界上真实存在的只能是物理实在，人身上发生的有因果作用的东西也只能是物理的实在与过程，例如能引起行为的所谓信念和愿望等，其实是内在的行为或行为倾向。"信念"等意向习语表面上有真实的所指，其实类似于地球上的经纬线。地球上无疑没有经纬线，它们是人们为了描述和解释地球的方便而"归属"或"强加于"地球的。同样，人身上压根就没有常识心理学和传统哲学所说的意向状态，它们是人们为描述、解释、预言人的行为而构造出来的解释或预言理论。很显然，布拉特曼并未看到这一点，以为戴维森所说的"信念"等有不同于物理语言的另一种指称。换言之，布拉特曼对信念等意向状态的理解坚持的是实在论路线。

　　在笔者看来，要利用心灵哲学的成果，一方面，要有对有关成果的准确理解，另一方面，要认识到心灵哲学的"祛魅"或"去神秘化"的新的走向，即对常识心理学和传统心灵哲学的批判性反思、解构与清污。心灵哲学的解构性心灵哲学的直接动机尽管是发展心灵哲学，但对 AI 研究无疑有间接的不可低估的意义。因为这实际上是在为 AI 研究清理地基，以便让其建立在可靠的哲学基础之上。因此要利用心灵哲学的成果，就应关注这种带有祛魅性质的心灵哲学。

主要参考文献：

外文文献：

1. D. Armstrong, *A Materialist Theory of the Mind*. London：Routledge & Kegan Paul, 1968.

2. M. Barr, *The Human Nervous System*：*An Anatomic Viewpoint*, 3rd edn. Hagerstown, MD：Harper & Row, 1974.

3. N. Block（ed.）, *Readings in Philosophy of Psychology*, Vol. 1. Cambridge, MA：Harvard University Press, 1980.

4. R. J. Bogdan, *Grounds for Cognition*, New Jersey：Lawrence Erbaum Associates. Inc. Publishers, 1994.

5. R. J. Bogdan, *Interpreting Mind*, Cambridge, MA：MIT Press, 1997.

6. M. Bratman, *Intention Plan, and Practical Reasion*, Cambridge：Harvard University Press, 1987.

7. K. Campbell, *Body and Mind*. London：Macmillan, 1970.

8. M. Carter, *Minds and Computers*：*An Introduction to the Philosophy of AI*, Edinburgh University Press, 2007.

9. D. Chalmers, *The Conscious Mind*. New York：Oxford University Press, 1996.

10. P. Churchland, *Matter and Consciousness*. Cambridge, MA：MIT Press, 1988.

11. A. Church, "An Unsolvable Problem of Elementary Number Theory," *American Journal of Mathematics*, 58 (1936).

12. L. J. Cohen, "Can Human Irrationality be Experimentally Demonstrated?" *Behavioural and Brain Sciences*, 4 (1981).

13. H. Clapin, (ed.), *Philosophy of Mental Representation*, Oxford: Oxford University Press, 2002.

14. J. Copeland, *Artifical Intelligence: A Philosophical Introduction*. Oxford: Blackwell, 1993.

15. R. Cummins, *Meaning and Mental Representation*, Cambridge, MA: MIT Press, 1989.

16. D. Dennett, *Brainstorms: Philosophical Essays on Mind and Psychology*. Cambridge, MA: MIT Press, 1981.

17. S. and McAuley, D. Dennis, *Connectionist Models of Cognition*. Online text, available at the time of writing at: http://lsa. colorado. edu/ ~ simon/cmc/index. html.

18. Descartes, *Meditations on First Philosophy*, trans. J. Cottingham. Cambridge: Cambridge University Press, 1986.

19. M. C. Diamond et al. *The Human Brain Coloring Book*. New York: Harper Collins, 1985.

20. J. A. Fodor, *The Mind doesn't Work that Way*, Cambridge, MA: MIT Press, 2000.

21. J. A. Fodor, *Psychosemantics*, Cambridge, MA: MIT Press, 1987.

22. J. A. Fodor, *Concepts: Where Cognitive Science Went Wrong*. Oxford: Clarendon, 1998.

23. H. Gardner, *The Mind's New Science*. New York: Basic Books, 1985.

24. G. Gillett, et al, *Consciousnessand Intentionality*, J. Benjamins Publishing Company, 2001.

25. R. Gregory, (ed.) *The Oxford Companion to the Mind*, Oxford: Oxford University Press, 1987.

26. N. Guarino, et al (eds.), *Special Issue*, "The Role of Formal On-

tology in the Information Technology," *International Journal of Human and Computer*, 1995 (43)

27. Guttenplan, S. , (ed.) *A Companion to the Philosophy of Mind.* Oxford: Blackwell, 1994

28. J. Haugeland, *Artificial Intelligence: The Very Idea.* Cambridge, MA: MIT Press, 1989.

29. D. O. Hebb, *The Organization of Behavior: A Neurophysiological Theory*, New York: Wiley, 1949.

30. F. Jackson, "Epiphenomenal Qualia", *Philosophical Quarterly*, 32 (1982) .

31. P. N. Johnson-Laird, *Mental Models: Towards a Cognitive Science of Language, Inference and Consciousness.* Cambridge, MA: Harvard University Press, 1983.

32. J. A. Lucas, "Minds, Machines, and Gödel," *Philosophy*, 1961, 36.

33. C. Macdonald, andG. (eds.), *Connectionism: Debateson Psychological Explanation*, Vol. 2, Oxford: Blackwell, 1995.

34. D. McDermott, *Mind and Mechanism*, Cambridge, MA: MIT Press, 2001.

35. R. Millikan, *On Clear and Confused Ideas*, Cambridge: Cambridge University Press, 2000.

36. R. Millikan, *Language, Thought, and Other Biological Categories*, Cambridge, MA: MIT Press, 1984.

37. T. Nagel, "What Is It Like to Be a Bat?" *Philosophical Review*, 83 (1974) .

38. Neisser, U. , et al, *The Remembering Self: Construction and* Accuracy in the Self Narrgtive, Cambridge: Cambridge University Press, 2004.

39. A. Newell and H. Simon, "Computer Science as Empirical Enquiry: Symbols and Search", *Communications of the ACM*, 19 (1976) .

40. S. Nirnburg, et al, *Ontological Samantics*, Cambridge, MA: MIT Press, 2004.

41. S. O. Nuallain, et al (eds.), *Two Sciences of Mind: Readings in Cognitive Science and Consciousness*, J. Benjamins Publishing Company, 1997.

42. S. Pinker, *How The Mind Works*. London: Allen Lane, 1998.

43. U. T. Place, "Is Consciousness a Brain Process?" *British Journal of Psychology*, 47 (1956) .

44. C. Price, *Functions in Mind: A Theory of Intentional Content*, Oxford: Clarendon Press, 2001.

45. D. Rumelhart and McClelland, J. et al. *Parallel Distributed Processing: Explorations in the Microstructure of Cognition*. Vol. 1: Foundations. Cambridge, MA: MIT Press, 1986

46. G. Ryle, *The Concept of Mind*. Harmondsworth: Penguin, 1973.

47. Schultz, D. *A History of Modern Psychology*. New York: Academic Press, 1975.

48. J. Searle, "Minds, Brains and Programs," *Behavioural and Brain-Sciences*, 3 (1980) .

49. M. Scheutz, (ed.) *Computationalism: New Directions*, Cambridge, MA: MIT Press, 2002.

50. J. J. C. Smart, "Sensations and Brain Processes," *Philosophical Review*, 68 (1959) .

51. S. Stich, "Narrow Content Meets Fat Syntax," in B. Loewer and J. Key (eds.), *Meaning in Mind: Fodor and His Critics*, Oxford: Blackwell, 1991.

52. A. M. Turing, "On Computable Numbers, with an Application to the Entscheidungs Problem", *Proc. London Math. Soc.* , 42 (1937) .

53. A. M. Turing, "Computing Machinery and Intelligence", *Mind*, 59 (1950) .

54. P. C. Wason, "Natural and Contrived Experience in a Reasoning Problem," *Quarterly Journal of Experimental Psychology*, 23 (1971) .

55. R. A. Wilson, et al (eds.), *The MIT Encyclopedia of the Cognitive*

Sciences, Cambridge, MA: MIT Press, 1999.

56. M. Wooldridge, *Reason and Rational Agents*, Cambridge, Cambridge, MA: MIT Press, 2000.

中文文献

1. 史忠植：《智能科学》，清华大学出版社 2006 年版。

2. G. E. 卢格尔：《人工智能：复杂问题求解的结构和策略》，史忠植等译，机械工业出版社 2006 年版。

3. 彭罗斯：《皇帝新脑》，许明贤等译，湖南科技出版社 1994 年版。

4. 德雷福斯：《计算机不能做什么》，宁春岩译，生活·读书·新知三联书店 1986 年版。

5. 涂序彦主编：《人工智能：回顾与展望》，科学出版社 2006 年版。

6. 史忠植：《智能科学》，清华大学出版社 2006 年版。

7. 冯天瑾：《智能科学史》，科学出版社 2007 年版。

8. 博登编：《人工智能哲学》，刘西瑞、王汉琦译，上海译文出版社 2001 年版。

9. 罗姆·哈瑞：《认知科学哲学导论》，魏屹东译，上海科技教育出版社 2006 年版。

10. 杰夫·霍金斯：《人工智能的未来》，贺俊杰等译，陕西科技教育出版社 2006 年版。

11. 埃德尔曼、托诺尼：《意识的宇宙》，顾凡及译，上海科技出版社 2004 年版。

12. 弗里德曼：《制脑者》，张陌译，生活·读书·新知三联书店 2001 年版。

13. 王宏生编：《人工智能及其应用》，国防工业出版社 2006 年版。

14. 史忠植、王文杰：《人工智能》，国防工业出版社 2007 年版。

15. 派利·夏恩：《计算与认知》，任晓明等译，中国人民大学出版社 2007 年版。

16. 阮晓纲：《神经计算科学》，国防工业出版社 2006 年版。

17. 钟义信等编著：《智能科学技术导论》，北京邮电大学出版社 2006 年版。

18. 韩力群：《人工神网络教程》，北京邮电大学出版社 2006 年版。

19. 多里戈等：《蚁群算法》，张军等译，清华大学出版社 2007 年版。

20. D. 朱夫斯凯等：《自然语言处理综论》，冯志伟等译，电子工业出版社 2005 年版。

21. 史忠植：《智能主体及其应用》，科学出版社 2000 年版。

22. 李威：《移动主体的研究与应用》，博士学位论文，中国科学院，1999 年。

23. 刘大有主编：《知识科学中的基本问题研究》，清华大学出版社 2006 年版。

24. 王学军：《多 Agent 系统中协调问题研究》，博士学位论文，清华大学，1996 年。

25. R. 西格沃特等：《自主移动机器人导论》，李人厚译，西安交通大学出版社 2006 年版。

26. 程勇：《基于本体的不确定性知识表示研究》，博士学位论文，中国科学院，2005 年。

27. 塞尔：《意向性》，上海世纪出版集团 2007 年版。